普通高等教育"十一五"国家级规划教材(本科)

# 染料化学

(附电子课件版)

程万里　主编

中国纺织出版社

## 内 容 提 要

本书以染料的应用分类为线索，并兼顾染料的结构分类，着重阐述了染料的化学结构与其颜色、染色性能和染色牢度等性能的关系，同时也介绍了各种类型染料及其重要中间体的合成方法。对于染料在实际应用中应掌握的基本知识，如染料的分类方法、染料的命名以及染色牢度的概念等，本书也做了较系统的叙述，以利于读者对染料有较全面的了解。

本书为轻化工程专业(纺织化学和染整工程方向)学生的基础课教材，也可供轻化工程、精细化工、纺织工程等与染料相关的科研人员和工程技术人员参考。

**图书在版编目(CIP)数据**

染料化学/程万里主编. —北京：中国纺织出版社，2010.2
(2025.2重印)

普通高等教育“十一五”国家级规划教材. 本科

ISBN 978-7-5064-6078-1

Ⅰ.①染… Ⅱ.①程… Ⅲ.①染料化学—高等学校—教材
Ⅳ.①TQ610.1

中国版本图书馆CIP数据核字(2009)第210070号

策划编辑：贾 超 朱萍萍 责任编辑：阮慧宁 责任校对：陈 红
责任设计：李 然 责任印制：何 建

中国纺织出版社出版发行
地址：北京市朝阳区百子湾东里A407号楼 邮政编码：100124
邮购电话：010—67004422 传真：010—87155801
http://www.c-textilep.com
中国纺织出版社天猫旗舰店
官方微博 http://weibo.com/2119887771
北京虎彩文化传播有限公司印刷 各地新华书店经销
2025年2月第8次印刷
开本：787×1092 1/16 印张：19.75
字数：363千字 定价：49.80元

# 出版者的话

全面推进素质教育，着力培养基础扎实、知识面宽、能力强、素质高的人才，已成为当今本科教育的主题。教材建设作为教学的重要组成部分，如何适应新形势下我国教学改革要求，与时俱进，编写出高质量的教材，在人才培养中发挥作用，成为院校和出版人共同努力的目标。2005 年 1 月，教育部颁发了教高[2005]1 号文件“教育部关于印发《关于进一步加强高等学校本科教学工作的若干意见》”（以下简称《意见》），明确指出我国本科教学工作要着眼于国家现代化建设和人的全面发展需要，着力提高大学生的学习能力、实践能力和创新能力。《意见》提出要推进课程改革，不断优化学科专业结构，加强新设置专业建设和管理，把拓宽专业口径与灵活设置专业方向有机结合。要继续推进课程体系、教学内容、教学方法和手段的改革，构建新的课程结构，加大选修课程开设比例，积极推进弹性学习制度建设。要切实改变课堂讲授所占学时过多的状况，为学生提供更多的自主学习的时间和空间。大力加强实践教学，切实提高大学生的实践能力。区别不同学科对实践教学的要求，合理制定实践教学方案，完善实践教学体系。《意见》强调要加强教材建设，大力锤炼精品教材，并把精品教材作为教材选用的主要目标。对发展迅速和应用性强的课程，要不断更新教材内容，积极开发新教材，并使高质量的新版教材成为教材选用的主体。

随着《意见》出台，教育部组织制定了普通高等教育“十一五”国家级教材规划，并于 2006 年 8 月 10 日正式下发了教材规划，确定了 9716 种“十一五”国家级教材规划选题，我社共有 103 种教材被纳入国家级教材规划，其中本科教材 56 种，高职教材 47 种。56 种本科教材包括了纺织工程教材 13 种、轻化工程教材 16 种、服装设计与工程教材 24 种、美术教材 2 种，其他 1 种。为在“十一五”期间切实做好教材出版工作，我社主动进行了教材创新型模式的深入策划，力求使教材出版与教学改革和课程建设发展相适应，充分体现教材的适用性、科学性、系统性和新颖性，使教材内容具有以下三个特点：

(1)围绕一个核心——育人目标。根据教育规律和课程设置特点，从提高学生分析问题、解决问题的能力入手，教材附有课程设置指导，并于章后附有复习指导及形式多样的习题等，提高教材的可读性，增加学生学习兴趣和自学能力，提升学生科技素养和人文素养。

(2)突出一个环节——实践环节。教材出版突出应用性学科的特点，注重理论与生产实践的结合，有针对性地设置教材内容，增加实践、实验内容。

(3)实现一个立体——多媒体教材资源包。充分利用现代教育技术手段,将授课知识点制作成教学课件,以直观的形式、丰富的表达充分展现教学内容。

教材出版是教育发展中的重要组成部分,为出版高质量的教材,出版社严格甄选作者,组织专家评审,并对出版全过程进行过程跟踪,及时了解教材编写进度、编写质量,力求做到作者权威,编辑专业,审读严格,精品出版。我们愿与院校一起,共同探讨、完善教材出版,不断推出精品教材,以适应我国高等教育的发展要求。

中国纺织出版社

教材出版中心

# 前言

“染料化学”是精细化工和轻化工程专业的专业基础课程。两者的区别在于前者侧重于染料的合成，而后者侧重于染料的结构和性能的关系。在以往国内外的教材中以前者为主。20 世纪 80 年代，苏州大学(原苏州丝绸工学院)钱国坻教授编写了以染料性能为主，染料合成为辅的染料化学教材。该教材适合轻化工程专业(当时为染整工程专业)本科学生，被很多纺织院校有关专业选用。本教材是作者结合二十多年的教学实践，并融入染料行业的最新发展，对上述教材进行了全面调整和改写，以适应当前轻化工程专业本科教学的需要。本教材主要以应用类型作为各种染料讲解的线索。为了使染料结构分类的内容比较系统，也为了集中介绍染料的结构与颜色以及化学特性的关系，在染料应用分类的各章之前，加了“染料结构类型”一章，对此做了详细的介绍。

本教材在涉及一些染料的应用类型之前，先简要并系统地讲解了有关染色性能的纤维分子结构特点，以及对相应染料分子结构的要求。这对于学生理解各种应用分类染料的分子结构特点是非常必要的。

本教材首先介绍了酸性染料和金属络合染料，这两种染料主要用于蛋白质纤维以及结构类似的聚酰胺纤维的染色，很少用于其他纤维材料的染色。在讲解这两种染料的同时，介绍蛋白质纤维的结构和所用染料的结构要求，学生将很容易理解直接染料和活性染料等用于纤维素纤维的染料，也能适合蛋白质纤维染色的道理。因此，本教材应用分类的讲解顺序为：蛋白质纤维用染料(酸性染料和金属络合染料)，纤维素纤维用染料，最后是合成纤维用染料。这样的顺序符合染料的实际状况，逻辑性较强，利于学生理解。

染料的发色理论是本课程的难点。由于课时和教材篇幅限制，本教材没有分别介绍分子轨道理论和价键理论。在解释染料发色理论时，也是根据需要随机选取。如果学生这方面的基础较差，在教学时教师可以进行适当补充。若课时较紧，也可以只介绍发色理论的结论而把理论解释略去。

本书的编写成员有王祥荣教授(第七章及全书教学课件的制作)、唐人成教授(第五章、第六章)、龙家杰副教授(第八章、第十二章)、周家伟副教授(第四章、第十三章)、王文利副教授(第一章、第九章、第十一章)和程万里教授(其余各章)，最后由程万里教授统稿和协调工作。

本书的撰写过程得到了苏州大学教务处和纺织与服装工程学院老师们的关心和帮助，南通大学杨静新教授对本书进行了系统细致的审阅，提出了很多修改意见，在此表示衷心感谢。

限于编者的水平，错误和不妥之处在所难免，恳请各位读者批评指正。

编　者

2009年8月

## 课程设置指导

**课程名称** 染料化学
**适用专业** 轻化工程
**总学时** 45
**理论教学时数** 45

**课程性质** 轻化工程专业基础课

**课程目的** “染料化学”为轻化工程专业的专业基础课，主要任务是让学生了解有关染料的分类、命名、牢度等基础知识以及染料及其重要中间体的合成基本路线。作为轻化工程专业的染料化学课程，重点是介绍染料分子结构与其化学性能，尤其是应用性能之间的关系，从而对染料这一具有特殊用途的化学品有一个系统全面的认识，为后续学习打好基础。

**课程教学基本要求**

1. 了解商品染料的分类、命名以及染色牢度等基础知识。
2. 了解光与色的基本知识，掌握染料分子发色体系的发色规律。
3. 掌握某些重要合成染料的原料、中间体以及重要中间体和染料的合成路线，掌握偶氮染料的合成原理和工艺过程。
4. 掌握不同结构类型染料的化学性能、结构稳定性以及发色规律，染料结构与颜色的关系。
5. 掌握不同染料应用类型的分类方法、分子结构特点、染料分子结构与各种应用性能之间的关系。

**课时分配表**

| 章　数 | 内　容 | 学时数 |
|---|---|---|
| 第一章 | 染料概述 | 4 |
| 第二章 | 染料的结构与颜色 | 6 |
| 第三章 | 染料的中间体 | 6 |
| 第四章 | 染料的结构类型 | 6 |
| 第五章 | 酸性染料 | 3 |
| 第六章 | 酸性媒介染料和酸性含媒染料 | 2 |
| 第七章 | 直接染料 | 3 |

续表

| 章　数 | 内　容 | 学时数 |
| --- | --- | --- |
| 第八章 | 活性染料 | 4 |
| 第九章 | 不溶性偶氮染料 | 2 |
| 第十章 | 还原染料 | 2.5 |
| 第十一章 | 硫化染料和缩聚染料 | 0.5 |
| 第十二章 | 分散染料 | 4 |
| 第十三章 | 阳离子染料 | 2 |
| 第十四章 | 颜料与涂料 | 机动(可自学) |
| 合　计 | | 45 |

# 目录

# 第一章　染料概述

## 第一节　构成染料的条件与染料的含义

染料(dyestuff)是用于纺织品染色的主要物质，为了达到上染和着色的目的，染料分子需要有一定的化学结构。

### 一、构成染料的条件

作为染料的化合物需要符合下列条件：

首先，染料需要有深浓的颜色，即有较大的发色强度。少量染料就可以使纤维等染着物染得较深浓的颜色。然而，染料本身的颜色不一定就是染着物上的颜色，染料本身甚至可以是白色的。例如，不溶性偶氮染料是由色基和色酚两部分组成的，它们先后上染纤维，并在纤维上反应形成色素，从而使纤维带上颜色。此时，纤维上的颜色当然与色基和色酚均不相同。一般色酚呈米棕色粉末。

由于纤维结构非常紧密，染料必须为单分子状态才能扩散到纤维内部，从而达到上染的目的。因此染料在水中需具有一定溶解性能。某些染料本身是非水溶性的，但可以通过化学或物理化学的方法溶于水中。例如，还原染料不溶于水，但在碱性条件下，可以被还原剂还原成隐色体溶于水中，为染色创造了条件。极少数染料是通过有机溶剂为介质进行染色的，称为溶剂染料。

染料分子还需要对纤维有相互结合的作用力。这样染料分子才能够从水溶液中自动转移到纤维上。染料与纤维之间的作用力可以是分子间力，例如，范德华力、氢键等，可以是离子间力，也可以是染料与纤维分子相互反应形成共价键以及染料和纤维分子与金属离子间形成的配位键等。

已经与纤维结合的染料还必须具有一定的染色牢度。在染料工业不发达的时期，牢度较差的染料也用于纺织品的染色，然而当染料工业发展以后，这些染料就被淘汰，退出纺织品市场。染色牢度包括两个方面，一是染料本身的化学稳定性，这与染料的耐日晒和耐酸碱等牢度有关；另一方面是染料与纤维之间的结合力，这与染料的湿处理牢度和摩擦牢度等有关。

综上所述，所谓染料就是能够通过介质(比如水)上染染着物(纤维)，并与之以某种方式结合，从而使染着物产生颜色，并具有一定牢度的化学物质。

作为纺织品的染料还需要具有价格低廉、使用方便，同时对人体和环境无害的性质。

### 二、染料和颜料

颜料(pigment)也是一类有色物质。与染料一样，它们也具有较高的发色强度和化学稳定性。染料和颜料的区别主要在于染料能以某种方法溶于水，从而可以扩散到纤维中并以某种力与纤维结合，最终上染纤维。颜料不溶于水，在其他溶剂中的溶解度也很小。由此，颜料在介质中不能呈分子状态，最终不能扩散到纤维内部，从而不能与纤维分子结合而上染纤维。用于纤维的颜料常称为涂料。涂料是依靠黏合剂黏附于纤维表面，致使纤维着色的。

通常染料的化学结构都是有机分子，颜料的化学结构可以是有机物，也可以是无机物。染料主要用于纺织物的染色，也用于纸张、皮革和食品的染色。颜料除了用于纺织品外，还用于油墨、油漆、橡胶、塑料等的着色。

染料和颜料在某些条件下可以相互转变。例如，偶氮结构的有色物质，分子中如果没有水溶性基团，则不会溶于水，往往作为颜料使用。然而，如果把合成偶氮分子的两个中间体，芳伯胺和有机酚类分别溶于水中：芳伯胺重氮化，酚溶于碱性溶液中，并使之分别扩散入纤维中，最后在纤维中偶合成偶氮结构，从而使纤维着色。那么它们又成为染料。某些非水溶性染料，例如还原染料，通过某些化学方法使之溶于水中，它们可以上染纤维成为染料；如果仅把它们研成细粉，并用黏合剂黏着在纤维上，则为颜料。

## 三、染料的发展历史

自人类文明开始以来，我们的祖先就对服饰进行着色。在当时的科学和生产水平下，他们所用的着色剂只能取自于自然界。这种天然的着色剂就是天然染料。天然染料分为三种类型：

矿物染料来源于天然矿石，例如赭石、朱砂、雄黄等。常把这些有色矿石研成粉末，涂布于纺织品上。很显然，矿物染料都是无机物。从严格意义上说，这类着色剂应属于颜料一类。

植物具有最丰富的颜色。经过无数实践，人们选择了很多植物作为染料使用。例如蓝草、茜草和栀子等。它们构成了天然染料中的最大多数。

某些动物中也含有可以用作染料的成分。例如，胭脂虫体内的胭脂红、紫胶虫分泌物中的紫胶红等，它们往往属于比较贵重的天然染料。

天然染料具有来源有限、色谱不全、价格昂贵、工艺烦琐等致命的缺点，当纺织工业大发展以后，天然染料显然不能满足工业化的需要。

到了 19 世纪中叶，由于纺织工业的发展，对染料提出了迫切的需求，而天然染料在数量和质量上远不能满足需要；同时钢铁和焦炭工业的发展，从煤焦油中发现了很多有机芳香族化合物，提供了合成染料所需的各种原料。随着有机化学理论和合成方法的进展，为合成染料的问世打下了良好的基础。1856 年年仅 18 岁的英国化学家 Perkin 意外合成了第一个染料——苯胺紫。在以后的几十年时间内相继发明了合成茜素、靛蓝，同时得到了第一个直接染料。在 20 世纪初又出现了稠环还原染料，染料工业得到了长足的发展。由于合成染料的主要原料取自煤焦油，其中苯胺又是重要成分，所以合成染料也称为煤焦油染料或苯胺染料。20 世纪中期，合成纤维问世并逐渐工业化生产，尤其在第二次世界大战之后得到迅猛发展，与此同时石油工业的大发展又为染料工业的发展提供了大量苯系衍生物作为原料，用于合成纤维的分散染料和阳离子染料被发明并得到快速发展。

由于合成染料具有价格便宜、色谱齐全、品质一致以及染色工艺简便等优点，所以天然染料逐渐失去工业生产的意义而被淘汰。到目前为止,合成染料已有千种以上,纺织纤维材料染色用的染料,几乎全都是合成染料了。

我国是世界上最早应用染料染色的国家之一,尤其是丝绸染色,有历史记载的已有二千七百多年。近几十年,我国的染料工业迅猛发展,目前已经形成了生产、科研、教学和应用服务的工业体系。各种染料门类齐全,品种繁多。我国已是世界上最大的染料生产国,也是最大的染料出口国,年出口量占世界贸易量的五分之一。然而,无论是染料的品种还是染料的质量,我国与发达国家相比还有相当大的距离,高档染料还需要大量进口,染料商品化技术以及环保品种染料急需研究和开发。

随着人们对健康的日益关注以及染料生产水平的不断提高,染料的生态环保问题越来越引起人们的重视,尤其在 1994 年德国政府发布了有关有毒致癌染料的禁用法令以来,染料的应用品种有了重大的改变。可持续发展已成为 21 世纪的主题,"清洁生产"、"绿色产品"和"生态纺织品"成为国际纺织服装贸易的新潮流。选用环保染料已经成为染整行业占据市场份额的关键因素。

## 第二节　染料的分类

随着纺织印染工业的不断发展,新的染料品种不断增加,为了适应染料应用和生产研究的需要,必须将染料进行分类。染料的分类方法主要有两种,即结构分类法和应用分类法。

### 一、染料的结构分类

染料的结构分类是根据染料的发色体系的分子结构特点和制造方法来分的,也叫做染料的化学分类。染料的结构类型主要有:偶氮染料(azo dyes)、蒽醌染料(anthraquinone dyes)、三芳甲烷染料(triarylmethane dyes)、靛族染料(indigoid dyes)、菁系染料(多甲川染料)(cyanine dyes or polymethine dyes)、硫化染料(sulfur dyes)、酞菁染料(phthalocyanine dyes)以及硝基和亚硝基染料(nitro and nitroso dyes)等。

这种分类方法有助于了解染料颜色的形成以及合成方法的研究,也可以估计染料的化学稳定性和耐光牢度。但这种分类方法没有指明染料的应用性能、适用对象以及采用什么样的染色工艺,因此不能适合商品染料的分类。

### 二、染料的应用分类

按应用分类的主要根据是:染料的应用对象,染料的染色方法,染料的应用性能,染料与被染物的结合形式等。不论染料的化学结构如何,只要其染色性能和染色方法相同,均属同一应用类别。例如酸性染料适合酸性条件下染蛋白质纤维;还原染料需要碱性还原条件先使染料成为水溶性的隐色体,因此用于纤维素纤维,很少用于蛋白质纤维。很显然,这种分类方法有助于染料的选择和应用,所以染料的商品分类采用染料的应用分类。

按照染料的水溶性可以粗略地把染料应用类型分为两大部分:

（1）水溶性染料：包括直接染料（direct dyes）、酸性染料（acid dyes）、酸性媒介染料（acid mordant dyes）、活性染料（reactive dyes）和阳离子染料（cationic dyes）等，其中阳离子染料在水溶液中呈正离子性，其他几种为阴离子染料，水中带负离子。

（2）非水溶性染料：包括还原染料（vat dyes）、不溶性偶氮染料（azoic dyes）、分散染料（disperse dyes）和硫化染料（sulfur dyes）等。

染料的不同应用类型对染料的结构有一定要求，例如，直接染料分子需要较大相对分子质量，并要具有线型共平面的特性，所以一般需要用双偶氮和多偶氮的化学结构；还原染料需要还原成隐色体，不能用偶氮结构，而是采用蒽醌和靛族结构。

## 第三节 染料的命名

染料分子结构比较复杂，因此其化学名称（学名）十分繁复和冗长，很多商品染料又是几个染料的混合物，不能用一个分子式表示。同时学名并不能反映出染料的颜色和应用性能，因此商品染料不采用这种命名方法。在天然染料以及合成染料应用初期，因为染料品种较少，常采用习惯命名法命名。例如，靛蓝、苯胺紫、孔雀绿等，这种染料命名，虽然指出了染料的颜色，但没有关于染料应用性能的信息，只能根据染色工作者的经验进行选用，尤其是合成染料的品种日益增加，这种方法也不再适应发展的要求。

为了便于区分和掌握染料的类别、颜色和色光，常采用由染料的属名、色称和符号三部分组成的命名方法（三段命名法）。这种方法从实际出发，说明了染料的类别、颜色以及其他的性质。

### 一、属名（冠称）

为了染料应用时选择方便，染料属名应该反映染料的应用对象、应用方法及染色性能等信息，因此用染料的应用类型的名称作为属名，例如直接、酸性、活性等。这种属名称为普通属名，我国染料主要采用这种方法命名。其优点是简单明了，染料选择很方便。但是作为一种商品，每个染料厂商需要树立自己的品牌，商品染料的属名常是染料的商品名，各染料厂商对各应用类型的染料都有不同染料属名，叫做专用属名。例如，同为分散染料分别有下列属名：科莱恩（Clariant）公司用"福隆"（Foron）；德司达（DyStar）公司用"大爱尼克斯"（Dianix）；亨兹曼（Huntsman）公司用"托拉西"（Terasil）等。同一家染料公司也应用不同商品名作为不同应用类型染料的属名，例如，德司达公司除了上述"大爱尼克斯"表示分散染料外，还用"普施安"（Procion）表示活性染料，"锡利"（Sirius）表示直接染料，"阴丹士林"（Indanthren）表示还原染料等。这种属名虽然复杂繁多，并且不断有新的品种出现，但却是市场经济不可缺少的，需要在生产科研的实践中逐渐熟悉。

### 二、色称（色相）

染料的色称表示染料的基本颜色，常用的有黄、橙、红、紫、蓝、绿、棕、灰、黑、白等，同时又可根据具体颜色上的特点加上适当的形容词表述，如“老”、“嫩”、“深”、“浅”等；特别鲜亮的染料，常加“艳”、“亮”等词语。此外，还有借天然物的颜色来形容染料染出的颜色，如天蓝、红玉、金黄、鼠灰、桃红、枣红等。

## 三、符号(尾注)

属名和色称还不能完整地表达不同品种染料的特性，例如染料的色光、力份、牢度和某些染色性能，因此在染料命名的最后还带有一些外文字母和数字来表示这些性能。常见符号的含义如下：

**1. 表明染料颜色的色光和品质**

R(Red)——带红光；

B(Blue)——带蓝光或青光；

G(英文中 Green 为绿，德文中 Gelb 为黄)——带绿光或黄光。

少数商品染料也采用以下符号：

V (Violet)——带紫光；

Y 或 J(英文中为 Yellow，法文中为 Janue)——带黄光；

O (Orange)——带橙光。

表示色的品质可用：

T (Tallish)——色光深；

F (Fine)——色光纯；

D (Dark) ——色光为深色或较暗。

**2. 表明性质或用途**

C——耐氯或棉用；

F (Fine or Fastness)——染料粒子细或染色牢固；

E (Even)——匀染性能好；

P (Printing) —适用于印花；

S (Soluble)——易溶解或适用于染丝或升华牢度好；

K(德文 Kalt)——还原染料中表示冷染法，国产活性染料中表示热固型；

W(Wool)——适用于染羊毛；

L(Light or Level)——耐光牢度或匀染性好；

N(Normal or New)——适宜常温染色或新型染料。

上述字母前常加以数字表示这些染料性能的程度，如 2B(也可以写成 BB)表示染料的蓝光较强。必须说明，由于各染料公司都有自己的染料命名，因此这种表示方法只能是相对的，例如 4L 只能说明其代表的染料的耐光牢度较高，但不一定表示比标明 3L 的染料的耐光牢度更高。

**3. 表示染料物理形态**

Pdr. ——粉状；

Micro Pdr. ——细粉状；

P. f. f. d. ——染色用细粉；

P. f. f. p. ——印花用细粉；

Paste——浆状。

**4. 表示染料强度和力份**

Conc. ——浓；

H. C. ——高浓度；

Ex. ——特浓；

Double——双倍浓；

100%、200%、300%等——染料的力份。

染料的力份(又称强度)是以一定浓度的染料为标准相比较而得出来的；通常将标准染料的力份定为100%，力份为50%即为标准染料的一半浓，200%即比标准染料浓1倍。需要注意的是，这里的百分数并不是一个表示纯染料实际百分含量的绝对值，而是一个参照标准的相对值。

染料的三段命名法使用比较方便。例如还原艳绿FFB为牢度很高、带蓝光的鲜艳绿色还原染料。又如Megafix B-3G表示由上海万得化工公司生产的B型活性染料，带有较重的黄光，B型染料是一种具有双活性基的活性染料。Foron Yellow AS-RL代表由科莱恩公司出品的黄色分散染料，AS代表该公司的一类具有超耐晒牢度的分散染料，R为带有红光，L为耐光牢度优良或具有优良的匀染性。

## 四、《染料索引》简介

《染料索引》(*Colour Index*，缩写为C. I.)是由英国染色和印染工作者协会(SDC)及美国纺织化学家和染色家协会(AATCC)合编的国际性染料、颜料品种汇编。在这本索引中对收集到的各国染料生产商的染料和颜料品种统一按应用类别和化学结构类别编成两种编号，并列入各染料的类别、色泽、各项牢度、各种用途、可以收集的分子结构和合成方法以及有关资料来源和不同商品名称等重要信息，是一本重要的有关染料的参考书籍，为各国刊物和资料广泛应用。

在《染料索引》的1971年第三版中，第1、2、3卷按染料应用分类，如酸性染料、不溶性偶氮染料重氮和偶合组分、直接染料、分散染料、碱性染料(包括阳离子染料)、荧光增白剂、食品染料、媒染染料、颜料、活性染料、溶剂染料、硫化染料和还原染料等。每只染料品种也用三段命名法命名，冠称就是应用类型的名称，如Acid(酸性)、Direct(直接)等。在冠称后面仍为色称，各种颜色划分为10种：黄、橙、红、紫、蓝、绿、棕、灰、黑、白。染料的尾注用数字对各染料品种排序。三者构成了《染料索引》中的染料名称，例如，卡普隆桃红BS(C. I. Acid Red 138)、分散藏青H-2GL (C. I. Disperse Blue 79)、还原蓝RSN (C. I. Vat Blue 4)等。在每只染料名称的下面，还以表格形式给出了应用方法、用途、较重要的牢度性质和其他基本数据，同时指明第4卷中相应化学结构号。

第4卷列出了染料的分子结构式，按化学结构分类进行排列并分别给以编号，称为“染料索引化学结构编号”，分子结构未公布的染料无此编号，因此第4卷列出的染料比第1、2、3卷少得多。在这些编号下面，列出了染料的结构式、制造方法概述、某些化学性质以及参考文献(包括专利)，同时指明在第1、2、3卷中该染料的位置。第1、2、3卷和第4卷之间的内容是可以交错参考、相互补充的。例如，C. I. Aid Red 138(卡普隆桃红BS)对应C. I. 18073，C. I. Disperse Blue 79(分散藏青H-2GL)对应C. I. 11345，C. I. Vat Blue 4(还原蓝RSN)对应C. I. 69800等。

第5卷列出各种牌号染料的商品名称、制造厂商缩写、牢度试验的详细说明、专利索引以及商业名词的索引，并指出在前面4卷中的位置。

在1975年的增订工作中，对第5卷的新染料进行修订补充，将淘汰的品种进行除名，同时将补充的染料品种的应用类型和化学结构与第1、2、3、4卷相同的编排方法缩编在第6卷中。1982年和1992年又进行了两次修订，同样在完善第5卷的同时，编写了第7、8、9卷，对新开发的染料品种进行补充。1996年出版了《染料索引》的光盘，其中包括前面出版的所有内容，也补充了截止到1996年7月收集到的有关资料，使检索工作更加快速方便。

## 第四节　染色牢度

染色牢度作为衡量染色、印花织物产品质量的重要指标之一，它是指染色制品在染后加工与保管或服用过程中，染料(或颜料)在多种外界因素的作用下能保持原有色泽的性能。服用过程中的染色牢度主要包括耐光、耐气候、耐皂洗、耐汗渍、耐摩擦、耐熨烫、耐烟气、耐氯等牢度。染色后织物往往还需要经过其他加工，有色交织物的练漂、毛织物的缩绒以及涤纶织物的热定形等。因此，对某些染料还有耐酸碱、耐氯漂或氧漂、耐缩绒和耐升华牢度等的要求。

染色牢度的测定通常是在模拟服用或后加工的条件下进行的，这些条件都被标准化。测定结束后，比较待测试样测试前后的色差，并与标准试样和色卡进行对照，最后确定牢度的等级。

### 一、各种染色牢度

**(一)耐光牢度(light fastness)**

耐光牢度也称为耐晒牢度或耐日晒牢度。染色物的日晒褪色是一个复杂的过程。在光作用下，由于氧化或还原反应引起染料褪色。测定耐光牢度的实验条件应具有充分的代表性，最好在日光下直接进行曝晒，也可以使用人造光源，如氙灯、电弧灯等。由于氙灯的光谱最接近日光，目前用得最多。耐光牢度测定采用蓝色标准试样对比法。蓝色标准试样采用8种耐光牢度不等的蓝色染料对具有特殊标准的羊毛哔叽织物染色得到的试样，这些试样的耐晒程度以近似几何级数分为8级，以8级为最高(相当于日光下曝晒384h以上开始褪色)，1级为最低(相当于日光曝晒3h就开始褪色)。标准羊毛试样所用染料见表1-1。

表 1-1　蓝色标准试样的 8 种染料

| 耐光牢度等级 | 染料名称 | 染料索引号 | 化学类别 |
|---|---|---|---|
| 1 | 酸性艳蓝 FFR | C. I. 酸性蓝 104,42735 | 三芳甲烷 |
| 2 | 酸性艳蓝 FFB | C. I. 酸性蓝 109,42740 | 三芳甲烷 |
| 3 | 酸性艳蓝 R | C. I. 酸性蓝 83,42660 | 三芳甲烷 |
| 4 | 酸性蓝 EG | C. I. 酸性蓝 121,50310 | 吖嗪 |
| 5 | 酸性蓝 RN | C. I. 酸性蓝 47,62085 | 蒽醌 |
| 6 | 酸性耐光蓝 4GL | C. I. 酸性蓝 23,61125 | 蒽醌 |
| 7 | 溶靛素蓝 4BC | C. I. 暂溶性还原蓝 5,73066 | 靛蓝 |
| 8 | 溶靛素蓝 AGG | C. I. 暂溶性还原蓝 8,73801 | 靛蓝 |

待测试样与这些标样都遮掉一部分并一起在光源下曝晒，达到一定程度或一定时间后将待测试样与 8 个标准试样对照照光部分和未照光部分的色差，进行评级。

耐气候牢度(weathering fastness)的测定与耐光牢度相似，但在测试时加入喷水环节，以模仿下雨的情节。

**(二)耐皂洗牢度、耐汗渍牢度等浸渍在水溶液中测定的染色牢度**

耐皂洗牢度也称耐洗牢度(washing fastness)，表示染色织物经皂液或表面活性剂溶液洗涤后变色以及白布沾色情况。不同织物耐皂洗牢度的测试标准不同，如丝绸系列在 40℃测定，棉在 95℃测定。不同测试标准对洗涤液的要求也不同。

耐汗渍牢度(perspiration fastness)是指染色织物浸渍汗液后的褪色和沾色程度。测定时采用人工配制的人造汗液，分碱性和酸性两种。

此外，还有耐酸碱牢度(acid or alkaline fastness)、耐水浸牢度(fastness to water)等。

在测试这些牢度时，常将待测试样与未染色织物缝在一起，在标准溶液和标准条件中处理，然后比较处理前后试样的褪色色差和白布的沾色色差进行评级。因此，这些牢度都分成褪色牢度和沾色牢度。这些牢度分为 5 级，最高为 5 级，最低为 1 级。

牢度是通过试样处理前后的色差与灰色标准样卡对照进行评级的。灰色标准样卡分为褪色样卡和沾色样卡两种。染色牢度分为 5 级，为了更精细地测定染色牢度，样卡设置为 5 级 9 档制，即在两级之间设定了半级的标准。例如在 3 级和 4 级之间设定了 3 级半或表示为 3－4 级。灰色标准样卡见下图。灰色标准样卡的各级色差见表 1－2。

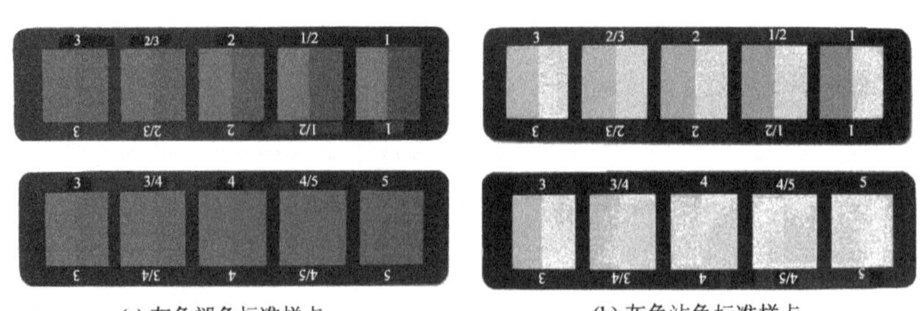


(a) 灰色褪色标准样卡　　(b) 灰色沾色标准样卡

灰色标准样卡

表 1-2　褪色和沾色样卡色差技术标准

| 级　别 | 褪色样卡 | | | 沾色样卡 | | |
|---|---|---|---|---|---|---|
| | 色差 CIEL*a*b* | 允许误差 | 原样褪色 | 色差 CIEL*a*b* | 允许误差 | 白布沾色 |
| 5 | 0 | ±0.2 | 色泽未变 | 0 | ±0.2 | 白布未沾色 |
| 4-5 | 0.8 | ±0.2 | — | 2.3 | ±0.3 | — |
| 4 | 0.7 | ±0.3 | 色泽很少变化 | 4.5 | ±0.3 | 白布很少沾色 |
| 3-4 | 2.5 | ±0.35 | — | 6.8 | ±0.4 | — |
| 3 | 3.4 | ±0.4 | 能觉察色泽变化 | 9.0 | ±0.5 | 白布可觉察沾色 |
| 2-3 | 4.8 | ±0.5 | — | 12.8 | ±0.7 | — |
| 2 | 6.8 | ±0.6 | 色泽明显变化 | 13.1 | ±1.0 | 白布有极大沾色 |
| 1-2 | 9.6 | ±0.7 | — | 25.6 | ±1.5 | — |
| 1 | 13.6 | ±1.0 | 色泽变化或减弱很大 | 35.2 | ±2.0 | 白布染成深浓色 |

**(三)耐摩擦牢度(rubbing fastness)**

耐摩擦牢度表示染色织物经表面摩擦引起摩擦物表面沾色的程度。常用标准白布作为摩擦物。标准白布分干和湿两种状态。摩擦以后,用沾色灰色样卡对色评级。耐摩擦牢度分耐干摩擦牢度和耐湿摩擦牢度,5 级最高,1 级最低。

**(四)耐升华牢度(sublimation fastness)**

耐升华牢度表示染色织物在高温下,部分染料受热升华引起颜色变化的程度,也称耐热牢度。耐升华牢度主要评价聚酯、聚酰胺和聚丙烯腈等疏水性纤维上分散染料的染色牢度。测试时把染色织物和未染色织物叠在一起,放在加热板上加热一定时间,冷却后用灰色和沾色样卡评级。

根据纺织品的用途不同,还有各种染色牢度标准,这里不一一介绍。我国的牢度测定标准基本与国际接轨。根据我国的具体情况,也有一些特殊牢度的要求,例如耐刷洗牢度(brushing fastness)等。

染色牢度标准很多,每种纺织品并不需要所有牢度都很高,例如内衣要有好的耐洗牢度,对耐光牢度要求可以低一些;窗帘布则需要较高耐光牢度,耐洗牢度则不需太高;游泳衣则要求较高耐氯漂牢度(chlorine fastness)等。

## 二、影响染色牢度的因素

**1. 染料结构**　染料的化学结构对染色牢度的影响分两个方面。

(1)染料的化学稳定性。例如染料的光氧化或光还原性能是影响耐光牢度的一个决定性因素,同样染料在酸碱条件下是否变色决定了染料的耐酸碱牢度。

(2)染料与相应纤维的结合能力以及染料的水溶性。例如染料的相对分子质量小,水溶性基团较多,染料在水中的溶解度较大,则染料的湿处理牢度相对较低。如果染料与纤维只能以范德华力结合,又有较大水溶性,染料的湿处理牢度必然较差;相反,染料不溶于水或者染料能与纤维以共价键结合，染料的湿处理牢度就较高。

**2. 纤维性质** 作为与染料结合的对象，纤维对染色牢度有很大的影响。例如，纤维疏水性强，结构紧密，水不易渗入纤维内部，则湿处理牢度较好；又如很多阳离子染料的耐光牢度较差，但聚丙烯腈纤维对染料有保护作用，因此其耐光牢度较高。

**3. 染色工艺** 如果染色时纤维没有染深染透，很多染料仅分布在纤维表面，染色织物的湿处理牢度和耐摩擦牢度必然较低。染料在纤维内的浓度较高，染料在纤维内部呈聚集状态，染料的耐光牢度可以得到提高。有的染料如不溶性偶氮染料，因染料浓度太低，会造成耐光牢度急剧下降，因此不能用于染淡色。

染料在织物上的浓淡对染色牢度有很大影响。一般来说，染料上染浓度高的耐光而不耐洗，浓度低则耐洗而不耐光。

**4. 测试条件** 对于不同的纺织品，同一种染色牢度有不同的测定标准，因此它们的测定结果是不同的。例如耐皂洗牢度，不同织物的测定温度是不同的，丝织物测定温度较低，棉织物测定温度较高，因此用同一种染料染色，在丝织物上的耐皂洗牢度容易达到要求。耐光牢度的测定可以用日光、氙灯或电弧灯等，由于光的波长范围不同，测定结果也不一样。测定时的温度和湿度对耐光牢度也有较大影响。

## 第五节　染料的商品化加工

在反应釜中生成的染料，经压滤后得到的滤饼称为原染料。原染料并不能直接用于纺织品和其他基质的染色。把原染料加工成商品染料的过程称为染料的商品化。

原染料中含有合成反应的副产物和其他杂质，并不是纯粹的有效物质。每一次合成时染料的得率、色光以及副产物的成分都有一定差别。因此，商品化首先要把多次合成的染料滤饼一起混合、粉碎，以减少这些差别。在此过程中还添加了某些填充剂和其他助剂，使商品染料在力份、色光、pH 值以及外观、细度和水分等达到规定的技术指标，并能帮助染料和纤维润湿、渗透，促使染料在水中均匀分散。

水溶性染料，如直接染料的填充剂一般采用硫酸钠（元明粉），水溶性较差的染料适当加少量纯碱，以提高溶解度。活性染料中常加入尿素和磷酸氢二钠作稳定剂，防止在储存运输中活性基的水解。

非水溶性的分散染料和还原染料需要在水溶液中迅速分散成胶体或悬浮体，应研磨成 $1\mu m$ 左右的微粒，因此在商品化加工中常加入很多分散剂，如木质素磺酸钠或一些合成分散剂。这些助剂还能使染料悬浮液保持稳定，同时也用作填充剂，调节染料的力份。

根据生产和应用的不同条件和要求，商品染料具有不同的剂型。最常见到的是粉状染料，这种状态的染料生产方便，技术要求不高，成本较低，并有较好的储存稳定性。对于分散得极细的粉状染料，应该加入防尘剂进行防尘处理，防止在生产和应用过程中粉尘飞扬，造成环境的恶化。

许多固体染料可以做出颗粒状剂型，这种剂型的染料使用时无粉尘或低粉尘，可改善劳动环境和卫生条件。如果颗粒的形状和大小一致，商品形象可以得到很大改善。这种剂型需要在水中有较好的溶解性能或分散性能，以方便染料的应用。

染料还可以制成液状或浆状剂型。染料合成过程大部分在水溶液中进行，制成液状染料可以省去干燥的过程，减少能源的消耗。在液状染料中，水也是一种填充剂，对于非水溶性染料，分散剂的用量也大大减少，这样就降低了生产成本。由于减少了在干燥成固体过程中染料的聚集，还可以改善染料的染色性能。为了防止在储存和运输过程中染料发生沉淀、结块、发霉等不利情况，液体染料中常加入分散剂、吸湿剂、杀虫剂、增稠剂等助剂。液体染料可以用计量泵精确计量，因此对于染色工艺的自动化控制具有重要意义。

对于同样分子结构的染料，各染料制造厂家往往有不同的商品化工艺，造成染料质量差别很大。染料商品化是各染料公司的核心技术，对此严格保密。我国染料行业各种类型染料都可以生产，然而在商品化方面还很薄弱，很多高档染料还需进口。要提高我国染料工业的竞争能力，必须在染料商品化方面不断开发创新，提高染料的档次和应用性能。

## 第六节 染料的禁用

自从 1895 年德国医生 Rehu 报道品红能够致膀胱癌开始，染料及其芳香胺中间体和重金属对人的有害性逐渐受到重视。到了 20 世纪中叶，科学技术在全球范围内进入了飞速发展的时期，然而由于人口急剧增加，对资源的掠夺性开发以及大量“三废”排放，已经对人类的生存环境造成了极大破坏。纺织品中可能存在的有害物质及其对人体健康和环境的影响同时得到了全面重视和研究。1994 年 7 月，德国政府在《食品和日用消费品法》(第二修正案)中以立法的形式禁用可能还原产生对人体或动物有致癌作用芳香胺的偶氮染料。几年后，欧盟也立法在所有成员国范围内，禁用这些染料和其他有毒物质在纺织品中的使用。我国于 2003 年 11 月 27 日正式发布了强制性国家标准 GB 18401—2003《国家纺织产品基本安全技术规范》，并于 2005 年 1 月 1 日实施。

根据欧盟 2005 年 5 月 15 日公布的欧盟判定纺织品生态标签新标准，有关有毒染料的禁用规定有下列三种：

**1. 可以分解成致癌芳香胺的偶氮染料** 从欧盟禁用的有毒致癌芳香胺中，直接对人体致癌的有 4 种，已经证明对动物有致癌作用的有 18 种，总计 22 种。

偶氮结构的化合物在还原条件下，偶氮基被还原成两个氨基造成分子断裂，得到芳伯胺，如果其中有禁用的芳伯胺，该染料即为禁用染料。如直接黑 BN(C. I. 直接黑 38)。

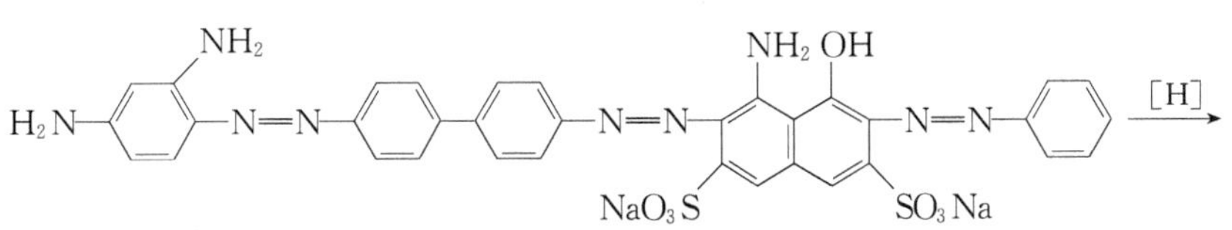

$NH_2$ $NH_2$ OH
$H_2N$—⟨苯环⟩—N=N—⟨苯环⟩—⟨苯环⟩—N=N—⟨萘环⟩—N=N—⟨苯环⟩ $\xrightarrow{[H]}$
$NaO_3S$ $SO_3Na$

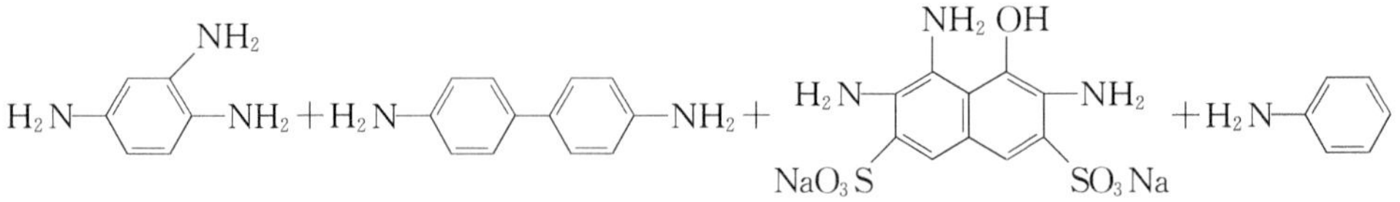

$NH_2$
$H_2N$— —$NH_2$ + $H_2N$— —$NH_2$ + 
$NH_2$ OH
$H_2N$— —$NH_2$
$NaO_3S$ $SO_3Na$
+ $H_2N$—

式中联苯胺具有强烈致癌作用，是 22 种禁用有毒芳香胺之一，因此该染料是禁用染料。在染料生产中产生禁用芳香胺副产物的情况也需要充分注意，例如，苯胺重氮化后得到少量 4 -氨基联苯，对硝基苯胺重氮化可能得到联苯胺，在这种情况下，应加强染料的纯化，去除有毒芳香胺。

**2. 致癌染料** 致癌染料是指未经分解本身就有致癌作用的染料。欧盟禁用的直接致癌染料有 9 种，其中偶氮结构 5 种、蒽醌结构 2 种、三芳甲烷结构 2 种。从应用类型看，直接染料和分散染料各 3 种、碱性染料 2 种、酸性染料 1 种。

**3. 致过敏染料** 染料过敏性是指某些染料会对人体或动物的皮肤和呼吸器官等引起过敏的染料。致过敏染料是指这种作用会严重到影响人体健康的染料。不是所有染料都是过敏性的。

欧盟的法令中，禁用的致过敏染料有 18 种，另有两种已包括在致癌染料中。在这 20 种染料中，偶氮染料占 11 种，蒽醌结构占 6 种，其他结构占 3 种。全部为分散染料。

除了上述三种禁用规定外，该法令对染料中的金属离子也有禁用或限用的内容。欧盟规定纺织染料中重金属离子（不包括染料分子中的金属离子）不能超过下列值：Ag 100mg/kg、As 50mg/kg、Ba 100mg/kg、Cd 20mg/kg、Co 500mg/kg、Cu 250mg/kg、Fe 2500mg/kg、Hg 4mg/kg、Mn 1000mg/kg、Ni 200mg/kg、Pb 100mg/kg、Se 20mg/kg、Sb 50mg/kg、Sn 250mg/kg、Zn 1500mg/kg。由于铬化合物，尤其是重铬酸盐的毒性以及对环境污染严重，欧盟禁用所有在染色工艺中用铬媒染的染料，并对含铜、铬、镍的金属络合染料的使用进行限制。

## 复习指导

1. 了解构成染料的物质应具有的性能和条件。
2. 熟悉染料的结构分类和应用分类的方法和优缺点。
3. 掌握染料的命名方法。
4. 了解染色牢度的意义以及测定方法。熟悉影响染色牢度的因素。
5. 了解染料商品化的意义。
6. 了解哪些染料是禁用的。

## 思考题

1. 说明染料的含义以及构成染料的条件。
2. 说明染料与颜料的区别。
3. 染料有哪几种分类方法？说明它们的分类依据和各自优缺点。
4. 商品染料的命名方法有哪两种？说明染料名称中各段的含义。

5. 说明下列染料命名的含义：

(1)直接青莲 5BLL (2)柴林艳蓝 3GM (3)还原蓝 BC

(4)活性艳红 X-3B (5)分散黄棕 H-2RFL (6)Cibacron 艳蓝 K-BR

(7)卡普隆桃红 BS

6. 染料牢度包括哪些内容？各种牢度分几级？怎样测试各种牢度？

7. 说明影响湿处理牢度和耐日晒牢度的因素。

8. 什么叫染料的商品化？为什么要对染料进行商品化？

## 参考文献

[1]侯毓汾，朱振华，王任之．染料化学[M]．北京：化学工业出版社，1988.

[2]钱国坻．染料化学[M]．上海：上海交通大学出版社，1988.

[3]王菊生．染整工艺原理(第三册)[M]．北京：纺织工业出版社，1984.

[4]何海兰．染料[M]．北京：化学工业出版社，2004.

[5]陈荣圻，王建平．禁用染料及其代用[M]．北京：中国纺织出版社，1996.

[6]陈荣圻，王建平．生态纺织品与环保染化料[M]．北京：中国纺织出版社，2002.

[7]肖纲，王景国．染料工业技术[M]．北京：化学工业出版社，2004.

[8]刘广文．染料加工技术[M]．北京：化学工业出版社，1999.

[9]何瑾馨．染料化学[M]．北京：中国纺织出版社，2009.

[10]章杰．新标准 新政策 新挑战[J]．印染，2004(5)：33-42.

# 第二章 染料的结构与颜色

从人们的日常经验可知，当周围没有光的时候，眼前将一片漆黑，感觉不到物体的颜色。显然，物体的颜色与光之间有着非常密切的关系。

## 第一节 光与色

### 一、光与色的物理概念

光是一种电磁波（electromagnetic wave），其波长（wavelength）与频率（frequency）的关系为：

$$\lambda=\frac{c}{\nu} \tag{2-1}$$

式中：$\lambda$ 为波长；$c$ 为光速；$\nu$ 为频率。

可见光的波长范围大致在 380～780nm。当这种波长范围的光照射到人的眼睛中，就能感觉到颜色。人眼对不同波长的光的感觉是不同的。光的波长与颜色的关系见表 2－1。

**表 2－1 光的波长与颜色的关系**

| 光谱区域 | 波长/nm | 频率/$s^{-1}$ |
|---|---|---|
| 红 | 770～640 | $(3.9\sim4.7)\times10^{14}$ |
| 橙—黄 | 640～580 | $(4.7\sim5.2)\times10^{14}$ |
| 绿 | 580～495 | $(5.2\sim6.1)\times10^{14}$ |
| 青—蓝 | 495～440 | $(6.1\sim6.7)\times10^{14}$ |
| 紫 | 440～400 | $(6.7\sim7.5)\times10^{14}$ |

从表中可知，红光的波长最长，为 640～770nm；紫色光的波长最短，为 400～440nm。

作为一种白光，太阳光包含可见光范围中所有波长的光。当这种白光照射在某种物体上，如果所有波长的光都被物体吸收，人们看到的是黑色；如果这些光都被物体反射，则该物体呈白色；如果全都透过该物体，则物体是无色透明的；如果物体对所有波长的可见光都均匀吸收，物体将呈现灰色。黑、灰和白色被称为非彩色或中性色。一个物体要有彩色必须能够有选择性地吸收某一频率（波长）的可见光。白光中少了该频率的光后，剩余的其他频率的光一起照射到人的眼中，就能感受到色彩。人们感受到物体的颜色为该物体吸收光的补色（complementary colours）。

补色的定义为：当两种不同颜色的光混合起来成为白光，这两种光的颜色互为补色。

人们感觉的颜色可以是相应频率的单色光引起的，也可以是从白光中除去这种颜色的补色光后，白光中剩余频率的光的总结果。这两种光在人眼中的反映，效果是一样的。

如果把可见光的颜色按波长的大小排成一个环，环中对角线的颜色均互为补色，这个环称为色环(colour-circle)或色盘，如图 2-1 所示。

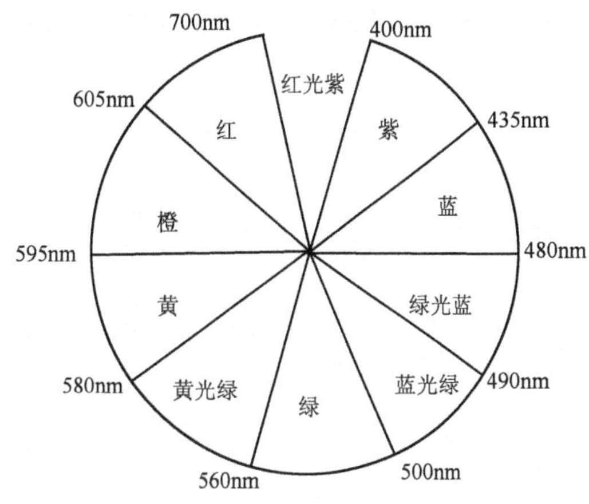


图 2-1 色环

从色环中可见，红光紫位置是一个空缺，作为该颜色的补色，纯粹的绿色难以通过一种单色光的吸收而得到。绿色一般需要两种染料的拼色得到。

## 二、吸收光谱

如上所述，物体对可见光的吸收，决定了它的颜色，因此，研究物体的吸收光谱具有很重要的意义。

### (一)朗伯特-比尔(Lambert-Beer)定律

$$D=\lg\frac{I_0}{I}=\varepsilon cl \qquad (2-2)$$

式中：$D$ 为光密度(optical density)；$I_0$ 为入射光强度；$I$ 为透射光强度；$c$ 为溶液浓度(mol/L)；$l$ 为光程(cm)；$\varepsilon$ 为摩尔吸光系数(molar absorptivity)。$\varepsilon$ 取决于吸收物质的内在性能和可见光的波长(或频率)，也与有色物质的溶剂等环境因素有关。

朗伯特-比尔定律适合于理想溶液，因此一般应在稀溶液中应用。

### (二)吸收光谱

以波长或频率、波数为横坐标，以某一物质在该波长相应的摩尔吸光系数为纵坐标，可以得到该物质的吸收光谱。在一定条件下一种物质的吸收光谱与其分子结构有密切关系，因此紫外和可见光谱常作为物质结构的一种表征。在有的情况下，同一物质不同波长的摩尔吸光系数值相差很大，为方便起见也用该数值的对数作为纵坐标。

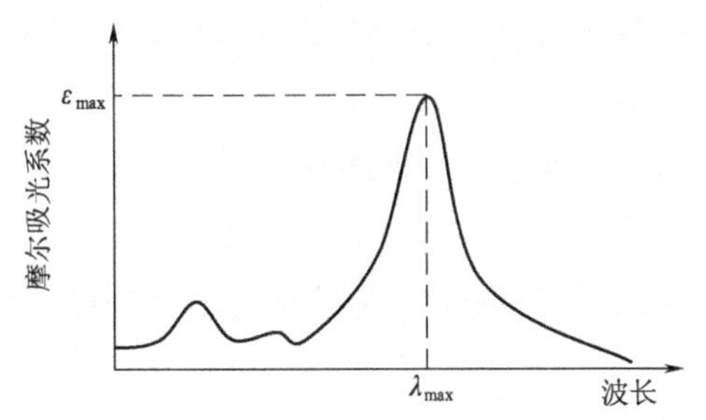


图 2-2 物质的吸收光谱

如图 2-2 所示的吸收光谱中，有机化合物对光的吸收常表现为一较宽的波长范围，形成一个吸收峰，称为吸收谱带，或吸收带(absorption bands)。每一个吸收带中都有一个最大的摩尔吸光系数,用 $\varepsilon_{max}$ 表示;其相对应的吸收波长称为最大吸收波长,用 $\lambda_{max}$ 表示。最大吸收波长以及最大摩尔吸光系数常粗略地用来表示该吸收带的吸收特性。

如果要表示整个谱带的吸收强度(absorption intensities),需要对吸收带覆盖的面积进行积分,称为积分吸收强度:

$$\text{积分吸收强度} = \int \varepsilon \mathrm{d}\tilde{\nu} \tag{2-3}$$

式中:$\tilde{\nu}$ 称为波数(wavenumber),$\tilde{\nu}=\frac{1}{\lambda}$,表示每厘米长度中可容纳波的数目。

在有些物质的吸收光谱中,可以有两个或两个以上的吸收带。其中波长最长的为第一吸收带,其余类推为第二、第三吸收带。

## 三、颜色的深浅、浓淡和鲜艳度

为了定性和定量地描述颜色,国际上统一规定了鉴别颜色的三个特征值,即色相(hue)、明度(lightness)和彩度(chroma)。这三个基本特征值与物质吸收光谱中吸收带的波长、吸收强度和吸收峰的宽窄程度有相互对应关系。

### (一)色相与颜色的深浅

色相又名色调、色别,是指颜色彼此区别的最基本的特征。对于有色物体来说,色相取决于物体表面有选择性地吸收了白光中具有某一最大吸收波长的吸收带或几个不同波长的吸收带后,所反射出其余波长的光对人眼的刺激而引起的感觉。因此色相与被吸收光的波长有关。

在有关吸收光谱的术语中,颜色的深浅是如下描述的:被吸收光的波长越长,则该颜色越深;被吸收光的波长越短,颜色越浅。如前所示,光波长从长到短的顺序为红、橙、黄、绿、青、蓝、紫,其对应的补色顺序为绿(蓝光绿)、青、蓝、紫、红、橙、黄,这就是颜色从深到浅的顺序。

同时吸收可见光中几种波长的物体,表现出有几个吸收带(或是它们的重叠),人们看到的颜色为这些吸收光补色的拼混色。

当有色物体的分子发生改变或物体周围的环境变化,如 pH 值的改变等,常会引起物体吸收光的波长改变,从而使得颜色发生变化。如果吸收光的波长变长,称为深色效应(hyperchromic effect),或红移(red shift);反之,称为浅色效应(hypsochromic effect),或蓝移(blue shift)。深色效应可以表现为色相的改变,如由黄变红,由紫变蓝等,也可以是同一色相,色光发生变化,如从黄光红变为蓝光红。同理,浅色效应亦然。

### (二)明度与颜色的浓淡

明度是表示颜色明暗程度的特征值。

对于非彩色而言,明度是最重要的特征值。白色明度最高,黑色明度最低。在黑白之间,明度从低到高分布了一个灰色系列。

对于彩色而言,明度与不同色相有关,在光谱七色中,明度由高到低的顺序为:黄、橙、绿、青、红、蓝、紫。

各光谱色的相对明度值如表 2－2 所示。

**表 2－2 各光谱色的相对明度值** 单位：%

| 彩色 | 黄 | 橙 | 黄绿 | 青绿 | 青 | 红 | 蓝 | 紫 |
|---|---|---|---|---|---|---|---|---|
| 明度值 | 100 | 78.9 | 69.85 | 30.33 | 11.0 | 4.95 | 0.80 | 0 |
| 非彩色 | 白 | 白灰 | 浅灰 | 中灰 | 深灰 | 暗灰 | 黑灰 | 黑 |

对于同一色相的颜色会因明度不同形成一个由明到暗的颜色系列。这与非彩色是一致的。

通常情况下，颜色的明度高低是由物体的反射率或透射率来表示的。白色的明度最高，光反射率接近 100%；黑色则相反，反射率接近 0。

当白光照射到有色物体上，其中某一频率的光被物体选择性地吸收了。可见光被吸收得越多，反射率或透射率就越低，即明度越低。此时可以称该颜色相对较浓；反之则较淡，即明度较高。因此颜色的浓淡与明度有密切的联系。

对于染料染色物体来说，颜色的浓淡，既取决于染料在纺织品上的浓度，也与染料的发色强度有直接的关系。如果单就染料来说，染料吸收带的吸收强度或者摩尔吸光系数高，则染料较浓；反之，染料较淡。

分子结构或其他条件的变化有时可以引起吸收带的吸收强度或摩尔吸光系数发生变化，就会引起染料的浓度发生变化。如果吸收强度提高，称为浓色效应或增色效应（hyperchromic effect）；反之，称为淡色效应或减色效应（hypochromic effect）。

**（三）彩度与颜色鲜艳度**

彩度又称为颜色的饱和度（saturation）、纯度或鲜艳度。色彩越鲜艳，彩度即鲜艳度越高。白、灰、黑为非彩色，只有颜色的明暗或浓淡，彩度近似为零。

对于有色物体而言，可见光范围的吸收带的宽窄对颜色的鲜艳度有重要影响。吸收带越窄，说明物质分子对可见光吸收的选择性越强，颜色越鲜艳，反之则越暗。如果一种物质分子没有选择性地吸收某一波长的可见光，或较均匀地吸收所有波长的可见光，该物质就失去了色彩，成为非彩色。

用吸收光谱来表现颜色深浅浓淡和鲜艳度的变化如图 2－3 所示。

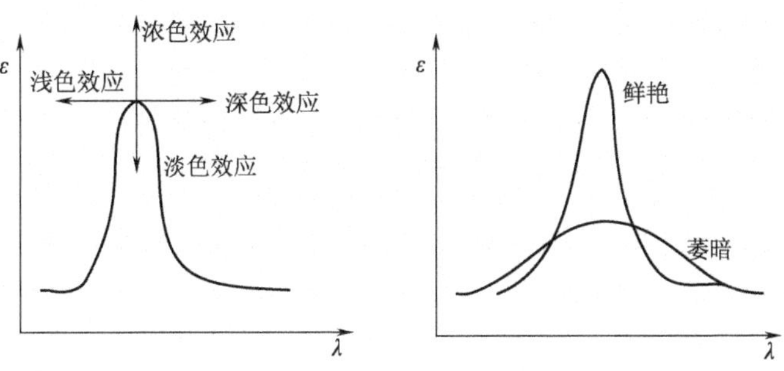


图 2－3 颜色的深浅浓淡及鲜艳度

# 第二节 有机化合物的发色理论

从历史上看，随着化学科学的发展，人们希望找出物体颜色与其化学结构之间的关系，由此提出了很多相关理论，其中较重要、影响较大的为维特（O. N. Witt，1876）提出的发色团和助色团理论。

发色团和助色团理论认为，有机化合物之所以有颜色是因为分子中含有不饱和基团，例如—N═N—、>C═C<、—N═O、—$NO_2$、>C═O等。这些基团称为发色团，含有发色团的分子结构称为发色体。Witt还认为，在发色体中引入氨基、羟基或它们的衍生基团等，可以加强发色团的作用，引起较强的深色效应。他把这些基团称为助色团。很显然，上述理论只是对现象的归纳，并没有从本质上说明物质为什么会拥有颜色。因此Witt的理论虽然解释了很多化合物结构与颜色之间的关系，但也存在不少例外。例如，孔雀绿的隐色体既有发色团又有助色团，却没有颜色；相反，碘仿没有发色团，但为黄色。

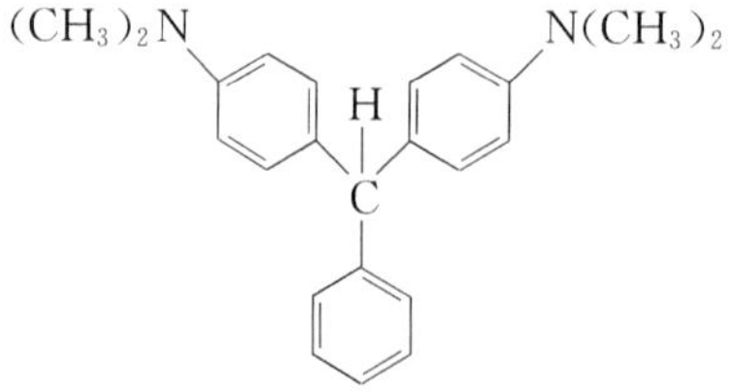

$(CH_3)_2N$ $N(CH_3)_2$ H C $CHI_3$

孔雀绿隐色体　　碘仿

除了发色团和助色团理论之外，颜色的醌构理论认为分子中存在醌的结构就会产生颜色，用于芳甲烷染料和醌亚胺染料很有效。也有人把醌构学说看成发色团理论的一种特殊情况。

量子理论的发展把有色物体吸收光的能量与随之产生的分子内能的变化联系起来，以分子中电子运动的规律来解释分子结构与颜色之间的关系，从而从本质上揭示了有机化合物具有颜色的原因。

## 一、有机物体吸收光的量子概念

### （一）光的波粒二象性

现代物理学认为光具有波粒二象性，即既具有波动性，又具有微粒性。

首先，光是一种电磁波，其波长与频率的关系如式（2－1）所示。然而，光的微粒性告诉我们，光的能量发射、传播和转移都不是连续的，而是量子化的，其最小单位为光子。光子的能量与其波动性质的关系为：

$$E=h\nu=\frac{hc}{\lambda} \qquad (2-4)$$

式中:$E$ 表示光子的能量;$h$ 为普朗克常数。这样式(2-4)就把光的波动性和微粒性很好地联系起来。因为光的波长(频率)决定了光的颜色,从而也把光子的能量与光的颜色联系在一起。

**(二)分子能级与吸收光谱**

根据量子理论,原子、分子的能级也是量子化的。两个或两个以上原子组成的分子的能量由三部分组成。其中最大的是电子能量,即电子围绕原子核运动的能量,用 $E_e$ 表示;其次是振动能量,即组成分子的原子核在分子内的相对振动的能量,用 $E_v$ 表示;最弱的是转动能量,即整个分子在空间的转动表现出的能量,用 $E_r$ 表示。当分子处于不同状态时,所有这些能量都不是连续的,而是量子化的。分子处于不同状态时的能量,称为能级。分子的能级等于该状态下电子能级、振动能级和转动能级之和。

$$E = E_e + E_v + E_r \tag{2-5}$$

各能级之间的间隔称为能级差($\Delta E$)。分子转动能级差很小,仅相当于远红外和微波的辐射范围;振动能级差虽大一些,也只在近红外的辐射范围;电子能级与其所处条件有很大关系,价电子的能级差相当于紫外和可见光的辐射范围。显然,一般热效应不足以使电子能级发生变化。在一般情况下,分子总是处于能量最低的电子状态,即最低电子能级,称为电子基态,简称基态(ground state)。同样,在这种情况下,分子的振动能级和转动能级往往也处于最低能级状态,称为零振动能级和零转动能级。根据量子理论原理,在任何状态下,分子的振动能量和转动能量都不能等于零,因此零能级时分子仍具有一定运动能量,处于一定运动状态。分子能级示意图见图 2-4。

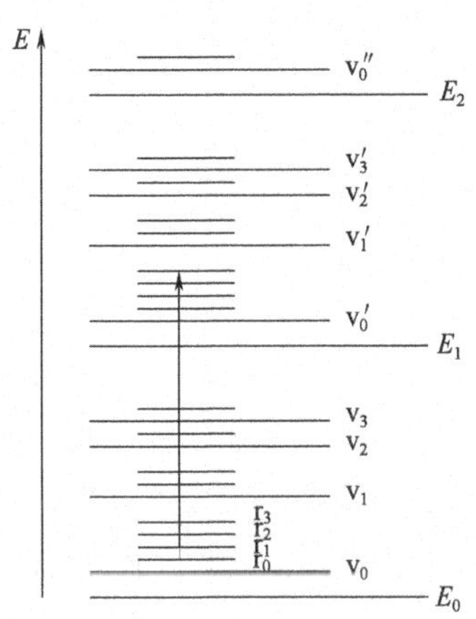

图 2-4 分子能级示意图

当分子的运动状态发生变化时,能级也随之发生变化。这种运动状态的变化叫做跃迁(transition),电子运动状态的变化称为电子跃迁。

在电子跃迁的同时,常常伴随着振动能级和转动能级的变化,因此,跃迁时总能量的变化应是三种能量变化之和(见图 2-4)。

$$\Delta E = \Delta E_e + \Delta E_v + \Delta E_r \tag{2-6}$$

很明显,电子跃迁时的能量变化也不是连续的,而是量子化的。根据能量守恒定律,只有当物质分子中电子跃迁时的总能量变化等于相应光子能量时,该物质才可能吸收该能量的光子,而使分子的能量升高。通常把分子能量增高后的电子能态称为激发态(excited state),而把能量增高的过程称为激发。基态和激发态之间的能级差称为激发能。由于一个分子具有很多不同的高能级状态,因此可以吸收不同能量的光子,达到不同能级的激发态。能量最低的激发态称为第一激发态,随着能量的升高可以称为第二激发态、第三激发态等。一般来说,第一激发态对于染料的颜色形成最为重要。分别以 $E_0$、$E_1$、$E_2$ 等表示基态、第一激发态、第二激发态等。第一激发态的激发能可以表示为:

$$\Delta E = E_1 - E_0 \tag{2-7}$$

根据能量守恒定律，吸收相应光子时激发能应与光子能量相等，则：

$$\Delta E = E = h\nu \quad \text{或} \quad \Delta E = \frac{hc}{\lambda} \tag{2-8}$$

吸收波长为：

$$\lambda = \frac{hc}{\Delta E} \tag{2-9}$$

以上式子把吸收光的波长与有色物质分子的激发能（基态与激发态的能级差）联系在一起，物质分子的激发能取决于物质分子结构，从而从本质上解释了物质选择性吸收可见光的原因。

从式（2－8）可知，吸收光的频率与基态和激发态之间的激发能成正比，波长与激发能成反比。一般认为，可见光的波长范围在 380～780nm 之间，如果物质的激发能 $\Delta E$ 在与此相应的范围内，就能表现出颜色。如前所述，激发能同时包括分子电子能级、振动能级和转动能级的变化，但主要应取决于电子能级的变化。

## 二、分子轨道理论

根据量子化学的理论，分子中的电子也具有波粒二象性。物质微粒的波称为德布罗依波。电子是以一定的电子云的形态围绕整个分子而存在的。分子中的各电子状态称为分子轨道。不同分子轨道的电子具有不同的能级和不同的电子云形态。分子轨道可用波函数 $\Psi$ 表示。如果对分子轨道进行归一化处理，则有：

$$\int |\Psi|^2 \mathrm{d}\tau = 1 \tag{2-10}$$

此式是对整个空间积分，$|\Psi|^2$ 表示该轨道上的电子在空间分布的几率密度。$\Psi$ 在空间不同位置具有不同正负号，这表示电子德布罗依波在空间的相位。当两个分子轨道在某一空间发生交叠时，如果波函数的符号相同，两个数值相加，此位置上的电子云密度增加；符号相反，两数相减，则电子云密度降低。

理论表明，从本质上来说，分子轨道是形成分子的原子轨道作为德布罗依波相互干涉的结果。即分子轨道是形成分子的原子轨道的线性组合。

$$\Psi = c_1\varphi_1 + c_2\varphi_2 + c_3\varphi_3 + c_4\varphi_4 + \cdots \tag{2-11}$$

式中：$\varphi_1, \varphi_2, \varphi_3, \varphi_4 \cdots$ 为组成分子的原子轨道；$c_1, c_2, c_3, c_4 \cdots$ 为原子轨道组合系数，表示各原子轨道对分子轨道的相对贡献。

当原子轨道相互作用形成分子轨道时，$\varphi$ 相互加强，原子核间的电子云密度增加，能级下降，为成键轨道；相反，如果 $\varphi$ 相互抵消，电子云密度下降，能级上升，为反键轨道。成键轨道与反键轨道是成对生成的，能量变化的代数和为零。参加组合的原子轨道数量与产生的分子轨道的数量相等。

根据成键方式，分子轨道可分为 $\sigma$ 轨道、$\pi$ 轨道和 n 轨道。

$\sigma$ 轨道：围绕键轴对称排布的分子轨道（形成 $\sigma$ 键）。在染料分子中见于由 s 轨道、p 轨道以及某些杂化轨道的相互交叠形成的分子轨道，如两个 p 轨道交叠的情况：

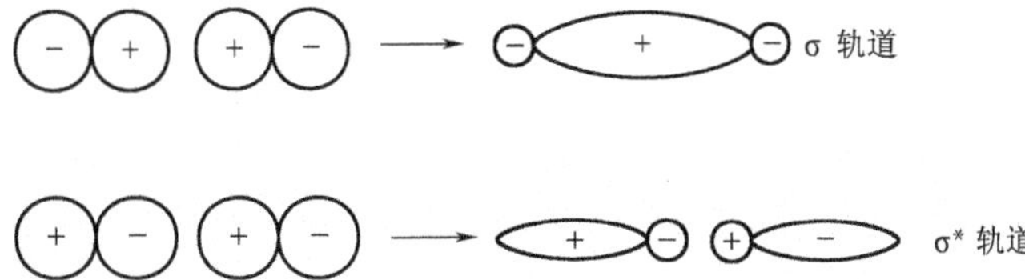


这里不带星标( * )的为成键轨道，带星标的为反键轨道。

π 轨道：围绕键轴不对称排布的分子轨道(形成 π 键)，基本上见于由 p 轨道侧向交叠形成的分子轨道：

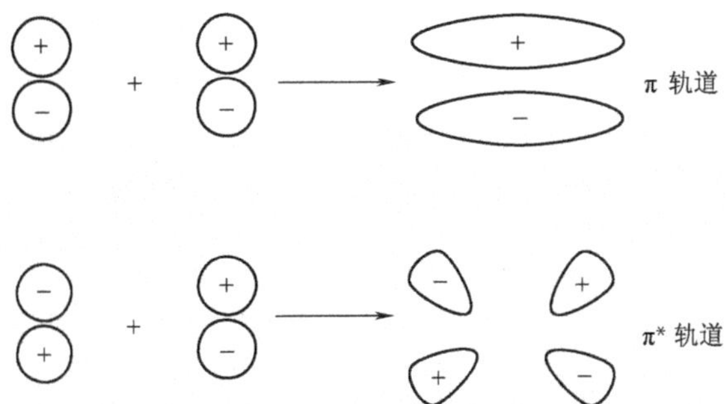


由于 σ 轨道为原子轨道“头对头”的交叠，较 π 轨道侧面交叠充分得多，因此 σ 成键轨道较原子轨道能级的下降和反键轨道能级的上升均较 π 轨道大得多。如乙烯分子轨道(图 2－5)。在多原子分子中，σ 轨道始终是定域的，即局限于两个原子之间。然而在形成分子的原子处于同一平面上时，π 轨道是离域的，可以分布于整个共轭体系中，如丁二烯分子轨道(图 2－6)。

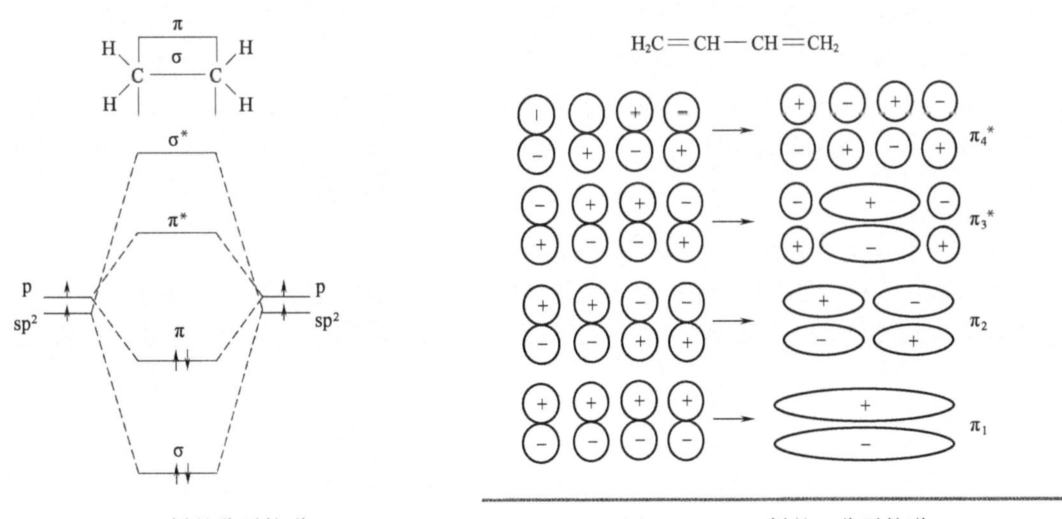


图 2－5 乙烯的分子轨道

图 2－6 丁二烯的 π 分子轨道

在图 2－6 中，左面为成键前各碳原子上的 p 轨道，每个轨道中的电子都只围绕一个碳原子运动；右面为组合后的 π 分子轨道，每个轨道中的电子都围绕整个共轭体系(即 4 个碳原子)运动。其中 $\pi_1$、$\pi_2$ 为成键轨道，$\pi_3^*$、$\pi_4^*$ 为反键轨道。从 $\pi_1$ 到 $\pi_4^*$ 能级是不断升高的。

如果在分子中有某些杂原子参与 π 轨道的形成，如氧原子和氮原子等。这些原子的原子轨道除了参加分子轨道的形成外，还存在某些不参与组合成分子轨道的原子轨道。由于这些轨道仍然是原子轨道，这种轨道只围绕在原来的原子周围，不在整个分子中分布，它的能量没有降低或升高，对于分子的形成没有贡献，因此称为非键原子轨道（往往带有未共用电子对）。简称为非键轨道（n 轨道）。这类分子中，最简单的是甲醛分子，见图 2－7。

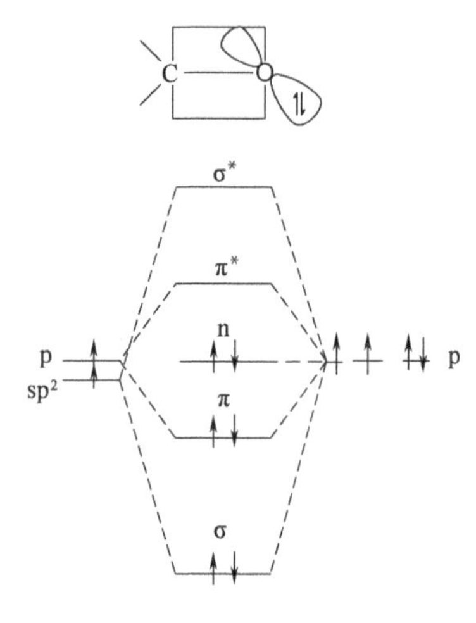

图 2－7　甲醛的分子轨道

与原子轨道一样，在分子中电子也是按照能量最低原理、泡利（Pauli）不相容原理、洪特规则三大规则排列的，如图 2－5 和图 2－7。此时，分子的能量最低，在一般条件下分子总是处于能量最低状态，即为基态。在基态分子中，必有一个能级最高的已被电子占有的轨道，称为最高占有轨道（the highest occupied molecular orbital），简称 HOMO，如乙烯分子中的 π 轨道、甲醛分子中的 n 轨道以及丁二烯分子中的 $\pi_2$ 轨道。另外，还有一个能量最低的未被电子占有的空轨道，称为最低未占有轨道（ the lowest unoccupied molecular orbital），简称 LUMO，如乙烯和甲醛中的 $\pi^*$ 轨道、丁二烯分子中的 $\pi_3^*$ 轨道。显然电子从 HOMO 轨道跃迁到 LUMO 轨道，分子能量升高最小，相应吸收光子的能量最低，此时吸收光的波长可能在可见光的范围之内。这种情况下得到的激发态即为第一激发态。

从上述分析中可知，σ 和 $\sigma^*$ 轨道之间的能级差大大高于 π 与 $\pi^*$ 之间的能级差。由于 σ 和 $\sigma^*$ 是定域轨道，所以随着相对分子质量的增加，能量变化不大；π 和 $\pi^*$ 轨道是离域轨道，随着分子中共轭体系的增长，π 轨道之间的能级差会不断减少。因此，染料的颜色一般仅与 π 与 $\pi^*$ 之间的能级差有关。n 轨道与 $\pi^*$ 轨道之间的能级差虽然很低，但从以后的论述中可知，这种跃迁的几率很小，对颜色的影响也很小。

## 三、交替烃与它们的分子轨道

有机烃分子的共轭体系均是由单键双键交替连接而成的。在该类分子的任一碳原子上打上星标（*），然后隔一个原子打一个星标。如果在该共轭体系中，没有两个相邻原子同时被打上星标，或同时没有打星标的，则该分子称为交替烃（alternant hydrocarbon，缩写为 AH）。例如萘和己三烯等。

$H_2\overset{*}{C}{=}CH{-}\overset{*}{C}H{=}CH{-}\overset{*}{C}H{=}CH_2$

萘　　　己三烯　　　吡啶

如果交替烃共轭体系中的碳原子为杂原子取代，然而并没有造成共轭体系的破坏，一般把这种共轭体系也归于交替烃,例如吡啶分子。染料的共轭发色体系基本上都属于交替烃结构。

不符合上述条件的共轭体系称为非交替烃。环戊二烯分子上的亚甲基碳原子轨道为 $sp^3$ 杂化轨道,因此该原子与其他碳原子不在一个平面上,没有参加共轭体系。由于只有 4 个碳原子参加共轭,可以认为该分子属于交替烃。如果该亚甲基上电离了一个氢原子,此时碳原子可能带一个正电荷(氢为负离子)或负电荷(氢为正离子)。为了保持整个分子的稳定性,该碳原子轨道将 $sp^2$ 杂化,即整个分子将在一个平面上。此时环戊二烯上的 5 个碳原子是完全同等的,参加共轭的原子数为 5 个。按序打星标后,将有两个碳原子同时带星标或均不带星标。因此该共轭体系为非交替烃共轭体系。在吡咯和吡喃分子中氮原子和氧原子参加了共轭,属于非交替烃体系。

环戊二烯分子和离子　　吡咯　　吡喃

目前染料中基本不含非交替烃共轭体系,因此在本课程中只研究交替烃体系。

如果在交替烃分子中参加共轭的原子为偶数个,称为偶数交替烃(缩写为 EAH),如上面所述的萘、己三烯和吡啶等。此时参加大 π 共轭组合的 p 轨道为偶数个,可以生成同样数目的 π 轨道,其中一半能量下降,为成键轨道,另一半为反键轨道。由于参加组合的 p 轨道均仅带有一个电子,根据电子填充的规律,这些电子全部填充在成键轨道并全部占有这些轨道。因此,成键轨道中能级最高的为 HOMO 轨道,反键轨道中能级最低的为 LUMO 轨道。量子理论计算结果表明,随着共轭体系的延长,HOMO 与 LUMO 之间的能级差是不断减小的,如图 2-8 所示。

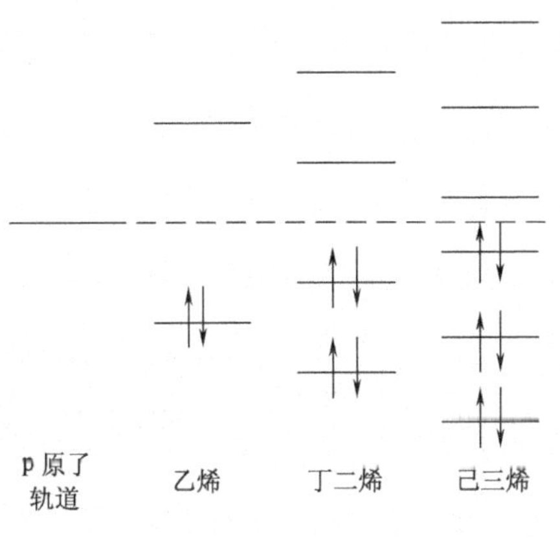

图 2-8　偶数交替烃分子轨道的能级

直链的戊二烯分子中参加 π 键的碳原子为 4 个,因此是偶数交替烃。如果端部的甲基中电离一个氢原子,使得戊二烯分子成为正或负离子。为了整个分子的稳定,该甲基碳原子轨道呈 $sp^2$ 杂化,并有 p 轨道参加 π 键共轭(p—π 共轭)。此时,参加共轭的碳原子数为 5 个,即奇数个。参加共轭的原子数为奇数的交替烃称为奇数交替烃(简称 OAH)。由于 p—π 共轭,离子所带电荷是分布在整个 π 共轭体系上的,原甲基碳原子与其他碳原子具有同样的性质。

$$H_2\overset{*}{C}{=}CH{-}\overset{*}{C}H{=}CH{-}CH_3$$

戊二烯

$$H_2\overset{*}{C}{=}CH{-}\overset{*}{C}H{=}CH{-}\overset{*}{C}H_2^- \longleftrightarrow {}^-H_2\overset{*}{C}{-}CH{=}\overset{*}{C}H{-}CH{=}\overset{*}{C}H_2$$

戊二烯负离子

$$H_2\overset{*}{C}=CH-\overset{*}{C}H=CH-\overset{*}{C}H_2^+ \longleftrightarrow {}^+H_2\overset{*}{C}-CH=\overset{*}{C}H-CH=\overset{*}{C}H_2$$

戊二烯正离子

由于参加 π 共轭体系的 p 轨道有奇数个，因此形成的分子轨道也有同样个数的奇数个。在成对形成成键轨道和反键轨道后，必定剩余一个分子轨道，能量既没有下降也不升高，其能级应与原来的 p 原子轨道一致，即该轨道对分子的形成没有贡献，称为非键分子轨道，简称 NBMO 轨道。虽然同为非键轨道，NBMO 与前面提到的 n 轨道有本质的区别。NBMO 轨道是分子轨道，不是局限于分子中的某个原子周围，而是分布于整个 π 共轭体系，从本质上说应属于 π 轨道。由于 NBMO 轨道处于成键轨道和非键轨道之间，因此无论它是 HOMO 轨道还是 LUMO 轨道，发生第一吸收带的电子跃迁的激发能要比原子数相近的偶数交替烃低得多，即有很深的颜色，如图 2－9 所示。

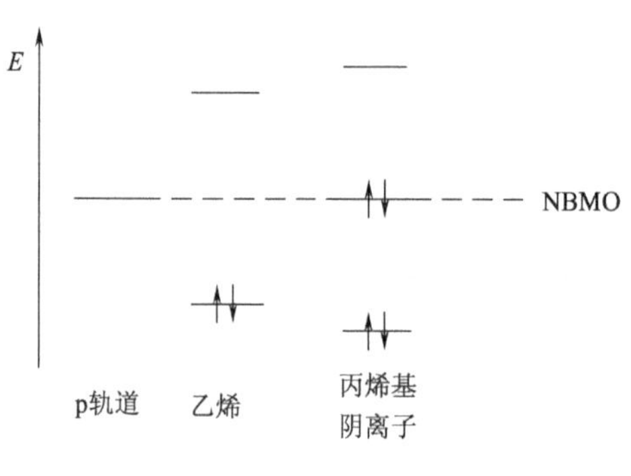


图 2－9　丙烯基阴离子分子轨道

在染料中，奇数交替烃主要是一些共轭体系中连接了带孤对电子取代基的分子。这些基团如羟基和氨基等，它们参加 p—π 共轭，从而使参加共轭的原子数为奇数。如：

$$H_2C=CH-CH=CH-\ddot{N}H_2$$

1-氨基丁二烯

苯酚（C₆H₅—OH）

# 第三节　染料分子发色体系结构与颜色的关系

本章第一节阐述了物体颜色的三个特征值与颜色的深浅浓淡和鲜艳度的关系，这些性质主要取决于染料的化学结构。下面将对染料发色体系与颜色的关系进行分析。

## 一、颜色的深浅

如前所述，染料颜色的深浅取决于染料分子吸收光的波长，而吸收光的波长取决于染料分子的激发能。在可见光的范围内，激发能一般取决于 HOMO 轨道与 LUMO 轨道之间的能级差。

### (一)共轭体系的长短

本章第二节中曾经提到，随着共轭体系的延长，HOMO 轨道与 LUMO 轨道之间的能级差不断减少，这意味着染料吸收光的能量减小，波长增长。表 2－3～表 2－5 分别表示偶数交替烃、对称奇数交替烃与多稠环化合物的最大吸收波长。

**表 2-3 多烯烃的共轭体系长短与最大吸收波长**

| $H_3C \lbrace CH=CH \rbrace_n CH_3$ | | | | | | |
|---|---|---|---|---|---|---|
| $n$ | 1 | 2 | 3 | 4 | 6 | 9 |
| $\lambda_{max}$/nm | 176 | 227 | 263 | 299 | 352 | 413 |
| $\Delta\lambda$/nm | — | 51 | 36 | 36 | 53 | 61 |
| $\varepsilon_{max}$ | — | 21000 | 30000 | 76500 | 146500 | 210000 |

**表 2-4 对称奇数交替烃的共轭体系长短与最大吸收波长**

| $(CH_3)_2N \lbrace CH=CH \rbrace_n CH=N^+(CH_3)_2$ | | | | | | |
|---|---|---|---|---|---|---|
| $n$ | 0 | 1 | 2 | 3 | 4 | 5 |
| $\lambda_{max}$/nm | 224 | 313 | 416 | 519 | 625 | 735 |
| $\Delta\lambda$/nm | — | 89 | 103 | 103 | 106 | 110 |
| $\varepsilon_{max}$ | 14500 | 64500 | 119500 | 207000 | 295000 | 353000 |

**表 2-5 多稠环的共轭体系长短与最大吸收波长**

| 多稠环 | 苯 | 萘 | 蒽 | 并四苯 | 并五苯 |
|---|---|---|---|---|---|
| $\lambda_{max}$/nm | 255 | 285 | 384 | 480 | 580 |
| $\Delta\lambda$/nm | — | 30 | 99 | 96 | 100 |
| $\varepsilon_{max}$ | 230 | 316 | 7900 | 11000 | 12600 |

从表 2-3 到表 2-5 揭示了一个共同的规律：无论哪种类型的发色体系，随着共轭体系的延长，最大吸收波长都是增大的，这与第二节的规律一致。表中也显示，最大摩尔吸光系数也随着共轭体系的延长而增大。

表 2-3 所示的偶数多烯烃，随着碳碳双键数的增加，每增加一个碳碳双键，最大吸收波长的增加值($\Delta\lambda_{max}$)是不断减少的。因此对于这类发色体系，共轭体系增加引起深色效应的效率不高。这类共轭体系的基态结构中 $\pi$ 电子云的分布是交替的。以 1,3-丁二烯为例，在其最高占有轨道 $\pi_2$ 轨道中，电子云集中在 1,2 和 3,4 碳原子之间，在 2,3 碳原子之间分布很少(图 2-6)。这就表示 1,2 和 3,4 碳原子之间的键长较短，而 2,3 碳原子之间的键长较长。当最高占有轨道中的一个电子跃迁到最低未占有轨道 $\pi_3^*$ 时，电子云重新分布。$\pi_3^*$ 轨道的 2,3 碳原子之间的电子云密度增加，而 1,2 和 3,4 碳原子之间的电子云密度减少了。这说明 1,3-丁二烯分子的第一激发态的键长与基态相比，有很大变化。原来较长的变短了，而短的变长了。基态和第一激发态的 $\pi$ 键级见图 2-10。当 $\pi$ 键级为零，说明该键为单键；$\pi$ 键级为 1，则该键为双键。键级越大，键长越短。

键长的变化将会造成激发态能量的升高，从而引起激发能的增加，吸收光的最大吸收波长减小。随着碳碳双键数的增加，由键长变化引起的激发能的增加大大抵消了共轭体系增长带来的深色效应，造成深色效应的效率下降。

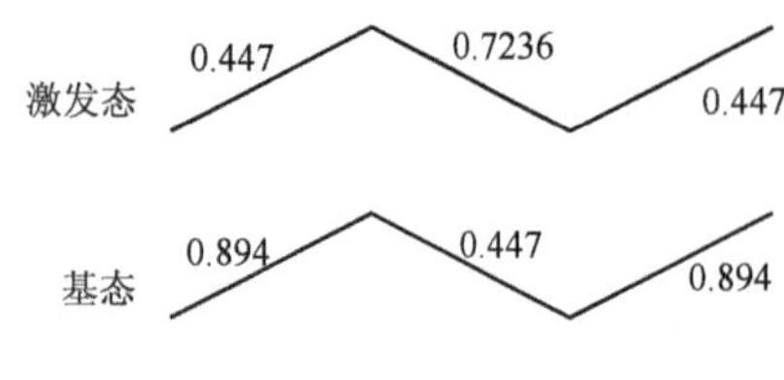

图 2－10　丁二烯分子基态和第一激发态的 π 键级

表 2－4 所示的对称奇数交替烃与偶数交替烃有很大不同，每增加一个碳碳双键，最大吸收波长增加值都保持在 100nm 以上，没有减少的趋势，因此由共轭体系延长引起的深色效应的效率很高。本章第二节所示的戊二烯正离子和负离子的共振式说明，这些离子中的电荷是分布在整个分子中的。比较一种离子的两个共振式可以发现单双键并非固定在某两个原子之间，而是分布在整个共轭体系上。单键双键的区别不如偶数交替烃明显，具有高度键均匀性。作为碳正离子或负离子都是很不稳定的，因此往往在分子的一端或两端接上氮或氧等杂原子，如氨基、羟基等。这些杂原子中带孤对电子的 p 轨道可以和相邻共轭体系形成 p—π 共轭成为奇数交替烃。两边均带杂原子的奇数交替烃往往为对称结构，成为对称的奇数交替烃，它们与上述戊二烯离子一样具有高度均匀的键长。

$$R_2N—CH═CH—CH═\overset{+}{N}R_2 \longleftrightarrow R_2\overset{+}{N}═CH—CH═CH—NR_2$$

由于基态碳原子之间键的均匀性，导致在电子跃迁后不发生键长的变化。由分子轨道理论计算两种对称交替烃（对称菁）的基态和激发态的键级见图 2－11。由于键长的变化很小，共轭发色体系延长时，由此而造成的深色效应的减弱也很小。奇数交替烃的颜色要比共轭体系相近的偶数交替烃深得多。此外，激发态的键级比基态略小，说明奇数交替烃电子跃迁后，键长略有增长。

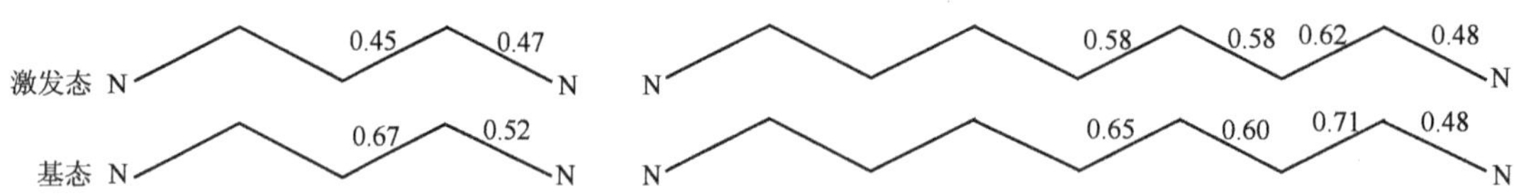

图 2－11　两种对称奇数交替烃的基态和第一激发态的 π 键级

与对称奇数交替烃相似，多稠环共轭体系的键长也相对均匀，因此每增加一个苯环（增加 4 个碳原子），最大吸收波长增加 100nm 左右，并且不随着稠环数目的增加而降低深色效应的效率，因此增加稠环数目的深色效应也比多烯烃高得多。

应该强调，相对分子质量的大小与共轭体系的长短是不完全一致的。如果在分子中的某个基团致使分子的共轭体系发生断裂，则会发生浅色效应。这种基团称为隔离基。有机化学的共轭理论指出，苯环的邻对位连接共轭体系是相通的，但间位连接是隔离的，因此苯环在间位连接时就成为隔离基。间位苯基的隔离效果如表 2－6 所示。

**表 2－6　间位苯基的隔离效果**

| | $n$ | $\lambda_{max}$（$CHCl_3$ 中）/nm | $\varepsilon_{max}$ |
|---|---|---|---|
| （结构式，重复单元 $n$） | 1 | 251.5 | 18300 |
| | 2 | 251 | 44000 |
| | 3 | 253 | 184000 |

与苯环间位类似，三聚氰酰基的 3 个碳原子也是相互隔离的。另外，酰氨基和脲酰氨基都是常用隔离基。

苯环间位　　三聚氰酰基　　—NH—C(=O)—　酰氨基　　—NH—C(=O)—NH—　脲酰氨基

### (二)取代基

连接在共轭体系中的各种取代基对吸收光的影响是不一样的。

**1. 不饱和基团**　染料中常见不饱和基团有—$NO_2$、—CN、>C=O、—CH=CH— 和 —N=N— 等。其中除了碳碳双键外，都是吸电子基团。作为不饱和基团，延长了共轭体系，这些基团可以引起深色效应，然而只是引入一个这类基团，这种效应非常微弱。如表 2－7 中偶氮苯引入硝基，只产生 14nm 的深色效应。

**表 2－7　供吸电子基与 $\lambda_{max}$ 和 $\varepsilon_{max}$ 的关系**

| 不同供、吸电子基的偶氮苯 | $\lambda_{max}$($C_2H_5OH$ 中)/nm | $\lg\varepsilon_{max}$ | $\Delta\lambda$(与偶氮苯相比)/nm |
|---|---|---|---|
| $C_6H_5$—N=N—$C_6H_5$ | 318 | 4.33 | — |
| $O_2N$—$C_6H_4$—N=N—$C_6H_5$ | 332 | 4.44 | +14 |
| $C_6H_5$—N=N—$C_6H_4$—$N(CH_3)_2$ | 408 | 4.38 | +90 |
| $O_2N$—$C_6H_4$—N=N—$C_6H_4$—$N(CH_3)_2$ | 478 | 4.52 | +160 |

**2. 带孤对电子的供电子基**　这类基团主要有—OH、—OR、—$NH_2$、—NHR、—$NR_2$ 等。当这些基团连接在共轭发色体系上，其中的 p 轨道上的孤对电子参加 p—π 共轭，使原来的偶数交替烃转变为奇数交替烃，从而产生了较大的深色效应。表 2－7 中的取代氨基连接到偶氮苯上，最大吸收波长增加了 90nm，深色效应较硝基强得多。

实践证明，这类取代基的深色能力随其供电子能力的提高而提高，常见供电子基的深色效应大致排列如下：

$$—NR_2 > —NH_2 > —OR > —OH > —CH_3$$

在同样的情况下，增加供电子基的数量也能发生深色效应。

**3. 供电子基与吸电子基的协同作用**　如果在一个共轭体系中同时引入供、吸电子基，分子中形成供吸电子体系，会造成更明显的深色效应，这种作用称为协同作用。在表 2－7 中，偶氮苯的一边接上二甲氨基，另一边接上硝基，最大吸收波长为 478nm，比偶氮苯增加了 160nm。这比在偶氮苯上只连接二甲氨基或硝基波长增加的总和还要大得多。

供、吸电子基团的协同作用可以用共振理论加以说明。偶氮苯分子可以用多个共振式来表示，其中最极端的为中性式和电荷分离式：

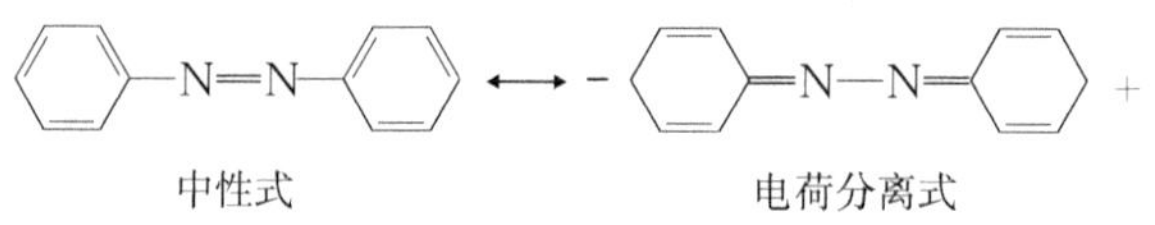

中性式　　　　电荷分离式

一般来说，中性式的能量较低，比较稳定；电荷分离式能量较高，不稳定。当分子处于基态时，中性式应占有较高比例；当分子处于激发态时，电荷分离式的比例将大大提高。显然激发态比基态分子有较大偶极矩。如果在偶氮基的两个对位分别连接供电子基（如取代氨基）和吸电子基（如硝基），基态的能量下降不多，而激发态的能量会有很大下降。原因在于中性式没有电荷的分离，接上这些基团，能量变化不多。对于电荷分离式，电子云密度高的取代氨基的部分电荷转移到相对缺乏电子的硝基上，电荷虽然发生分离，但分子的稳定性较偶氮苯为高，即能量的升高比偶氮苯少得多。这就意味着，基态的能量变化不多，但激发态的能量大大下降，因此激发能下降，从而发生强烈深色效应。

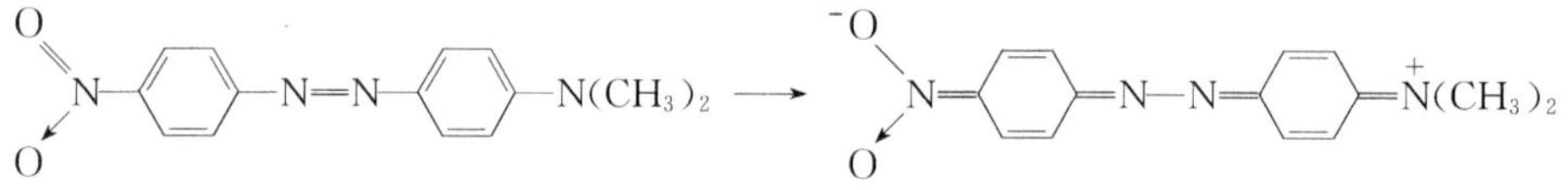

根据同样道理，在这种情况下，供电子基的供电能力和吸电子基的吸电能力的提高都会引起更大的深色效应。反之，则会使吸收光的波长变短。上述偶氮分子的 $\lambda_{max}$ 为 478nm，把取代氨基替换为游离氨基，则 $\lambda_{max}$ 为 440nm，替换为羟基，则 $\lambda_{max}$ 为 380nm。

**4. 取代基的空间阻碍作用**　如果在共轭发色体系中引入较大的取代基，往往会引起键的旋转，从而在一定程度上造成分子的共平面性的破坏，相邻原子间的 p 轨道的重叠程度下降，这种现象一般会造成对光的吸收强度降低。这也是分子内是否存在空间阻碍的一个标志。

空间阻碍作用也会引起基态和激发态分子的能量发生变化，造成吸收带的位移。有机化学理论告诉我们，单键的旋转，分子能量不变；双键的旋转将引起分子能量的增加。如果用键级表示，键级越大，旋转时能量的增加越大。如前所述，对于一般共轭发色体系而言，基态状态下，原子间的键级均为大小相间分布。此时分子中引入大的基团，往往使得键级较小的键（较长的键）发生旋转，这样能量升高不多。对于分子的第一激发态，原子间的键级一般与基态时相反，即基态较小的变大，较大的变小（图 2－10）。如果分子中有较大的基团存在，原来是键级小的键旋转的，在激发态时变成了键级较大的键发生旋转，因此激发态的能量大大升高。也就是说，当引入大基团时，基态的能量升高不大，激发态升高很大，造成激发能大大提高。因此，在一般共轭发色体系中，空间阻碍会引起浅色效应（图 2－12）。例如，联苯上引入甲基后的变化见表 2－8。

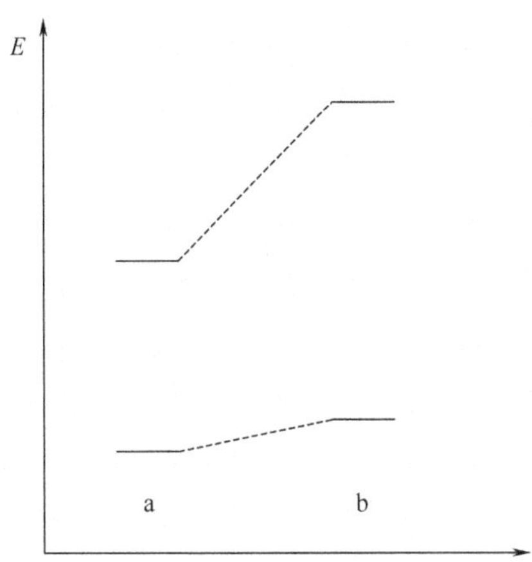


图 2－12　引入大基团后基态和激发态的能级(激发态键级增加)

a—平面状态　b—位阻状态

**表 2－8　联苯及其甲基衍生物的 $\lambda_{max}$ 和 $\varepsilon_{max}$**

| 分子式 | $\lambda_{max}$/nm | $\varepsilon_{max}$ |
|---|---|---|
| 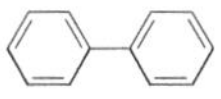  | 248 | 17000 |
| 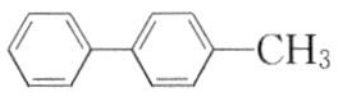 $-CH_3$ | 251 | 19000 |
| 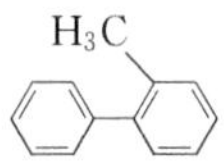 $H_3C$ | 236 | 10250 |
| 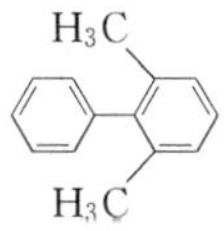 $H_3C$ <br> $H_3C$ | 231 | 5600 |

对于极少数空间阻碍引起基态时键级高的键发生旋转的情况，基态的能量增加很多。在第一激发态时，该键的键级降低，此时因为空间阻碍而增加的能量相对较少，从而产生深色效应。如下式化合物结构中 R 为甲基时比氢原子的最大吸收波长要长。但最大摩尔吸光系数还是减小的。

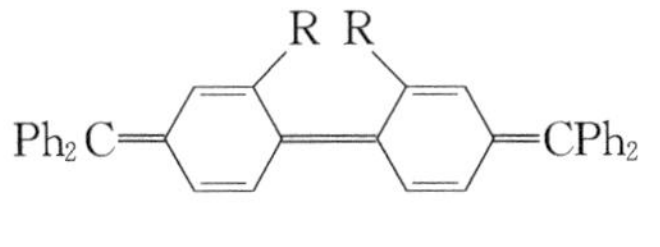

R　R

$Ph_2C=$ … $=CPh_2$

R=H　$\lambda_{max}$=574nm　$\lg\varepsilon_{max}$=4.9

R=$CH_3$　$\lambda_{max}$=597nm　$\lg\varepsilon_{max}$=3.6

**5. 取代基对对称奇数交替烃吸收光谱的影响**　前面已经提到，对称奇数交替烃发色体系与其他共轭发色体系有很大不同。同样，取代基对这类发色体系的影响也是不同的。

以带两个取代氨基的二芳甲烷为例，其结构式中似乎有一个取代氨基，另一个是带正电荷的铵离子，而形成了供吸电子基的协同关系。然而这种关系实际是不存在的，因为两边氮原子是对称和等同的。同时氮的电负性高于碳，因此该正电荷不应该位于氮原子上。这类分子的共振式如下式所示：

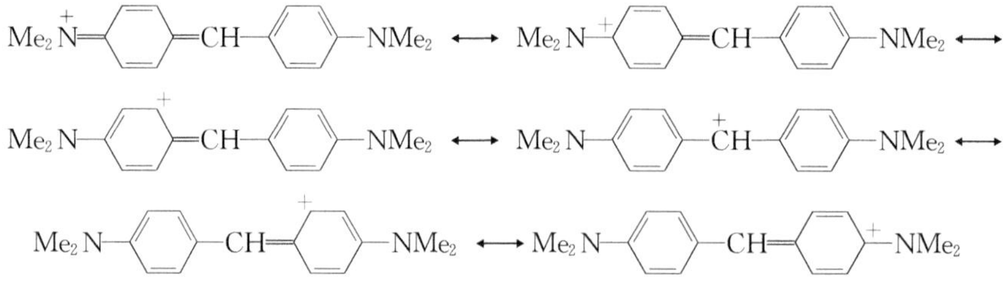

应该看到，上述共振式的能量是相近的，因此对于基态分子的贡献比例也是相近的。这样在整个分子中，正电荷的分布为：

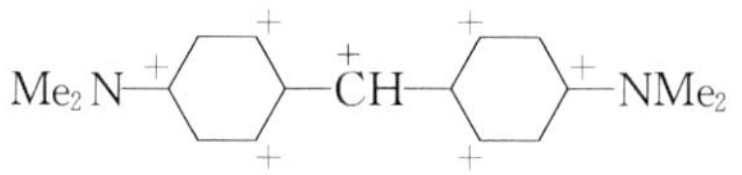

氮原子和相间的碳原子上的电子云密度相应较大，分子上带的正电荷均匀分布于其他碳原子上。如果从氮原子开始交替打星标，把共轭体系上的原子分成星标和非星标两种，如下式所示：

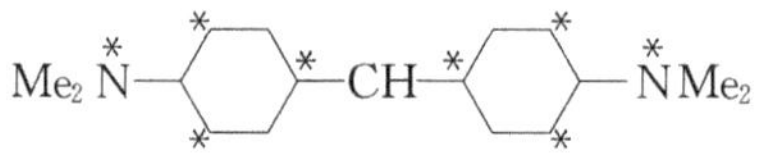

从上式可知，星标位置电子云密度较高，而非星标位置电子云密度较低。根据 π 电子跃迁理论，在跃迁的过程中，由于 π 电子云分布情况发生变化，基态共轭体系中电子云密度比较高的原子，第一激发态时电子云密度将有所下降；原来电子云密度比较低的，激发后会增高。图 2-13 表示两种对称交替烃染料的基态和第一激发态的 π 电子云密度。

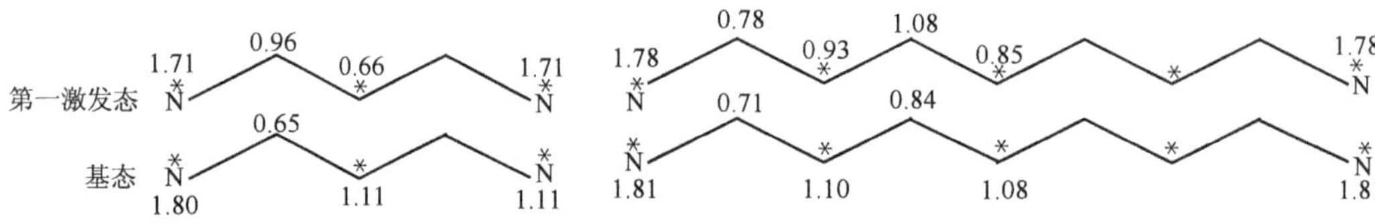


图 2-13　两种对称交替烃染料的基态和第一激发态的 π 电子云密度

根据奇数交替烃的电子云分布状况，杜瓦(Dewar)于 1950 年提出了如下规律，称为杜瓦规律：

(1)非星标位置：由于基态时电子云密度较低，第一激发态相对提高，当接入供电子基团时，基态能级下降(或升高较少)，激发态的能级升高(或升高较多)，从而引起激发能增大，造成浅色效应，接入吸电子基团时，则产生深色效应。

(2)星标位置：与非星标位置相反，基态时电子云密度较高，第一激发态相对较低，当接入供电子基团时产生深色效应，接入吸电子基团时产生浅色效应。

(3)接入能延长共轭体系的中性不饱和基团,无论在星标还是非星标位置,都可以产生深色效应。

杜瓦规律的例子如二芳甲烷分子中取代基对吸收光谱的影响。

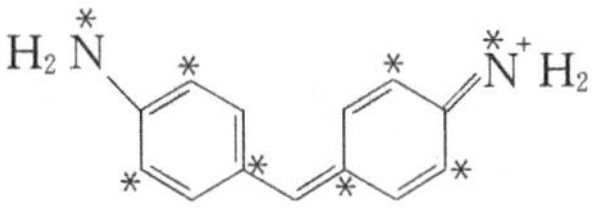

$\lambda_{max}$=558nm 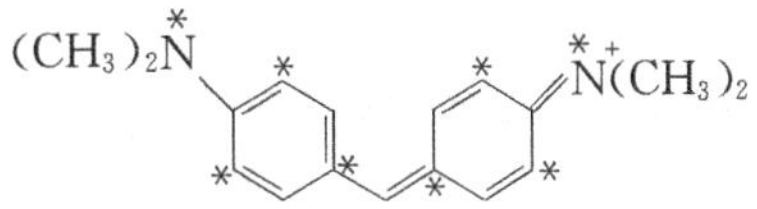　　　　$\lambda_{max}$=610nm

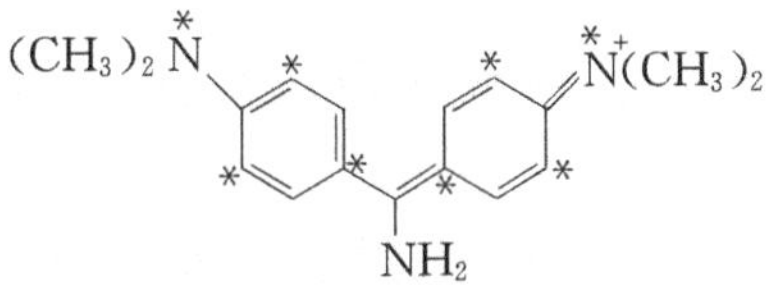

$\lambda_{max}$=420nm 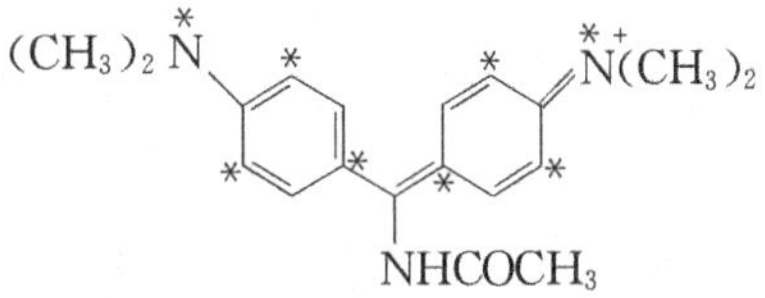　　　　$\lambda_{max}$=590nm

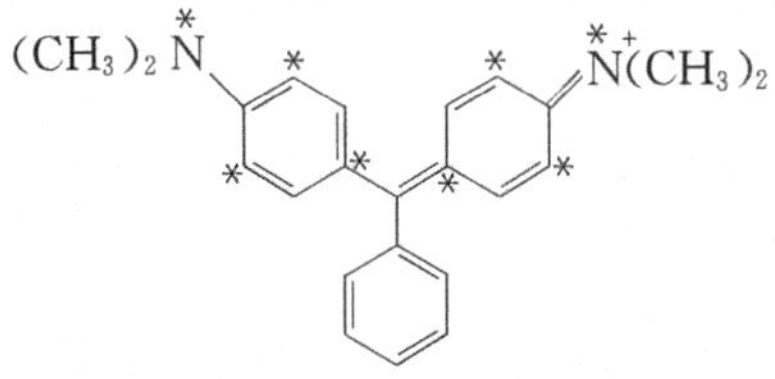

$\lambda_{max}$=620nm

二芳甲烷的游离氨基的氢原子被甲基取代,增加了星标氮原子的电子云密度,从而产生深色效应;非星标的中心碳原子上引入强供电子的氨基,有很强的浅色效应。氨基被酰化,大大降低了氨基的供电子能力,最大吸收波长得以增长;中心碳原子上引入中性不饱和基团苯基,也产生深色效应。

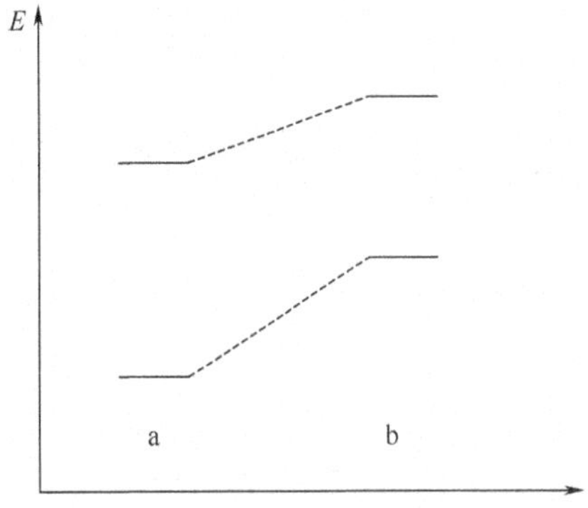

图 2-14 引入大基团后基态和激发态的能级(激发态键级降低)
a—平面状态 b—位阻状态

除了杜瓦规律,如果有大基团的接入引起空间阻碍,对称奇数交替烃常常发生深色效应,这一点也与其他类型的有很大不同。由于基态时,这类发色体系键长均匀化,激发为激发态时键级变小,键长变长(图 2-11)。这表明激发态与基态相比,位阻的影响变小,能级的升高较小,因此造成激发能降低(图 2-14)。

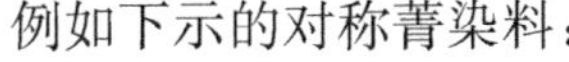
例如下示的对称菁染料:

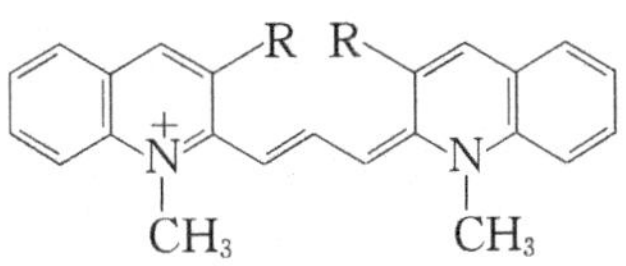

R=H　$\lambda_{max}$=520nm　$\varepsilon_{max}=18.5\times10^4$

R=$CH_3$　$\lambda_{max}$=640nm　$\varepsilon_{max}=9.7\times10^4$

## 二、颜色的浓淡

如本章第一节所述，染料颜色的浓淡取决于染料的吸收强度。当染料分子的激发能与光子的能量相等时，不同染料对光的吸收强度不一定相同。电子跃迁的几率决定了物质对光的吸收，电子跃迁的几率大，对相应能量的光子吸收强度就大，相反则较小。常把吸收强度较大的电子跃迁称为允许跃迁，吸收强度较小的跃迁称为禁阻跃迁（禁戒跃迁）。一般分子的 $\varepsilon_{max}$ 数值范围在 $10 \sim 10^5$ 之间。对于 π 电子的跃迁来说，通常将 $\varepsilon_{max} < 10^3$ 的跃迁称为禁阻跃迁，把 $\varepsilon_{max} > 10^3$ 的跃迁称为允许跃迁。要发生允许跃迁需要一定条件，这些条件称为选律（selection rules）。

光谱学认为跃迁偶极矩（transition dipole moment）与电子跃迁的几率有直接关系。在电子跃迁的过程中，电子从 HOMO 轨道跃迁到 LUMO 轨道时，由于电子云会发生重新分布，因而产生了一个瞬时偶极矩，这个瞬时偶极矩称为跃迁偶极矩，简称跃迁矩。可以用乙烯分子的 $\pi \rightarrow \pi^*$ 来说明跃迁偶极矩的生成，如图 2－15 所示。

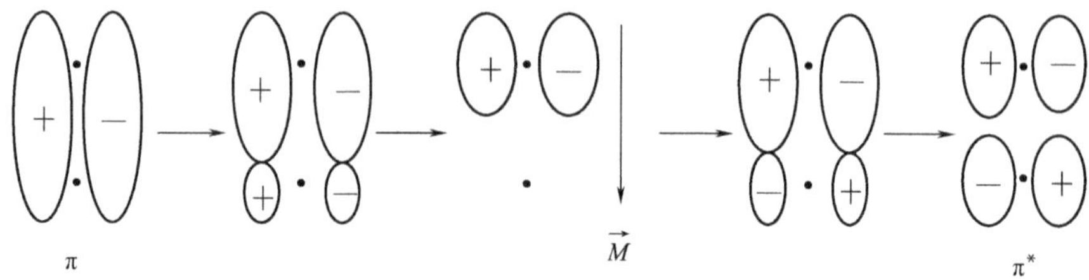


图 2－15　乙烯分子跃迁偶极矩的产生

图 2－15 中，波函数图形中间的两个黑点表示碳原子的原子核位置。把 π 与 π* 轨道的轨道函数相比较，上半部分的符号相同，在跃迁过程中变化较小；而下半部的符号发生改变，在跃迁瞬间有一个变小甚至为零的过程。此时 π 电子云集中到分子的一边（图中为上半部）。很明显，分子负电荷和正电荷的中心不能重合，产生偶极矩，这就是跃迁偶极矩。跃迁偶极矩的计算公式为：

$$M = e\int_{-\infty}^{+\infty} \Psi_a \cdot \Psi_b \cdot r\mathrm{d}\tau \tag{2-12}$$

式中：$e$ 为电子的电荷；$\tau$ 为体积；$\Psi_a$、$\Psi_b$ 分别为跃迁前后的分子轨道波函数；$r$ 为空间某一点到分子正电荷中心的距离。

根据电磁理论，跃迁几率与跃迁偶极矩的平方成正比，即跃迁偶极矩的绝对值越大，跃迁几率越高，染料分子对相应能量的光的吸收强度就大。

电子跃迁的选律主要有以下几种：

**1. 对称选律（symmetry selection rules）**　把有机分子的正电荷中心作为对称中心，分子轨道波函数分为对称的和反对称的。对称中心两边对称的两点，波函数的大小和符号都相等，该分子轨道为对称的；如果波函数的大小相等，符号相反，则该分子轨道为反对称的。如图 2－6 中丁二烯分子的 π 轨道，$\pi_1$ 轨道是反对称的，$\pi_2$ 轨道是对称的，$\pi_3^*$ 轨道是反对称的，而 $\pi_4^*$ 轨道是对称的。对称选律指出,电子在对称性相同的分子轨道之间的跃迁是禁阻的;在对称性相反的轨道之间的跃迁是允许的。以丁二烯分子为例,计算不同轨道之间电子跃迁时的跃迁偶极矩(图 2-16)。

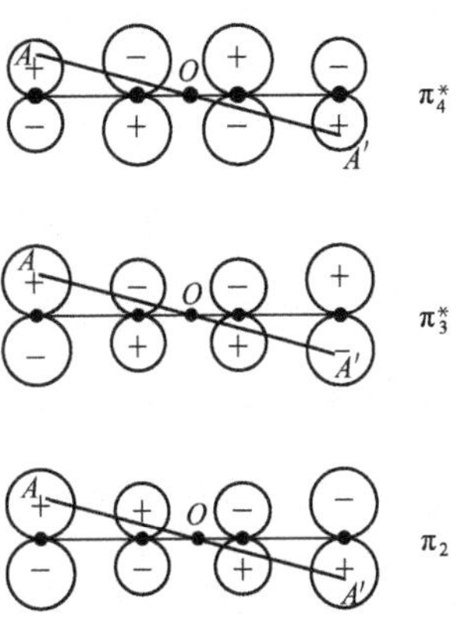


图 2-16 丁二烯分子跃迁偶极矩

丁二烯分子的 HOMO 为中心对称的 $\pi_2$ 轨道,LUMO 为中心反对称的 $\pi_3^*$ 轨道。通过分子对称中心 $O$ 点,取对称的两点,正方向的为 $A$,负方向的为 $A'$。假设 $\pi_2$ 轨道的波函数在 $A$ 点为 $x$,因轨道的对称性,$A'$点也为 $x$。设 $OA$ 的距离为 $r$,则 $OA'$应为$-r$。对于 $\pi_3^*$ $A$ 点处的波函数为 $x'$,则 $A'$点为$-x'$。两点到 $O$ 点的距离与 $\pi_2$ 轨道相同。这样跃迁偶极矩在 $A$ 点处的被积函数为:

$$\delta M_A=(+x)\cdot(+x')\cdot(+r)=+x\,x'r$$

在 $A'$点的被积函数为:

$$\delta M_{A'}=(+x)\cdot(-x')\cdot(-r)=+x\,x'r$$

从上述两式可知,电子在两个对称性相反的轨道之间跃迁时,对称两点的被积函数符号相同,因此在整个积分空间,函数值是相加的,由此跃迁偶极矩的绝对值必然很大,这就表示该跃迁是允许的。

用同样方法,计算 $\pi_2$ 到 $\pi_4^*$ 的偶极矩。设 $A$ 点的被积函数为 $x''$,则 $A'$点也为 $x''$,则有:

$$\delta M_A=(+x)\cdot(+x'')\cdot(+r)=+x\,x''r$$

$$\delta M_{A'}=(+x)\cdot(+x'')\cdot(-r)=-x\,x''r$$

可见,电子在两个对称性相同的轨道之间跃迁时,对称两点的被积函数符号相反,因此在整个积分空间,函数值是相互抵消的,由此跃迁偶极矩的绝对值必然很小,甚至为零,这就表示该跃迁是禁阻的。

**2. 空间禁阻** 根据轨道波函数坐标图的意义,波函数图形内部函数值较大,图形外部数值很小,趋于零。跃迁偶极矩的被积函数由跃迁前后两个波函数与对称中心到空间某一点的距离的乘积组成。空间某一点中,两个波函数中只要有一个数值很小或为零,整个被积函数就很小或为零。如果跃迁前后两个分子轨道没有交叠,或交叠很少,这就意味着跃迁偶极矩在大部分空间数值很小甚至为零,积分结果必然数值很小,即跃迁偶极矩为零或数值很小。该跃迁的几率为禁阻跃迁。

$n\rightarrow\pi^*$ 属于这种跃迁。如图 2-17 中甲醛分子的 n 轨道和 $\pi^*$ 轨道。带阴影的图形表示氧原子上的 n 轨道,它与 $\pi^*$ 轨道的交叠很少,因此跃迁偶极矩很小,为禁阻跃迁。

$\pi\rightarrow\pi^*$ 与之不同,图 2-17 中的乙烯分子的 $\pi$、$\pi^*$ 轨道的交叠很充分,只要各区域的数值不相互抵消,积分值将很大,是允许跃迁。

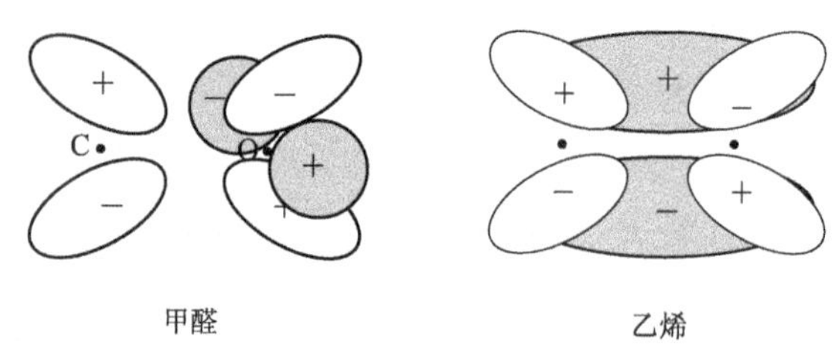


图 2-17　甲醛和乙烯分子的 HOMO 轨道和 LUMO 轨道

**3. 自旋选律(spin selection rules)**　对于一般染料分子,基态时的 HOMO 常常不是简并轨道。根据泡利不相容原理,此时分子中所有电子都以自旋方向相反的状态两两成对地填充到相应分子轨道,在一定强度的磁场作用下,其光谱的谱线只有一条,称为单线态(singlet states),用 S 表示。当一个电子激发到高能级的轨道时,原来同一轨道的成对电子被拆散,分立于两个轨道,如果跃迁的电子自旋方向不变,激发态仍为 S 态。如果电子自旋方向发生变化,在两个不同轨道上,出现两个自旋方向相同的两个单个电子,此时在一定磁场下,将出现三条原子谱线,称为三线态(triplet states),即 T 态。如图 2-18 所示。

自旋选律表示,在没有外磁场等因素的作用下,伴有态数改变的跃迁是禁阻的,态数不变的跃迁是允许的。从染料基态 $S_0$ 到第一激发态 $S_1$ 的跃迁是允许的,而从 $S_0$ 到第一激发三线态 $T_1$ 态的跃迁是禁阻的。本书后文中涉及的跃迁均为自旋允许的跃迁。

## 三、颜色的鲜艳度

如前所述,物体颜色的鲜艳度在光谱上表现为吸收带的宽窄。吸收带窄而高,颜色鲜艳,吸收带很宽,则颜色萎暗。

研究表明,电子跃迁的时间非常短暂(～$10^{-15}$ s),比分子内原子核振动往复一次的时间(～$10^{-13}$ s)短得多。即在电子跃迁的过程中,原子核之间的距离是来不及改变的。这就是弗朗克—康顿原理(Franck-Condon principle)。

为了简单起见,先研究双原子分子的位能曲线,亦称 Morse 曲线(图 2-19)。两个原子中的一个位于原点,横坐标表示两个原子的距离 $r$。当两个原子相距很远时,即为两个相互孤立

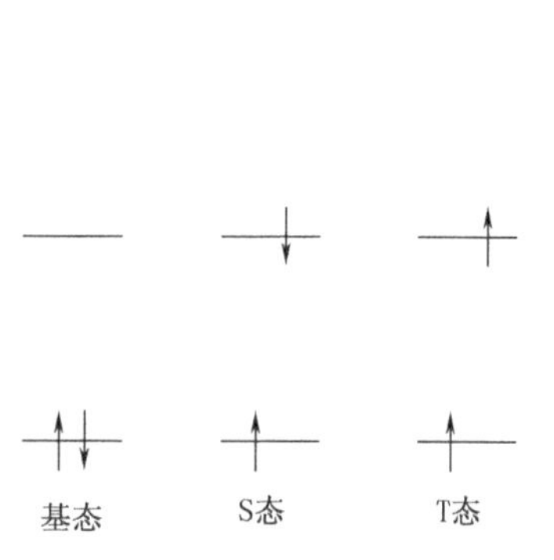


图 2-18　各状态的电子自旋方向

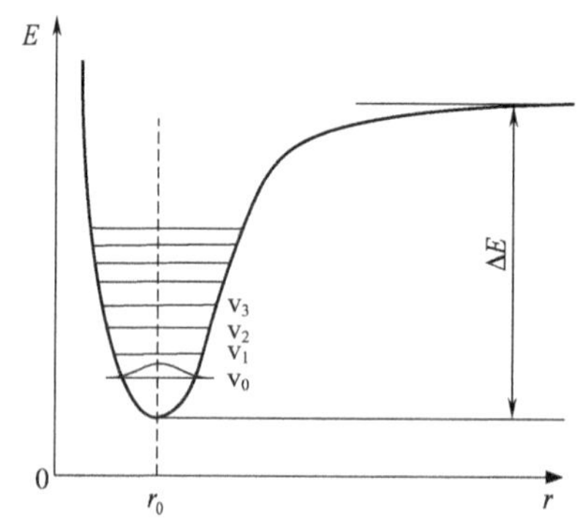


图 2-19　双原子分子的位能曲线

的原子。如果两个原子能够形成分子，由于分子轨道的形成，随着它们距离的减小，位能下降，直到 $r_0$ 点。继续减小原子之间的距离，两个原子核正电荷的斥力大大增加，分子的位能迅速升高。因此原子核间距为 $r_0$ 时，分子的位能最低。$\Delta E$ 表示分子的离解能。除了位能，分子中原子核的相对振动将使分子具有振动能级。把一个原子固定在原点，另一个原子将围绕 $r_0$ 振动。$r_0$ 为振动的平衡位置，即该分子状态下的核间距。振动能级越高，振幅越大。图中以 $v_0$、$v_1$、$v_2$、$v_3$ 等表示不同振动能级。$v_0$ 为最低振动能级——零振动能级。分子处于基态时，绝大部分分子处于零振动能级。与宏观粒子不同，微观粒子在空间的位置是无法确定的，只能用微粒在空间出现的几率来表示。双原子分子在零振动状态时，两个原子核间距在 $r_0$ 处几率最大，随着距离的增加或减小，几率下降。图中以 $v_0$ 能级上的曲线表示。

从图 2－20 中可以看到，分子的激发态也与基态一样具有位能曲线。激发态的振动平衡位置，即核间距用 $r_0'$表示。先讨论 $r_0$ 与 $r_0'$相差较大的情况，根据弗朗克—康顿原理，在电子跃迁的过程中，原子核之间的距离是不能改变的。因此，在跃迁的瞬间，原子核间距并不是从基态的平衡位置变化到激发态的平衡位置。在位能图上，表现为从基态的零振动能级平行于纵坐标激发到激发态的高振动能级，如图 2－20(a)所示，从 $v_0$ 到 $v_2'$，也可以发生 $v_0 \rightarrow v_1'$、$v_0 \rightarrow v_0'$和 $v_0 \rightarrow v_3'$、$v_0 \rightarrow v_4'$。由于 $v_0 \rightarrow v_2'$处基态原子核间距的几率最大，因此这种跃迁的振动波带的吸收强度最高，其他振动波带的强度相对减弱(如图 2－20 中右下角的光谱图所示)。此外，由于 $r_0$ 与 $r_0'$相差较大，光谱中各振动波带的波长分布很广。总的来说，此时的吸收带宽而低，表示相应的颜色鲜艳度不高。这表示大多数发色体系的情况。图 2－20(b)表示 $r_0$ 与 $r_0'$相差不大或不变的情况。此时跃迁集中在 $v_0 \rightarrow v_0'$，其他振动波带相对很低(如 $v_0 \rightarrow v_1'$)，表现为吸收峰高而窄，相应吸收强度很高，颜色非常鲜艳。如上所述，对称奇数交替烃基态与激发态的原子核间距变化不大，因此，在共轭体系长度相近的情况下，这类发色体系除了颜色很深外，颜色既浓又艳。

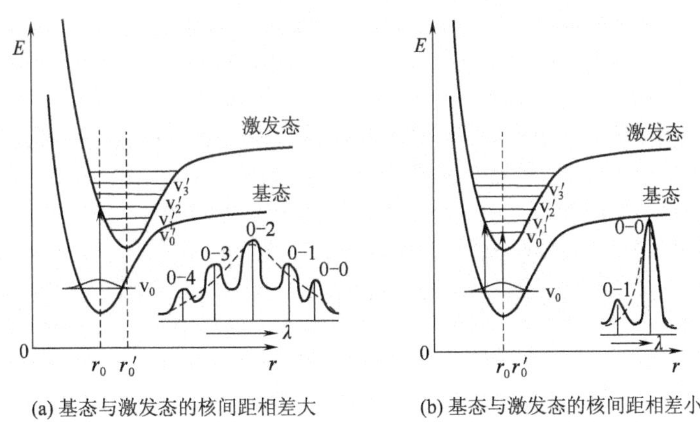


图 2－20　双原子分子的位能曲线和吸收光谱

以上讨论的是双原子分子的情况，染料分子结构要复杂得多，因此它们的振动谱线更多更密，加上与溶剂分子的相互作用，可能造成振动结构不能分辨，成为一条光滑的曲线(图 2－20 中，相应光谱上用虚线表示)。

### 四、分子吸收的各向异性

如前所述，物质分子对光的吸收强度取决于跃迁偶极矩的大小。跃迁偶极矩是个矢量，所以分子对光的吸收是有方向性的。研究表明，只有当光的电矢量方向与跃迁偶极矩的方向一致时，才能发生光的吸收。比较米契勒蓝和孔雀绿对光吸收情况可以加以说明，如图 2－21 所示。米契勒蓝的共轭体系是朝一个方向展开的，相应的吸收带 $\lambda_{max}$ 为 603nm。当这种波长光的电矢量与共轭体系的跃迁偶极矩方向一致时，才能被染料分子吸收。在米契勒蓝分子的中心碳原子上再接一个苯环，就成了孔雀绿分子。图中，分子的上部与米契勒蓝相似，是对称奇数交替烃结构，有较长的吸收波长（$\lambda_{max}$＝623nm），为 X 吸收带。新接入的苯环与原来分子的一半形成共轭体系，是一个偶数交替烃，吸收波长较短（$\lambda_{max}$＝420nm），为 Y 吸收带。如图中共振结构所示，由于正电荷在体系中的均匀分配，Y 吸收带是与 X 吸收带相互垂直的。两个吸收带的共同结果，得到鲜艳的孔雀绿色。

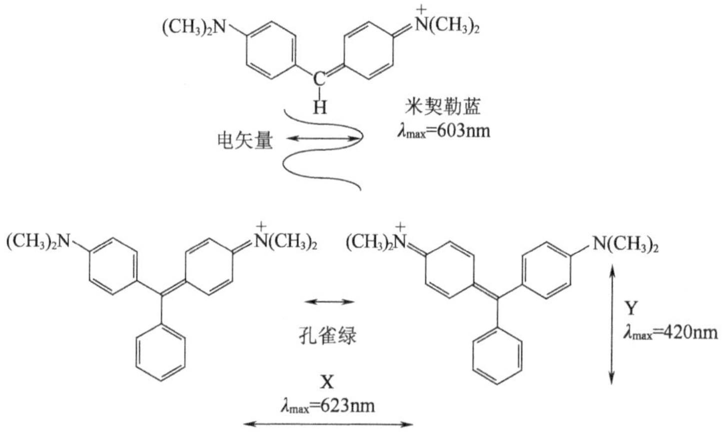

图 2－21　米契勒蓝和孔雀绿最大吸收波长

## 第四节　外界因素对分子吸收光谱的影响

染料的颜色除了与染料分子的结构有直接的关系外，也与染料所处的环境有很大关系。溶剂的极性、溶液的 pH 值以及染料浓度等外界因素也能使染料的吸收光谱发生位移，吸收强度发生变化，从而引起染料颜色发生改变。

### 一、溶剂分子极性的影响

染料吸收光谱一般在稀溶液状态下测定。染料的溶剂化会改变染料的能级，因此可能使染料的激发能的大小发生变化，最终造成染料颜色的改变。

本章第二节中提到，对于 $\pi\rightarrow\pi^*$ 跃迁，一般情况下染料激发态的偶极矩较基态大，因此溶剂极性的提高，对溶剂化染料来说，基态能量的影响较小；却会造成激发态染料分子的能量较大下降，最终引起染料的激发能降低，从而发生深色效应。表 2－9 为 4－硝基－4′－二甲氨基偶氮苯在不同极性溶剂中的最大吸收波长。

**表 2－9　溶剂极性对 $\pi\rightarrow\pi^*$ 跃迁吸收波长的影响**

$O_2N-C_6H_4-N{=}N-C_6H_4-N(CH_3)_2$

| 溶剂 | 苯 | 甲醇 | *N*,*N*－二甲基甲酰胺 |
|---|---|---|---|
| 极性 | 小 | ⟶ | 大 |
| $\lambda_{max}$/nm | 447 | 475 | 505 |

$n\rightarrow\pi^*$ 跃迁与之不同。当碳原子与氧等杂原子相连时，由于电负性的不同，无论是 σ 键还是 π 键，电子云都偏向杂原子，因此整个分子具有较大偶极矩。当围绕杂原子的 n 轨道中一个电子激发到 $\pi^*$ 轨道之后，由于 $\pi^*$ 轨道是围绕整个分子的，就是杂原子中的部分电子云转移到整个分子上，因此分子的偶极矩是下降的，如图 2－22 所示。当溶剂的极性增加时，基态的能级下降较多，激发态下降相对较少，这样引起激发能增加，发生浅色效应。

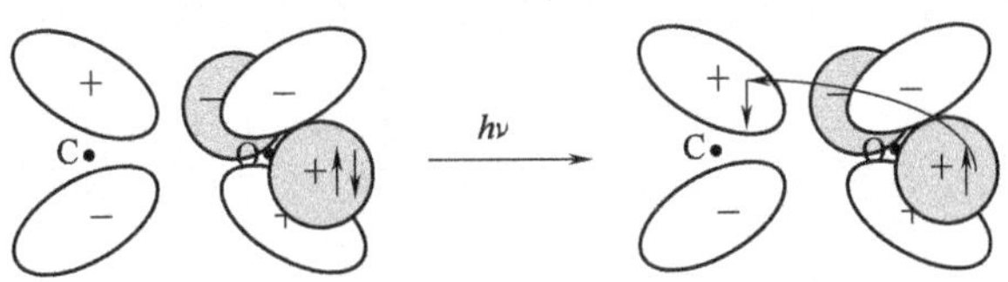


图 2－22　$n\rightarrow\pi^*$ 跃迁激发前后的电子云分布

溶剂的极性还会影响吸收光谱的振动结构，极性基团的相互作用会使吸收光谱的振动结构消失。

当染料上染纤维以后，染料处于纤维分子的包围之中，纤维的作用与溶剂的作用相似，纤维分子的极性对染料的吸收光谱有很大影响，因此同一只染料上染不同纤维，会有不同的颜色。

## 二、pH 值的影响

当溶液的 pH 值发生变化时，首先导致取代基的离子化，改变这些基团的供吸电子能力，从而造成染料颜色的改变。

$$D-OH \xrightarrow{OH^-} D-O^- \qquad D-NH_2 \xrightarrow{H^+} D-NH_3^+$$

羟基电离得到负氧离子，供电子能力提高。例如，茜素在碱中可以发生深色效应。

茜素（黄）$\xrightarrow{NaOH}$ 茜素钠盐（红）

相反，氨基的正离子化造成供电子能力降低。例如冰染料的大红色基 G 为黄色，在盐酸溶液中则变为乳白色，产生浅色效应。

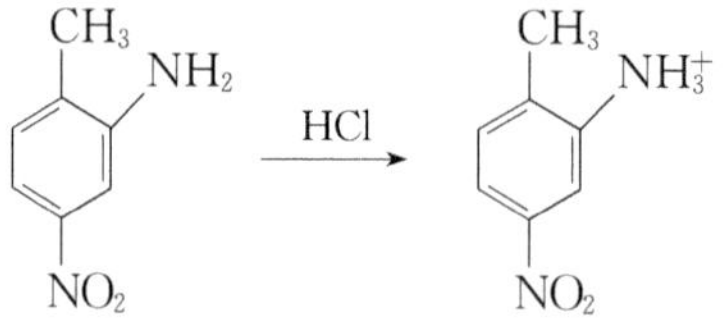

大红色基 G(黄)　大红色基 G 的盐酸盐(乳白)

由于上述取代基常常直接连接在共轭体系上，pH 值的变化也会造成染料分子共轭体系的改变。例如，三芳甲烷染料必须具有醌式结构才能把共轭结构连成一体，显出颜色。pH 值增高或降低都可能引起共轭体系的断裂，失去原来的颜色。孔雀绿分子在不同酸碱条件下的结构和颜色表示如下：

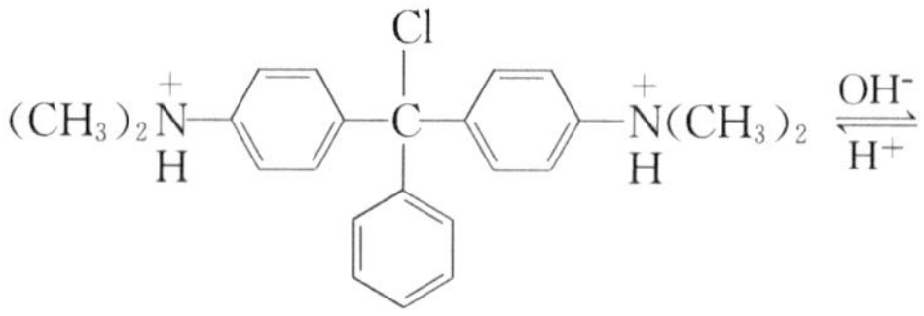

无色(淡黄色)　强酸性条件

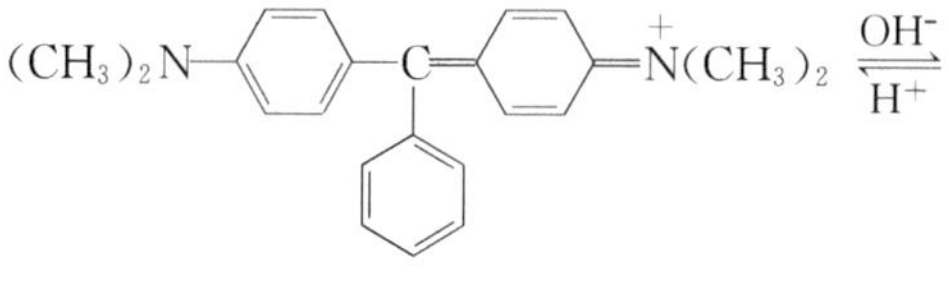

孔雀绿(绿色)　弱酸性或中性条件

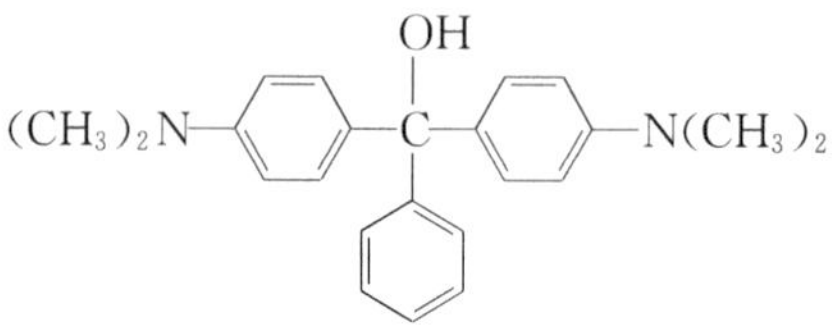

无色　碱性条件

## 三、染料分子聚集状态的影响

染料分子的聚集状态对其颜色也有很大影响。

在染料的溶液中，当染料浓度很低时，染料主要以单分子状态存在。随着染料浓度的提高，染料分子可以缔合成二聚体或多聚体。一般来说，缔合分子 π 电子的激发能高于单分子状态，因此染料浓度的提高常引起浅色效应。例如，结晶紫单分子状态的 $\lambda_{max}$ 为 580nm，其二聚体为 540nm；甲基蓝单分子状态时 $\lambda_{max}$ 为 650nm，而其二聚体为 600nm。

然而，某些菁类染料在水溶液中的浓度超过某一限度时，可能在较长波长处产生一个又窄又高的吸收带，如图 2－23 所示。

固体染料或染料在纤维中的状态比在溶液中复杂得多。染料的结晶状态、晶体颗粒的细度

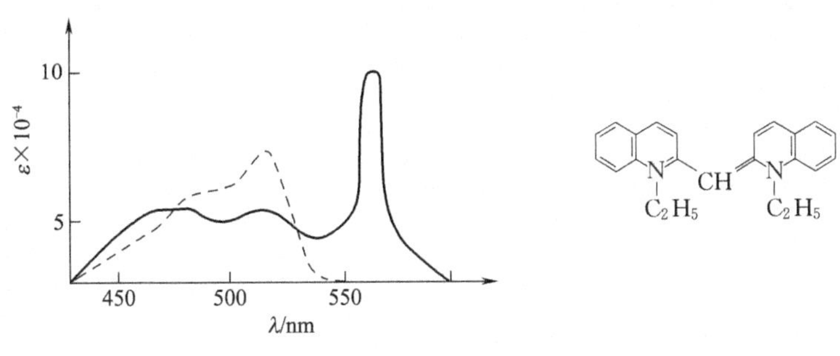


图 2-23 菁染料的吸收光谱

及其分布情况以及染料分子与纤维分子的相互作用等，都对染料对光的吸收性能有很大的影响，从而引起颜色的变化。

## 复习指导

本章是染料化学课程中较难的一章，根据各校对课程的安排以及学生的基础，可以对本章的某些部分进行筛选。例如可以不讲或少讲颜色的分子轨道和价键或共振理论，然而一些结论性的内容学生应该掌握，如分子结构与颜色深浅浓淡的关系，各种发色体系（多烯烃、对称奇数交替烃和多稠环等）的特点，取代基对颜色的影响等。本章的复习重点是：

1. 掌握光与色的物理概念，与物体颜色有关的一些概念的物理意义，如补色、吸收光谱、深浅浓淡和鲜艳度等。

2. 掌握物体颜色的量子理论解释。

3. 掌握偶数交替烃和奇数交替烃的区别与特点。

4. 掌握分子结构与颜色深浅的关系，共轭体系长短对不同共轭体系最大吸收波长的影响，取代基对颜色的影响。

5. 掌握分子结构与颜色浓淡的关系，跃迁偶极矩的概念以及与吸收强度之间的关系，对称选律、空间禁阻和自旋选律，哪些轨道之间的跃迁是允许的。

6. 掌握分子结构与颜色鲜艳度的关系，弗朗克—康顿原理和双原子分子的位能曲线对于物体吸收带宽窄的解释，基态和激发态分子中原子间距离变化大小对颜色鲜艳度的影响。

7. 熟悉外界因素对物体吸收光谱的影响。

## 思考题

1. 使用电子激发理论说明染料选择性吸收可见光产生颜色的原因。

2. 说明影响染料吸收强度的主要因素以及跃迁偶极矩的定义。

3. 名词解释：

(1)允许跃迁 (2)禁阻跃迁 (3)对称选律 (4)自选选律 (5)Franck-Condon 原理 (6)深色效应 (7)浅色效应 (8)补色

4. 说明外界因素对染料颜色的影响。

5. 分别画出黄色、红色、绿光蓝染液的吸收光谱示意图,并指出这些染液从白光中滤去了哪部分波长的光?

6. 说明染料的深、浅、浓、淡的概念。

7. 简述染料中共轭体系的特点、连在共轭体系上的取代基和分子平面性对染料颜色深浅的影响。

8. 试比较下列几组染料的颜色深浅,并说明其原因。

(1) a. 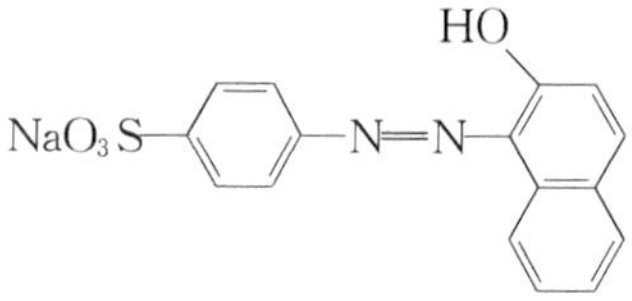 b. 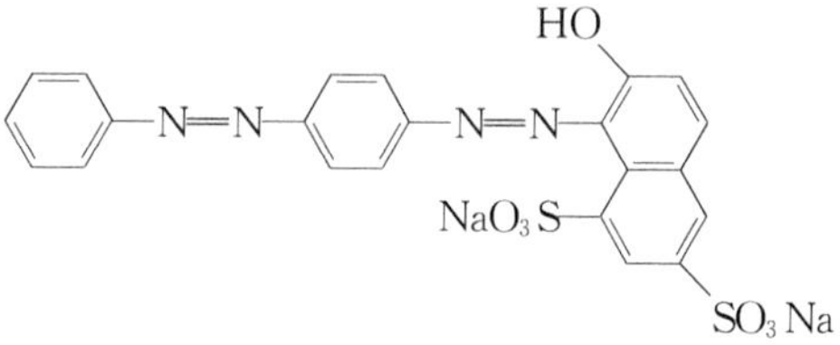 c.

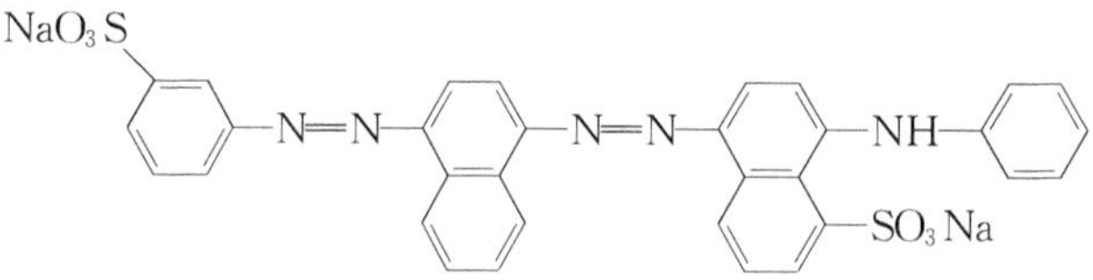

(2) a. 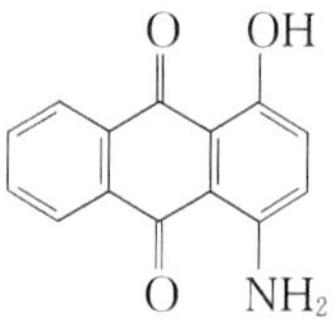 b. 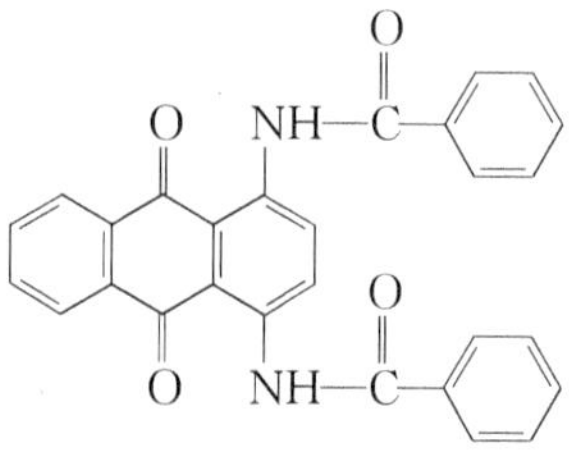 c. 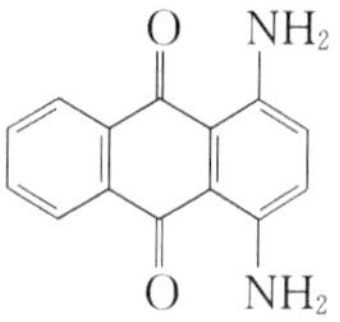 d.

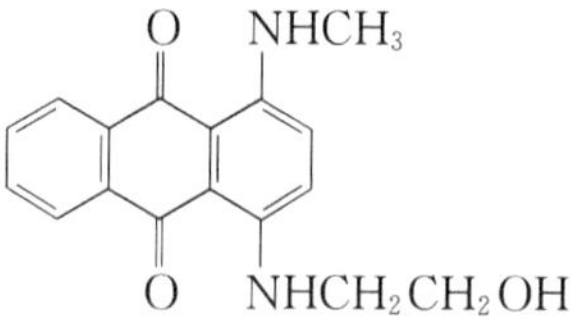

## 参考文献


[1]王菊生. 染整工艺原理(第三册)[M]. 北京:纺织工业出版社,1984.

[2]钱国坻. 染料化学[M]. 上海:上海交通大学出版社,1988.

[3]何福城,朱正和. 结构化学[M]. 北京:人民教育出版社,1979.

[4]侯毓汾,吴祖望,胡家振,等译. 颜色与有机分子结构[M]. 北京:化学工业出版社,1985.

[5]东北师范大学,华东师范大学,西北师范大学. 结构化学[M]. 北京:高等教育出版社,2003.

[6]宋心琦,周福添,刘剑波. 光化学——原理技术应用[M]. 北京:高等教育出版社,2001.

# 第三章　染料的中间体

从第二章中可知染料分子中必须具有大 π 共轭体系，一般染料分子都具有芳香环结构。由此染料合成的原料主要是苯、萘、蒽等芳烃。这些简单化合物经过一系列化学反应，先转变为较复杂但尚未具有染料特性的芳香族化合物，然后再进一步转变为染料。在合成过程中，原料与染料之间的中间产物称为染料中间体，也称做中料(intermediates)。

由于煤焦油中含有较大比例的苯的衍生物以及萘、蒽等稠环芳烃，因此染料工业的原料主要来自煤焦油的分馏。随着石油工业的发展，从石油裂解中得到芳烃，也是一个重要的原料来源。

## 第一节　染料中间体合成的基本单元反应

染料中间体的合成主要有以下几个途径。一是在芳环中引入取代基，其主要是通过卤代、硝化、磺化等亲电取代反应在芳环上引入卤素原子、硝基和磺酸基。有些取代基，例如羟基、氨基等无法直接引入到芳环中，一般通过其他基团的亲核取代反应、还原反应等进行转换。还有一类是通过缩合和分子重排等反应增大或改变分子的碳骨架。染料中间体的合成往往是以上几类反应的综合结果。

### 一、卤素原子、硝基和磺酸基的引入

如前所述，在一般情况下，芳环上的取代反应为亲电取代反应。常通过亲电取代反应在芳环中引入卤素原子、硝基和磺酸基。

以苯为例，亲电取代反应的机理如下：

$$C_6H_6^{\delta^-} + A^+ \longrightarrow [C_6H_6A]^+ \longrightarrow C_6H_5\text{—}A + H^+$$

染料中引入硝基、磺酸基和卤素原子的目的在于：

首先可以改变染料的色调和染色性能。硝基是一个发色团，硝基中带有 π 电子，可以延长发色体系，从而形成深色效应；硝基还是一个强吸电子基团，在引入硝基的同时，发色体系中引入供电子基团，两种基团协同作用的结果会引起强烈的深色效应，由较短的发色体系得到很深的颜色。染料中引入磺酸基首先增加染料的水溶性。磺酸的盐类在水中电离形成负离子，可以与纤维中的正离子形成离子键，增加染料与纤维的亲和力。染料中引入氯和溴原子可使染料色

泽明亮、鲜艳，提高某些染料的亲和力以及各项牢度。氟原子的引入可以非常有效地提高染料的耐光牢度和化学稳定性。

这些基团的引入还常用于转变成其他基团。这将在后面详细介绍。

**(一)卤化反应(halogenation)**

在染料中间体的合成中，卤化反应以在芳环上引入氯原子为主。因溴原子比氯活泼，因此常用于蒽醌中间体的溴化反应。

苯和蒽醌的卤化反应常用氯气或溴水直接进行，催化剂可以采用 $FeCl_3$ 或 HCl 加氧化剂(如 NaClO 等)。

$$C_6H_6 + Cl_2 \xrightarrow{FeCl_3} C_6H_5Cl + HCl$$

1-氨基蒽醌 $+ Br_2 \xrightarrow{HCl+NaClO}$ 1-氨基-2,4-二溴蒽醌

萘系中间体中，一般不采取直接卤化的方法，而是应用桑德迈尔(Sandmeyer)反应引入卤素原子。

$$\text{HO}_3\text{S}-C_{10}H_6-NH_2 \xrightarrow[HCl]{NaNO_2} \text{HO}_3\text{S}-C_{10}H_6-N_2^+Cl^- \xrightarrow[HCl]{CuCl_2} \text{HO}_3\text{S}-C_{10}H_6-Cl$$

苯环侧链 $\alpha$ 碳原子上的氢原子可在阳光或较高温度下，逐步被氯或溴取代。例如甲苯：

$$C_6H_5-CH_3 \xrightarrow[Cl_2]{h\nu\text{ 或 }\Delta} C_6H_5-CH_2Cl \longrightarrow C_6H_5-CHCl_2 \longrightarrow C_6H_5-CCl_3$$

得到的三氯甲苯可以用来制备相应的三氟甲烷衍生物。

$$m\text{-}Cl-C_6H_4-CCl_3 \xrightarrow{HF} m\text{-}Cl-C_6H_4-CF_3$$

**(二)硝化反应(nitration)**

在染料中间体的合成中，硝化反应非常重要。除了作为发色团外，还可以通过还原反应转变为芳香胺。硝基大多直接连接在芳环上。硝化反应的硝化剂常用混酸(硝酸与硫酸的混合物)。由于是亲电取代反应，若在芳环上引入邻对位定位基，芳环活化，可以在低温、稀酸条件下进行；如果引入间位定位基，则需要在较高温度和较浓混酸中进行。

$$C_6H_5-NHCOCH_3 \xrightarrow[30℃]{HNO_3(30\%)+H_2SO_4(58\%)} O_2N-C_6H_4-NHCOCH_3$$

$$C_6H_5-Cl \xrightarrow[100\sim110℃]{HNO_3(35\%)+H_2SO_4(53\%)} O_2N-C_6H_4-Cl$$

萘的亲电取代反应活性较大，可采取低浓度混酸作硝化剂，硝基主要进入 $\alpha$ 位。蒽醌硝化活性较低，需要较剧烈的反应条件，且产品异构物较多。

**(三)磺化反应(sulphonation)**

在染料分子中磺酸基一般是直接连接在芳环上的，磺酸基除了给予染料水溶性和与纤维形成离子键外，也可以转变为羟基、氨基以及其他基团。

磺化反应的磺化剂有浓硫酸、发烟硫酸、三氧化硫和氯磺酸等。芳环上连有供电子取代基时，磺化条件可以低一些；当连有吸电子基时，必须在发烟硫酸等剧烈条件下磺化。

$$C_6H_6 \xrightarrow[170℃]{\text{浓硫酸或发烟硫酸}} C_6H_5-SO_3H$$

$$H_3C-C_6H_5 \xrightarrow{\text{硫酸煮沸}} H_3C-C_6H_4-SO_3H$$

$$O_2N-C_6H_5 \xrightarrow[100\sim105℃]{\text{发烟硫酸}} O_2N-C_6H_4-SO_3H$$

## 二、取代基的转换——羟基和氨基的引入

在染料分子中，羟基和氨基是非常重要的取代基。这些基团中的氧原子或氮原子中带有孤对电子，都是供电子基团，直接连接在染料分子的发色体系中形成 p—π 共轭，能引起较强烈的深色效应。同时，这些基团又是可以形成氢键的基团，它们既是供氢基团，又是受氢基团，接在染料分子上可以与纤维分子中形成氢键的基团以氢键结合；由于这些基团中的杂原子均含有孤对电子，因此还可以与金属离子中的空轨道形成配位键，形成络合结构。氢键和络合结构都能提高染料与纤维之间的亲和力。引入氨基和羟基的另一个重要目的在于进一步合成其他中间体，尤其是杂环中间体。氨基还可以通过重氮化偶合反应合成偶氮染料。

在芳环中一般不能直接引入氨基、羟基，需要通过其他基团转变得到。转化的方法以亲核取代反应为主。亲核取代反应的反应机理如下。

$$Z^- + L\overset{\delta^+}{-}C_6H_4-X \longrightarrow L^- + Z-C_6H_4-X$$

式中：X 为强吸电子基团，L 为被取代基。

由于在亲核取代反应中，是由带负电荷的离子向芳核进攻完成官能团转换的，因此在芳环中引入吸电子基有利于反应的进行。

氨基的引入，还可以通过硝基的还原得到。

**(一)氨基的引入**

**1. 硝基还原(reduction)** 芳香族硝基化合物的还原是制备芳香胺的主要途径。如：

$$C_6H_5-NO_2 \xrightarrow{Fe+H^+} C_6H_5-NH_2$$

上述反应也可以应用催化加氢的方法进行。

$$C_6H_5\text{—}NO_2 + 3H_2 \xrightarrow[225^\circ C]{Cu} C_6H_5\text{—}NH_2 + 2H_2O$$

对于多硝基化合物，采用强烈程度不同的还原剂，可以得到不同的还原产物。采用强还原剂，芳环上的硝基将全部还原成氨基，如酸性条件下，铁粉可以把间二硝基苯还原成间苯二胺。采用弱还原剂则只还原一个硝基，如用多硫化钠则得到间硝基苯胺。

$$m\text{-}C_6H_4(NO_2)_2 \xrightarrow{Fe+H^+} m\text{-}C_6H_4(NH_2)_2 \qquad m\text{-}C_6H_4(NO_2)_2 \xrightarrow{Na_2S_2} m\text{-}NO_2C_6H_4NH_2$$

采用弱还原剂还可以在不破坏偶氮基的条件下，把对硝基偶氮苯中的硝基还原成氨基。

$$O_2N\text{—}C_6H_4\text{—}N{=}N\text{—}C_{10}H_5(NH_2)(SO_3H) \xrightarrow{Na_2S_x} H_2N\text{—}C_6H_4\text{—}N{=}N\text{—}C_{10}H_5(NH_2)(SO_3H)$$

在强碱性溶液中，硝基还原可生成双分子还原产物。硝基苯在烧碱溶液中，用锌粉还原为氢化偶氮苯（对称二苯肼），然后在盐酸介质中重排为联苯胺。

$$C_6H_5\text{—}NO_2 \xrightarrow{NaOH+Zn} C_6H_5\text{—}NH\text{—}NH\text{—}C_6H_5 \xrightarrow{HCl} H_2N\text{—}C_6H_4\text{—}C_6H_4\text{—}NH_2$$

联苯胺曾是非常重要的染料中间体，然而由于有强烈致癌和致过敏作用，现已禁用。

**2. 氨解反应（ammonolysis）** 通过芳环上的其他基团转变为羟基、氨基的反应一般为亲核取代反应。由于芳环上的卤素原子与芳环的共轭体系形成了 p—π 共轭，所以芳环上的卤素原子非常稳定，难以直接转变为氨基或羟基，然而如果在芳环上同时接有强吸电子基，则有利于亲核取代反应的进行。如：

$$Cl\text{—}C_6H_3(NO_2)_2 \xrightarrow{2NH_3} H_2N\text{—}C_6H_3(NO_2)_2 + NH_4Cl$$

工业上可在高温高压条件下，直接从氯苯得到苯胺。

$$2\,C_6H_5\text{—}Cl + 2NH_3 + Cu_2O \xrightarrow[7.1MPa(70\text{ 大气压})]{200^\circ C} 2\,C_6H_5\text{—}NH_2 + Cu_2Cl_2 + H_2O$$

由于在蒽醌环中有两个吸电子的羰基，因此蒽醌化合物中的氨解反应相对容易。

$$\text{2-氯蒽醌} \xrightarrow[\text{高温高压}]{NH_3+CuSO_4} \text{2-氨基蒽醌}$$

## (二)羟基的引入

**1. 磺酸基的碱熔(alkali fusion)**

(1) $C_6H_5SO_3H \xrightarrow{Na_2SO_3} C_6H_5SO_3Na + SO_2 + H_2O$

(2) $C_6H_5SO_3Na \xrightarrow[\text{熔化}]{NaOH} C_6H_5ONa + Na_2SO_3$

(3) $C_6H_5ONa \xrightarrow{SO_2 + H_2O} C_6H_5OH + Na_2SO_3$

磺酸基碱熔法制酚，设备简单，产率较高，上述三步过程中的副产物可以充分利用。缺点是生产工序多，操作麻烦，难以实现自动化；由于反应在高温碱性条件下进行，如果芳环上有其他基团，容易产生很多副反应。

**2. 卤化物的水解(hydrolyzation)**　与芳胺制备相同，芳香族的卤化物很稳定，需要在催化剂以及高温高压的条件下进行。

$$C_6H_5Cl + NaOH \xrightarrow[\text{高温高压}]{\text{Cu 催化剂}} C_6H_5ONa + NaCl + H_2O \qquad C_6H_5ONa + HCl \longrightarrow C_6H_5OH + NaCl$$

当卤素原子的邻对位有强吸电子基时，水解反应比较容易进行。

$$\text{2,4-}(NO_2)_2C_6H_3Cl \xrightarrow[100℃]{Na_2CO_3} \text{2,4-}(NO_2)_2C_6H_3ONa \xrightarrow{H^+} \text{2,4-}(NO_2)_2C_6H_3OH$$

**3. 异丙苯法**　此法用于大量生产苯酚，并得到另一重要工业原料——丙酮。反应如下：

$$C_6H_6 + CH_3CH{=}CH_2 \xrightarrow{AlCl_3} C_6H_5CH(CH_3)_2$$

$$C_6H_5CH(CH_3)_2 + O_2 \xrightarrow[110\sim120℃]{\text{过氧化物}} C_6H_5C(CH_3)_2{-}O{-}O{-}H \xrightarrow[75\sim85℃]{\text{稀 }H_2SO_4} C_6H_5OH + H_3C{-}\overset{O}{\overset{\|}{C}}{-}CH_3$$

此法仅适用于苯酚的合成，其他酚类的制备不能套用。

### (三)氨基和羟基的保护

氨基和羟基均含有孤对电子,电子云密度较高,因此酚和芳胺在空气中都很容易被氧化而变色。例如,苯胺接触空气时颜色逐渐变深,由无色透明液体逐渐变黄、浅棕到红棕色。这些反应都很复杂。酚在碱性条件下,形成氧负离子时,还原性更强。这些化合物在酸碱条件下会因为生成离子,从而改变取代基的电子云密度,最后造成相应染料改变颜色。

$$Ar—OH \xrightarrow{OH^-} Ar—O^- \qquad Ar—NH_2 \xrightarrow{H^+} Ar—NH_3^+$$

根据上述原因,染料中的羟基和氨基常常需要进行保护。

羟基的保护常采用醚化的方法,把羟基转变为烷氧基。烷氧基在碱性条件下不会电离成负离子,因此还原性降低,从而提高耐氧化性,也不容易发生酸碱变色。烷基化所用的试剂主要为卤代烃类。如对硝基苯甲醚的合成。

$$HO—C_6H_4—NO_2 \xrightarrow[100℃,0.4\sim0.5MPa(4\sim5\text{大气压})]{NaOH+CH_3Cl} H_3CO—C_6H_4—NO_2$$

氨基常采用酰化的方法加以保护。氨基酰化后,电子云密度降低,在氧化条件下要稳定得多;同时氨基的碱性大大降低,在酸性条件下不容易吸收氢质子发生电离,耐酸碱稳定性也得到提高。通常酰化剂为羧酸、酸酐和酰氯。

$$C_6H_5—NH_2 \xrightarrow{(CH_3CO)_2O} C_6H_5—NHCOCH_3$$

染料分子中引入酰氨基还可以增加染料与纤维的氢键结合,提高亲和力。

## 三、改变碳骨架的反应

### (一)傅列德尔—克拉傅茨(Friedel - Crafts)反应

傅列德尔—克拉傅茨反应简称傅—克反应。芳烃在无水三氯化铝的催化作用下,与卤烷或烯烃、醇等反应,在芳环上引入烷基,该反应称为傅—克反应的烷基化反应。如果此时与芳环反应的是酰卤或酸酐,则可以再生成芳酮,为傅—克反应的酰基化反应。

烷基化反应:

$$C_6H_6 + CH_3CH_2Cl \xrightarrow[0\sim25℃]{AlCl_3} C_6H_5—CH_2CH_3 + HCl$$

$$C_6H_6 + H_3C—CH═CH_2 \xrightarrow[95℃]{AlCl_3/HCl} C_6H_5—CH(CH_3)_2$$

酰基化反应:

$$C_6H_6 + H_3C—C(=O)—Cl \xrightarrow{AlCl_3} C_6H_5—C(=O)—CH_3 + HCl$$

$$C_6H_6 + (CH_3CO)_2O \xrightarrow{AlCl_3} C_6H_5COCH_3 + CH_3COOH$$

在染料分子中增加碳氢结构就会提高染料的相对分子质量和疏水性能，从而提高染料与纤维的亲和力，改善染料的上染性能和染色牢度。

**(二)柯尔柏(Kolbe)反应**

苯酚的钠盐在加压加热的条件下，与二氧化碳反应生成水杨酸，即为柯尔柏反应。

$$C_6H_5ONa \xrightarrow[\text{高温高压}]{CO_2} o\text{-}NaOC_6H_4COONa \xrightarrow{HCl} o\text{-}HOC_6H_4COOH$$

在染料中引入羧基可以增加染料的水溶性。邻位羟基和羧基还组成了配位体结构，这种结构可以与金属离子形成较稳定的络合，是金属络合染料中常用络合结构的一种。

这类反应也可在萘环上进行。

$$C_{10}H_7ONa \xrightarrow[\text{高温高压}]{CO_2} C_{10}H_6(ONa)(COONa) \xrightarrow{HCl} C_{10}H_6(OH)(COOH)$$

上述产物也称 2,3 -酸或 BON 酸，用于不溶性偶氮染料中色酚的制备。

其他还有一些增加染料分子碳骨架的合成反应，将在具体中间体的制备中加以阐明。

## 第二节　苯系中间体的合成

苯及其衍生物在煤焦油和石油产品中均大量存在，因此是染料合成的重要原料来源。苯及其衍生物的磺化、硝化、卤化反应及其苯胺、苯酚的制备已在前面阐述。下面列出一些重要苯系中间体的合成途径。

### 一、芳甲烷类中间体的合成

醛类与芳胺的缩合反应常用来合成二芳甲烷和三芳甲烷染料的中间体。*N*,*N* -二甲基苯胺与甲醛和苯甲醛的缩合反应如下：

$$C_6H_5N(CH_3)_2 \xrightarrow{C_6H_5CHO} (CH_3)_2N\text{-}C_6H_4\text{-}CH(C_6H_5)\text{-}C_6H_4\text{-}N(CH_3)_2$$

$$C_6H_5N(CH_3)_2 \xrightarrow{HCHO} (CH_3)_2N\text{-}C_6H_4\text{-}CH_2\text{-}C_6H_4\text{-}N(CH_3)_2$$

反应中的苯甲醛用下法合成：

$$C_6H_5-CH_3 \xrightarrow[h\nu]{Cl_2} C_6H_5-CHCl_2 \xrightarrow{H_2O} C_6H_5-CHO$$

三芳甲烷染料的另一个重要中间体，米氏酮是通过光气与 $N,N$ -二甲基苯胺缩合得到的：

$$2\,(H_3C)_2N-C_6H_5 + COCl_2 \xrightarrow{ZnCl_2} (H_3C)_2N-C_6H_4-CO-C_6H_4-N(CH_3)_2 + HCl$$

米氏酮

继续进行反应可以得到三芳甲烷类染料：

$$(H_3C)_2N-C_6H_4-CO-C_6H_4-N(CH_3)_2 \xrightarrow{(H_3C)_2N-C_6H_5} [(H_3C)_2N-C_6H_4]_2C=C_6H_4={}^{+}N(CH_3)_2$$

结晶紫

二芳甲烷或三芳甲烷分子上引入含有杂原子的基团，再缩合闭环可以得到吖啶、呫吨等杂环。例如：

$$(CH_3)_2N-C_6H_4-CH_2-C_6H_4-N(CH_3)_2 \xrightarrow[\text{[H]}]{HNO_3,\,H_2SO_4}$$

$$(CH_3)_2N(NH_2)C_6H_3-CH_2-C_6H_3(NH_2)N(CH_3)_2 \xrightarrow[\triangle,\,FeCl_3]{-NH_3,\,[O]} (CH_3)_2N\text{-acridine}(NH)(CH)={}^{+}N(CH_3)_2Cl^-$$

## 二、几个重要苯基中间体

### (一)3 -羟基吲哚(吲哚酚)

3 -羟基吲哚是靛族染料的主要中间体，用于靛蓝的合成。

$$C_6H_5-NH_2 \xrightarrow[NaAc,90\sim95℃]{ClCH_2COOH} C_6H_5-NHCH_2COOH \xrightarrow[200\sim230℃]{NH_2Na,\,NaOH} C_6H_4(NH)CH_2C{=}O \rightleftharpoons C_6H_4(NH)CH{=}C(OH)$$

### (二)1-苯基-3-甲基-5-吡唑啉酮

$$C_6H_5NH_2 \xrightarrow{NaNO_2+HCl} C_6H_5N{\equiv}N^+ \xrightarrow{NaHSO_3} C_6H_5NH{-}NH_2$$

$$C_6H_5NH{-}NH_2 + CH_3COCH_2COOC_2H_5 \longrightarrow \text{1-苯基-3-甲基-5-吡唑啉酮}$$

吡唑啉酮化合物主要用于合成偶氮型黄色酸性染料和活性染料的中间体，这种类型染料化学性能稳定，具有较高耐光牢度。

吡唑啉酮有烯醇式和酮式两种异构体，一般以酮式存在。

$$\text{酮式} \rightleftharpoons \text{烯醇式}$$

### (三)苯并噻唑

如果用对甲苯胺作原料，可以用下列方法得到苯并噻唑类的杂环化合物。

$$H_3C{-}C_6H_4{-}NH_2 + S + H_3C{-}C_6H_4{-}NH_2 \xrightarrow[\triangle]{Na_2CO_3} \text{2-(4-氨基苯基)-6-甲基苯并噻唑}$$

这种反应还可以继续合成较大的中间体，如樱草黄碱的合成。

$$\text{2-(4-氨基苯基)-6-甲基苯并噻唑} + H_3C{-}C_6H_4{-}NH_2 \xrightarrow{S} \text{樱草黄碱}$$

上述中间体因为具有线型分子结构，用于合成具有线型结构的直接染料。

用苯基硫脲和氯化亚砜可以合成2-氨基苯并噻唑。

$$2\,C_6H_5{-}NHCSNH_2 + 2SOCl_2 \longrightarrow 2\,\text{(苯并噻唑)}{-}NH_2 + S + SO_2 + 4HCl$$

它可以成为某些分散染料和阳离子染料的中间体。

苯基硫脲的合成方法如下：

$$C_6H_5{-}NH_2 \xrightarrow[CHCl_3]{H_2SO_4} C_6H_5{-}NH_2 \cdot \frac{1}{2}H_2SO_4 \xrightarrow[CHCl_3]{NaSCN} C_6H_5{-}NHCSNH_2$$

### (四)DSD酸(二苯乙烯结构)

通过甲基间的氧化缩合，两分子对硝基甲苯可以生成二苯乙烯中间体，如DSD酸的合成。

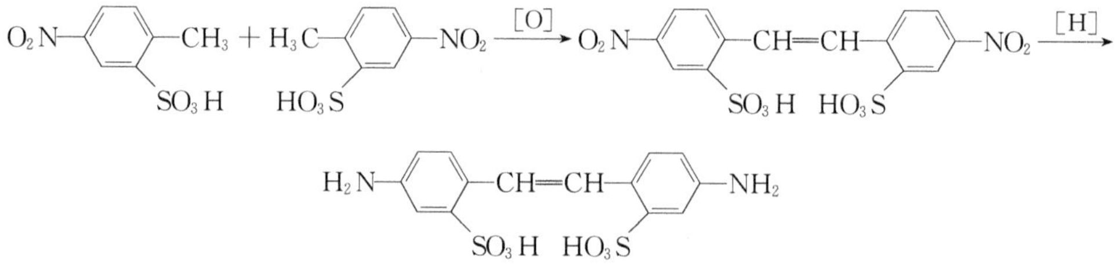

DSD 酸

由于 DSD 酸的线型结构，该中间体适合直接染料的合成。

## 第三节　萘系中间体的合成

萘是两个苯环稠合的共轭分子，染料中引入萘环可以使相对分子质量更大。同时具有更长的共轭体系，可以得到更深的颜色。萘可以在煤焦油的化工产品中得到。萘在染料中间体的合成中非常重要。

### 一、萘的反应特性

萘分子中各碳原子的编号为：

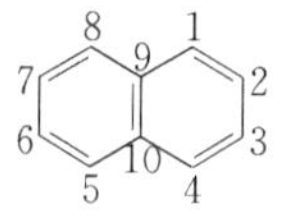

萘分子中 1、4、5、8 位的碳原子在分子中的位置相似，它们称为 $\alpha$ 位；同样 2、3、6、7 位称为 $\beta$ 位。萘虽然是个共轭分子，但分子中各碳原子之间的距离并不是均匀一致的。相邻 $\alpha$ 和 $\beta$ 位碳原子之间(1、2 位，3、4 位，5、6 位和 7、8 位)的距离较小，相邻 $\beta$ 和 $\beta$ 位之间(2、3 位和 6、7 位)的距离较大。这就是说，前者双键的性质较明显，后者的单键性质较明显。这种情况与丁二烯分子相似。因此，萘分子的化学性质与二烯类相似。

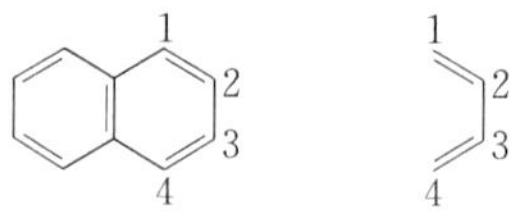

根据这种结构特点，萘有如下化学性质。

(1)$\alpha$ 位碳原子的活泼性大于 $\beta$ 位。

(2)如果在 1 位上具有一个供电子基(邻、对位定位基)，该侧的苯环发生亲电取代反应的活泼性得到提高。此时进行亲电取代反应，第二个取代基将进入同侧苯环的 4 位，少量为 2 位；3 位碳原子是不活泼的。如果第一个供电子基在 2 位，则第二个取代基将进入 1 位，不能进入 3 位和 4 位。

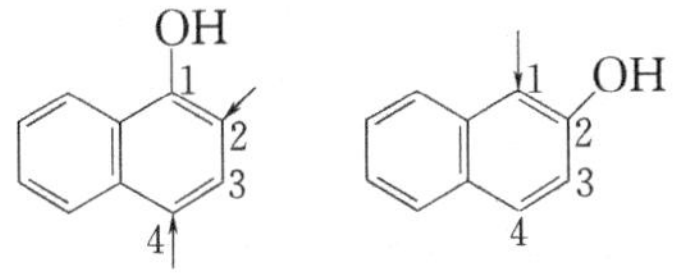

(3)如果在萘环上先引入吸电子基(间位定位基),此时亲电取代反应将使第二个取代基进入另一个苯环的 $\alpha$ 位。

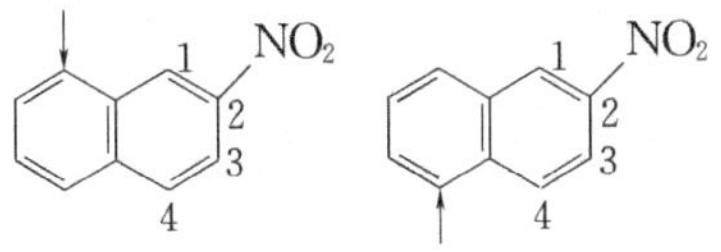

## 二、萘的硝化和磺化

由于萘分子中 $\alpha$ 位的反应活性比 $\beta$ 位大,萘的硝化反应得到的几乎都是 1 位硝基化合物。继续进行还原反应可以得到 $\alpha$-萘胺。$\beta$-萘胺一般不能用相应硝基化合物还原得到。

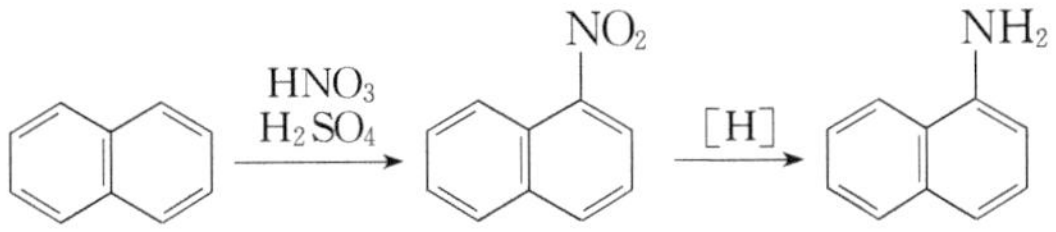

萘磺化反应的产物根据温度的不同而不同。60℃时得到 $\alpha$-萘磺酸,160℃时得到 $\beta$-萘磺酸。$\alpha$-萘磺酸在高温时还会转变为 $\beta$-萘磺酸。

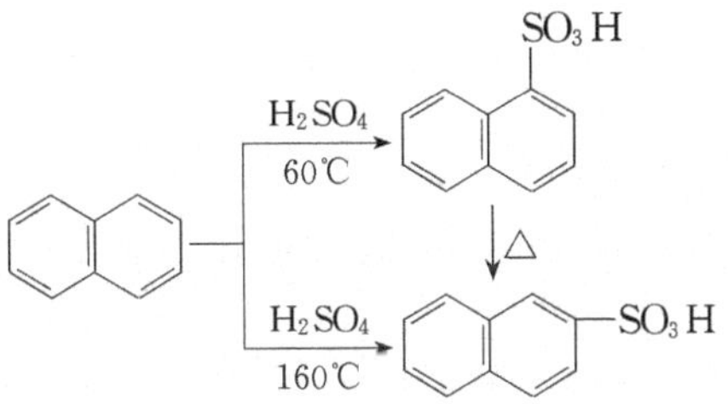

由于从萘磺酸碱熔得到萘的羟基化合物需要加热,因此用 $\alpha$-萘磺酸通过这种工艺生产 $\alpha$-羟基萘,得率将很低,主要得到 $\beta$-羟基萘。

## 三、羟基和氨基的相互转换,二芳胺的合成

勃契勒反应(Bucherer 反应)是酚和芳胺相互转换的重要反应。

勃契勒反应是在亚硫酸氢盐存在的条件下进行的,主要适合于某些萘酚或萘胺的合成。如上所述,萘硝化时难以得到 $\beta$ 位的硝基化合物,因此 $\beta$-萘胺不易从硝基还原的途径得到。此时可以通过 $\beta$-萘酚在亚硫酸氢铵催化条件下与氨水反应制得。此反应可逆,也可通过萘胺转化为萘酚。

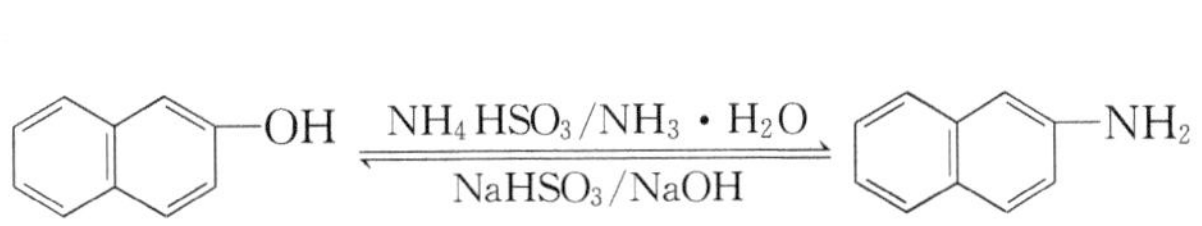

β-萘胺因有强烈致癌作用,已经禁止使用。

α-萘酚虽然可以用α-萘磺酸碱熔得到,但由于在高温下易得到β-萘酚,得率较低,此时也可通过勃契勒反应由α-萘胺得到。

萘胺的水解也可以在酸性条件下进行。

$$\text{α-萘胺} + H_2SO_4 + H_2O \xrightarrow{\text{加压加热}} \text{α-萘酚} + NH_4HSO_4$$

用上述方法还可以得到二芳胺化合物。

$$\text{8-氨基-1-萘磺酸} + \text{苯胺} \xrightarrow{H_2SO_4} \text{8-苯氨基-1-萘磺酸} + NH_3$$

$$\text{J酸} \xrightarrow{NaHSO_3} \text{双J酸} + NH_3$$

双J酸

## 四、萘的氧化反应

萘在催化剂作用下,可以氧化为邻苯二甲酸酐。这也是重要中间体,可以继续反应得到其他化合物。

$$\text{萘} \xrightarrow[350\sim400℃]{V_2O_5} \text{邻苯二甲酸酐} \xrightarrow[170\sim240℃]{NH_3} \text{邻苯二甲酰亚胺}$$

$$\text{邻苯二甲酸酐} + \text{苯} \xrightarrow[\text{②浓 } H_2SO_4]{\text{①}Al_2O_3} \text{蒽醌}$$

## 五、常见萘系中间体的合成

用萘为原料的中间体在染料合成中非常重要。其中羟基、氨基萘磺酸和氨基羟基萘磺酸在深色偶氮染料的合成中尤为重要。部分这类中间体的结构式和俗称如下。

氨基萘磺酸:

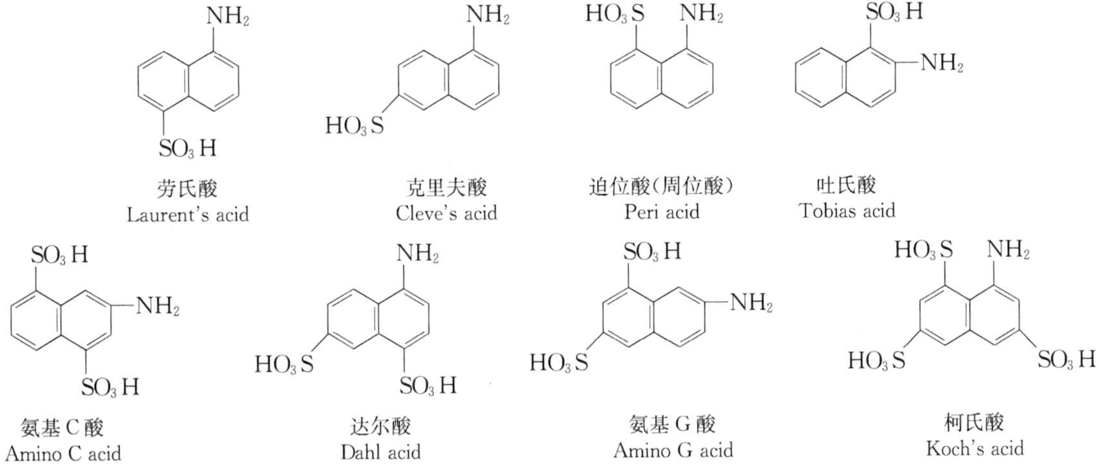

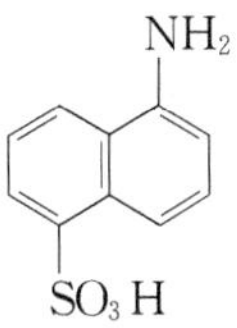

劳氏酸 Laurent's acid

克里夫酸 Cleve's acid

迫位酸(周位酸) Peri acid

吐氏酸 Tobias acid

氨基C酸 Amino C acid

达尔酸 Dahl acid

氨基G酸 Amino G acid

柯氏酸 Koch's acid

羟基萘磺酸：

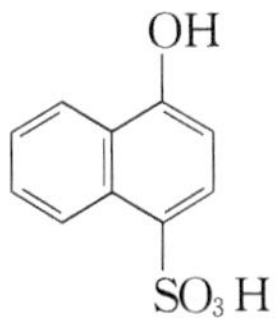

NW酸 Neviele and Winther's acid

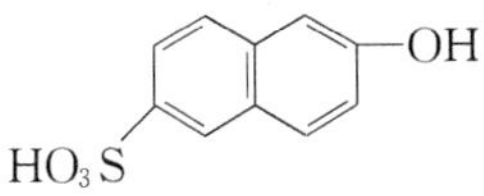

薛夫酸 Schäffer's acid

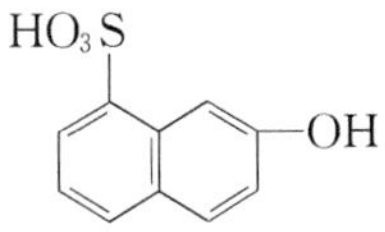

藏红花酸 Croceic acid

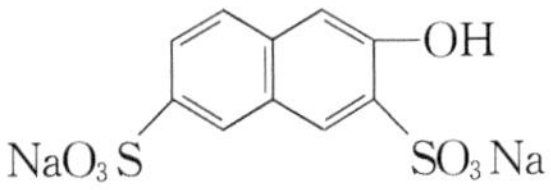

R酸 R acid

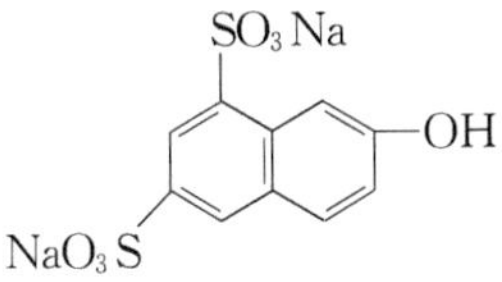

G酸 G acid

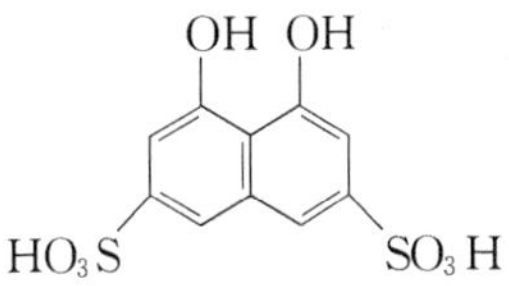

变色酸 Chromotropic acid

氨基羟基萘磺酸：

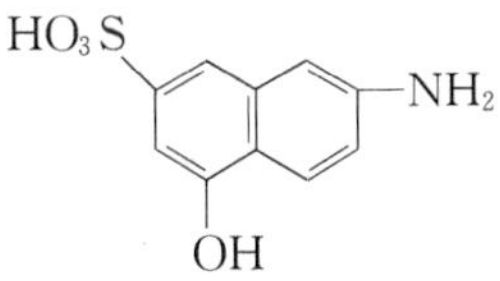

J酸 J acid

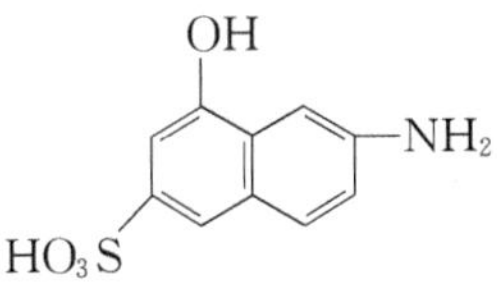

γ酸 Gamma acid

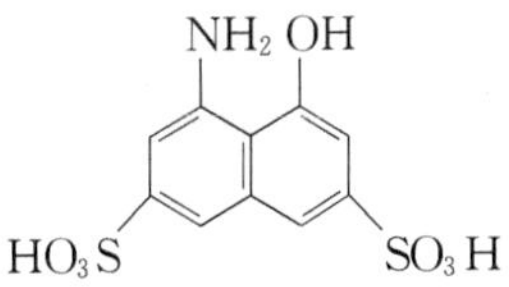

H酸 H acid

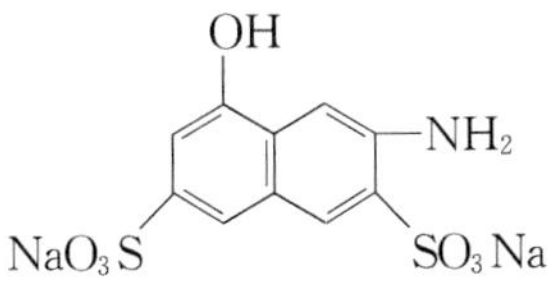

2R酸 2R acid

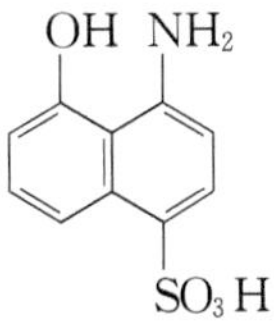

S酸 S acid

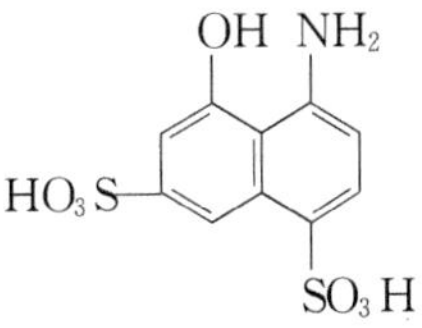

K酸 K acid

部分萘中间体的合成途径如下：

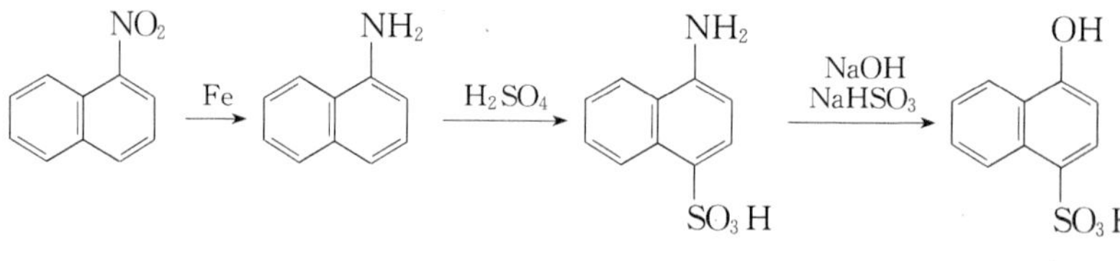

$NO_2$ —Fe→ $NH_2$ —$H_2SO_4$→ $NH_2$, $SO_3H$ —NaOH, $NaHSO_3$→ OH, $SO_3H$

NW 酸

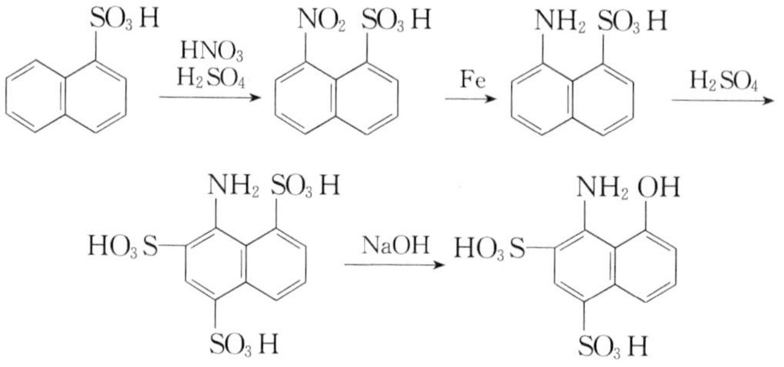

$SO_3H$ —$HNO_3$, $H_2SO_4$→ $NO_2$ $SO_3H$ —Fe→ $NH_2$ $SO_3H$ —$H_2SO_4$→

$NH_2$ $SO_3H$, $HO_3S$, $SO_3H$ —NaOH→ $NH_2$ OH, $HO_3S$, $SO_3H$

2S 酸

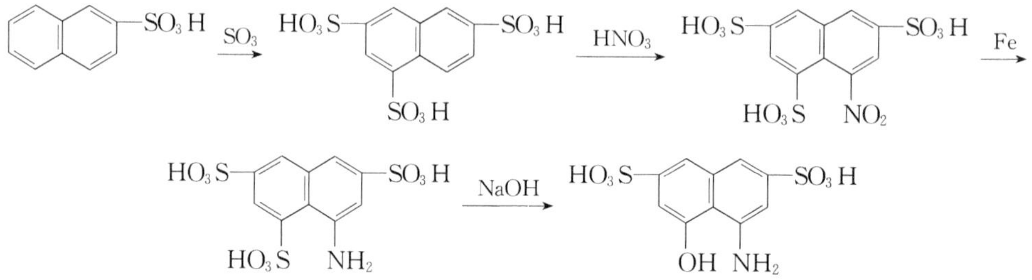

$SO_3H$ —$SO_3$→ $HO_3S$, $SO_3H$, $SO_3H$ —$HNO_3$→ $HO_3S$, $SO_3H$, $HO_3S$ $NO_2$ —Fe→

$HO_3S$, $SO_3H$, $HO_3S$ $NH_2$ —NaOH→ $HO_3S$, $SO_3H$, OH $NH_2$

H 酸

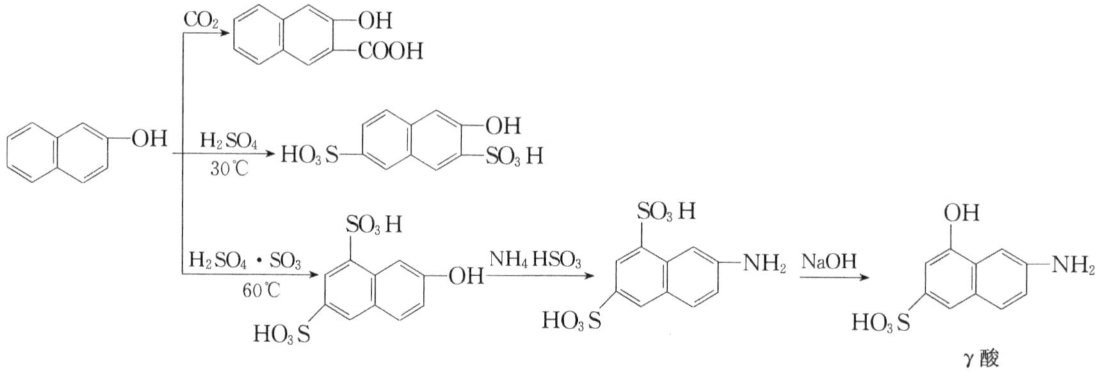

OH —$CO_2$→ OH, COOH

OH —$H_2SO_4$, 30℃→ $HO_3S$, OH, $SO_3H$

OH —$H_2SO_4 \cdot SO_3$, 60℃→ $SO_3H$, OH, $HO_3S$ —$NH_4HSO_3$→ $SO_3H$, $NH_2$, $HO_3S$ —NaOH→ OH, $NH_2$, $HO_3S$

γ 酸

OH —$H_2SO_4$, $C_6H_5NO_2$→ $SO_3H$, OH —$NH_4HSO_3$→ $SO_3H$, $NH_2$ —$H_2SO_4 \cdot SO_3$→

$SO_3H$, $HO_3S$, $NH_2$, $SO_3H$ —$H^+$→ $HO_3S$, $NH_2$, $SO_3H$ —NaOH→ $HO_3S$, $NH_2$, OH

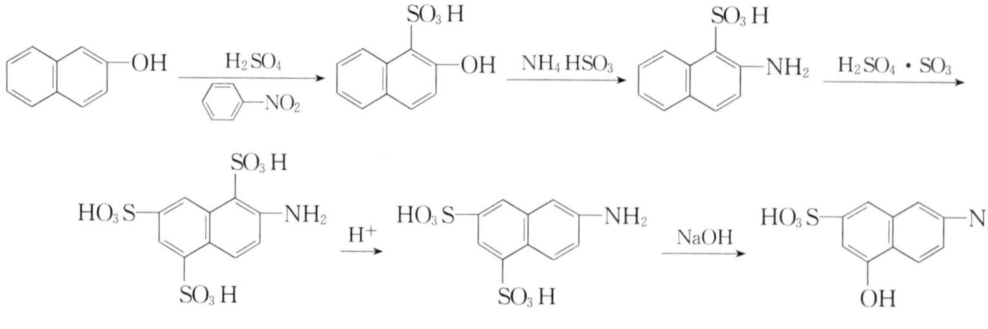

J 酸

# 第四节　蒽醌系中间体的合成

蒽醌系中间体是酸性染料、分散染料、活性染料和还原染料的重要中间体，尤其对于这些染料的深色品种更为重要。蒽醌常由两种方法制得。

一种方法是，蒽以 $V_2O_5$ 催化，在高温条件下空气中氧化得到蒽醌。

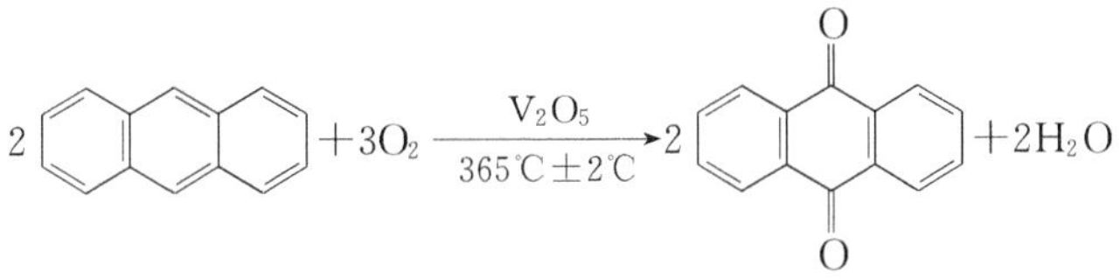

$$2 \quad + 3O_2 \xrightarrow[365℃\pm 2℃]{V_2O_5} 2 \quad + 2H_2O$$

其中蒽是煤焦油中分馏成分之一。

蒽醌的另一种合成方法从邻苯二甲酸酐开始，详见萘中间体一节。

## 一、蒽醌的反应特性

从蒽醌的分子结构看，中部的醌式结构把两个苯环隔离在两边。两个苯环是相互独立的，发生化学反应时，可以在两边同时进行，往往得到二元取代物。如蒽醌硝化时主要得到 $\alpha$ -硝化物，但总是有 1,5 -和 1,8 -二硝基产物产生，并含有少量 1,6 -、1,7 -和 2,6 -、2,7 -的二硝基产物。要分离 1,5 -和 1,8 -二硝基异构物是很困难的，但在溶剂中除去其他杂质要容易得多。

由于蒽醌分子中存在两个吸电子的羰基，蒽醌本身的磺化、硝化、卤化等亲电取代反应需要比较强烈的反应条件。相反，蒽醌核上进行亲核取代反应则相对容易，如蒽醌上的磺酸基比较容易被羟基、氨基和氯原子取代，得到羟基蒽醌、氨基蒽醌和卤代蒽醌。

## 二、蒽醌的磺化、硝化和卤化

蒽醌的单取代产物往往是通过蒽醌磺酸得到的，所以蒽醌的磺化对于蒽醌中间体的合成非常重要。蒽醌的磺化一般用发烟硫酸。磺化时，也会在两个苯环上发生。为了制备单磺酸，当一定比例的蒽醌还未被磺化，就应终止反应。由于空间阻碍的原因，磺酸基常进入蒽醌的 $\beta$ 位。要进入 $\alpha$ 位，需要在磺化时加入少量汞盐。汞盐对环境的污染严重，为了解决这个问题，需要进行不断研究探索，以找到满意的方法。

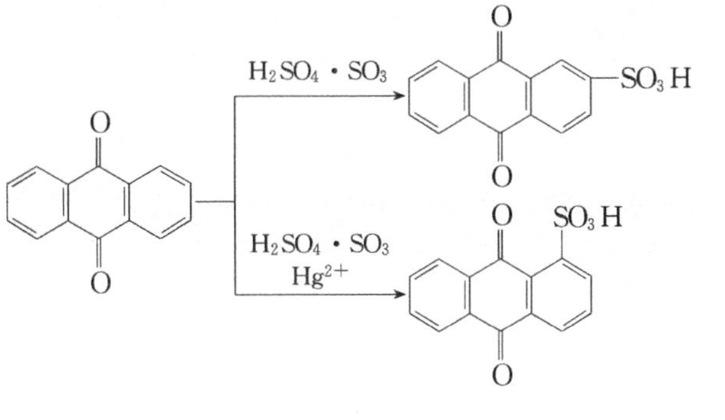

$$\xrightarrow{H_2SO_4 \cdot SO_3} \quad -SO_3H$$

$$\xrightarrow[Hg^{2+}]{H_2SO_4 \cdot SO_3} \quad SO_3H$$

蒽醌的硝化如前所述。

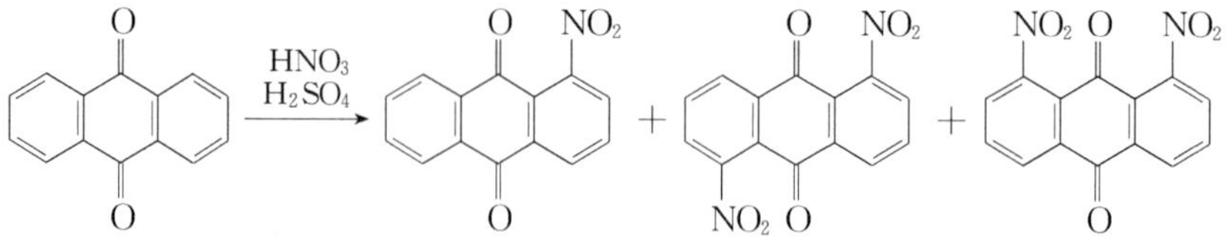

主要得到三种产物，分离比较困难。然而，从分离得到的 α -硝基蒽醌出发，可以制取其他 α 位的蒽醌衍生物，从而减少因加汞磺化时对环境的污染。

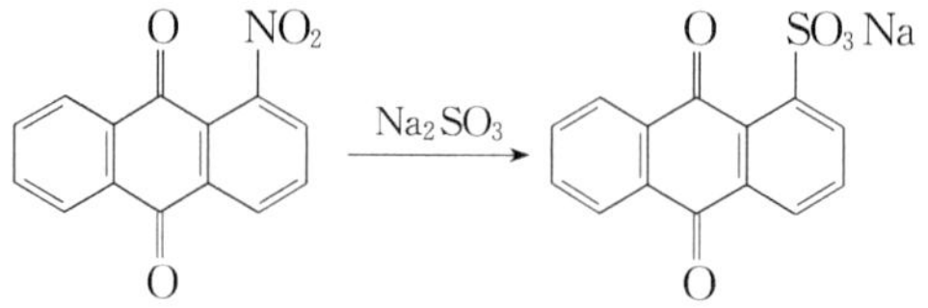

蒽醌的氯化常得到多氯化产物，用得较多的是 1,4,5,8 -四氯蒽醌。

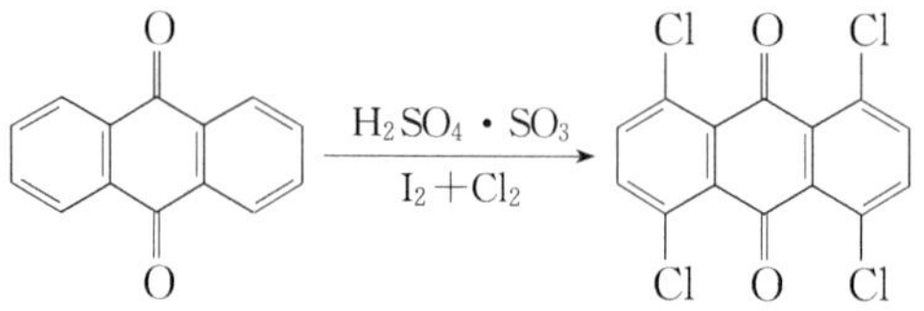

该产物可以用于制取多氨基蒽醌衍生物。

对还原染料生产有价值的是 2 -甲基蒽醌的氯化反应。

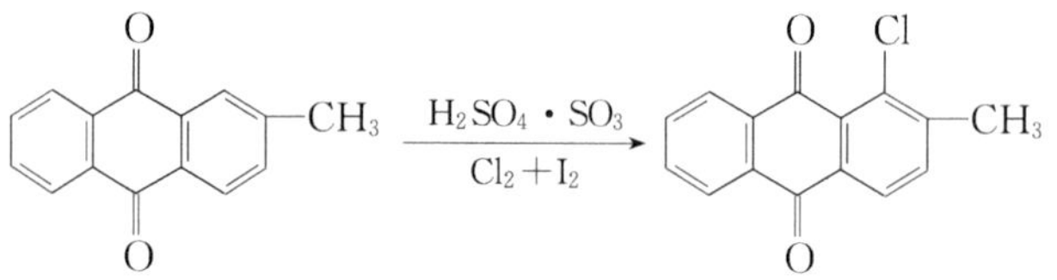

2 -甲基蒽醌的合成方法为：

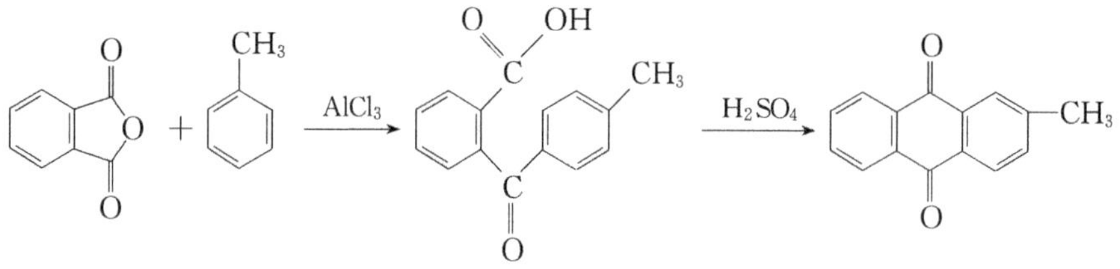

## 三、蒽醌取代基的转换

从蒽醌磺酸出发经过卤代、氨解、水解等，可以得到卤代、氨基、羟基等蒽醌衍生物。在该过程中，都要加入少量弱氧化剂，以去除反应中产生的亚硫酸化合物。在强碱溶液中进行水解反应，得到双羟基化合物（茜素）；用碳酸钠或氢氧化钙作为碱剂，则得到单个羟基的产物。上述反应对于 α -和 β -蒽醌磺酸都可成立。从蒽醌的卤代物出发，也可得到氨基蒽醌化合物，此外 α -

氨基蒽醌也可以用蒽醌的硝基化合物还原得到。

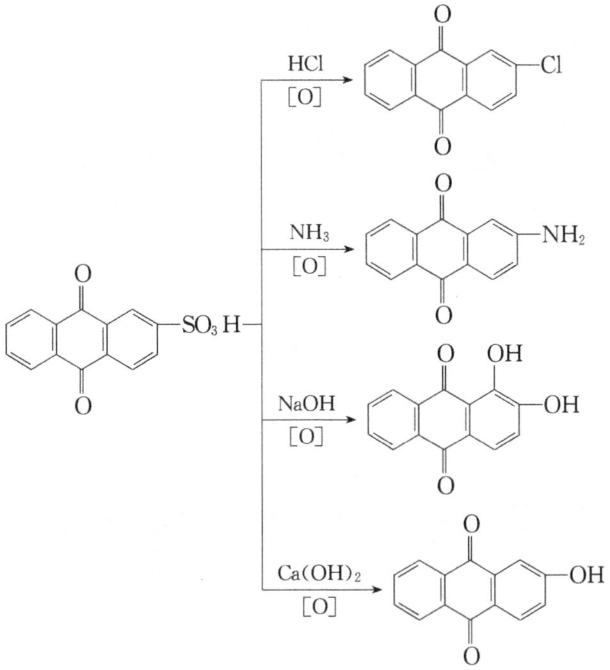

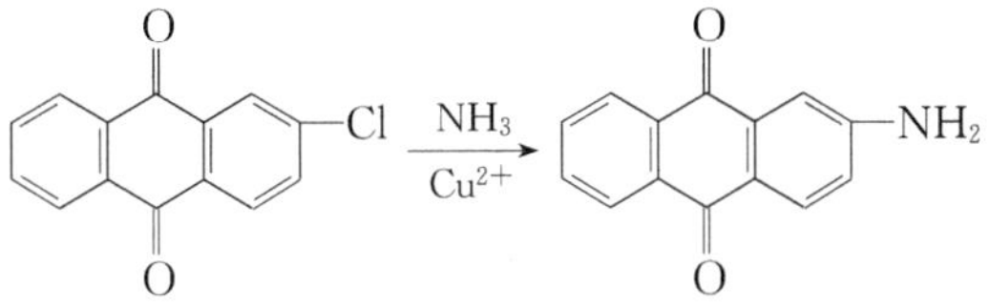

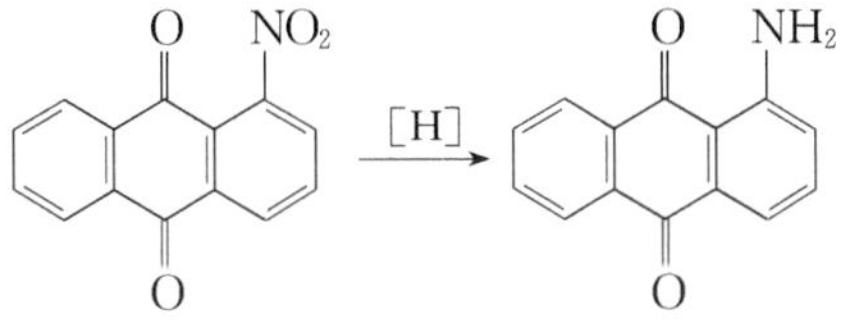

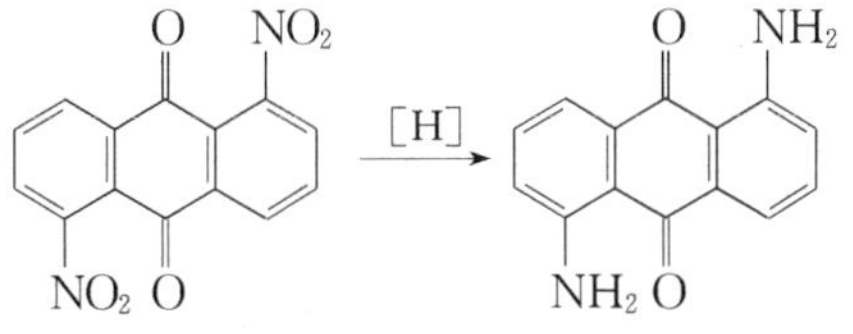

上述反应是得到羟基蒽醌和氨基蒽醌的主要方法。

## 四、几种重要蒽醌化合物的合成

### 1. 1,4-二羟基蒽醌和1,4-二氨基蒽醌

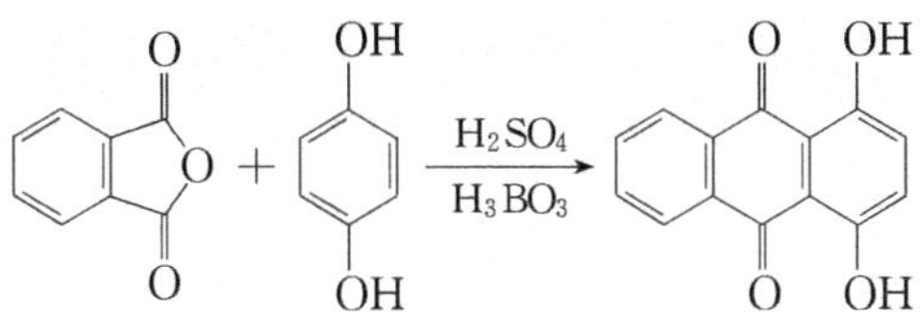

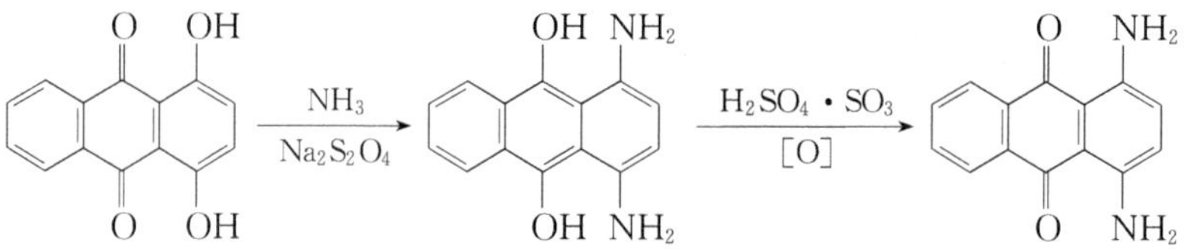

两者都是还原染料、分散染料、酸性染料和活性染料合成的重要中间体。

**2. 不对称氨基蒽醌衍生物** 溴氨酸是合成不对称蒽醌酸性染料、活性染料的重要中间体，其合成路线如下：

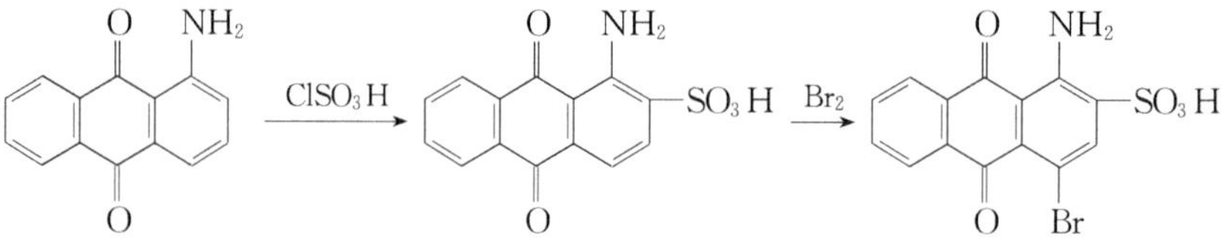

1-氨基-2,4-二溴蒽醌常用于分散染料和酸性染料的合成，合成路线如下：

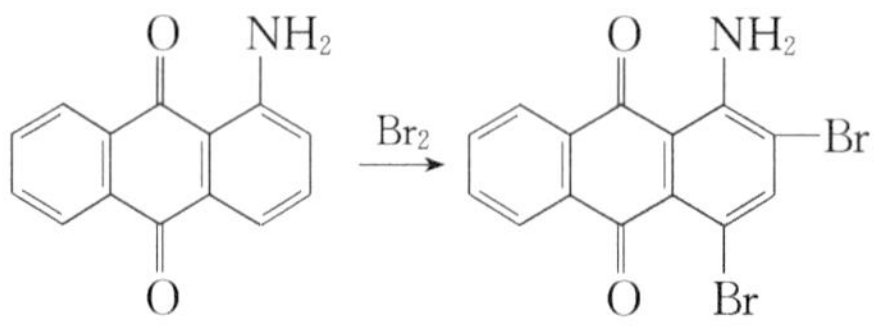

**3. 苯绕蒽酮** 苯绕蒽酮也称苯嵌蒽酮，是合成多稠环蒽醌染料的重要中间体。它是通过蒽醌在甘油、浓硫酸中加入铁屑等还原剂合成的。在反应中，蒽醌被还原成蒽酮，甘油脱水生成丙烯醛，两者发生缩合、闭环生成苯绕蒽酮。

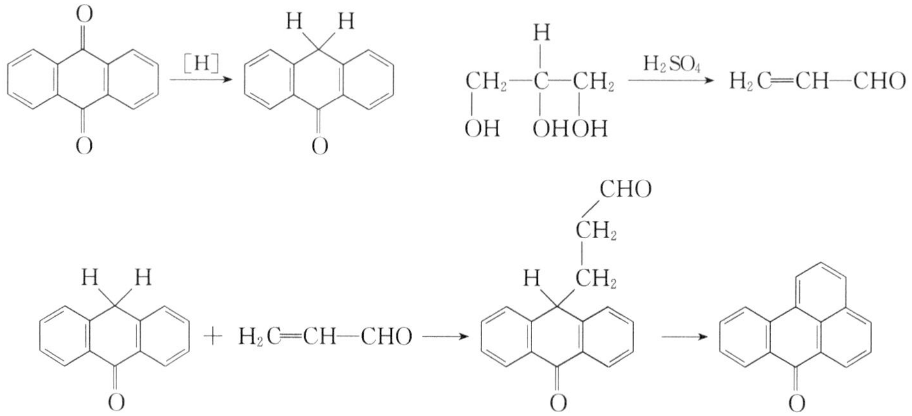

除了苯系、萘系和蒽醌系中间体外，这里介绍两种重要活性染料活性基的合成途径。

三聚氰氯用于合成均三嗪活性染料的活性基。

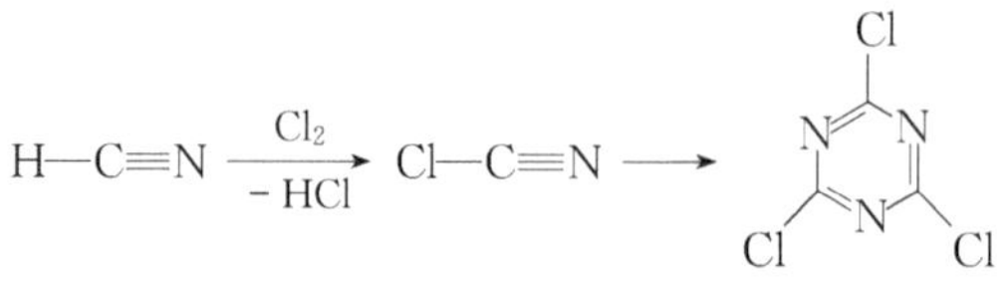

$$H-C\equiv N \xrightarrow[-HCl]{Cl_2} Cl-C\equiv N \longrightarrow$$

$\beta$-乙基砜硫酸酯是乙烯砜活性染料的活性基，其中间体的合成如下：

$$C_6H_5NH_2 + (CH_3CO)_2O \longrightarrow C_6H_5NH{-}CO{-}CH_3 \xrightarrow{ClSO_3H} H_3C{-}CO{-}NH{-}C_6H_4{-}SO_2Cl \xrightarrow{NaOH}$$

$$H_3C{-}CO{-}NH{-}C_6H_4{-}SO_2Na \xrightarrow{H_2SO_4} H_3C{-}CO{-}NH{-}C_6H_4{-}SO_2H \xrightarrow{ClC_2H_4OH}$$

$$H_2N{-}C_6H_4{-}SO_2C_2H_4OH \xrightarrow{H_2SO_4} H_2N{-}C_6H_4{-}SO_2C_2H_4OSO_3H$$

## 第五节 重氮化和偶合反应

在合成染料中，偶氮结构的染料具有非常重要的意义。偶氮染料的合成主要采用芳伯胺的重氮盐与酚、芳胺等电子云密度较高的化合物发生偶合反应生成的。其中，芳伯胺称为重氮组分，酚、芳胺等称为偶合组分。

$$C_6H_5NH_2 \xrightarrow[H^+]{NaNO_2} C_6H_5N{\equiv}N^+$$

芳伯胺，重氮组分　　　　重氮盐

$$C_6H_5N{\equiv}N^+ + \text{(HO-naphthalene)} \xrightarrow{OH^-} C_6H_5{-}N{=}N{-}\text{(HO-naphthyl)}$$

偶合组分

上述反应过程可以用箭头表示。箭头从重氮组分指向偶合组分。

$$C_6H_5NH_2 \xrightarrow{OH^-} \text{(HO-naphthalene)}$$

箭头上可以写上偶合反应的条件，如上述式子中 $OH^-$ 表示反应应在碱性条件下进行。

### 一、重氮化反应

重氮化反应(diazotization)是芳香族伯胺在低温和无机酸存在下，与亚硝酸钠作用，生成重氮化合物的反应。重氮化反应的方程式如下：

$$Ar—NH_2 + NaNO_2 + 2HX \xrightarrow{0\sim5℃} Ar—N_2^+X^- + NaX + 2H_2O$$

由于芳伯胺的氨基具有较高电子云密度，因此上述反应是亲电取代反应。亚硝酸钠是重氮化试剂，在酸性条件下可以产生亲电试剂。反应式中的 X 为—Cl、—Br、—$NO_2$、—$HSO_4$ 等，其中用得最多的是—Cl 和—$HSO_4$。

**(一)反应机理**

重氮化反应分三步进行。

**1. 亲电试剂的生成** 由于亚硝酸很不稳定，因此无法在反应中直接加入亚硝酸。在反应中，首先通过亚硝酸钠与酸反应生成亚硝酸。

$$NaNO_2 + HCl \longrightarrow HNO_2$$

在不同酸的条件下，可以生成不同的亲电试剂。

$$HNO_2 + HCl \longrightarrow \underset{\text{亚硝酰氯}}{Cl—N{=}O}$$

$$HNO_2 + H_2SO_4(\text{稀}) \longrightarrow \underset{\text{亚硝酸酐}}{O{=}N—O—N{=}O}$$

$$HNO_2 + H_2SO_4(\text{浓}) \longrightarrow \underset{\text{亚硝基正离子}}{O{=}N^+}$$

在这些亲电试剂分子中，氧和氯的电负性高于氮原子，因此氮原子上电子云的密度较低，带有一定正电荷，是亲电进攻的正电荷中心。这些亲电试剂的活性顺序为：

$$O{=}N^+ > Cl—N{=}O > O{=}N—O—N{=}O$$

由于亚硝酸酐的活性较低，而浓硫酸的反应太过剧烈，所以以盐酸作为酸剂较普遍。

**2. 亲电试剂的进攻** 上述亲电试剂中，氮原子是正电荷的中心。它进攻芳伯胺的氨基，生成亚硝胺。以亚硝酰氯为例：

$$Ar—NH_2 + \begin{matrix}Cl\\|\\N{=}O\end{matrix} \longrightarrow Ar—NH—N{=}O + HCl$$

**3. 转化为重氮盐** 在酸性条件下，上述亚硝胺分子经过重排，分子中的羟基与氢质子结合、脱水，很快转变为重氮盐。

$$Ar—NH—N{=}O \longrightarrow Ar—N{=}N—OH \xrightarrow{H^+} Ar—N{=}N^+ + H_2O$$

**(二)副反应**

**1. $HNO_2$ 的分解** $HNO_2$ 不稳定，尤其在较强酸性和高温条件下更容易分解。

$$2HNO_2 \longrightarrow NO_2\uparrow + NO\uparrow + H_2O$$

很显然，$HNO_2$ 的分解会减少重氮化试剂量，造成亲电试剂的不足，使重氮化反应不能进行完全。

**2. 重氮盐的分解** 重氮化反应的产物重氮盐本身不稳定，在光和热的影响下很容易发生分解。

$$Ar—N{=}N^+ + OH^- \longrightarrow ArOH + N_2\uparrow$$

从上面的反应式可以看到，碱性条件有利于重氮盐的分解。因此，重氮盐在酸性条件下比碱性条件保存时间长。

重氮盐分子中芳环的电子云密度的高低对于重氮盐的稳定性有较大的影响。芳环带有吸电子基时，电子云密度较低，此时重氮盐对热较稳定，而对于光不太稳定。如果芳环带供电子基，则相反。这个现象说明受光条件下与受热条件下分解反应的机理是不同的。总之，重氮化反应及重氮盐的保存应在低温、避光条件下进行。带吸电子基的芳胺反应时温度可以稍高。

**3. 重氮氨基化合物的形成** 由于重氮盐带有正电荷，是一种亲电试剂。作为反应物的芳伯胺中的氨基带有较高电子云。这样，在重氮化反应中，两者可以进行反应，生成重氮氨基化合物。

$$\underset{\text{重氮盐}}{Ar—N{=}N^+} + \underset{\text{未反应的芳伯胺}}{H_2N—Ar} \longrightarrow \underset{\text{重氮氨基化合物}}{Ar—N{=}N—NH—Ar} + H^+$$

重氮氨基化合物本身不带电，在酸碱条件下不会电离，因此是稳定而且不溶于水的化合物，在溶液中会以油污状的物质析出。它的生成不但使重氮盐失去了偶合反应的能力，同时使未反应的芳伯胺不能继续反应生成重氮盐。生成的重氮氨基化合物还会使成品染料的色泽萎暗。

从上述方程式可见，酸性条件可以抑制该反应的进行，碱性条件有利于反应的进行。因此，一般重氮化过程应在酸性条件下进行。

**4. 芳胺转变成铵离子** 芳胺在酸性条件下会吸收质子，成为铵离子。

$$Ar—NH_2 + H^+ \rightleftharpoons Ar—NH_3^+$$

从上式中可知，在芳胺的系统中存在芳胺和铵离子两种形式。其中，铵离子电子云密度太低，不能成为亲电试剂进攻的对象，无法进行重氮化反应。在酸性条件下，芳伯胺的浓度很低，这样在酸性较强的情况下，重氮化反应的速率大大降低。

### (三)影响重氮化反应的因素

**1. 芳伯胺的碱性强弱的影响** 胺类在水中呈碱性，能吸收氢离子。其碱性的强弱与芳伯胺分子中的电子云密度有关。如果在芳伯胺的芳香环中引入供电子基，提高芳伯胺的电子云密度，成为碱性较强的芳伯胺；引入吸电子基则降低芳环的电子云密度，芳伯胺的碱性较低。

芳伯胺的反应活性与其碱性有很大关系。由于反应为亲电反应，碱性强的芳伯胺，亲电试剂易进攻，重氮化反应的活性较高，可以用亚硝酸酐或亚硝酰氯等作为亲电试剂，亲电试剂的浓度也可以低一些。对于碱性较弱的芳伯胺，亲电试剂的浓度需要高一些，在必要的时候还可以使用浓硫酸，得到活性很强的亚硝基正离子作为亲电试剂。

从另一方面来看，碱性强的芳伯胺在酸性条件下易生成铵正离子，芳伯胺浓度降低，反应速度变慢，不利于反应，因此酸浓度不宜太高。相反，碱性弱的芳伯胺则可以在酸性较强的条件下进行重氮化反应。

碱性强的芳伯胺在酸中的溶解度较高，在酸的浓度较低时就可溶解。而碱性弱的芳伯胺需要在较强的酸性条件下才能溶解。

芳伯胺的电子云密度对相应重氮盐的活泼性也有很重要的影响。重氮盐为亲电试剂，正电荷越高，活泼性越强，在重氮化的反应中，越易生成重氮氨基化合物。因此，碱性弱的芳伯胺易生成重氮氨基化合物，需要在强酸性下才能防止；而碱性强的芳伯胺不易生成重氮氨基化合物，在酸性较弱的情况下，也有较高的稳定性。

**2. 酸用量的影响** 从上述分析中可以看到，芳伯胺的溶解、亲电试剂的生成以及防止重氮氨基化合物的形成都需要酸性条件。另外，反应生成的重氮盐也需要在酸性条件下才能保持稳定性，因此酸在整个重氮化反应中起到非常重要的作用。

然而如果酸的浓度太高，则会引起亚硝酸的分解；芳伯胺也容易转化为铵正离子，使得芳伯胺浓度降低，从而降低反应速率。因此，重氮化反应应根据芳伯胺碱性的强弱来决定酸的种类和浓度。

从重氮化反应的方程式可知，胺酸比应为 1∶2。但在实际工艺中酸一般需要过量。对于不带取代基或带供电子基的芳伯胺，酸的过量要低一些，胺酸比采用 1∶2.2～1∶2.5，盐酸的浓度也较低，一般为 2mol/L。带有吸电子基的芳伯胺，则需要较高的酸的比例和浓度。例如对硝基苯胺，胺酸比为 1∶3.6，采用盐酸的浓度为 6mol/L。如果芳伯胺带有多个吸电子基，例如 2,4-二硝基苯胺，则要采用冷浓硫酸作酸剂，以亚硝基正离子为亲电试剂。

**3. 亚硝酸钠用量的影响** 根据反应式，亚硝酸钠的用量与芳伯胺的比例为 1∶1。但由于亚硝酸不稳定，有部分要分解，所以实际用量为胺的 1.05～1.1 倍。

在重氮化反应中，亚硝酸钠也不能过多。亚硝酸钠过多不但会造成不必要的浪费，同时多余的亚硝酸钠在酸性条件下转化为亚硝酸，并分解为 $NO_2$ 和 NO 等有毒气体，造成污染。在下一步的偶合反应中，还会引起偶合组分发生硝化或亚硝化反应，从而影响偶合反应的进行。因此，在重氮化结束后，往往要在反应液中加入少量尿素，以除去过量的亚硝酸。

$$H_2N—CO—NH_2 + 2HNO_2 \longrightarrow CO_2\uparrow + 2N_2\uparrow + 3H_2O$$

**4. 反应温度的影响** 由于亚硝酸、重氮盐的不稳定性，重氮化反应应在低温下进行，一般控制在 0～5℃。若重氮盐较稳定，如引入吸电子基和磺酸基等，则可以稍高一些，在 10～15℃反应。有的芳伯胺甚至可在 30℃条件下进行。

### （四）重氮化的工艺方法

重氮化工艺的制定，主要考虑提高重氮化反应的得率，减少副反应的进行，例如，减少亚硝酸和重氮盐的分解、减少重氮氨基化合物的生成等，从而保证重氮化反应的进行。不同结构的芳伯胺，需要不同工艺进行重氮化反应。

**1. 直接重氮化法（顺法）** 直接重氮化法为，先把芳伯胺溶于酸中，然后在冷却条件下，加入亚硝酸钠进行重氮化。这种方法比较适合碱性较强的芳伯胺，如：$C_6H_5$—$NH_2$、

$H_3CO-C_6H_4-NH_2$、$H_3C-C_6H_4-NH_2$等。

由于碱性较强的芳伯胺比较容易吸收 $H^+$，成为铵离子，因此反应体系中 Ar—$NH_2$ 浓度较低，重氮化反应速率较慢。这就要求在反应过程中，酸不能过量太多，浓度要低。同时，亚硝酸钠加入要慢，如果加入太快，生成的亚硝酸来不及反应，很快分解，不但造成浪费，重氮化反应也不能进行到底。

碱性较弱的芳伯胺，如对硝基苯胺等，应在过量较多的浓酸中进行重氮化反应。为了促使芳伯胺的溶解，还需要进行加热，溶解后再冷却，此时芳伯胺化为细小的悬浮颗粒存在于酸溶液中。这样可以加大与重氮化试剂的接触面积，有利于反应的进行。因此这种重氮化方法也称为"悬浮法"。由于碱性较弱，芳伯胺不易形成铵离子的形式，反应体系中的芳伯胺浓度较高，反应速率较高，这要求亚硝酸钠的加入速度要快一些，加入过程中要剧烈搅拌。若加入速度太慢，新生成的重氮盐会与尚未重氮化的芳伯胺形成重氮氨基化合物，影响重氮化的进行。加过量的浓酸，可以抑制重氮氨基化合物的形成。

**2. 倒重氮化法（逆法）**　倒重氮化法为先把芳伯胺与亚硝酸钠一起用水调成糊状，然后把这种混合物加入到过量的冷的浓酸中，从而实现重氮化反应。

这种重氮化方法只能适用于碱性弱的芳伯胺，如硝基苯胺、多氯苯胺、氨基苯磺酸等。这种方法有下列特点。

（1）这种方法能满足碱性弱的芳伯胺反应速率很快的特点。芳伯胺始终和亚硝酸钠充分混合，在与过量的浓酸反应后，产生大量亲电试剂，反应速率快并进行得完全。另一方面，这类芳伯胺生成的重氮盐容易形成重氮氨基化合物，在大大过量的盐酸中进行反应，可以最大限度地防止这种反应的进行。

（2）此法不能用于碱性强的芳伯胺，因为这类芳伯胺的重氮化反应速率太慢，亚硝酸钠与大量浓酸混合后，来不及反应，会造成亚硝酸的大量分解，从而使反应无法进行到底。

**（五）重氮盐的结构与性质**

在重氮盐的结构中，两个氮原子与相连的芳环形成共轭关系，所带的正电荷不是定域在氮原子上，而是与相连的芳环形成共轭，一般可以把芳香族的重氮盐写成两种形式：

$$[\mathrm{Ar{-}N{=}N^+} \longleftrightarrow \mathrm{Ar{-}\overset{+}{N}{\equiv}N}]\,\mathrm{X^-}$$

其中 $X^-$ 代表酸根离子。

真正的化学结构应是上述两种形式的叠加。重氮盐的化学结构还与溶液的 pH 值有很大关系。

$$\underset{\text{重氮盐}}{\mathrm{Ar{-}\overset{+}{N}{\equiv}N\,X^-}} \underset{H^+}{\overset{OH^-}{\rightleftharpoons}} \underset{\text{重氮氢氧化物}}{\mathrm{Ar{-}\overset{+}{N}{\equiv}N\cdot OH^-}} \underset{H^+}{\overset{OH^-}{\rightleftharpoons}} \underset{\text{重氮酸}}{[\mathrm{Ar{-}N{=}N{-}OH}]} \underset{H^+}{\overset{OH^-}{\rightleftharpoons}} \underset{\text{顺式重氮酸盐}}{\begin{matrix}\mathrm{Ar}\\ \diagdown\\ \mathrm{N}\\ \|\\ \mathrm{N}\\ \diagup\\ \mathrm{^-O}\end{matrix}} \underset{H^+}{\overset{OH^-}{\rightleftharpoons}} \underset{\text{反式重氮酸盐}}{\begin{matrix}\mathrm{Ar}\\ \diagdown\\ \mathrm{N}\\ \|\\ \mathrm{N}\\ \diagdown\\ \mathrm{O^-}\end{matrix}}$$

**1. 各种结构的稳定性** 如前所述，重氮盐不稳定，须在酸性和低温下保存。干燥的固体重氮盐很容易爆炸，所以通常不将重氮盐从溶液中分离出来，直接进行后续反应。重氮氢氧化物极不稳定，而游离的重氮酸则无法得到。在碱性条件下，两者都会转化为重氮酸盐。反式重氮酸盐非常稳定，可以以固体的形式存在。

**2. 各种结构的反应活性** 对偶合反应来说，重氮盐是一亲电试剂，在正电荷比较集中的情况下，反应活性大，相反不带正电荷就无法进行反应。由此可见，重氮盐和重氮氢氧化物具有偶合反应活性，重氮酸盐尤其反式重氮酸盐没有偶合活性。因此，降低 pH 值有利于反应的进行，强碱性条件则使反应减慢。在反式重氮酸盐情况下，反应不能进行。

## 二、偶合反应

芳香族重氮盐与芳胺、酚以及具有活性亚甲基化合物作用生成偶氮化合物的反应称为偶合反应(coupling reaction)。这是生成偶氮化合物的最重要的合成方法。

### (一)反应机理

以苯酚为例，反应方程式如下：

$$Ar—N{=}N^{+} + C_6H_5—OH \xrightarrow{OH^-} Ar—N{=}N—C_6H_4—OH$$

从反应机理来看，反应实际上分为两步：

(1)带正电荷的重氮正离子进攻偶合剂芳核上电子云密度较高的碳原子形成中间产物。这一步是可逆的。

(2)中间产物迅速失去一个氢原子，而生成相应的偶氮化合物。此时，反应不可逆。

$$Ar—N{=}N^{+} + C_6H_5—O^{-} \rightleftharpoons Ar—N{=}N—\underset{H}{C_6H_4}{=}O \longrightarrow Ar—N{=}N—C_6H_4—OH$$

偶合反应属亲电取代反应，其中重氮盐为亲电试剂，偶合位置在偶合组分中电子云密度较高的地方。

### (二)重氮盐和偶合组分

**1. 重氮盐** 如前所述，在重氮盐的芳环中引入供电子基，环上电子云密度增加，亲电能力下降，偶合能力降低；相反，引入吸电子基，偶合能力上升。不同重氮盐的偶合速率顺序如下：

$$O_2N—C_6H_4—N{=}N^{+} > {}^{-}O_3S—C_6H_4—N{=}N^{+} > Cl—C_6H_4—N{=}N^{+} >$$

$$C_6H_5—N{=}N^{+} > H_3C—C_6H_4—N{=}N^{+} > H_3CO—C_6H_4—N{=}N^{+}$$

**2. 偶合组分** 偶合组分的活泼性随电子云密度的提高而提高，芳环中引入供电子基能够提高偶合反应的能力。由于重氮盐是一个弱的亲电试剂，要求偶合组分具有较高的电子云密度。只带有负性基，不带取代基或仅带弱供电子基的芳香化合物都不能作为偶合组分。

常用偶合组分有三类：酚、芳胺以及具有活泼亚甲基的化合物。

（1）酚：酚类中的羟基虽有供电子能力，但不足以成为偶合反应的定位基，因此，酚类本身不能作为偶合组分。羟基烷基化后的烷氧基化合物也不能作为偶合组分。只有在碱性条件下，酚羟基电离形成供电子能力极强的酚氧负离子，才能有足够的电子云密度，从而使酚类成为偶合组分。

$$Ar-OH \xrightarrow{OH^-} Ar-O^-$$

不能作偶合组分　　　可作偶合组分

（2）芳胺：由于氨基的供电子能力高于羟基，所以一般游离芳胺、取代芳胺都可以作为偶合组分，但活性比酚氧负离子弱一些。在强酸性条件下芳胺形成氨基正离子，则不能偶合。氨基酰化后，供电能力下降，也不能作为偶合组分。

$Ar-N(CH_3)_2$

$Ar-NH-CH_3$

$Ar-NH_2$

偶合组分

$Ar-NH-CO-CH_3$

$Ar-NH_3^+$

不能作偶合组分

（3）活性亚甲基化合物：这类化合物可以写成烯醇式结构，在碱性条件下与酚类相似，因此可以在碱性条件下作为偶合组分。例如乙酰乙酰芳胺：

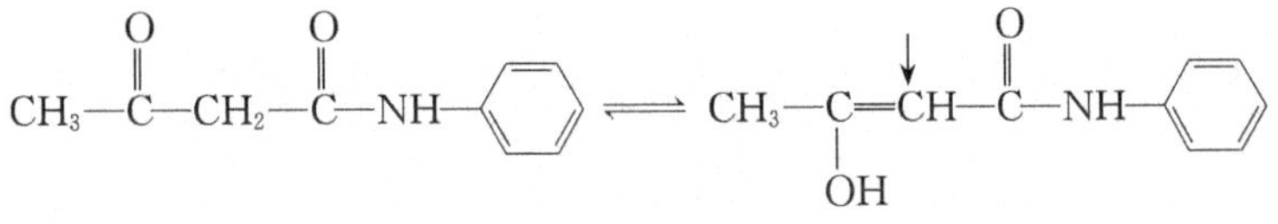


酮—烯醇互变异构反应

吡唑啉酮也可以作为偶合组分。

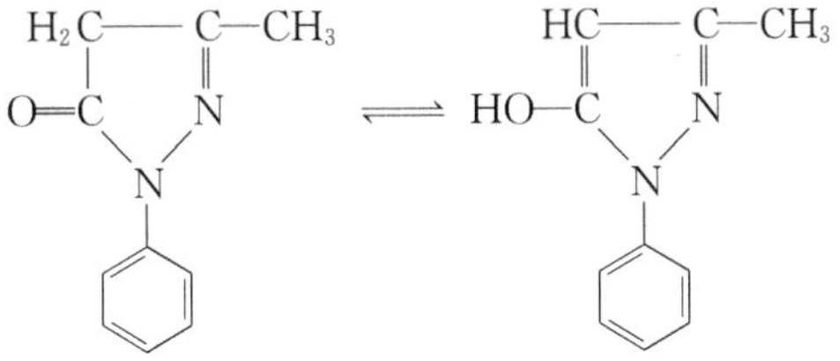


**（三）影响偶合反应的因素**

**1. pH 值**　从前面的分析可知，反应介质的 pH 值对重氮盐的性质以及酚和胺类的结构都有很大的影响。

当以酚类为偶合组分时，需要在较高 pH 值条件下才能转变为酚负氧离子，同时浓度随 pH 值的提高而提高，因此 pH 值的提高有利于偶合反应的进行。然而，当 pH 值超过 10 以后，重氮盐开始大量转变为重氮酸盐，逐渐失去偶合能力。如果 pH 值超过 13，生成大量反式重氮酸盐，则不能进行偶合反应。因此，酚作为偶合组分时，一般需要 pH 值在 9～10 之间。碱性较弱的重氮组分，容易形成重氮酸盐，因此 pH 值应该低一些。由于这类重氮盐具有较高的偶合能力，降低 pH 值仍能有较快的反应速率。相反，碱性较强的重氮组分，则应该在较高的 pH 值条件下进行偶合反应。

同样，活性亚甲基化合物也需在碱性条件下进行偶合反应。适合的 pH 值为 7～9。

芳香胺类当 pH 值在低于 4～5 时才大量吸收氢质子转变为不能反应的铵离子，因此当反应介质的 pH 值高于 5 时，就能进行偶合反应，pH 值对反应速率的影响不大。当 pH 值超过 9 时，反应速率才会下降。

很显然，在碱性条件下，酚类的活泼性高于胺类；相反在酸性条件下，酚类丧失偶合反应能力，活泼性低于胺类。

**2. 温度** 提高温度可以提高偶合反应的速率，但由于重氮盐稳定性差，温度提高，重氮盐分解生成焦油状物质。反应温度每升高 10℃，偶合反应速率提高 2～2.4 倍，但重氮盐分解速率提高 3.1～5.3 倍，因此，偶合反应应在较低温度下进行。

**(四)偶合反应的定位规则**

**1. 一次偶合时的定位规则** 如前所述，由于重氮盐为弱亲电试剂，芳环中只有含羟基、氨基等强供电子基才能作为偶合组分。定位规则同一般亲电取代反应。

苯酚、苯胺作为偶合组分时，偶合位置以对位为主。如果对位已被其他基团占有，则在邻位偶合。

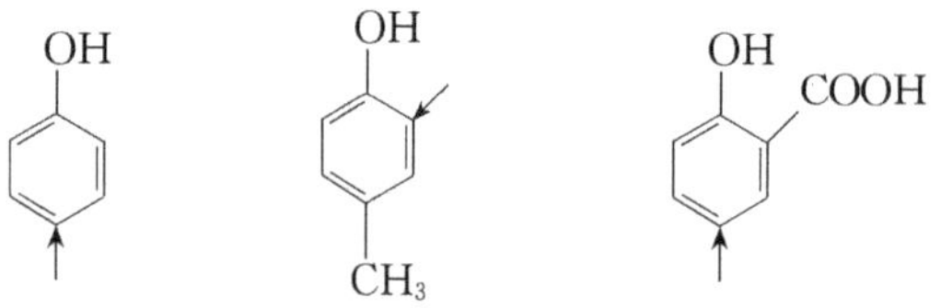

OH　　OH　　OH COOH

$CH_3$

萘环上的定位规则已在本章第二节中阐述，在没有其他取代基的情况下，1-萘胺、1-萘酚主要在对位。2-萘胺、2-萘酚只允许在 1 位上偶合。萘胺磺酸或萘酚磺酸是偶氮染料中常用偶合组分。1 位羟基或氨基的情况下，磺酸基占据 4 位时，偶合在邻位进行。由于磺酸基的位阻作用，当磺酸基在 3 位或 5 位时，偶合反应也不能在对位进行，偶合的主要位置仍在 2 位。此时系统中若有吡啶等碱性物质作催化剂，可以克服位阻效应，生成对位偶合产物。

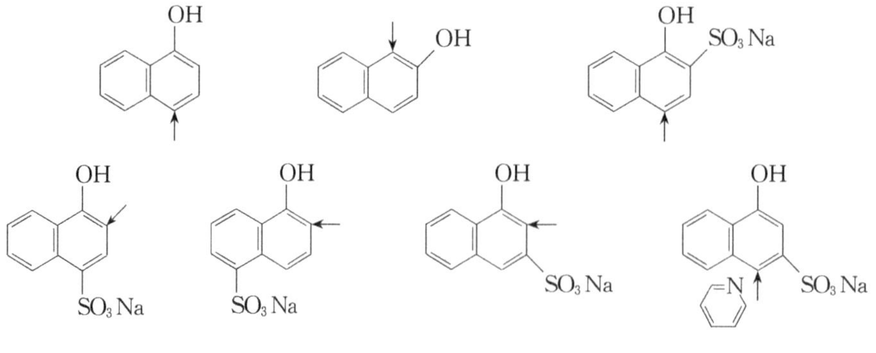

OH　　OH　　OH $SO_3Na$

OH　　OH　　OH　　OH

$SO_3Na$　　$SO_3Na$　　$SO_3Na$　　N　$SO_3Na$

**2. 二次偶合的定位规则** 当芳环上有两个偶合定位基时，可以两次偶合。在生成双偶氮结构时氨基萘酚磺酸是非常重要的中间体。此时偶合的定位规则如下：

（1）无论一次偶合还是二次偶合，在酸性条件下偶合都由氨基定位，在碱性条件下偶合则由羟基定位。这是因为酸性条件下羟基没有定位功能，而在碱性条件下羟基的负氧离子供电能力远大于氨基的缘故。以 H 酸为例：

（2）要进行两次偶合必须先酸性偶合，后碱性偶合。如果先在碱性介质中偶合，只能由羟基定位，生成单偶氮染料，氨基不能再定位。

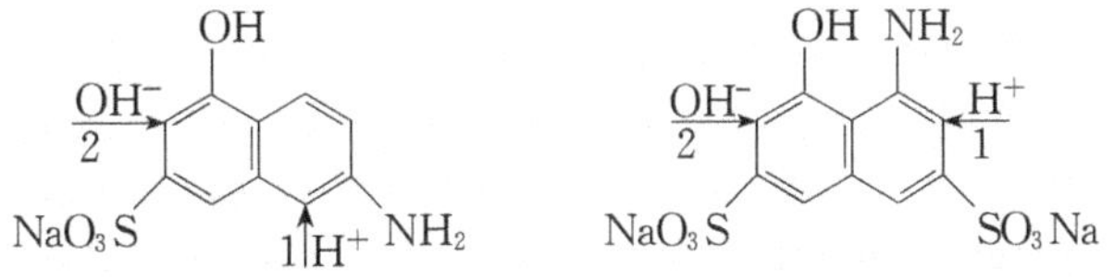

J 酸　　　　H 酸

（3）若虽同时有氨基和羟基偶合定位基，但在酸性条件偶合后，偶氮基可以和萘环上的羟基形成氢键，使之不能电离为酚氧负离子，则羟基不能继续偶合定位，即只能偶合一次。例如 γ 酸、M 酸、R 酸。

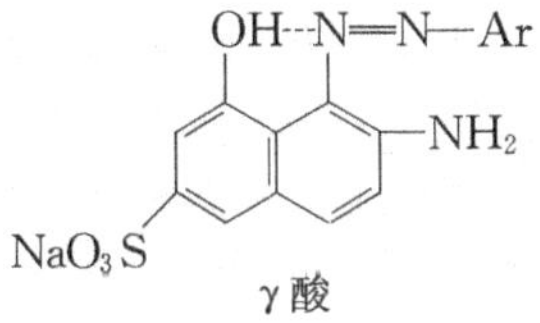

γ 酸

## 复习指导

1. 掌握卤素、硝基、磺酸基和羟基、氨基的引入方法。
2. 掌握苯、萘和蒽醌的反应特点以及中间体制备方法。
3. 掌握文中列出的重要中间体的合成方法。
4. 熟悉重氮化偶合反应的机理、副反应以及影响因素。
5. 熟悉不同碱性芳伯胺的重氮化反应的条件和方法。
6. 熟悉偶合组分的类型以及偶合反应的条件，偶合反应的定位规则。

## 思考题

1. 说明卤素、磺酸基、羟基、氨基等基团在染料分子中的作用。
2. 归纳硝基苯在不同条件下（酸碱介质）的还原反应。试以苯为原料合成下列中间体。

(1) 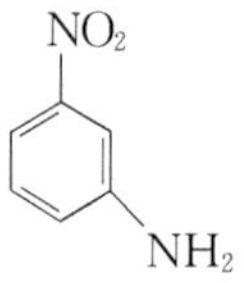 $NO_2$ $NH_2$　(2) $NH_2$ $NH_2$ 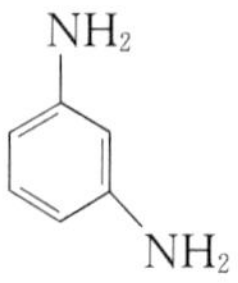　(3) 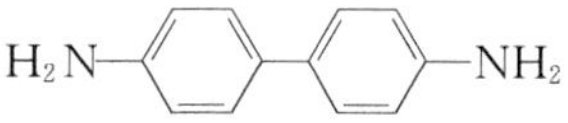 $H_2N$—⟨⟩—⟨⟩—$NH_2$

3. 写出由萘合成J酸、γ酸、H酸的工艺路线。

4. 写出下列中间体的结构式。

(1)1-苯基-3-甲基-5-吡唑啉酮　(2)吲哚酚　(3)DSD酸

(4)溴氨酸　(5)苯绕蒽酮　(6)水杨酸

5. 什么叫柯氏反应和勃契勒反应？说明它们在染料合成中的应用。

6. 试写出从原料苯和蒽出发合成溴氨酸、苯绕蒽酮和1-苯基-3-甲基-5-吡唑啉酮三种中间体的合成路线。

7. 说明萘环上硝化和磺化反应的特点，写出下列中间体的合成路线。

(1) 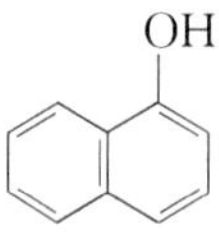 OH　(2) 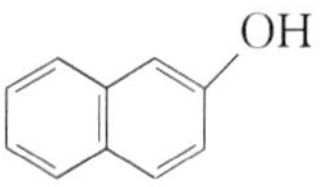 OH　(3) 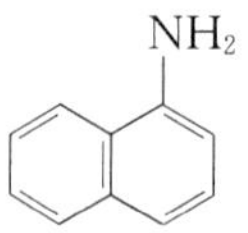 $NH_2$　(4) 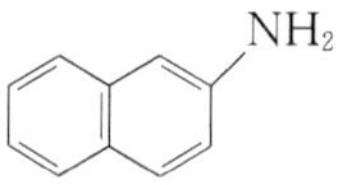 $NH_2$

8. 简要说明芳胺重氮化反应的机理。

9. 试写出下列芳胺重氮化反应的方法及其操作条件，并说明理由。

(1) 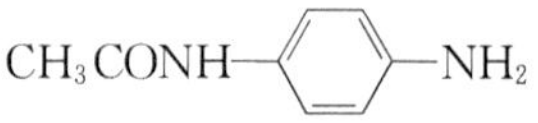 $CH_3CONH$—⟨⟩—$NH_2$　(2) $O_2N$—⟨⟩—$NH_2$

10. 试讨论在不同pH值条件下重氮化合物的结构和性能，并说明其在染料制造和应用中的意义。

11. 指出下列偶合组分的偶合反应条件和偶合位置，并讨论影响偶合反应的条件。

(1) 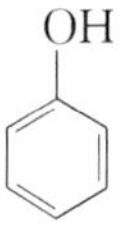 OH　(2) 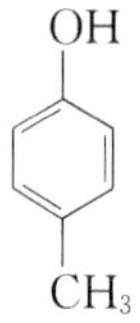 OH $CH_3$　(3) $NH_2$ $CH_3$ 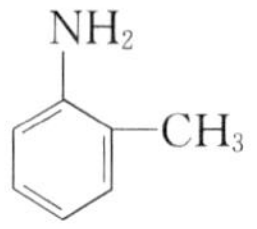　(4) 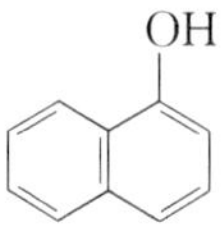 OH

(5) 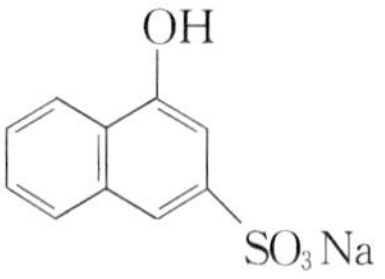 OH $SO_3Na$　(6) 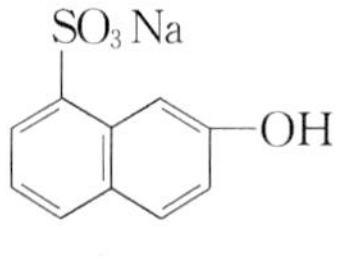 $SO_3Na$ OH　(7) 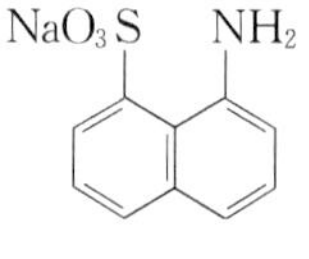 $NaO_3S$ $NH_2$

(8) 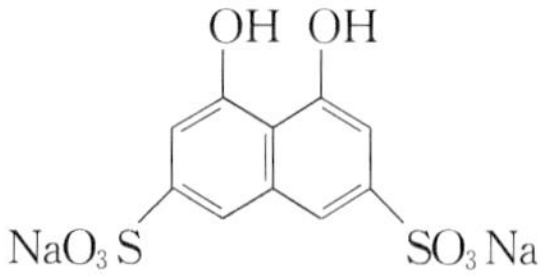 OH OH $NaO_3S$ $SO_3Na$　(9) 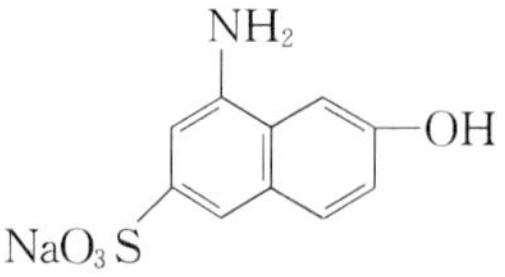 $NH_2$ OH $NaO_3S$　(10) 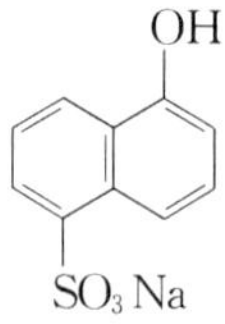 OH $SO_3Na$

(11) 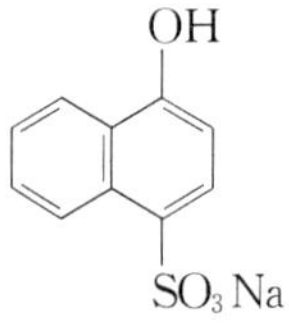 OH $SO_3Na$

12. 指出芳香族重氮盐 $Ar-N{=}N^{+}\ Cl^{-}$ 与 $NaO_3S$ / $NH_2$ / OH（J 酸）和 $NaO_3S$ / $NH_2$ / OH（M 酸）的偶合条件，并说明它们在酸性或碱性介质中的偶合位置，能否二次偶合。如能二次偶合，说明偶合程序，并说明理由。

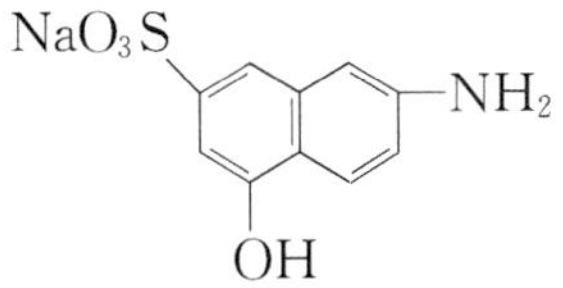

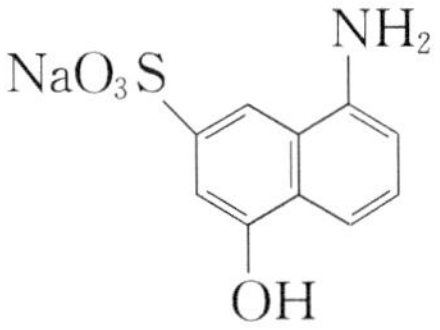

## 参考文献


[1]钱国坻．染料化学[M]．上海：上海交通大学出版社，1988.

[2]王延吉．有机化工原料[M]．4 版．北京：化学工业出版社，2004.

[3]邢其毅．有机化学(下册)[M]．北京：高等教育出版社，1958.

[4]王积涛，胡青眉，等．有机化学[M]．天津：南开大学出版社，1993.

[5]徐寿昌．有机化学[M]．2 版．北京：高等教育出版社，1993.

[6]王菊生．染整工艺原理(第三册)[M]．北京：纺织工业出版社，1984.

[7]邢其毅．基础有机化学(下册)[M]．2 版．北京：高等教育出版社，1994.

[8]乌锡康，包泉兴，吴达俊．有机人名反应集(第一册)[M]．北京：化学工业出版社，1984.

# 第四章　染料的结构类型

根据染料的发色结构，可以将染料分为偶氮、蒽醌、靛族、三芳甲烷、杂环、菁系、硫化、酞菁等结构类型。每一类染料发色体系的化学结构特点，决定了这类染料的颜色规律、合成方法、化学稳定性及主要用途。

## 第一节　偶氮染料

### 一、偶氮染料的结构特点

共轭发色体系是由偶氮基连接芳环（Ar—N ═N—Ar′）而成的染料称为偶氮染料（azo dyes）。根据染料分子中所含偶氮基的个数可分为单偶氮、双偶氮、多偶氮等结构类型。因为偶氮染料是由重氮组分与偶合组分通过偶合反应而制得，所以在偶氮染料分子中，偶氮基的两侧分别为重氮组分和偶合组分的结构。

单偶氮染料举例：

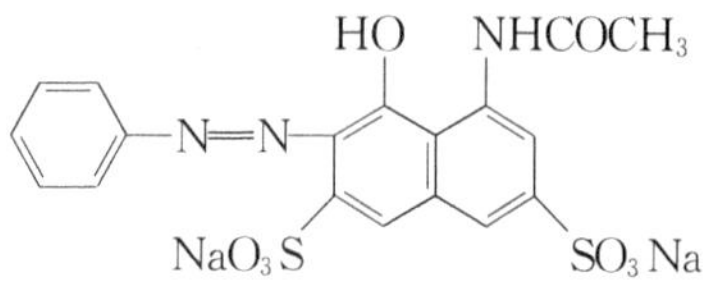

酸性红 G（C. I. 酸性红 1，18050）

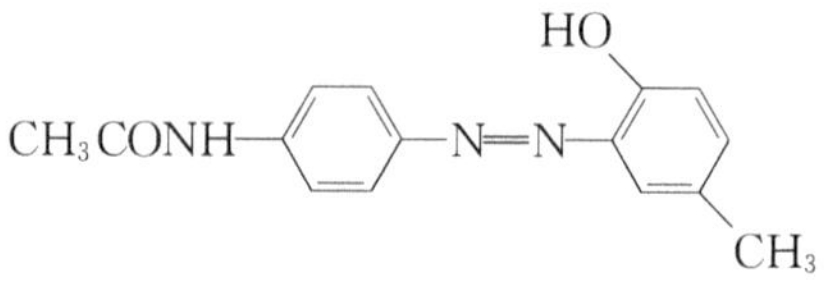

分散黄 E－G（C. I. 分散黄 3，11855）

双偶氮染料举例：

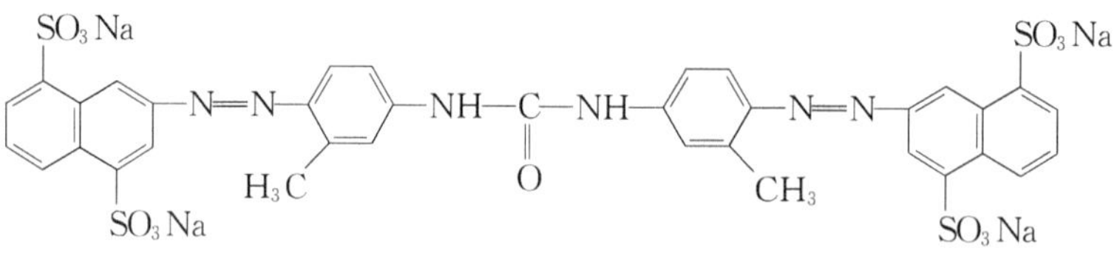

直接耐晒黄 RS（C. I. 直接黄 50，29025）

### 二、偶氮染料的一般特点

偶氮染料具有黄、橙、红、紫、深蓝、黑等各种颜色品种，色谱齐全，但以浅色（黄—红色）为主，绿色品种较少。浅色品种比较鲜艳，尤其是大红色最为鲜艳，而深色品种鲜艳度不高。

偶氮染料制造方法较简单，成本低廉，使用广泛。但由于早期开发使用的部分偶氮染料合成中使用了致癌性芳香胺类中间体，所以近年来被列为禁用染料的品种中绝大多数为偶氮染料。

偶氮染料的品种和数量位居各类染料之首，品种齐，数量多，用途广。除了硫化染料、还原染料外，其他应用分类都有偶氮结构的染料，而且在具有偶氮结构的染料应用类型中，数量均占一半以上。偶氮结构的染料普遍用于各种纤维纺织品的染色，还可用于颜料、油墨、食品、皮革、纸张等行业。

## 三、偶氮染料的化学性能

### （一）水溶性

虽然偶氮基具有极性，染料中也可以引入其他极性基团，然而不含水溶性基团的偶氮染料是不溶于水或难溶于水的。偶氮染料分子中引入水溶性基团后，可以成为水溶性染料。若引入—$SO_3Na$、—COONa 等基团，则成为阴离子染料（如偶氮结构的直接染料、活性染料、酸性染料等），而且阴离子基团的比例越大，水溶性越好；若引入—$N^+R_3$ 等基团，则成为阳离子染料。若在染料分子中只含有—OH、—$NH_2$、—$SO_2CH_3$、—$SO_2NH_2$ 等极性基团，染料在水中可有少量溶解，如偶氮结构的分散染料。

### （二）异构现象

**1. 几何异构**　由于偶氮基中含有双键，所以可形成几何异构，即双键顺反异构。顺式能量较高，稳定性差；而反式能量低，稳定性好。

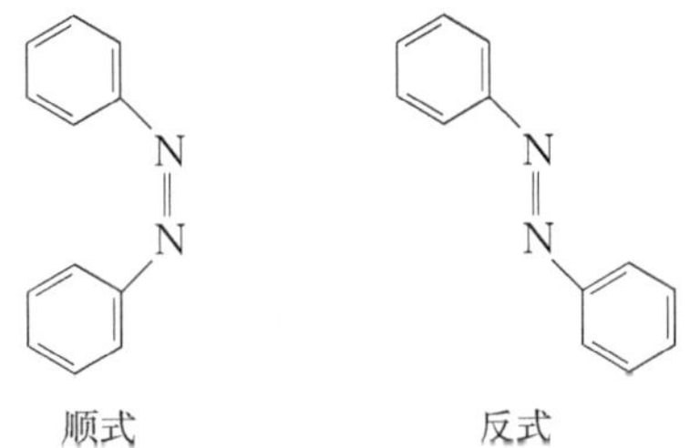


顺式　　　　反式

偶氮染料在一般情况下以反式存在。在强光照射下可使染料从反式变为顺式，颜色发生变化，光照变色的染料在黑暗中放置一段时间，染料又会回复到原来的结构，恢复原来的颜色。这一现象称为光致变色。光致变色现象不只限于偶氮染料反式和顺式的互变过程。

光致变色的防止方法是在偶氮基邻位引入羟基、氨基，与偶氮基形成氢键，从而阻止偶氮基转变为顺式。

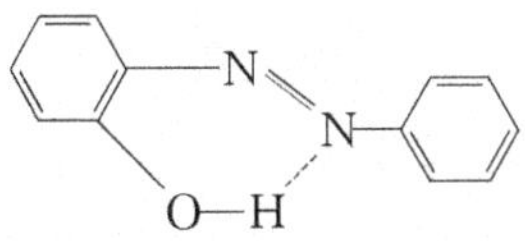

引入羟基 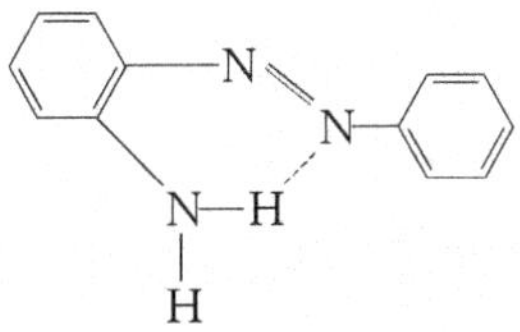　　　　引入氨基

**2. 互变异构**　1884 年 Zincke 发现对羟基偶氮苯也可以用醌和苯肼缩合而成，证明了腙式

和偶氮式之间存在互变异构。试验表明，用下列两种方法制得的化合物完全相同，腙式和偶氮式以动态平衡的方式同时存在。但只有在偶氮基的邻、对位存在羟基或氨基时才能发生互变异构。腙式和偶氮式的吸收光谱和性能不相同，腙式结构颜色较深，性质较稳定。

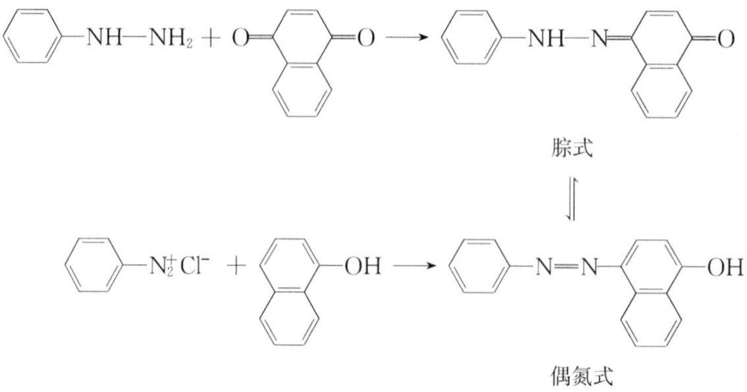

腙式

偶氮式

**(三)耐酸碱性**

为了满足实际使用的要求，染料应具有一定的酸碱稳定性，一般要求染料在 pH 值为 2～11 范围内不发生颜色变化。而当染料的发色体系中含有羟基或氨基时，容易使染料在碱性或酸性条件下发生变色。

芳环上含有羟基的偶氮染料在碱性条件下由于羟基电离成为负氧离子（$—O^-$），增强了供电子性，从而产生深色效应：

$$Ar—OH \xrightarrow{OH^-} Ar—O^-$$

芳环上含有氨基的偶氮染料在酸性条件下，由于氨基吸附氢离子，成为铵离子，供电子能力消失，从而产生浅色效应：

$$Ar—NH_2 \xrightarrow{H^+} Ar—\overset{+}{N}H_3$$

但邻对位含氨基的偶氮染料由于在酸性条件下会接收质子发生互变异构，从而发生深色效应，如甲基橙在 pH 值为 3.1～4.4 时为橙色，酸性变为红色，碱性变为黄色：

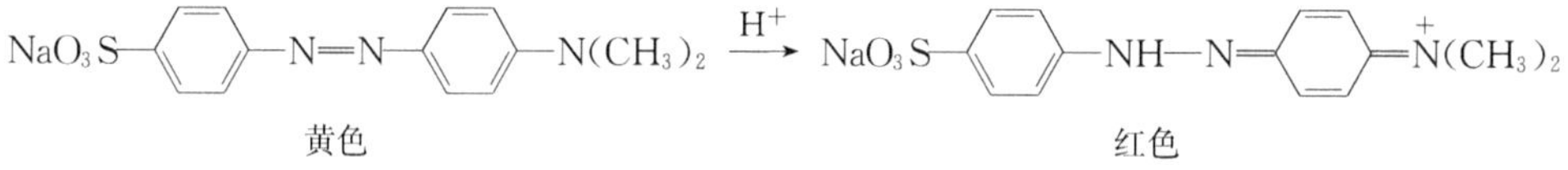

黄色　　红色

这类酸碱变色很严重的染料不能作为纺织品用染料，如甲基红、刚果红、甲基橙等，一般作为酸碱指示剂。

可以采用下述方法改善染料酸碱变色性能，从而提高染料的耐酸碱性：

(1)把羟基连接在偶氮基的邻位，与偶氮基上的氮原子形成分子内氢键，使羟基在碱性条件下不易电离。例如，酸性橙Ⅰ在皂洗条件下（pH＝9），染料的羟基容易离子化而变色，耐碱性差。而酸性橙Ⅱ分子中由于形成氢键使耐碱性提高，在 pH＜11 的条件下不会发生变色，能够满足一般洗涤条件的要求。

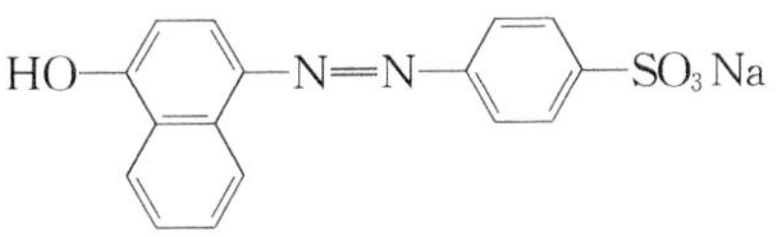

酸性橙Ⅰ（$pK_a=8.2$） 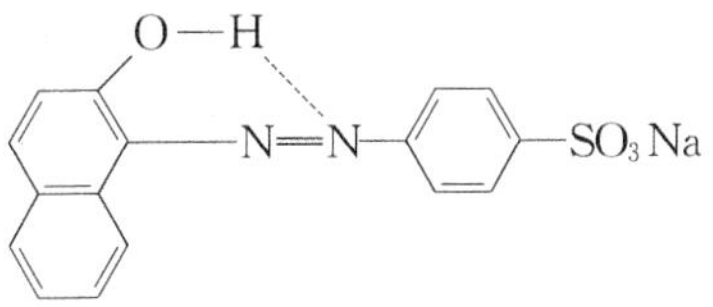　　酸性橙Ⅱ（$pK_a=11.4$）

（2）把羟基、氨基通过烷基化或酰化封闭起来，可得到耐酸或耐碱性较好的染料，如酸性大红G，氨基乙酰化后，染料适合在酸性条件下染色。

羟基烷基化：

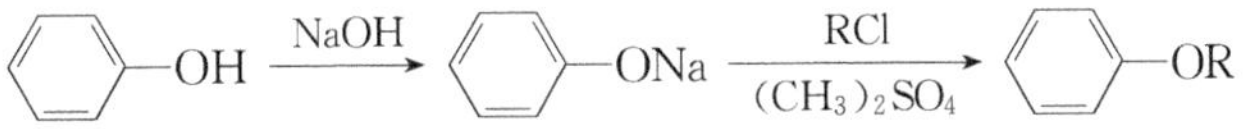

氨基酰化：

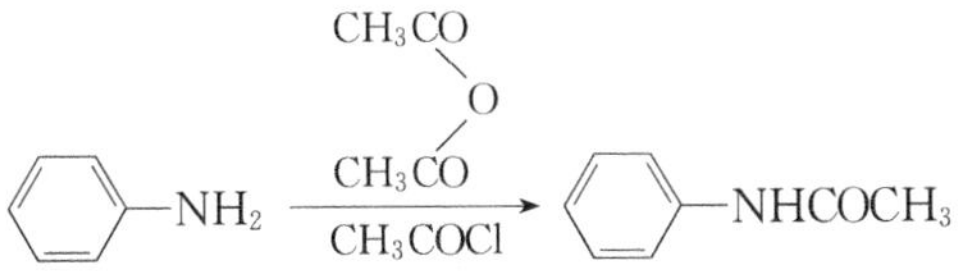

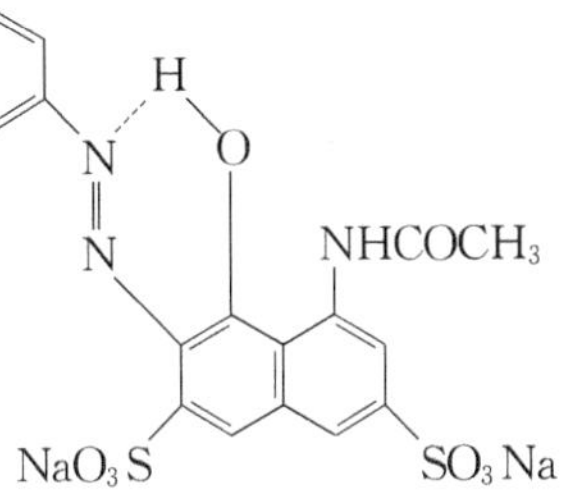

酸性大红G

**(四)氧化还原性能**

偶氮染料在空气中会发生光氧化作用而褪色，所以日晒牢度一般为中等水平。

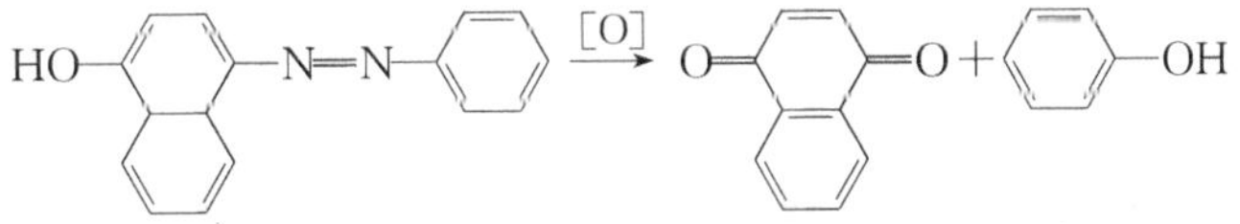

在保险粉（$Na_2S_2O_4$）等还原剂作用下，偶氮基会发生断裂，分解为两个芳香胺，而使染料失去颜色，这是鉴定偶氮基的常用方法。在织物印花中常用偶氮染料作为地色染料染色，然后用雕白粉（$NaHSO_2 \cdot CH_2O \cdot 2H_2O$）、氯化亚锡等还原剂印花，使染料还原破坏，得到白色的花纹，这就是拔染印花工艺中的拔白工艺。

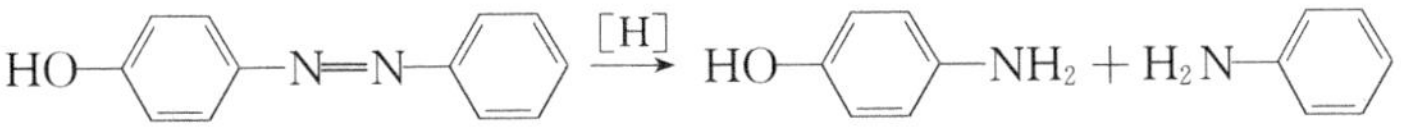

## 四、偶氮染料的结构与颜色

**(一)单偶氮染料**

**1. 共轭体系长短的影响**　随着芳环数目的增加，共轭体系增长，颜色增深。偶氮基两侧均为一个苯环(或一边为吡唑啉酮环)的染料一般为黄色,也可为橙色。当一侧增大为萘环后一般为橙红色,而两侧均为萘环的染料可为红紫色,少数为蓝色。

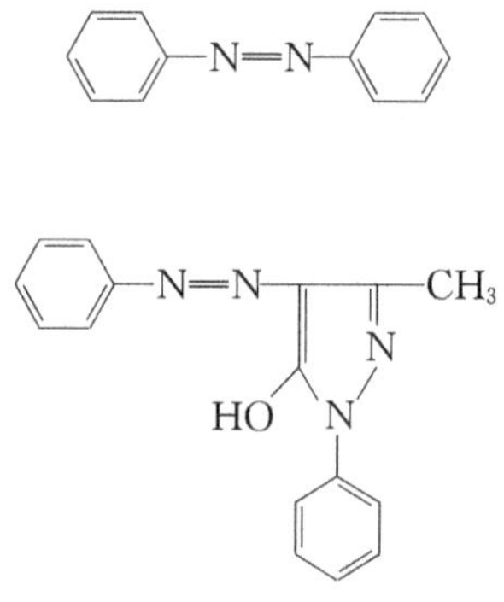

黄—橙 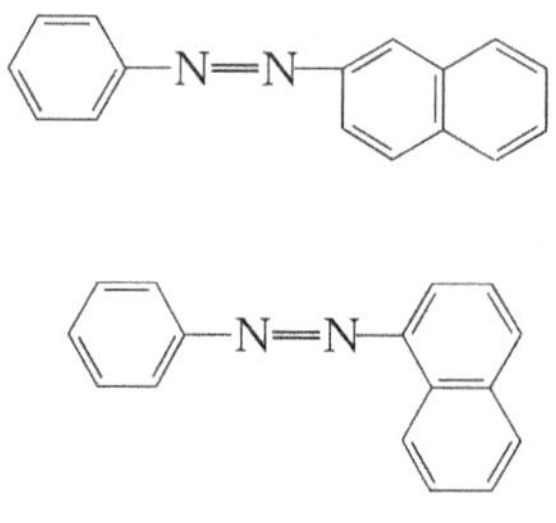　　　　橙—红、品红 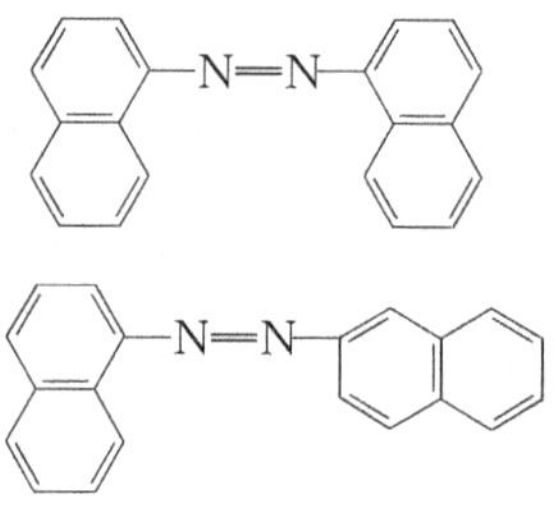　　　　红—紫—蓝

**2. 取代基—$NH_2$、—OH、—$NHCOCH_3$ 的影响** 随着取代基数目和供电子性的增加,偶氮染料的颜色增深。但长链烷基和磺酸基对颜色的影响不大。例如:

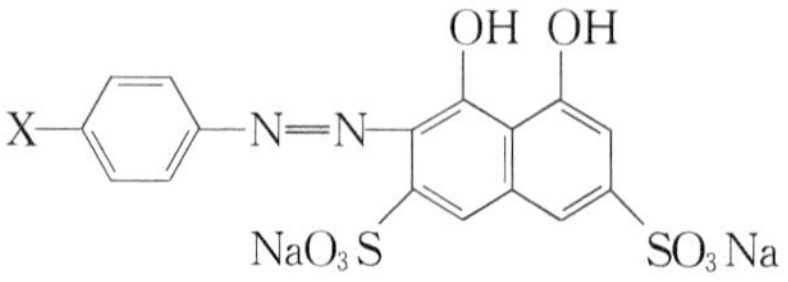

| | |
|---|---|
| X=H | 红光红 |
| X=$NHCOCH_3$ | 蓝光红 |
| X=$NH_2$ | 蓝光紫 |
| X=$N(CH_3)_2$ | 绿光蓝 |

偶氮染料颜色的一般规律见表 4-1。

**表 4-1　偶氮染料分子中取代基对颜色的影响**

| 发色体系 | 含一个—OH 或—$NH_2$ | 含两个—OH 或—$NH_2$ |
|---|---|---|
| 苯+苯或吡唑啉酮 | 黄色 | 橙色 |
| 苯+萘 | 橙色 | 红色 |
| 萘+萘 | 红色 | 紫—蓝色 |

**3. 供、吸电子基团的协同作用** 在偶氮基两端的重氮组分和偶合组分的芳环上分别引入吸电子基和供电子基,将产生协同作用而增强对颜色的影响。一般来说,重氮组分取代基的吸电子性越强,偶合组分取代基的供电子性越强,使染料分子偶极性增加,颜色加深。通常利用多个供吸取代基的协同作用来得到颜色较深而相对分子质量较小的单偶氮染料,例如分散蓝 SE-2R(C. I. 分散蓝 183,11078):

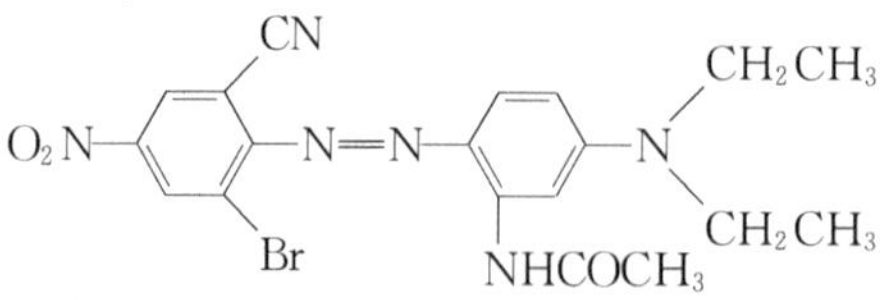

分散蓝 SE-2R

## (二)双偶氮染料和多偶氮染料

**1. 共轭体系长短的影响** 如前所述,随着共轭体系延长可产生深色效应。对于偶氮染

料来说，若通过增加偶氮基数目来延长共轭体系，称为纵向延长，当偶氮基超过两个以后深色效应减弱，色泽萎暗。而通过苯环改为萘环来延长共轭体系，称为侧向延长。侧向延长使颜色加深的效率更高。例如，虽然分散黄 RGFL（C. I. 分散黄 23，26070）与酸性橙Ⅰ（C. I. 酸性橙 20，14600）都是三个苯环，但橙色比黄色深。偶氮染料中含有多个萘环可以得到很深的颜色。

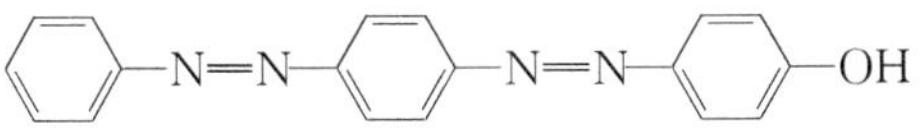

分散黄 RGFL 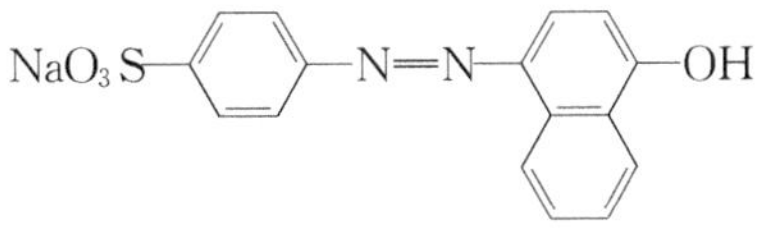　　　　酸性橙Ⅰ

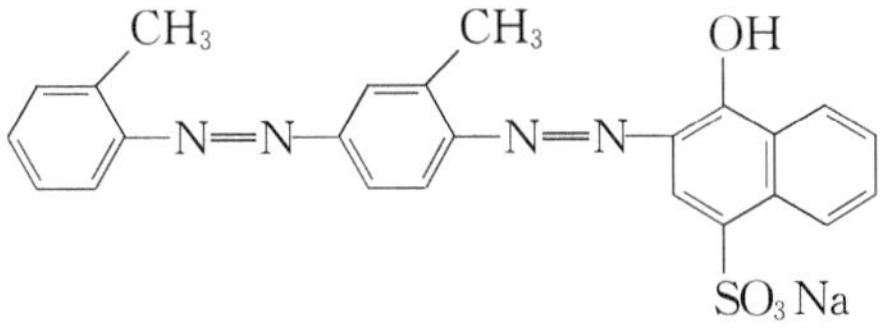

C. I. 酸性红 148 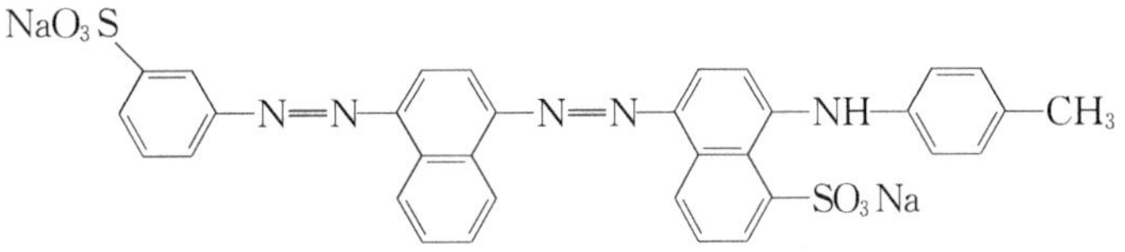　　　　弱酸性深蓝 GR（C. I. 酸性蓝 120，26400）

**2. 隔离基的影响**　当两个偶氮基之间有隔离基存在时，染料分子的共轭体系被中断为两个独立的共轭体系。若两个发色体系颜色相同，染料的颜色即为该发色体系的颜色，但吸收强度增加。例如具有脲酰氨基作为隔离基的染料直接橙 S（C. I. 直接橙 26，29150）：

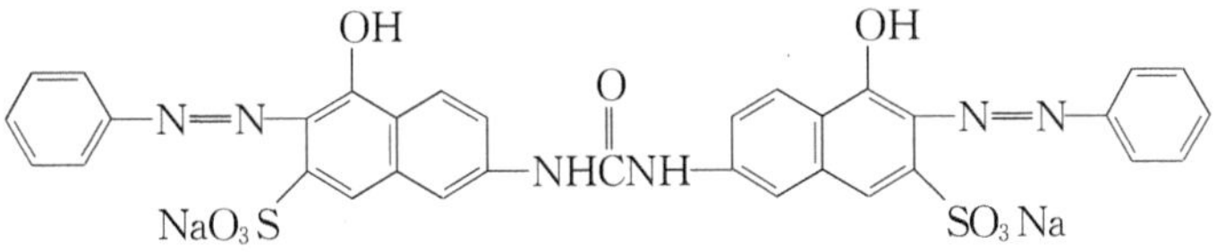

直接橙 S

若隔离基两边为两个不同颜色的发色体系时，染料颜色为这两个发色体系的拼色。例如具有三聚氰胺隔离基的染料直接耐晒绿 5GLL（C. I. 直接绿 28，14155），具有偶氮结构的一侧为黄色，而蒽醌结构的一侧为蓝色，此染料为绿色。

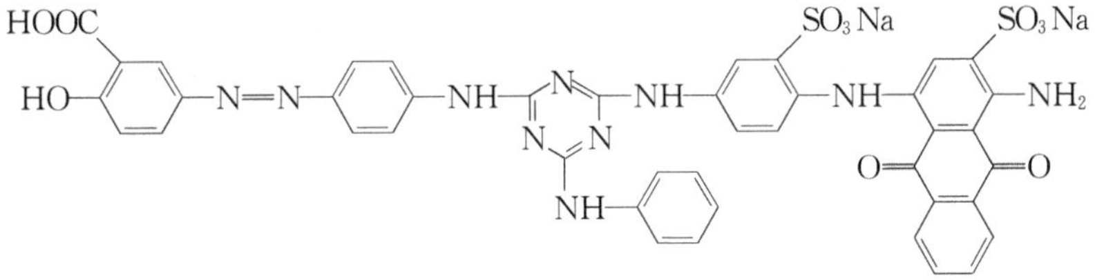

直接耐晒绿 5GLL

应用隔离基可以制得相对分子质量较大，而颜色较浅的偶氮染料。

**3. 金属络合结构的影响**　偶氮结构的染料可以含有金属络合结构。在该结构中，如果偶氮基参与金属离子络合，染料的颜色明显变深、变暗，而耐光牢度、湿处理牢度可显著提高。例如酸性媒染橙 RL（C. I. 媒染橙 37，18730）：

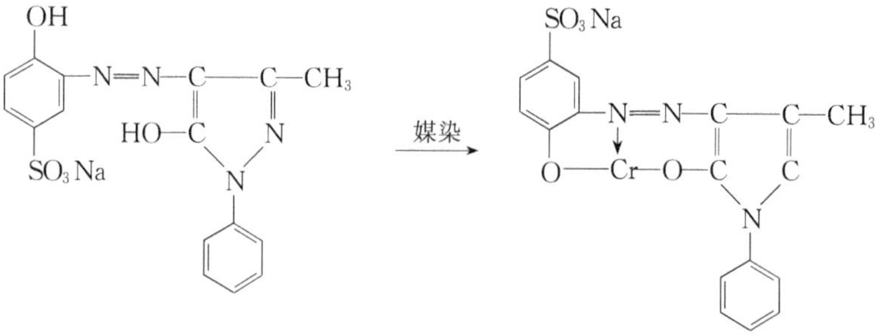

黄色　　　　　　　　橙色

酸性媒染橙 RL

若络合结构不发生在偶氮基上，则对发色体系影响较小，颜色无显著变化，耐光牢度升高不多，但湿处理牢度可以明显提高。例如具有水杨酸结构的染料：

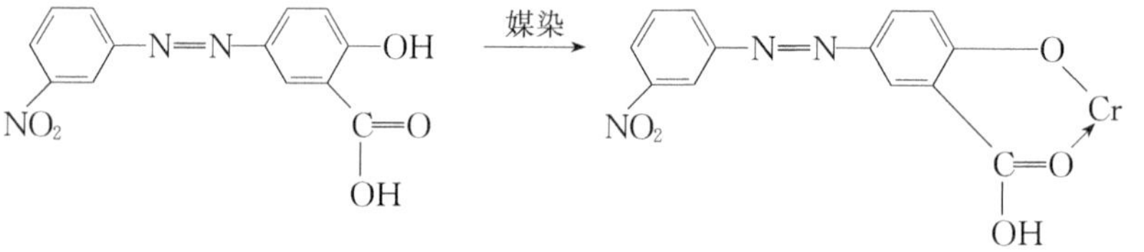

黄色　　　　　　　　黄色

# 第二节　蒽醌染料

## 一、蒽醌染料的结构特点

蒽醌染料(anthraquinone dyes)可分为蒽醌染料(蒽醌衍生物)、杂环蒽醌染料、稠环蒽酮染料、杂环蒽酮染料等类型。其结构的共同特点是在稠环共轭体系中，含有两个或两个以上羰基，所以又称羰基染料。

**(一)蒽醌染料(蒽醌衍生物)**

这是一类在蒽醌分子中引入不同的取代基制成的染料。通常在蒽醌环上引入羟基或氨基，再经芳胺化、酰化或醚化引入其他基团。若引入—$SO_3Na$ 等水溶性基团，可成为酸性染料、活性染料等水溶性染料。如不含水溶性基团，可作为分散染料和还原染料等。例如：

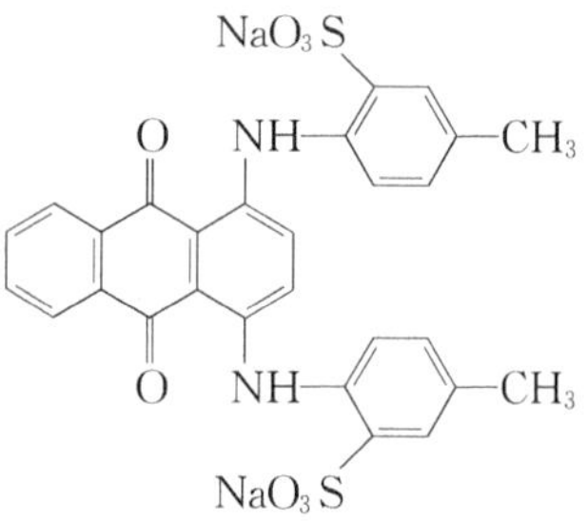

弱酸性绿 GS
(C.I. 酸性绿 25，61570)

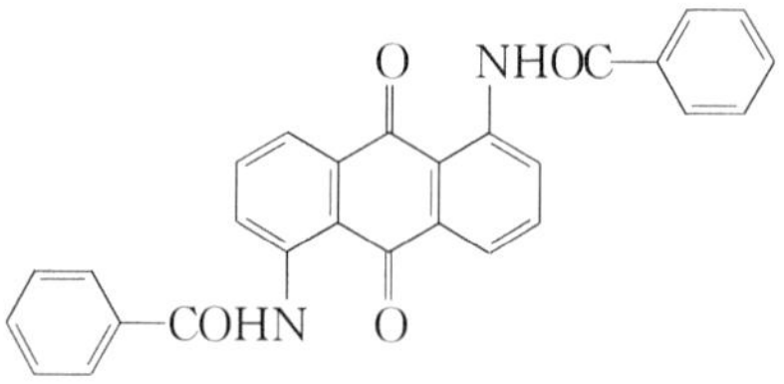

还原黄 GK
(C.I. 还原黄 3，61725)

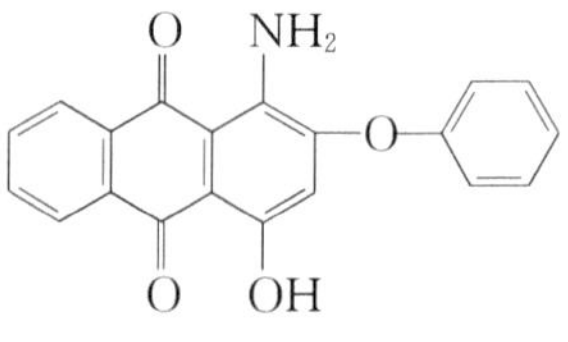

分散红 3B
(C.I. 分散红 60，60756)

### (二)杂环蒽醌染料

这类染料由多个蒽醌通过杂环连接而成,不含水溶性基团,主要作为还原染料。例如:

还原黄 FFRK
(C.I. 还原黄 28,69000)

还原蓝 RS(蓝蒽酮)
(C.I. 还原蓝 4,69800)

### (三)稠环蒽酮染料

这类染料由多个芳环稠合在一起并含有两个羰基,不溶于水,主要作为还原染料。例如:

还原艳绿 FFB
(C.I. 还原绿 1,59825)

### (四)杂环蒽酮染料

这是一类在稠环蒽酮结构中含有杂环结构的染料,用作还原染料。例如:

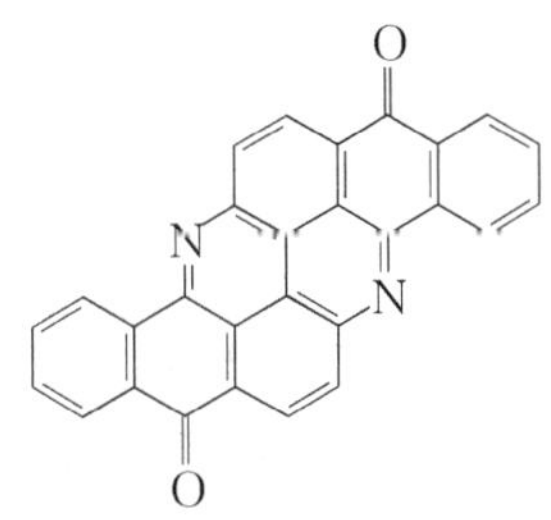


还原黄 G(黄蒽酮)
(C.I. 还原黄 1,70600)

## 二、蒽醌染料的一般特点

蒽醌染料色谱齐全,但以深色(蓝绿色)品种较为鲜艳,浅色品种不鲜艳,缺少大红色的染料,所以在颜色上与偶氮染料可以互相补充,以满足配色的需要。

蒽醌染料的品种约占各类染料的 20%,仅次于偶氮染料,数量多、品种齐、应用广。适用于各种纤维染色,主要包括酸性染料、分散染料、活性染料、还原染料等类型。

由于合成原料成本较高,且合成工艺复杂,所以蒽醌结构的染料价格相对较高。

## 三、蒽醌染料的化学性能

### (一)水溶性

蒽醌和稠环酮结构本身不溶于水,$\alpha$ 位上的羟基、氨基等可以形成氢键的基团,由于可以与蒽醌的羰基形成内氢键,因此对于染料的水溶性的贡献较小,可作为还原染料使用,相对分子质量较小并具有羟基、氨基等亲水性基团的染料可分散在水中进行染色,成为分散染料。与偶氮染料一样,蒽醌染料分子中引入磺酸基、羧酸基等水溶性基团,则可成为水溶性染料。当分子中引入磺酸基后成为水溶性的阴离子染料,如酸性染料、活性染料等。而引入季铵基团后成为水溶性的阳离子染料。

### (二)耐氧化性

由于蒽醌和稠环酮已是酮式结构,不易进一步氧化,所以耐氧化性好,不易发生光氧化反应,具有很高的耐光牢度,一般在 5 级以上,高的可达 7－8 级。

### (三)耐还原性

蒽醌和稠环酮结构中的羰基可被保险粉($Na_2S_2O_4$)等还原剂还原为酚羟基,并可溶解于 NaOH 溶液形成隐色体钠盐,但此时这些结构中的稠环并没有被破坏,而且经氧化后又可回复为原来的结构和颜色。在拔染印花工艺中,蒽醌染料常用作花色染料。

[H] / [O]

还原后可以氧化回复

## 四、蒽醌染料的结构与颜色

### (一)引入供电子基产生深色效应

蒽醌含有两个具有强吸电子性的羰基,使蒽醌本身显浅黄色($\lambda_{max}$＝400nm),这是由氧原子上未成键孤对电子的 $n\rightarrow\pi^*$ 跃迁引起的。若引入供电子基,与羰基形成供吸协同作用,使颜色加深,可以得到黄、橙、红、紫、蓝乃至绿色染料。取代基供电子能力越强,颜色越深。深色效应的顺序为:

$$-NH-C_6H_5 > -N(CH_3)_2 > -NHCH_3 > -NH_2 > -NHCOCH_3 > -OCH_3 > -OH > -Br > -Cl > -NO_2$$

由此可见,氨基的深色效应较羟基大。氨基烷基化后可使颜色进一步加深,芳基化后更深,而氨基酰化会使颜色变浅。杂环蒽醌染料中的 O、S、N 等杂原子参与了共轭体系,又具有供电子性,所以产生深色效应,并使颜色更为鲜艳。

### (二)取代基的位置对颜色的影响

(1)$\alpha$ 位的深色作用大于 $\beta$ 位。原因是 $\alpha$ 位上的羟基或氨基可与羰基形成分子内氢键,增加了分子的极化,降低了激发态的能量,使激发能随之下降,染料的吸收波长发生红移。

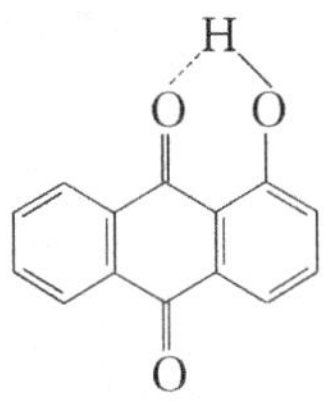

402nm(在异丙醇中的最大吸收波长,余同) 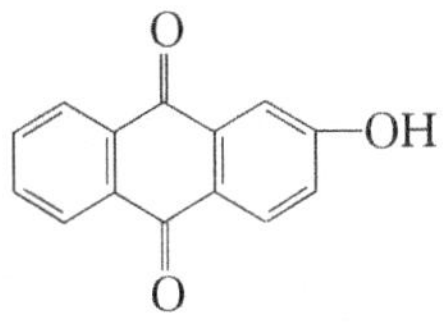　368nm 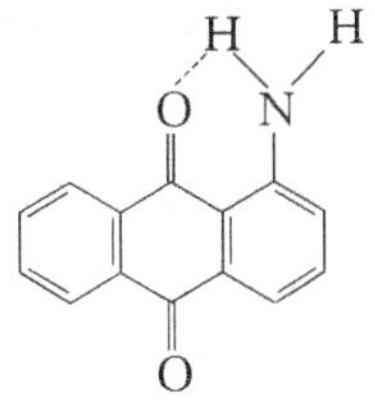　475nm 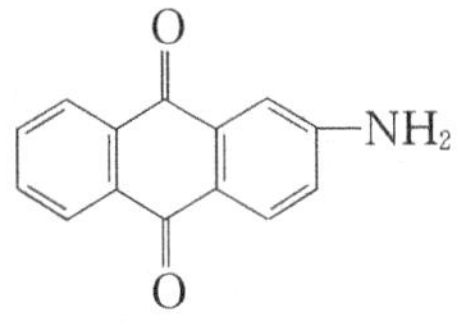　440nm

(2)若两个供电子取代基同在一侧苯环上,颜色较深,在两侧则深色效应较小。原因是蒽醌分子两侧是不连贯的两个共轭体系。一侧引入两个供电子基提高了供吸电子的协同作用;两个供电子基分别位于隔离的两个苯环上,只相当于引入一个取代基,因此颜色较浅。

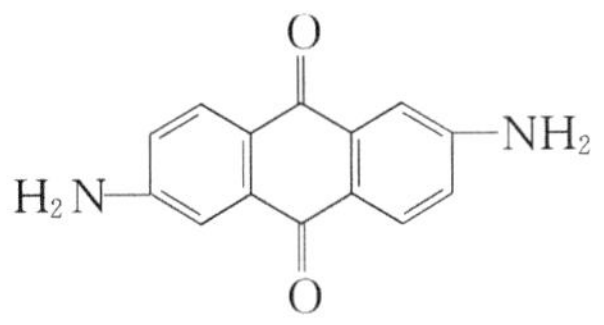

红黄色 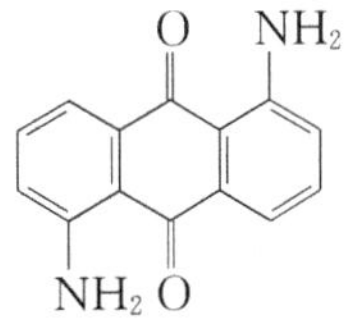　红色

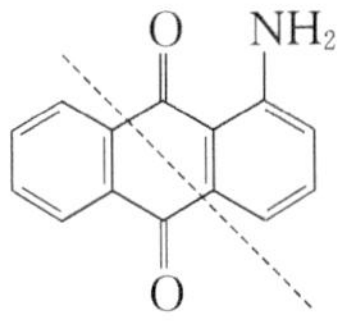

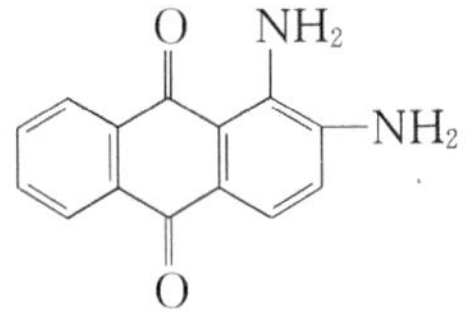

紫红色 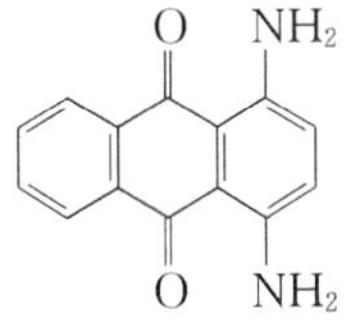　紫色

(3)若 1、4、5、8 位同时引入取代基,深色效应明显。

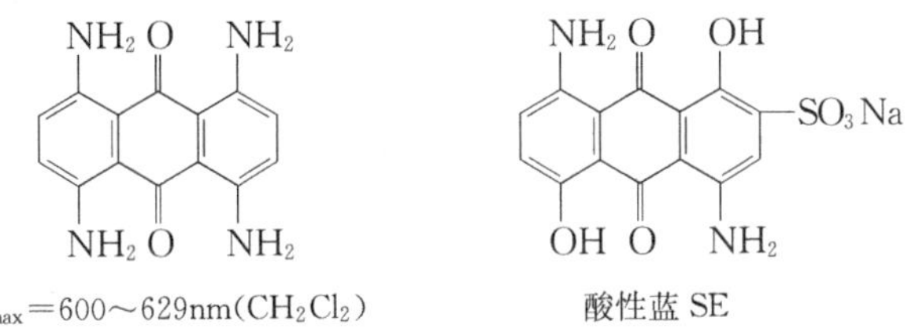


$\lambda_{max}$=600～629nm($CH_2Cl_2$)　酸性蓝 SE

**(三)稠环蒽酮染料共轭体系对颜色的影响**

稠环蒽酮染料的分子中由于多个苯环稠合在一起,增大了共轭体系,产生显著的深色效应。稠合环较多的大多为紫色、蓝色、绿色等深色染料,稠合环较少的也可以是黄色和橙色染料。

**(四)蒽醌还原染料隐色体的颜色**

因为蒽醌本身的共轭双键并未连贯整个分子,而还原形成隐色体盐后,共轭双键贯通整个分子,使共轭体系增大。同时,隐色体结构中的负氧离子(—O⁻)具有较强的供电子性,所以,隐色体盐溶液具有向红位移作用,使颜色变深。经空气氧化后,可回复到原来的颜色。

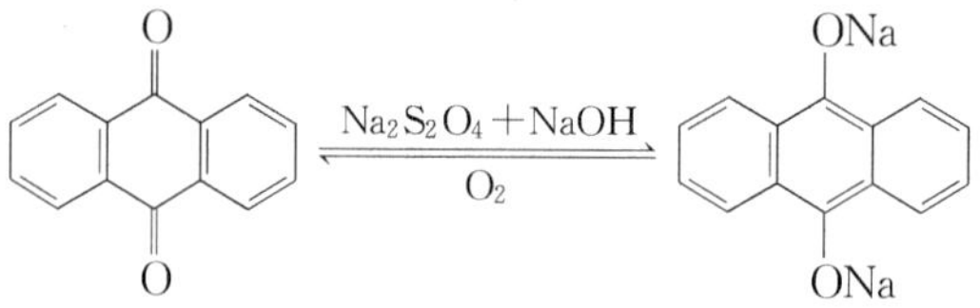

$Na_2S_2O_4 + NaOH$ / $O_2$

# 第三节 靛族染料

## 一、靛族染料的结构特点与分类

靛族染料(indigoid dyes)的结构特征是由碳碳双键连接两个带羰基的杂环组成的共轭体系。其通式为：

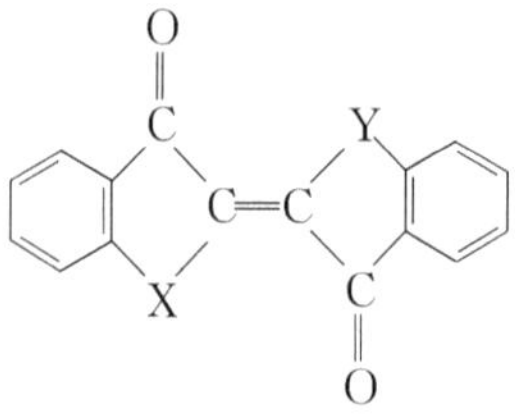

(X、Y 为—NH—或—S—)

与蒽醌染料相似，在靛族分子的共轭体系中也含有两个羰基，所以也称为羰基染料。两者有相似的特点。

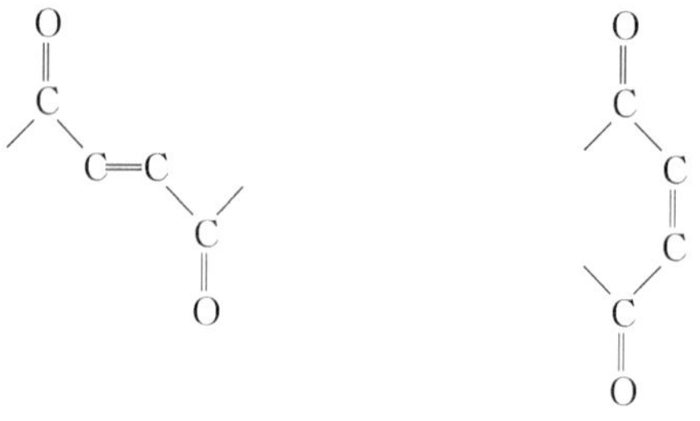

靛族　　　　蒽醌

根据碳碳双键两侧结构的不同，靛族染料可分为靛蓝、硫靛、混合靛、半靛等类型。

(1)靛蓝：X、Y 均为—NH—。例如：

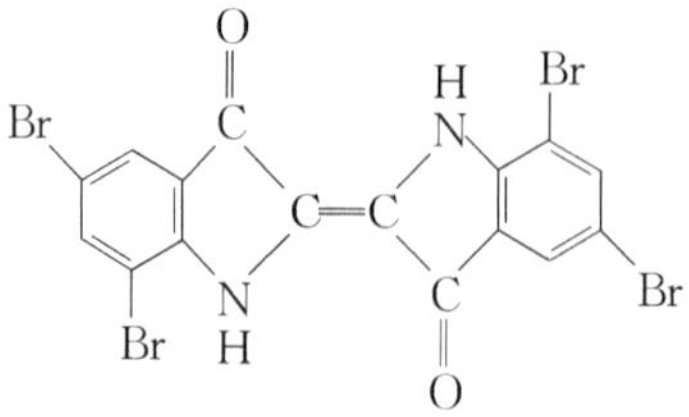

还原蓝 4B (C. I. 还原蓝 5，73065)

(2)硫靛:X、Y 均为—S—。例如:

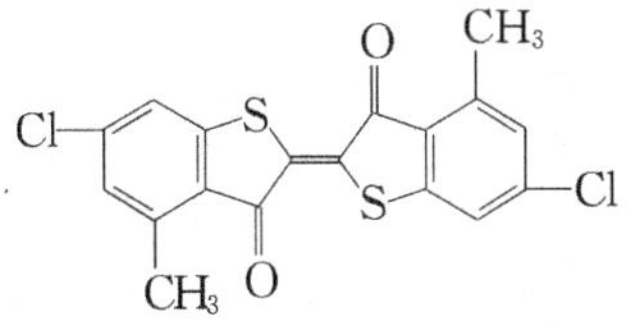

还原桃红 R(C.I. 还原红 1,73360)

(3)混合靛:X 为—NH—、Y 为—S—,即一半为靛蓝,另一半为硫靛。例如:

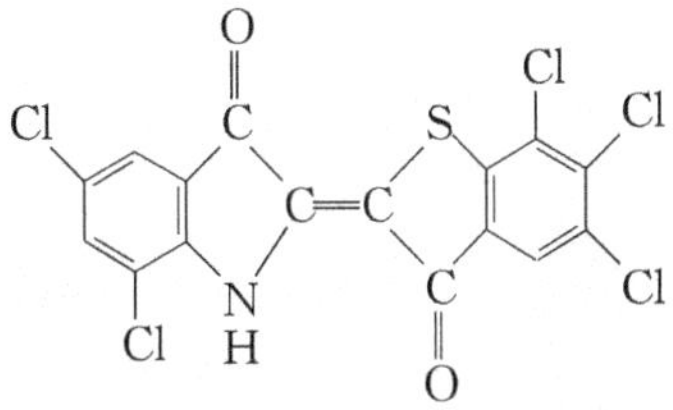

还原紫 BBF(C.I. 还原紫 5,73595)

(4)半靛:X 为—NH—或—S—,即分子的一半为靛结构,而另一半是芳烃环酮结构。例如:

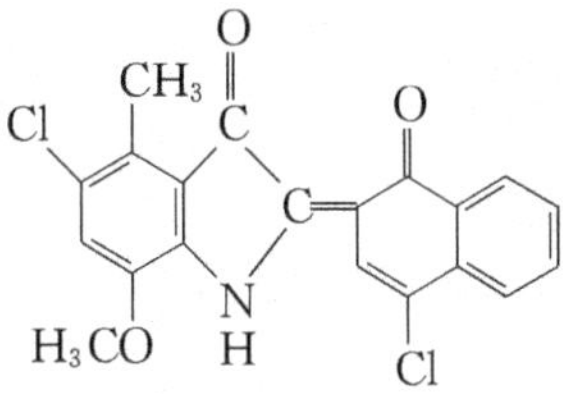

还原印花蓝 2G(C.I. 还原蓝 8,73800)

## 二、靛族染料的一般特点

靛蓝是我国古代最常用的天然染料,现主要为合成靛蓝,用于蓝印花布、蜡染、石磨蓝等。靛族染料品种较少,色谱不齐全,以蓝色和红色为主,而且色泽不鲜艳。

靛族染料不溶于水,但可还原为隐色体溶于碱性溶液,染色后再经氧化回复到原来结构,主要用作还原染料。

由于靛族染料分子中间由乙烯双键相连,化学稳定性比蒽醌差,耐光牢度中等。常采用引入卤素原子的办法来提高耐光牢度。

## 三、靛族染料的颜色特点

由于靛族染料分子结构中共轭体系不长,杂原子的性质对染料的颜色和性质有较大的影响。共轭体系中的羰基具有吸电子性,靛族分子中的杂原子的供电子能力越强,染料的颜色越深,因—NH—比—S—具有更强的供电子能力,所以靛蓝的颜色为蓝色,而硫靛最深的颜色为蓝光红色,见表 4-2。

表 4-2 靛族染料中杂原子对颜色的影响

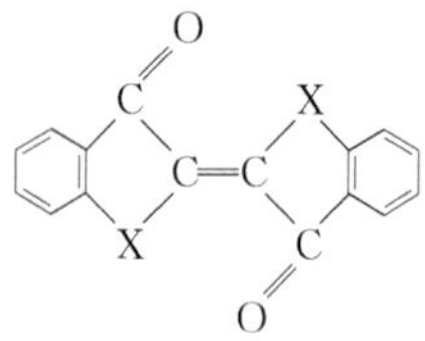

| 染料名称 | 靛 蓝 | 硫 靛 | 氧 靛 | |
|---|---|---|---|---|
| 取代基 X | —NH— | —S— | —O— | $CH_3$ 丨 —N— |
| $\lambda_{max}$/nm | 605 | 546 | 420 | 650 |

连接在与杂环相并列的苯环上的取代基对染料的颜色也有很大影响，这是由于这些取代基的供吸电子性能和所在位置改变了杂环上羰基的吸电子能力以及亚氨基或硫原子的供电子能力。例如同样含有两个二乙氧基的硫靛染料的颜色相差很大。原因在于羰基对位的乙氧基减弱了羰基的吸电子能力，使颜色变浅；而在硫原子对位则增加了硫原子的供电子能力，产生深色效应。

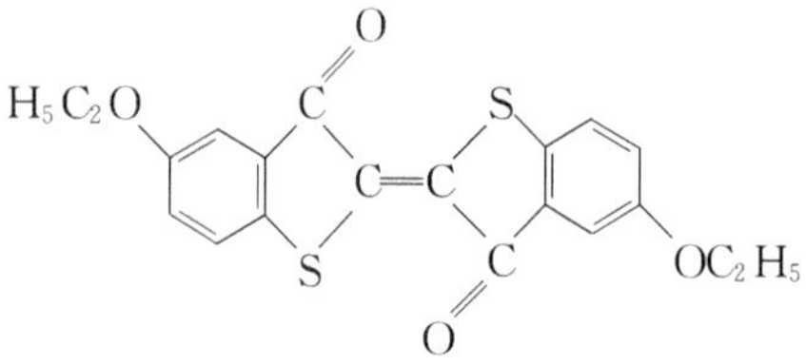

蓝色

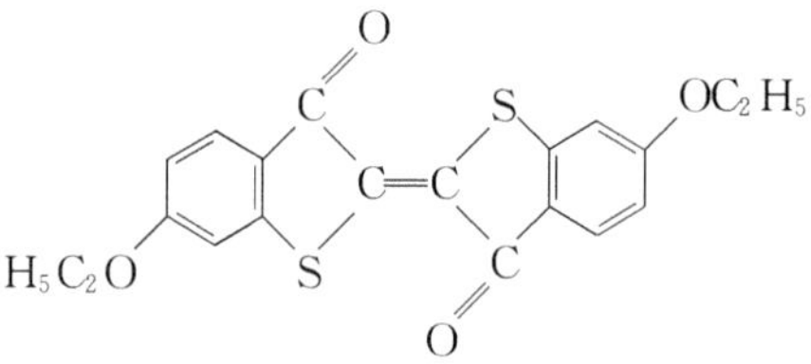

橙色

混合靛染料一半是靛蓝，一半为硫靛，两者混合大多可以得到紫色的染料，但因为两边芳环结构和取代基的不同，也有蓝色、棕色和少量黑色。

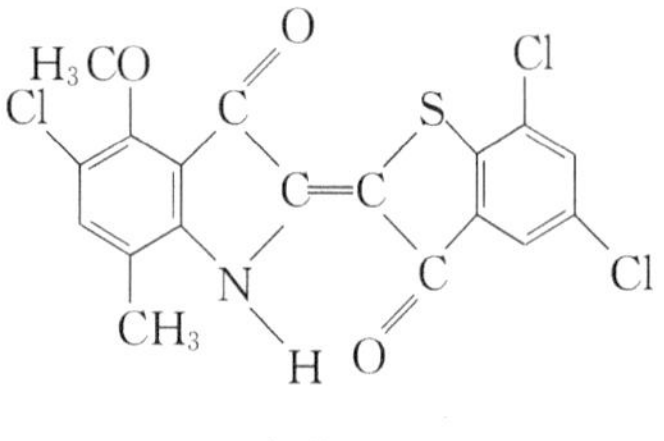

还原印花蓝 B
(C.I. 还原蓝 36)

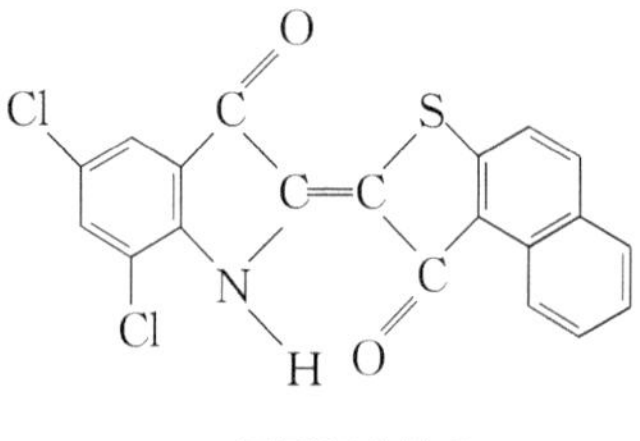

还原印花棕 R
(C.I. 还原棕 42)

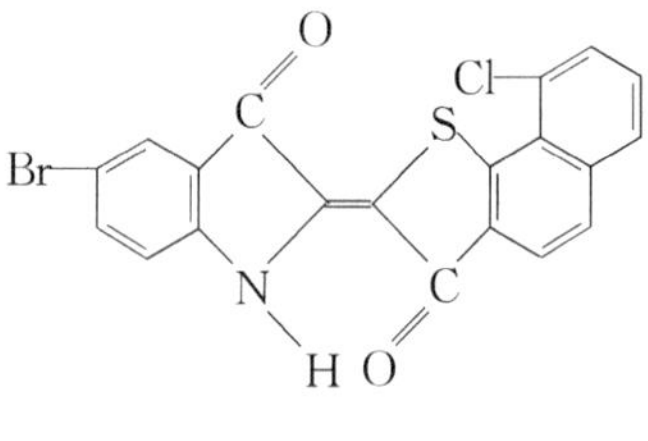

还原印花黑 BL
(C.I. 还原黑 1)

靛族染料的颜色不鲜艳，但通过在苯环上引入—Cl 或—Br 可提高鲜艳度。

靛族染料经还原后隐色体的颜色较染料本身要浅。原因是形成隐色体后，羰基转变为羟基，与杂原子的协同作用消失，同时分子中间的共轭双键变为可以自由转动的单键，分子的平面性变差，原来的发色体系被破坏，颜色变浅。形成的隐色体盐均为无色或浅黄色。

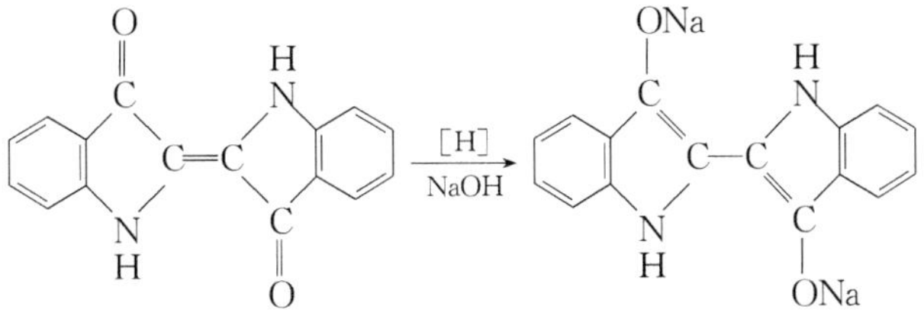

### 四、靛族染料的顺反异构现象

由于靛族染料分子中间含有烯双键，所以存在顺反异构，其中反式较稳定。靛蓝分子中由于羰基和亚氨基之间可以形成分子内氢键，所以反式更稳定。硫靛不能形成分子内氢键，较易转变为顺式。因为形成内氢键的关系，靛蓝分子的极性较小，分子之间的作用力较小，易升华。硫靛分子间的作用力较大，不易升华。

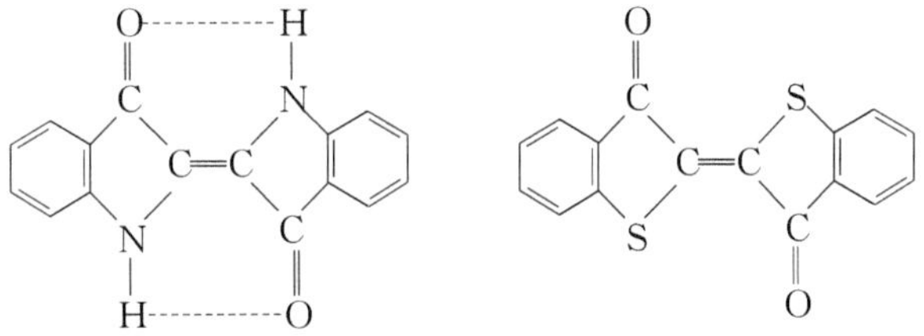

## 第四节　三芳甲烷染料

芳甲烷染料以三芳甲烷染料（triarylmethane dyes）为主，这里把涉及到的二芳甲烷染料也放在一起介绍。

### 一、三芳甲烷染料的结构特点

三芳甲烷染料分子由中心碳原子连接三个芳环形成主要骨架，芳环可以是苯环、萘环等。然而，单纯的三芳甲烷结构是无色的，这是由于三个芳环都是隔离的。如果在芳环上中心碳原子的对位引入两个—$NH_2$ 或—$NR_2$，并经氧化形成醌式结构，共轭体系连成一片，就形成了三芳甲烷共轭发色体系，这种体系带一个正电荷。

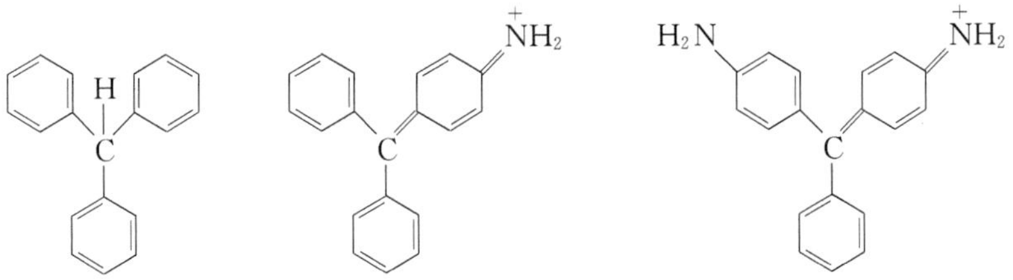

无色　　橙红色　　红光紫

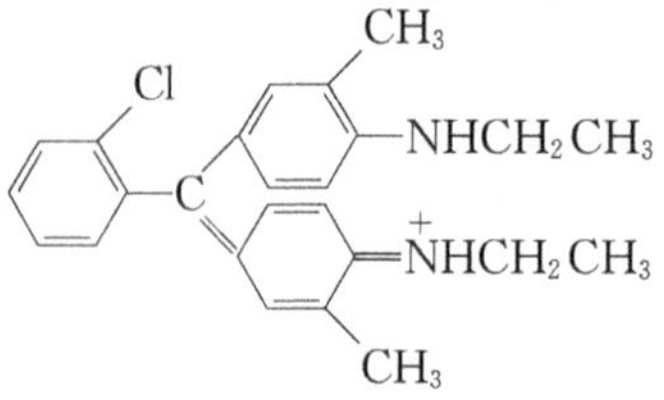

阳离子蓝 B(C. I. 碱性蓝 5,42140)

三芳甲烷染料分子中还可以含有磺酸基、羧基以及卤素等其他取代基,取代基的性质、数目以及所占的位置决定了染料的颜色和染色性能。若引入两个或两个以上磺酸基则成为带阴离子的酸性染料。例如:

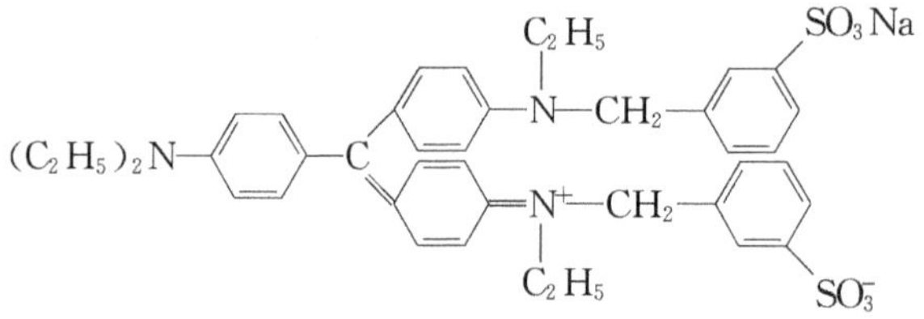

酸性青莲 4BNS(C. I. 酸性紫 17,42650)

若将中心碳原子对位的氨基改为—OH,并在其邻位引入羧基,形成水杨酸结构后,则能与金属离子络合,可作为媒介染料。例如:

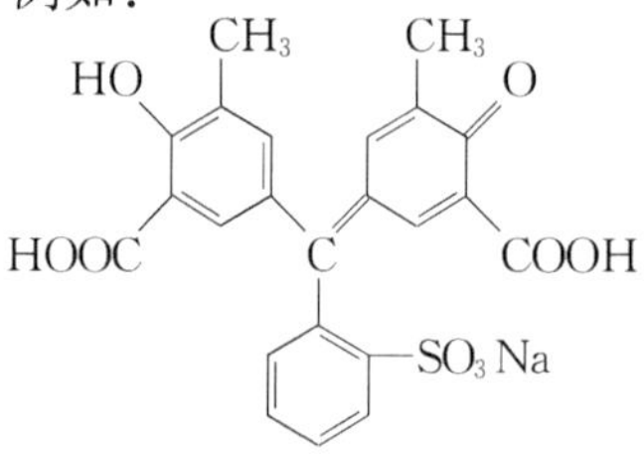

酸性媒介蓝 R(C. I. 媒介蓝 3,43820)

## 二、三芳甲烷染料的化学性能

### (一)耐酸碱性

三芳甲烷染料对酸碱非常敏感,在不同的 pH 值下会呈现不同的颜色,所以酸碱稳定性差。但这一性能可用作酸碱指示剂,也可利用在强碱性溶液中会失去颜色的现象作为鉴别三芳甲烷染料的方法之一。

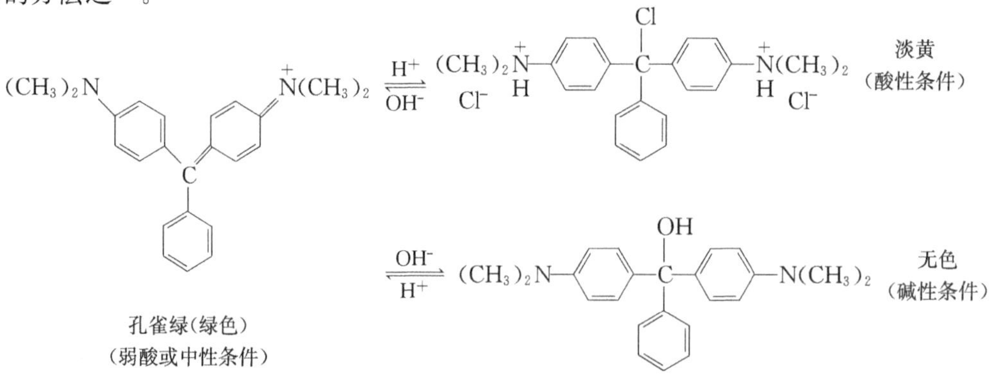

淡黄
(酸性条件)

无色
(碱性条件)

孔雀绿(绿色)
(弱酸或中性条件)

### (二)还原性能

三芳甲烷染料经还原后可转变为隐色体,因醌式结构消失而变为无色,但隐色体经氧化又可以恢复为原来的颜色。所以,三芳甲烷染料不会被弱还原剂破坏,在某些条件下可以作为拔染印花的花色染料。在强还原剂条件下也可以被还原破坏,用作地色染料。

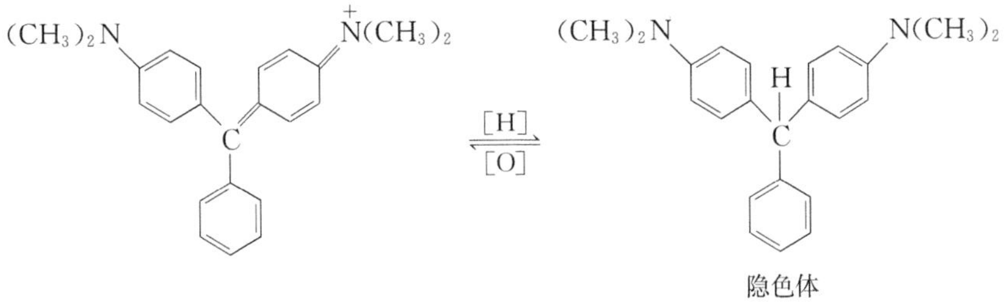

隐色体

### (三)耐光牢度

三芳甲烷染料对光的作用极不稳定,容易被氧化分解成无色的酮结构,所以耐光牢度差。在羊毛、蚕丝和棉上的耐光牢度只有 1－2 级,而在腈纶上的耐光牢度可达 4 级。

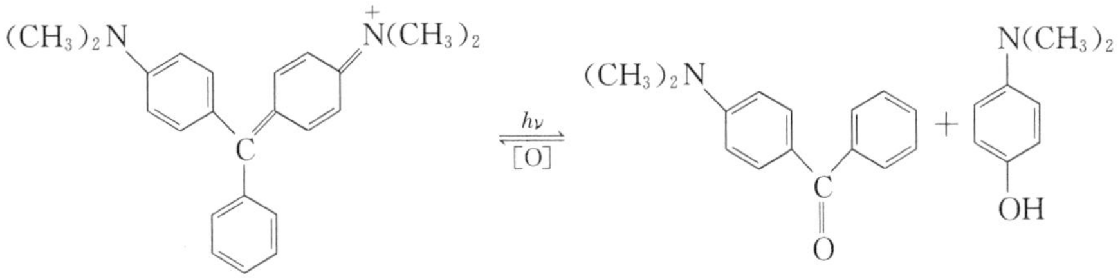

## 三、三芳甲烷染料的结构与颜色

三芳甲烷染料的共轭发色体系具有如下特点:

### (一)染料分子中有两个共轭体系

三芳甲烷染料分子中含有两个共轭体系,产生两个吸收带。以孔雀绿为例:X 带为正电荷离域的对称奇数交替烃,$\lambda_{max}$较大,吸收峰高而窄,颜色深而浓艳;Y 带与 X 带垂直,为偶数交替烃,$\lambda_{max}$较小,吸收峰较低,色泽较浅,而且不鲜艳。由于正电荷在体系中是离域的,所以两个共轭体系相互垂直。

若引入三个氨基,Y 带与 X 带均为对称奇数交替烃,X 带和 Y 带重合,呈现一个吸收峰,吸收强度增加。

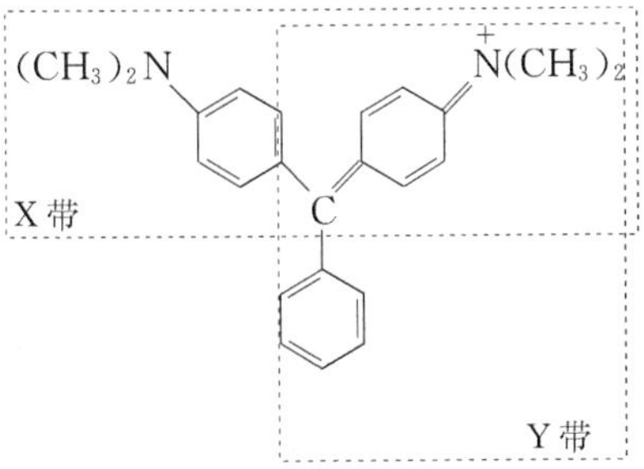

孔雀绿(Y 带 427.5nm,黄,X 带 621nm,蓝) 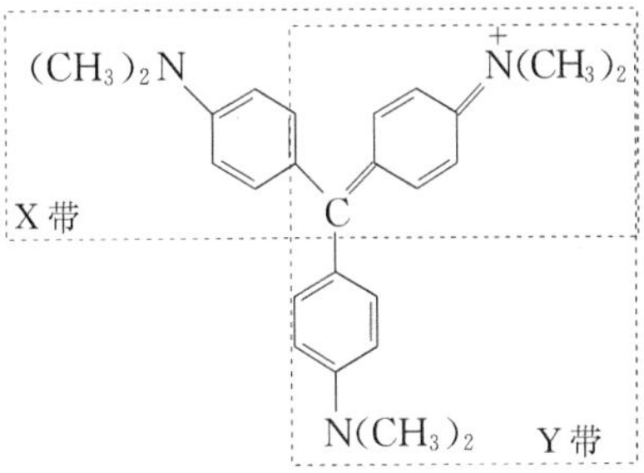　　碱性结晶紫(589nm)

### (二)取代基对三芳甲烷染料颜色的影响

从三芳甲烷类染料的X带可见,它是典型的对称奇数交替烃结构,其发色特点符合杜瓦规则。

(1)氨基中的氢原子被烷基取代后,产生深色效应。因为氮原子处于星标位置,引入供电子基产生深色效应。深色效应的顺序为:

$$—N(CH_3)_2 > —NHCH_3 > —NH_2$$

例如:

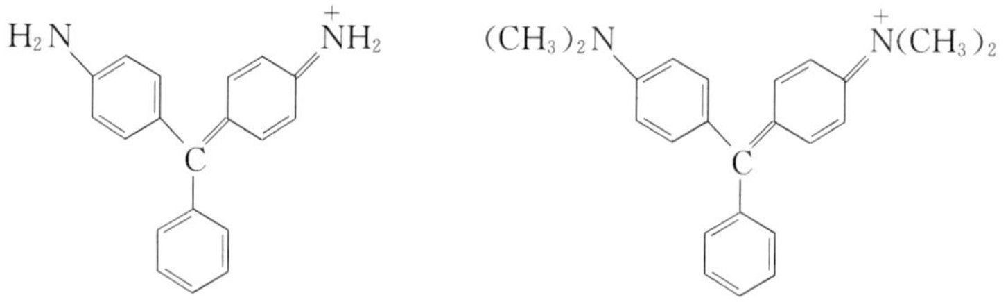

红光紫($\lambda_{max}$=562nm)　　孔雀绿($\lambda_{max}$=621nm)

(2)用羟基取代氨基成为羟基三芳甲烷染料,因供电性减弱,染料分子的颜色变浅。但一般用作媒染染料,与金属离子络合后为较深的蓝紫色。如酸性媒介蓝B:

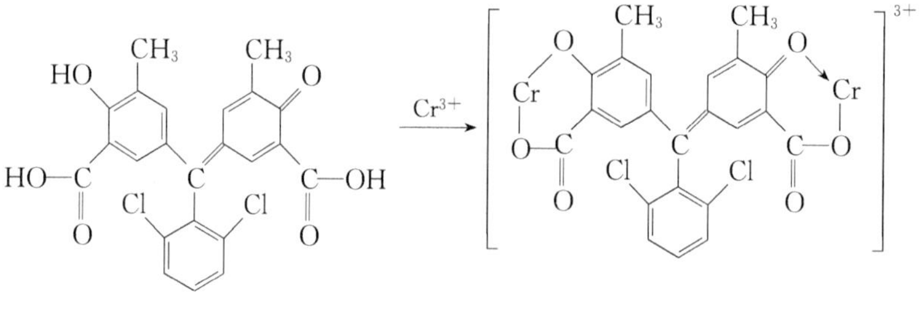

(3)二芳甲烷染料的中心碳原子上引入供电子基,产生浅色效应。因为中心碳原子为非星标位置,所以引入供电子基使颜色变浅。相反供电子能力下降或引入吸电子基则产生深色效应。例如:

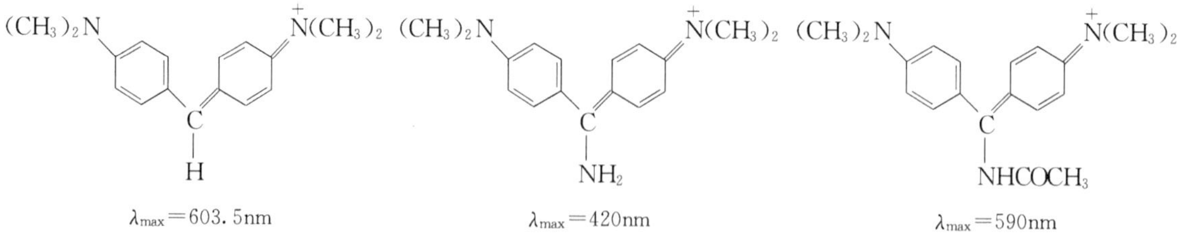

$\lambda_{max}$=603.5nm　　$\lambda_{max}$=420nm　　$\lambda_{max}$=590nm

从上述分子可见,分子中引入氨基和酰氨基等供电子基,吸收波长不同程度减小,但引入酰氨基的颜色较氨基深。

(4)分子中接入中性不饱和基团,产生深色效应。例如:

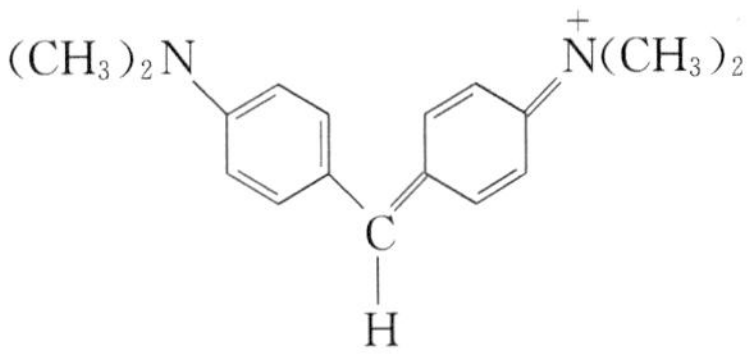

$(CH_3)_2N$ $\overset{+}{N}(CH_3)_2$ C H

$\lambda_{max}=603.5nm$

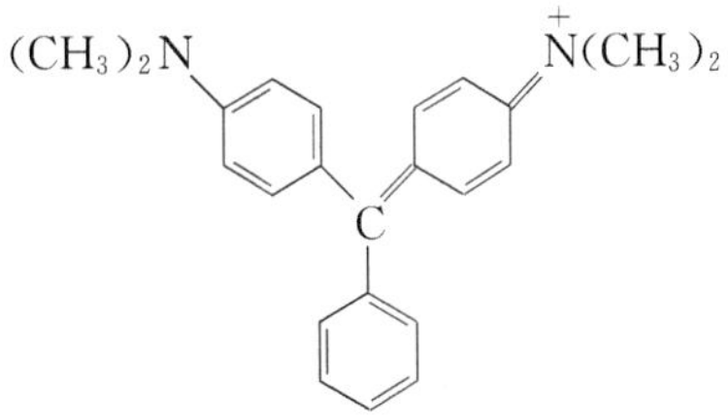

$(CH_3)_2N$ $\overset{+}{N}(CH_3)_2$ C

X 带：$\lambda_{max}=621nm$

Y 带：$\lambda_{max}=427.5nm$

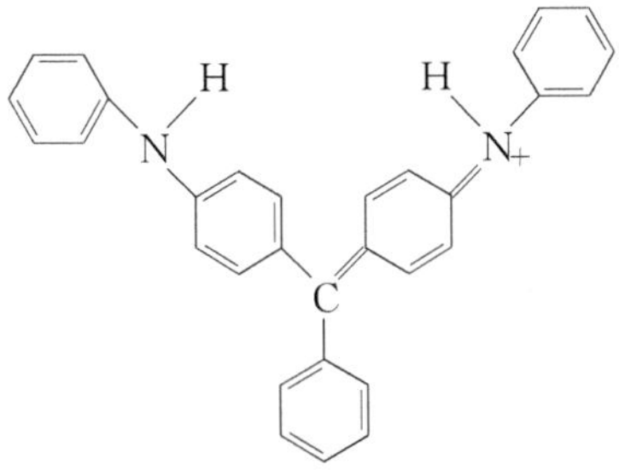

H N H $N^+$ C

$\lambda_{max}=637nm$

在二芳甲烷分子中心碳原子上引入苯环，不但产生了 Y 吸收带，X 带的吸收波长也得到增长。在氨基上引入苯环也可以使 X 带的吸收波长增长。

如果再延长共轭体系，则染料的颜色可以继续加深，例如：

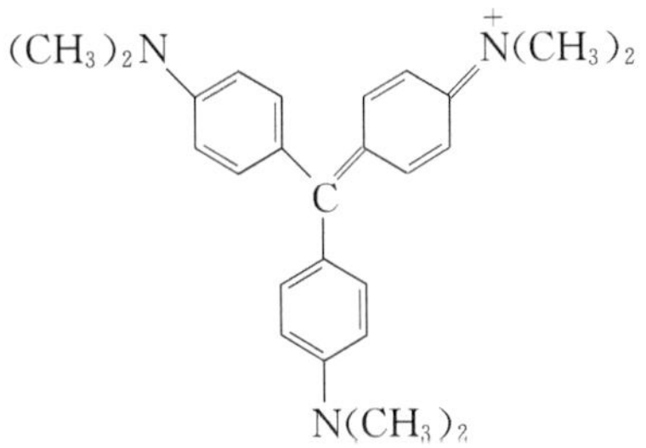

$(CH_3)_2N$ $\overset{+}{N}(CH_3)_2$ C $N(CH_3)_2$

$\lambda_{max}=589nm$

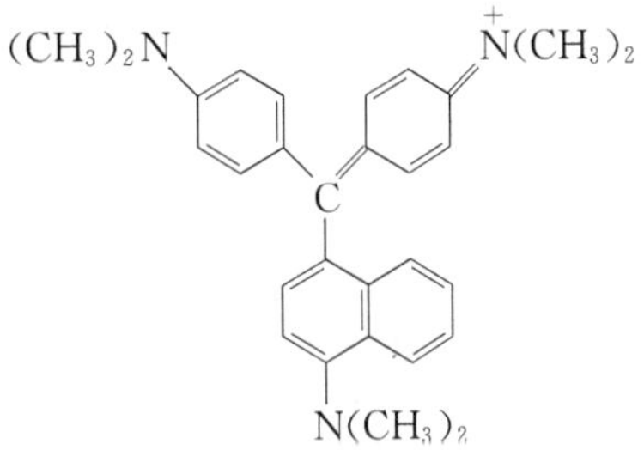

$(CH_3)_2N$ $\overset{+}{N}(CH_3)_2$ C $N(CH_3)_2$

$\lambda_{max}=623.5nm$

$(CH_3)_2N$ $\overset{+}{N}(CH_3)_2$ C CH CH $N(CH_3)_2$

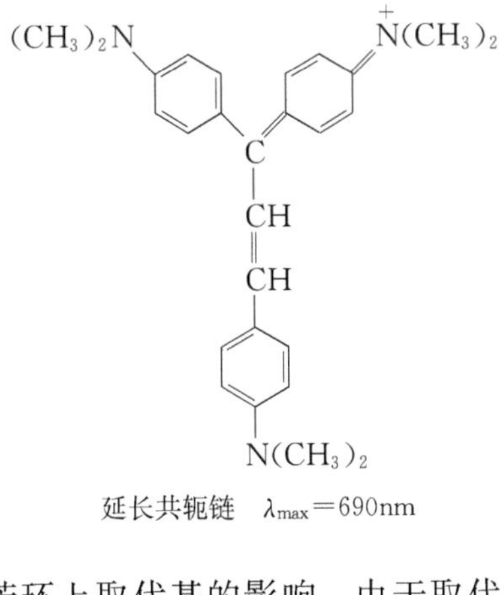

延长共轭链　$\lambda_{max}=690nm$

(5)中心碳原子上第三个芳环上取代基的影响。由于取代基的供吸电子性和空间位阻效应，对 X 和 Y 两个吸收带会产生不同的影响，见表 4－3。

表 4-3 中心碳原子上第三个芳环上取代基对最大吸收波长的影响

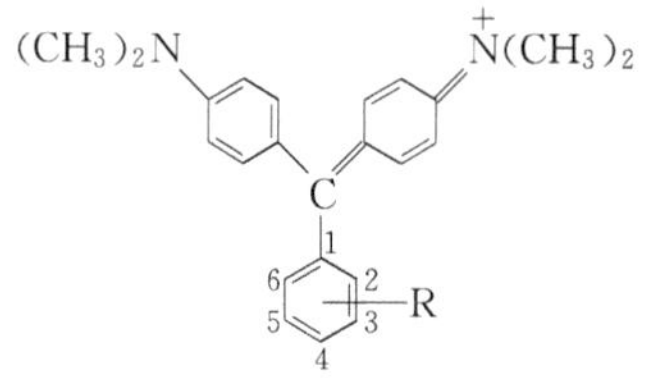

| 取代基 | 无 | 2-$CH_3$ | 3-$CH_3$ | 3-Cl | 3-$NO_2$ | 4-OMe |
|---|---|---|---|---|---|---|
| X 带 $\lambda_{max}$/nm | 621 | 622.5 | 618.5 | 630 | 637.5 | 608 |
| Y 带 $\lambda_{max}$/nm | 427.3 | 420 | 433 | 426 | 425 | 465 |
| 取代基 | 4-$CH_3$ | 4-Cl | 4-$NO_2$ | 4-CN | 4-Cl 3,5-$NO_2$ | |
| X 带 $\lambda_{max}$/nm | 616.5 | 627.5 | 645 | 643 | 657 | |
| Y 带 $\lambda_{max}$/nm | 437.5 | 433 | 425 | 429 | 431 | |

第三个苯环上的取代基的供吸电子性能，可以改变该苯环对中心碳原子的供吸电子性能。引入吸电子基，如硝基和氰基等对 X 吸收带起到深色效应的作用；相反，若引入甲氧基等产生浅色效应。2 位上的甲基由于位阻效应，产生较少的深色效应。

# 第五节 杂环染料

## 一、杂环染料的结构特点与分类

### (一)杂环染料的结构特点

此处的杂环染料(heterocyclic dyes)是指二苯甲烷和三芳甲烷类化合物在 2,2′位置上由一个 N、O、S 杂原子相连而成的杂环衍生物，其中心碳原子也可被氮原子替代。结构通式为：

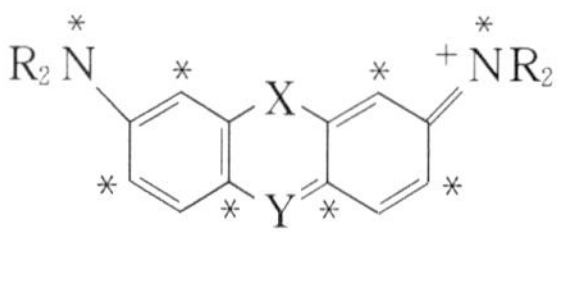

X：—NH—，—O—，—S—
Y：—CH═，—N═

### (二)杂环染料的结构类型

由于杂环中 X 和 Y 的不同，得到不同结构的染料。主要类型有以下几种：

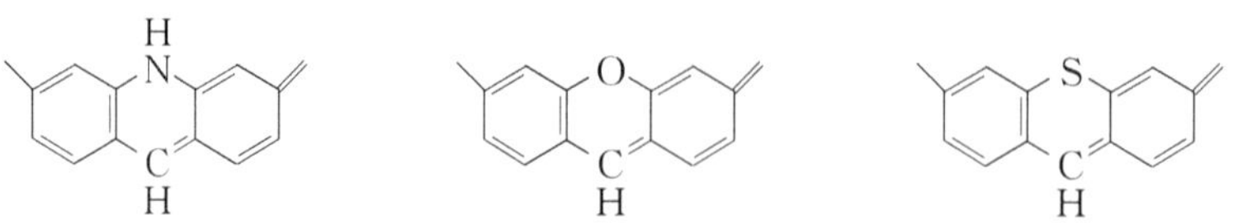

吖啶　　呫咟(呫吨)　　噻吨

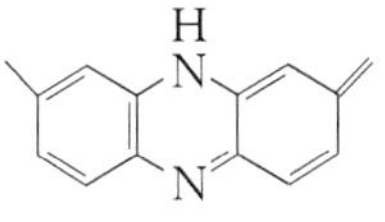

吖嗪 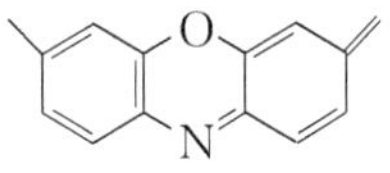　　噁嗪 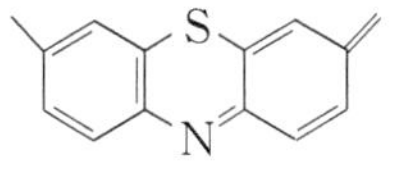　　噻嗪

## 二、杂环染料的结构与颜色

杂环染料的发色结构为奇数交替烃,正电荷也是离域的,其发色规律符合杜瓦规则以及其他有关规则。

### (一)杂环染料上杂原子对颜色的影响

根据杜瓦规则,X 连接于两个芳环的非星标位置,其供电子能力越强,颜色越浅,见表 4－4。

**表 4－4　杂环染料上杂原子对颜色的影响**

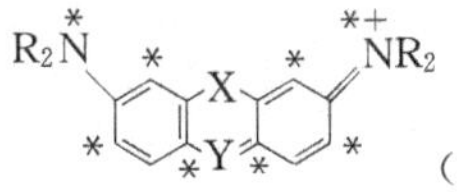

(Y 为次甲基,R 为甲基)

| X | 二个氢原子 | —S— | —O— | —NH— | —N($CH_3$)— |
|---|---|---|---|---|---|
| $\lambda_{max}$/nm | 607.5 | 565 | 545 | 490 | 460 |
| 颜色 | 蓝 | 紫 | 红 | 橙 | 黄 |

表中硫原子的颜色较氧原子深,其原因在于硫原子处于元素周期表的第三周期,其原子半径与处于第二周期的氮、氧和碳原子相差较大,因此与大 π 共轭体系的 p—π 共轭效应较小造成的。

### (二)氮原子取代中心碳原子对颜色的影响

由于氮原子的吸电子能力高于碳原子,而 Y 又处于非星标位置,氮原子取代 Y 位置的中心碳原子后,吸电子性的增加使颜色加深,而取代后 X 的不同所引起的颜色变化规律与未取代前相同,见表 4－5。

**表 4－5　氮原子取代中心碳原子后杂原子对颜色的影响**

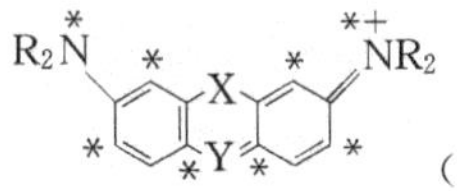

(Y 为氮原子,R 为甲基)

| X | 二个氢原子 | —S— | —O— | —NH— |
|---|---|---|---|---|
| $\lambda_{max}$/nm | 725 | 665 | 645 | 567 |

## 三、杂环染料的耐光牢度

耐光牢度主要与发色体系的电子云密度有关。电子云密度越高,耐光牢度越差,电子云密度下降可使牢度提高。此外,还与上染的纤维有关,在腈纶上耐光牢度较高,可能是由于腈纶分

子中含有—CN,能吸收紫外线,从而保护了染料,使耐光牢度提高。

(1)分子中 N 原子上增加的取代基,导致正电荷增加而使发色体系的电子云密度下降,耐光牢度提高。如:

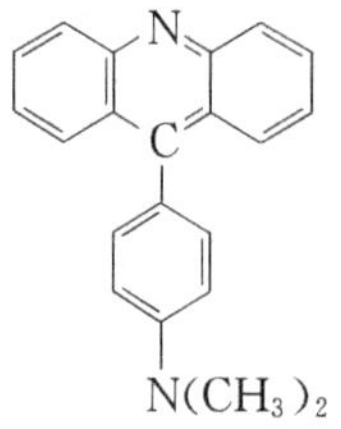

1级 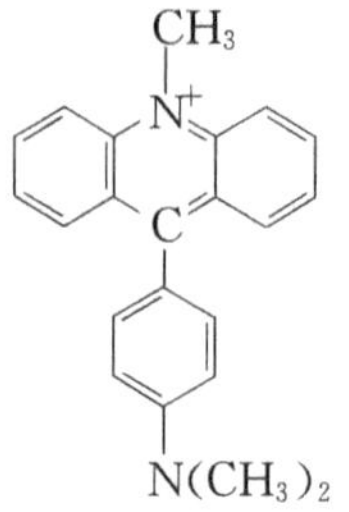　　　3-4级 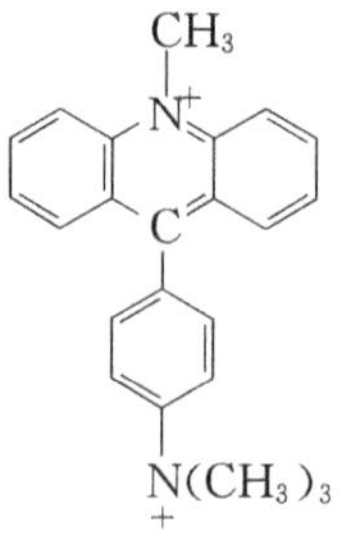　　　5级

(2)杂原子供电子能力加强,使电子云密度增加,耐光牢度下降。不同杂原子的耐光牢度:

—S—>—O—>—NH—>—N($CH_3$)—

(3)氮原子取代中心碳原子或分子中引入氰乙基,增加了吸电子性,可以使耐光牢度有一定程度的提高。

## 四、两种重要的杂环染料

### (一)呫㖕(呫吨)类

例如:

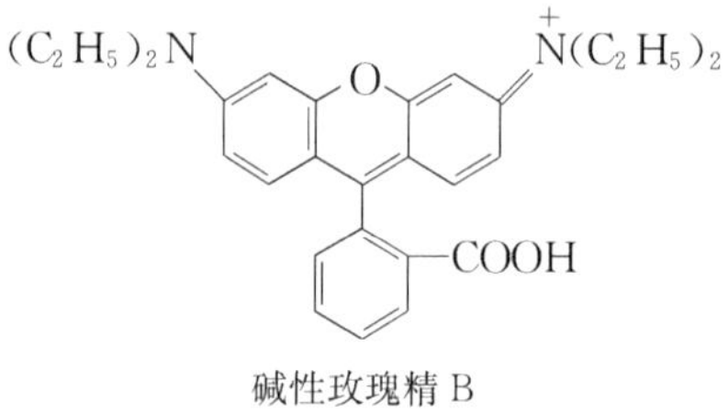

碱性玫瑰精 B

分子中的—O—使染料的颜色变浅,为玫瑰红色。该类染料的特点是色泽浓艳,并具有强烈荧光,着色力强。但耐水洗牢度、耐光牢度均很差。

### (二)噁嗪类

例如:

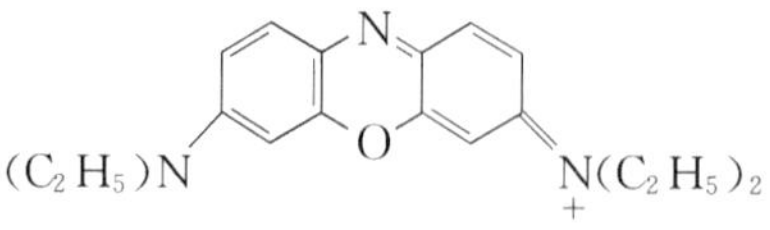

阳离子翠蓝 GB

该类染料的特点是色泽鲜艳,以蓝色为主,少量为紫色。耐光牢度较好,在腈纶上可达 5 级,引入氰基可以进一步提高耐光牢度。

# 第六节　菁系染料

## 一、菁系染料的结构

### (一)菁系染料的结构特点

菁系染料(cyanine dyes)是一类在两个含氮杂环间用一个或几个次甲基(甲川基—CH ═)相连接成的染料,也称为多甲川染料。

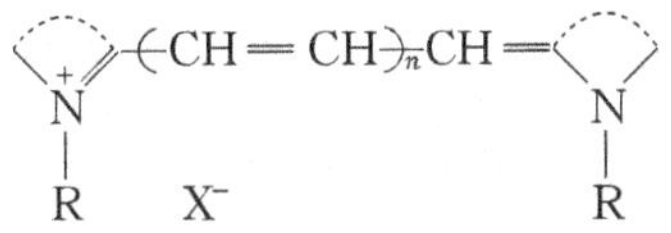

$$\overset{+}{N}(R)\text{—}(CH=CH)_n\text{—}CH=N(R)\quad X^-$$

菁系染料由以下几个部分组成:

次甲基(甲川基):连接两个含氮杂环形成共轭体系。

杂环:主要有苯并噻唑、吲哚啉等,通过次甲基连接形成发色体系的基本骨架。

成盐烷基:杂环氮原子上连接烷基,引入正电荷。R 的大小以及是否接有亲水性基团,可影响染料的染色性能。

阴离子:形成铵离子时带入相应的阴离子,对染料的水溶性有一定的影响。

### (二)菁系染料的结构类型

菁系染料分子结构中可含有吡啶、喹啉、吲哚、噻唑、吡咯等各种杂环,其中以喹啉、苯并噻唑、吲哚啉杂环最为常用。根据次甲基链两端相连的杂环性质以及次甲基链中一个或几个次甲基被氮原子取代的情况,可分为五大结构类型。

**1. 碳菁**　多次甲基链与两端两个杂环氮原子相连,可分为对称菁和不对称菁两种结构,次甲基链两端的杂环相同的称为对称菁,否则为不对称菁。因耐光牢度较低,主要用作感光材料的增感剂,少数用于腈纶染色。例如:

对称菁

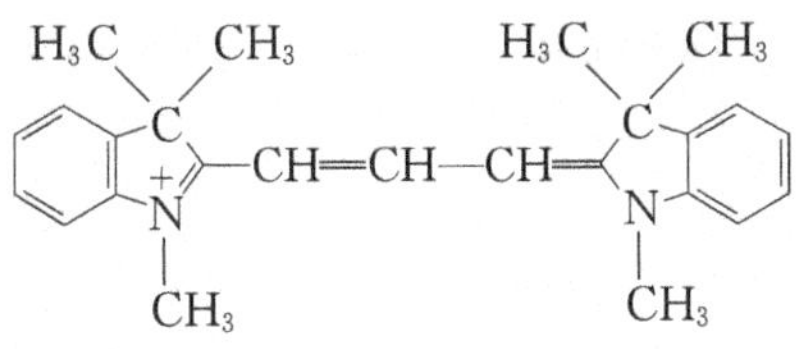

阳离子桃红 FF

不对称菁

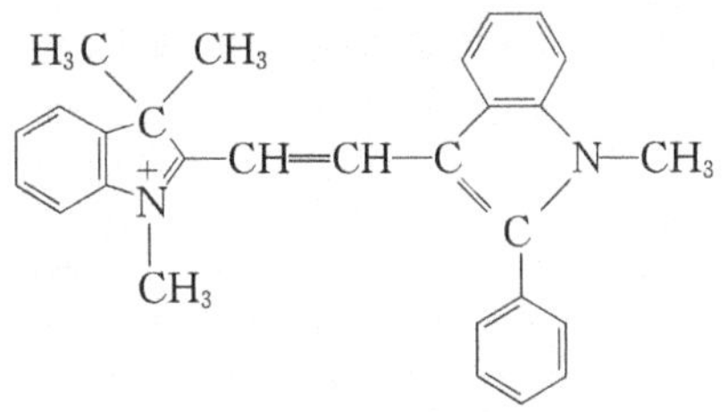

阳离子橙 2GL

**2. 氮杂菁**　碳菁分子中次甲基被氮原子取代后,就成为氮杂菁,可以有一氮杂菁、二氮杂菁、三氮杂菁等。次甲基被氮取代后耐光牢度显著提高,以黄橙色为主。例如:

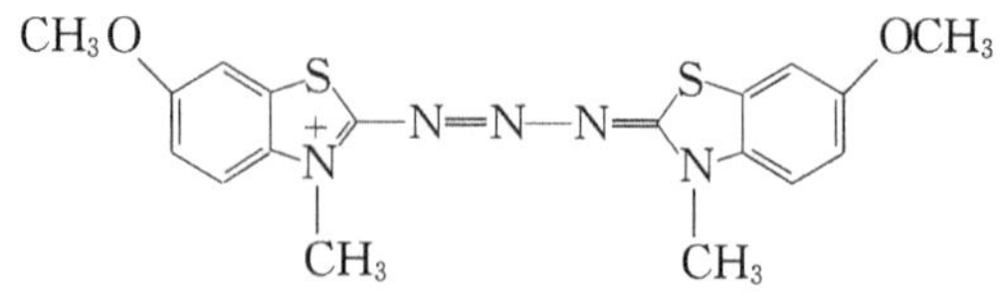

阳离子猩红

**3. 半菁**　多次甲基链所连的氮原子仅有一端构成杂环，另一端为苯或其他芳香稠环。这类染料耐光牢度差，但比碳菁要高，以黄色为主。例如：

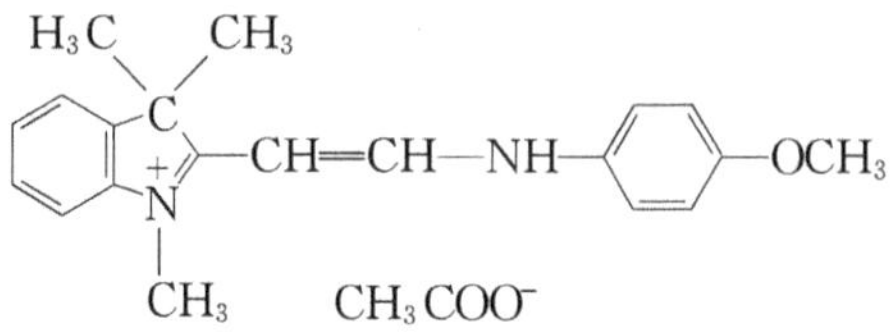

阳离子黄 X-6G

**4. 苯乙烯菁**　多次甲基链一端连接含氮杂环，另一端连接苯环，构成苯乙烯结构。它是一种特殊半菁结构。共轭链比碳菁短，但较一般半菁长，大多为鲜艳的红色，耐光牢度比一般半菁高一些。例如：

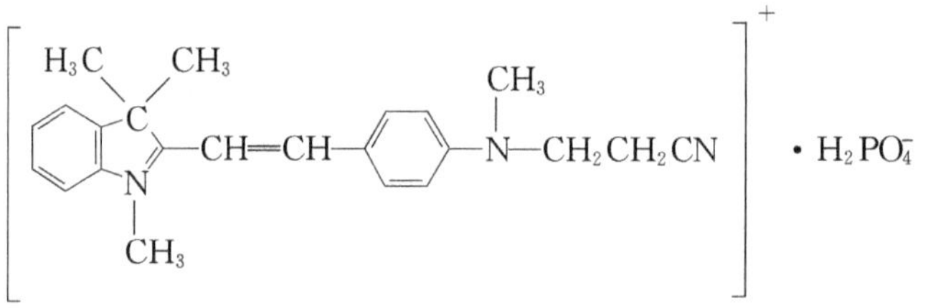

阳离子艳红 5GN

**5. 偶氮型二氮杂半菁**　苯乙烯菁分子中的两个次甲基被 N 取代成为偶氮基，并与一端的苯环相连，类似于单偶氮染料，但分子中带有离域的正电荷。乙烯基变为偶氮基后，颜色增深，大多为黄、红、蓝色，耐光牢度大大提高。这类染料应用较普遍，在阳离子染料中占很大比重。例如：

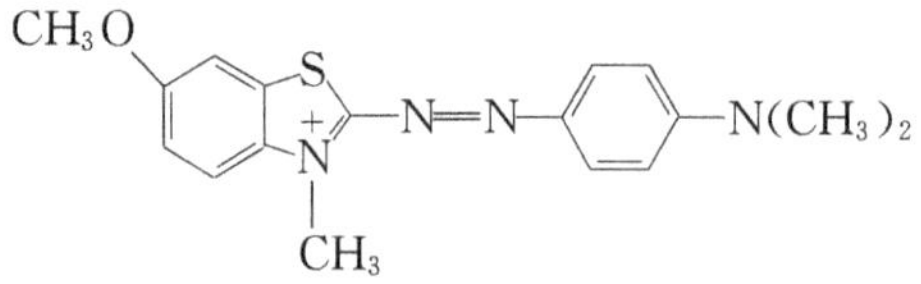

阳离子艳蓝 RL

## 二、菁系染料的结构与颜色

### (一)对称菁的发色特点

**1. 次甲基数的影响**　随着次甲基数的增加，深色效应强烈，见表 4-6。但次甲基数越多，染料分子越不稳定，耐光牢度越差，所以一般 $n$ 不超过 1。这样，对称菁染料的颜色一般不深，多数为黄—红色。

**表 4-6 次甲基数对菁系染料颜色的影响**

| $n$ | 0 | 1 | 2 | 3 |
|---|---|---|---|---|
| $\lambda_{max}$/nm | 423 | 557 | 650 | 758 |
| $\Delta\lambda_{max}$/nm | — | 134 | 93 | 108 |

**2. 杂环碱性的影响** 分子两端杂环的碱性增加，提高了处于星标位置的氮原子的电子云密度，产生深色效应。例如，噻唑结构中的硫原子具有较高供电子能力，所以颜色比吲哚啉结构颜色深。

$\lambda_{max}$=560nm　　$\lambda_{max}$=545nm

杂环碱性大小顺序为：

**3. 供吸电子基的影响** 菁系染料的发色结构为对称奇数交替烃，取代基的影响符合杜瓦规则。

X=H　$\lambda_{max}$=708nm

X=$NO_2$　$\lambda_{max}$=580nm

$X=H \quad \lambda_{max}=560nm$
$X=CH_3 \quad \lambda_{max}=543nm$

上述分子中星标位置引入吸电子的硝基，而非星标位置引入供电子的甲基都产生了浅色效应。

**4. 共轭链上—CH═被—N═取代的影响** 根据杜瓦规则，由于氮原子的吸电子性，星标位置的次甲基被N取代产生浅色效应，非星标位置取代产生深色效应，见表4－7。

**表4－7 次甲基被氮取代对颜色的影响**

| 名称 | —X═Y—Z═ | $\lambda_{max}$/nm |
|---|---|---|
| 碳菁 | —CH═CH—CH═ | 522(红) |
| α-氮杂菁 | —N═CH—CH═ | 466(橙) |
| α,α-二氮杂菁 | —N═CH—N═ | 412(黄) |
| α,β-二氮杂菁 | —N═N—CH═ | 479(橙) |
| 三氮杂菁 | —N═N—N═ | 483(橙) |

表4－7中各分子基本符合杜瓦规则，但三氮杂菁较α,β-二氮杂菁颜色深，与杜瓦规则有矛盾，原因可能在于多个氮原子的引入影响了电子的离域性能。

**(二)不对称菁的发色特点**

不对称菁由于整个分子的不对称性，影响了正电荷在共轭体系中的离域性，其发色规律与对称菁不同，尤其以苯乙烯菁最为明显。苯乙烯菁分子的两个共振式可以表示如下：

由于右面的共振式的苯环被破坏，其能量大于左面的，因此在基态时分子状态应以左面式子为主。这样分子中的正电荷不能自由离域，主要分布在杂环的氮原子上，右面的二甲氨取代基具有较强的供电子能量，整个体系表现为供吸电子的协同作用。

(1)提高杂环的碱性产生浅色效应。因为杂环上电子云密度增高，吸电子作用降低，颜色变浅。在杂环氮原子的对位引入强吸电子基，则产生深色效应。例如：

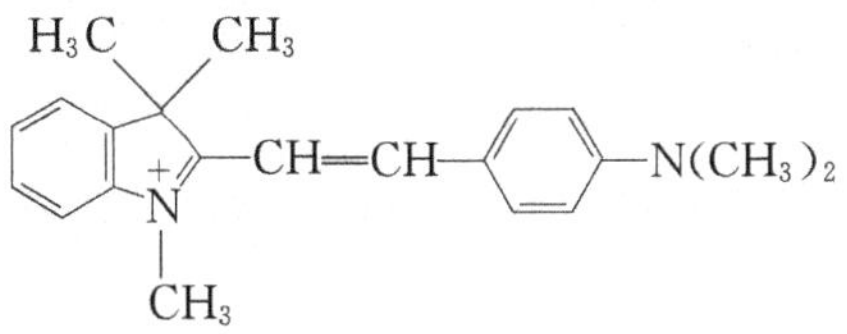

$\lambda_{max}=545nm$

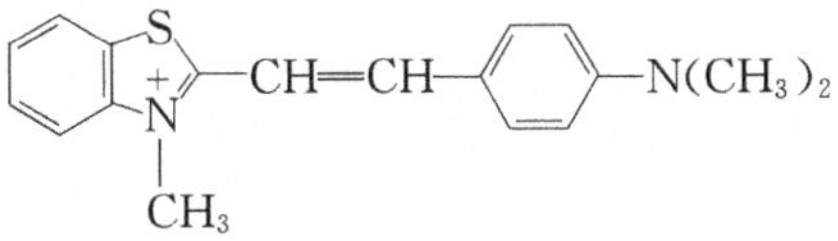

$\lambda_{max}=525nm$

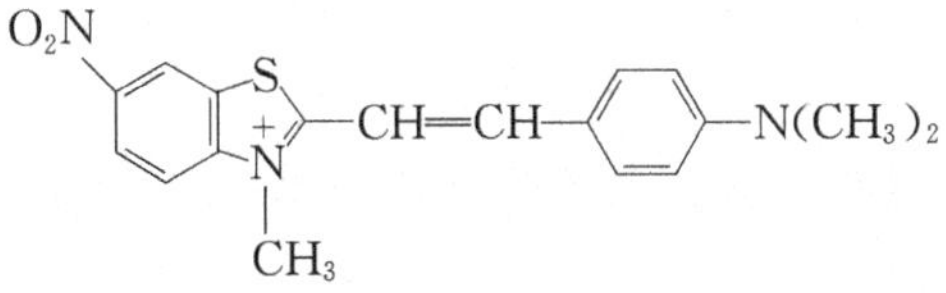

$\lambda_{max}=575nm$

(2)提高苯环上氨基的碱性，供电子作用加强，产生深色效应。

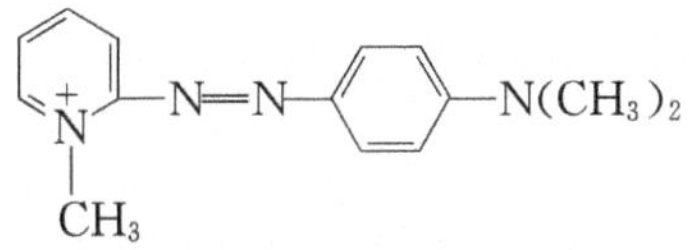

紫色 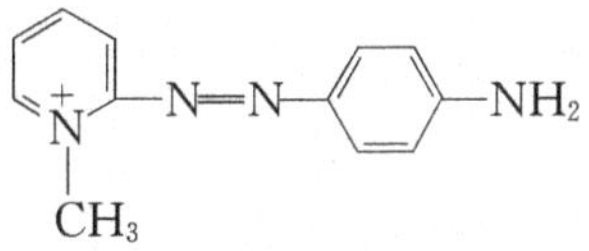　　红色

(3)若—CH ═被—N ═取代，乙烯基转变为偶氮基，由于电负性增大且存在协同作用，从而产生深色效应。如：

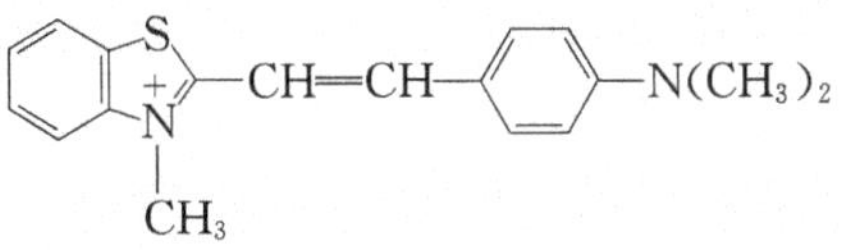

$\lambda_{max}=519nm$ 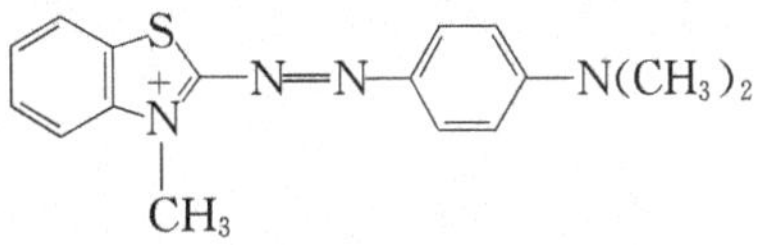　　$\lambda_{max}=592nm$

## 三、菁系染料的耐光牢度

### (一)碳菁类染料

碳菁染料耐光牢度很差，尤其是对称菁，一般不用于纺织品染色，可用于感光材料。半菁和不对称菁耐光牢度有所提高，少量用于纺织品染色。

### (二)氮杂菁和氮杂半菁

氮原子取代碳原子后耐光牢度大大提高，尤其是偶氮型二氮杂半菁，有的可达 6－7 级。

### (三)取代基和杂环碱性的影响

取代基碱性增强，会使耐光牢度下降。引入吸电子基可使耐光牢度上升，特别是引入氰乙基后可明显提高耐光牢度。杂环碱性也有影响，含吲哚啉结构的染料耐光牢度较好。

### (四)纤维的影响

菁系染料在腈纶上的耐光牢度可达 4－5 级，好的可达 6－7 级，甚至 7－8 级，而染其他纤维耐光牢度较差。因菁系染料色泽鲜艳，着色力高，耐洗牢度好，所以作为阳离子染料广泛应用于腈纶的染色。

## 第七节 硫化染料

### 一、硫化染料的结构

将苯的衍生物与硫黄或多硫化钠一起在一定条件下进行焙烘硫化处理，通过硫或二硫键使苯的衍生物分子相连生成结构复杂的化合物即为硫化染料（sulphur dyes）。

硫化染料在硫化时，硫原子可被引入到染料分子中，形成链状或闭环状结构。硫化染料的颜色取决于分子中的闭环结构。根据硫化时所用的中间体不同，可具有噻唑、吩噻嗪酮和噻蒽三种含硫杂环结构，相应分子式和颜色如下：

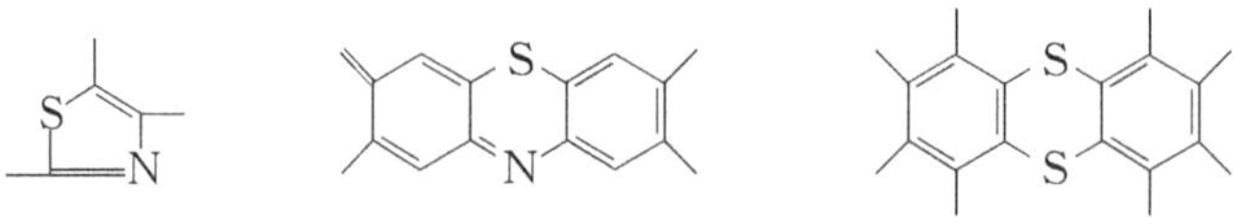

噻唑（黄、橙、红）　吩噻嗪酮（黑、蓝、绿）　噻蒽（红、棕）

硫化染料分子中含有大量硫键（—S—）、二硫键（—S—S—）、多硫键（—$S_x$—）、亚砜基（—SO—）、巯基（—SH）等链状结构。这些结构与染料的应用性能有关，这将在应用类型中介绍。例如：

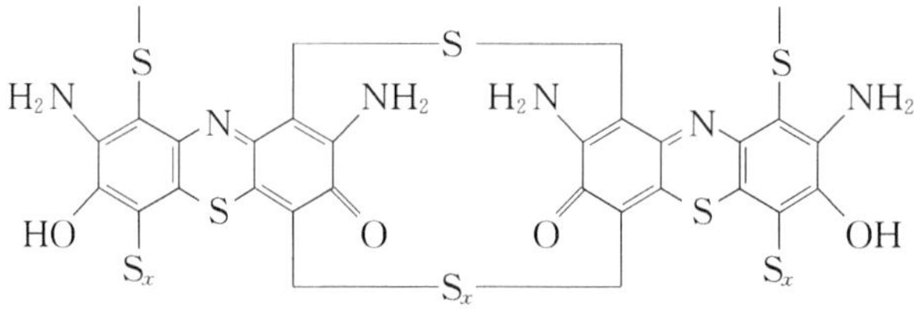

硫化黑 BRN

硫化染料没有确定的结构，是由不同硫化程度形成的多种复杂分子结构的化合物的混合物。

### 二、硫化染料的特点

硫化染料本身不溶于水，用硫化钠作还原剂可以将硫或二硫键还原为—SH，使染料转变为隐色体而溶于碱性溶液中。

硫化染料合成方便，价格低廉，色谱齐全。但色泽萎暗，实际使用的多为蓝、黑色。

硫化染料的耐光牢度和耐洗牢度较好，但大部分硫化染料的耐氯漂牢度非常差，用硫化染料染色的织物，在很稀的次氯酸钠或亚氯酸钠溶液中会很快褪色，利用这一特性可作为区别于其他染料的方法之一。

由于分子中的某些含硫结构在存放时会放出硫酸，从而有些类型硫化染料染色的纤维素纤维织物在长期储藏过程中会发生脆损。这种现象称为存放脆损，以黑色最显著。

# 第八节　酞菁染料

## 一、酞菁染料的结构

酞菁染料(phthalocyanine dyes)是由四个异吲哚结合组合成的十六环共轭体，金属原子位于染料分子的中心，与相邻的四个氮原子相连。金属原子周围的 8 个碳原子和 8 个氮原子再加上苯环形成的具有芳香性的共轭体系结构称为酞菁(可用 Pc 表示)，中间 16 个原子的键是平均化的，与金属的络合物形成平面结构，非常稳定。酞菁染料以铜酞菁(CuPc)为主，其本身不溶于水，一般作为颜料用于油漆、塑料等着色，若经磺化在分子中引入磺酸基，可得到水溶性的酞菁结构染料(如直接染料、活性染料等)。

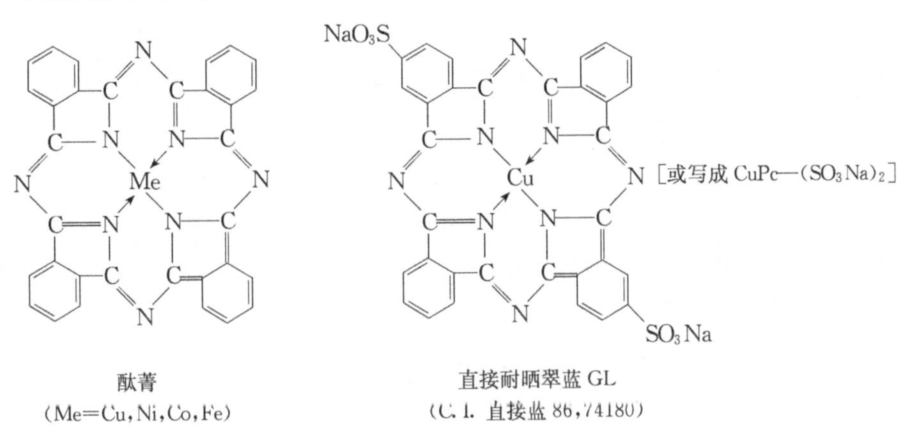


酞菁
(Me=Cu，Ni，Co，Fe)

直接耐晒翠蓝 GL
(C. I. 直接蓝 86，74180)

## 二、酞菁染料的特点

酞菁染料色泽鲜艳，特别是铜酞菁和它的氯化物是重要的蓝色和绿色颜料及染料。

酞菁染料具有优良的耐光牢度以及非常高的热稳定性和化学稳定性，对强酸、强碱稳定性好，而且制造简单，价格低廉。但由于相对分子质量大，在纤维中扩散困难，所以摩擦牢度较低。

## 复习指导

1. 掌握各种结构类型染料的结构特点以及与其化学特性和一般应用性能的关系。掌握染料的水溶性、耐酸碱性、耐氧化还原性等对染料应用性能的影响。

2. 熟悉各种结构类型染料的颜色范围，它们的发色规律，发色体系的分子结构与颜色的关系，包括共轭体系的长短以及取代基的影响。

3. 熟悉各种结构类型染料的结构与耐光牢度的关系。

4. 熟悉不同结构类型染料各种性能的相互比较。

## 思考题

1. 说明偶氮染料的结构特点、应用特点和化学性能。说明其结构分类的方法。

2. 偶氮染料有哪几种异构体？写出它们的结构式。通常偶氮染料以哪几种异构体形式存在？讨论各种异构体在染料合成和应用中的意义。

3. 蒽醌染料有哪些特点，它们在结构上分哪几类，与应用分类有什么关系？

4. 试从结构特点、色泽、耐光牢度、还原性能和应用类别等方面将蒽醌染料与偶氮染料作比较。

5. 靛族染料有哪些结构特征，在结构上可分成哪几类？

6. 试比较靛蓝和硫靛颜色的深浅，其隐色体的颜色又怎样？为什么？

7. 三芳甲烷类染料有哪些特点？它们在结构上可分为哪几类？

8. 试述三芳甲烷染料酸碱不稳定的原因。

9. 说明三芳甲烷染料光分解反应的机理。

10. 比较偶氮型、蒽醌型和三芳甲烷型染料在颜色、耐光牢度和化学稳定性方面的差别。

11. 说明杂环类染料的发色规律，颜色的深浅与其分子结构有什么关系。

12. 什么叫菁染料、氮杂菁染料、半菁染料以及二氮杂半菁染料，它们在结构和性质上有什么区别？

13. 简述菁系染料的分子结构与颜色之间的关系。

14. 硫化染料结构和性能有哪些特点？

15. 酞菁染料的突出优点是什么？

## 参考文献

[1]侯毓汾，朱振华，王任之．染料化学[M]．北京：化学工业出版社，1988.

[2]钱国坻．染料化学[M]．上海：上海交通大学出版社，1988.

[3]陈荣圻．染料化学[M]．北京：纺织工业出版社，1989.

[4]胡祖懋．染料化学[M]．北京：化学工业出版社，1990.

[5]何瑾馨．染料化学[M]．北京：中国纺织出版社，2009.

[6]王菊生．染整工艺原理(第三册)[M]．北京：纺织工业出版社，1984.

[7]徐捷，张红鸣．染料和颜料实用着色技术[M]．北京：化学工业出版社，2006.

[8]杨新玮，罗钰言，肖刚，等．染料[M]．4版．北京：化学工业出版社，2005.

[9]周学良，何海兰．精细化学品大全・染料卷[M]．杭州：浙江科学技术出版社，2000.

# 第五章　酸性染料

## 第一节　引　言

酸性染料主要应用于羊毛、蚕丝和锦纶的印染。酸性染料如此应用的原因与羊毛、蚕丝和锦纶的结构密切相关。

### 一、蛋白质纤维及聚酰胺纤维的结构特点及对染料结构的要求

羊毛和蚕丝等蛋白质纤维大分子链均是由多种性质不同的氨基酸通过肽键连接而成的。羊毛主要由 $\alpha$-螺旋和复合螺旋肽键结构逐级构成的微原纤、原纤、巨原纤直至皮质细胞组成，其间存在着属于高硫蛋白质的基质。蚕丝纤维（丝素）主要由 $\beta$-反平行链折叠层结构组成的结晶区和排列无序的非晶区构成。羊毛和蚕丝大分子侧链上含有大量的氨基、羧基、羟基以及其他基团，大分子链两端分别是氨基和羧基。

蛋白质纤维氨基酸剩基上的氨基，在酸性条件下发生离子化，并带有正电荷，是阴离子染料以离子键结合力吸附的主要位置，在酸性条件下阴离子染料与蛋白质纤维的主要结合力是离子键。蛋白质纤维中氨基含量的高低决定了纤维的染色饱和值，蚕丝的氨基含量相当于羊毛的1/6～1/5，故其染色饱和值低于羊毛纤维。另外，蛋白质纤维上的氨基、羧基、羟基、巯基、酰氨基可与阴离子染料形成氢键结合；氨基酸组分则为阴离子染料与纤维之间的范德华力作用提供了主要的活化中心。阴离子染料与蛋白质纤维之间的结合模式如图 5－1 所示。

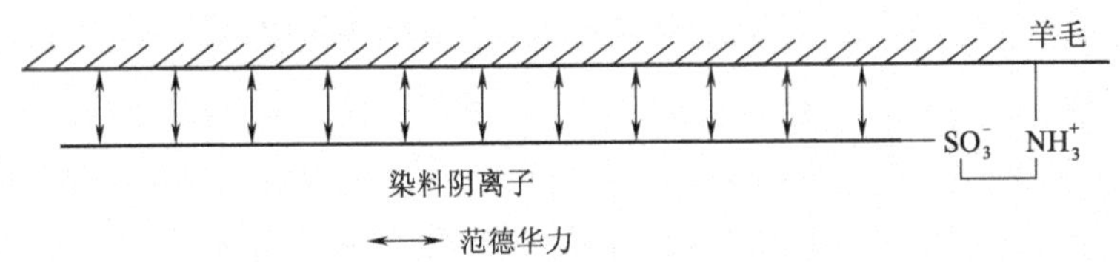


图 5－1　酸性染料与蛋白质纤维之间的结合力

羊毛和蚕丝等蛋白质纤维均耐酸不耐碱，在碱性条件下肽键易水解，故更适宜在酸性和中性条件下染色。羊毛纤维因表面具有鳞片层而较耐强酸，蚕丝则不耐强酸。因此，羊毛纤维可以在强酸性条件下染色，而蚕丝纤维则适合在弱酸性条件下染色。

羊毛和蚕丝等蛋白质纤维属于天然聚酰胺纤维，锦纶是合成聚酰胺纤维。锦纶大分子主要由三部分组成，即疏水性的亚甲基部分、具有亲水性的酰氨基和链端的氨基和羧基。锦纶 6 和锦纶 66 的氨基含量分别约为 0.074mol/kg 和 0.036mol/kg，与羊毛的氨基含量（0.82mol/kg）相比，分

别只有羊毛的 1/10 和 1/20。因此,在酸性条件下锦纶也可以与阴离子染料以离子键的形式结合,但其染色饱和值低于羊毛和蚕丝。虽然锦纶的氨基含量低,但是其分子链上具有大量的可以与染料形成范德华力作用或疏水作用的亚甲基,所以锦纶还可通过较强的范德华力与阴离子染料发生相互作用。锦纶与单磺酸和双磺酸基的偶氮酸性染料的结合模式如图 5-2 所示。锦纶也属于不耐强酸和强碱的纤维,故锦纶的染色也更适宜在弱酸性和中性条件下进行。

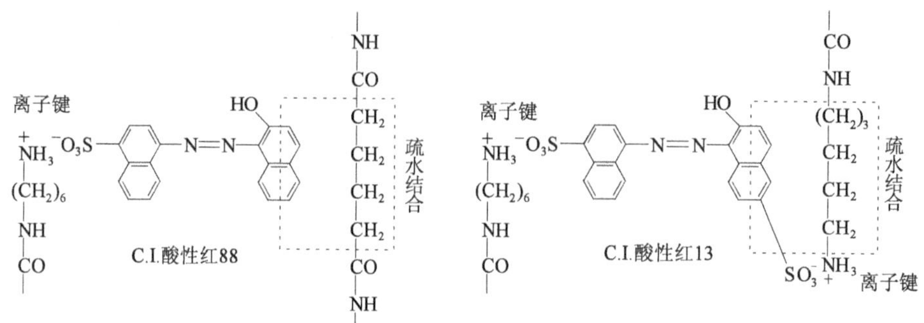


图 5-2　酸性染料与锦纶之间的离子键和疏水性结合示意图

羊毛和蚕丝等天然聚酰胺纤维和锦纶等合成聚酰胺纤维均具有两性性质。在水溶液中纤维上的氨基和羧基发生离解,形成两性离子。随着溶液 pH 值的变化,氨基和羧基的离解程度不同,纤维净电荷也不同。当 pH 值较低、低于纤维等电点时,质子化氨基的数量大于离子化羧基的数量;随着 pH 值的升高,质子化氨基的数量减小,离子化羧基的数量增加;当 pH 值较高、大于纤维等电点时,离子化羧基的数量大于质子化氨基的数量。当溶液的 pH 值在某一值时,纤维中离子化的氨基和羧基数量相等,此时纤维大分子上的正、负离子数目相等,纤维的净电荷为零,即呈电中性,处于等电状态,此时溶液的 pH 值称为纤维的等电点(pI)。羊毛、蚕丝、锦纶等电点时的 pH 值分别为 4.2~4.8、3.5~5.2 和 5~6。当溶液 pH 值低于等电点时,蛋白质和聚酰胺纤维带正电荷;当溶液 pH 值高于等电点时,纤维带负电荷。

不同 pH 值下羊毛、蚕丝和锦纶所带净电荷的性质对染料阴离子等离子在纤维上的吸附影响很大。随着染液 pH 值的不同,阴离子染料可分别以离子键以及范德华力和氢键的结合方式而上染这些纤维。

纤维的结构、理化性能以及与染料的可能结合方式决定了其染色所用染料需要满足一定的条件。就羊毛、蚕丝和锦纶三种纤维而言,所使用的染料必须含有磺酸基等阴离子基团,阴离子基团赋予染料水溶性的同时,在酸性条件下可与纤维上离子化的氨基发生离子键的结合;另外,这些阴离子染料必须含有可与纤维形成非极性范德华力结合的疏水性基团,以及还必须含有氨基、羟基或酰氨基等可与纤维形成氢键结合的基团。由于羊毛、蚕丝和锦纶一般在酸性介质中染色,故要求染料有较好的耐酸牢度,所以染料中的氨基往往要进行酰化。

## 二、酸性染料的结构特点

羊毛、蚕丝和锦纶常用酸性染料染色。酸性染料是一类结构上带有酸性基团的水溶性染料,通常是以磺酸钠盐的形式存在,极个别以羧基钠盐形式存在。这类染料在发展的初期需要在酸性条件下染色，故习惯上称之为酸性染料。

羊毛、蚕丝、锦纶的大分子结构不同于纤维素纤维的平面型线性结构，它们主要依靠与染料的静电引力而吸附染料，因此，染色所用的酸性染料在分子结构上不像直接染料那样具有较长的共轭双键系统，芳环共平面性或线型特征不强，通常在直接染料中不使用的蒽醌和三芳甲烷结构的阴离子染料也被用作酸性染料。尽管如此，染料母体结构仍需要含有一定数量的芳香环，有时还需要苯甲氧基、芳香烃磺酸酯基、芳香烃磺酰氨基等，以保证染料与纤维之间的非极性范德华力，并赋予酸性染料较好的湿处理牢度。

酸性染料主要应用于羊毛、蚕丝等蛋白质纤维以及锦纶等聚酰胺纤维的印染，还可应用于皮革、纸张、木材、食品的染色或着色和制备墨水。

酸性染料结构比较简单，染料分子中缺乏较长的共轭连贯系统，芳环共平面性或线型特征不强，故对纤维素纤维的直接性很低，几乎不上染纤维素纤维或所染的颜色极不坚牢，只有少数结构复杂的染料可以上染纤维素纤维，多数染料只是沾染纤维素纤维而已。

酸性染料是很重要的一类染料，品种很多，具有色谱齐全、色泽鲜艳等特点。酸性染料湿处理牢度和日晒牢度随品种的不同而有很大的差异，其中结构较简单、含磺酸基较多的湿处理牢度就较差。一般中深色都必须经过固色处理，方能满足服用要求。酸性染料染蛋白质纤维和聚酰胺纤维的匀染性和湿处理牢度不完全一样。总体而言，染聚酰胺纤维的匀染性较差，湿处理牢度却较好；染蚕丝的湿处理牢度比染羊毛的差。

## 第二节 酸性染料的分类及合成

### 一、酸性染料的应用分类

酸性染料按应用性能的不同，可分为强酸性浴染色、弱酸性浴染色和中性浴染色的酸性染料三种类型。

#### (一)强酸性浴染色的酸性染料

强酸性浴染色的酸性染料简称强酸性染料，也称匀染性酸性染料(levelling acid dyes)。这类染料结构简单，相对分子质量小，分子中磺酸基所占比例大，亲水性强，疏水性弱，在水溶液中的聚集度低，水溶性好。这类染料的应用特点是：对羊毛等纤维的亲和力低，移染性好，匀染性很好，需在强酸性浴(pH＝2.5～4)中染色才能获得很高的上染率；其色泽鲜艳，价格便宜，熨烫牢度尚可，但耐缩绒性不好，湿处理牢度较差，通常适用于染淡中色；主要用于羊毛染色，不适合用于湿处理牢度要求较高的纺织品(尤其是深浓色)的染色。

#### (二)弱酸性浴染色的酸性染料

弱酸性浴染色的酸性染料也称半耐缩绒性酸性染料(half milling acid dyes)和半匀染性酸性染料(half levelling acid dyes)。这类染料结构稍复杂，相对分子质量中等，分子中磺酸基所占比例相对较小，亲水性、在水溶液中的聚集度和溶解度中等，对纤维的亲和力较高，移染性和匀染性稍差，湿处理牢度较好，染色常在弱酸性浴(pH＝4～5)中进行，可耐轻度缩绒，染色性能介于匀染性酸性染料和耐缩绒性酸性染料之间。

**(三)中性浴染色的酸性染料**

中性浴染色的酸性染料也称耐缩绒性酸性染料(milling acid dyes),属于非匀染性酸性染料。这类染料结构复杂,相对分子质量大,分子中磺酸基所占比例小,疏水性部分比例大,在水溶液中的聚集度高,水溶性不好。这类染料的应用特点是:对羊毛等纤维的亲和力高,移染性和匀染性差,常在近中性浴(pH=6~7)中染色,色泽不够鲜艳,熨烫和湿处理牢度都很好,染色毛制品经得起洗呢和缩呢处理,对湿处理牢度要求高的纺织品可采用这类染料染色。

以上是根据染色条件进行分类的。如果根据染料的匀染性分类,则可分为匀染性、半匀染性和非匀染性酸性染料;根据毛纺产品的染色方法或耐缩绒性,又可为非耐缩绒性、半耐缩绒性和耐缩绒性酸性染料。事实上,这些分类方法与染料的应用性能之间是相互关联的。酸性染料的应用分类与主要应用性能的比较见表 5-1。

**表 5-1 酸性染料的应用分类和主要应用性能**

| 性　　能 | 强酸性浴染色的酸性染料 | 弱酸性浴染色的酸性染料 | 中性浴染色的酸性染料 |
|---|---|---|---|
| 分子结构 | 较简单 | 较复杂 | 较复杂 |
| 相对分子质量 | 小 | 中等 | 较大 |
| 磺酸基在分子中的比例 | 较大 | 较小 | 小 |
| 颜色鲜艳度 | 好 | 稍差 | 较差 |
| 溶解性与聚集度 | 好,基本不聚集 | 稍差,聚集 | 差,低温聚集 |
| 对纤维的亲和力 | 较小 | 较大 | 很大 |
| 匀染性 | 好 | 中等 | 差 |
| 移染性 | 好 | 较差 | 很差 |
| 湿处理牢度 | 很差 | 中等 | 较好 |
| 耐缩绒性 | 不好 | 较好 | 很好 |
| 染液 pH 值 | 2.5~4 | 4~5 | 6~7 |
| 染羊毛常用酸剂 | 硫酸 | 醋酸 | 硫酸铵 |
| 元明粉的作用 | 缓染 | 缓染作用小 | 促染 |
| 能否低温染色 | 能 | 稍困难 | 困难,需特殊助剂 |

强酸性浴染色的酸性染料国内习称强酸性染料,弱酸性浴和中性浴染色的酸性染料国内习惯上统称为弱酸性染料。

为了便于应用厂家选用酸性染料,国外染料厂商对酸性染料品种的划分通常是综合考虑了染料的染色牢度、染色特性、应用对象和应用场合,把相同特性的染料在色谱上进行配套,并分别标以各自的不同牌号或不同冠称加以区别,或冠以专用的牌号。现在,国内染料厂家也开始采用这种做法。由于酸性染料染羊毛、蚕丝和锦纶的匀染性和湿处理牢度不完全一样,同一结构的酸性染料也可能应用于不同的染色对象或应用场合,故同一结构的酸性染料也可能出现不同的冠称和牌号。国外部分公司的酸性染料商品冠称或牌号列于表 5－2。

**表 5－2　国外酸性染料冠称(商品牌号)**

| 公司名 | 强酸性浴染色<br>(匀染型) | 弱酸性浴染色<br>(半耐缩绒型) | 中性浴染色<br>(耐缩绒型) | 锦纶染色专用 |
|---|---|---|---|---|
| 瑞士科莱恩 | Sandolan E | Sandolan N<br>Sandolan MF | Sandolan Milling N | 匀染型 Nylosan E<br>坚牢型Nylosan F/N<br>Nylosan S |
| 德国德司达 | Telon<br>Mitsui Acid | Telon W<br>Telon A<br>Mitsui Acid Fast | Telon M<br>Supranol<br>Supralan 部分产品<br>Mitsui Acid Milling | 匀染型Telon<br>Mitsui Nylon Fast<br>Nylomine A/B<br>坚牢型Telon A<br>Mitsui Nylon<br>Nylomine C/D |
| 德国多闻 | Doracid | Dorasyn C | Dorasyn C | 匀染型 Dorasyn A<br>坚牢型Dorasyn C<br>Dorasyn XL |
| 美国亨兹曼 | — | Neolan A | Polar | 匀染型 Tectilon<br>坚牢型Erionyl A<br>Erionyl M |
| 英国约克夏 | Intracid E | Intracid T<br>Intracid TX | Intracid F | 匀染型 Nylanthrene B<br>坚牢型 Nylanthrene C |
| 意大利宁柏迪 | Tiacidal | Tiacidol | Tiacidol | 匀染型 Tialene A<br>坚牢型 Tialene N |
| 日本化药 | Kayacyl | Kayanol | Kayanol Milling | — |
| 日本住友化学 | Solar Acid | Suminol Fast | Suminol Milling | 匀染型 Aminyl E<br>匀染坚牢型 Aminyl FD<br>坚牢型 Aminyl F |

## 二、酸性染料的结构分类与合成

按照化学结构分类，酸性染料可分为偶氮类、蒽醌类、三芳甲烷类、呫吨或氧杂蒽及吖嗪或氮杂蒽等杂环类、硝基亚胺类、靛族类、酞菁类等类别。偶氮染料无论在品种和产量上都占首位，而且以单偶氮类居多；蒽醌和三芳甲烷染料次之；其他染料品种和生产量均很少。

### (一)偶氮酸性染料

偶氮酸性染料色谱较齐，包括黄、橙、红、棕、藏青和黑色等各种颜色，以黄、橙、红色为主，深色较少，蓝色品种主要是藏青色，紫色和绿色品种鲜艳度不高，棕色多为拼混染料。偶氮酸性染料大多为单偶氮和双偶氮结构的染料，以单偶氮染料居多。一般含有 1～3 个磺酸基，纺织纤维染色中应用的多为单和双磺酸基的染料。酸性染料相对分子质量一般在 400～800 之间，单磺酸基染料相对分子质量一般在 400～550 之间，双磺酸基染料的相对分子质量可达 800 左右。偶氮酸性染料在羊毛、蚕丝和锦纶染色和直接印花中被大量使用，多数单偶氮和双偶氮酸性染料可作还原剂拔染印花的地色染料，其主要拔白度取决于芳香环和取代基的类型、还原产物的颜色等。

早期的偶氮酸性染料均属单偶氮类，湿处理牢度较差，后来通过采用 H 酸、$\gamma$ 酸等氨基萘酚磺酸作偶合组分，明显地提高了染料的湿处理牢度。对于偶氮酸性染料而言，通过改变芳香环类型和数量、取代基类型、偶氮基数目以及引入长链烷基、苯甲氧基、对甲苯砜基、对甲苯磺酸酯基等，可改变染料的色光、鲜艳度、染色牢度和染色特性。

偶氮酸性染料，通常以吡唑啉酮、R 酸、H 酸、$\gamma$ 酸等氨基萘酚磺酸作为偶合组分，而以对氨基苯磺酸、氨基萘磺酸等苯胺和萘胺衍生物以及以氨基对位或邻位上引入长链烷基、苯甲氧基、对甲苯砜基、对甲苯磺酸酯基等芳胺作为重氮组分，通过偶合反应合成而得。

如果以苯胺衍生物为重氮组分，以萘系衍生物为偶合组分，则可制得橙、红色系的染料。酸性橙Ⅱ(C. I. 酸性橙 7，15510)是典型的小分子结构、最早出现的强酸性染料之一，它是由对氨基苯磺酸重氮盐在弱碱性条件下与 $\beta$-萘酚偶合反应而得。

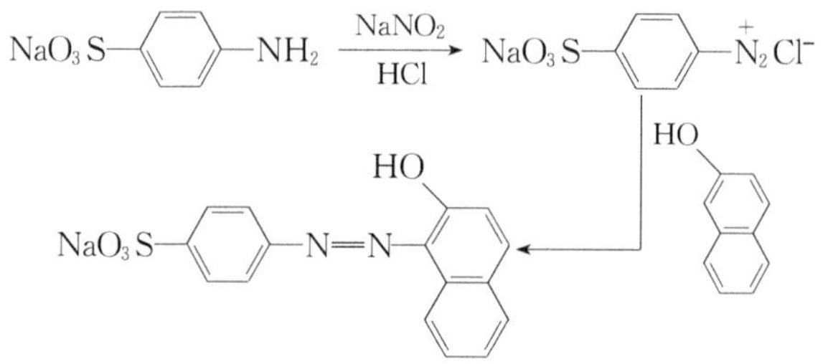

NaO$_3$S—C$_6$H$_4$—NH$_2$ $\xrightarrow[HCl]{NaNO_2}$ NaO$_3$S—C$_6$H$_4$—$\overset{+}{N}_2$Cl$^-$ + HO—(β-萘酚) → NaO$_3$S—C$_6$H$_4$—N═N—(2-羟基萘基)

酸性橙Ⅱ

如果以萘胺衍生物为重氮组分，以萘系衍生物为偶合组分，则可制得一系列红色染料。例如，用于羊毛染色的第一只红色染料酸性红 A(C. I. 酸性红 88，15620)，是以氨基萘磺酸和 $\beta$-萘酚为原料制备而得。

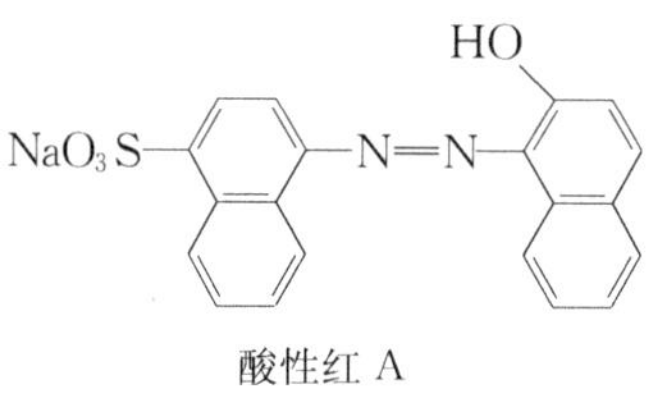

NaO$_3$S—(萘基)—N═N—(萘基)—OH

酸性红 A

如果以苯胺衍生物为重氮组分，以 $N$-乙酰基 H 酸为偶合组分，也可制得一系列红色染料，如酸性红 G(C. I. 酸性红 1，18050)和弱酸性桃红 BS(C. I. 酸性红 138，18073)。

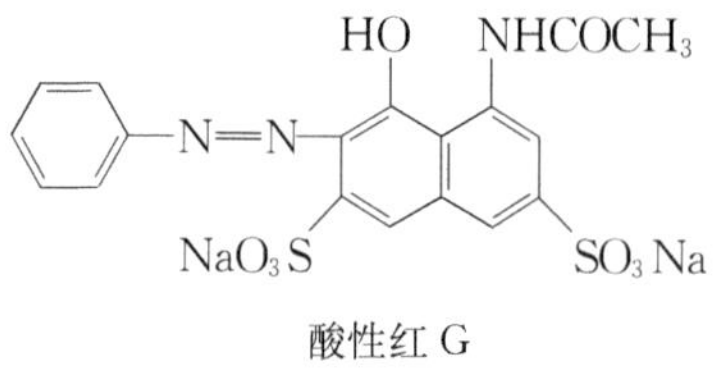

C$_6$H$_5$—N═N—(HO, NHCOCH$_3$, NaO$_3$S, SO$_3$Na 取代萘基)

酸性红 G

H$_{25}$C$_{12}$—C$_6$H$_4$—N═N—(HO, NHCOCH$_3$, NaO$_3$S, SO$_3$Na 取代萘基)

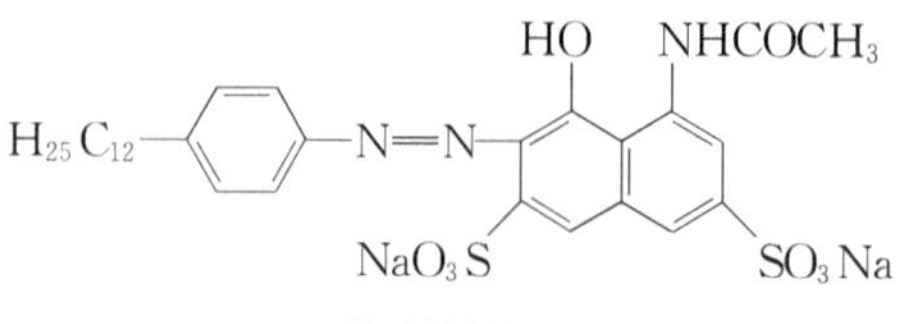

弱酸性桃红 BS

以 H 酸为重氮组分，以 *N* –苯基– 1 –萘胺– 8 –磺酸为偶合组分，可反应制得红光蓝酸性染料弱酸性藏青 R(C. I. 酸性蓝 92，13390)。

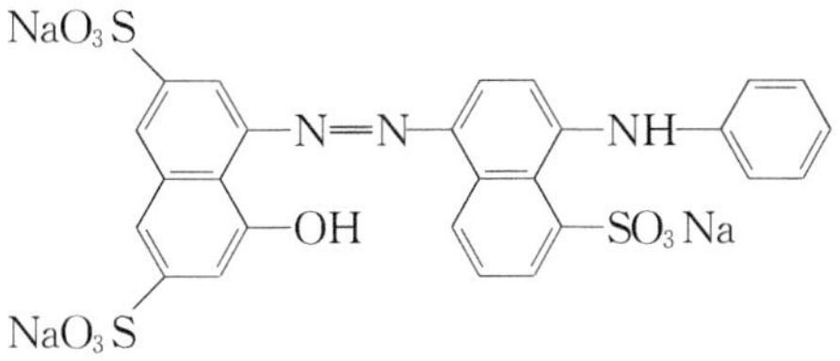

弱酸性藏青 R

如果以苯胺及其衍生物为重氮组分，以吡唑啉酮为偶合组分，则可制得色泽鲜艳的嫩黄色染料。如果在吡唑啉酮结构中引入卤素取代基，则可得到高日晒牢度的嫩黄染料。典型的吡唑啉酮结构的偶氮酸性染料如下：

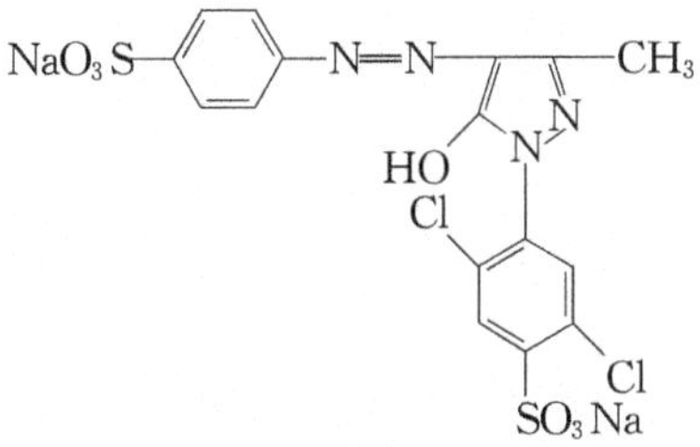

酸性嫩黄 2G
(C. I. 酸性黄 17，18965)

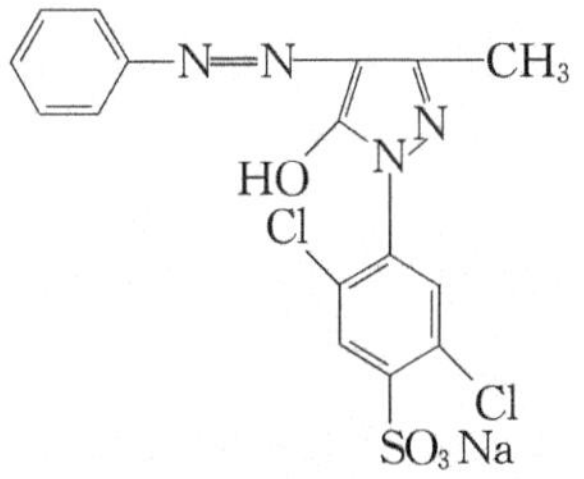

弱酸性黄 3G
(C. I. 酸性黄 14，18906)

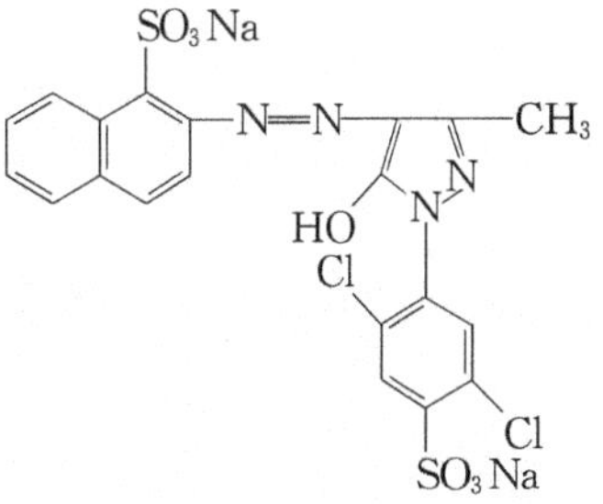

弱酸性黄 E – GNL
(C. I. 酸性黄 19)

双偶氮酸性染料有共轭连贯型、联苯胺结构型和其他隔离基隔离型等。

共轭连贯型双偶氮酸性染料可采用 A→M→E 的方式合成，需要经两次重氮化和偶合反应，A 组分可为苯胺、萘胺及其衍生物，中间组分 M 为萘胺、苯胺等；偶合组分 E 通常为 *N* –苯基– *N* –酰基衍生物和萘酚衍生物。这类染料以蓝、黑色居多，多属于弱酸性染料，品种如弱酸件深蓝 5R(C. I. 酸性蓝 113，26360)、弱酸性黑 BR(C. I. 酸性黑 24，26370)等。

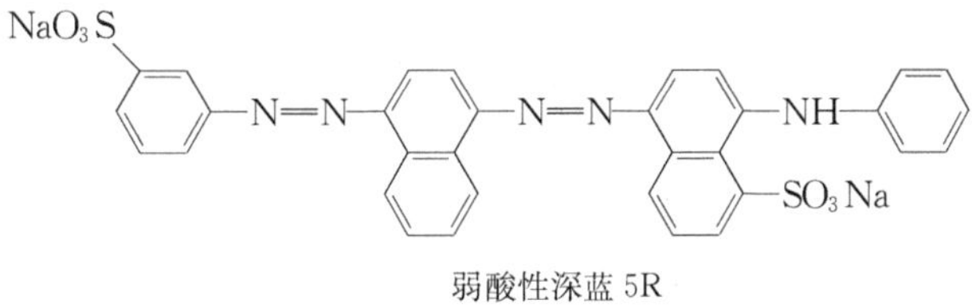

弱酸性深蓝 5R

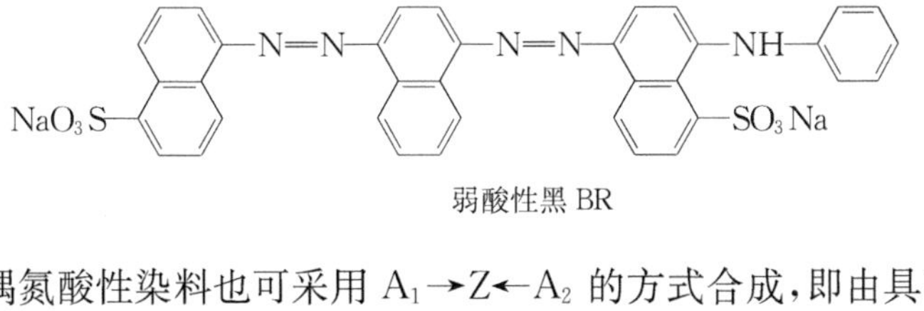

弱酸性黑 BR

共轭连贯型双偶氮酸性染料也可采用 $A_1 \rightarrow Z \leftarrow A_2$ 的方式合成，即由具有两个偶合位置的偶合组分(Z)与两个相同或不相同的重氮组分(A)偶合而得。常用的偶合组分是 H 酸，由 H 酸偶合反应制得的染料主要是蓝、绿和黑色。这类染料多属于弱酸性染料，如弱酸性绿 B(C. I.

酸性绿 20)等。

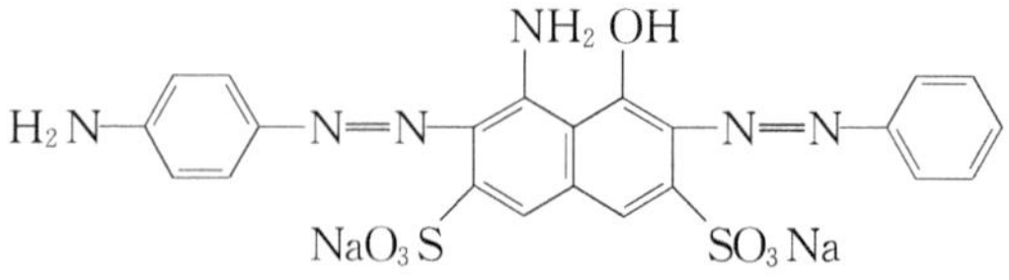

弱酸性绿 B

联苯胺结构型双偶氮酸性染料的合成($E_1 \leftarrow D \rightarrow E_2$),采用 2,2 -二磺酸基联苯胺或其他联苯胺衍生物(双胺化合物)作为重氮组分(D),将两个氨基重氮化后,进一步与两个偶合剂偶合。当两个偶合剂相同时,可得到对称型染料[如弱酸性黄 MR(C. I. 酸性黄 42)];当两个偶合剂不相同时,得到不对称型染料[如弱酸性橙 G(C. I. 酸性橙 56)]。由于与一个重氮基发生偶合反应后,第二个重氮基的活性降低,不容易再偶合,为此一般先与亲核性较弱的偶合剂($E_1$)偶合,然后再与亲核性较强的偶合剂($E_2$)偶合。这类染料主要为黄、橙、红色,多属于弱酸性染料,如弱酸性黄 MR、弱酸性橙 G。

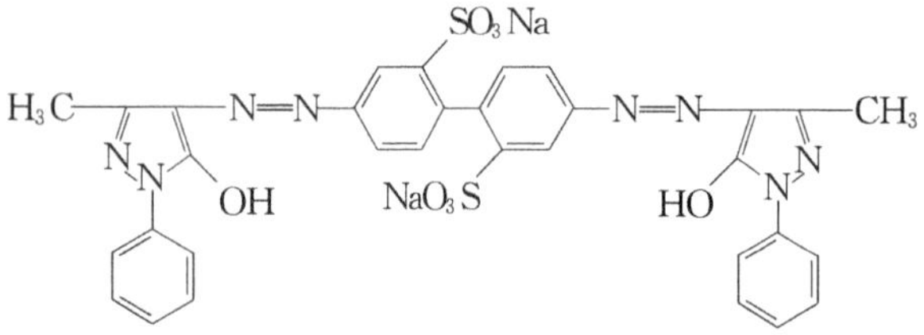

弱酸性黄 MR

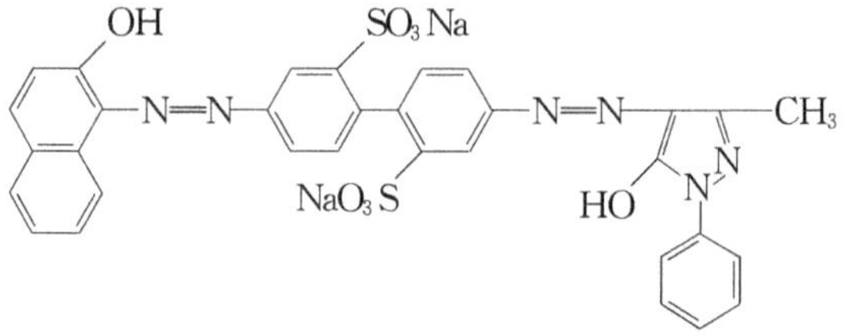

弱酸性橙 G

典型结构的隔离基隔离型双偶氮酸性染料举例如下:

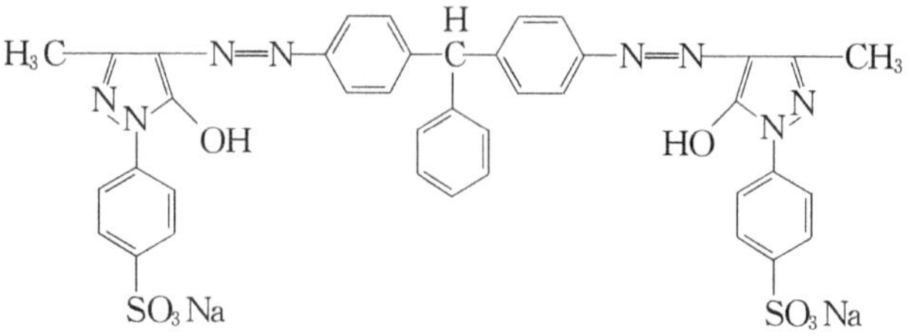

弱酸性嫩黄 G(C. I. 酸性黄 117,24820)

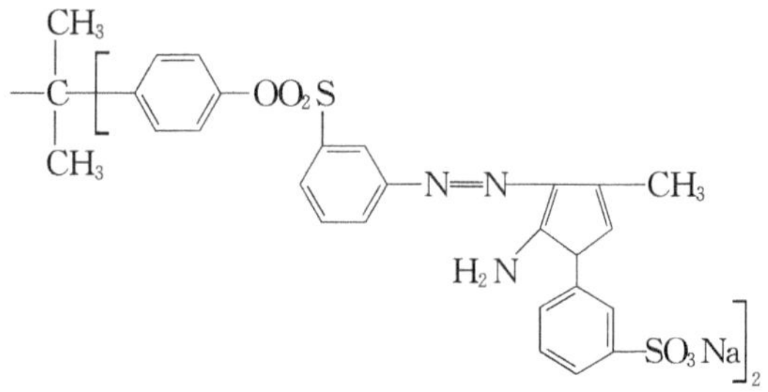

弱酸性黄 4GL(C. I. 酸性黄 79)

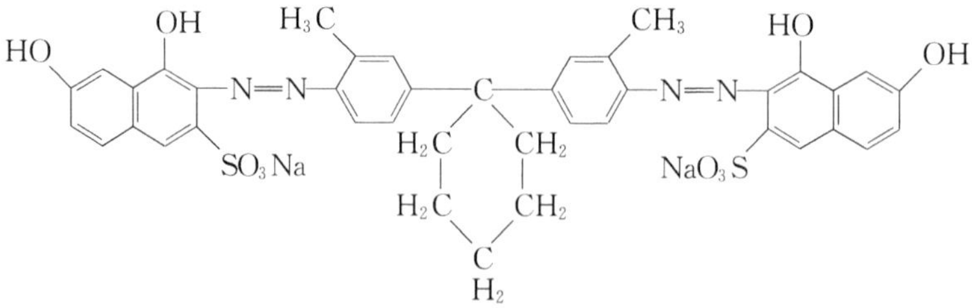

弱酸性紫红 BB(C. I. 酸性红 154,24800)

**(二)蒽醌酸性染料**

蒽醌结构的酸性染料除了含有磺酸基外,在 $\alpha$ 位上还含有 2～4 个氨基、芳氨基、烷氨基和羟基。根据这些基团的性质和位置，蒽醌酸性染料可分为三种主要结构类型，即芳氨基蒽醌、氨基羟基蒽醌和杂环蒽醌。蒽醌酸性染料大多以紫、蓝、绿色为主，深色居多，尤以蓝色为最多。这类染料色泽鲜艳，耐光牢度较好，匀染性和湿处理牢度随结构的变化而不同，蒽醌染料弥补了偶氮酸性染料缺乏色泽鲜艳、耐光牢度好的蓝绿色染料的不足。蓝色和绿色蒽醌染料广泛应用于羊毛、蚕丝和锦纶的印染，多数染料还可用作氯化亚锡拔染印花的花色染料。

芳氨基蒽醌酸性染料以 1，4 -二氨基或取代氨基结构的蒽醌磺酸衍生物最为普遍。磺酸基可与氨基或取代氨基在同一蒽醌环上，亦可在引入的芳氨基芳环上，它们大多为紫、蓝、绿和黑色品种。

由于蒽醌芳胺化后，磺酸基容易引入，因此磺酸基在氨基取代芳环上的一类染料常以 1，4 -二羟基蒽醌为原料，先还原成隐色体，使之与两分子相应的芳胺在硼酸催化下缩合、芳胺化，然后再经磺化，将磺酸基引入到较易磺化的芳环上。弱酸性绿 GS(C. I. 酸性绿 25，61570)的合成路线如下：

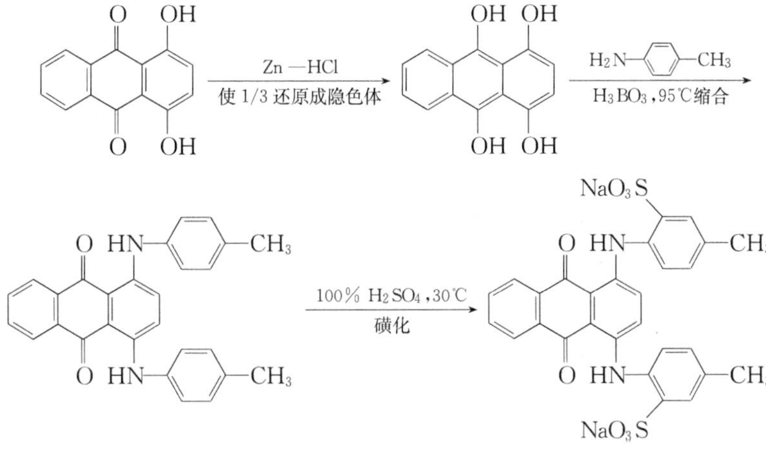

弱酸性绿 GS

用上述方法得到的染料为对称型蒽醌酸性染料。

磺酸基在蒽醌环上的酸性染料，常用溴氨酸作为中间体，使之与相应的芳胺在碱性条件下缩合而成；亦可以用 1 -氨基- 2，4 -二溴与芳胺缩合，再经取代、磺化反应而得到。用此法得到的染料为不对称的蒽醌酸性染料。酸性蒽醌蓝(C. I. 酸性蓝 25，62055)的合成路线如下：

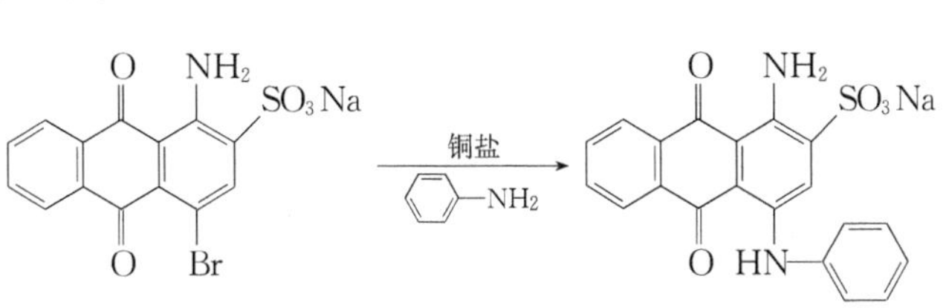

酸性蒽醌蓝

氨基、羟基蒽醌酸性染料品种较少，但具有较好的匀染性和耐光牢度，主要是鲜艳的蓝色，少数为紫色，是酸性染料中鲜艳度和坚牢度都优良的品种。

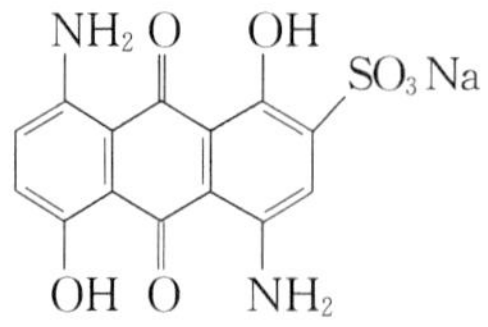

酸性蓝 SE(C. I. 酸性蓝 43,63000) 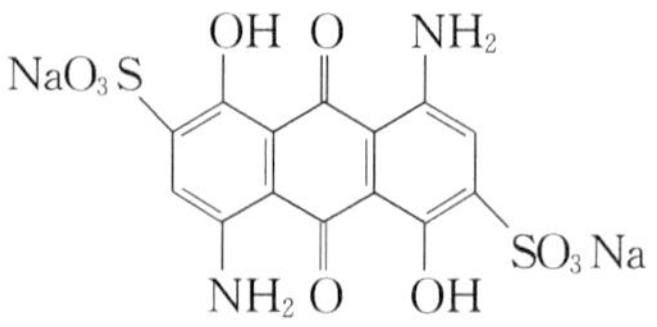　　酸性蓝 B(C. I. 酸性蓝 45,63010)

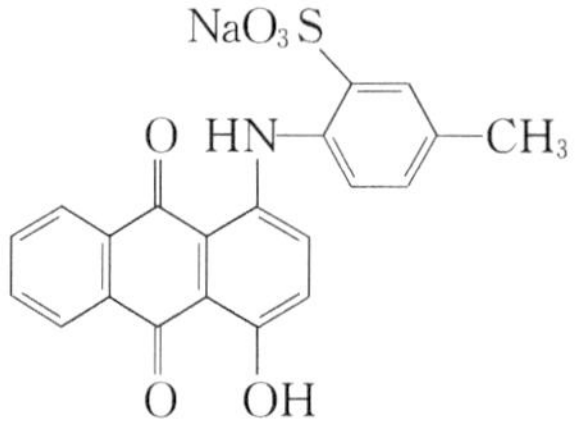

酸性紫 3B(C. I. 酸性紫 43,60730) 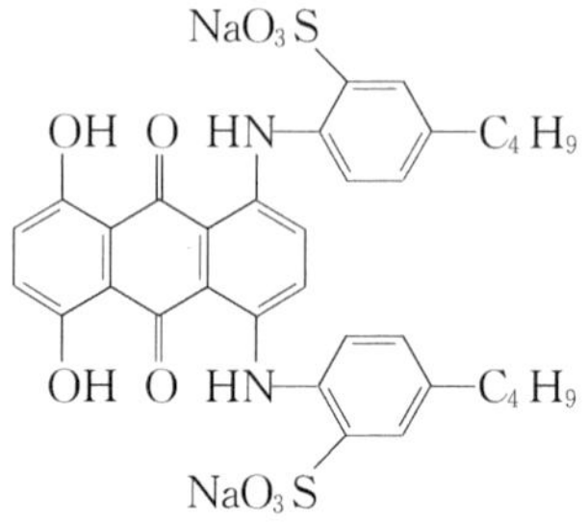　　弱酸性绿 5G(C. I. 酸性绿 28)

酸性蓝 SE 和蓝 B 均是由 1,5-二羟基蒽醌,经硝化、还原、磺化等过程制得,而酸性紫 3B 是由 1-溴-4-羟基蒽醌与对苯胺缩合后再磺化而得。酸性蓝 B 为强酸性染料,在水中的溶解度较大,湿处理牢度较差,但脱去一个磺酸基后成酸性蓝 SE,则其溶解度降低,湿处理牢度提高。

上述各类酸性染料大多为蓝、绿色。如将 α-氨基蒽醌中氨基酰化,再与相邻的羰基脱水、缩合闭环形成含氮杂环的吡啶酮结构,则得到黄、橙、红色等浅色品种的杂环蒽醌酸性染料。例如酸性红 3B(C. I. 酸性红 80,68210),它可将羊毛、蚕丝和锦纶染成带蓝光的鲜艳红色,具有较好的匀染性能,耐光牢度略低,同时湿处理牢度有一定的改善。

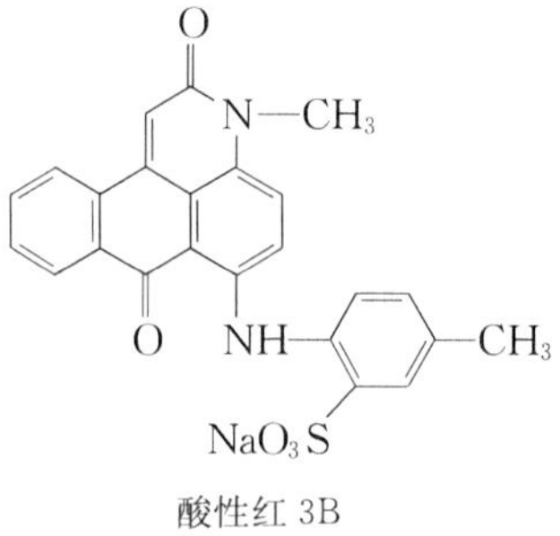

酸性红 3B

酸性耐晒棕 G(C. I. 酸性棕 27,66710)是一类含有咔唑结构的杂环蒽醌酸性染料,具有很好的耐光、良好的耐洗和耐缩绒牢度。但由于中间体萘胺有致癌性,故已停止生产。

在蒽醌酸性染料中,还有一类属于双蒽醌类。如酸性灰 BBL(C. I. 酸性黑 48,65005),是一只耐光牢度非常好的染料,湿处理牢度中等。再如,弱酸性艳蓝 GW 在两个氨基蒽醌磺酸中间加入一个二苯甲烷结构,湿处理牢度可得到大大提高,耐光牢度亦有改善,为带绿光的蓝色染料。

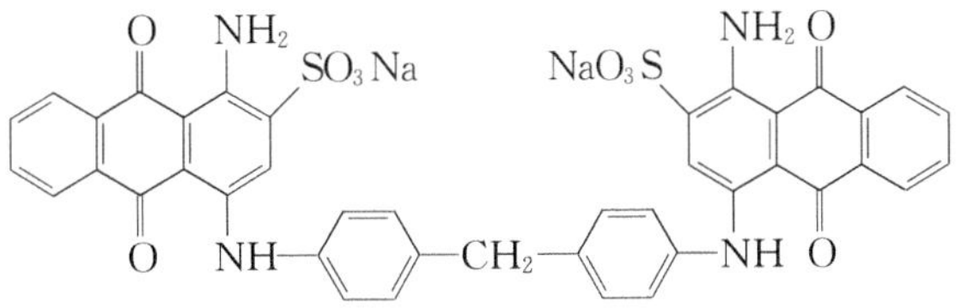

弱酸性艳蓝 GW(C. I. 酸性蓝 127∶1)

### (三)三芳甲烷酸性染料

如果在氨基三芳甲烷碱性染料分子中引入两个以上的磺酸基,则可转变为三芳甲烷酸性染料。三芳甲烷酸性染料大多以浓艳的紫、蓝、绿色为主,发色力强,色泽特别鲜艳,但日晒牢度较差,日晒牢度不超过 4 级,很多品种只有 1－2 级。耐洗牢度也较差,有些蓝色品种不耐氧漂(如含过硼酸钠的洗衣粉)。另外,有些三芳甲烷染料对酸、碱、中性电解质、氧化剂、还原剂、温度等条件极为敏感,经常因为遇不适当的条件而出现聚集、水溶性降低、变色和消色现象,造成严重的染色质量问题。在各类结构的酸性染料中,三芳甲烷酸性染料属于耐光牢度和溶解度均较差的一类染料。三芳甲烷酸性染料经常被用于蚕丝染特别鲜艳的颜色,多数染料可用作氯化亚锡拔染印花的花色染料,并可用作德古林和雕白粉拔染印花的地色染料。

三芳甲烷酸性染料在结构上有二氨基三芳甲烷和三氨基三芳甲烷两类。如果在染料分子中引入一个磺酸基,则磺酸基与氨基形成内盐,故至少需要引入两个以上的磺酸基才能成为酸性染料。通常磺酸基可以直接磺化引入,例如碱性品红(C. I. 碱性紫 14,42510)用发烟硫酸磺化,则在氨基的邻位上引入三个磺酸基,而得到酸性品红(C. I. 酸性紫 19,42685),用类似的方法可得到酸性艳紫 6BN(C. I. 酸性紫 15,43525)。

有些碱性染料磺化较困难,一般不能采用对之直接磺化法制备酸性染料。但是,苄化后的衍生物较易磺化,或采用磺化中间体来制备酸性染料。例如,酸性紫 4BNS(C. I. 酸性紫 17,42650)是由甲醛与两分子的 $N$－乙基－$N$－(3－磺酸基)苯甲基苯胺缩合,再与一分子 $N,N$－二乙基苯胺在氧化条件下反应而制得。用这一方法还可制得弱酸性艳蓝 6B(C. I. 酸性蓝 83,42660)、弱酸性艳蓝 G(C. I. 酸性蓝 90,42655),以及含萘环、颜色更深的三芳甲烷染料,如酸性绿 V(C. I. 酸性绿 16,44025)等。

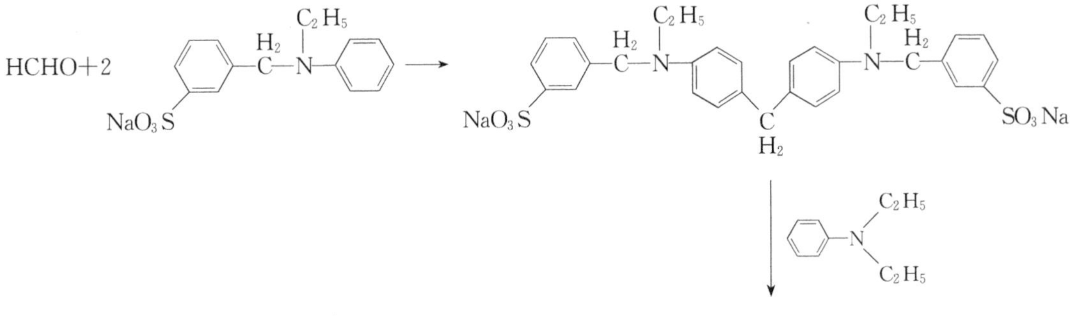

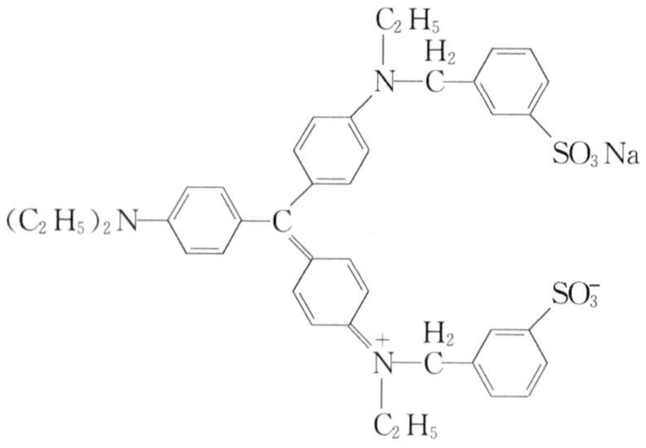

酸性紫 4BNS

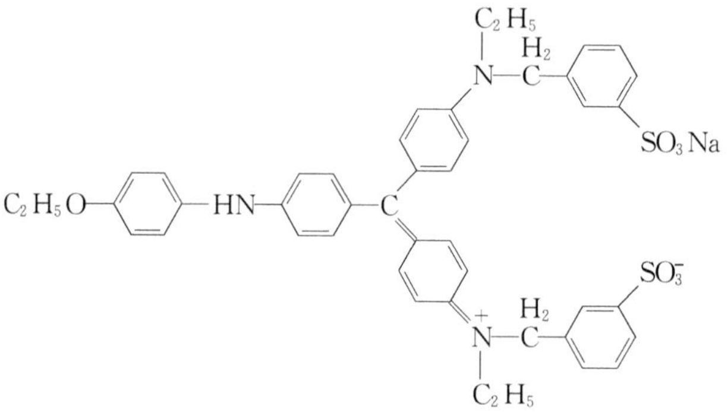

弱酸性艳蓝 6B

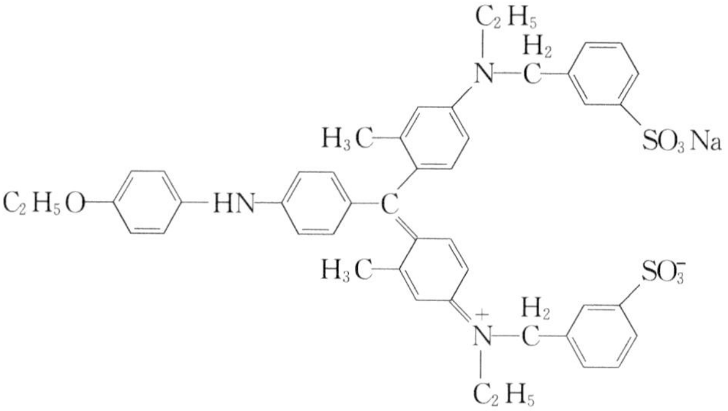

弱酸性艳蓝 G

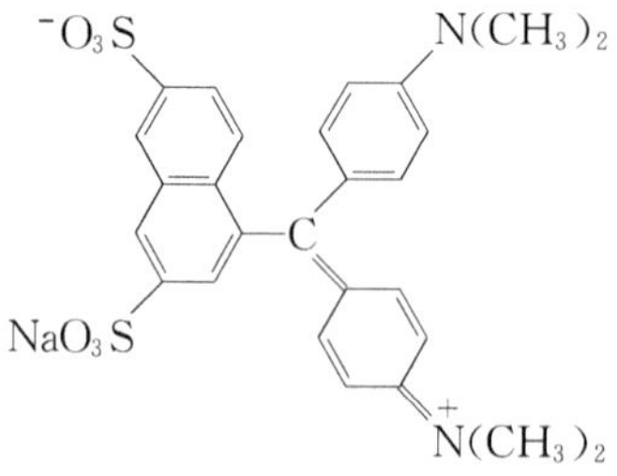

酸性绿 V

此外，磺酸基在三芳甲烷母体上的染料，一般通过将隐色体磺化而制成。酸性湖蓝 V 是将苯甲醛与两分子 *N*,*N*-二乙基苯胺缩合后得到隐色体，再经磺化而引入两个磺酸基，然后经氧化而制得。典型的染料如酸性湖蓝 V(C.I. 酸性蓝 1,42045)和酸性湖蓝 A(C.I. 酸性蓝 7,42080)。

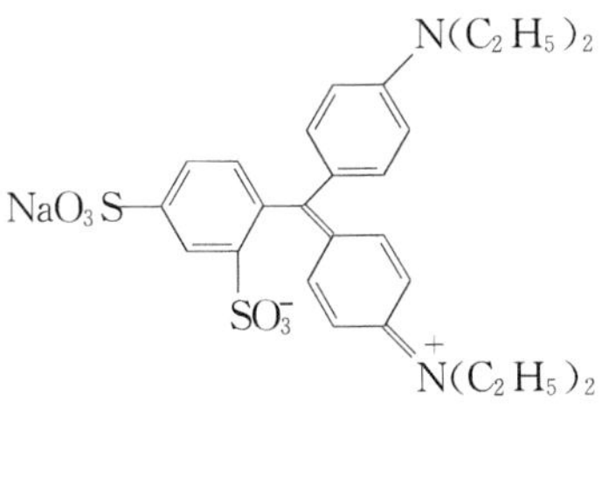

酸性湖蓝 V 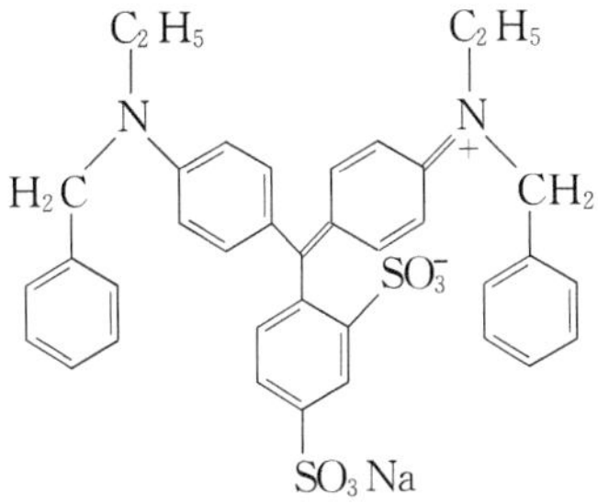　　　　酸性湖蓝 A

**(四)其他结构的酸性染料**

酸性染料大多属于偶氮、蒽醌、三芳甲烷结构类别,但也有少数染料分子中含有由氧、氮、硫等杂原子组成的杂环,杂环酸性染料中比较重要的是呫吨(氧杂蒽)和吖嗪(氮杂蒽)染料,另外还有喹啉、氨基酮类等。在鲜艳的黄色酸性偶氮染料中,有很多染料分子中含有吡唑啉酮结构。

含羟基的呫吨染料,因耐洗和耐光牢度较差,很少用于纤维染色,带有强烈绿色荧光的荧光黄(C.I. 酸性黄 73,45350)和黄光桃红色的弱酸性红 A(曙红 A,C.I. 酸性红 87,45380)是这类染料的代表。

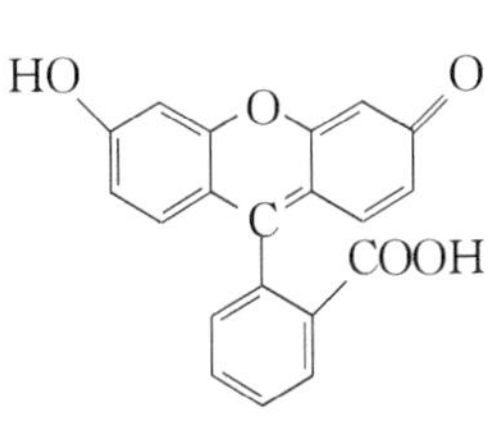

荧光黄 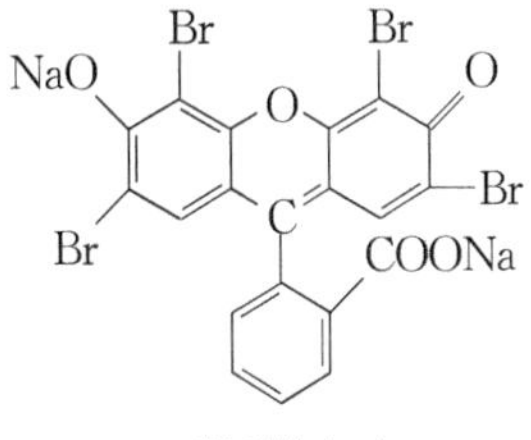　　　　弱酸性红 A

含氨基或取代氨基的呫吨类酸性染料大多为玫瑰红和红紫色,如酸性玫瑰红 B(酸性玫瑰精 B,酸性罗达明 B,C.I. 酸性红 52,45100)、Sandolan 紫 E－R(C.I. 酸性紫 9,45190)等,其中的玫瑰红染料带有荧光,非常娇艳。这类染料通常由邻苯二甲酸酐与烷基苯胺缩合再经磺化反应而得,也可用呫吨结构的荧光黄脱水成酐经氯化后再与芳胺缩合、磺化而得。

酸性玫瑰红 B

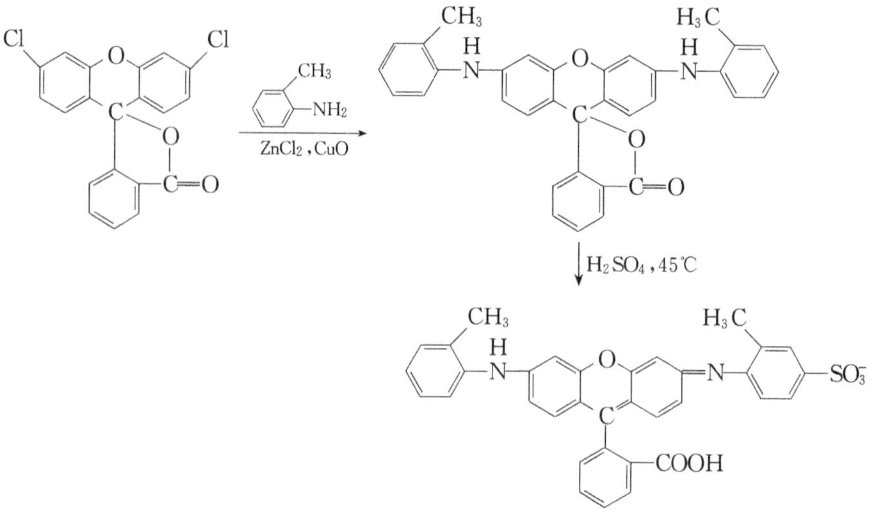

Sandolan 紫 E－R

呫吨类酸性染料色泽鲜艳，但耐光牢度很差，使其应用受到一定的限制，只适用于色泽要求特别鲜艳而牢度要求低的产品，在毛纺和丝绸行业偶有少量应用。

吖嗪类酸性染料品种不多，具有相对较好的耐光牢度，大多为深色，如 Sandolan 蓝 N－B（C. I. 酸性蓝 59，50130）、弱酸性蓝 EG（C. I 酸性蓝 121）、酸性粒子元（C. I 酸性黑 2）等。Sandolan 蓝 N－B 可按下列反应制得：

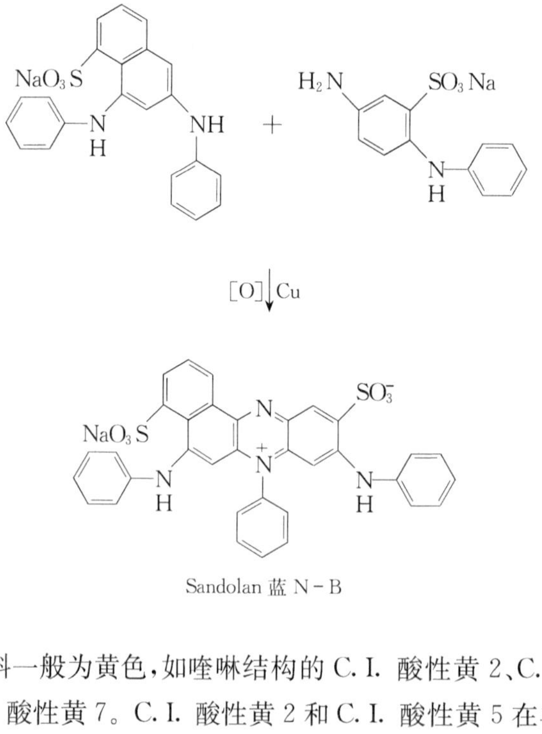

Sandolan 蓝 N－B

喹啉和氨基酮类染料一般为黄色，如喹啉结构的 C. I. 酸性黄 2、C. I. 酸性黄 3、C. I. 酸性黄 5，氨基酮结构的 C. I. 酸性黄 7。C. I. 酸性黄 2 和 C. I. 酸性黄 5 在羊毛上具有很高的耐光牢度，而 C. I. 酸性黄 7 在羊毛上的耐光牢度较差，这类染料品种数量极少。

C. I. 酸性黄 5

C. I. 酸性黄 7

## 第三节 酸性染料的结构与应用性能的关系

酸性染料化学结构与其应用性能，如亲和力、移染和匀染性能、平衡上染百分率和上染速度、染色对 pH 值和金属离子的敏感性、染色过程的控制方法、耐酸碱性、水溶性和聚集性能、拔白性能以及耐洗、耐汗渍、耐氯漂、耐氧漂、耐缩绒等色牢度有着密切的关系。酸性染料的应用性能主要取决于染料分子本身的化学结构。本节重点讨论酸性染料化学结构与湿处理牢度及匀染性、耐光牢度、耐酸碱性的关系。

### 一、酸性染料的化学结构与耐洗牢度

强酸性染料分子结构简单，分子短小，相对分子质量低，磺酸基质量占分子质量的比例高，有机部分相对较少，对纤维亲和力小，染料从纤维表面向纤维内的扩散速率快，染着在纤维上的染料在服用时的湿处理过程中也易从纤维内扩散到纤维表面，并进而解吸至处理介质中，故其湿处理牢度较差。即使加强固色处理，也往往达不到理想的湿处理牢度。但是，该类染料的溶解度高，移染性和匀染性好。为了提高酸性染料的湿处理牢度，可增加染料相对分子质量、增加偶氮基数目、引入更多的有机部分或疏水基团，以增加染料与纤维之间的范德华力(特别是色散力)，降低染料从纤维上的解吸程度。但是，为了保证酸性染料的色泽鲜艳度和防止染料色光受较大的影响，一般很少采用增加偶氮基数目的方法来提高湿处理牢度。

对于橙、红、紫色偶氮酸性染料，常采用氨基萘酚磺酸的 *N*－酰基或 *N*－芳基(如乙酰化的 H 酸、γ 酸等)与带有长链烷基的重氮组分偶合，以提高湿处理牢度。例如，弱酸性桃红 BS (C. I. 酸性红 138)与酸性红 G(C. I. 酸性红 1)相比，重氮组分多了一个长链烷基，在羊毛上的皂洗色牢度提高了 1 级，煮呢色牢度提高了 2.5 级，碱缩绒色牢度提高了 3.5 级，碱缩绒沾色牢度提高了 2.5 级，但其匀染性明显降低，如表 5－3 所示。

**表 5－3 C. I. 酸性红 1 和 C. I. 酸性红 138 的染色牢度和匀染性比较**

| 染料化学结构 | | C. I. 酸性红 1 | C. I. 酸性红 138 |
|---|---|---|---|
| 皂洗牢度/级 | 变色 | 3 | 4 |
| | 沾色 | 5 | 4－5 |

续表

| 染料化学结构 | | 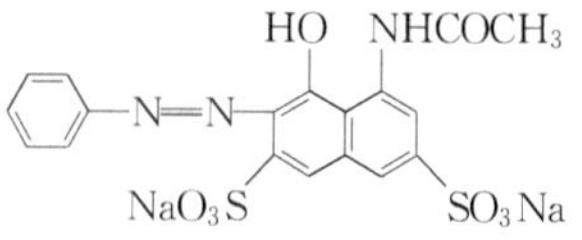 C. I. 酸性红 1 | 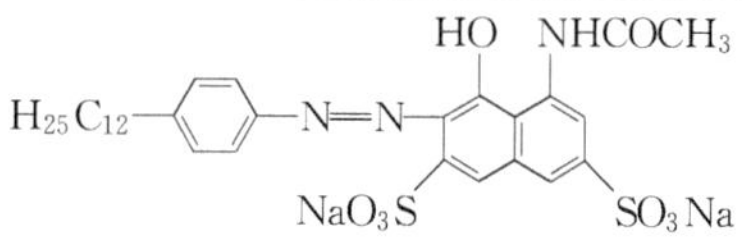 C. I. 酸性红 138 |
| --- | --- | --- | --- |
| 煮呢牢度/级 | 变色 | 2 | 4-5 |
| | 沾色 | 2 | 1-2 |
| 碱缩绒牢度/级 | 变色 | 1 | 4-5 |
| | 沾色 | 2 | 4-5 |
| 匀染性/级 | | 5 | 2 |

除了在重氮组分引入长链烷基外，还经常引入苯甲氧基、芳香烃磺酸酯基、芳香烃磺酰氨基来增加染料相对分子质量，增加染料与纤维之间色散力，并降低染料水溶性和从纤维上的解吸程度，从而达到提高湿处理牢度的目的。这类染料在弱酸性甚至在中性条件下也可染蛋白质纤维，具有弱酸性染料的性质。但是，这类染料在溶液中易聚集，匀染性也不好。

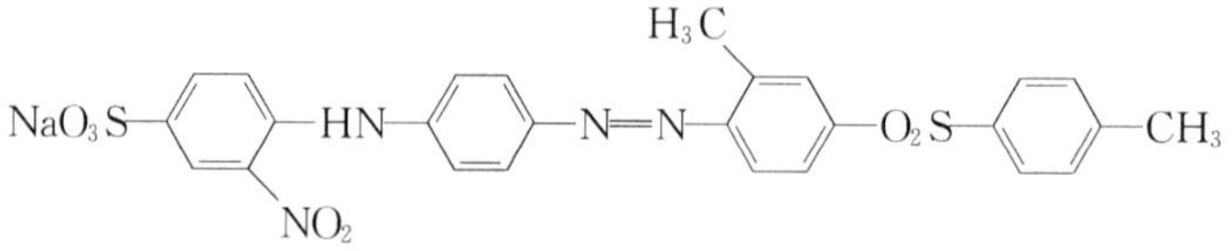

弱酸性黄 RXL(C. I. 酸性橙 67,14172)

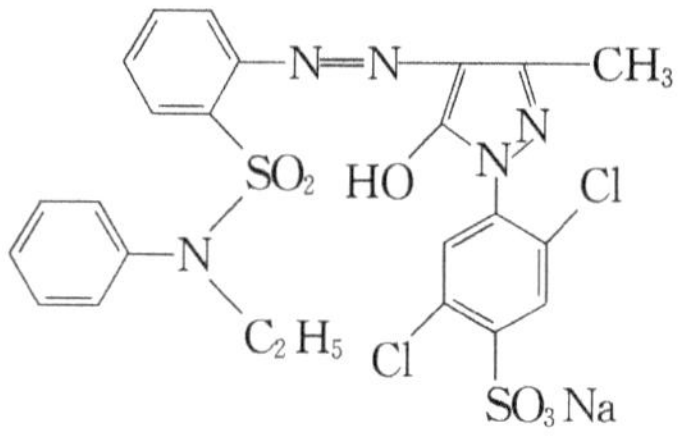

弱酸性黄 P-L(C. I. 酸性黄 61,18968)

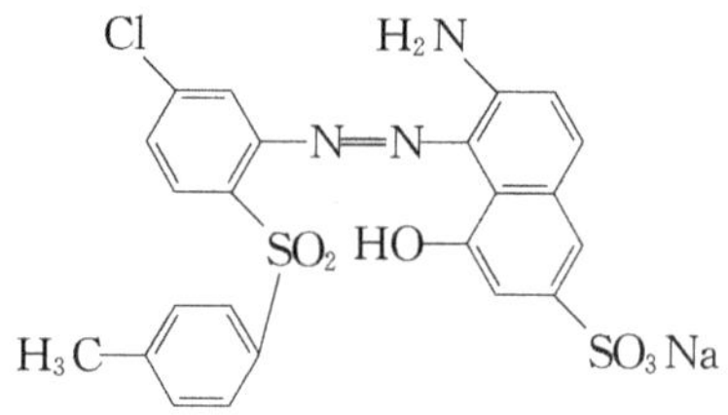

山德兰坚牢酱红 P-L(C. I. 酸性红 301,17080)

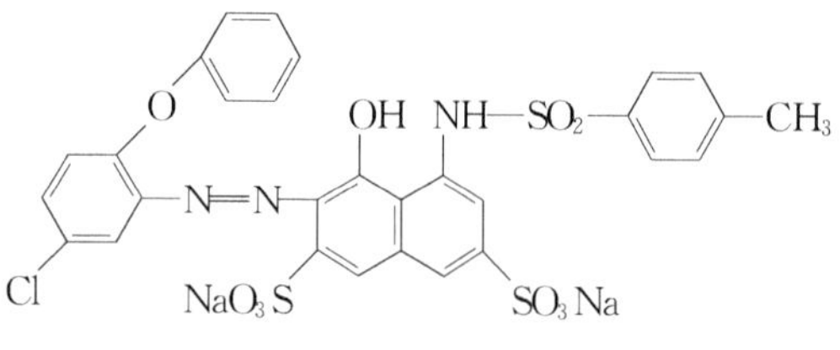

弱酸性艳红 B(C. I. 酸性红 249,18134)

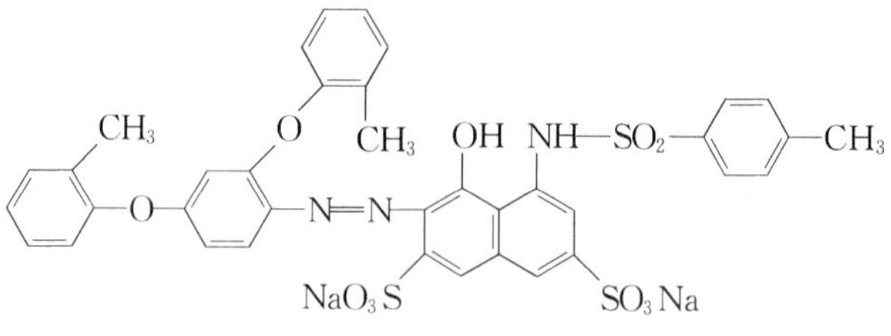

弱酸性艳红 10B(C. I. 酸性紫 54)

采用上述方法虽然提高了染料的湿处理牢度，但带来的问题是降低了匀染性。因此，对于不同磺酸基数目的染料，需要控制一定的相对分子质量。相对分子质量太大，匀染性不好；相对分子质量太小，湿处理牢度降低。对于含一个磺酸基的染料，相对分子质量一般在 400～550 之间，而对于双磺酸基的染料，其相对分子质量可达 800 左右。

此外，采用对氨基进行酰化的方法，使染料分子有机部分增大，在相对分子质量增加、水溶性降低的同时，染料与纤维之间的非极性范德华力增强，从而可使染料的湿处理牢度得到提高。然而，氨基酰化后，染料颜色也发生变化，匀染性亦会变差。有时因相对分子质量上存在的差异而引起的湿处理牢度和匀染性之间的矛盾，常用引入酰氨基和羟基等极性基的方法，牺牲匀染性，来增加湿处理牢度，并在染色过程中采用一定的措施以解决染料湿处理牢度和匀染性之间的矛盾。

对于蒽醌酸性染料而言，如果磺酸基和氨基同在芳胺苯环上，当在其苯环上接上一定长度的疏水性脂肪链、环烷基、苯氧基以及在苯环上引入更多的甲基后，延长了分子长度，染料的湿处理牢度可得到提高。

对于由溴氨酸与不同胺缩合所得的磺酸基与氨基同在蒽醌环上的染料，如果在另一端氨基上引入的疏水性基团分子链越长，则其湿处理牢度越好，如表 5－4 和表 5－5 所示。

**表 5－4 C.I. 酸性蓝 62、C.I. 酸性蓝 25 和 C.I. 酸性蓝 230 在羊毛上的湿处理牢度**

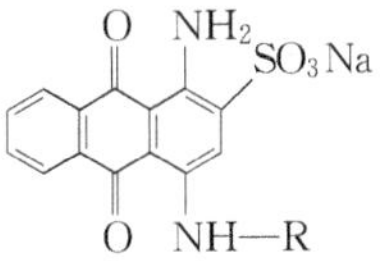

O NH$_2$ SO$_3$Na O NH—R

| R | | 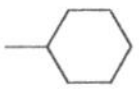 —环己基 | 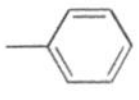 —苯基 | 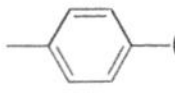 —C$_6$H$_4$—C$_4$H$_9$ |
|---|---|---|---|---|
| 染料 | | C. I. 酸性蓝 62 | C. I. 酸性蓝 25 | C. I. 酸性蓝 230 |
| | | 酸性蓝 2BR | 酸性蓝 AS | 弱酸性蓝 N－GL |
| 色光 | | 艳红光蓝 | 蓝 | 艳绿光蓝 |
| 皂洗牢度/级 | 变色 | 2－3 | 3－4 | 4 |
| | 沾色 | 2－3 | 4 | — |
| 碱缩绒牢度/级 | 变色 | 2－3 | 2 | — |

**表 5－5 C.I. 酸性蓝 62 和 C.I. 酸性蓝 230 在锦纶上的湿处理牢度**

| 染　料 | | C. I. 酸性蓝 62 | | C. I. 酸性蓝 230 | |
|---|---|---|---|---|---|
| | | Teconyl Blue L－2R | | Nylosan Blue N－GL | |
| 固色情况 | | 未固色 | 固色 | 未固色 | 固色 |
| 皂洗牢度/级 ISO 105—C03 (60℃) | 变色 | 3－4 | 4 | 4 | 4－5 |
| | 锦纶沾色 | 4 | 4－5 | 2－3 | 3－4 |
| | 棉沾色 | 4－5 | 5 | 4－5 | 5 |
| 碱汗渍牢度/级 ISO 105—E04 | 变色 | 4－5 | 4－5 | 5 | 5 |
| | 锦纶沾色 | 3 | 4－5 | 4 | 5 |
| | 棉沾色 | 4 | 5 | 4－5 | 5 |
| 水浸牢度/级 ISO 105—E01 | 变色 | 4－5 | 4－5 | 5 | 5 |
| | 锦纶沾色 | 3 | 4－5 | 4－5 | 5 |
| | 棉沾色 | 5 | 5 | 4－5 | 5 |

## 二、酸性染料的化学结构与耐酸碱牢度

酸性染料主要在酸性介质中染色，有时毛制品还需要在酸性和碱性条件下作缩绒处理，相关的印染制品有时在使用过程中亦会要求能经受酸性和碱性物质的作用，因此，酸性染料需要具有良好的耐酸、耐碱牢度。

当染料分子偶合组分上氨基或羟基与偶氮基成邻位相连时，羟基和氨基上的氢原子和偶氮基的氮原子易形成分子内的氢键，而使羟基的酸性降低，耐碱牢度得到提高。例如，C.I. 酸性橙 7 的羟基在偶氮基邻位，与偶氮基氮原子可形成氢键，使染料的酸性大大降低，需在较高的 pH 值(大于 11.4)下才可离解成酚氧离子，故耐碱牢度较高；而 C.I. 酸性橙 20 的羟基在偶氮基对位，与偶氮基氮原子之间不能形成氢键，酸性较大，在碳酸钠作用下或皂洗条件(pH=9)下，染料的羟基容易离子化，并发生变色，故其耐洗、耐碱牢度较低。

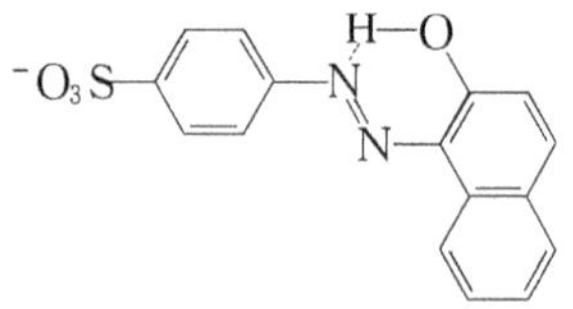

$^{-}O_3S$—C₆H₄—N=N—(2-羟基萘，H—O…N 氢键)　　$^{-}O_3S$—C₆H₄—N=N—C₁₀H₆—OH

C.I. 酸性橙 7　$pK_a=11.4$ 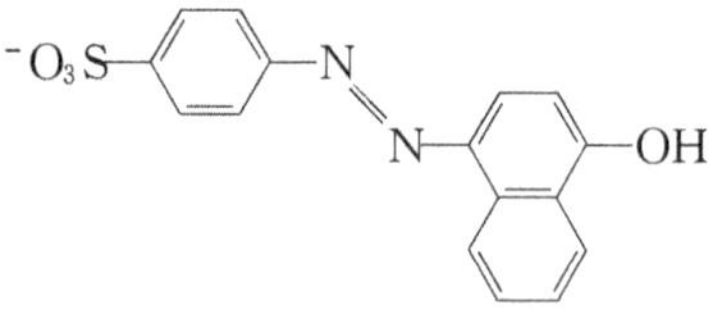　　　C.I. 酸性橙 20　$pK_a=8.2$

为了提高偶氮酸性染料的耐酸碱牢度，一般需要对羟基和氨基采取一定的保护措施，往往将不可能形成分子内氢键的羟基或氨基进行烷基化或酰化，这样既可保证色光的稳定性，又可得到较好的耐酸碱牢度。氨基酰化后，还能提高染料的耐光牢度。

由于蒽醌类酸性染料上的羟基和氨基可与蒽醌环上的羰基形成分子内氢键，故这类染料的耐酸碱牢度比较好。

三芳甲烷类染料对酸碱非常敏感，其耐酸碱牢度最差。三芳甲烷染料在弱酸性和中性溶液中，以稳定的醌式结构存在，各个芳香环之间以共轭双键相连；但是，在强碱性条件下易变成醇式结构，共轭体系被中断而变色，甚至变成无色。

## 三、酸性染料的化学结构与耐光牢度

酸性染料的母体结构、取代基的性质及所处位置对耐光牢度影响极大。一般而言，蒽醌染料的耐光牢度高于偶氮染料，偶氮染料又高于三芳甲烷染料，在常用酸性染料中，三芳甲烷染料牢度很低，一般只有 2－3 级；氨基、羟基等供电子基的存在对耐光牢度有不良影响，而引入卤素、硝基、磺酸基、氰基、三氟甲基等吸电子基团，有利于耐光牢度的提高；偶氮结构中含有杂环的染料，耐光牢度总体上较高。

以 H 酸为偶合组分的单偶氮酸性染料，采用氨基酰化的方法可降低氨基的碱性或供电子性，提高染料的耐光牢度，同时染料的耐酸性和湿处理牢度也有一定的改善。

由表 5－6 可知，以 γ 酸为偶合组分的偶氮酸性染料，在重氮组分的邻位引入吸电子基(卤素、硝基、磺酸基等)可提高染料的耐光牢度，而引入供电子基(乙氧基、氨基、苯氨基)，其耐光牢度明显降低。如果在偶氮基的对位引入氨基，耐光牢度显著降低，但将氨基酰化后，耐光牢度却能得到明显提高。

**表 5－6　γ 酸为偶合组分时重氮组分的取代基对染料耐光牢度的影响**

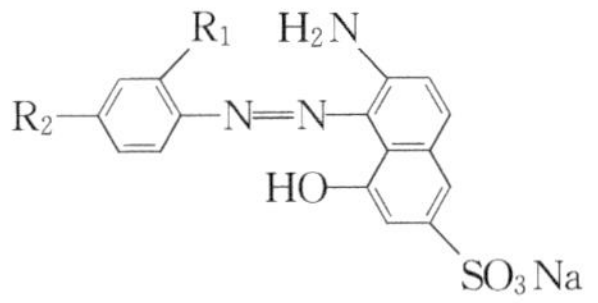

| $R_1(R_2=H)$ | —H | $—SO_3Na$ | —Cl | $—NO_2$ |
|---|---|---|---|---|
| 耐光牢度/级 | 5－6 | 6 | 6 | 6 |
| $R_1(R_2=H)$ | $—OC_2H_5$ | $—NH_2$ | —NHPh | — |
| 耐光牢度/级 | 4 | 2－3 | 3－4 | — |
| $R_2(R_1=SO_3Na)$ | $—NH_2$ | $—NHCOCH_3$ | — | — |
| 耐光牢度/级 | 2－3 | 5－6 | — | — |

以吡唑啉酮为偶合组分的黄色偶氮酸性染料，耐光牢度一般较好。在吡唑啉酮环上引入卤素(Cl)对耐光牢度稍有改善，在重氮组分苯胺氨基的对位引入磺酸基可提高耐光牢度，引入短碳链烷基也可提高耐光牢度，而引入的烷基碳链长度过长，反而会降低耐光牢度，如表 5－7 所示。

**表 5－7　吡唑啉酮偶氮染料的耐光牢度**

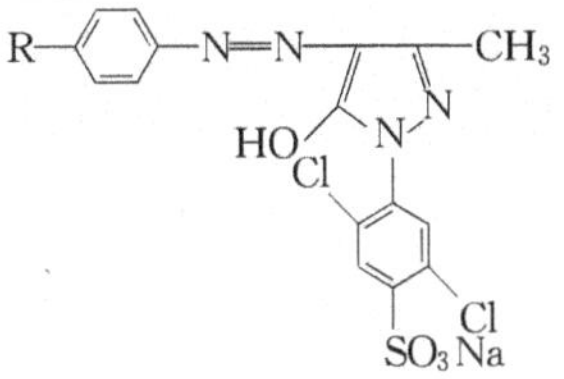

| R | 染　　料 | 在羊毛上的耐光牢度/级 |
|---|---|---|
| —H | 弱酸性黄 3G(C. I. 酸性黄 14) | 6 |
| $—SO_3Na$ | 酸性嫩黄 2G(C. I. 酸性黄 17) | 7 |
| $—C_{12}H_{25}$ | 弱酸性黄 3GS(C. I. 酸性黄 72) | 4－5 |

偶氮酸性染料上的磺酸基和所处位置对单分子染料本身的光稳定性可能影响并不大，但它引起的染料在纤维上的物理状态变化对耐光牢度的影响却是比较大的。

蒽醌酸性染料的耐光牢度总体较好，在羊毛上的耐光牢度一般可达 5－6 级，取代基的性质对其耐光牢度的影响并不大，磺酸基的位置对耐光牢度略有影响。当磺酸基处于所引入的芳胺环上时，染料成为对称型结构，这样染料易聚集而使耐光牢度略有提高；当磺酸基定域在蒽醌核上染料成为不对称结构时，染料不易聚集，其耐光牢度比对称型结构的染料普遍低半级。

## 第四节　酸性染料的发展趋势

与分散和活性等染料一样，酸性染料是纺织品染色最重要的三大类染料之一。强酸性染料，因湿处理牢度较差，在羊毛和蚕丝染色中的使用量正逐步减少；弱酸性染料，因湿处理牢度好，其发展一直受到了更多的关注。

在常见的纺织纤维中，羊毛、蚕丝和锦纶染色使用的染料主要是酸性染料。酸性染料在羊毛和锦纶上的使用量很高。虽然因蚕丝产量有限，酸性染料在其上的使用量不高，但酸性染料仍是蚕丝染色最为重要的染料。

当前酸性染料的主要研究课题是提高染色牢度，改善匀染性，提高染色效率，保证染色质量，减小染色时的纤维损伤，开发高发色力的产品，注重染料的商品化加工，开发液态、粒状、低粉尘等剂型的产品，减小使用中的危害和环境污染，拓宽应用范围，适用新材料、新技术发展的需求，适应应用发展需求向专用方向发展。

## 一、提高染色质量和保证纤维品质

酸性染料的发展趋势之一是提高常规纺织品的染色质量，保证染色纤维的品质，根据应用的需求，开发适合各应用特点的专用染料，即向专用方向发展。典型的例子是一些羊毛和锦纶专用染料的开发。

一些羊毛品种存在严重的毛尖毛根染色浓淡差异，因此需要采用合适的染料来尽可能避免这种差异。针对这一问题，科莱恩公司推出了 Lanasan 染料。Lanasan 染料是精选的酸性和金属络合染料，具有优良的相容性，匀染性良好，可使毛尖和毛根得色均匀。亨兹曼公司推出的 Neolan A 酸性染料，则特别适合羊毛的匹料和绞纱染色，是其他毛用染料的补充染料。

羊毛在 pH 值低于和高于等电点的染液中长时间染色，均很容易受到损伤。如果在等电点附近染色，则可将羊毛的损伤降低到最小程度，羊毛的品质就能得到保证。但不是每种酸性染料均适合在等电点附近染色。科莱恩公司以前推出的 Sandolan MF 染料是在保证匀染性的基础上进一步提高湿处理牢度而形成的一组适用于纱线和匹料染色的酸性染料，该类染料适合在 pH 值为 4.5～5 的条件下染色，因条件比较温和，故羊毛的损伤最小。德司达公司新开发的 Supralan 染料是 1∶2 金属络合染料和耐缩绒性酸性染料，最佳染色的 pH 值是 4.5～5，也能满足这一需求。

锦纶染色存在两大问题，即匀染性和湿处理牢度的问题，从选用的染料角度有时很难同时解决这两个问题，因此需要开发适合锦纶染色的专用酸性染料。锦纶专用染料的开发有两个途径：一个途径是合成新结构的染料，例如日晒牢度优良的红色染料如 C. I. 酸性红 266 即是一个典型例子；另一个途径是从羊毛用酸性染料中筛选出合适的染料应用于锦纶染色。实际上，多家染料厂商已开发了锦纶专用酸性染料。目前，市场上的锦纶专用酸性染料分两类，即匀染型和坚牢型，部分商品牌号见表 5－2。

## 二、适应新纤维和多组分纤维纺织品染色发展的需求

当前，纺织材料和面料的发展趋势之一是新纤维不断涌现，多组分纤维纺织品在纺织品中所占比例大幅增加，新纤维和新纺织品的出现需要有相应的染料和染色技术与之相配套。

与酸性染料染色相关的新纤维如微细和细旦锦纶、涤/锦复合超细纤维、大豆蛋白/聚乙醇共混纤维、蚕蛹蛋白/粘胶纤维、酪素丙烯腈接枝共聚纤维、甲壳素和甲壳胺纤维、甲壳素或甲壳胺/粘胶纤维、酸性染料可染腈纶等，这些新纤维在日常服饰、功能性运动服、保健医疗服等方面已有了很多的应用。但是，这些新纤维的染色，不是在染色牢度和匀染性方面存在很大的问题，就是在染深性或纤维内部着色的均匀性和透染性方面存在较多问题。因此，开发和筛选合适的酸性染料对解决新纤维的染色问题是十分有帮助的。例如，采用锦纶专用的坚牢型酸性染料有利于提高微细锦纶和涤/锦超细复合丝的湿处理牢度。

涉及酸性染料染色的多组分纤维纺织品主要指含羊毛、蚕丝、锦纶组分的纺织产品，常见产品有羊毛绢丝混纺物、羊毛锦纶混纺物、羊毛粘胶纤维(天丝或莫代尔)混纺物、羊毛棉混纺交织物、羊毛腈纶混纺物、羊毛涤纶混纺物、蚕丝与粘胶纤维交织物、绢丝与天丝或莫代尔混纺物、锦纶与氨纶包覆丝织物等。这些多组分纤维纺织品普遍存在同色染色和/或异色染色问题。对于羊毛绢丝混纺物、羊毛锦纶混纺物、锦纶与氨纶包覆丝织物而言，其中的两种纤维均可以用酸性染料染色，但用未经过筛选的染料染色，很难获得同色染色效果。德司达公司新推出的Supranol S－WP染料是不含金属的匀染和耐缩绒酸性染料的混合物，适应了羊毛锦纶混纺、羊毛蚕丝混纺织品同色染色的要求。一些染料品种原本不是针对羊毛锦纶混纺品染色而开发的，但经过试验证明，也很适合羊毛锦纶混纺品的染色，例如亨兹曼公司的Neolan A酸性染料对80∶20的羊毛锦纶混纺品染色，具有优秀的同色性。再如，科莱恩公司的Lanasan酸性染料或金属络合染料，约克夏公司的Intracid T和TX酸性染料。

## 三、适应印染新技术发展的需求

数字喷墨印花技术具有个性化、时尚化、小批量、低污染、对市场反应速度快等特点，一经问世，便备受关注。近年来，喷墨印花设备和技术发展迅速，喷印用的墨水急需发展。酸性染料墨水可用于蛋白质纤维和聚酰胺纤维的喷墨印花。但是，酸性染料墨水有严格的物化指标，如黏度、表面张力、pH值、电解质含量、电导率等要求控制在一定范围内。如果喷印墨水开发工作做好了，市场前景和经济效益十分巨大。现在，亨兹曼公司已开发了Lanaset SI酸性染料墨水，德司达公司开发了Jettex A酸性染料墨水，国内的研发工作也正在进行之中。

随着由计算机控制的自动调浆和自动调液系统的广泛应用和小浴比染色机的发展，要求配制高浓度、高稳定性的染料溶液或印花浆，因此对染料的溶解性提出了更高的要求。采用合适的酸性染料商品化加工方法、选用合适的染料品种和溶解添加剂，是提高酸性染料溶解度的重要途径。

## 四、开发环保酸性染料

染料制造和染色加工面临的环保要求越来越高，环保问题越来越突出。开发的新染料主要要着眼于符合环保和生态要求，即具有“六不”特点：不含致癌芳香胺和不会裂解产生致癌芳香胺、不含过敏性染料、不使用对人体和环境产生危害的激素类原料或中间体、不含超标的重金属、不含超标的甲醛、染料和添加剂中不含对环境有污染的化学物质。虽然现使用的酸性染料在这方面的问题不大，但这一问题仍需引起高度重视。另外，在酸性染料配套助剂的开发方面，也需要注重环保要求。

## 五、开发新发色体、提高色牢度和改进商品化技术

在酸性染料品种中，偶氮结构发色体占大多数，某些偶氮染料能被生物诱变产生致癌芳香胺。常用的部分酸性染料仍存在发色力不高、鲜艳度不佳的问题，一些酸性染料的耐日晒、耐洗、耐湿摩擦、耐汗渍等牢度达不到现在的高标准牢度要求。部分酸性染料由于受商品化加工的影响，在溶解度、上染率、匀染性等方面问题严重。因此，研制和开发新的酸性染料发色体、提高色牢度、改进商品化加工技术，将有助于这些问题的解决。

## 六、拓宽酸性染料的用途

在纺织领域，酸性染料主要应用于羊毛、蚕丝、锦纶的染色和印花。另外，酸性染料还有很多的非纺织应用，例如可应用于皮革、木材、纸张等的染色和制备墨水等。

酸性染料在皮革染色中也有着重要的应用，目前皮革用染料大部分为酸性染料，约占50%～60%，另外10%～20%为直接染料，10%～20%为金属络合染料。因此，进一步开发适合皮革染色的环保型酸性染料具有十分重要的意义和经济价值。

随着计算机的普及，喷墨打印机使用量日益增加，近年来水性圆珠笔发展速度也很快，普通纸张喷墨打印和水性圆珠笔均需要采用水性墨水，在水性墨水用染料中，酸性染料占了较大的比例。纺织品数字喷墨印花技术的快速发展，也急需开发酸性染料墨水用于蚕丝、羊毛和锦纶的印花。但是，墨水理化指标的要求相当严格，需要很高的染料分离技术。水性墨水是酸性染料急需开发的应用领域，国产水性墨水尚不能较好地满足国内市场需求。

随着人们环保意识、国家天然森林资源保护措施的加强以及生活水平的提高，家具与装修对珍贵木材的需求与珍贵木材的匮乏之间的矛盾日益突出，因此利用染色实现低值木材模拟人们理想中的珍贵木材就成为理想的选择。木材染色可以把天然木材生长过程中产生的不同树种、不同部位之间的色差消除，提高低值木材的经济价值，增加装饰建材的花色品种。木材可以用酸性、碱性、直接、活性等水溶性染料染色，就目前木材染色的现状而言，酸性染料在木材染色中的地位是较重要的。开发木材专用染料是拓宽酸性染料新用途的重要途径之一。天津天顺化工染料有限公司针对目前市场需求，推出一套木材染色专用的染料，有黄秧木色、柚木色、浅香红木色、深香红木色、红榉木色、紫罗兰色和黑胡桃木色等，色谱从黄到黑共计13个品种：酸性黄F、酸性黄NG、酸性黄R、酸性橙NO、酸性红NR、酸性红RF、酸性红RN、酸性红NB、酸性紫B、酸性棕NS、酸性棕NW、酸性黑NT和酸性黑RN等。该套染料对木材染色亲和力高，渗透力强，染色方法简单，色泽稳定、鲜艳，色牢度高，各项指标均已达到木材染色的要求。另外，浙江上虞光明化工有限公司、天津亚东化工染料厂也对木材染色用染料进行了开发和生产。

## 复习指导

1. 掌握酸性染料的结构特点、酸性染料和直接染料在结构上的区别、酸性染料与纤维之间的结合力。

2. 熟悉酸性染料的应用分类和结构分类。

3. 掌握酸性染料合成的基本方法。

4. 掌握酸性染料结构与应用性能的关系，尤其是应该熟练掌握酸性染料结构与匀染性、湿处理牢度和耐光牢度的关系。

## 思考题

1. 从结构上怎样区分强酸性染料和弱酸性染料，并说明它们在性质上的不同。

2. 指出下列染料的大致颜色，并从苯、萘出发合成其中(1)(4)两只染料。

(1)

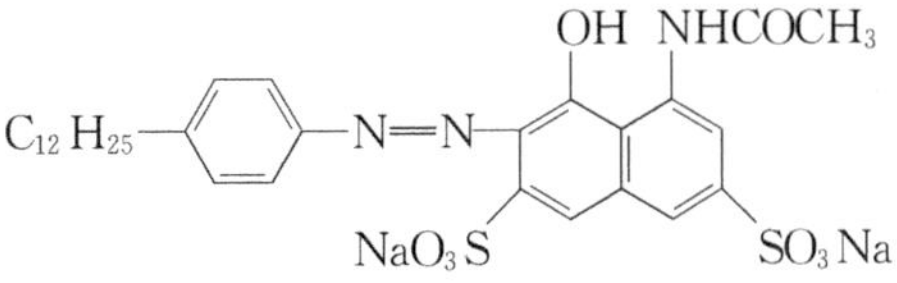

(2)

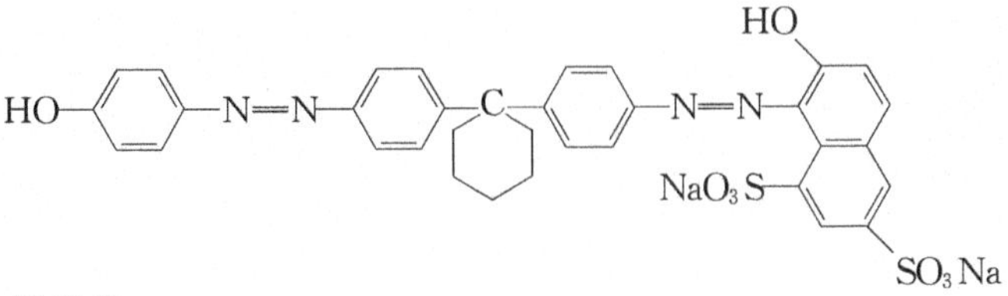

(3)

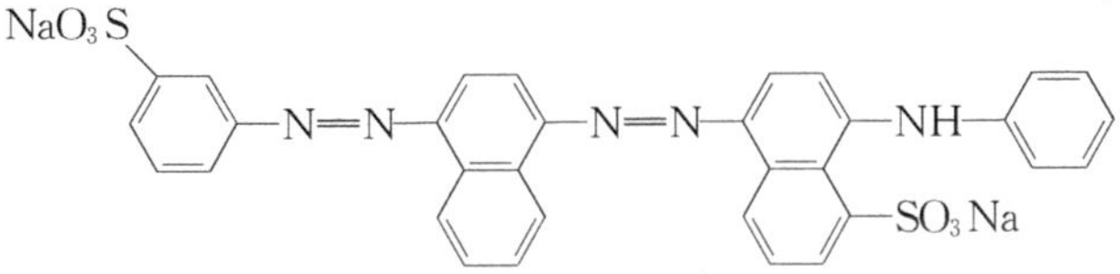

(4)

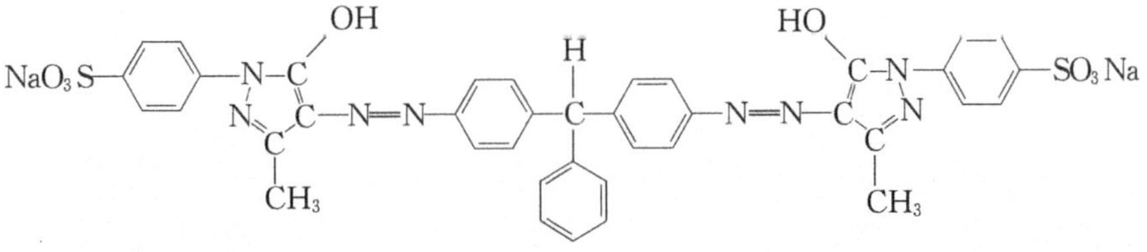

3. 从原料出发合成下列染料。

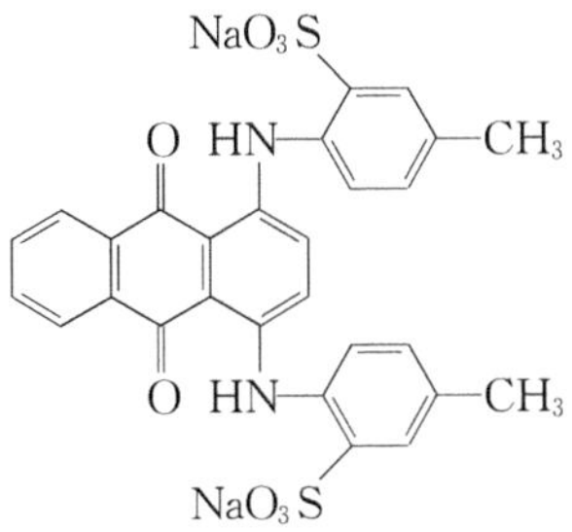

弱酸性绿 GS

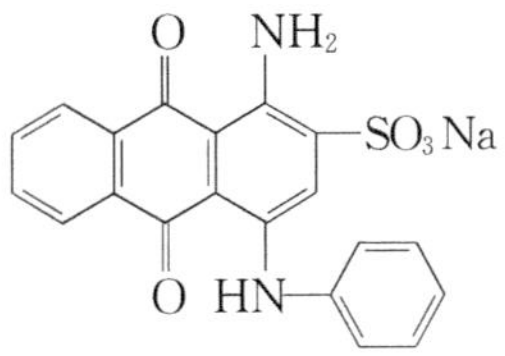

酸性蓝 A

4. 试写出以苯胺为原料合成孔雀绿、结晶紫的反应式。

5. 试讨论三芳甲烷酸性染料的结构特点，并比较其与偶氮、蒽醌酸性染料性能的不同(颜色、日晒牢度和化学稳定性等方面)。

6. 试比较下列酸性染料湿处理牢度的高低。

(1)

a.

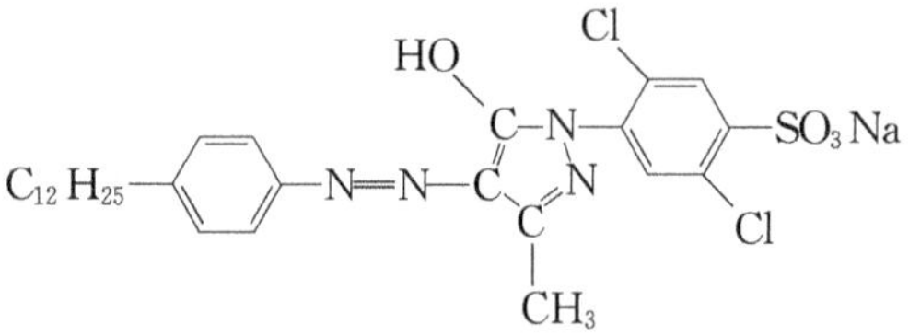

b.

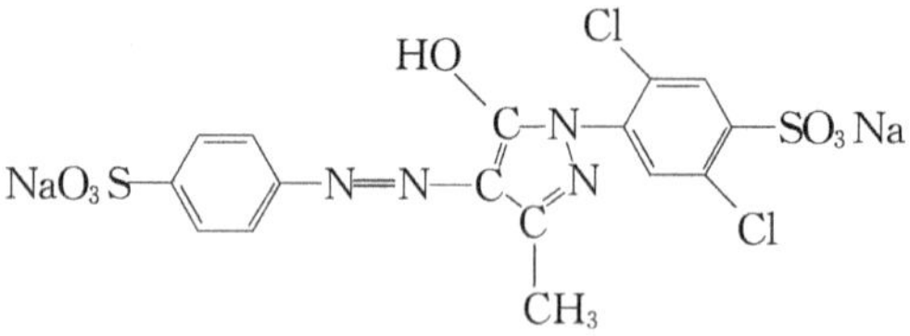

c.

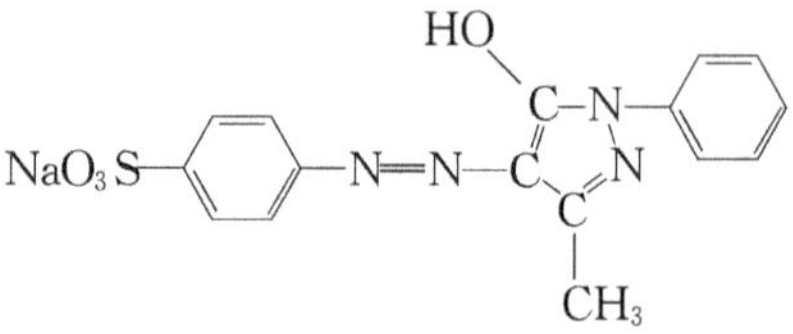

(2)

a.

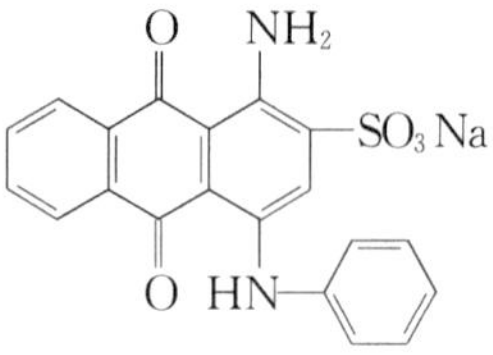

b.

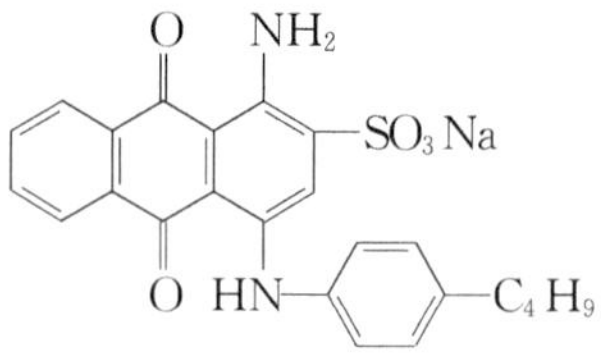

c.

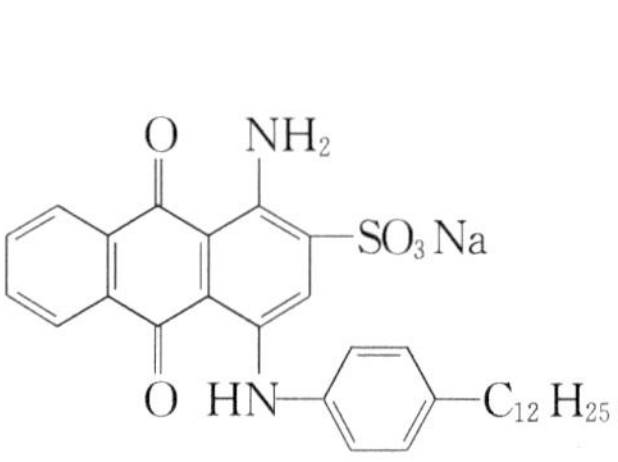

d.

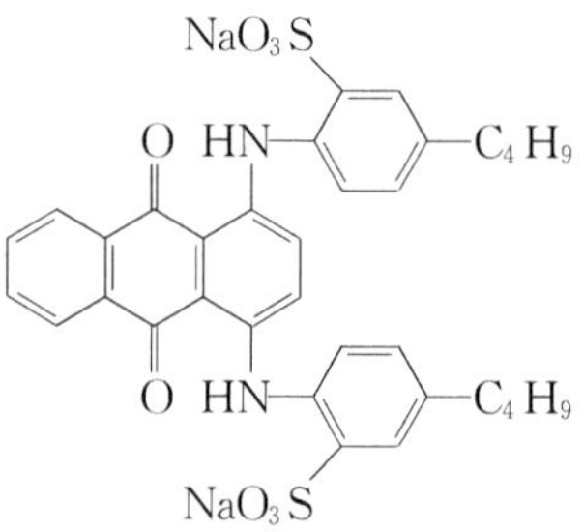

7. 指出下列染料耐光牢度的高低顺序，并说明原因。

(1)

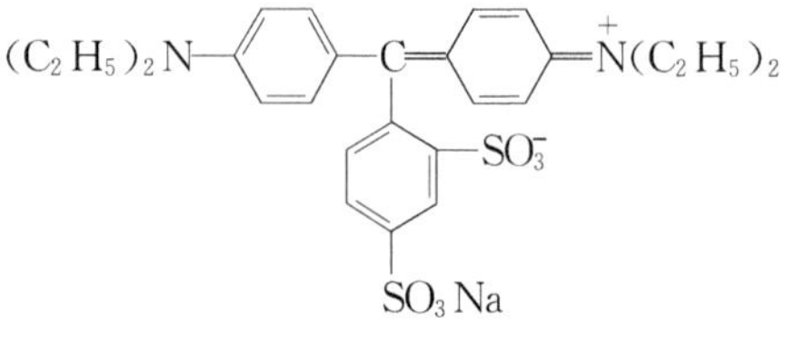

(2)

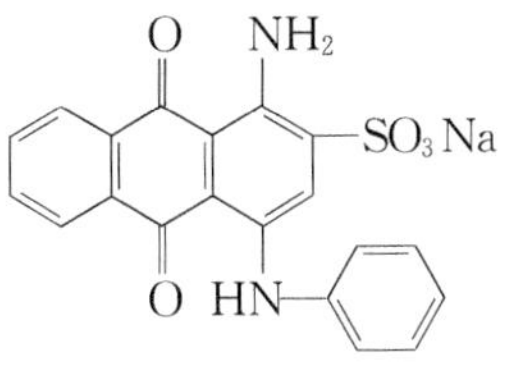

(3)

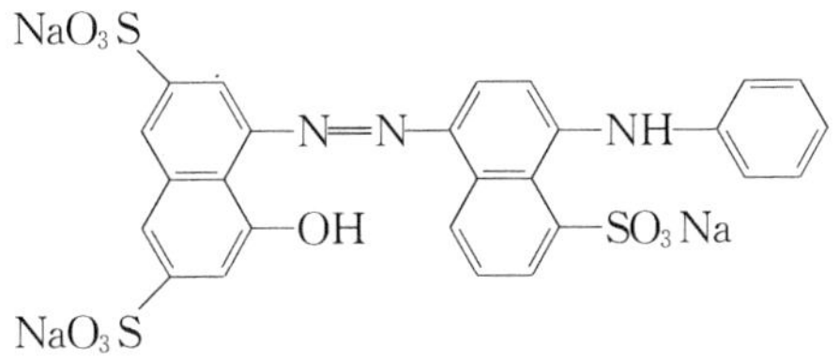

## 参考文献

[1]矢部章彦．新染色加工讲座4——染色/坚ろぅ性の理论[M]. 东京:共立出版株式会社,1971.

[2]黑木宣彦．染色理论化学[M]. 陈水林,译．北京:纺织工业出版社,1981.

[3]Shore J. Blends Dyeing[J]. Bradford UK:The Society of Dyers and Colourists. 1998.

[4]上海市纺织工业局．染料应用手册(第二分册)[M]. 北京:纺织工业出版社,1983.

[5]赵涛．染整工艺学教程(第二册)[M]. 北京:中国纺织出版社,2005.

[6]钱国坻．染料化学[M]. 上海:上海交通大学出版社,1988.

[7]王菊生．染整工艺原理(第三册)[M]. 北京:纺织工业出版社,1984.

[8]何瑾馨．染料化学[M]. 北京:中国纺织出版社,2009.

# 第六章 酸性媒介染料和酸性含媒染料

## 第一节 引言

远在古代，人们就发现某些天然染料，主要是植物染料，原来不能上染动物或植物纤维，但将纤维用铁、铝等金属盐溶液浸渍后就能上染。染料和这些金属离子在纤维上形成不溶性的染料固着在纤维上，所得染色产品具有良好的耐洗和耐晒牢度，而且用不同的金属离子处理后，用一种染料染色可得到不同的颜色。这类染料称为媒介染料，这些金属化合物称为媒染剂。在没有出现合成染料之前，媒介染料是一类很重要的染料。例如，棉织物用茜素（主要成分是 1，2－二羟基蒽醌）染色可获得鲜艳的红色，俗称土耳其红，其染色过程很复杂，最后在纤维上形成的是铝和钙金属的不溶性染料。苏木黑也是天然媒介染料，是苏木精的氧化物。直到今日仍少量用于蚕丝、羊毛等纤维的染色，可获得乌黑的颜色。苏木精是苏木的萃取物，氧化后变成氧化苏木精，即苏木黑。苏木黑与铁、铬等媒染剂生成含金属的黑色不溶性染料。

酸性媒介染料（mordant dyes）是一类能与金属媒染剂形成螯合结构的酸性染料，由于染色过程除包括正常的酸性染色外，还包括金属盐媒染一步，故在染料分类和染料索引中单独列出，称为媒介或媒染染料。酸性媒介染料可溶于水，能在酸性条件下上染蛋白质纤维和聚酰胺纤维，上染纤维的染料与金属媒染剂作用形成螯合物后，便具有很高的耐湿处理牢度和耐光牢度。常用的媒染剂是重铬酸盐。酸性媒介染料存在的缺点是：染色废水中含有六价铬离子，造成环境污染；色泽不鲜艳；后媒法染色不易拼色；且后媒染法需经两个工序，过程长，纤维化学损伤较严重，影响手感或纤维的纺纱性能。这类染料价格便宜，耐洗和耐光牢度高，故曾经是羊毛染色用的重要染料。由于色泽不鲜艳，它们常用来染一些灰暗的颜色。在羊毛后媒染色法的媒介染料中，有 50%～60%用于染黑色，25%～30%用于染蓝色，余下的 10%～25%用于染其他有限的几种颜色。在蚕丝染色方面，因其色泽较暗，染色工艺复杂，容易引起丝纤维损伤，故极少使用。而锦纶染色，除了工艺复杂和色光较暗之不足外，如果染后纤维上媒染剂去除不净，极易引起锦纶经日光曝晒后强力明显下降，故也极少使用。

酸性含媒染料或金属络合染料（pre－metallized acid dyes 或 metal complex dyes）是分子中已含有金属螯合结构的酸性染料，即合成时已将金属离子引入到染料中。所含金属离子一般也是铬离子，少数是钴离子。在《染料索引》中，酸性含媒染料属于酸性染料之列。这类染料在染色时不再需要媒染处理。它们的色泽鲜艳度介于酸性媒介染料和酸性染料之间。优点是染色简便，具有较高的耐洗、耐晒和耐缩绒等牢度，许多酸性含媒染料是羊毛和蚕丝染色常用的染料，在锦纶染色中也有较多的应用。

进入21世纪以来，酸性媒介染料和酸性含媒染料在纺织品上的应用面临前所未有的挑战。酸性媒介染料染色存在严重的含铬废水排放问题，金属络合染料在某些使用条件下的稳定性问题、染料中游离的金属等均严重影响着纺织品是否符合环保法规的指标。随着各种生态纺织品标准在全世界范围内被接受和采用，酸性媒染染料和酸性金属络合染料的应用前景将受到严重的威胁。采用高坚牢度的酸性染料和活性染料取代酸性媒介染料和酸性含媒染料，将是解决现有酸性媒介染料和酸性含媒染料存在的生态问题的主要途径。

## 第二节　酸性媒介染料的结构和性能

酸性媒介染料一般具有强酸性染料的基本结构，其特征是染料分子中还含有两个能提供给电子对、可以与过渡金属元素络合形成螯合结构的配位基，而且这些配位基还必须处于分子的适当位置上。按照化学结构分，绝大多数酸性媒介染料属于偶氮类，其中主要是单偶氮染料，其他如三芳甲烷、蒽醌、硫氮蒽结构的染料为数不多。

### 一、偶氮类酸性媒介染料

酸性媒介染料以偶氮类染料的品种最多，它们对染色方法的适应性也最好，同一染料往往可用不同的媒染方法染色。大部分的偶氮类酸性媒介染料常用后媒法染色，除藏青和黑色外，也可采用同媒法染色。偶氮类媒介染料几乎包括了整个色谱，只是蓝、紫和绿色较少。它们的共同特点是具有很好的耐光和湿处理牢度。

**(一)水杨酸衍生物类**

这类染料具有邻羟基、羧基结构，即水杨酸结构，绝大多数黄色、橙色以及少数棕色的酸性媒介染料属于此类。它们媒染前后的色光变化不大，耐光牢度不及偶氮基参加络合的染料。它们多半对预媒和后媒法都适用。典型染料的结构如下：

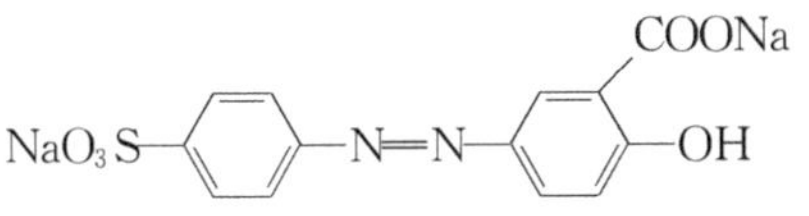

酸性媒介深黄 GG (C.I. 媒介黄 10,14010)

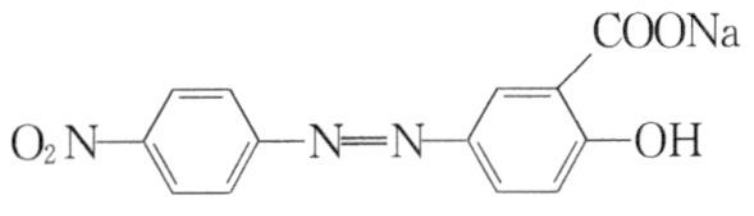

酸性媒介橙 M (C.I. 媒介橙 1,14030)

酸性媒介黄 CR (C.I. 媒介黄 26,22880)

以水杨酸结构的媒介染料大多以水杨酸为偶合组分，或采用氨基水杨酸为重氮组分与吡唑啉酮、萘酚衍生物偶合而成。

另外，以8-羟基喹啉作为末端配位体的染料，性质与水杨酸类染料有些相似，媒染前后的色光变化也不大。

**（二）邻羟基偶氮类**

这类染料的特点是偶氮基两侧邻位都具有配位基团，并且其中之一为羟基，另一基团可以是羟基、氨基、羧基等，以邻，邻′-二羟基单偶氮染料为最多。邻羟基偶氮类的酸性媒介染料应用最广，色谱较全，具有较高的耐光和湿处理牢度。由于偶氮基参与螯合，故染料在媒染前后的色光变化很大，媒染后色光变深变暗。典型染料的结构如下：

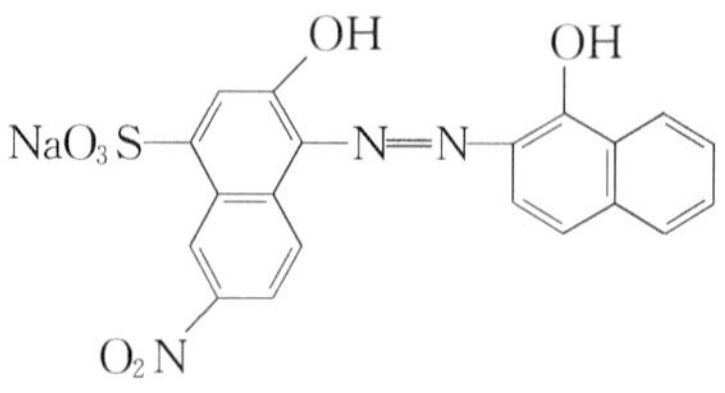

酸性媒介黑 T（C. I. 媒介黑 11，14645）

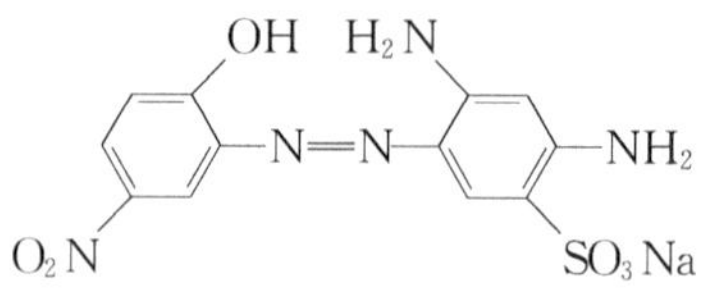

酸性媒介棕 RH（C. I. 媒介棕 33，13250）

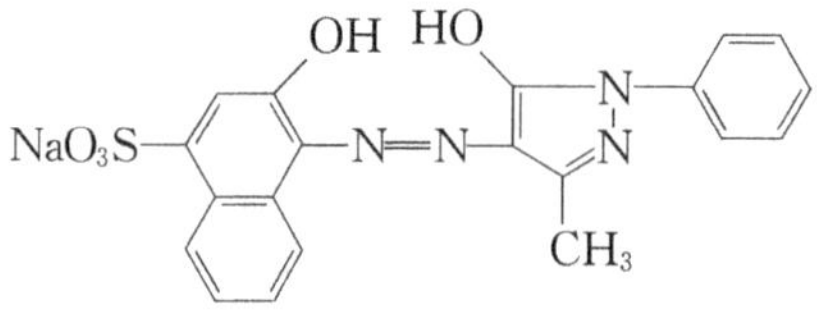

酸性媒介枣红 BN（C. I. 媒介红 7，18760）

作为重氮组分，合成这类染料用的芳伯胺是一些邻羟基苯胺衍生物。而偶合组分种类较多，用吡唑啉酮作偶合组分可获得橙色、红色染料，如酸性媒介枣红 BN。如果偶合组分为萘系衍生物，所得多为红、蓝、绿和黑色染料。如果重氮组分和偶合组分都为萘系衍生物，所得染料颜色更深，多为蓝色、绿色和黑色，如酸性媒介黑 T。很多棕色酸性媒介染料的偶氮基两侧，一侧是一个羟基，另一侧则为氨基，如酸性媒介棕 RH。

值得指出的是，用在羟基的迫位有磺酸基的 1-萘酚作偶合组分，所得到的染料络合速度较慢，可用于同媒染法染色。原因可能是羟基和磺酸基间存在氢键结合，减弱了羟基参加络合反应的能力。

**（三）迫位二羟基萘衍生物类（变色酸类）**

变色酸作偶合组分合成的染料，具有良好的匀染性，经媒染后色光变化极大，故又有酸性铬变染料之称。例如，酸性媒介蓝 B（C. I. 媒介蓝 13，16680），铬处理前为品红色，铬处理后则变成蓝色。

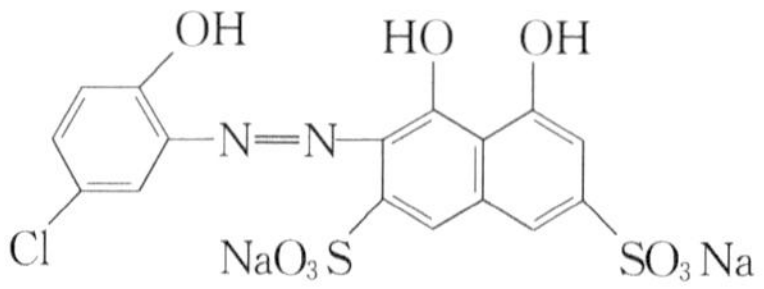

酸性媒介蓝 B

**（四）需经氧化处理的偶氮染料**

有些酸性媒介染料本身结构并不具备与金属离子络合的条件，需先经氧化生成羟基或醌型结构，才能具备与金属离子络合的能力。重铬酸盐兼具氧化、媒染络合的双重作用，所以用量要比一般媒介染料多些。例如，酸性媒介藏青 AGLO(拼混染料，主要组分为酸性红 B)，经重铬酸盐处理后，分子结构中产生了邻，邻′-二羟基偶氮结构，络合物显黑色。

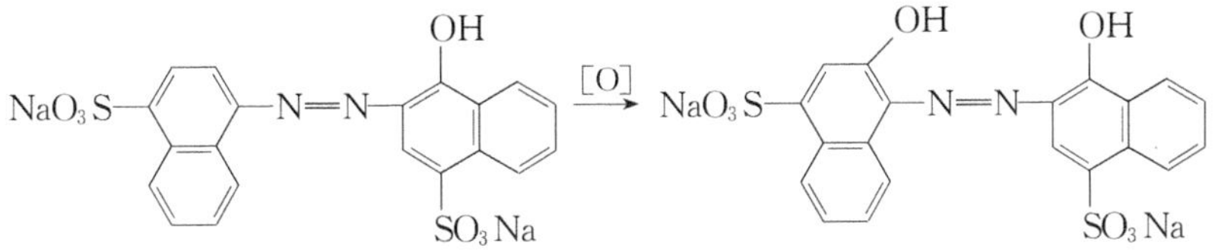

又如酸性媒介黑 PV(C. I. 媒介黑 9，16500)，虽然本身已是邻，邻′-二羟基偶氮染料，但需先经氧化生成醌型结构，方能得到牢度高的乌黑色。

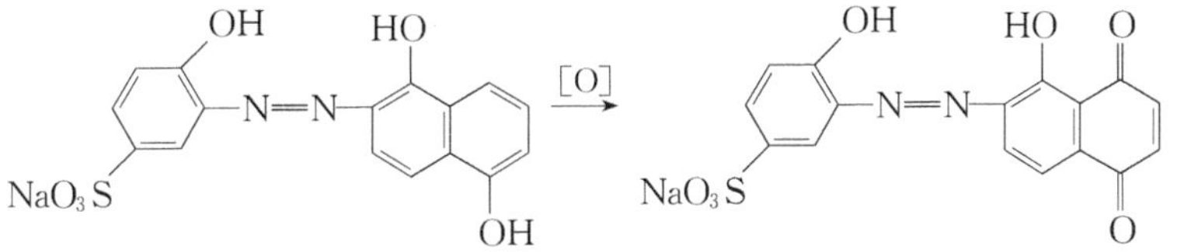

## 二、三芳甲烷类酸性媒介染料

这类染料分子中含有水杨酸结构，能和铬离子发生络合。它们主要是一些蓝色、紫色染料，特别重要的是颜色鲜艳的蓝色染料。这类染料匀染性好，色泽鲜艳，耐光牢度中等，湿处理牢度较好，大多数染料可用任一媒染方法染羊毛。典型染料的结构如下：

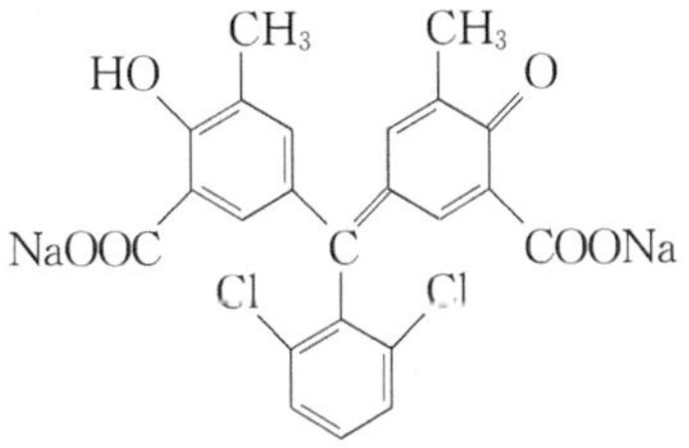

酸性媒介宝蓝 B (C. I. 媒介蓝 1，43830) 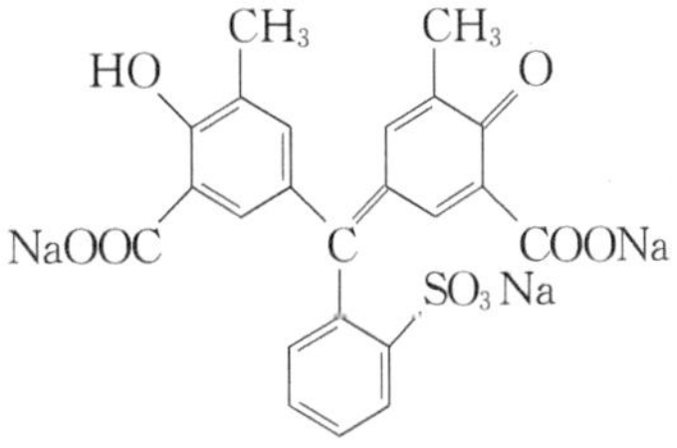　　酸性媒介蓝 R (C. I. 媒介蓝 3，43820)

## 三、蒽醌类酸性媒介染料

这些染料的结构与蒽醌类酸性染料极为相似，都是在 α 位上具有羟基、氨基、取代氨基等基团，这些基团可以与迫位的羰基生成螯合环，能与金属离子生成螯合物。这两种染料的界限很难划清，很难区分，只是应用方法不同。此类染料如酸性媒介灰 BS(C. I. 媒介黑 13，63615)。

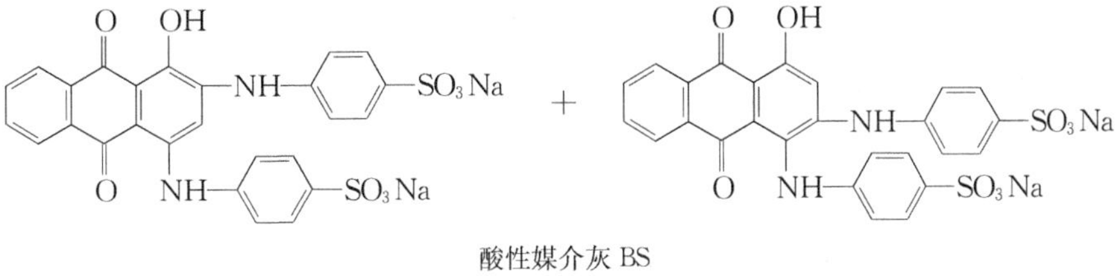

酸性媒介灰 BS

部分天然染料也具有蒽醌媒介染料的特点，典型的例子是茜素（C. I. 媒介红 11，58000）。茜素主要的有效成分是 1，2 －二羟基蒽醌，其本身为黄色，用不同的金属离子媒染后可得到不同的颜色。茜素用铝和钙做媒染剂，在土耳其红油存在下染色可得到美丽坚牢的红色，即为著名的土耳其红（Turkey red），改变铝和钙的比例还可改变其色光。

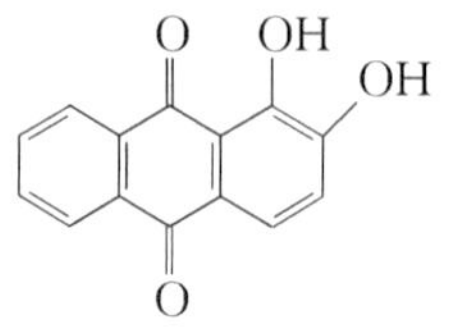

茜素

# 第三节　酸性媒介染料与铬离子的络合反应

## 一、染料配位基与金属离子

络合物是由两个或两个以上含孤对电子或 π 电子的分子或离子（配位体）与具有空的价电子轨道的中心离子或原子结合成稳定的结构单元。作为金属络合物，中心离子是金属离子或原子，多个配位体之间没有价键相连，只与中心离子或原子形成配位键结合。螯合物是螯形络合物的简称，是由含有多个配位原子的配位体与中心金属离子形成多个配位键而构成的环状化合物。

染料金属离子络合物实际上就是金属离子与染料发色体螯合形成的金属有机螯合物。媒介染料是具有螯合能力的染料配位体，在染料母体结构上合适位置处的—OH、—$NH_2$、—$OCH_3$、—COOH 等配位基可提供多个孤对电子，中心金属离子具有空的价电子轨道，它们之间可形成配位键结合。

## 二、染料与金属离子的络合反应

羊毛采用酸性媒介染料染色，其染色过程包括两个方面：染料在酸性染浴中吸附于纤维上，扩散进入纤维内部；在媒染处理时，染料与金属离子反应生成络合物。常用的媒染剂是重铬酸钠（或钾），俗称红矾。在媒染过程中，重铬酸离子被羊毛吸附后，六价铬主要被羊毛中的胱氨酸中的二硫键或半胱氨酸中的巯基还原（酪氨酸剩基上的酚羟基对之也具有一定的还原作用），会很快产生三价铬离子，三价铬离子很快与染料、羊毛上的配位基发生络合反应。

三价铬离子的配位数是 6，染料与三价铬离子的络合反应分子比决定于染料配位体的结构和反应条件。

对于水杨酸结构的酸性媒介染料，每个水杨酸结构具有两个配位基，三价铬离子的配位数是 6，理论上三价铬离子可与染料形成 1∶1、1∶2、1∶3（中心金属离子与染料分子数之比）三种类型的络合物，实际上主要形成 1∶2 型的络合物。在羊毛上反应时，羊毛上具有孤对电子的基团可作为配位基参加络合反应。如果铬离子的配位数尚未达到饱和，它还能与纤维或溶液中的水分子完成配位。

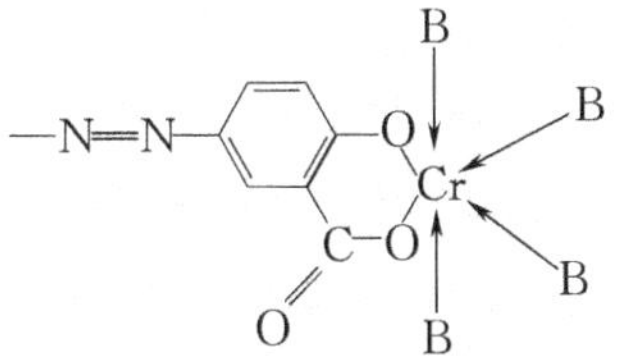

1∶1型（B其他配位基） 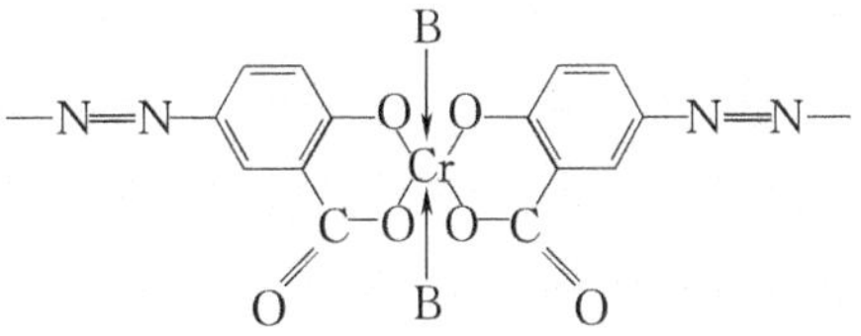　　　　1∶2型

邻，邻′-二羟基偶氮结构的染料与三价铬离子的络合反应，随着溶液 pH 值的不同，理论上可形成 1∶1 型和 1∶2 型两种络合物。在 pH 值低于 4 的溶液中，主要生成 1∶1 型的络合物：

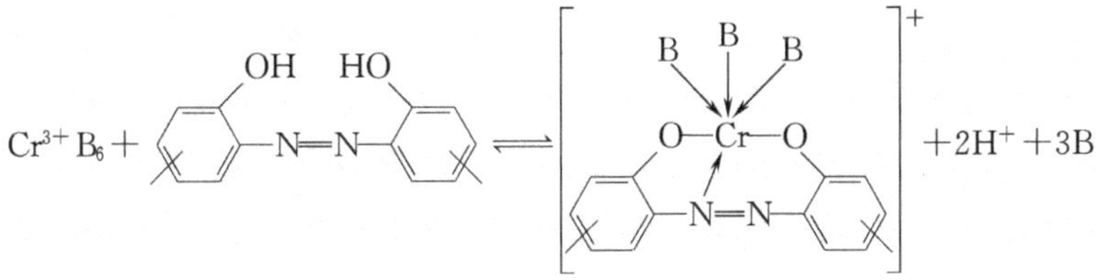

在弱酸性或中性染液中，主要生成 1∶2 型的络合物：

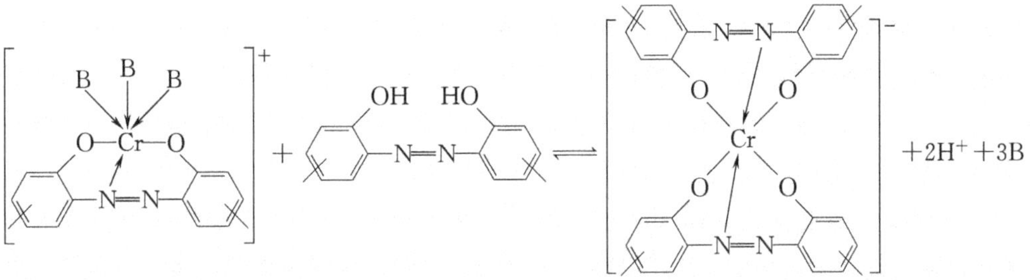

染料和三价铬的络合过程是一个亲核取代反应过程，在此过程中有质子放出，溶液 pH 值越低，越有利于反应向反方向进行。因此，在较低 pH 值时易于形成 1∶1 型的络合物，而在较高 pH 值时易于形成 1∶2 型的络合物。

1∶1 型络合结构本身带有一个正电荷，1∶2 型络合结构则带有一个负电荷。

染料在羊毛上发生络合反应时，羊毛上具有孤对电子的基团（羧基、氨基、羟基等）也可参加反应。如前所述，三价铬离子在羊毛上主要与羧基成络合物的形式存在。特别是在预媒染色时，三价铬离子是与羊毛成络合物的形式与染料反应的，染料分子上的配位基取代羊毛上铬络合物中的水分子和羊毛上的配位基而与三价铬络合。

由于媒染处理一般在酸性条件下进行，因此有人认为染料与三价铬离子主要生成 1∶1 型的络合物，此时铬离子与染料和羊毛之间存在配位键结合，另外染料与羊毛之间还有离子键、范德华力和氢键等的结合。然而，染料与三价铬离子 1∶2 型络合物也是存在的，此时羊毛虽然不参加络合，但与染料之间仍存在离子键、范德华力和氢键等的结合，在纤维内形成 1∶2 型络合物后，染料体积显著增加，溶解度显著降低，较难从纤维中扩散出来，所以湿处理牢度也很好。

# 第四节　酸性含媒染料的结构和性能

由于酸性媒介染料色泽比较萎暗，染色工艺复杂，操作不方便，尤其是媒染处理后要排放出大量的含铬污水，更增加了加工的困难和环保压力。为了克服上述麻烦，于是便出现了在染料生产过程中直接将络合金属预先引入染料分子中而形成的酸性含媒染料。

用酸性含媒染料染色，工艺大为简化，没有仿色的困难，染色产品的耐光牢度较好，耐洗牢度稍逊于酸性媒介染料，色泽鲜艳度虽比酸性染料差，但比酸性媒介染料好，染色时的排污情况也有改善。它们有黄、橙、红、蓝、紫、绿、黑等各色品种。与酸性染料一样，可用于羊毛、蚕丝、锦纶等纤维的染色。

酸性含媒染料是由可提供电子对的偶氮染料与三价铬盐（有些是钴、铜等），通过络合作用而形成的。随着络合前两者比例和络合工艺条件的不同，整个络合物分子中的金属离子与染料分子之比也不尽相同。按照中心金属离子与络合的染料分子数目之比，现有的酸性含媒染料可分为 1∶1 型和 1∶2 型金属络合染料两大类。

## 一、1∶1 型酸性含媒染料的结构和性能

1∶1 型酸性含媒染料或 1∶1 型金属络合染料，需要在强酸性条件下染色，在国产染料分类中，称为酸性络合染料。国外典型的商品牌号有德司达公司的 Palatine（派拉丁）、亨兹曼公司的 Neolan（宜和仑）。

1∶1 型酸性含媒染料的母体大多是由邻氨基酚衍生物与含羟基或氨基的偶合组分偶合得到的单偶氮染料，且多为邻，邻′-二羟基偶氮染料。该类染料由染料母体与甲酸铬、氯化铬或硫酸铬溶液在低 pH 值、高温高压下铬化而制得。染料分子中含有一个或两个磺酸基，以一个磺酸基的居多。含有一个磺酸基的 1∶1 型含媒染料，以两性离子形式存在；含有两个磺酸基的染料，整个分子带有一个负电荷。例如，酸性络合红 GRE（C. I. 酸性红 183）的结构式如下：

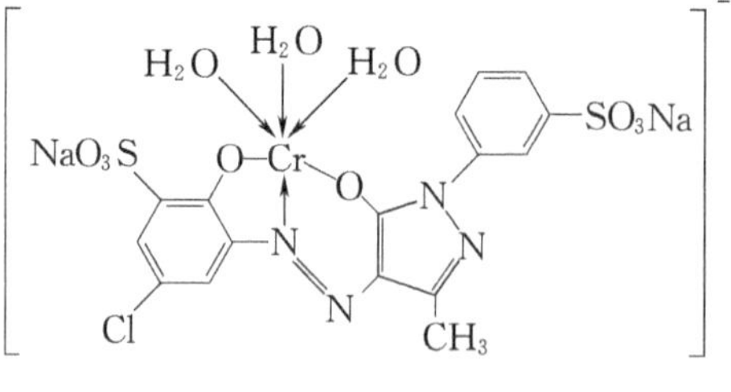

1∶1 型酸性含媒染料的染色性能，随着染料分子所带电荷和亲水性的大小而不同，磺酸基的位置也有影响。磺酸基越多，染料亲水性增加，就更具有酸性染料的特点。

1∶1 型酸性含媒染料多用于羊毛在较强的酸性条件下染色，蚕丝和锦纶极少使用。1∶1 型酸性含媒染料具有优良的匀染性、较好的耐光牢度和湿处理牢度，对羊毛的亲和力与耐缩绒

酸性染料近似，特别适用在炭化处理后的羊毛上，并可在炭化后不需再经中和处理。但是，这种染料需要在强酸性条件下染色，而且酸的用量大，才能获得很好的匀染效果，故带来了易使羊毛受到损伤、影响织物手感和光泽、易腐蚀设备等缺点。另外，与媒介染料相比，此类染料耐缩绒牢度还较差。因此，这类染料目前应用较少。

## 二、1∶2 型酸性含媒染料的结构和性能

1∶2 型酸性含媒染料或 1∶2 型金属络合染料，在弱酸性或中性条件下染色，在国产染料分类中，称为中性金属络合染料，简称中性染料。

1∶2 型酸性含媒染料母体结构主要是邻，邻′-二羟基偶氮染料。两个母体染料可以相同，也可以不同。用前者合成得到对称型 1∶2 型酸性含媒染料，如中性枣红 GRL（C. I. 酸性红 213），用后者合成得到不对称型 1∶2 型酸性含媒染料，如中性黑 BGL（C. I. 酸性黑 107）。

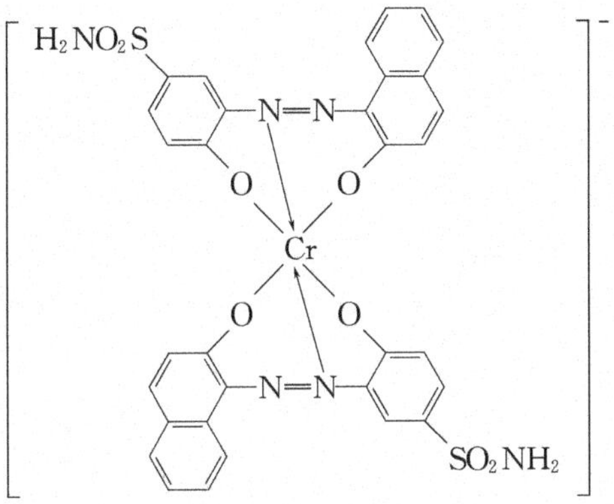

中性枣红 GRL

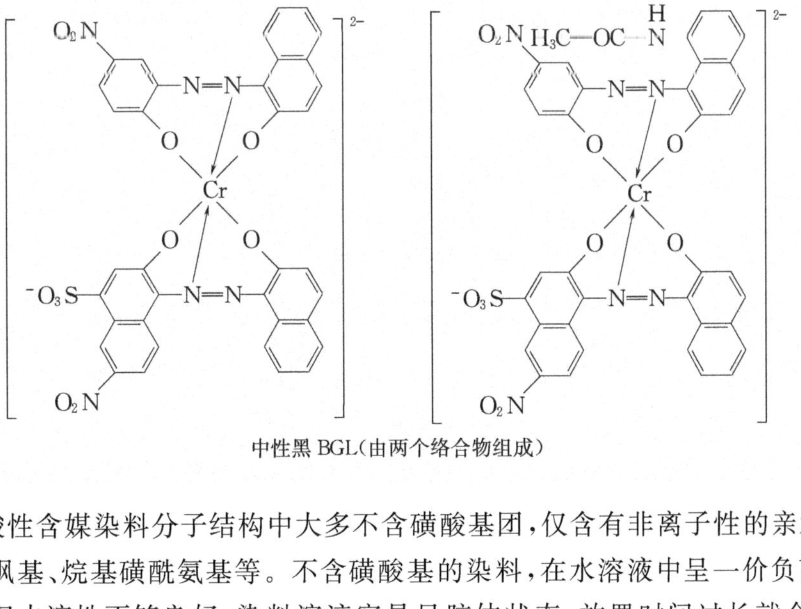

中性黑 BGL（由两个络合物组成）

1∶2 型酸性含媒染料分子结构中大多不含磺酸基团，仅含有非离子性的亲水基团，如磺酰氨基、烷砜基、烷基磺酰氨基等。不含磺酸基的染料，在水溶液中呈一价负离子，有一定的溶解度，但水溶性不够良好，染料溶液容易呈胶体状态，放置时间过长就会有严重沉

淀。不含磺酸基的染料的水溶性、匀染性、亲和力、染色牢度主要决定于磺酰氨基等亲水基的多少，芳香环和其他取代基的性质，络合金属离子的性质等。相似母体的含磺酰氨基的染料与含烷砜基的染料相比，具有更好的亲水性，但上染速率有所下降。增加亲水基或水溶性基团的比例，虽然溶解度提高了，但湿处理牢度往往随之降低。增加甲基、苯基等可增加亲和力，还可以增加相对分子质量来提高染色坚牢度，但增加相对分子质量要适度，否则会影响溶解度、匀染性和透染性。一般 1∶2 型酸性含媒染料的相对分子质量要求控制在 600～800 之间。

早先的 1∶2 型酸性含媒染料不含磺酸基，水溶性比较低。后来人们试图引入离子型的磺酸基和羧基来提高这类染料的水溶性，以便用于羊毛染色，结果所染羊毛有严重的毛尖和毛根之间的染色不匀现象，而且稳定性也差。例如，由两个分子各带一个磺酸基的偶氮染料形成的 1∶2 型酸性含媒染料，在强酸介质中(pH 值小于 2)很容易分解成一分子的 1∶1 型的染料和一分子不含金属的染料。后来，通过对磺酸基与染料稳定性关系的深入研究，发现某些染料分子中引入一定数量的磺酸基或羧基，对染料稳定性影响不大，关键是要控制染浴的 pH 值不低于 2，染色温度不要过分高。

含磺酸基的 1∶2 型酸性含媒染料有两种基础类型，即双磺酸基型和单磺酸基型。双磺酸基型的商品牌号如德司达公司的 Isolan 2S 和科莱恩公司的 Lanasyn S－D，单磺酸基型的商品牌号如德司达公司的 Isolan S、亨兹曼公司的 Lanacron S、科莱蒽公司的 Lanasyn S。典型的单磺酸基的 1∶2 型酸性含媒染料如上述的中性黑 BGL，双磺酸基的 1∶2 型酸性含媒染料如 C. I. 酸性橙 148(C. I. 18746)。

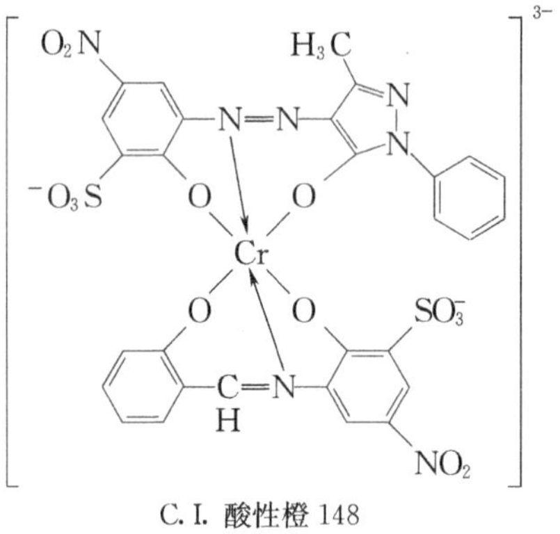

$O_2N$ $H_3C$ N N N═N N $^-O_3S$ O O Cr O O $SO_3^-$ C═N H $NO_2$ $3-$

C. I. 酸性橙 148

含磺酸基的 1∶2 型酸性含媒染料虽然水溶性较好、应用方便，但对酸的稳定性降低，拼色相容性以及对毛尖毛根染色差异的遮盖性比不含磺酸基的 1∶2 型酸性含媒染料差。

与 1∶1 型酸性含媒染料相比，1∶2 型酸性含媒染料虽然对纤维的亲和力高、湿处理牢度更好，但匀染性差，色泽鲜艳度亦差。由于该类染料具有较好的耐光和耐洗牢度，现广泛被应用于羊毛、蚕丝、锦纶等纤维的染色。

国外某些染料公司不含磺酸基、单磺酸基、双磺酸基中性染料的冠称(商品牌号)见表 6－1。

表 6-1　国外中性染料冠称(商品牌号)

| 公司名称 | 不含磺酸基型 | 单磺酸基型 | 双磺酸基型 |
| --- | --- | --- | --- |
| 瑞士科莱恩 | Lanasyn | Lanasyn S | Lanasyn S-D |
| 德国德司达 | Isolan K | Isolan S | Isolan 2S |
| 德国多闻 | Dorolan E | 部分 Dorolan 1∶2 | Dorolan M |
| 英国约克夏 | Neutrilan K | Neutrilan S | Neutrilan M |
| 意大利宁柏迪 | Tiasolan | Tiasolan S | Tiasolan L |
| 美国亨兹曼 | Irgalan | Lanacron S | |
| 日本化药 | Kayakalan | Kayalax | |

在国产染料分类中,1∶2 型酸性含媒染料简称中性染料。但是,1∶2 型酸性含媒染料的色光较萎暗,为了增加中性染料染色物的色泽鲜艳度,印染厂有时需要选用弱酸性染料与 1∶2 型酸性含媒染料一起拼色。在染料制造厂,有时会选择色泽鲜艳的部分弱酸性染料(其中部分是含有活性基团的弱酸性染料)作为中性染料的增艳染料销售。这类染料的染色适应条件与中性染料相似,牢度也较好,故可与中性染料拼色。国内习惯上将这类染料称之为中性增艳染料,冠称用中性艳(亮)以示区别。国外公司的商品中性染料系列中,也有个别品种本质上是弱酸性染料或活性染料。例如:亨兹曼公司的 Lanaset 染料是一组通用性的染料,是由改良的 1∶2 型金属络合染料、酸性染料和活性染料组成;德司达公司的 Supralan 染料是由高湿处理牢度和高耐光牢度的 1∶2 型金属络合染料与酸性染料组成。

## 三、甲臜结构的 1∶1 型酸性含媒染料的结构和性能

甲臜(formazane)染料是指分子结构有以下特征链的染料。

$$-N=N-\overset{|}{C}=N-\overset{H}{N}-$$

甲臜染料的结构式中含有偶氮基,可看成偶氮染料的一种特殊类型。甲臜金属络合染料一般都是铜的络合物,如中性蓝 BNL。

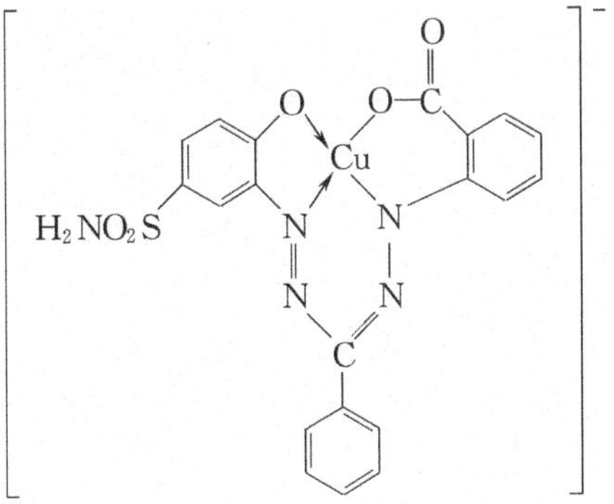

中性蓝 BNL(C.I. 酸性蓝 168)

这种含铜的甲臜型染料，从结构上看也属于 1∶1 型酸性含媒染料，但它们在接近中性的介质中染色，其染色性能与 1∶2 型酸性含媒染料相似，故也称为中性染料。

甲臜络合金属中性染料的芳香环上可带有不同的取代基，如磺酸基、磺酰氨基、烷砜基、硝基等。与 1∶2 型酸性含媒染料一样，染料分子中一般引入亲水性小的非离子性亲水基，使染料能溶解于水。该类染料的色泽比一般中性染料更为艳亮。

# 第五节　金属络合染料的稳定性和应用性能

## 一、金属络合染料的稳定性

染料与金属离子之间的配位键是由中心离子的空轨道与配位体的配位原子充满的轨道相重叠而形成的，可分为共价配键和电价配键两种。共价配键是中心金属离子与配位体共用一对电子，由配位体中的配价原子单独提供的。而电价配键是中心金属离子与配位体靠负电荷静电引力即库仑力结合，因此配位键是处于离子键和共价键之间的一种键型。

金属络合染料的稳定性与中心金属离子、配位体或配位基的结构和性质密切相关。染料与金属离子形成的络合物的稳定性越高，染色牢度越好。络合物的稳定性可用稳定常数(染料与金属离子反应的平衡常数)表示，其数值越大，稳定性越好。有时也用不稳定常数(络合物的离解常数)表示，它与稳定常数互成倒数关系。

中心金属离子必须具有空轨道，很多金属离子都可作为络合物中的中心金属离子，特别是过渡金属离子，它们对配位体具有较强的键合力，其络合能力与金属离子的电荷、离子半径及电子结构有关。通常，金属离子电荷增加、半径减小、碱性减弱，形成的络合物的稳定性较高。作为金属络合染料的中心离子，主要是 $Cr^{3+}$、$Co^{3+}$、$Cu^{2+}$、$Ni^{2+}$，其 1∶1 型金属络合物的稳定性顺序如下：$Cr^{3+} \approx Co^{3+} > Cu^{2+} > Ni^{2+}$。

$Cu^{2+}$ 的染料络合物的稳定性虽然也较高，络合速度也快，但很少用作酸性媒介染料的媒染剂，因为其络合物的耐酸牢度较差。它广泛用于铜酞菁染料和颜料的制备以及直接染料的络合处理。

配位基中配位原子的供电子能力大小和与金属的配位性能将影响络合物的稳定性。配位原子一般是氧原子或氮原子，如—OH、—OR、—$NH_2$、—NHR、—COOH 上的氮原子、氧原子(或离子)。配位基的供电子能力越强，不但络合速度快，而且形成的络合物的稳定性也越高。染料配位基的供电性对络合物的影响可从下例看出。下述的 $Cu^{2+}$ 的三个染料络合物，随着苯环上羟基对位取代基(X)的吸电子能力增加，其稳定性降低。

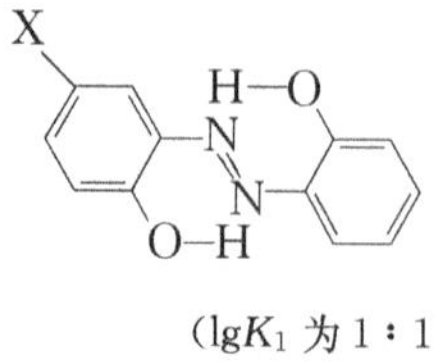

X=H　　$\lg K_1=23.30$

X=Cl　　$\lg K_1=22.95$

X=$NO_2$　　$\lg K_1=20.50$

($\lg K_1$ 为 1∶1 型络合物的稳定常数)

染料与中心离子络合形成螯合环结构，是染料金属络合物性能稳定、牢度优良的一个重要原因。螯合环数越多，螯合物的稳定性越高；而且，具有五个或六个原子的螯合环，即五元环或六元环是最稳定的。染料金属络合物所具有的螯合环多为五元环或六元环。例如，对于邻羟基偶氮染料，当偶氮基的一侧邻位具有羟基时，形成 1∶1 型络合物只具有一个五元环；当另一侧邻位也具有配位基时，可形成两个螯合环，稳定性大为提高。再如，甲臜染料与铜离子络合后，形成了三个螯合环，其中两个是六元环，一个是五元环，故其络合结构非常稳定。一般地，染料配位体与金属络合物的稳定性如下：

甲臜结构＞邻羟基偶氮苯＞水杨酸结构

根据立体化学，$Cr^{3+}$ 和 $Co^{3+}$ 的配位数为 6，形成的络合物应具有八面体构型；$Cu^{2+}$ 和 $Ni^{2+}$ 的配位数为 4，形成的络合物一般为平面正方构型。

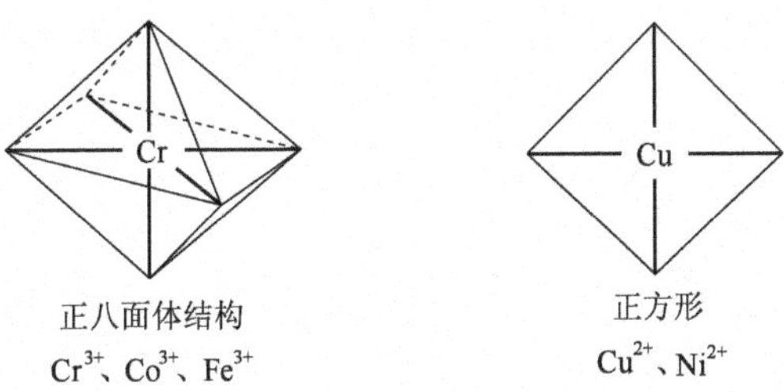


## 二、金属络合染料的结构与颜色的关系

当染料与金属离子形成络合物后，由于金属离子与染料之间形成配位键结合，必然会改变染料分子发色体系的电子跃迁能级间隔，并影响染料发色体系中 $\pi$ 电子云的分布，从而会导致染料的颜色发生变化。染料络合前后颜色的变化主要取决于金属离子与配位基的性质和位置。

通常，染料上的配位基与金属离子发生络合后，会产生明显的深色效应，一般可使吸收光谱向红位移 70～100nm，同时还会使吸收光谱谱带变宽，故颜色同时变得萎暗。因此，酸性媒介和酸性含媒染料所染颜色常比酸性染料深而暗。例如，酸性媒介蓝黑 R 和铬离子络合前为洋红色，而络合后变为蓝黑色。

金属络合染料的颜色还随着金属离子电场的增强而加深，金属离子的深色效应顺序是：$Cr^{3+}>Co^{3+}>Fe^{3+}$，用 $Cr^{3+}$ 络合获得的颜色较 $Co^{3+}$ 络合深，$Cu^{2+}$ 的深色效应很小，如表 6－2 所示。染料金属离子络合物颜色鲜艳度的顺序是：$Co^{3+}>Cr^{3+}>Cu^{2+}>Fe^{3+}$，即用 $Co^{3+}$ 络合获得的颜色较鲜艳，而 $Fe^{3+}$ 络合获得的颜色较萎暗。

对于酸性媒介染料来说，相同的染料与不同的金属离子络合，可得到不同的颜色，说明通过络合可赋予媒介染料一定的多色性。表 6－2 亦表明了这一点。因此，当使用一些天然媒介染料染色时，可利用这种特性，采用不同的金属离子络合赋予天然染料染色物不同的颜色，以扩大天然染料的色谱范围，提高天然染料的利用价值。例如，茜素（C. I. 媒介红 11）用 $Al^{3+}$、$Sn^{2+}$、$Fe^{3+}$、$Cr^{3+}$、$Cu^{2+}$ 络合，可分别得到红、品红、棕、红棕、黄褐色。

表 6-2　络合金属对染料颜色的影响

| 染料母体 | 络合金属 | 颜　色 |
|---|---|---|
| 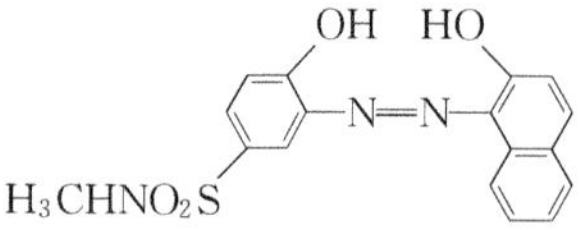 OH HO, $H_3CHNO_2S$ —N=N— | Cr | 紫 |
| | Co | 枣红 |
| 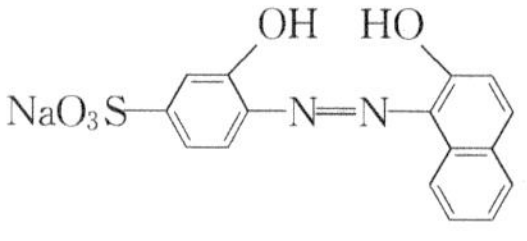 OH HO, $NaO_3S$ —N=N— | Cr | 蓝黑 |
| | Cu | 紫 |

金属络合染料的颜色还取决于染料分子本身的发色体系和配位基团，并遵循深色规律：共轭体系越长，颜色越深。例如以下酸性媒介染料络合后的颜色随着其共轭体系的延长而逐渐加深。

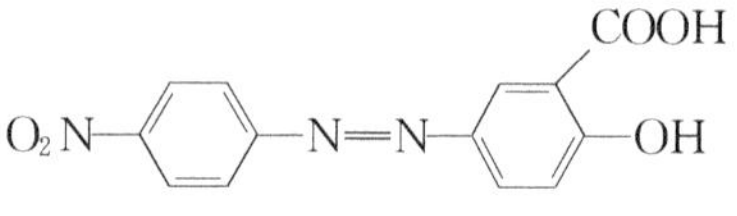

酸性媒染黄 2G

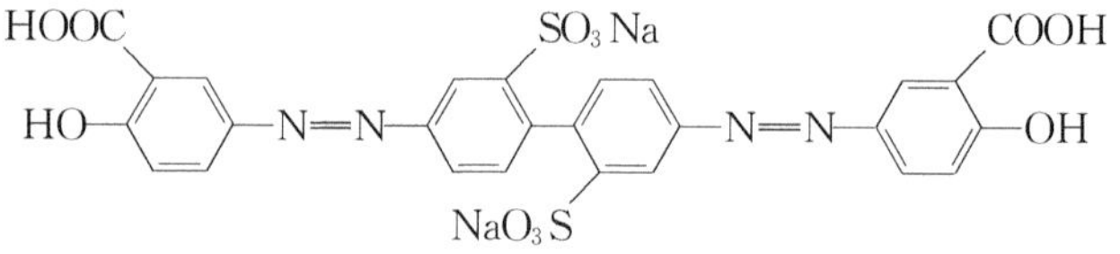

酸性媒介黄 CR

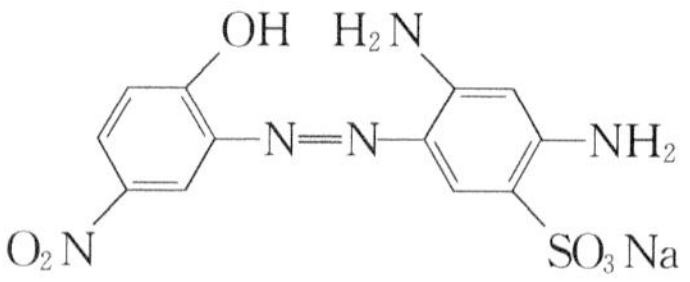

酸性媒介棕 RH

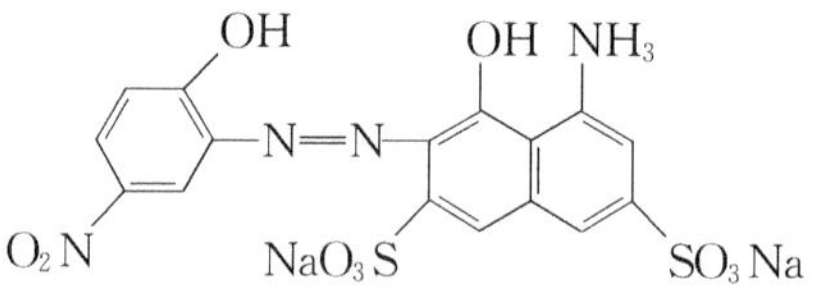

酸性媒染坚牢绿

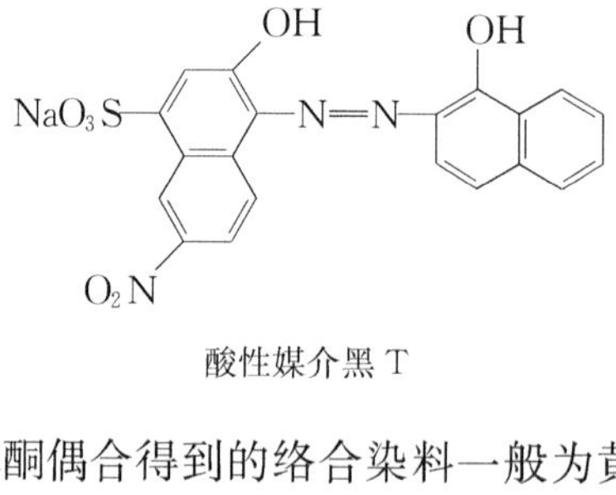

酸性媒介黑 T

另外，以氨基苯酚与吡唑啉酮偶合得到的络合染料一般为黄到橙色，而萘酚与吡唑啉酮偶合得到的络合染料为红色，若两边均为萘环的染料络合物大都为蓝到黑色。水杨酸结构的染料络合物一般为浅色，绝大多数为黄色、橙色，少数为棕色。

偶氮染料母体芳香环上的取代基对金属络合染料的颜色也有影响，以邻，邻′-二羟基或羟基氨基偶氮染料为例，当其中一个取代基为吸电子基，另一个为供电子基时，则产生明显的深色效应。如上述的酸性媒介棕 RH 和酸性媒染坚牢绿。

在 1∶2 型酸性含媒染料中，磺酰氨基的位置对染料的颜色亦有影响，一般磺酰氨基在偶氮基的对位比间位颜色更深。

酸性含媒染料的颜色还随着金属离子与染料母体分子的比例而变化，对同一染料母体分子而言，金属离子含量较低的含媒染料(1∶2型)的颜色比金属离子含量较高的含媒染料(1∶1型)更深。它们的吸收光谱曲线有明显的区别(参见图6-1)，1∶1型含媒染料的吸收强度较高，而且谱带较1∶2型含媒染料为窄，因此1∶1型含媒染料颜色较鲜艳，其鲜艳度高于酸性媒介染料，而1∶2型含媒染料色泽较萎暗。

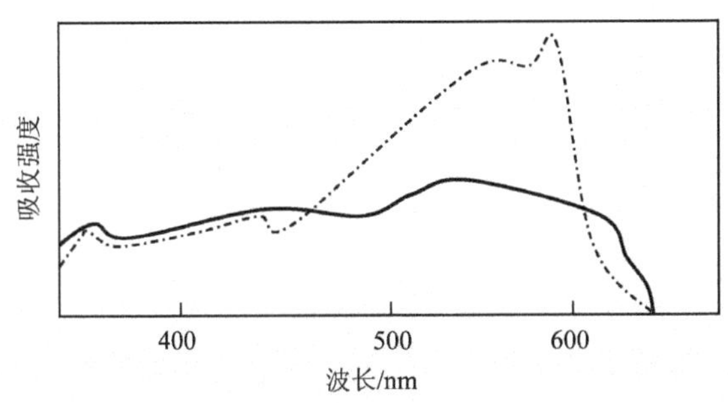


图6-1 中性紫DL及对应的1∶1型染料的吸收光谱

—— 1:2型染料 -·-·- 1:1型染料

## 三、金属络合染料的匀染性、湿处理牢度和耐光牢度

与非络合物型酸性染料相比，酸性含媒染料因染料与金属离子的络合作用而使得其很多应用性能发生了变化；而媒介染料因涉及在染料上染过程中或上染结束后的媒染处理，其应用性能与酸性染料存在差别。

1∶2型酸性含媒染料因相对分子质量较大，溶解度小，染料在染液中易于聚集，对纤维的亲和力高，在纤维中不易较快地扩散，故匀染性很差。1∶1型含媒染料相对分子质量较小，在正常的强酸性条件下染色时，可获得中等级别的匀染性。但在中性和弱酸性条件下染色，因上染过程中染料可与羊毛上的羧基发生络合作用而匀染性较差。酸性媒介染料采用先上染后媒染处理的染色工艺时，匀染性也较好。

酸性含媒染料和酸性媒介染料的湿处理牢度与多种因素有关，染料络合物的稳定性以及与纤维的作用力对湿处理牢度影响极大。一般而言，染料络合物的稳定性越好，湿处理牢度就越高。

酸性媒介染料与纤维之间存在较强的配位键结合，故湿处理牢度很高。

1∶1型酸性含媒染料在强酸性条件下上染羊毛，一般可按图6-2的可能方式与羊毛纤维相结合：染料磺酸基与纤维上离子化的氨基成离子键结合；染料上的铬原子与纤维上的羧基(或氨基)形成配位键结合；此外，染料与纤维之间还有范德华力、氢键的结合。但是，染料与纤维之间的结合强度不如酸性媒介染料，且该染料也具有较好的水溶性，因此，尽管其湿处理牢度也较好，但要比酸性媒介染料和1∶2型酸性含媒染料差，略高于弱酸性染料。

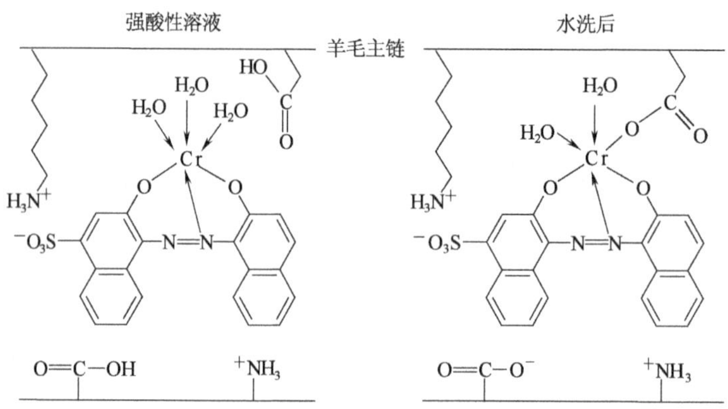


图 6-2　1∶1 型酸性含媒染料(Palatine Fast Blue BN)与羊毛的结合方式

1∶2 型酸性含媒染料,相对分子质量大,水溶性低,对纤维的亲和力高,故湿处理牢度较高。由于染料分子中的金属离子已被完全络合而不能再与纤维发生配位键结合;不含磺酸基的 1∶2 型酸性含媒染料在染液中呈一价负电荷离子形式存在,单磺酸基和双磺酸基的染料则分别呈二价和三价负离子形式,这些染料阴离子可与纤维上的离子化氨基通过离子键相结合;此外,染料与纤维之间还存在范德华力的作用,染料母体结构上的磺酰氨基等基团与纤维之间还存在氢键结合。由于 1∶2 型酸性含媒染料不能再与纤维发生配位键结合,故其湿处理牢度仍差于酸性媒介染料。在 1∶2 型酸性含媒染料中,磺酸基数目越少,湿处理牢度越高,即有如下顺序:不含磺酸基染料>单磺酸基染料>双磺酸基染料,而它们的匀染性顺序与此正好相反。

图 6-3 反映了德司达公司的锦纶用染料的耐洗牢度与匀染性的关系,其中包括不同类型的酸性染料和酸性含媒染料耐洗牢度的比较,活性染料在锦纶上的耐洗牢度最高,酸性含媒染料也具有较高的耐洗牢度,它们的耐洗牢度均高于强酸性和弱酸性染料,但耐洗牢度好的染料均存在匀染性差的问题,这是一对矛盾。羊毛和蚕丝染色也有类似的现象。

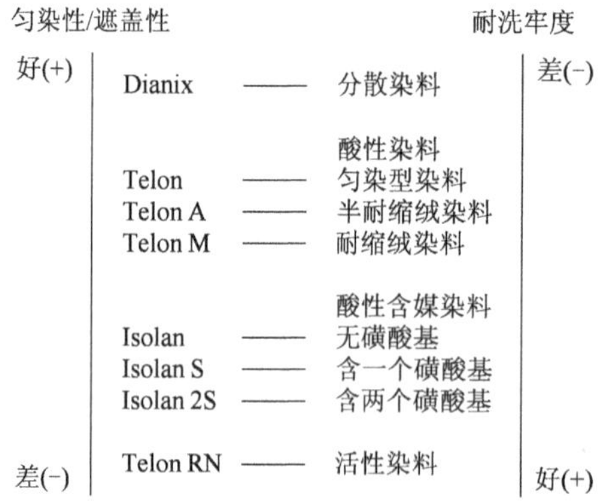


图 6-3　锦纶用染料的耐洗牢度与匀染性的关系

染料与金属离子络合后,其耐光牢度都能得到提高。尤其是 $O,O'$-二羟基偶氮染料,络合后耐光牢度的提高程度很大;而水杨酸型结构的偶氮染料,因偶氮基没有参加络合,故耐光牢度提高不大。偶氮染料络合后耐光牢度的提高,可能是由于染料分子中络合金属离子的存在使偶氮基不容易发生光氧化反应而褪色所致。此外,在金属络合染料中,参加络合的偶氮基比未参加络合的偶氮基更为稳定,而使耐光牢度得到一定的改善。然而,不同的络合金属离子和染料分子中取代基性质对耐光牢度的影响是相对次要的,对耐光牢度影响的首要因素还是络合作用,这可能是金属络合染料的耐光牢度与它们在纤维上的聚集状态比它们的分子结构的影响更大所致。

## 复习指导

1. 掌握酸性媒介染料和酸性含媒染料的结构特点,注意比较酸性染料、酸性媒介染料和酸性含媒染料在主要应用性能、颜色特性等方面的差别。

2. 掌握酸性媒介染料和酸性含媒染料与纤维之间的作用力。

3. 熟悉影响金属络合染料稳定性的主要因素。

4. 掌握金属络合染料的结构与应用性能的关系,金属络合染料结构与颜色的关系。

5. 了解酸性媒介染料和酸性含媒染料的生态环保状况。

## 思考题

1. 说明含金属络合结构的偶氮染料的颜色和牢度性能的特点。

2. 试比较酸性媒介染料、酸性络合染料、中性染料的结构和性能,并与强酸性染料以及弱酸性染料进行比较。

3. 说明染料中的配位体有哪几种类型,比较它们的特点。

4. 比较 $Cr^{3+}$、$Cu^{2+}$、$Co^{3+}$ 和 $Fe^{3+}$ 作为中心离子对金属络合染料的影响。

## 参考文献

[1]钱国坻. 染料化学[M]. 上海:上海交通大学出版社,1988.

[2]王菊生. 染整工艺原理(第三册)[M]. 北京:纺织工业出版社,1984.

[3]何瑾馨. 染料化学[M]. 北京:中国纺织出版社,2009.

[4]张壮余,吴祖望. 染料应用[M]. 北京:化学工业出版社,1991.

[5]张兆麟,张玉珍. 金属络合染料[M]. 北京:化学工业出版社,1991.

[6]《最新染料使用大全》编写组. 最新染料使用大全[M]. 北京:中国纺织出版社,1996.

[7]上海市纺织工业局. 染料应用手册(第二分册)[M]. 北京:纺织工业出版社,1983.

[8]矢部章彦. 新染色加工讲座 4——染色/堅ろう性の理论[M]. 东京:共立出版株式会社,1971.

[9]赵涛. 染整工艺学教程(第二册)[M]. 北京:中国纺织出版社,2005.

[10]Hannermann K. 后铬媒介染料替代品的最近进展[J]. 国际纺织导报,2001(3):50-53.

[11]陈荣圻,王建平. 生态纺织品与环保染化料[M]. 北京:中国纺织出版社,2002.

[12]EI-Shishtawy R M,Kamel M M. Iron complexed acid mordant dyes and their application on nylon 6 and wool[J]. Chem. Eng. Technol,2002,25(8):849-853.

# 第七章　直接染料

## 第一节　引　言

在 1884 年 Bottiger 发现刚果红以前，棉等纤维素纤维主要采用靛蓝和其他天然染料染色，还有一些最早的合成染料，如苯胺紫等，这些染料一般需要经过媒染处理，靛蓝则需要长时间还原处理，染色方法相当繁琐。而刚果红能溶于水中，不需经过媒染剂处理，就能直接上染棉纤维，使用十分方便。此后，类似于刚果红结构和性能的染料得到迅速发展，由于这类染料能直接上染棉纤维，所以被称为直接染料(direct dyes)。

直接染料是在刚果红的基础上发展起来的，从结构上看，基本上是偶氮染料，以保证染料为直线型、平面性大分子，主要以双偶氮、三偶氮染料为主。分子结构中含有磺酸基，少量使用羧基，以使染料具有较好的水溶性。

发展至今，直接染料由于色谱齐全，使用方便，价格低廉，广泛用于棉、麻和粘胶等纤维素纤维及其混纺织物的染色和印花，也用于蚕丝纤维的染色。直接染料同时也是非纺织行业用的重要染料品种，可用于纸、皮革、木材等的着色，还作为书写墨水、喷墨打印墨水以及有机颜料的原料。

直接染料染色织物的湿处理牢度相对较差，由于还原染料、活性染料等染料的开发应用，直接染料的重要性有所下降，但到目前为止仍有较多的应用。2005 年用于纤维素纤维染色的染料中，直接染料的用量占 18%左右。

近年来，生态纺织品的相关法规对含有致癌芳香胺的染料有了严格的限制，在禁止使用的染料中直接染料所占的比例较大，在首批禁用的 118 只染料中，直接染料就有 77 只，占 65%。其中以联苯胺、二甲基联苯胺等三类衍生物作为中间体合成的直接染料为 72 只。环保型直接染料的开发也成为近年来染料行业新品种开发的重点，一些代替联苯胺结构的染料被不断开发。

### 一、纤维素纤维的结构特点及对染料结构的要求

直接染料最初是用于纤维素纤维的染色而发展起来的，哪种结构的染料适合于纤维素纤维的染色，与纤维素纤维的结构、性质以及染色条件等密切相关。

从纤维结构上看，纤维素纤维是由葡萄糖剩基彼此以 1,4 -苷键连接而成的线型大分子，每个葡萄糖剩基上的 2、3、6 位有三个羟基，纤维素纤维双糖分子中两个伯羟基的间隔周期为 1.03nm 左右。由于酸对纤维素大分子中苷键的水解具有催化作用，纤维素纤维不适宜在酸性条件下染色；纤维素分子中没有在酸性、中性条件下形成离子的基团，不能以离子键形式与染料结合；葡萄糖剩基上的三个羟基，可与染料形成氢键结合。

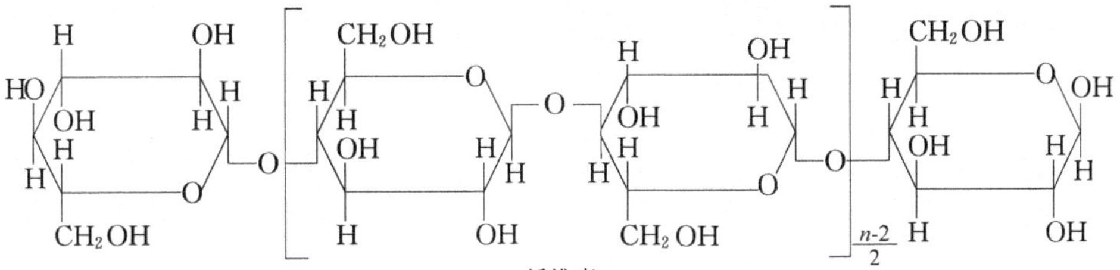

纤维素

针对纤维的结构和性质，适合于纤维素纤维染色的染料应满足以下条件：

(1)不用酸性浴染色，不以离子键形式与纤维结合。

(2)为了提高与纤维的范德华力结合，染料应有线性狭长、共平面结构，能与纤维有较大面积的紧密接触，染料应有较长的共轭体系，以增加电子活动性，提高色散力、诱导力。

(3)染料上应有可以形成氢键的基团，相间距离最好在 1.03nm 左右，以提高染料与纤维的氢键结合能力。

## 二、直接染料的结构特点

刚果红染料是最早发现可以不用媒染剂，而从染液中直接上染纤维素纤维的染料，下面通过分子结构来分析直接染料的结构特点：

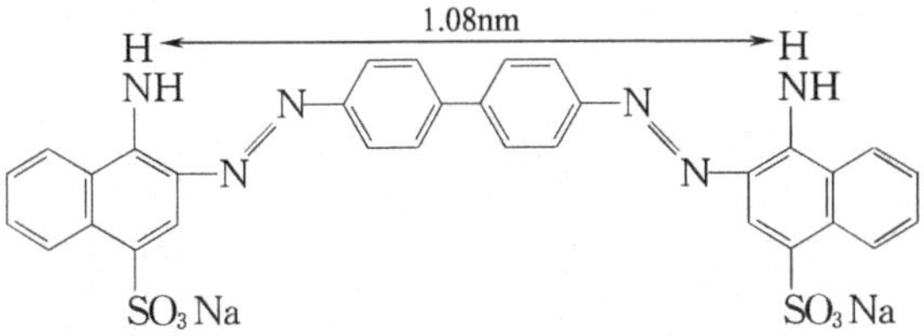

刚果红

(1)染料有较长的共轭体系，相对分子质量较大，色散力、诱导力较大。

(2)染料为双偶氮结构，偶氮基反式连接，分子呈一个方向延伸的直线型结构，共平面性好，与纤维素线型大分子结合的范德华力较大。

(3)染料分子中含有两个—$NH_2$，可形成氢键，并且两个氨基之间的距离为 1.08nm，接近于一个纤维素双糖的间隔，有利于氢键的形成。

(4)分子中含有两个—$SO_3Na$，使染料有足够的水溶性，并可以单分子状态上染纤维。

以刚果红为基础发展起来的直接染料虽然在结构上存在较大变化，从而获得不同色谱的染料，但在结构特点上具有上述的一些共同点，这样的结构使得直接染料可以在中性条件下，以范德华力、氢键结合而上染纤维素纤维。

## 三、直接性

所谓染料的直接性(substantivity)是指染料能从染浴中自动上染纤维的性能。它来源于染料分子和纤维大分子之间的相互作用力。直接性一般用染料上染纤维达到平衡时的上染百分率来衡量，上染百分率可用下式计算：

$$上染百分率=\frac{上染纤维的染料量}{初始染色时的染料量}\times 100\%$$

上染百分率常被用于衡量染料的上染能力。上染百分率大，直接性高，染料与纤维结合力强；上染百分率小，直接性低，染料与纤维结合力弱。但上染百分率也没有确切定量的概念，上染百分率不但与染料和纤维的种类有关，也与染料用量，染色的温度、浴比、助剂种类及用量、上染时间等条件有关。例如，在其他条件相同时，染浴的浴比较大，染料浓度较低，则最终达到的平衡上染百分率较低。因此，采用上染百分率来比较染料的直接性时，一般在相同条件下进行比较。

热力学上表示染料上染能力的严格定义是亲和力（affinity）($-\Delta\mu^{o}$)，即染液中染料的标准化学位($\mu_{s}^{o}$)和纤维上染料的标准化学位($\mu_{f}^{o}$)之差。

$$-\Delta\mu^{o}=\mu_{s}^{o}-\mu_{f}^{o}$$

标准亲和力是温度和压力的函数，和体系的组成、浓度无关，它的数值随温度和压力的改变而有不同。某一温度时的染色亲和力，可以从在该温度下上染达到平衡时纤维上染料活度和染浴中染料活度的关系求得。

亲和力是染料从它在染浴中的标准状态转移到它在纤维上的标准状态的趋势和量度，染料上染纤维的必要条件是 $\mu_{f}^{o}<\mu_{s}^{o}$。亲和力越大，表示染料从染液中向纤维转移的趋势越大。有关亲和力的详细内容将在染色工艺原理中介绍。

对于直接染料来说，相对分子质量较大、具有直线型和共平面性并带有可形成氢键的基团的染料分子对纤维素纤维的直接性才比较大。

## 第二节　直接染料的结构及其合成方法

直接染料绝大部分是偶氮染料，主要以双偶氮染料、三偶氮染料为主。单偶氮染料分子链太短，与纤维的直接性较小；四偶氮以上的染料合成工序麻烦，副产品多，色泽灰暗。

### 一、单偶氮直接染料

由于相对分子质量较小、直接性太低的原因，单偶氮结构的直接染料数量、品种很少，仅限于具有苯并噻唑或J酸结构的染料。这类染料的合成可直接通过重氮化和偶合反应来完成，例如直接嫩黄5G(C.I.直接黄8,13920)是通过2-(对氨基苯基)-6-甲基-7-苯并噻唑磺酸重氮化后与乙酰乙酰苯胺偶合制得。

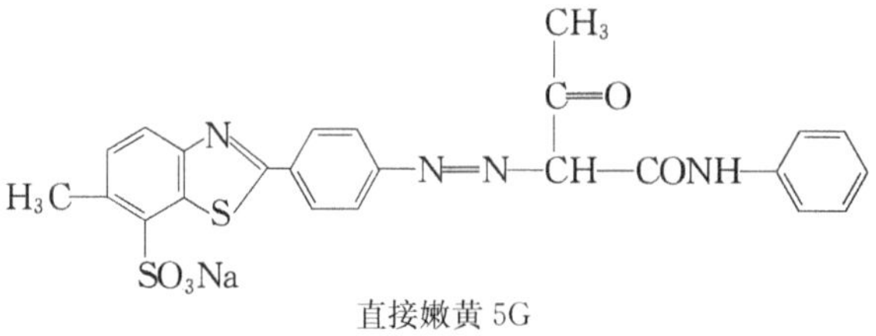

直接嫩黄 5G

从上面结构看，它虽然是单偶氮染料，但设法使分子链得到延长，并保持染料分子具有线型和共平面性，以提高对纤维素纤维的直接性，可以作为直接染料，但耐水洗牢度较差。

## 二、双偶氮直接染料

双偶氮结构的直接染料需要通过两次重氮化和偶合反应来合成，合成的方法有以下三种途径：

(1)通过 $E_1 \leftarrow D \rightarrow E_2$ 途径合成。

(2)通过 $A \rightarrow M \rightarrow E$ 途径合成。

(3)通过 $A_1 \rightarrow Z \leftarrow A_2$ 或 $A_1 \rightarrow ZXZ \leftarrow A_2$ 途径合成。

其中：D 为可以形成两个重氮基的双重氮组分；E 为可以进行一次偶合的偶合组分；A 为可以形成一个重氮基的重氮组分；M 为与重氮化合物偶合后还带有一个可重氮化氨基芳香胺化合物；Z 为能与两个或多个重氮组分偶合的偶合组分；X 为连接基。

### (一)通过 $E_1 \leftarrow D \rightarrow E_2$ 途径合成的双偶氮直接染料

通过这种途径合成直接染料时，D 为可以形成两个重氮基的二氨基类化合物，所以又将这类染料称为二氨基类染料，为了保证分子直线型狭长结构，要求两个氨基分处于化合物的两端。$E_1$、$E_2$ 为可以进行一次偶合的偶合组分，$E_1$、$E_2$ 可以相同也可以不同。下面根据二氨基化合物的不同，对这类染料进行介绍。

**1. 联苯胺及其衍生物** 在二氨基类直接染料中，以联苯胺及其衍生物作为二氨基类化合物进行合成的染料最多。

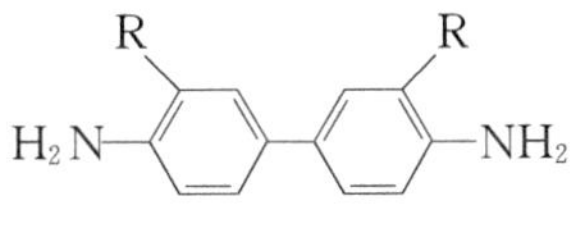

R R
$H_2N$— —$NH_2$

R=—H 为联苯胺；R=—$CH_3$ 为联甲苯胺；R=—$OCH_3$ 为联大茴香胺。

若 $E_1=E_2$，则制备结构对称型双偶氮染料。例如直接湖蓝 6B(C. I. 直接蓝 1，24410)，两端所用的偶合组分均为双 S 酸。

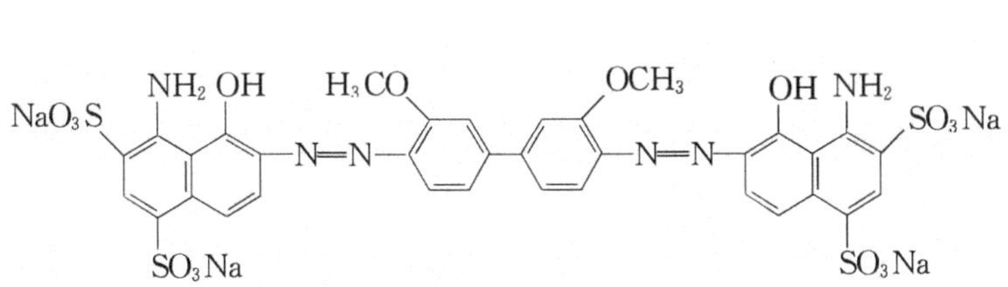

$NH_2$ OH $H_3CO$ $OCH_3$ OH $NH_2$
$NaO_3S$ —N=N— —N=N— $SO_3Na$
$SO_3Na$ $SO_3Na$

直接湖蓝 6B

若 $E_1 \neq E_2$，则偶合时活性小的偶合剂要先偶合。例如直接深棕 M(C. I. 直接棕 2，22311)，所用偶合组分分别为水杨酸和 $\gamma$ 酸。水杨酸中—OH 邻位有羧基，定位效应差，先进行偶合；$\gamma$ 酸较易偶合，可在第二步进行偶合。

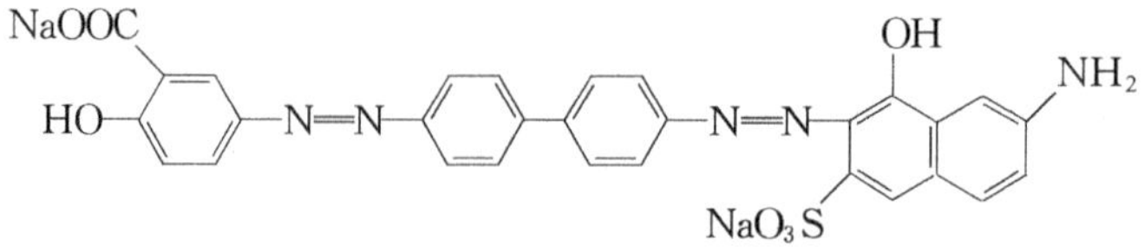

直接深棕 M

联苯胺类直接染料合成工艺简单，价格低廉，色谱齐全，但联苯胺及其衍生物属于致癌芳香胺。因此，这类染料已被禁止使用。

**2. 二氨基二苯乙烯二磺酸（DSD 酸）** 在非致癌性二胺类化合物中，二氨基二苯乙烯二磺酸的应用较为广泛，二苯乙烯型染料的特点是分子刚硬，平面性好，直接性高于联苯胺类，色泽鲜艳，牢度适中，价格低廉，耐光牢度也较好。

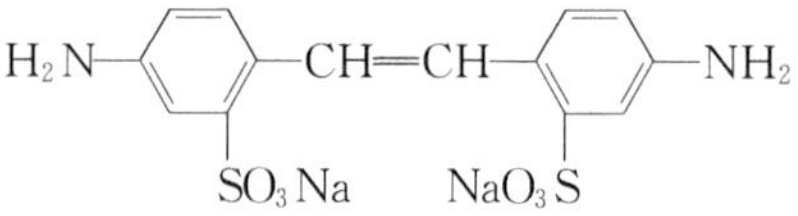

二氨基二苯乙烯二磺酸（DSD 酸）

DSD 类直接染料已开发了黄、橙、红等色谱的品种，例如直接冻黄 G（C. I. 直接黄 12，24895）：

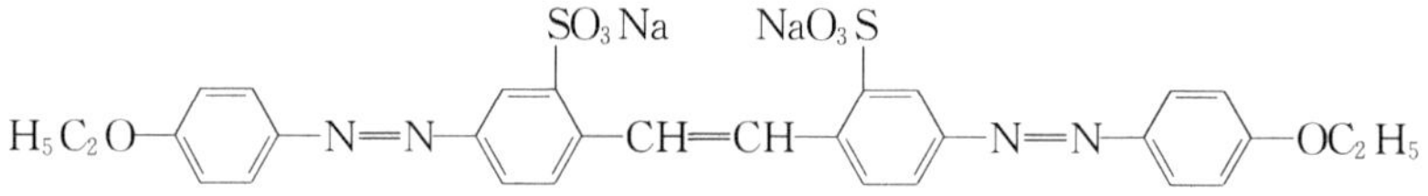

直接冻黄 G

近年来，开发了一些在联苯胺类禁用染料结构基础上，以 DSD 取代联苯胺而发色母体相同的代用染料。直接紫 D－N 代替直接紫 R（C. I. 直接紫 12，22550）、直接深棕 DN－M 代替直接深棕 M 等。由于保留了原来的染料母体结构，染料的色光没有太大的变化。

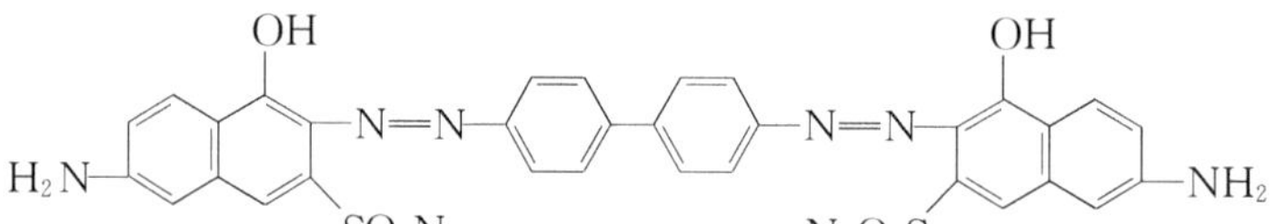

直接紫 R

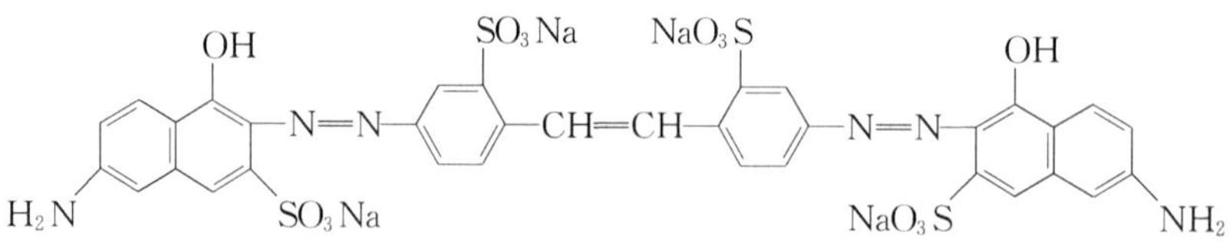

直接紫 D－N

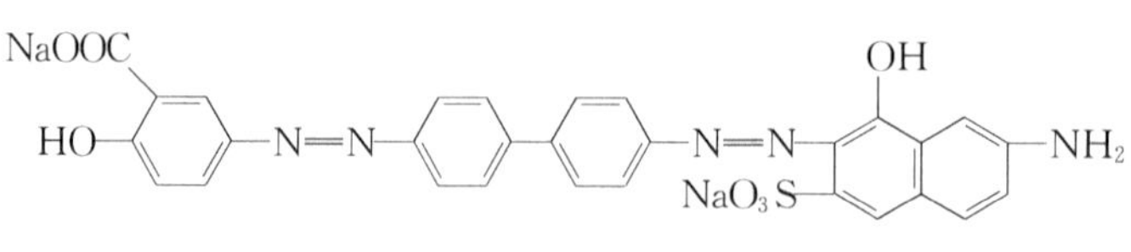

直接深棕 M

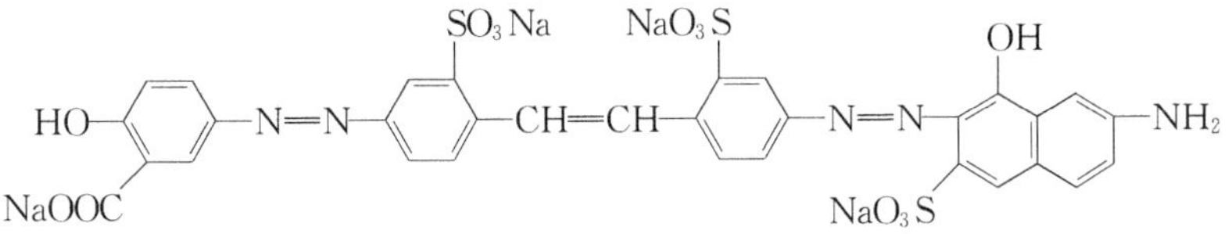

直接深棕 DN－M

**3. 4,4′-二氨基苯甲酰替苯胺**　4,4′-二氨基苯甲酰替苯胺结构如下：

由于 4,4′-二氨基苯甲酰替苯胺的合成较为简单，近年来，国内外比较集中地研究了 4,4′-二氨基苯甲酰替苯胺用于替代联苯胺及其衍生物，开发非致癌性染料。近年来开发的用于涤棉混纺织物染色的直接混纺棕 D－RS 就是以 4,4′-二氨基苯甲酰替苯胺为中间体合成的。

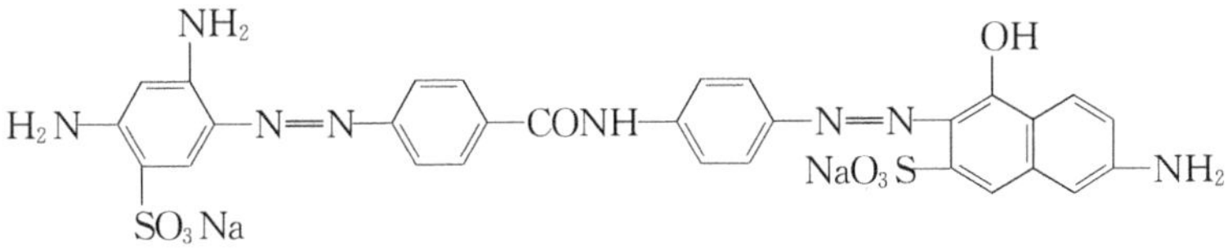

直接混纺棕 D－RS

上海染化九厂以 4,4′-二氨基苯甲酰替苯胺为中间体生产了一系列直接染料，并冠以 N 型，用以替代联苯胺类染料。例如直接黑 N－BN(C. I. 直接黑 166)替代直接黑 BN(C. I. 直接黑 38,30235)。

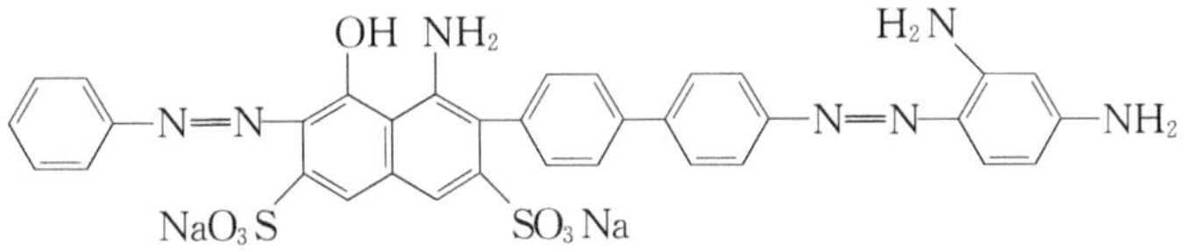

直接黑 BN

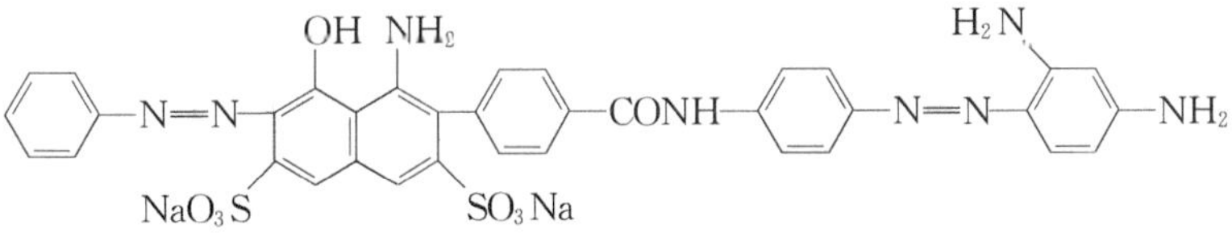

直接黑 N－BN

**4. 4,4′-二氨基二苯脲及其 3,3′-二磺酸衍生物**　以 4,4′-二氨基二苯脲为中间体制备的直接染料在色泽上与联苯胺制成的染料相近，但无致癌性。在结构上有对称和不对称的两种。这类染料具有较好的耐光牢度，被冠以直接耐晒染料。色谱以黄、红、紫、棕为主，缺少蓝、绿、黑色谱。例如直接耐晒黄 GC、直接耐晒桃红 BK(C. I. 直接红 75,25380)。

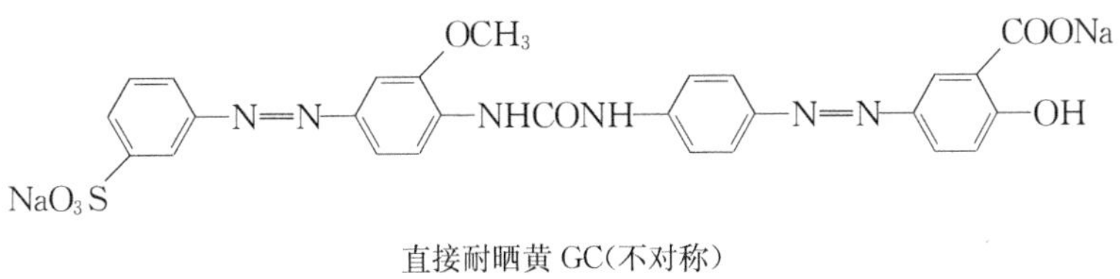

直接耐晒黄 GC(不对称)

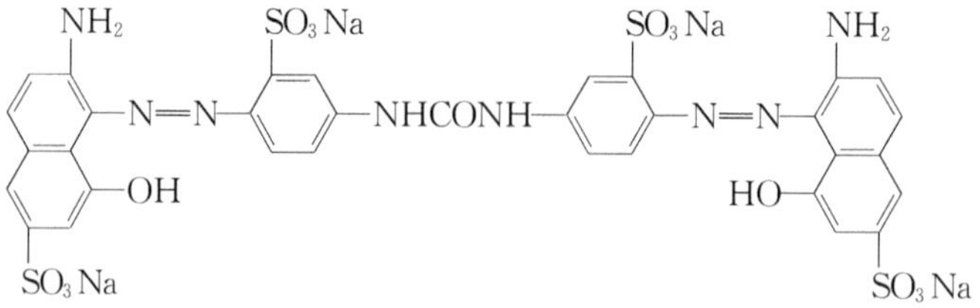

直接耐晒桃红 BK(对称)

**5. 氨基芳基杂环化合物** 两端分别含有一个氨基的氨基芳基杂环化合物也可取代联苯胺用于双偶氮直接染料的合成。常见的氨基芳基杂环化合物列于下表。

**常见的氨基芳基杂环化合物**

| 氨基芳基化合物 | 结　　构 |
| --- | --- |
| 5-氨基-2-(4′-氨基苯基)苯并咪唑 | 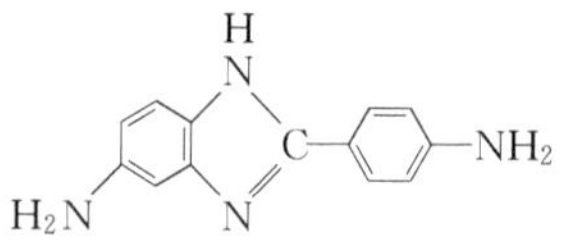 |
| 2,5-双-(对氨基苯基)-3,4-噁二唑 | 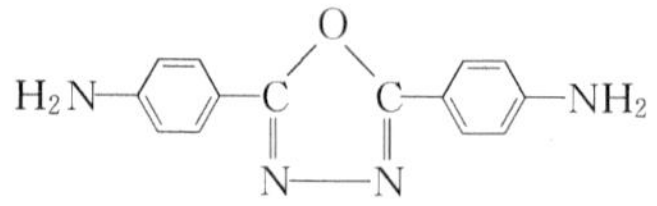 |
| 2,5-双-(对氨基苯)1,3,4-三唑 | 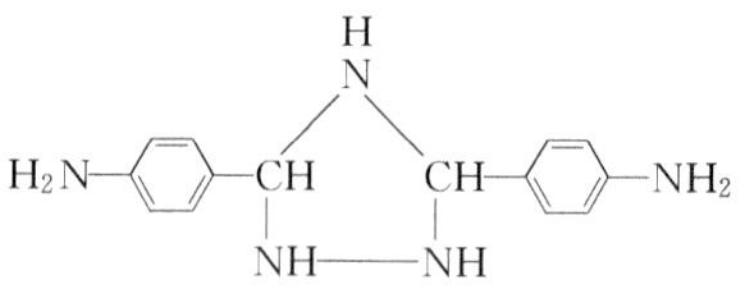 |
| 2-(对氨基苯基)5或6-氨基苯并噻唑 | 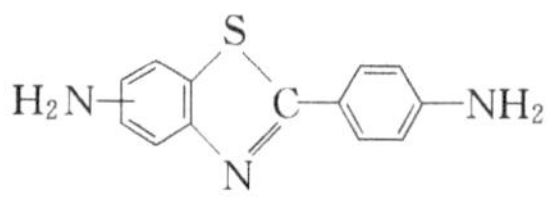 |

这些不对称的氨基芳基化合物分子中的两个可重氮化的氨基具有不同的活性,苯环上的氨基更活泼一些,对于制备不对称的双偶氮染料十分有用。制备的染料具有很好的染色牢度和直接性,色谱主要为黄、橙、红、紫等。例如下面结构的直接染料采用氨基芳基化合物为中间体。

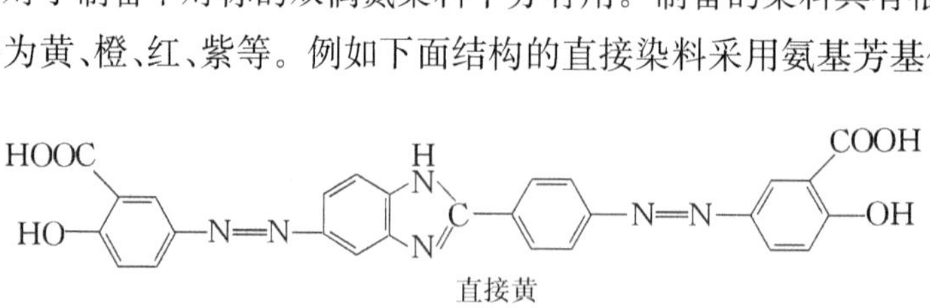

直接黄

**(二)通过 A→M→E 途径合成的双偶氮直接染料**

通过 A→M→E 途径合成的染料,关键在于 M。M 为与重氮化合物偶合后还带有一个可重氮化氨基芳香胺化合物,并要求能使染料分子保持线型平面结构,共轭体系保持连贯,这类染料又称为共轭连贯型。M 一般采用克利夫酸、J 酸、2 -甲氧基- 5 -甲基苯胺、$\alpha$ -萘胺等。

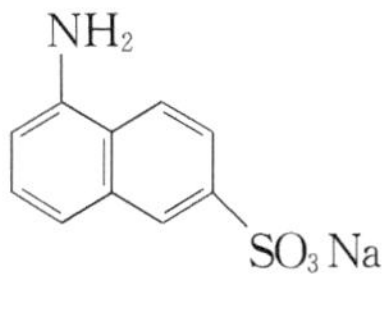

克利夫酸 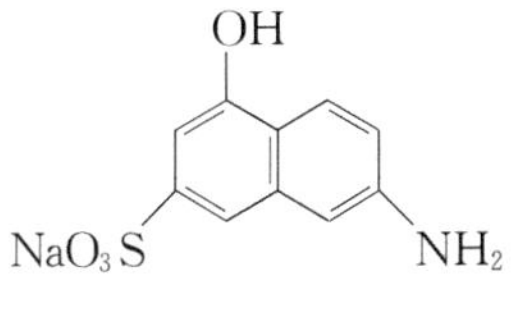　　J 酸 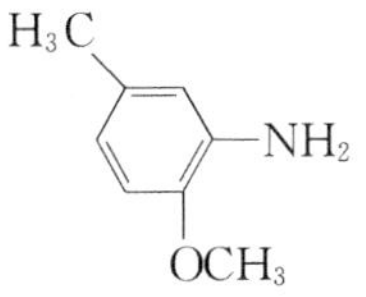　　2 -甲氧基- 5 -甲基苯胺　　$\alpha$ -萘胺

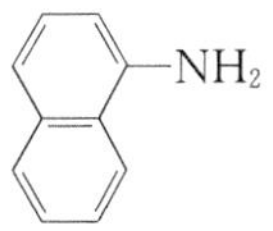

合成时采用的 A 为芳伯胺或其衍生物，E 为 $\alpha$ -萘酚磺酸，尤其以 J 酸及其 $N$ -酰基、$N$ -苯基衍生物更重要。

例如直接刚果蓝，合成为 4 -氨基- 1，6 萘二磺酸→$\alpha$ -萘胺→$N$ -苯基 J 酸，合成时必须先以 $\alpha$ -萘胺为偶合组分合成单偶氮结构。如果先将 $\alpha$ -萘胺重氮化偶合后氨基成为偶氮基，就不能成为偶合反应的定位基。

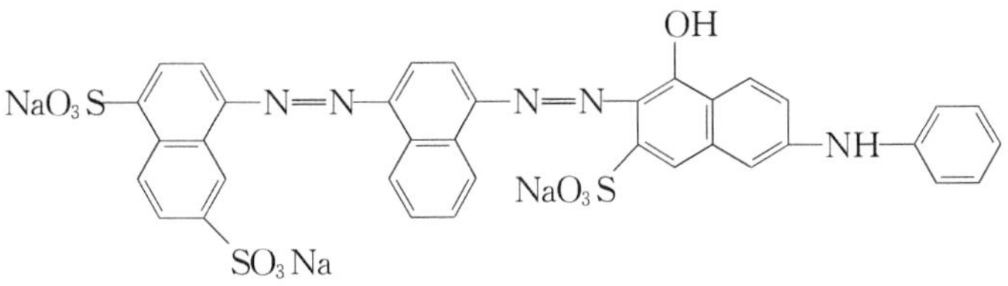

直接刚果蓝

共轭连贯型染料的特点为：共轭链长，平面性好，直接性高，以红到蓝为主，耐洗牢度中等，耐光牢度比联苯胺类好。

**(三)通过 $A_1 \rightarrow Z \leftarrow A_2$、$A_1 \rightarrow ZXZ \leftarrow A_2$ 以及缩合方法合成的直接染料**

在这类染料的合成中，Z 为可以二次偶合的偶合组分。常用的有间苯二酚、间苯二胺、H 酸等。

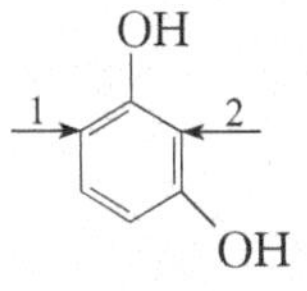

间苯二酚 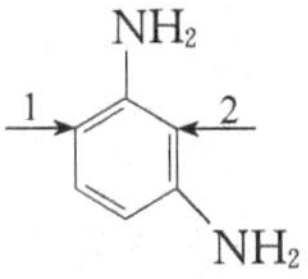　　间苯二胺 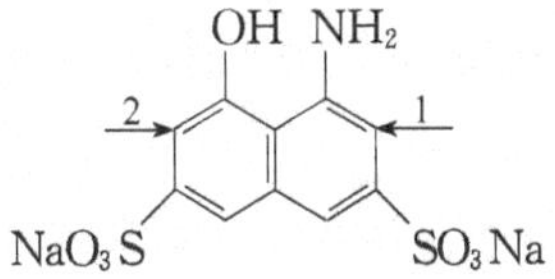　　H 酸

例如直接耐光红棕是以间苯二胺为偶合组分来制备的。

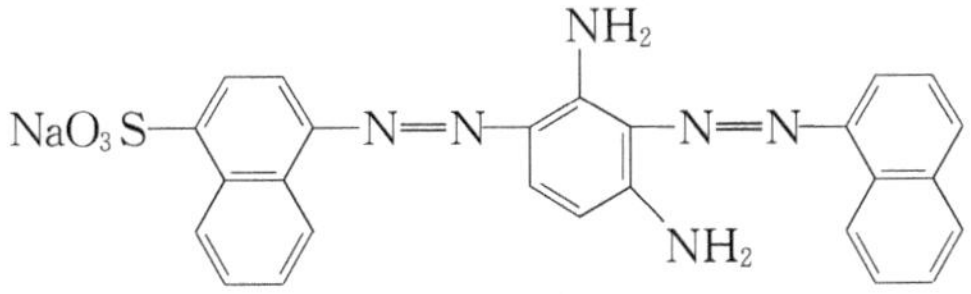

直接耐光红棕

可以进行二次偶合的偶合组分也可以通过一个连接基将两个偶合组分连接起来，形成 ZXZ 结构的偶合组分。其中连接基 X 为—NH—、—$CH_2$—、—CONH—、—NHCONH—、三聚氰基等。根据连接基和偶合组分的不同可以制备不同类型的双偶氮染料。

**1. 连接基为—NH—**　丁酸在亚硫酸氢钠作用下，可以缩合成双丁酸。用亚氨基连接两个丁酸可以保持结构的线型共平面性，增加染料对纤维素纤维的直接性。

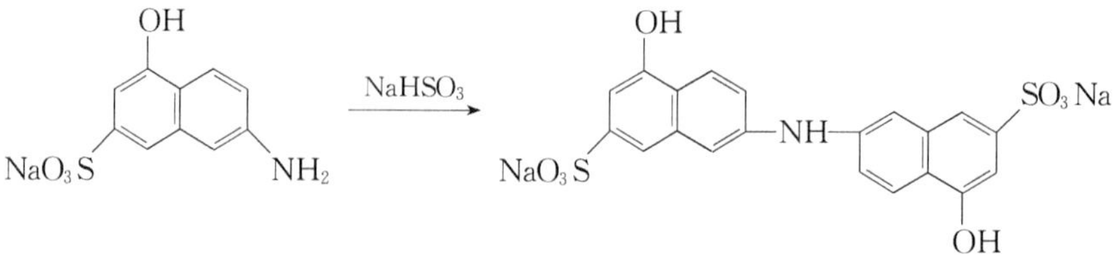

$NaHSO_3$

J 酸

双 J 酸

例如直接桃红 12B 的制备采用双 J 酸为偶合组分。

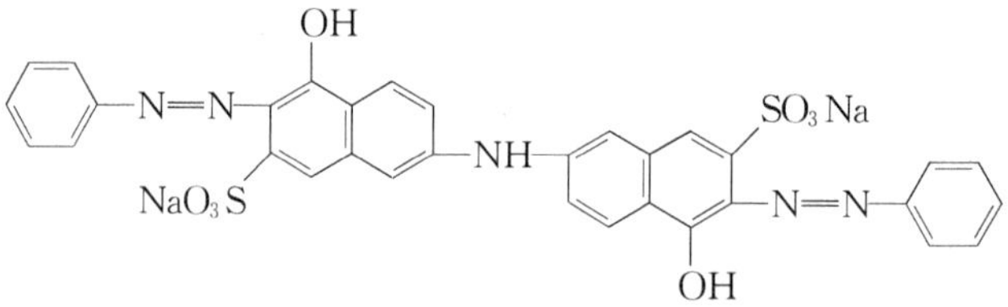

直接桃红 12B(苯胺→双 J 酸)

**2. 连接基为—NHCONH—** 连接基为—NHCONH—的直接染料通常称为尿素型直接染料，偶合组分主要有羰基 J 酸、*N*,*N′*-二苯脲等。

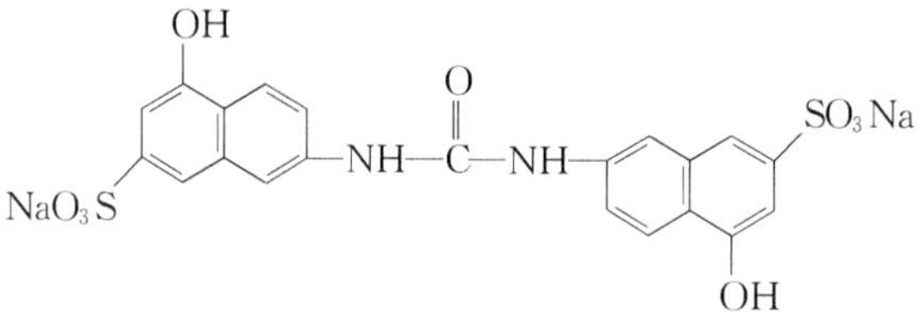

羰基 J 酸(尿素 J 酸)

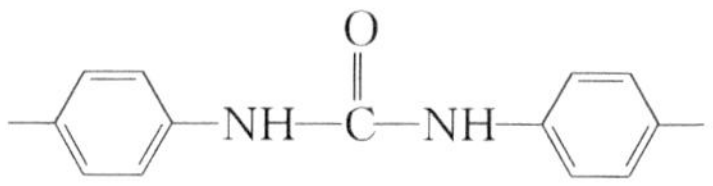

*N*,*N′*-二苯脲剩基

这类染料分子中脲酰氨基将染料分子分隔成两个独立的发色共轭体系，是属于隔离型直接染料，但染料分子中脲酰氨基可进行烯醇式互变，C—N 键具有部分双键的性质，使染料分子结构保持共平面性，并且—NHCONH—本身又是较强的氢键生成基团，因此，对纤维素纤维具有较好的直接性。

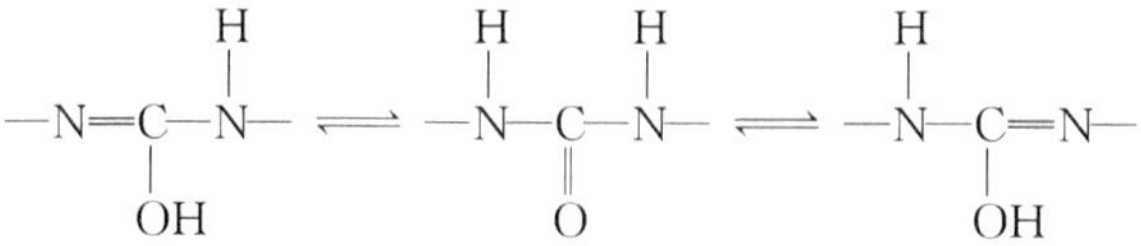

这类染料的合成方法有两种，一种是 J 酸等偶合组分先由光气缩合，再进行偶合；另一种是先重氮化偶合成两个单偶氮分子，再由光气缩合。例如直接橙 S(C. I. 直接橙 26，29150)的制备是 J 酸先由光气缩合为羰基 J 酸，苯胺重氮化，再与羰基 J 酸进行偶合。

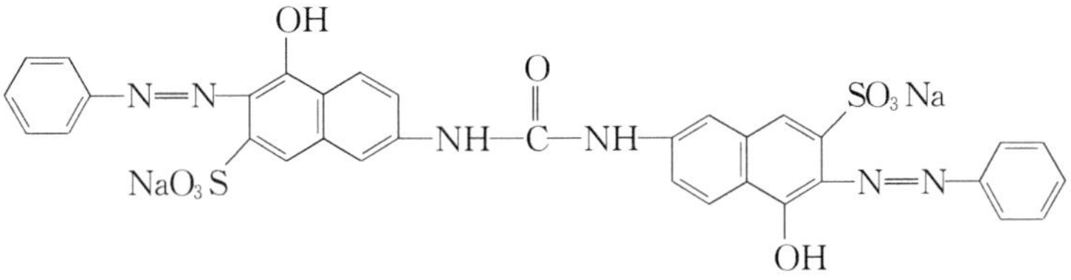

直接橙 S(苯胺→羰基 J 酸)

直接耐晒黄 RS(C. I. 直接黄 50,29025)的制备是先由氨基 C 酸和间甲苯胺制成单偶氮分子(氨基 C 酸 →间甲苯胺),然后光气缩合成双偶氮染料。

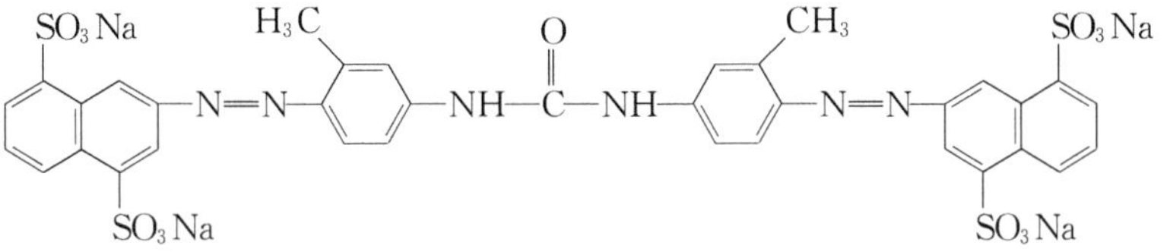

直接耐晒黄 RS

**3. 三聚氰酰型直接染料**　这类染料的连接基来源于三聚氯氰,其分子中含有三个活泼氯,可与两个或三个氨基取代物或氨基染料缩合得到三聚氰酰型偶氮染料。

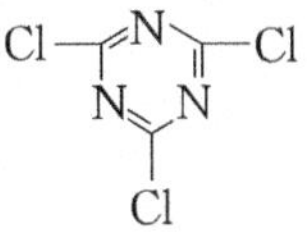

三聚氯氰 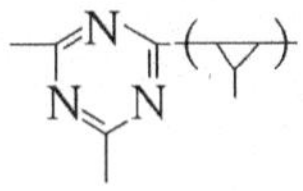　　三聚氰酰基

染料分子中的连接基将染料分子中相对独立的发色体系隔离开来,共轭体系中断,染料颜色为两侧两个发色体系颜色之加成,色泽较鲜艳。但仍能保持一定的线型平面结构,对纤维素纤维具有较好的直接性。这类染料具有较高的耐光、耐洗牢度。例如直接耐晒绿 5GLL(C. I. 直接绿 28,14155),染料由一个黄色发色体系和一个蓝色发色体系,采用三聚氯氰缩合后得到三聚氰酰型的绿色直接染料。

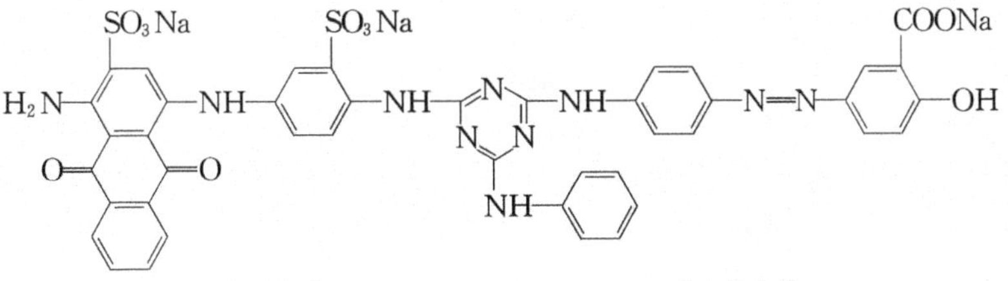

蓝色发色体　　黄色发色体

直接耐晒绿 5GLL

在新开发的直接混纺染料中,也有这类结构的染料,如直接混纺黄 D－RL,它是由两个黄色发色体系缩合而成的,缩合后成为黄色双偶氮染料,但直接性较单偶氮结构的染料增加了,可以直接上染纤维素纤维而作为直接染料。

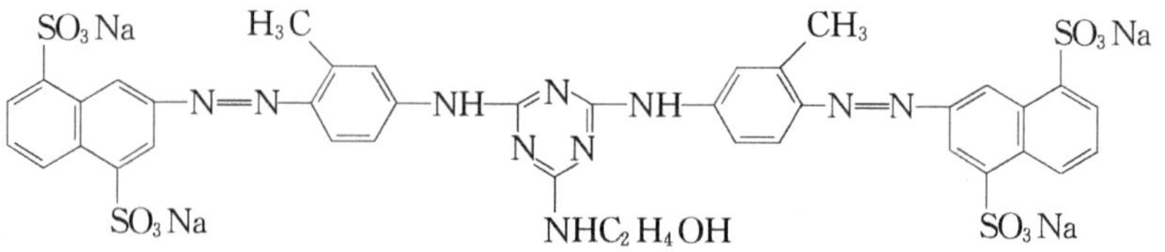

直接混纺黄 D-RL(C.I. 直接黄 86)

## 三、三偶氮和多偶氮直接染料

多偶氮染料将在双偶氮染料的基础上进一步增加偶氮基的数目,合成时将更多地采用可以形成两个重氮基的双重氮组分(D)、能与两个或多个重氮组分偶合的偶合组分(Z)以及与重氮化合物偶合后还带有一个可重氮化氨基芳香胺化合物(M),使染料的相对分子质量得到增加,并保持线型平面结构,因此多偶氮染料对纤维素纤维的直接性较高,色泽以深色为主,并相对较暗。这类染料的合成方法主要有三种途径,即 E←D→Z←A,$E_1$←D→M→$E_2$,A→$M_1$→$M_2$→E。

### (一)E←D→Z←A 途径

这类染料是三偶氮染料中数量较多的一类,其中的双重氮组分主要是联苯胺及其衍生物,例如直接墨绿 B(C.I. 直接墨绿 1,30280)采用苯酚←联苯胺→H 酸←硝基苯胺的途径合成。

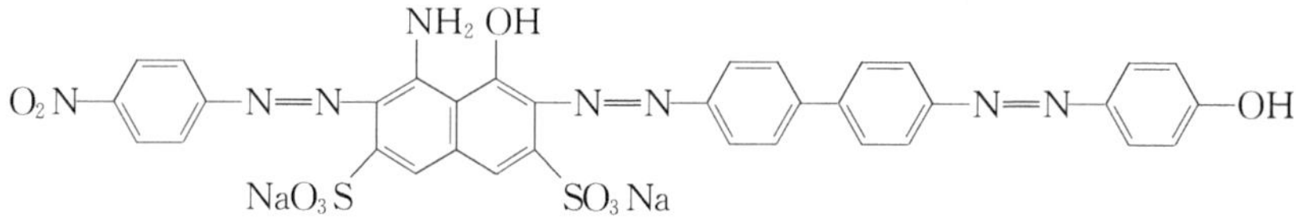

直接墨绿 B

由于联苯胺的致癌性,因此开发了采用非致癌性二胺代替联苯胺的染料,如直接墨绿 NB 采用 4,4′-二氨基苯甲酰替苯胺代替联苯胺得到非致癌染料。

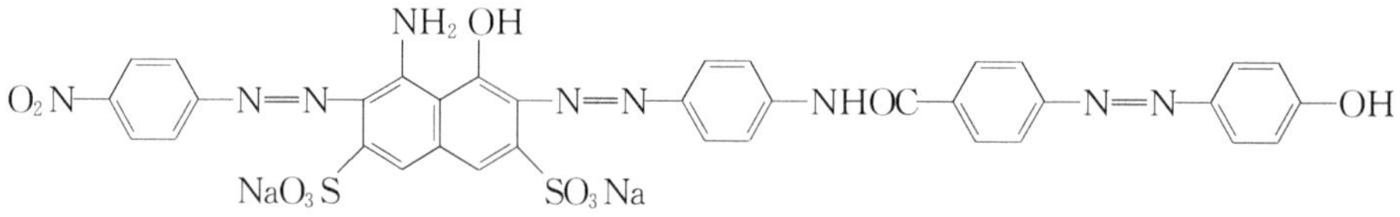

直接墨绿 NB

前面双偶氮染料合成中没有提及的其他一些非致癌性二胺被用于这类染料的合成,例如 4,4′-二氨基-*N*-苯磺酰苯胺被用于合成新型的黑色直接染料。

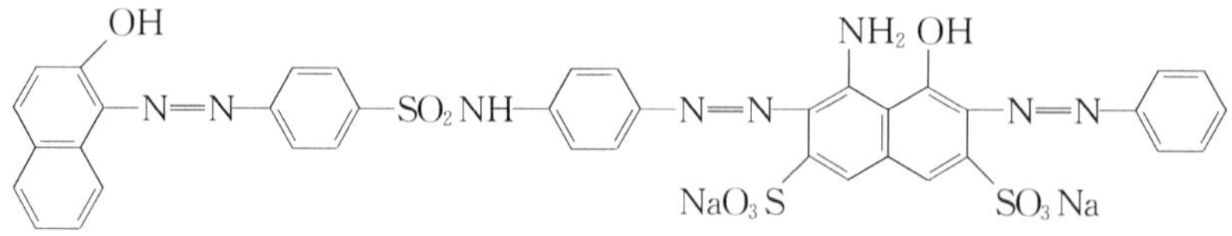

直接黑(可用于替代 C.I. 直接黑 38)

4,4′-二氨基二苯胺及其磺酸衍生物也被用于合成黑色直接染料,例如直接耐晒黑 GF

(C.I. 直接黑 22,35435)。

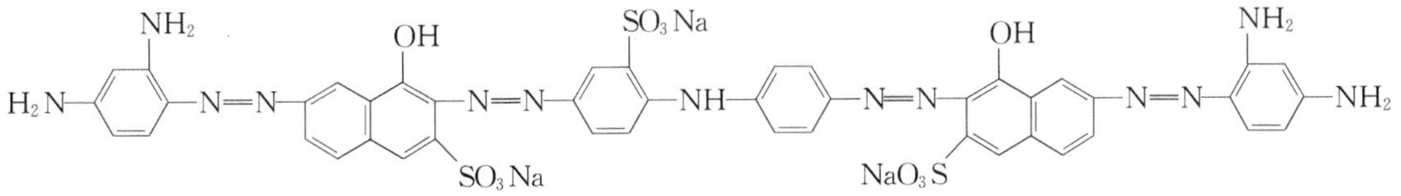

直接耐晒黑 GF

### (二)$E_1$←D→M→$E_2$ 途径

这类染料的合成同时用到了 D 和 M 结构的中间体。例如 Benzo Brilliant Green L3G(C.I. 直接绿 3,32030)就是采用水杨酸←4,4′-二氨基苯甲酰替苯胺→1-氨基-2-乙氧基-6-萘磺酸→1-*N*-乙酰基-8-萘酚-3,6-二磺酸的途径合成。

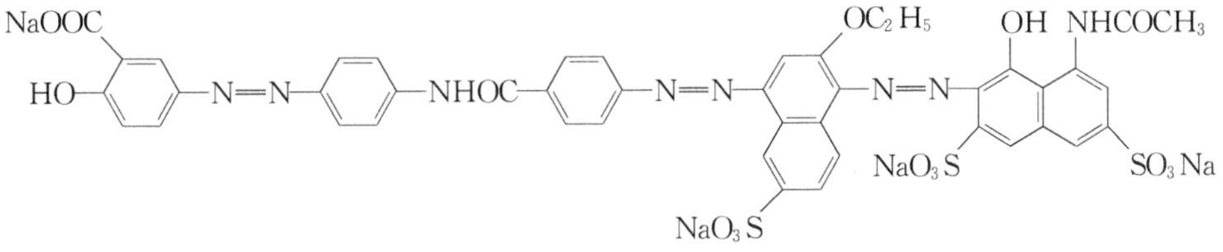

Benzo Brilliant Green L3G

### (三)A→$M_1$→$M_2$→E 途径

这类染料的合成类似于双偶氮染料 A→M→E 的合成,只是采用两个 M 组分,如果采用三个 M 组分还可合成四偶氮染料。但这种方法制备的染料色光带灰暗色,色泽主要为蓝和灰色。这类染料对纤维素纤维的直接性较高,并有较好的耐光牢度,可作为直接耐晒染料。例如直接耐晒蓝 B2RL(C.I. 直接蓝 71,34140),采用氨基 C 酸→$\alpha$-萘胺→1,7-克利夫酸→J 酸的途径合成。合成时应注意合成的顺序。

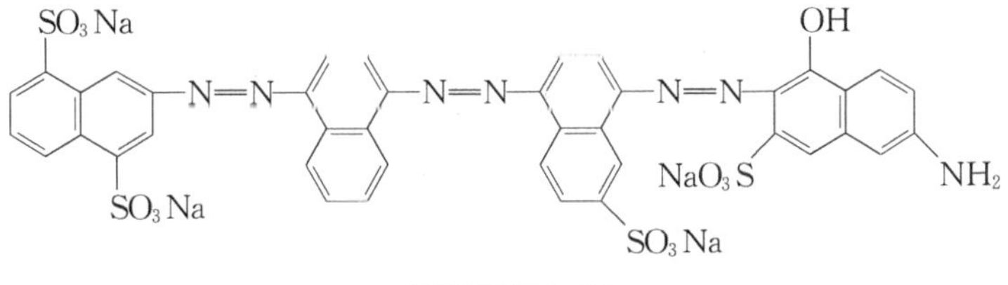

直接耐晒蓝 B2RL

## 四、能与铜盐形成络合结构的染料

具有某些结构的直接染料能与金属离子形成络合物,形成的络合物水溶性较小,并且较为稳定,可以使染料的耐洗和耐晒牢度有所提高,但色泽变暗。所用的金属离子主要是 $Cu^{2+}$,因为 $Cu^{2+}$ 的空轨道为四个,作中心离子时,络合物呈平面结构,可以保证染料的共平面性,染料对纤维的直接性较高。棉纤维不在酸性条件下染色,铜络合结构比较稳定。此外,$Cu^{2+}$ 对染料耐光牢度提高较明显,因此主要以 $Cu^{2+}$ 作为配位的金属离子。

能够与金属离子进行络合的直接染料必须具有配位体结构,主要的结构特征是在染料分子的末端有水杨酸结构或在偶氮基两侧的邻位有配位基,结构如下:

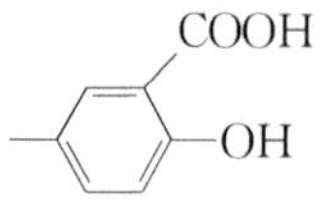

水杨酸结构 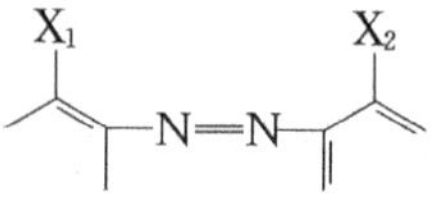　　偶氮基两侧邻位有配位基

其中:配位基 $X_1$ 为—OH,$X_2$ 可以是—OH、—$OCH_3$、—$OC_2H_5$、—COOH、—$OCH_2COOH$ 等。

**(一)直接铜盐染料**

能够与铜盐络合的染料分为两种情况,一种是商品染料中不含铜盐,使用时先染色,再用 $CuSO_4$ 或 CuAc 等铜盐进行处理,使耐洗、耐光牢度得到提高。这类染料称为直接铜盐染料。早期生产的这类染料中采用联苯胺衍生物结构的较多,如直接铜盐蓝 2R(C.I. 直接蓝 151,24175)。由于联苯胺的致癌性这类染料被禁用。

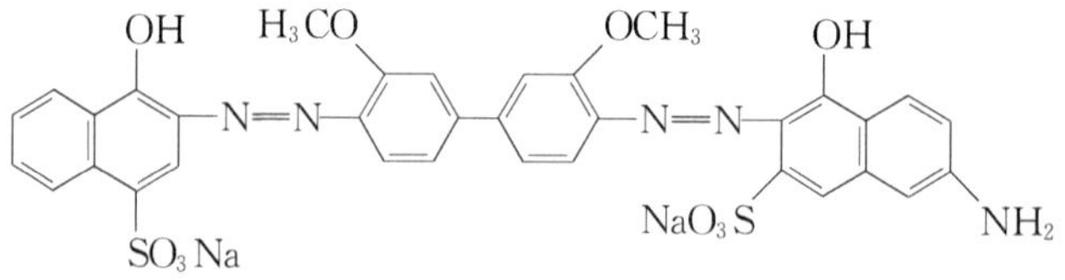

直接铜盐蓝 2R

直接铜盐蓝 GL(C.I. 直接蓝 159,35775)是一个较为典型的例子,其分子中既含有水杨酸结构,又在偶氮基两侧邻位有配位基结构,可以和铜离子进行络合。

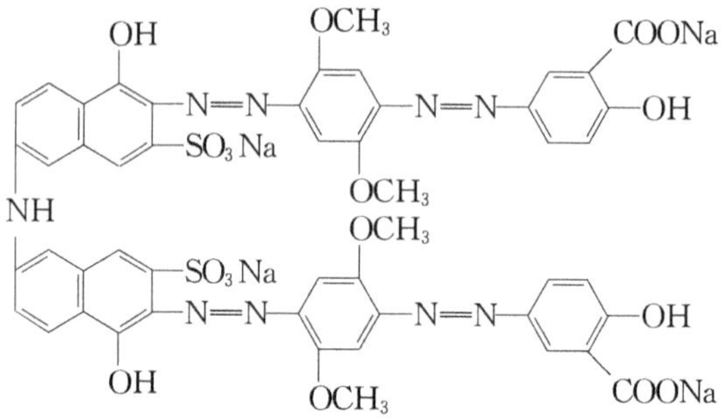

直接铜盐蓝 GL

直接铜盐蓝 GL 染棉或粘胶纤维得到青光深蓝色,经铜盐处理后色光转红,颜色加深,牢度提高,耐晒牢度达 6 级,耐皂洗牢度 4－5 级。

**(二)铜盐络合直接染料**

另一类与铜离子络合的染料是在染料制备过程中已经完成染料与 $Cu^{2+}$ 的络合,染料本身就含有 $Cu^{2+}$,形成络合结构,这类染料称为铜盐络合直接染料。由于这类染料的耐晒牢度较高,在染料分类中归在直接耐晒染料中,例如直接耐晒棕 8RLL(C.I. 直接棕 112,29166)。

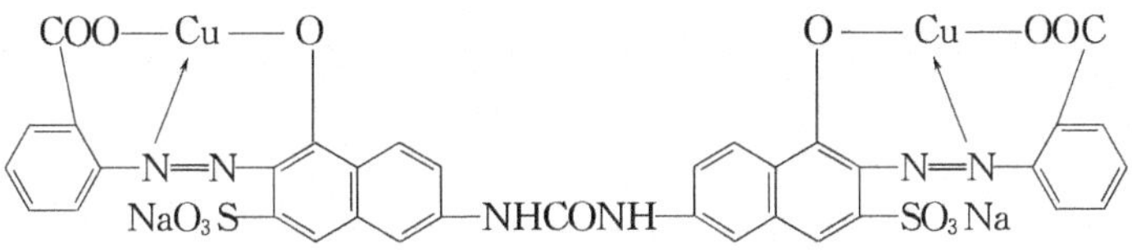

直接耐晒棕 8RLL

直接耐晒棕 8RLL 用于棉和粘胶纤维染色得到红光棕色，耐晒牢度可达 7 级。

在使用与铜离子形成络合结构的染料时，要注意游离铜离子的含量是否超过纺织品的生态要求。目前直接铜盐染料已基本不用。

### 五、非偶氮类直接染料

除了偶氮类直接染料外，还有少量非偶氮类直接染料，包括二噁嗪和酞菁结构的直接染料。二噁嗪染料主要是三苯并二噁嗪结构，这类直接染料色泽鲜艳，着色率高，并有很高的染色牢度，例如直接耐晒艳蓝 FF2GL(C. I. 直接蓝 106，51300)和直接耐晒蓝 FFRL(C. I. 直接蓝 108，51320)。

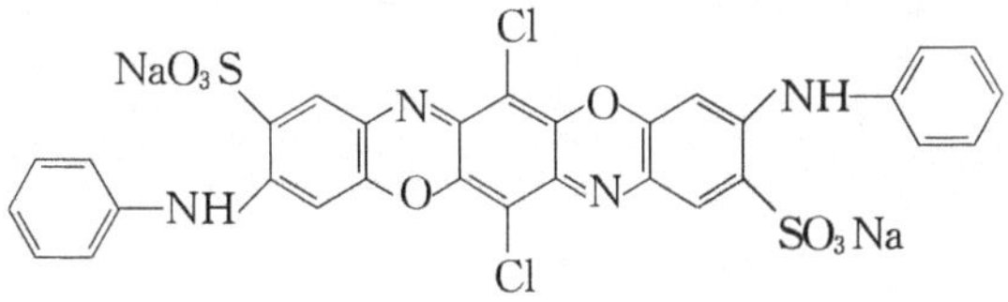

直接耐晒艳蓝 FF2GL

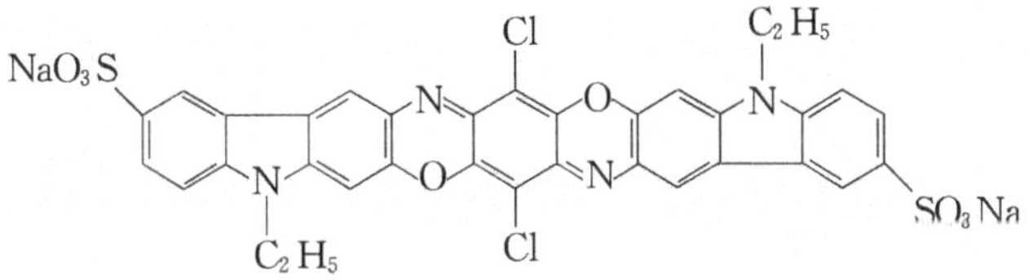

直接耐晒蓝 FFRL

酞菁结构的直接染料主要用铜酞菁进行磺化制得。酞菁类直接染料色泽鲜艳，具有优良的日晒牢度，颜色为蓝色。例如直接耐晒翠蓝 GL(C. I. 直接蓝 86，74180)：

$$CuPc-(SO_3Na)_2$$

直接耐晒翠蓝 GL

## 第三节　直接染料的结构与直接性的关系

直接染料是靠范德华力、氢键与纤维素结合的。从染料结构上看，若能使染料分子具有较大相对分子质量和较好的线型及共平面性，能够增加染料分子与纤维素两者之间的接触面积，可使两者的范德华力得到提高。另一方面，如果有利于染料分子中的极性基与纤维素中的羟基形成氢键，则直接性更大。染料中的磺酸基的数目以及在染料分子中的位置也关系到染料在水中的溶解性能，磺酸基的位阻作用也可能降低染料与纤维分子之间范德华力的结合。

## 一、染料分子的线型

增加偶氮基数目，延长共轭链长度，可提高染料的直接性。直接染料中常以双偶氮和多偶氮染料为主。

在双偶氮染料分子结构中，位于分子中间的染料中间体对染料的线型共平面性有很大影响。在下面两个染料分子中，虽然具有相同的中间体，但是前一个中间组分为 J 酸，能够保持染料的线型结构，对纤维素纤维具有直接性；而后一个中间组分为 H 酸，无法保持染料的线型结构，染料没有直接性。α-萘胺、苯胺、J 酸常被用作中间组分，使偶氮基具有良好线型结构。γ 酸和 H 酸等用于中间组分，则会使染料分子发生扭曲，从而丧失对纤维的直接性。

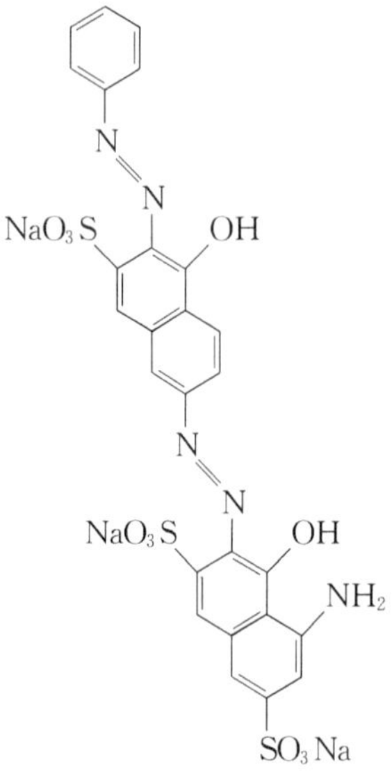

有直接性 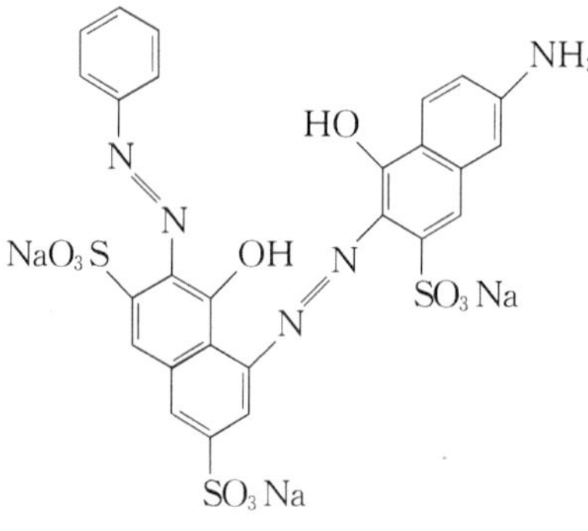　　　　无直接性

除偶氮基以外，染料分子中常引入脲酰氨基、三聚氰酰基、酰氨基等隔离基来连接染料分子，虽然染料分子的共轭链被中断，但仍能保持染料的线型平面结构，具有较高的直接性，因此，这类结构的染料使用较为广泛，由于联苯胺类染料的禁用，使得这类结构在环保型直接染料的开发中被广泛采用。

## 二、染料分子的平面性

直接染料分子的共平面性好，直接性高；若共平面性被破坏，直接性下降。在双偶氮和多偶氮染料分子中，常采用联苯胺、二苯乙烯、二苯胺等基团作为中间组分，这些基团可使两个相连的芳香环通过中间的单键自由旋转而排列在同一平面上，使染料具有一定的直接性。但若这些中间组分所连接的取代基由于空间位阻等原因使平面性受到影响，则将使染料的直接性降低。

联苯胺结构的染料具有芳环共平面性，对纤维素具有直接性。若在联苯胺的 2,2′-位上引入取代基，则由于位阻效应而失去了平面性，直接性大大下降。例如 3,3′-二甲基联苯胺和水杨酸偶合生成的双偶氮染料是一个黄色直接染料，而 2,2′-二甲基联苯胺和水杨酸偶合生成的双偶氮染料，由于失去了共平面性，直接性下降，只能作为酸性染料。若将 2,2′-位碳原子用亚甲基连接起来，则共平面性好，所得染料有良好的直接性。

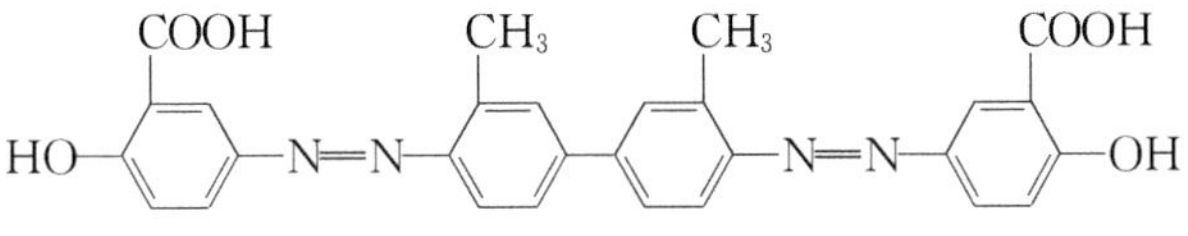

共平面性好

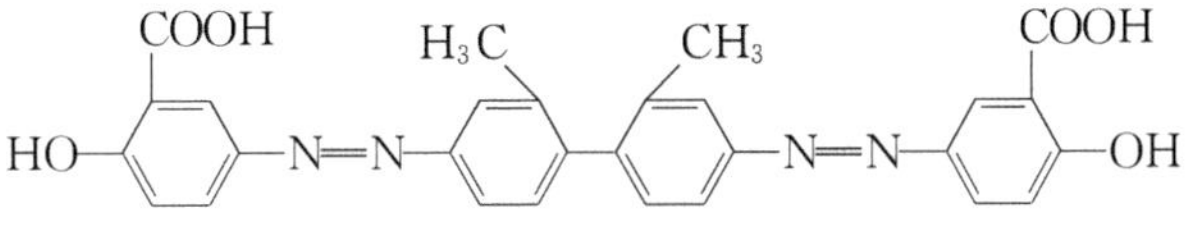

共平面性差

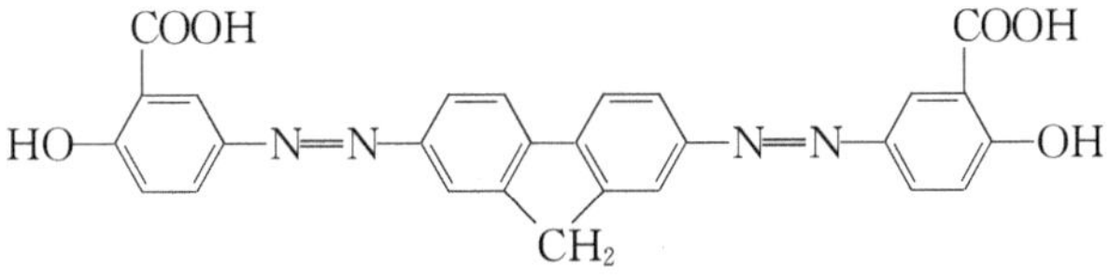

共平面性好

具有咔唑结构或砜结构的染料分子的共平面性都比联苯胺结构好。

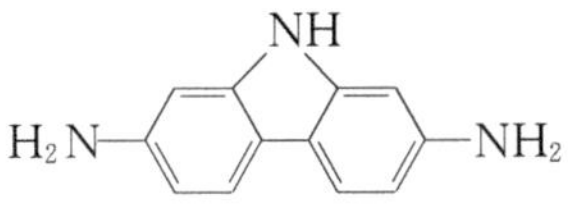

二氨基咔唑 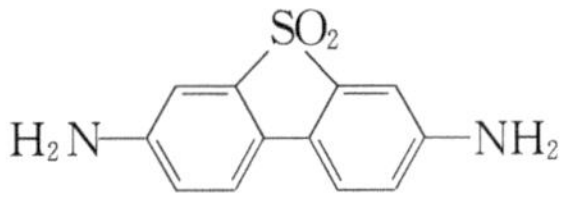　　联苯胺砜

## 三、分子中的取代基

一般来说，有—OH、$—NH_2$、—CONH—、—OR 等形成氢键基团存在，可使直接染料对纤维素纤维的直接性增大。由于直接染料主要用于纤维素纤维的染色，不需要用酸性染浴，因此分子中的氨基常不用酰化保护。如果某只直接染料可能用于蛋白质纤维染色，则只能在弱酸性染浴中染色，否则应将氨基酰化保护。如直接灰 D(C. I. 直接黑 17,27700)和直接耐酸大红 4BS(C. I. 直接红 23,29160)。

直接灰 D

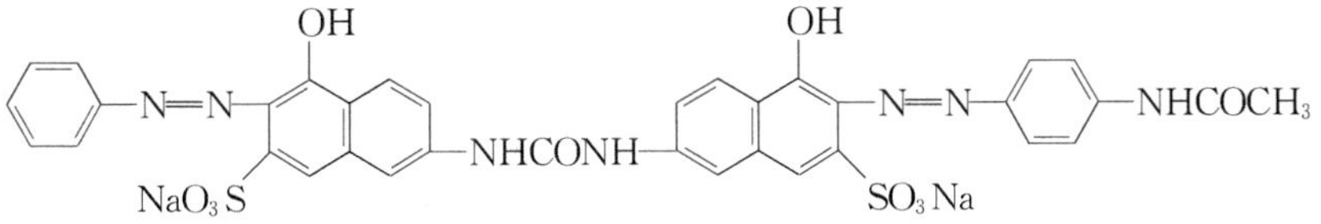

直接耐酸大红 4BS

一般直接性较高的直接染料耐洗牢度相对较高。

## 第四节 直接染料的结构与耐光牢度的关系

如前所述，直接染料以偶氮结构的染料居多，不同结构染料的耐光牢度有较大的不同，但染料分子结构与耐光牢度之间的关系并没有一个明显的规律。

联苯胺结构的大多数直接偶氮染料的耐光牢度均较低，一般只有 3 级或 3 级以下。而二苯乙烯、苯基尿素结构、三聚氰酰及某些共轭连贯型结构的染料具有较好的耐光牢度，但萘基尿素结构染料的耐光牢度只有 2－3 级。

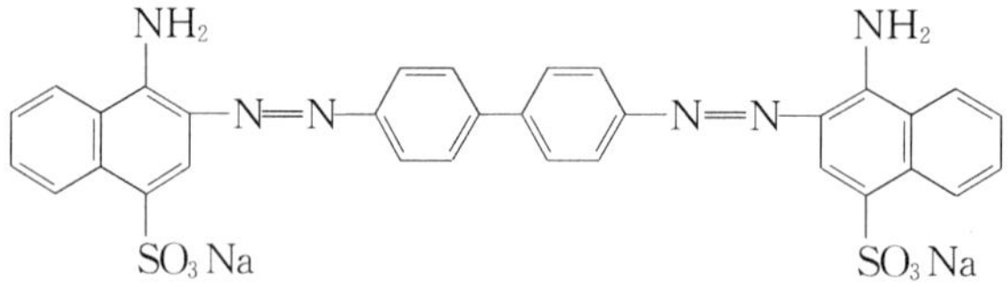

直接大红 4B(联苯胺结构，耐光牢度 1 级)

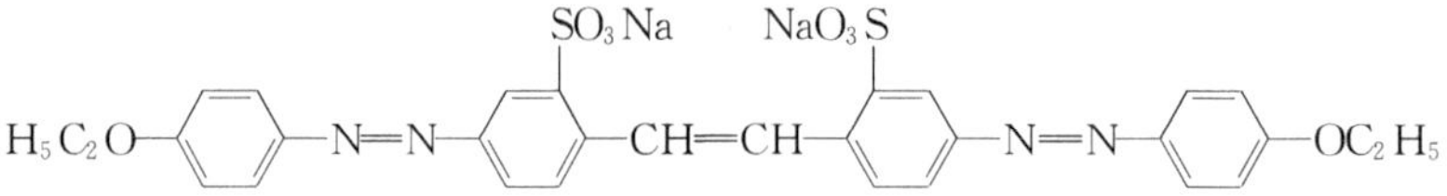

直接冻黄 G(二苯乙烯结构，耐光牢度 4 级)

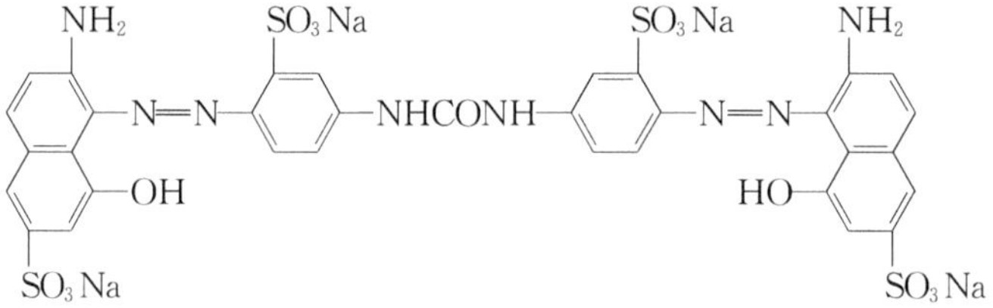

直接耐晒桃红 BK(苯基尿素结构，耐光牢度 4－5 级)

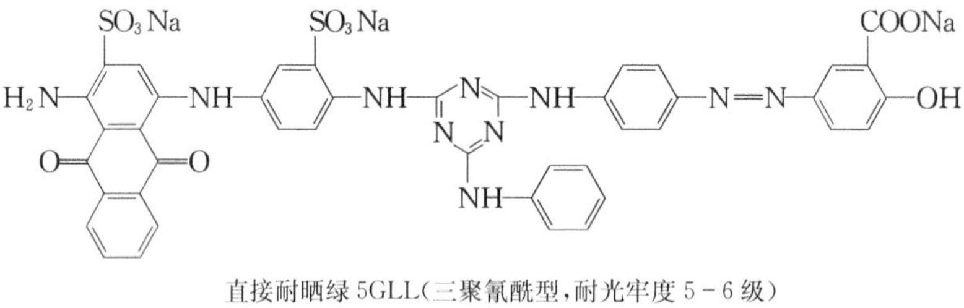

直接耐晒绿 5GLL(三聚氰酰型，耐光牢度 5－6 级)

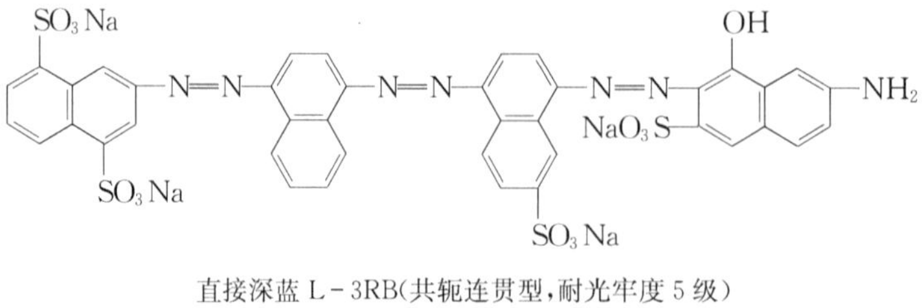

直接深蓝 L－3RB(共轭连贯型，耐光牢度 5 级)

直接橙 S(萘基尿素结构,耐光牢度 2－3 级)

含噻唑、二噁嗪、吡唑啉酮等杂环结构的染料也有较好的耐光牢度。

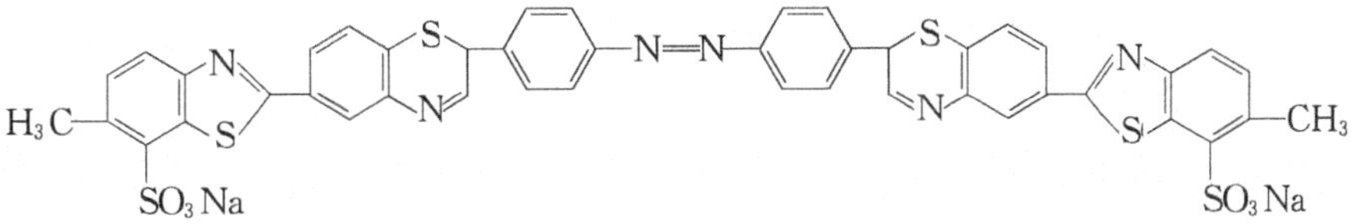

直接耐晒黄 RT(含噻唑结构,耐光牢度 6 级)

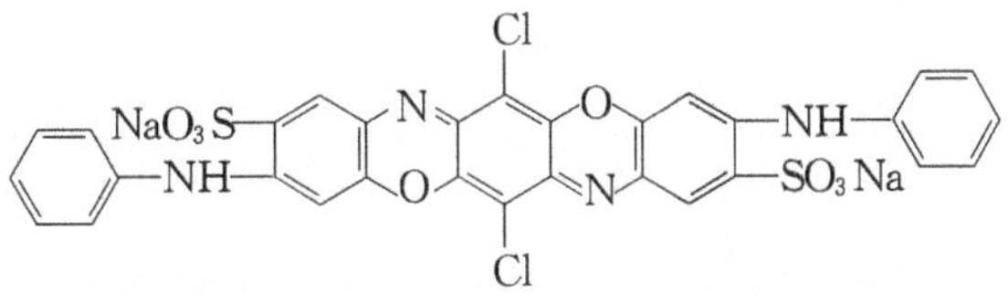

直接耐晒艳蓝 FF2G(二噁嗪结构,耐光牢度 7 级)

直接铜盐染料在染色后,经过铜盐处理形成络合物,化学稳定性得到提高,具有较高的耐光牢度;铜盐络合染料本身含有金属离子,染色后具有较高的耐光牢度,常作为直接耐晒染料。

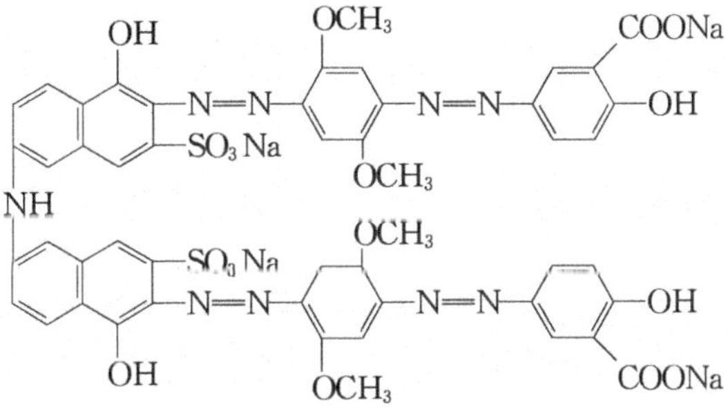

直接铜盐蓝 GL(可与铜盐络合,耐光牢度 6 级)

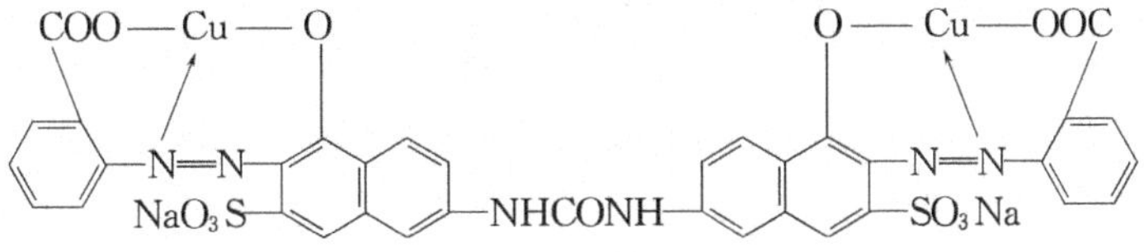

直接耐晒棕 8RLL(铜盐络合直接染料,耐光牢度 7 级)

染料分子的耐光牢度在很大程度上还决定于染料在纤维内部的物理状态,一般能聚集的染料分子比单分子分散状态的染料耐光牢度高。

## 第五节　直接染料的应用类型

根据直接染料的应用性能，可以分为普通直接染料、直接耐晒染料、直接混纺染料、直接交联染料等。

### 一、普通直接染料

所谓普通直接染料是指符合直接染料的结构特点，分子结构中具有磺酸基或羧酸基等水溶性基团，对纤维素纤维具有较大亲和力，能在中性介质中直接上染纤维素纤维的直接染料。这类染料结构以双偶氮及多偶氮染料为主，并以联苯胺及其衍生物类占多数。普通直接染料染色牢度较差，一般采用阳离子固色剂处理，可以提高染色织物的湿处理牢度。相关染料结构在第二节中已有列举。

### 二、直接耐晒染料

普通联苯胺结构的直接染料耐光牢度较低，在 3 级或 3 级以下，不能满足纺织品对耐光牢度的要求。为了与普通直接染料有所区别，方便使用，将耐光牢度较高（大于 4 级）的直接染料称为直接耐晒染料。

从染料结构看，二苯乙烯、苯基尿素结构、三聚氰酰、某些共轭连贯型染料，含噻唑、二噁嗪、吡唑啉酮等杂环结构的染料具有较好的耐光牢度，被作为直接耐晒染料。铜盐络合染料具有较高的耐光牢度，也常作为直接耐晒染料。相关染料的结构已在本章的第三节有所列举，在此不再举例。

### 三、直接混纺染料

直接混纺染料是专门为涤纶和棉纤维等纤维素纤维的混纺织物一浴一步法染色而开发的一类新型的直接染料。国产 D 型直接混纺染料最早是由上海染化九厂开发生产的，国外类似产品有日本化药公司的 Kayacelon C 型染料等。直接混纺染料具有以下特点：

（1）在高温条件下稳定性很好，在 130℃左右高温条件下的上染率比常规条件下（95～100℃）的上染率要高，适合于与分散染料同浴染色。

（2）染浴 pH 值适应范围广，能在分散染料染色适宜的弱酸性条件（pH＝5～6）下染色。

（3）在少量电解质作用下，就有较高的上染率，比一般直接染料染色用盐量少。

（4）对涤纶沾污少，有利于混纺织物表面浮色的清洗，具有优良的染色牢度。

使用直接混纺染料与分散染料对涤棉混纺织物进行同浴染色在成本上比分散/活性染料、分散/还原染料染色要低，在印染企业使用较多。近年来开发的直接混纺染料品种较多，由于这类染料没有致癌性，属于环保染料，也被用于替代禁用的直接染料用于常规纤维素纤维的染色。

从结构上看，直接混纺染料仍然以偶氮染料为主体，保持分子的线型和共平面性，对纤维素纤维有较高的直接性。采用的中间体都是非致癌化合物，其中，较多地采用三聚氰酰型、铜盐络合型染料，此外也有以二氨基二苯胺、二氨基苯甲酰替苯胺、二氨基二苯脲为中间体的染料。常见染料的结构举例如下：

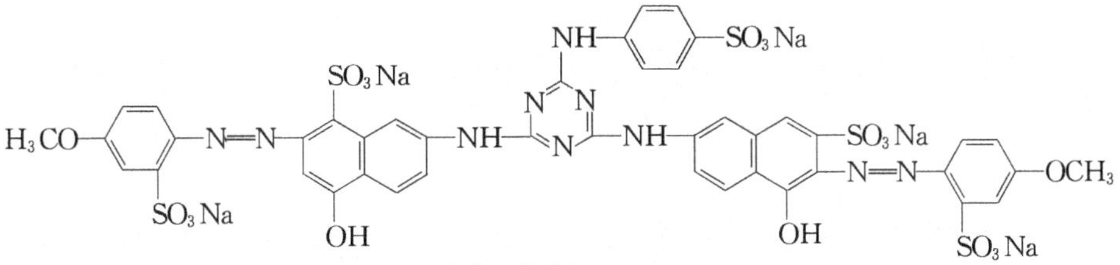

直接混纺大红 D－GLN

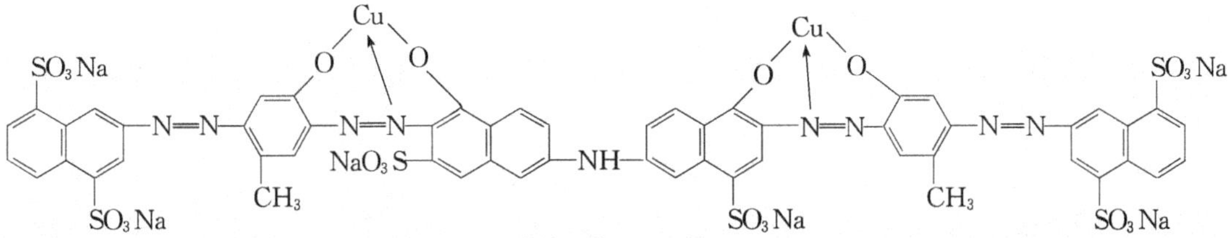

直接混纺蓝 D－3GL

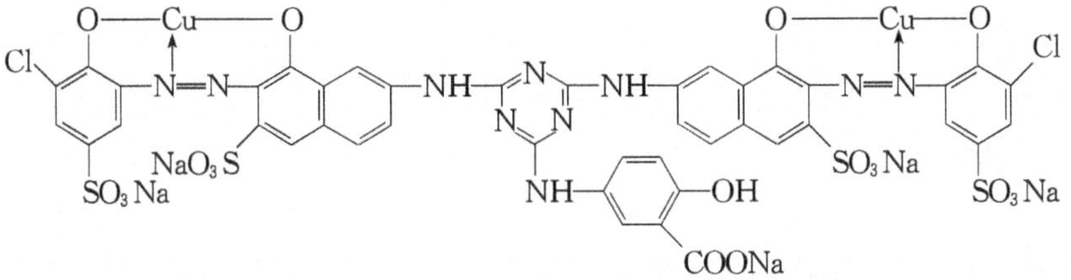

直接混纺红玉 D－BL

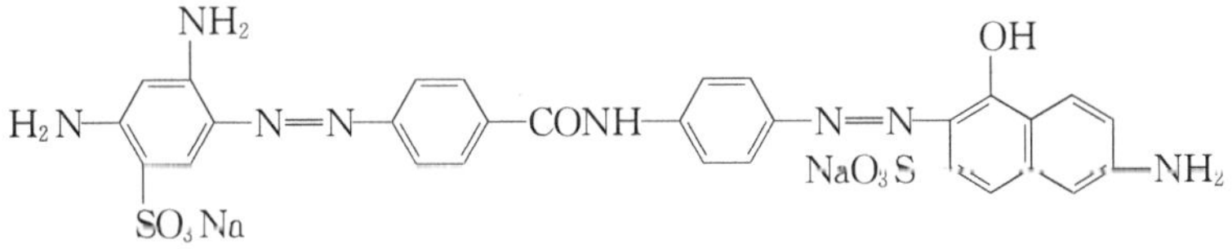

直接混纺棕 D－RS

## 四、直接交联染料

直接交联染料又称为直接反应性染料，是一类与反应性固色剂配套使用的直接染料。科莱恩公司于 20 世纪 80 年代首先推出了 Indosol SF 交联染料，与 Indosol 系列固色剂配套使用，这类染料具有较高的染色牢度，可达到印地科素（Indigosol）染料的水平。配套固色剂有 4 个系列产品，Indosol E－50、Indosol E－F、Indosol E－NL、Indosol CR，主要成分为阳离子型的大分子化合物。后来，在 Indosol SF 型染料基础上经过改进开发的高湿处理牢度的直接交联染料称为 Optisal 染料，配套了新的多官能团反应性固色剂 Optifix F。这类染料具有色泽鲜艳、耐 50℃ 洗涤、高直接性、高吸尽率、耐热性好、很高的湿处理牢度和耐光牢度、不含重金属离子、适于低盐染色等特点。

国产直接交联型染料被冠于 SF 型，与之配套的固色剂有 DRFR、IFI－841、IFI－862 等。

直接交联染料虽然具有反应性，但与活性染料（将在第八章中介绍）具有明显的区别，其活性基不在染料分子上而在固色剂分子上，这种结构避免了活性基在染色过程中的水解，而固色剂上的活性基又不如活性染料的活性基活泼，因此相当稳定。

直接交联染料具有类似于直接染料的性质，但与一般直接染料有较大的不同，从结构上看，直接交联染料具有以下特点：

(1)这类染料都是与铜络合的偶氮染料，不含致癌性芳香胺，如果游离的铜离子不超标，是符合生态纺织品要求的。

(2)染料对纤维素纤维有较大的直接性。这类染料中大部分含有J酸和猩红酸的衍生物，以及吡唑啉酮结构，使染料具有较好的线型和共平面性，对纤维素纤维的直接性大，亲和性好。另外，由于铜离子与染料分子中的配位体的络合方式为正四方形，是一个平面结构，因此络合后的整个染料分子的平面性提高，使染料直接性提高。因此这类染料上染率高，适宜染深浓色。

染料分子中具有$-NH_2$、$-OH$、$-NH-$、$-SO_2NH_2-$、$-NHCOCH_3$、$-NHCONH-$等含活泼氢原子的亲核基团，这些基团可与反应性固色剂反应生成牢固的共价键，使染料具有较高的染色牢度。亲核基团还能通过氢键作用影响染料的直接性，并使线型染料有很强的聚集性。另外，它们能取代出与纤维素结合的水分子，使染料与纤维的接触更加紧密，获得最大的范德华力。

染料分子中含有较多的磺酸基，使染料具有较好的水溶性和匀染性，磺酸基还可与固色剂形成离子键结合。

由于多是铜络合染料，染色织物的色光偏萎暗。

常见直接交联染料的结构举例如下：

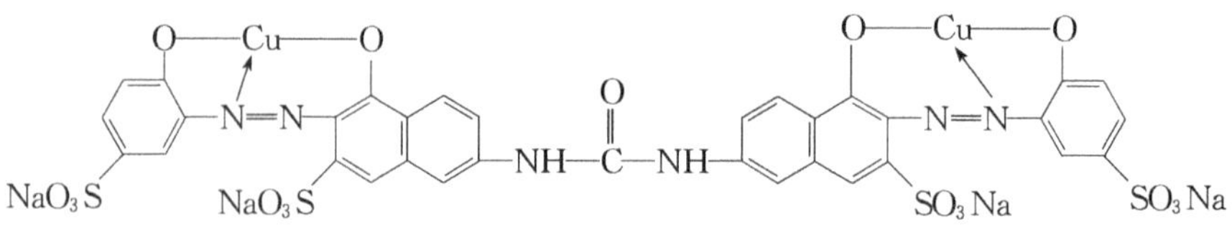

O—Cu—O　O　O—Cu—O
N=N　NH—C—NH　N=N
$NaO_3S$　$NaO_3S$　$SO_3Na$　$SO_3Na$

直接交联红 SF-2B

$NaO_3S$　O—Cu—O　O—Cu—O
N=N　N=N
$NaO_3S$　$SO_3Na$　$NaO_3S$　N　N

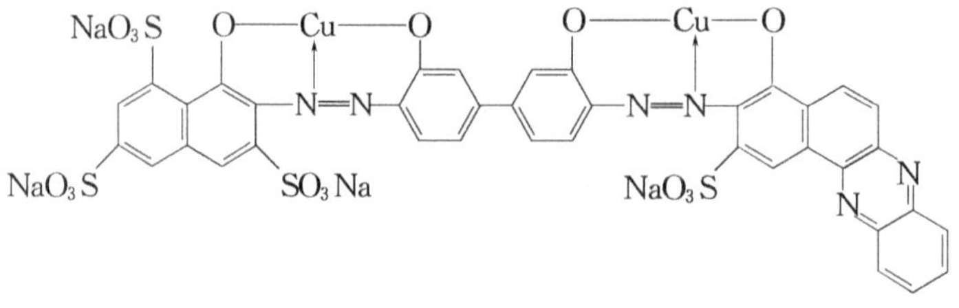

Indosol Blue SF-2G

## 复习指导

1. 掌握用于纤维素纤维染色的染料分子结构的共同特点。

2. 掌握直接染料的结构特点，可以从结构式辨认直接染料。

3. 掌握不同结构类型的直接染料的合成方法和合成途径，注意连接整个分子的位于分子中部的中间体的选择。

4. 熟悉直接染料的分子结构与其直接性、耐洗牢度和耐光牢度的关系。

5. 了解普通直接染料、直接耐晒染料、直接混纺染料和直接交联染料的结构特点。

## 思考题

1. 试从纤维素纤维的结构和性质，分析适用于纤维素纤维染色的染料需要怎样的结构特点。

2. 试从结构上说明双偶氮直接染料分成哪几类，并讨论双偶氮的合成方法。指出下列染料的重氮组分和偶合组分，并用箭头表示合成方向。

(1) $H_5C_2O$—N═N—CH═CH—N═N—$OC_2H_5$; $SO_3Na$　$SO_3Na$

(2) $NaO_3S$—N═N—N═N—; OH; $NaO_3S$; NH—C(═O)—

(3) N═N—; OH; $NaO_3S$; NH—C(═O)—NH; OH; N═N—$CH_3$; $SO_3Na$

(4) $SO_3Na$; $SO_3Na$; N═N—; $CH_3$; NH—C(═O)—NH; $CH_3$; N═N—; $SO_3Na$; $SO_3Na$

3. 何谓直接性，说明直接性的表示方法。

4. 总结直接染料分子结构与直接性的关系。

5. 总结直接染料分子结构与耐光牢度的关系。

6. 举例说明直接交联染料的结构特点。

7. 分析说明直接混纺染料的特点。

8. 从结构上分析直接染料与弱酸性染料之间的区别，并从所染纤维的角度说明为什么要有这些区别。

## 参考文献

[1] 陈荣圻．染料化学[M]. 北京:纺织工业出版社，1989.

[2] 何瑾馨．染料化学[M]. 北京:中国纺织出版社,2009.

[3] 钱国坻．染料化学[M]. 上海:上海交通大学出版社,1988.

[4] 侯毓汾,朱振华,王任之．染料化学[M]. 北京:化学工业出版社,1988.

[5] 陈荣圻,王建平．禁用染料及其代用[M]. 2 版．北京:中国纺织出版社,1998.

[6] 章杰．禁用染料和环保型染料[M]. 北京:化学工业出版社,2001.

[7] 杨薇,杨新玮．芳胺的毒性及对直接染料的影响(一)[J]. 上海染料,2003,31(2):33－37.

[8] 杨薇,杨新玮．芳胺的毒性及对直接染料的影响(二)[J]. 上海染料,2003,31(3):31－37.

[9] 杨新玮．关于直接染料发展的思考[J]. 上海染料,2005,33(3):14－21,30.

[10] 杨军浩,任再新．无致癌诱变性二元胺的直接染料[J]. 染料与染色,2004,41(4):191－193.

[11] 单兵,丁玉斌．中间体 DSD 酸及 PP 酸合成的直接染料品种概述[J]. 科技情报开发与经济,2001,11(2):91,96.

# 第八章　活性染料

## 第一节　引　言

由于前述各类染料（如直接染料、酸性染料）主要以范德华力、氢键或离子键与纤维结合，染料与纤维间的相互作用力较弱，在一定条件下染料容易从纤维上发生解析，从而导致了印染加工产品的湿处理牢度低，即使经固色剂固色也不一定能满足服用的要求。因而，提高染料与纤维间的结合力或作用力，是改善染料在纤维上湿处理牢度的根本途径之一。其中活性染料就由此应运而生，它与纤维能以共价键的形式结合，从而大大提高了染料与纤维之间的结合力，使加工产品的湿处理牢度得到很大提高。

活性染料（reactive dyes）是一类在化学结构上含有活性基团的水溶性染料，主要由染料母体[parent dye(s)]、能与纤维官能团反应的活性基[reactive group(s)]，以及连接染料母体与活性基的连接基（或桥基，bridging group）三部分组成，其结构示意如下：

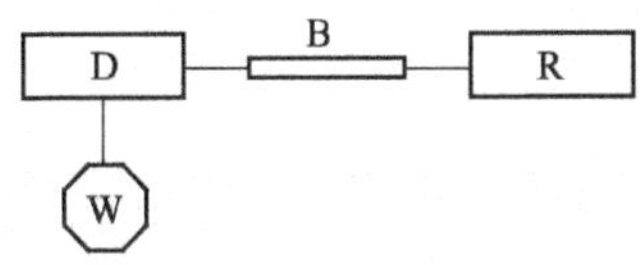


式中：D 为染料母体；B 为连接基或桥基；R 为活性基或反应性基团；W 为水溶性基团（water solubilizing group）。

其中染料母体是活性染料的共轭发色体系，直接决定活性染料的颜色特征，染料对纤维的直接性（substantivity）、上染特性（uptaking characteristic）及部分染色坚牢度（color fastness）等。活性基则是活性染料的核心部分，其种类、数目及在染料结构中所处位置等决定了活性染料的反应活泼性（包括与纤维的固色反应及其水解反应），也直接影响染料的固色率（degree of fixation）和固色效率（efficiency of fixation），以及染色、固色工艺的制定和控制。此外，活性染料中活性基与纤维成键稳定性的高低也影响到印染产品的各种湿处理牢度（如耐洗和湿摩擦牢度）等。连接基在活性染料的整体化学结构中扮演着重要角色，它将染料母体与活性基连接成一个统一整体，使活性染料分子整体表现出优异的染色特性。近年来，活性染料结构中连接基的种类、结构以及连接位置等，对染料分子及超分子结构和应用性能的影响已引起了染料界和印染界的高度关注。

自从 1956 年英国原 ICI 公司（现 DyStar）推出第一只棉用二氯均三嗪型商品化活性染料以来，活性染料的发展已经历了 50 余年。无论是活性染料的活性基种类、母体结构、连接基类型，还是其商业化品种、商品化工艺和技术等方面都不断推陈出新，使染料的应用性能、固色率、染色坚牢度等都得到了极大改善和提高。同时在扩大活性染料在不同种类纤维上的适用范围、革新传统印染加工工艺、探索活性染料新型印染加工方法等方面也取得了长足的进步。目前活性染料已发展成为仅次于分散染料的第二大类纺织染料。开发的活性基逾 100 种，真正工业化的也达 30 多种。而且由早期(20 世纪 60～70 年代)的单活性基类型向双或多活性基染料发展，具有高性能的新型活性基染料不断涌现，从而大大改善和提高了活性染料的固色率和利用率。染料母体结构也由原来结构较简单的偶氮型为主(占 70%～75%)，向高发色强度、高固色率、深染性和高色牢度的多环和杂环结构发展。而连接基也由传统的刚性芳氨基向柔性脂肪链或取代烷基胺等发展，大大提高和改善了染料的应用性能和色牢度等。

目前世界范围内从事纺织活性染料的生产厂商及各类商品牌号众多。国外著名厂商主要有美国亨兹曼[Huntsman，原汽巴(Ciba)精化有限公司]染料有限公司，其中欧洲 40%的活性染料由其生产，主要活性染料商品牌号有 Novacron(原 Cibacron)、Lanasol 等。其次为德国德司达(DyStar)染料有限公司，其活性染料的商品牌号主要包括丽华实(Levafix)、雷玛素(Remazol)、巴斯林(Basilene)、赫斯托兰(Hostalan)、普施安(Procion)等。瑞士科莱恩(Clariant)则主要生产 Drimarene 系列活性染料。此外日本住友化学有限公司(NSK)主要生产素米菲克司(Sumifix)系列活性染料，而化药有限公司(KYK)推出的活性染料有 Kayacelon React CN、Kayacion、Mikacion 等系列品种。国产活性染料的发展经历了从无到有、从弱到强的辉煌发展历程。其中 20 世纪 60 年代末上海染化八厂自主研发的 M 型复合双活性基染料，当时整整领先了日本住友公司研发的同类产品——Sumifix Supra 系列 10～15 年。目前国产活性染料年生产能力超 30 万吨，实际年产量也达 20 万吨左右，位居全球首位。生产厂家接近 70 家，生产品种超过 10 个的厂家达 17 家。前后共开发活性染料品种约 200 个，每年实际生产品种超过 100 种，几乎国外现有的品种国内都已开发或生产，其类型涵盖 X 型(二氯均三嗪型)、K 型/KM 型(一氯均三嗪型)、KE 型/KP 型(双一氯均三嗪型)、KD 型(一个或双一氯均三嗪型)、KN 型($\beta$-硫酸酯乙烯砜型)、M 型(一氯均三嗪型/$\beta$-硫酸酯乙烯砜型)、B 型(一氯均三嗪型/$\beta$-硫酸酯乙烯砜型)等 30 余种。而就大宗产品而言，国产活性染料主要集中在 X 型、K 型、M 型、KN 型等品种上。

活性染料的研发最早始于对蛋白质纤维的应用，但却在纤维素纤维上获得了成功和快速发展，目前已成为纤维素纤维印染加工的第一大类染料，且已取代或正越来越多地取代传统冰染染料、直接染料和还原染料等在纤维素纤维上的应用。此外，在 20 世纪 60 年代末期，为提高蛋白质纤维如羊毛、蚕丝等的湿处理牢度，国内外在蛋白质纤维用活性染料的研发上也取得了较大进展，相继推出了适用于蛋白质纤维的专用活性染料，如原 Ciba 公司有名的 Lanasol 系列毛用活性染料。此后又出现了适用于涤棉混纺品一浴法染色的中性或弱酸性条件固色的活性染料，和可用于锦纶印染加工的活性分散染料，以及色泽浓艳的活性阳离子染料等。

近年来，随着德国有关纺织品上致癌染料及其中间体的禁用法令，以及有关生态纺织品及环保条例等的相继颁布，研发绿色生态、环境友好的节能减排型活性染料，实现活性染料的无盐或少盐加工，小浴比、超小浴比染色，以及冷轧堆、湿短蒸、混纺品的一浴法染色等，提高染料固色率和各项色牢度，缩短加工流程，节约资源，减少污染物产生和排放，已成为世界各国关注的重点。从20世纪90年代开始，国外就相继推出了符合 Oeko - Tex Standard 100 标准的各种商品活性染料，如Ciba(现亨兹曼)的Cibacron LS系列染料、住友的Sumifix Supra HF系列染料等；国内如台湾永光的Everzol ED系列染料、上海万得的Megafix B - CPB型活性染料等。此外，随着数字技术的发展，计算机喷墨印染技术也得到了快速发展。喷墨印花用活性染料也不断推向市场，如原Ciba的Cibacron MI INK系列，DyStar的Jettex R、Jettex Rink等。

通常活性染料的合成工艺路线一般采用预制的染料母体再与多官能团的活性基进行缩合而得，也可采用先在染料中间体上接入活性基，然后再合成染料母体的方法。在染色应用过程中，通常(尤其是早期的活性染料，又特别是应用于纤维素纤维染色时)需在染色一定时间后向染浴添加碱剂，在碱性条件下使之与纤维上的官能团发生反应，从而与纤维以共价键结合而达到固色目的。同时为克服水溶液中纤维表面的Zeta电位对染料吸附上染的影响，以及为降低带负电荷的上染染料对后续染料吸附上染的影响，传统活性染料在染色过程中常需向染浴中添加大量中性电解质进行促染，以提高染料的上染百分率和固色率。活性染料染色完成后染色品常需皂煮以除去未固着的浮色染料。此外，活性染料在与纤维进行反应固色的同时，其活性基也易发生水解，产生水解染料，从而失去与纤维反应的能力。

活性染料具有色泽鲜艳、色谱齐全、性能优异、各项牢度尤其是湿处理牢度高、价格低廉、染色方法简便、实用性强、应用范围广等优点。但活性染料尤其是传统活性染料也具有一些不足之处，主要表现为对纤维的直接性低，固色率不高，染色时需耗用大量的中性盐；某些品种的性能，如深浓色品种的湿处理牢度、耐汗光复合牢度不够理想；取代传统纤维素纤维用染料如硫化、直接、还原染料，以及取代蛋白质纤维用媒染、金属络合染料的深色和性能优良的品种较少。然而随着精细化工、染料化学等相关科学技术的不断发展，以及高提升力、高固色率、高色牢度、高匀染性和高重现性等新型生态活性染料的研发，活性染料的各种应用性能正在不断得到改善和提高。

## 第二节 活性染料的活性基

活性基是活性染料的核心部分，直接参与跟纤维上官能团的反应，并以共价键与纤维结合，形成有色的纤维—染料化合物。此外，活性染料的活性基在与纤维反应的同时，在染浴中及纤维内相也发生水解反应，失去与纤维的反应能力。因而活性染料的活性基特性反映了活性染料的类别及其应用性能，直接决定其与纤维的反应能力和水解性能，以及印染加工时的工艺条件，从而影响到活性染料的固色速率和固色效率，以及染液的稳定性等。此外，活性基的特性也直接决定了纤维—染料键的耐氧化性、耐酸碱性和耐热性，并影响到染色品的各项湿处理牢度等。

因而，作为活性染料的活性基，首先应具备足够的活泼性，能在一定条件下与纤维上的官能团发生反应，并形成牢固的共价键，使染料能固着在纤维大分子链上。但同时其活泼性又不能太高，必须具备一定程度的耐碱性，以减少活性染料的水解，保持染液的相对稳定性和染料的贮存稳定性。其次活性染料的活性基在与纤维反应成键后，其活性应完全消失或大大降低，所成纤维—染料键具备较好的稳定性，以使加工品具有足够的湿处理牢度等。此外，作为活性染料的活性基本身，以及在与纤维固色反应的条件下和过程中，应不影响、不损伤或过度损伤纤维及其制品的其他品质。

自从活性染料问世以来，为改善和提高其应用性能和染色特性，活性染料的活性基一直在不断地发展和完善。到目前为止，开发的活性基种类繁多，其中已工业化生产的部分活性基如表 8-1 所示。二氯均三嗪、一氯均三嗪、乙烯砜型、一氟均三嗪、二氟一氯嘧啶、三氯嘧啶、氟氯甲基嘧啶、溴代丙烯酰胺、2,3-二氯喹噁啉等为实际生产中的常见种类。近年来，含氟活性基、烟酸结构的季铵盐活性基、氰氨基均三嗪活性基等性能优良的新型活性基及其复合活性基也不断问世。

**表 8-1 主要活性染料的活性基、商品名称及主要应用性能**

| 活性基 | | 代表性商品染料名称 | 部分应用性能 | | |
|---|---|---|---|---|---|
| 名称 | 结构 | | 固色温度/℃ | 固色率/% | 适用对象及方法 |
| 二氯均三嗪 | D—NH—（N=, N, N）; Cl; Cl | Procion MX，国产 X 型 | 40～45 | 50～70 | 纤维素纤维等/染色 |
| 一氯均三嗪 | D—NH—（N=, N, N）; R; Cl | Procion H，Cibacron P/H/E，Sumifix H，Drimarene P/X/Z，国产 K 型 | 90 | 55～75 | 纤维素纤维/印花、轧染 |
| 一氟均三嗪 | D—NH—（N=, N, N）; R; F | Cibacron F，Levafix EN | 60 | 60～80 | 纤维素纤维/染色 |
| 烟酸均三嗪 | $D_n$—[NH—（N, N, N）—NH]$_m$—R; $N^+$（吡啶）; COOH （$m,n$=1～2） | Kayacelon React CN，国产 R 型 | 110～130 | 80～95 | 涤/棉等一浴法染色 |
| 氰胺卤代均三嗪 | D—NH—（N=, N, N）; NHCN; Cl(F) | DyStar 推出的部分新型染料 | 40～60 | 90 | 棉/染色、印花 |
| 乙烯砜 | D—NH—（苯环）—$SO_2CH_2CH_2OSO_3Na$（间位）; D—NH—（苯环）—$SO_2CH_2CH_2OSO_3Na$（对位） | Remazol，Sumifix，Drimarene S，Eeverzol，国产 KN 型 | 60 | 55～75 | 纤维素、蛋白质纤维等/竭染、轧染、冷轧堆和印花 |
| 三氯嘧啶 | D—NH—（N, N）; Cl; Cl; Cl | Drimarene X | 60～90 | 70～85 | 纤维素纤维/染色 |

续表

| 活性基 | | 代表性商品染料名称 | 部分应用性能 | | |
|---|---|---|---|---|---|
| 名称 | 结构 | | 固色温度/℃ | 固色率/% | 适用对象及方法 |
| 二氟一氯嘧啶 | D—NH, F, N, N, Cl, F | Levafix P－A/E－A, Drimalan F,国产 F 型 | 40～80 | 70～95 | 棉、蛋白质纤维/染色和印花 |
| 氟氯甲基嘧啶 | D—NH, F, N, N, Cl, $CH_3$ | Levafix PN | 60～90 | 70～85 | 棉/印花 |
| 二氯氰基嘧啶 | D—NH, Cl, N, N, Cl, CN | Kayaract | 40～60 | 60～85 | 棉/染色 |
| 溴代丙烯酰胺 | D—NH—C(=O)—C(Br)=$CH_2$ | Lanasol/ Itowol,国产 PW 型 | 90～100 | 90～96 | 蛋白质纤维/染色和印花 |
| 膦酸基 | D—NH—(苯环)—$PO(OH)_2$ | Procion T,国产 P 型 | 210～220 | ≥80 | 涤棉混纺品/染色和印花 |
| 2,3－二氯喹噁啉 | D—NH—C(=O)—(喹噁啉环, N, N, Cl, Cl) | Levafix E ,Rifaton,国产 E/SX/S 型 | 40～50 | 55～75 | 棉、真丝/染色、印花 |
| 一氯均三嗪/乙烯砜硫酸酯(MCT/VS) | D—NH, (三嗪环 N, N, N, Cl), NH—(苯环)—$SO_2CH_2CH_2OSO_3Na$ | Sumifix Supra,Remazol RR,国产 M/ME 型 | 60～70 | 70～80 | 棉/竭染、轧染、冷轧堆和印花 |
| | D—NH, (三嗪环 N, N, N, Cl), NH—(苯环)—$SO_2CH_2CH_2OSO_3Na$ | 国产 EF | 60～65 | 60～80 | 棉/轧染和印花 |
| | RHN, (三嗪环 N, N, N, Cl), NH—D—$SO_2CH_2CH_2OSO_3Na$ | Drimara SN | 60～65 | 60～80 | 纤维素纤维/染色和印花 |
| 双一氯均三嗪(MCT/MCT) | D—NH, (三嗪环 N, N, N, Cl), B, (三嗪环 N, N, N, Cl), NH—D<br>(B 为连接基) | 国产 KE 型,国产 KP 型 | 85～90 | 75～85 | 纤维素纤维/染色和印花 |

续表

| 活性基 | | 代表性商品染料名称 | 部分应用性能 | | |
|---|---|---|---|---|---|
| 名称 | 结构 | | 固色温度/℃ | 固色率/% | 适用对象及方法 |
| 一氟均三嗪/乙烯砜硫酸酯(FT/VS) | D—NH—(一氟均三嗪环,F)—NH—L—$SO_2CH_2CH_2OSO_3Na$ (L为脂肪链) | Cibacron C | 40～60 | 80～99 | 纤维素纤维等/染色 |
| 一氯均三嗪/β-氯乙烯砜 | D—NH—(一氯均三嗪环,Cl)—N($C_2H_4SO_2C_2H_4Cl$)$_2$ | Remazol SN | 60～80 | 70～90 | 纤维素纤维/染色 |
| 二氟一氯嘧啶/β-乙烯砜硫酸酯 | (2,6-二氟-5-氯嘧啶环)—NH—D—$SO_2CH_2CH_2OSO_3Na$ | Levafix CA | 40～80 | 70～90 | 纤维素纤维等/染色和印花 |

通常活性染料的活性基按其化学结构可分为取代杂环(或芳环)类活性基、Michael类接受体活性基(主要是乙烯砜类活性基)以及其他结构类活性基,此外根据引入活性基的数目和种类还有双或多种复合活性基等。

## 一、取代杂环(或芳环)类活性基

取代杂环类活性基绝大多数为卤代含氮杂环,是重要的一类活性基。在20世纪60～80年代,为活性染料中第一大类活性基,其中尤其以卤代均三嗪型和卤代嘧啶型为主。从20世纪90年代至今,卤代杂环结构类活性基依然为仅次于乙烯砜型的第二大类活性基,其商品染料所占比例超过世界商品染料总量的40%。取代含氮杂环类活性基主要包括二氯、一氯、一氟等卤代均三嗪及烟酸均三嗪型,三氯、二氟一氯、氟氯甲基等卤代嘧啶活性基,以及二氯喹噁啉、卤代哒嗪、卤代哒嗪酮、卤代苯并噻唑等。

取代含氮杂环类活性基结构中由于有电负性较强的氮原子存在,以及取代基的吸电子效应,使取代基连接的碳原子上电子云密度降低,成为带正电性的反应活化中心。因而纤维上的亲核性基团如—OH、$—NH_2$、—SH等就容易与其发生双分子亲核取代反应($S_N2$, nucleophilic substitution reaction),与纤维形成牢固的纤维—染料共价键(如与纤维素纤维形成酯键)而结合,而染料活性基上的吸电子取代基则作为离去基离解。在这类双分子亲核反应中,为提高纤维上官能团的亲核性,碱常作为反应的催化剂。该类活性染料与纤维的固色反应机理如下:

$$Fiber—OH(NH_2/SH)+OH^- \longrightarrow Fiber—O^-(NH_2/S^-)$$

$$Fiber—O^-(NH_2/S^-)+X—C^{\delta+}(N)—NH—D \longrightarrow Fiber—O(NH/S)(X)C(N)—NH—D \longrightarrow$$

$$Fiber—O(NH/S)—C(N)—NH—D+X^-$$

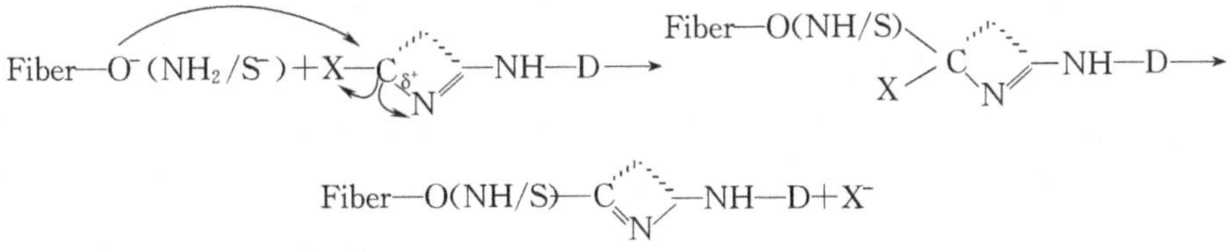

式中:X 为亲核离去基团,常为 Cl、F、季铵基团或甲砜基($—SO_2CH_3$)等;Fiber－OH($NH_2$/SH)为纤维素纤维或蛋白质纤维等。

此外,这类取代含氮杂环结构由于其环上氮原子的数目及位置不同,从而导致杂环 π 电子云密度分布发生变化,尤其是活化中心碳原子上电子云密度变化,使各类含氮杂环活性基表现出不同的反应活泼性。以下为各含氮杂环上活化中心碳原子的电子云密度数据。

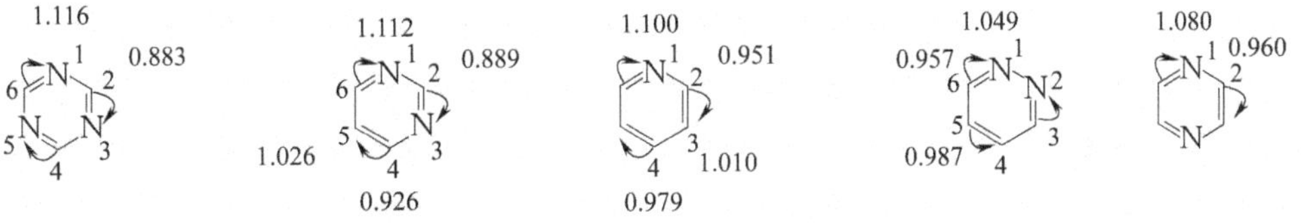

| 均三嗪 | 嘧啶 | 吡啶 | 哒嗪 | 吡嗪 |
|---|---|---|---|---|
| N1: 1.116; C2: 0.883 | N1: 1.112; C2: 0.889; C4: 0.926; C5: 1.026 | N1: 1.100; C2: 0.951; C3: 1.010; C4: 0.979 | N1: 1.049; C6: 0.957; C5: 0.987 | N1: 1.080; C2: 0.960 |

以上数据表明,各类含氮杂环中均三嗪环上活化中心碳原子的电子云密度最低,因而在相同条件下,其亲核取代基的反应活泼性高。嘧啶环上由于只有两个电负性较大的氮原子,因而环上碳原子的平均电子云密度较高,其中环上 2、4、6 位上碳原子的电子云密度相对较低,其取代基具有一定的活泼性,但不如均三嗪环上对应处取代基的活泼性。在吡啶环上碳原子的电子云密度较高,不能成为活性基。

### (一)取代均三嗪类活性基(substituted triazinyl)

传统的取代均三嗪类活性基主要指卤代均三嗪类活性基(halogen-substituted triazinyl),也是最早研发的一类活性基,其比例占取代均三嗪类 90%以上,在工业化活性染料中具有重要地位。其中最常见的卤代原子主要为氯和氟,由其组成的取代均三嗪类活性基主要包括二氯均三嗪(dichloro-*s*-triazinyl)、一氯均三嗪(monochloro-*s*-triazinyl)、一氟均三嗪(monofluoro-*s*-triazinyl)等。此外,近年来在传统的取代卤原子基础上,又新发展了烟酸(3-pyridinecarboxylic acid)、氰胺(cyanamide)及二氟取代均三嗪活性基(difluoro-*s*-triazinyl)等。一般取代均三嗪类活性基可用如下通式表示:

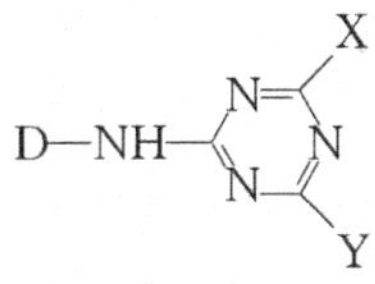

$$D—NH—C_3N_3(X)(Y)$$

[ X =—Cl,—F,—NHCN,$—\overset{+}{N}C_5H_4$—COOH(3-羧基吡啶鎓) 等; Y =—Cl,$—NH_2$,—NHR,$—NR_2$,—NHAr,—OR,$—NHCH_2OH$,$—NHCH_2CH_2OH$,$—SO_2NHCH_2CH_2Cl$,—NH—$C_6H_4$—$SO_2CH_2CH_2OSO_3Na$ 等;R=烷基或芳基]

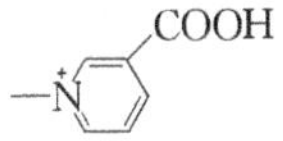

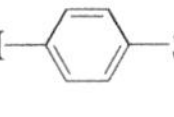

其中当取代基 X=Y=—Cl 时，为二氯均三嗪型活性基，其对应的商品活性染料主要有传统的国产 X 型和德国德司达的普施安 MX 型(Procion MX)等；当 X=—Cl，Y=—NHR 时，则为一氯均三嗪型活性基，其对应的商品活性染料有国产 K 型及 KD 型，以及德司达(DyStar)的普施安 H 型(Procion H)，亨兹曼的 Cibacron E 型，日本化药公司的 Kayaclion P/A/E 型活性染料等；当 X=—F，Y=—NHR 时，则为一氟均三嗪活性基，其商品染料主要有亨兹曼的 Cibacron F 型和德司达的丽华实 EN(Levafix EN)；当 X= $-\overset{+}{N}$(COOH)，Y=—NHR 时，则为近年来新研发的可用于中性或弱酸性条件下固色的烟酸均三嗪型活性基，其商品染料主要有国产的 R 型和日本化药公司的 Kayacelon React CN 系列等。此外，也可通过连接基在取代基 Y 上引入乙烯砜型等活性基，从而形成异种双或多活性基。

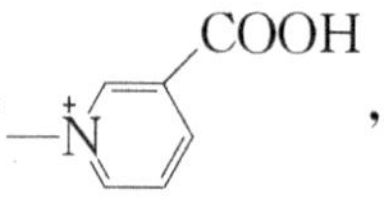

取代均三嗪类活性基的活泼性，与其含氮杂环中活化中心碳原子上的取代基性质、数目等有直接关系。通常取代基的吸电子能力越强，活化中心碳原子上的正电荷性就越高，越容易受到亲核进攻，其中作为离去基的取代基也越易离去，因而其活泼性就越高。当取代基中非离去基相同时(如取代基 Y)，作为离去基的原子或基团(如取代基 X)的活泼性顺序为：

$$F > -\overset{+}{N}(\text{COOH}) > Cl$$

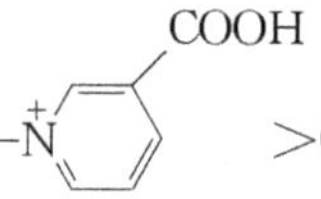

而当均三嗪杂环上取代基中离去基相同时，如非离去基的供电子性越强，则往往导致中心核碳原子上正电荷性降低，从而也降低了活性基的活泼性。因而在这类活性基中，二氯均三嗪环上由于两个氯原子的吸电子诱导效应，使环上电子云密度远比一氯均三嗪环上的低，故 X 型活性染料活泼性较高，可在较低温度(40～45℃)和弱碱性条件下与纤维素纤维发生亲核取代反应。而 K 型活性染料由于非离去取代基如亚氨基等供电子效应的影响，其反应活泼性较低，需在高温(90～95℃)强碱性条件下才能与纤维素纤维发生亲核取代反应。同样当二氯均三嗪活性染料中一个氯原子被亲核基团取代后，由于接入了纤维上的供电子性基团如—O—、—NH—等，或者在溶液中发生水解接入—OH 时，杂环上的电子云密度增大，从而使第二个氯原子的活泼性大大下降，故一般需在更为剧烈的条件下才能使其与纤维继续发生固色反应。

由于氟原子的电负性比氯原子高，因而含氟均三嗪活性基的活泼性比相应的含氯均三嗪要高。其中由于二氟均三嗪过于活泼而极易水解，而未能商品化。一氟均三嗪活性基的活泼性则介于二氯均三嗪和一氯均三嗪之间，其染料具有较好的固色反应性及较高的固色率，同时染料的耐碱性好，浮色易洗涤，湿处理牢度优良。

具有这类活性基的染料有：

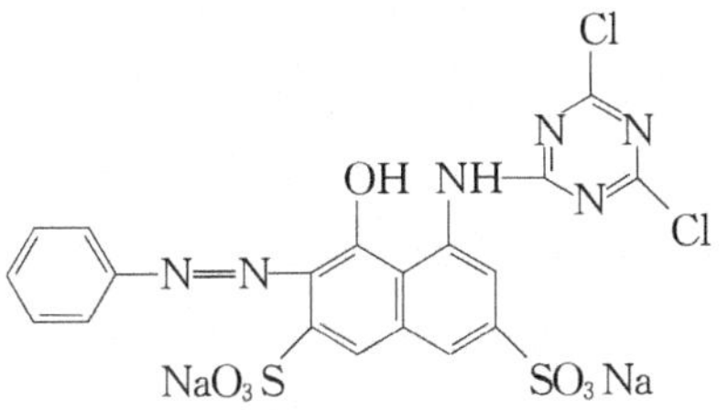

活性艳红 X－3B (C. I. 反应性红 2,18200) 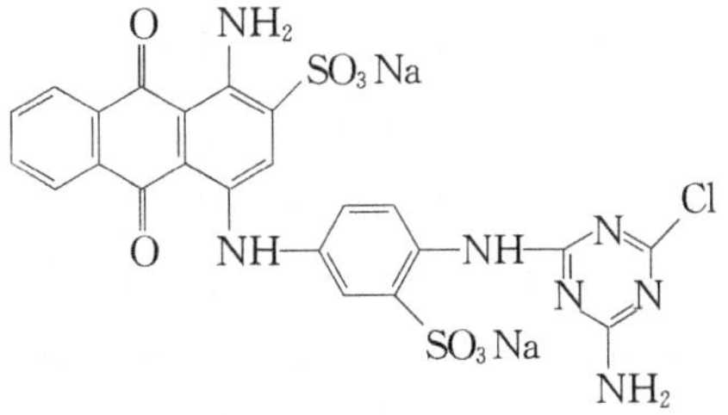　　Cibacron Blue BR (C. I. 反应性蓝 5,61205:1)

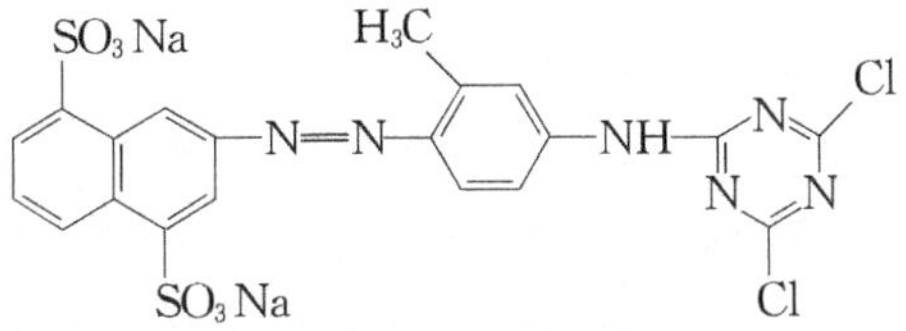

活性黄 X－R (C. I. 反应性黄 4,13190)

3－羧基吡啶(又称单烟酸结构,3－pyridinecarboxylic acid)均三嗪活性基由日本化药公司所研发,是针对涤棉混纺品采用分散/活性染料一浴法染色而发展的一类可在弱酸性或中性条件下固色的活性基。3－羧基吡啶均三嗪活性基中由于接入了带正电荷的吡啶基,以及吡啶环上羧基的吸电子效应,使均三嗪环上活化中心碳原子的电子云密度大为降低,大大增强了其正电荷性,从而提高了活泼性。其活泼性低于二氯含氮杂环类活性基,而高于乙烯砜型及二氟一氯嘧啶型活性基。与纤维反应时活泼性高,且只有弱有机酸菸酸(烟酸)产生,故可在中性及100～130℃条件下固色,不用碱或极少使用碱为缚酸剂,因而可达到分散/活性染料的同浴染色要求。该类染料与纤维固色反应时的亲核取代反应可表示为:

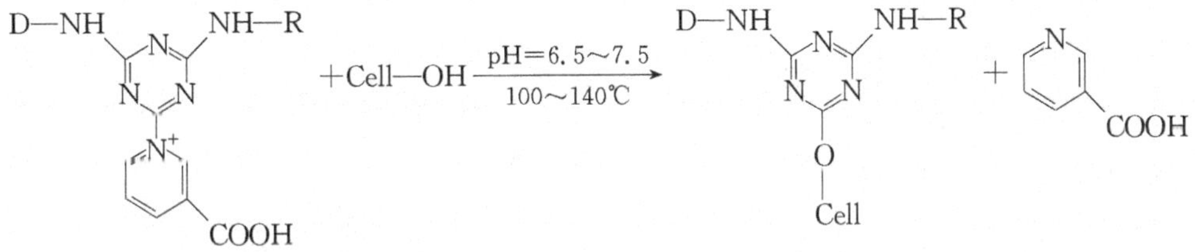

+Cell—OH $\xrightarrow[100\sim140℃]{pH=6.5\sim7.5}$ +

具有烟酸结构的活性染料水溶性好,固色率高,对棉纤维的固色率高达 95%,减少了染料的流失和中性盐的用量,属于一类节能减排型活性染料,可用于棉、粘胶纤维、羊毛、锦纶等及其混纺品的染色加工。

此外,近年来在均三嗪环上引入吡啶、间氨基甲酰基吡啶、三乙基胺、三甲基胺等形成季铵盐型活性基也有报道。

卤代均三嗪类活性基接入染料母体的方法,通常根据染料母体及活性基的亲核性而定。一般大部分蒽醌类活性染料、金属络合偶氮染料、少量单偶氮以及酞菁类活性染料,常采用染料母体与含卤均三嗪直接缩合的方法引入。如活性艳蓝 X－BR(C. I. 反应性蓝 4,61205),一般先以原料溴氨酸与间苯二胺磺酸缩合成蓝色母体染料,然后在碱性条件下与三氯均三嗪缩合而得。若活性艳蓝 X－BR 在氨水存在条件下进一步缩合则可得活性艳蓝 K－GR(C. I. 反应性蓝 5,61205:1)。

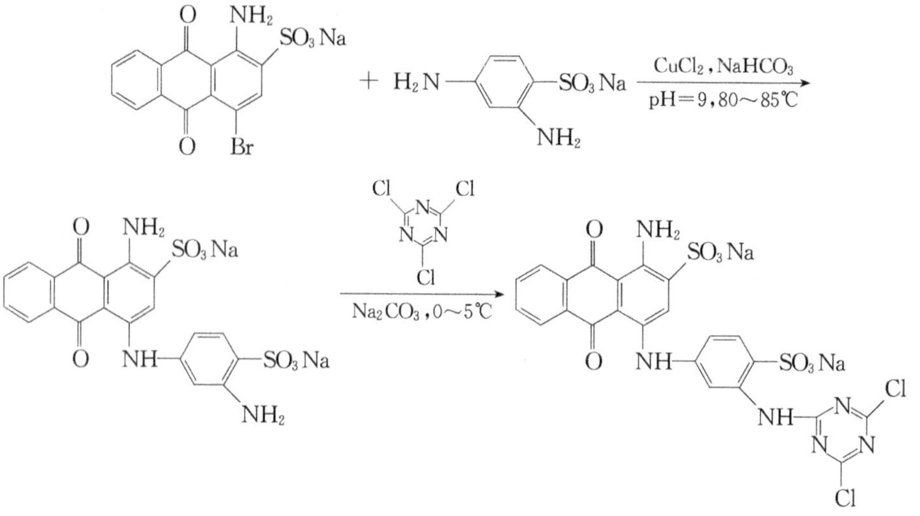

$$\xrightarrow[\text{pH}=9,80\sim85℃]{CuCl_2, NaHCO_3}$$

$$\xrightarrow[Na_2CO_3, 0\sim5℃]{}$$

活性艳蓝 X - BR

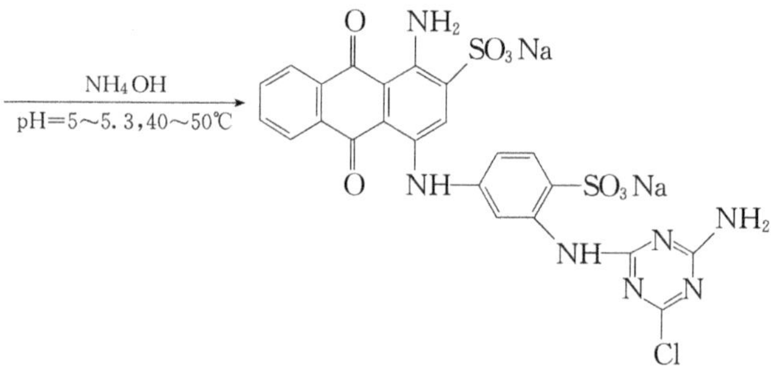

$$\xrightarrow[\text{pH}=5\sim5.3,40\sim50℃]{NH_4OH}$$

活性艳蓝 K - GR

而 3 -羧基吡啶均三嗪型活性染料通常以一氯均三嗪活性染料为基础，再与吡啶羧酸（菸酸）缩合而得。

对大多数偶氮类活性染料，常通过先在中间体上引入活性基，然后进行偶合。如活性红 X - 3B (C. I. 反应性红 2)及活性艳红 K - 3B 的合成：

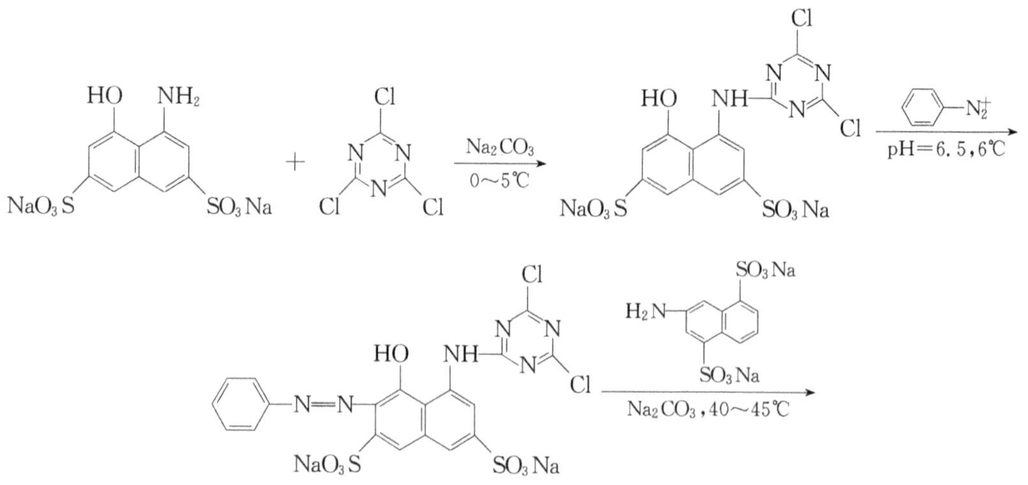

$$\xrightarrow[0\sim5℃]{Na_2CO_3}$$

$$\xrightarrow[\text{pH}=6.5,6℃]{}$$

$$\xrightarrow[Na_2CO_3, 40\sim45℃]{}$$

活性艳红 X - 3B

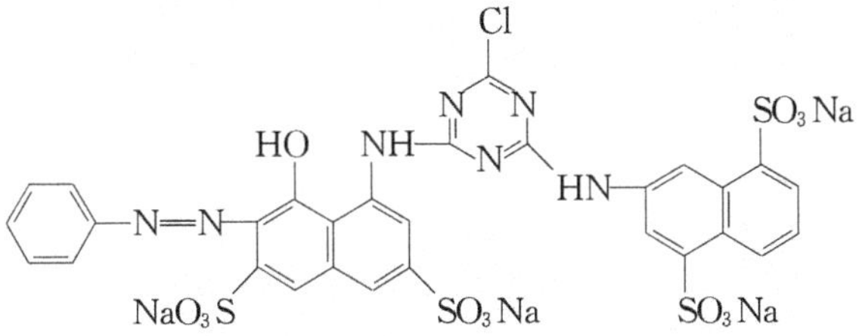

活性艳红 K－3B

## (二) 取代嘧啶类活性基(substituted pyrimidine)

取代嘧啶类活性基是商品纺织活性染料中另一类重要的活性基，主要包括传统的卤代嘧啶型等。

取代嘧啶类活性基中离去基团除传统的氯原子外，还包括后来发展的具有较高活性的氟原子，以及近年来报道的季铵化合物取代基等。各类取代嘧啶基及其对应的商品活性染料见表8－1。

与取代均三嗪型活性基一样，杂环上各取代基数目、取代位置、电负性大小都影响到活化中心碳原子上的电子云密度，从而直接影响活性基的活泼性。一般规律是取代基的电负性越强，数目越多，其活泼性就越高；在相同条件下，2 位上碳原子的电子云密度最低，因而最易受到亲核进攻而发生反应。若取代基中含有强吸电子基如烷砜基时，其活泼性也得到较大提高。通常取代嘧啶类活性基的活泼性大小为：

二氯均三嗪＞二氟一氯嘧啶＞二氯一氟嘧啶＞烷砜基一氯嘧啶＞三氯嘧啶＞氟氯甲基嘧啶＞2,4－二氯嘧啶＞2－一氯嘧啶

此外，近年来在嘧啶环上引入季铵化合物可大大增加染料的反应活泼性，表现出极好的固色率，其固色率可高达 99%。

部分取代嘧啶型活性染料的结构如下：

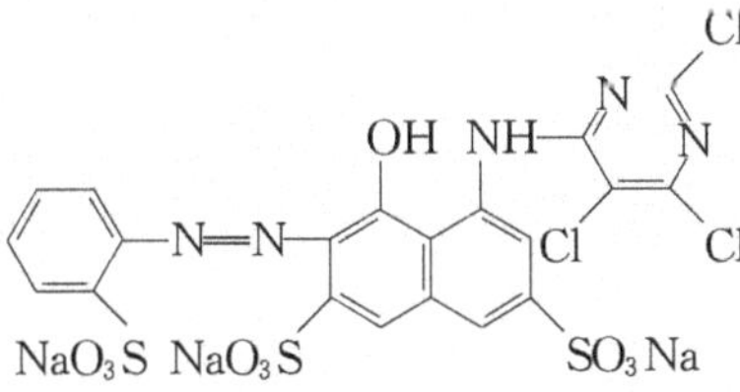

Reactone Red 2B

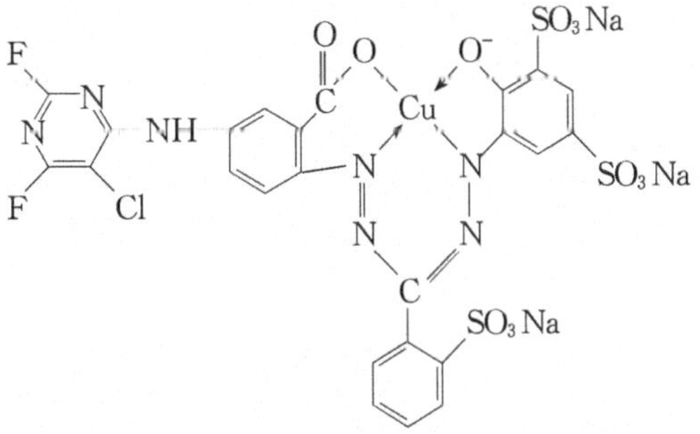

活性深蓝 F－4G (C. I. 反应性蓝 104)

其中二氟一氯嘧啶活性染料活泼性高，与纤维反应能力强，固色率高，因而得到了广泛应用，如国产 F 型活性染料。2,4,5－三氯嘧啶活性染料为早期的工业化产品，近年来研究发现 2,4,5－三氯嘧啶活性染料更适合于冷轧堆染色，其稳定性及固色率均表现优良。

取代嘧啶类活性基的引入方法一般以四氯嘧啶，2,4,6－三氯嘧啶、二氟一氯嘧啶及三氟一氯嘧啶等为主要活性中间体，尤其以三氟一氯嘧啶应用最多，与染料母体缩合而成。如活性深蓝 F－4G(Drimarene Navy R－GL)：

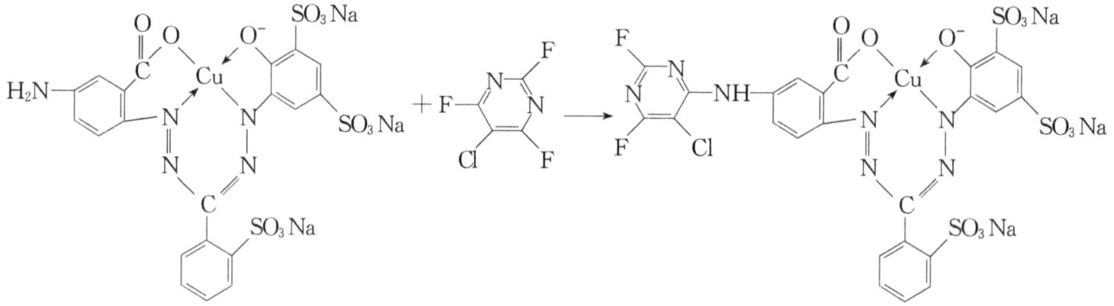

活性深蓝 F-4G

### (三) 喹噁啉类活性基(substituted quinoxaline)

喹噁啉类活性基通常指二氯喹噁啉，为含有两个氮原子的杂环类活性基，其结构如下：

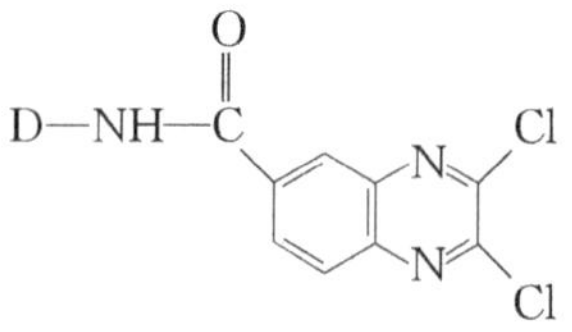

与其他含氮杂环活性基一样，喹噁啉活性基由于氮原子的吸电子效应，杂环上 2、3 位取代碳原子的电子云密度降低，尤其当 6 位上连接染料母体的桥基为吸电子酰氨基(—NH—CO—)时，2 位碳原子的电子云密度因共轭效应的影响降低得更为明显，并与二氯均三嗪环上活化中心碳原子的接近。因而二氯喹噁啉类活性基与二氯均三嗪相近，也具有较高的活泼性。一般可在 40～50℃左右与纤维素纤维发生固色反应，且对低温碱液较为稳定。国产 E 型、SX 型、S 型，以及德司达的丽华实 E 型(Levafix E)等商品染料都属此类。该染料主要用于真丝绸的低温竭染及印花，其中国产 E 型、德司达 Levafix E 型也应用于棉的印染加工。这类活性染料如：

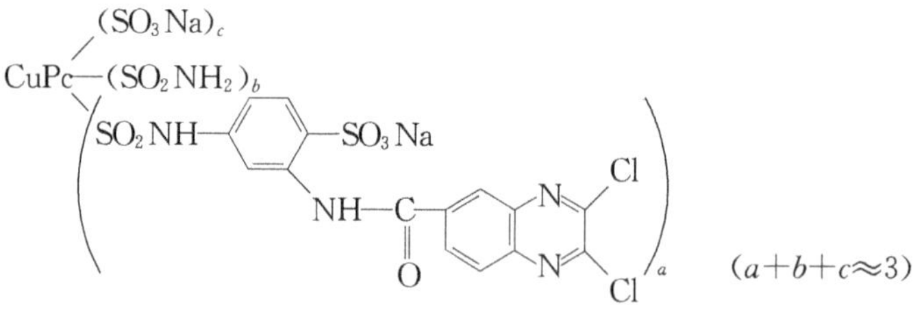

Levafix E 翠蓝

### (四) 其他含氮杂环/芳环类活性基

其他含氮杂环类活性基主要包括卤代哒嗪、哒嗪酮、苯并哒嗪、苯并噻唑等。与前述三类含氮杂环相比，较少用于纺织染料的工业化生产。这类活性基如表 8-2 所示。

表 8－2　其他含氮杂环类活性基

| 活 性 基 | 染料结构 | 活 性 基 | 染料结构 |
|---|---|---|---|
| 4,5－二氯－6－哒嗪酮 | 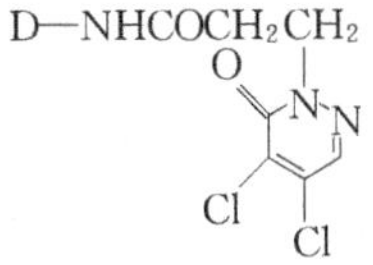 D—NHCOCH$_2$CH$_2$ (N-linked 4,5-dichloro-6-pyridazinone; O, N, N, Cl, Cl) | 1,4－二氯苯并哒嗪 | 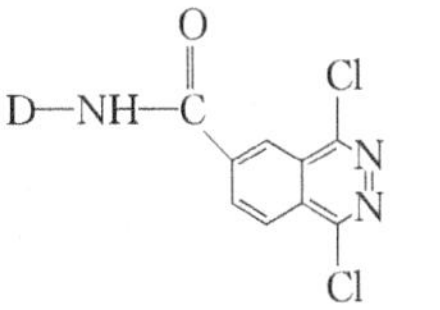 D—NH—C(=O)— (1,4-dichlorophthalazine; Cl, N, N, Cl) |
| 2,6－二氯哒嗪 | 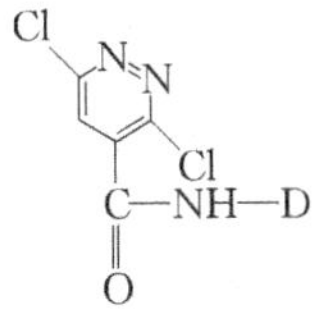 Cl, N, N, Cl; C(=O)—NH—D | 2－氯苯并噻唑 | 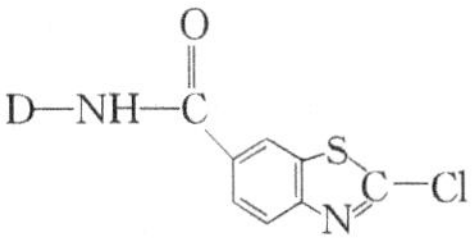 D—NH—C(=O)— (benzothiazole; S, N, C—Cl) |

近年来，以取代碳芳环为活性基也引起了人们的重视。碳芳环和含氮杂环一样，当环上引入足够强的吸电子基，芳环上碳原子的电子云密度也大为降低，易发生亲核取代反应，其反应历程与前述杂环类活性基类似。但由于碳芳环本身(如苯环上)无强吸电子原子，其活泼性相对下降。在碳芳环上引入多个硝基、氰基、季铵基和氟等，可形成混合型多官能团活性基，通常也具有较高的活性、提升力和色牢度，除可作为普通活性染料使用外，在喷墨印花的活性染料墨水中也有应用。这类染料结构如：

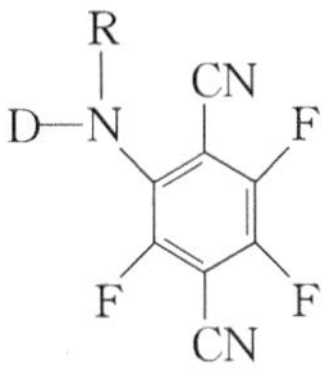

D—N(R)—, CN, F, F, F, CN

染料结构Ⅰ

D—NH, F, $O_2N$, $NO_2$

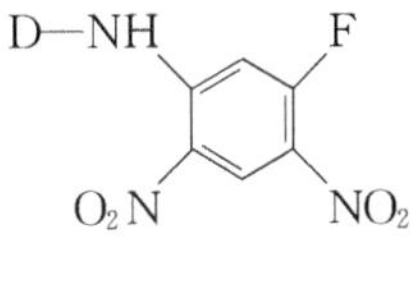

染料结构Ⅱ

## 二、β－乙烯砜型活性基

这类活性基主要包括 β－乙烯砜基(β－vinylsulfonyl)或其前身 β－羟乙基砜硫酸酯(β－hydroxy-ethylsulfonyl sulfuric ester)，以及其衍生物类，是目前活性染料中第一大类活性基，占各类活性基总量的55%以上，其中又以 β－羟乙基砜硫酸酯活性基为主。特别是为改善 β－羟乙基砜硫酸酯基的耐碱性和与纤维的成键稳定性，近年来又出现了在乙烯砜基结构中引入各类酰氨基、取代氨基的乙烯砜氨基衍生物，以及部分新发展的与乙烯砜活性基具同样特征的新型活性基等。

### (一)乙烯砜类(vinylsulfonyl)

由于乙烯砜反应活泼性太强，在水中不够稳定，因此在乙烯砜型商品活性染料中除少数活性染料的活性基直接以乙烯砜出现外，绝大部分都以 β－羟乙基砜硫酸酯基形式出现。因而这类活性染料与纤维固色反应时，通常在碱性条件下先消去 α 碳原子上的一个氢和亲核离去基团(如硫酸酯基)，从而形成活泼的乙烯砜基。在乙烯砜基中由于砜基的强吸电子效应，使形成的乙烯基(—C═C—)双键产生极化，在 β 位碳原子上形成正电中心，从而与纤维上的亲核官能团发生亲核加成反应而固着。在与纤维素纤维进行固色反应的过程中，加入的碱剂在纤维亲核进攻反应时可起到催化作用，帮助纤维素纤维形成带负电荷的碱纤维素（Cell—O⁻），提高了亲核反应活泼性。乙烯砜型活性基与纤维固色反应遵循消去亲核加成机理，其一般反应为：

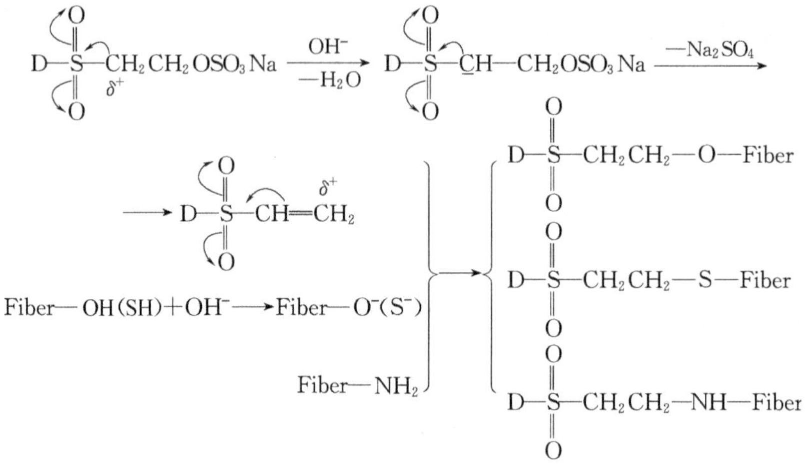

$$D-\underset{\underset{O}{\|}}{\overset{\overset{O}{\|}}{S}}-\overset{\delta^+}{C}H_2CH_2OSO_3Na \xrightarrow[-H_2O]{OH^-} D-\underset{\underset{O}{\|}}{\overset{\overset{O}{\|}}{S}}-\underline{C}H-CH_2OSO_3Na \xrightarrow{-Na_2SO_4}$$

$$\longrightarrow D-\underset{\underset{O}{\|}}{\overset{\overset{O}{\|}}{S}}-CH=\overset{\delta^+}{C}H_2$$

$$Fiber-OH(SH)+OH^- \longrightarrow Fiber-O^-(S^-)$$

$$Fiber-NH_2$$

$$\longrightarrow \begin{cases} D-\underset{\underset{O}{\|}}{\overset{\overset{O}{\|}}{S}}-CH_2CH_2-O-Fiber \\ D-\underset{\underset{O}{\|}}{\overset{\overset{O}{\|}}{S}}-CH_2CH_2-S-Fiber \\ D-\underset{\underset{O}{\|}}{\overset{\overset{O}{\|}}{S}}-CH_2CH_2-NH-Fiber \end{cases}$$

式中：D 为染料母体。

此外，在碱性固色条件下，溶液中的 $OH^-$ 也具有较强的亲核进攻性，与染料发生水解反应，降低了染料的利用率，并产生浮色。

从 $\beta$-羟乙基砜硫酸酯活性基与纤维发生消去亲核反应的历程可知，当砜基（$-SO_2-$）吸电子能力越强，消去反应就越容易发生，形成的乙烯砜活性基也越活泼；同样当硫酸酯基等离去基的吸电子能力越强，也可使消去反应变得更容易进行，形成活性基的速率将大大增加。

乙烯砜型活性基的活泼性介于二氯均三嗪和一氯均三嗪之间，属于中温型染料，可在 40～50℃染色，60℃固色。这类染料主要有国产 KN 型，台湾永光的 Eeverzol 系列，以及国外德司达（DyStar）的 Remazol 系列，科莱恩（Clariant）的 Drimarene S 型，日本住友的 Sumifix 系列等。如：

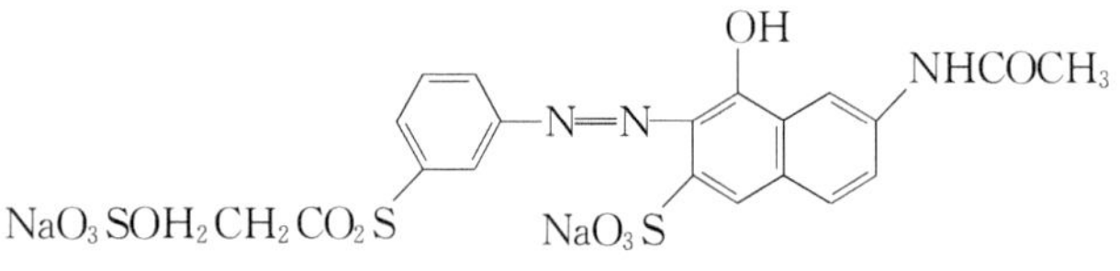

$NaO_3SOH_2CH_2CO_2S$–C₆H₄–N=N–（OH, $SO_3Na$, $NHCOCH_3$ 取代萘）

活性橙 KN－4R（C.I. 反应性橙 7,17756）

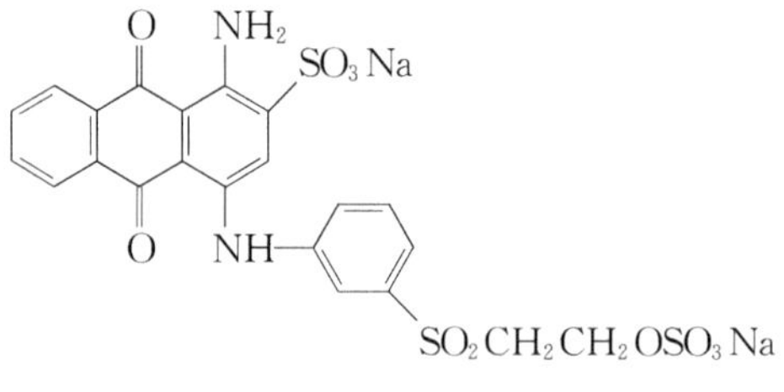

（1-氨基-2-$SO_3Na$-4-[3-($SO_2CH_2CH_2OSO_3Na$)苯氨基]蒽醌）

活性艳蓝 KN－R（C.I. 反应性蓝 19,61200）

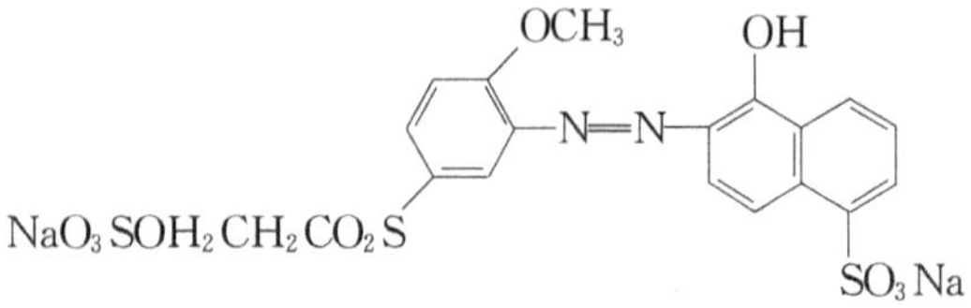

$NaO_3SOH_2CH_2CO_2S$–（$OCH_3$）C₆H₃–N=N–（OH, $SO_3Na$ 取代萘）

Remazol Red B（C.I. 反应性红 22）

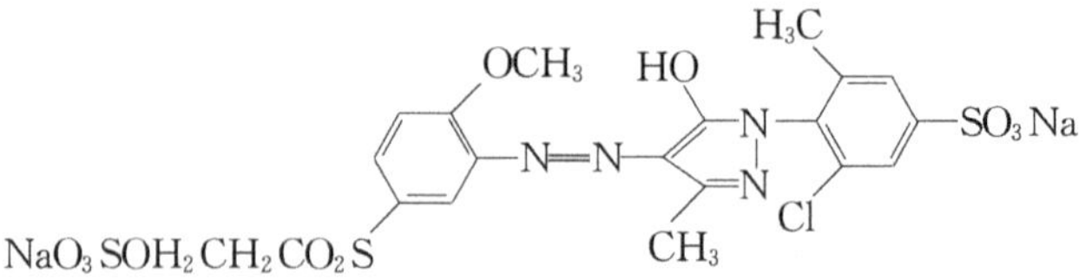

$NaO_3SOH_2CH_2CO_2S$–（$OCH_3$）C₆H₃–N=N–（HO, $CH_3$ 吡唑）–N–C₆H₂($H_3C$, Cl, $SO_3Na$)

Remazol Yellow G（C.I. 反应性黄 14,19036）

### (二) 乙烯砜氨基衍生物(ramified amido vinylsulfonyl)

在早期的$\beta$-羟乙基砜硫酸酯商品活性染料中，$\beta$-羟乙基砜硫酸酯基常直接与染料母体相连(如与母体中苯环等芳环相连)，其砜基的强吸电子性常造成这类染料不耐碱。在碱性条件下染料易发生水解反应，而且在与纤维素纤维形成的纤维—染料间醚键(Cell—O—D)在碱性环境下也不稳定。因而通常在乙烯砜结构中引入供电子的取代基，如用磺酰氨基，甚至以酰氨基替代砜基，从而发展了乙烯砜氨基衍生物类活性基，以降低原砜基的吸电子能力，如表8-3所示。

**表 8-3　乙烯砜氨基衍生物活性基**

| 序　号 | 结　　构 |
|---|---|
| Ⅰ | $D{-}SO_2{-}\overset{\delta^+}{C}H_2CH_2OSO_3Na$ |
| Ⅱ | $D{-}NH{-}SO_2{-}CH_2CH_2OSO_3Na \xrightarrow{OH^-} D{-}\bar{N}{-}SO_2{-}CH_2CH_2OSO_3Na$ |
| Ⅲ | $D{-}N(CH_3){-}SO_2{-}CH_2CH_2OSO_3Na$ |
| Ⅳ | $D{-}SO_2{-}NH{-}CH_2CH_2OSO_3Na$ |

当砜基连接的供电子取代基的类型及引入的位置不同时，其对砜基的吸电子能力影响也不同。Ⅱ中磺酰氨基中亚氨基在砜基的强吸电子作用下，氢离子在碱性条件下离解，使氮原子带一个负电荷，其供电子能力得到提高，大大降低了砜基的吸电子性。当亚氨基上的氢被甲基取代后(Ⅲ)，亚氨基不会再电离，从而可保持活性基具有相对较高的反应性，还可提高染料的耐酸碱及成键稳定性。从表8-3可知，由于此类活性基中氨基的结构与所在位置不同，发生第一步消除反应的难易和快慢也不同，直接影响乙烯砜活性基的形成。同时砜基对形成的乙烯基的极化程度也将下降，可适当降低活性基活泼性，以提高染料的耐碱性和成键稳定性。

表8-3中各砜基对$\alpha$位碳原子的吸电子能力顺序为：Ⅰ>Ⅲ>Ⅱ>Ⅳ；而染料的耐碱稳定性顺序为：Ⅳ>Ⅱ>Ⅲ>Ⅰ。

此外，改变这类活性基中离去基的吸电子能力也可影响到消除反应的速率，从而起到调节乙烯砜活性基的形成快慢和染料的耐碱稳定性。如含$N$-甲基-$\beta$-磺酸乙氨基的国产SN型及Hostalan活性染料，由于取代基甲基的供电子性，以及磺酸基的弱吸电子性，使染料活性基的消除反应需要在高温(95～100℃)条件下才能进行，其稳定性得到了提高。这类染料常用于羊毛、真丝绸等蛋白质纤维的印染。

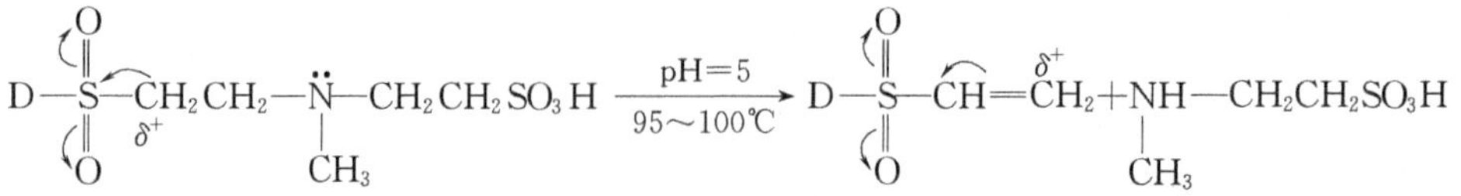

$$D-\overset{\overset{O}{\|}}{\underset{\underset{O}{\|}}{S}}-\overset{\delta^+}{CH_2}CH_2-\ddot{N}(CH_3)-CH_2CH_2SO_3H \xrightarrow[95\sim100℃]{pH=5} D-\overset{\overset{O}{\|}}{\underset{\underset{O}{\|}}{S}}-CH=\overset{\delta^+}{CH_2}+NH(CH_3)-CH_2CH_2SO_3H$$

目前乙烯砜基中的离去基团除主要的硫酸酯基外，还有少量的卤素原子和乙酸酯基等，如：

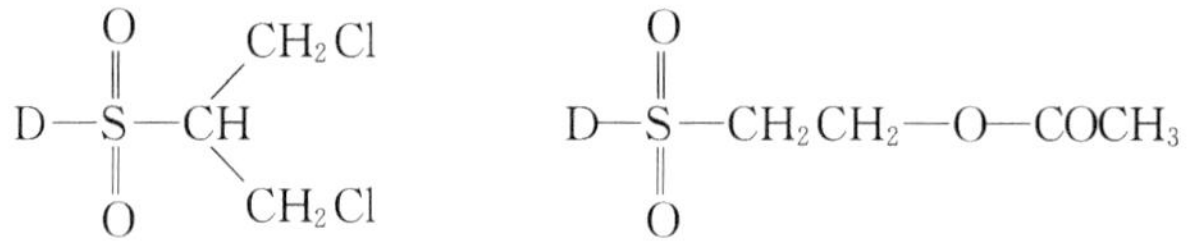

$$D-\overset{\overset{O}{\|}}{\underset{\underset{O}{\|}}{S}}-CH(CH_2Cl)_2 \qquad D-\overset{\overset{O}{\|}}{\underset{\underset{O}{\|}}{S}}-CH_2CH_2-O-COCH_3$$

通常这类结构的稳定性顺序为：

$D-SO_2CH_2CH_2-N(CH_3)-CH_2CH_2-SO_3H>D-SO_2CH_2CH_2-OPO_3H>$
$D-SO_2CH_2CH_2-O-COCH_3>D-SO_2CH_2CH_2-OSO_3H>D-SO_2-CH(CH_2Cl)_2$

乙烯砜氨基衍生物活性基的反应机理依然遵循亲核消除—加成反应历程。但若亚氨基直接与砜基相连，并位于离去基单侧时，消除反应时往往形成不稳定的含氮三元活性基。当酰氨基取代砜基后，则形成丙烯酰胺活性基。这类经消除反应形成的三元环或双键，在碱性条件下将与纤维上亲核基团发生加成反应，并与纤维素纤维生成醚键而固着。其反应机理可表示为：

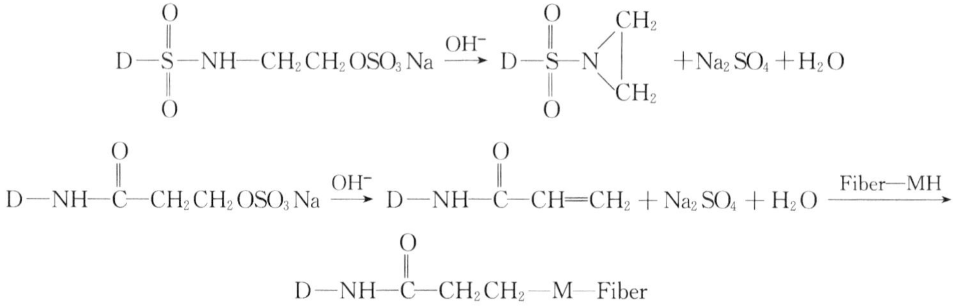

$$D-\overset{\overset{O}{\|}}{\underset{\underset{O}{\|}}{S}}-NH-CH_2CH_2OSO_3Na \xrightarrow{OH^-} D-\overset{\overset{O}{\|}}{\underset{\underset{O}{\|}}{S}}-N\begin{matrix}CH_2\\|\\CH_2\end{matrix} + Na_2SO_4 + H_2O$$

$$D-NH-\overset{\overset{O}{\|}}{C}-CH_2CH_2OSO_3Na \xrightarrow{OH^-} D-NH-\overset{\overset{O}{\|}}{C}-CH=CH_2 + Na_2SO_4 + H_2O \xrightarrow{Fiber-MH} D-NH-\overset{\overset{O}{\|}}{C}-CH_2CH_2-M-Fiber$$

乙烯砜型及其氨基衍生物类活性基一般采用预先接入染料中间体的方法，然后再合成染料。如偶氮类活性红 F－3B(C. I. 反应性红 180，181055)的合成是将 6 位上含 β－羟乙基砜硫酸酯基的中间体 2－氨基－1－萘磺酸，经重氮化后与 N－苯甲酰基 H 酸偶合而成。

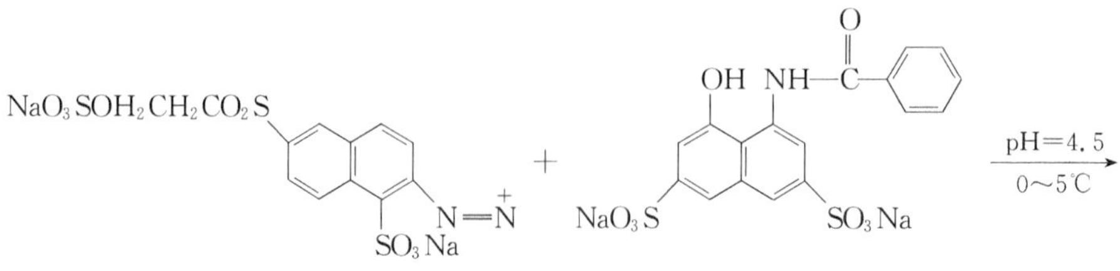

$$NaO_3SOH_2CH_2CO_2S\text{-}(萘环, SO_3Na)-\overset{+}{N}\equiv N + (OH, NH-\overset{\overset{O}{\|}}{C}-C_6H_5, NaO_3S, SO_3Na \text{ 萘环}) \xrightarrow[0\sim5℃]{pH=4.5}$$

$NaO_3SOH_2CH_2CO_2S$ … $SO_3Na$ … $NaO_3S$ … $SO_3Na$

活性红 F-3B

此外，蒽醌类活性染料也可在染料母体上直接引入带活性基的中间体，再经酯化等过程而得。如活性艳蓝 KN-R（C. I. 反应性蓝 19，61200）的合成：

$pH=9, 85℃$，$CuCl_2$（缩合）；20℃，$H_2SO_4$（酯化）

$SO_2CH_2CH_2OH$ → $SO_2CH_2CH_2OSO_3Na$

活性艳蓝 KN-R

以这类活性基为基础的活性染料，由于 $\beta$-羟乙基砜硫酸酯基既是活性基的前身，又是暂时性水溶性基团，提高了染料的溶解度。竭染时由于亲和力低，在发生消去反应形成乙烯砜活性基前，能赋予染料以足够的扩散时间来获得匀染性；加碱后由于硫酸酯基消去，染料直接性增大，提高了染料的上染百分率及固色率。这类染料的浮色易洗涤，有利于提高水洗效率和染色品的湿处理牢度。此外，这类染料属于中温型染料，应用时节能，且不含 AOX（可吸附有机卤化物）、重金属，对酸稳定，而且还具有色谱齐全、得色深等优点，因而广泛应用于纤维素纤维（如棉、粘胶纤维等）、羊毛等蛋白质纤维以及锦纶等合纤的印染加工。

## 三、其他类活性基

在已工业化的活性染料中，除前述的两大类主要类型活性基外，还包括如 $\alpha$-卤代丙烯酰胺类（$\alpha$-halogen acrylamide）及膦酸基类（phosphite，国产 P 型）等其他类活性基。

### （一）$\alpha$-卤代丙烯酰胺类活性基

$\alpha$-卤代丙烯酰胺类活性基主要指 $\alpha$-溴代丙烯酰胺活性基，与其类似的还包括 $\beta$-氯乙烯砜活性基。$\alpha$-溴代丙烯酰胺活性基问世于 1966 年，由原 Ciba 公司（现亨兹曼，Huntsman）研发，其典型的商品染料为 Lanasol 系列活性染料，以及国产染料中的 PW 型。这类染料主要用于羊毛、真丝绸及其混纺品，以及锦纶等的印染加工。含 $\alpha$-溴代丙烯酰胺活性基的染料，尤其是近年来推出的各类新型品种，其色谱齐全，颜色鲜艳，性能优异，具有高的反应性，较高的耐光牢度（5-6 级）及优良的湿处理牢度。该类染料为不含重金属离子、禁用芳香胺及 AOX,是蛋白质纤维的专用高档活性染料。

α-溴代丙烯酰胺类活性基的结构式如下：

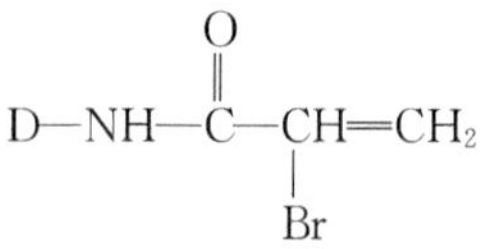

$$D-NH-\overset{\overset{\displaystyle O}{\|}}{C}-\underset{\underset{\displaystyle Br}{|}}{CH}=CH_2$$

α-溴代丙烯酰胺类

$$D-\underset{\underset{\displaystyle O}{\|}}{\overset{\overset{\displaystyle O}{\|}}{S}}-CH=CH-Cl$$

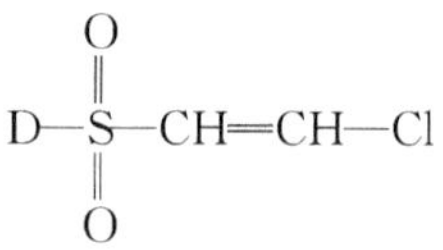

β-氯乙烯砜基类

结构中具有—C═C活性基和取代卤素溴原子。由于酰氨基(—NH—CO—)的吸电子效应,使乙烯基(—C═C)产生极化,从而易与亲核基团发生亲核加成反应,表现出一定的反应活性。但与β-氯乙烯砜活性基相比,酰氨基的吸电子能力比砜基弱,同时溴原子在这里主要表现为与酰氨基大π体系的共轭效应,因而α-溴代丙烯酰胺活性基本身具有较好的稳定性,水解速率低,与纤维的成键稳定性好。

α-溴代丙烯酰胺类活性染料在用于蛋白质纤维或锦纶的印染加工时,通常蛋白质纤维上的氨基(—$NH_2$)、亚氨基(—NH—)、巯基(—SH)等亲核性基团与α-溴代丙烯酰胺活性基发生亲核加成反应,并形成氮丙啶环状结构;同时由于不稳定的三元环结构在染、固色条件下易被催化开环,并与纤维上未反应的亲核基团进一步反应,形成稳定的乙烯亚胺类纤维—染料交联产物。其与蛋白质纤维上氨基的反应机理为：

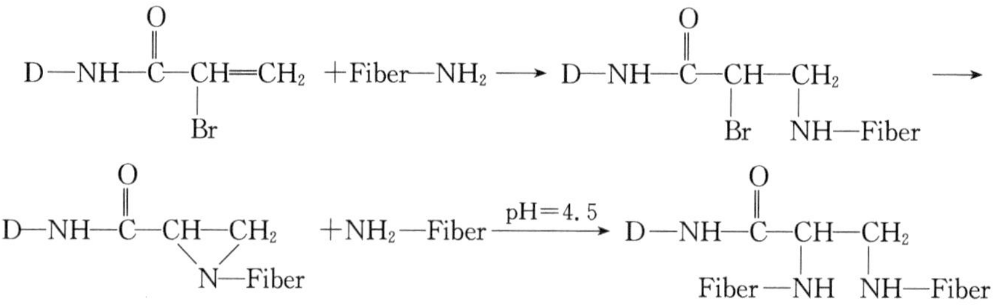

$$D-NH-\overset{\overset{\displaystyle O}{\|}}{C}-\underset{\underset{\displaystyle Br}{|}}{CH}=CH_2 + Fiber-NH_2 \longrightarrow D-NH-\overset{\overset{\displaystyle O}{\|}}{C}-\underset{\underset{\displaystyle Br}{|}}{CH}-\underset{\underset{\displaystyle NH-Fiber}{|}}{CH_2} \longrightarrow$$

$$D-NH-\overset{\overset{\displaystyle O}{\|}}{C}-\underbrace{CH-CH_2}_{N-Fiber} + NH_2-Fiber \xrightarrow{pH=4.5} D-NH-\overset{\overset{\displaystyle O}{\|}}{C}-\underset{\underset{\displaystyle Fiber-NH}{|}}{CH}-\underset{\underset{\displaystyle NH-Fiber}{|}}{CH_2}$$

α-溴代丙烯酰胺活性基通常以α,β-二溴丙烯酸为原料,然后与染料母体上的氨基(—$NH_2$)经缩合后得α,β-二溴代丙烯酰胺染料,然后在水浴中脱去溴化氢而成。

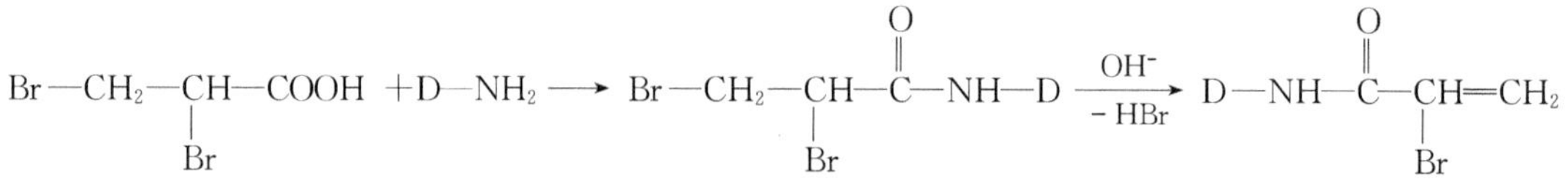

$$Br-CH_2-\underset{\underset{\displaystyle Br}{|}}{CH}-COOH + D-NH_2 \longrightarrow Br-CH_2-\underset{\underset{\displaystyle Br}{|}}{CH}-\overset{\overset{\displaystyle O}{\|}}{C}-NH-D \xrightarrow[-HBr]{OH^-} D-NH-\overset{\overset{\displaystyle O}{\|}}{C}-\underset{\underset{\displaystyle Br}{|}}{CH}=CH_2$$

具有这类结构的染料有：

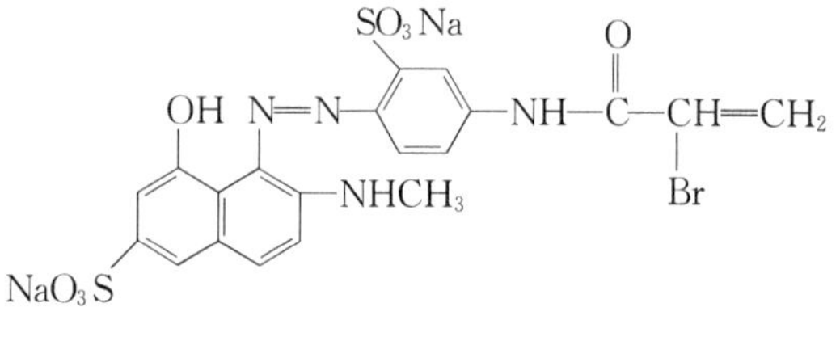

SO₃Na, OH, N═N, NH—C(═O)—CH(Br)═CH₂, NHCH₃, NaO₃S

Lanasol Red 5B /Itowol Red 5BH

(C. I. 反应性红 66,17555)

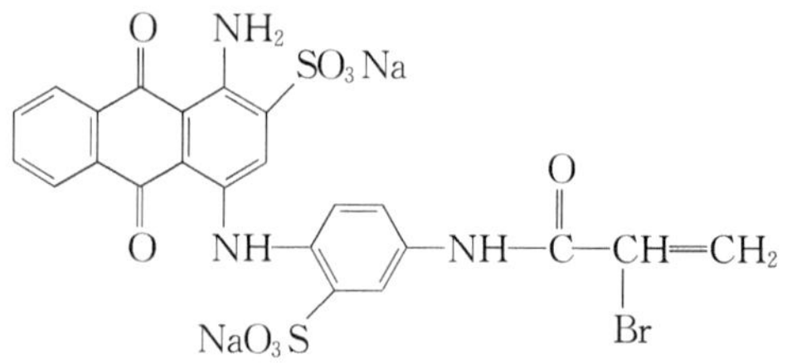

O, NH₂, SO₃Na, O, NH, NH—C(═O)—CH(Br)═CH₂, NaO₃S

Lanasol Blue 3G /Itowol Blue 3GS

(C. I. 反应性蓝 69)

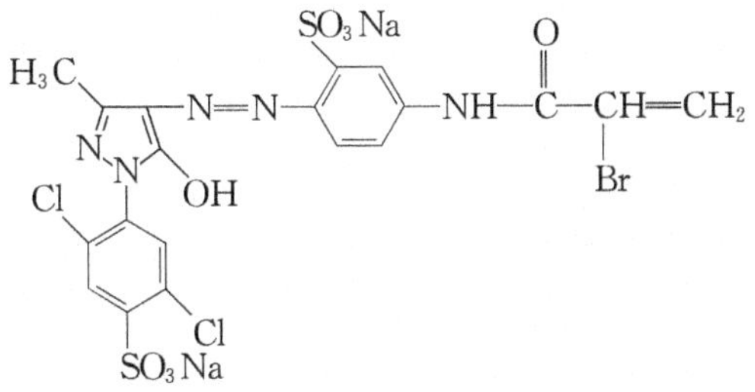

Lanasol Yellow 4G /Itowol Yellow 4GK

(C. I. 反应性黄 39，18976)

### (二)膦酸基类活性基

膦酸基类活性基出现在 20 世纪 70 年代，由原 ICI 公司(现 DyStar)为解决涤棉混纺品的印染加工而研发的。其商品染料为 Procion T，以及国产 P 型染料。膦酸基活性染料可用如下通式表示：

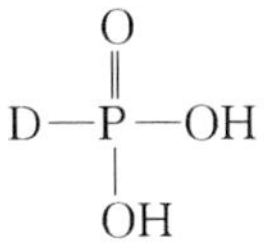

$$\mathrm{D-P(=O)(OH)-OH}$$

式中：D 为染料母体。

膦酸基中的磷原子(P)通常与染料母体中芳环碳原子相连，具有良好的水溶性及耐水解特性。膦酸基活性染料可在弱酸性条件下实现分散/活性染料的同浴加工，主要用于纤维素纤维或其与涤纶混纺品的同浴轧染—热熔固色。

膦酸基活性染料与纤维素纤维的固色反应，通常需在催化剂的作用下(如氰胺、双氰胺)，经高温(210～220℃，约 1min)焙烘脱水生成膦酸酐，继而与纤维素纤维上的羟基反应，生成纤维膦酸酯而固色。反应释放出的 1 分子膦酸基染料可继续参与固色反应。其固色反应机理可表示如下：

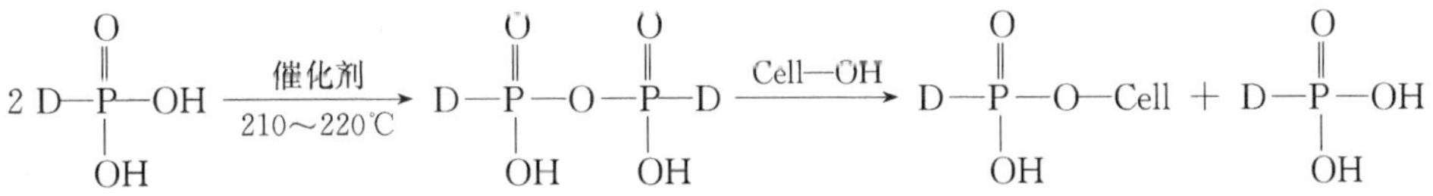

$$2\,\mathrm{D-P(=O)(OH)-OH} \xrightarrow[210\sim220^{\circ}\mathrm{C}]{\text{催化剂}} \mathrm{D-P(=O)(OH)-O-P(=O)(OH)-D} \xrightarrow{\mathrm{Cell-OH}} \mathrm{D-P(=O)(OH)-O-Cell} + \mathrm{D-P(=O)(OH)-OH}$$

膦酸基活性染料的最大缺点是在弱酸性条件下需经 200℃左右高温处理较长时间，这样易导致织物泛黄甚至脆损，染色品色光发暗，以及耐光牢度不理想，生产成本也较高。这类染料如：

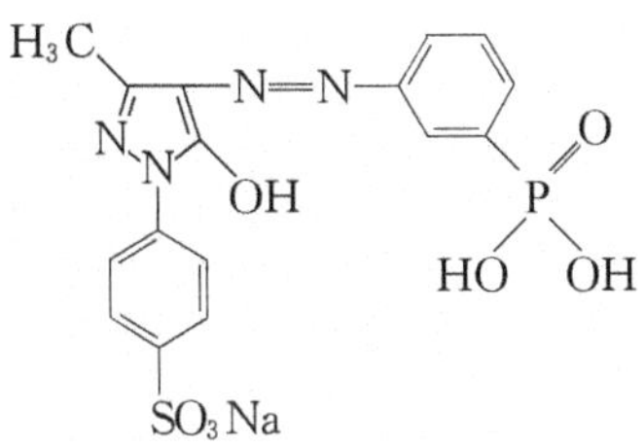

活性黄 P-4G

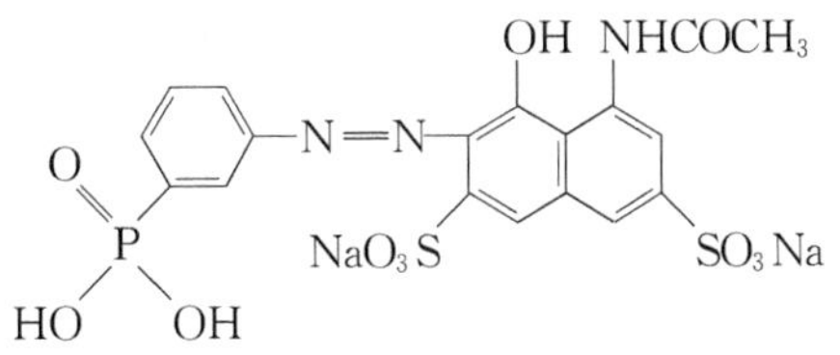

Procion Red T-2B

## 四、双及多活性基

通常单活性基活性染料在纤维上的固色率不高，一般只有50%～65%，因而有相当一部分染料因水解而失去与纤维的反应能力，导致了大量染料的流失（活性染料的流失率高达20%～50%，居各类染料之首）。既浪费了染料又给环境造成了较大压力。此外，大量水解染料产生的浮色也对产品的湿处理牢度带来了不良影响。提高活性染料的固色率及利用率，一直是活性染料发展的重要方向之一。其中通过在染料结构中引入多活性基，增加染料与纤维反应几率，是提高固色率和染料利用率的有效途径之一。同时，双或多活性基染料具备更宽的染色温度范围及更好的染色重现性。因而近年来各国的染料厂商都竞相推出了不同结构和种类的此类活性染料。目前，双活性基尤其是异种复合型双活性基染料，已在世界活性染料总量中占据了绝大部分，其中用于竭染的异种复合型双或多活性基染料的比例高达60%～70%。

到目前为止，国外比较有名的双活性基商品染料及其对应活性基参见表8-1。国产双活性基染料主要有上海染化八厂的M型（MCT/VS），上海万得的Megafix B型（MCT/VS），台湾永光的Eeverzol ED系列（MCT/VS）以及ME、EF、KM型（MCT/VS），KE型（MCT/MCT），KP型（MCT/MCT）等。

### （一）双或多活性基的复合类型

通常按活性基在染料结构中的引入位置和排列方式不同，双或多活性基染料的复合类型可分为单侧型和两侧型，以及通过连接基将两分子单活性基染料连接而成的架桥型。其结构通式可分别表示如下：

（1）单侧型：D—R—R

（2）两侧型：R—D—R

（3）架桥型：D—R—B—R—D

式中：D为染料母体；R为活性基；B为连接基或桥基。

此外，依据染料活性基的化学结构、类别及数目可分为同种、异种双或多活性基复合类型。

**1. 单侧型双活性基** 早期开发的双活性基染料多数为单侧复合型活性染料，按活性基类别包括同种及异种复合类型，其中又以单侧异种双活性基为主。

单侧异种双活性基从问世以来，其发展速度最快，应用范围最广，尤其在竭染工艺中2/3的活性染料为单侧异种双活性基。单侧异种双活性基以其优异的染色性能和高的固色率，成为活性染料最为优选的活性基类型，其染料品种遍布世界各大染料厂商。其商品染料有国产的M型、ME型、KM型、EF型、Megafix B型等；国外品种有日本住友的传统Sumifix Supra系列和新近推出的Sumifix Supra NF、HF类环保型活性染料，DyStar的Basilen FM型、Remazol S及SN型，以及原Ciba的Cibacrion FN型等。

按两个复合活性基的化学类别，商品化的单侧异种双活性基的主要复合形式有一氯均三嗪/乙烯砜（MCT/VS）、一氟均三嗪/乙烯砜（MFT/VS）两大类。此外近年来也有部分2,4-二氟嘧啶/乙烯砜型、2,4-二氟-5-氯嘧啶/乙烯砜型、2,4-二氟嘧啶/一氟均三嗪型，以及4-氟-5-氯嘧啶/一氯（氟）均三嗪型等异种双活性基出现。

其中一氯均三嗪/乙烯砜（MCT/VS）单侧异种双活性基又是目前商品化活性染料中活性

基的主要形式，涵盖目前市场上商品活性染料的绝大部分品种。由于此类单侧异种复合活性基间的电子交互作用，在两种活性基之间产生协同效应。如下式（Ⅰ）中典型的 MCT/VS 型复合活性基，由于砜基的强吸电子效应，使均三嗪环上与氯原子相连的活化中心碳原子的正电荷性（$\delta_1^+$）比单一一氯均三嗪环上对应碳原子的正电荷性高，更易发生 $S_N2$ 亲核取代反应。而同样由于受一氯均三嗪环共轭效应的影响，$\beta$-羟乙基砜硫酸酯基上 $\alpha$，$\beta$ 位上的正电荷性分别比对应的单一 $\beta$-羟乙基砜硫酸酯基上的高。因而此类单侧异种双活性基中 $\beta$-羟乙基砜硫酸酯基的反应速率是原来单一活性基的 1.3 倍。故这类单侧异种双活性基经连接基连接后，通过各自的共轭或诱导效应，在两类活性基间可产生较明显的协同效应，提高了两个异种活性基的反应活泼性。整个染料的反应活泼性则介于一氯均三嗪和二氯均三嗪之间。此外，根据 $\beta$-羟乙基砜硫酸酯基引入苯环的位置不同常分为间位酯（Ⅰ）和对位酯（Ⅱ）两种结构。

D—N̈H—[均三嗪环(Cl, $\delta_1^+$)]—N̈H—[苯环(间位)]—$SO_2$($\delta^+$)$CH_2CH_2OSO_3Na$

（Ⅰ）间位酯结构

D—NH—[均三嗪环(Cl)]—NH—[苯环(对位)]—$SO_2CH_2CH_2OSO_3Na$

（Ⅱ）对位酯结构

其中间位酯与对位酯结构相比，由于对位酯结构中的砜基与连接基苯环上的氨基处在共轭系统的对位，因而降低了砜基的吸电子能力，使其活泼性降低；而间位酯结构中砜基的吸电子能力则相对较强，故其反应活泼性强于对位酯结构。目前异种双活性基商品染料中以间位酯结构为主。对位酯结构类异种双活性基染料的最大优点是其生产成本较低，但应用范围相对较小。如国产 EF 型染料和 1996 年日本住友推出的 E－XF 经济型活性染料，其反应速率比间位酯结构活性染料要低 6 倍左右。

对一氯均三嗪/乙烯砜（MCT/VS）单侧异种双活性基染料的反应机理，以及其模拟化合物的反应动力学研究表明，这类单侧型的异种双活性基与纤维素的反应，主要为 $\beta$-羟乙基砜硫酸酯基通过消除加成反应与纤维形成共价键（醚键，Cell—O—D）结合，而氯代均三嗪活性基则由于反应活泼性较低，以及空间位阻效应的缘故，只有部分参与亲核取代反应。但氯代均三嗪的存在增加了整个染料分子的直接性，从而也提高了染料的固色率。

此外，由于 MCT/VS 单侧异种双活性基中两类活性基的活泼性相差较大（其中乙烯砜型比一氯均三嗪的反应速率快 3～7 倍），因而为平衡两类活性基的反应性，近年来又开发了一氟均三嗪/乙烯砜型（MFT/VS）单侧异种双活性基。由于氟的电负性（4.0）比氯的（3.5）强，提高了卤代均三嗪环的亲核取代能力，其反应性为一氯均三嗪的 4.6 倍，因而与 $\beta$-羟乙基砜硫酸酯基的反应性更为匹配，可有效提高染料的固色反应性。同时染料与纤维间的成键稳定性则与氯代均三嗪类相同。这类染料的结构通式为：

D—NH—[均三嗪环(F)]—NH—L—$SO_2CH_2CH_2OSO_3Na$

式中：D 为染料母体；L 为连接基，且多为脂肪烷基链。

这类染料的商品品种如 Cibacrion C 型及 FN 型的部分品种等。通常该类染料的固色率不但比 MCT/VS 间位酯单侧型高(如国产 M 型，Sumifix Supra 等)，也比一氟均三嗪类单活性基染料（如 Cibacrion F 型等）高，其固色率可达 80%～99%。而且染料亲和力中等，稳定性、匀染性好，浮色洗涤性好于一般活性染料。

单侧异种双活性基染料如：

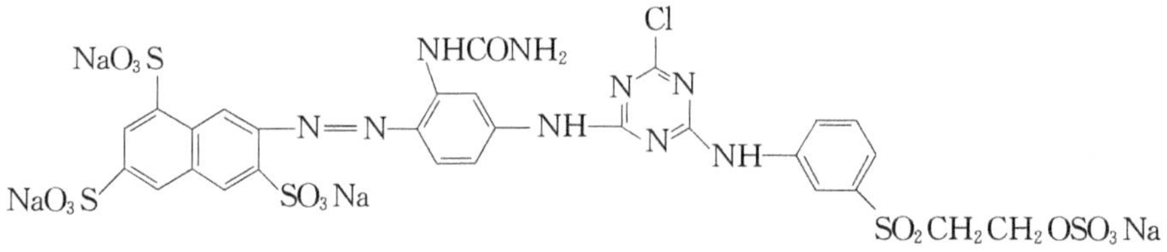

活性黄 M－3RE(C. I. 反应性黄 145)

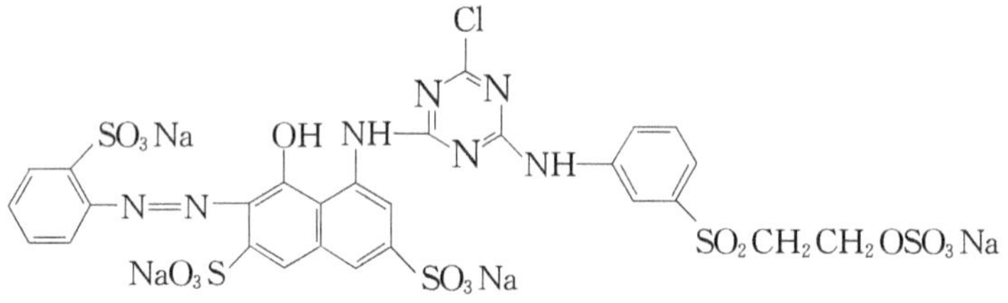

Sumifix Supra Red 2BF (C. I. 反应性红 194)

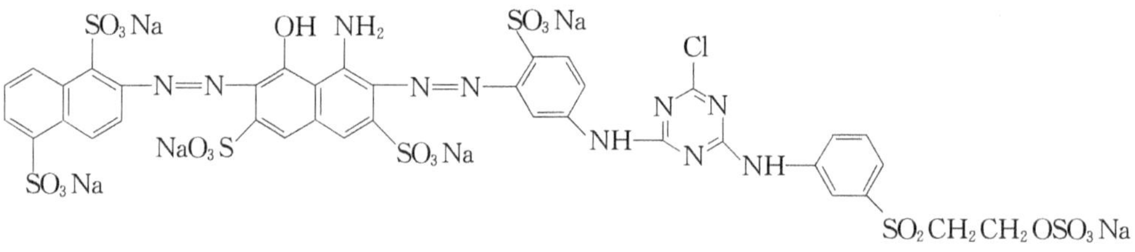

活性深蓝 M－BE (C. I. 反应性蓝 222)

除单侧异种双活性基外，也有少数单侧同种双活性基，如双 $\beta$-羟乙基砜硫酸酯基等，其染料母体主要为单偶氮型。

**2. 两侧型双活性基** 两侧型染料中的活性基分别排列在染料母体的两侧，按活性基类别又分为两侧型同种和异种双活性基。与单侧型相比，两个活性基间的协同效应较弱。同时由于两侧型活性染料通常分子结构较大，尤其是双一氯均三嗪活性染料，为保持染料具有较好的溶解性，通常在两侧活性基环上引入苯磺酸基，故因此也增大了染料相对分子质量，提高了对纤维的直接性及竭染率。此外，由于两侧型活性基在染料分子结构中的空间位阻较小，各活性基与纤维上亲核基团的接触反应几率总体增加，因而近年来研究发现，两侧型活性染料尤其是异种复合活性基染料，具有比单侧型染料更高的固色率。但此类染料易洗涤性及匀染性较差，尤其是双一氯均三嗪两侧型活性染料。

其中两侧型同种双活性基为最早开发的双活性基，主要类型有双 $\beta$-羟乙基砜硫酸酯基，以及20世纪60年代中期开发的双一氯均三嗪型。双$\beta$-羟乙基砜硫酸酯基活性染料中的两个活性基($\beta$-羟乙基砜硫酸酯基)分别位于染料母体的两端,而母体多数以双偶氮或多偶氮染料为主。如早期就工业化生产,且目前仍然为大宗产品的活性黑KN－B(C. I. 反应性黑5,20505)等,以及DyStar的Remazol EF型等。这类染料分子呈线型,直接性高,可用于染深浓色,同时水溶性基团多,染料溶解性好,浮色易洗涤,各项牢度优良。此外,由于乙烯砜型活性染料生产成本低廉,生产及使用过程中无环境AOX问题,生态性好,近年来国外对此类染料又加强了研发。

两侧型同种双活性基的另一大类为双一氯均三嗪型,如国产KE型部分品种,DyStar的Basilen E型及Procion H－E、H－EXL的部分产品,原Ciba的Cibacron E型,日本化药的Kayacion E型,Clariant公司的Drimarene XN型等。

这类染料由于双一氯均三嗪活性基的引入,大大提高了染料的直接性(相同条件下比乙烯砜基高,比$\beta$-羟乙基砜硫酸酯基更高),因而也提高了染料的固色率,特别适合于染深浓色。同时其染色工艺适应性强,可用于高温竭染,也可用于涤棉混纺品的一浴两步法染色,且染料的扩散性、移染性、匀染性、重现性好。可用作直接染料、硫化染料及冰染染料的代用品。

此外如前所述,把异种双活性基分别配置于染料母体的两侧,比两个活性基集中在一侧具有更高的反应性和更高的固色率,但其匀染性稍差。如Diamara SN系列、Levafix E型和Cibacron C型中的部分品种,以及Kayacion Navy E－SNG、Levafix Royal Blue E－FR、Cibacron Navy F－R染料等。

两侧型双活性基染料如:

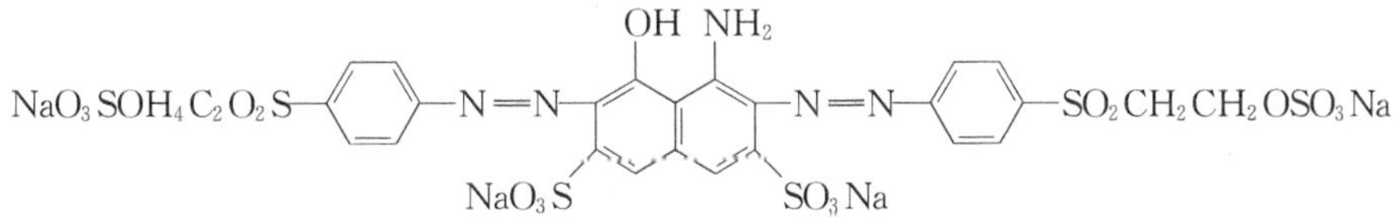

活性黑KN－B

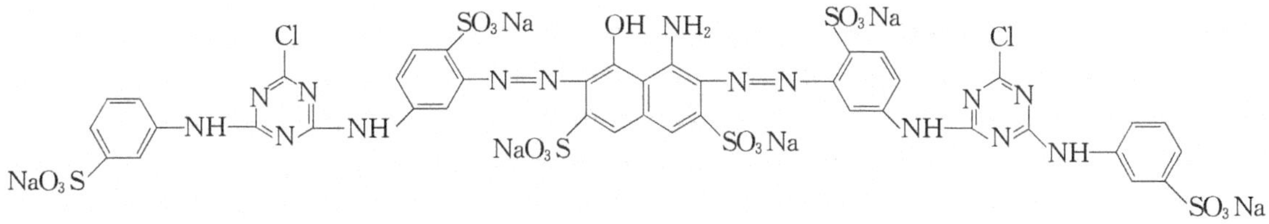

活性艳蓝KE－R (C. I. 反应性蓝171)

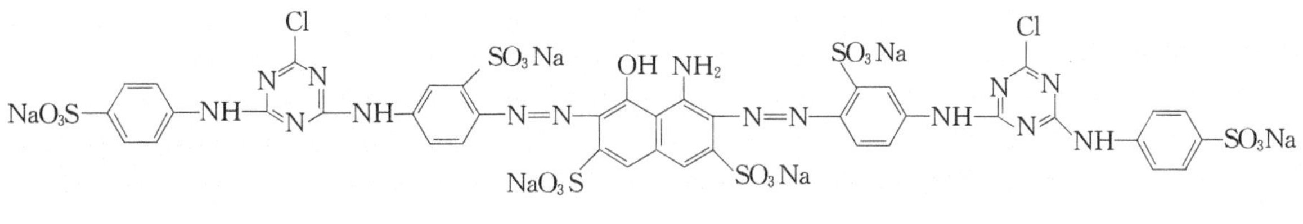

活性墨绿KE－4BD (C. I. 反应性绿19)

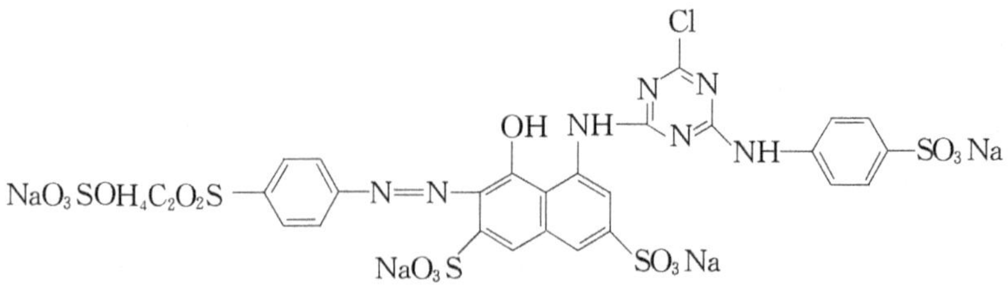

两侧异种活性红染料

**3. 架桥型双活性基** 架桥型活性染料是采用桥基将两个或多个结构简单的活性染料分子中活性基相互连接而成，染料母体通常位于两侧。这类染料主要以双一氯均三嗪活性基为主。由于两个活性基经桥基连接，与两侧型相比，两个活性基的协同效应较大。但由于两个活性基位于分子结构中部，所受空间位阻相对较大，故其固色率不如两侧型及单侧型活性染料。架桥型活性染料合成工艺简单，成本低，染料溶解性、配伍性、易洗涤性均优于两侧型。此外，架桥型活性染料不仅可通过改变桥基的种类和性质来提高染料分子的线型和柔顺性，改进匀染性及反应性，还可以选择不同结构的染料母体来改善染料性能，如实现分子内的拼色效果等。因而，近年来架桥型双活性基染料发展较快，商品染料主要有 KE 型的部分品种，如：

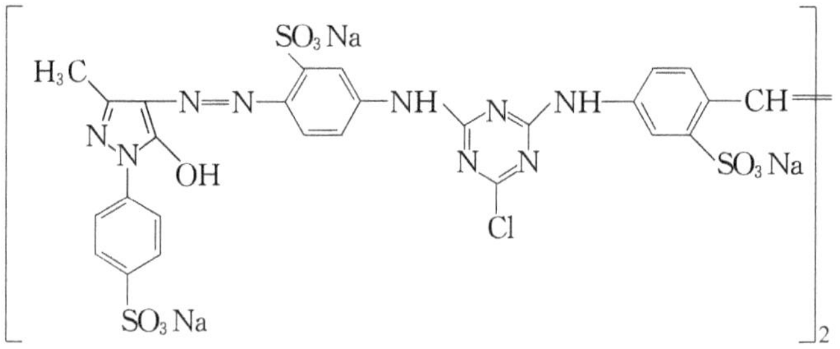

活性黄 KE－3G（C. I. 反应性黄 81）

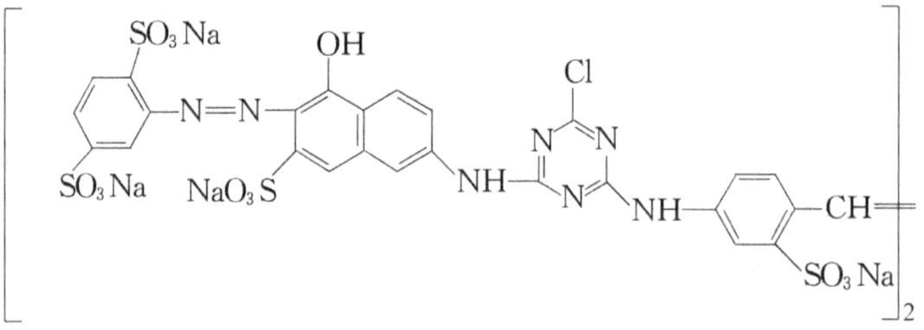

活性橙 KE－2G

此外，也可通过连接基的架桥作用，将两分子单一 $\beta$-羟乙基砜硫酸酯染料连接，形成架桥型同种双活性基（双 $\beta$-羟乙基砜硫酸酯基）染料。母体结构主要为双或三偶氮。

### （二）两个以上多活性基

为进一步提高活性染料的染色性能，尤其是能获得更高的固色率和染深性，减少中性盐的用量，以及获得满意的各项湿处理牢度等，近年来又开发了两个以上的复合多活性基及其商品染料。从理论上而言，在染料结构中引入三个或三个以上活性基团，有助于提高染料与纤维官能团的固色反应几率，可得到更高的固色率和更高的湿处理牢度。但通常由于在呈线型排列结构的染料中引入多个（三个及以上）活性基后，增大了染料分子的空间结构和体积，也大大提高了染料的直接性，从而使染料分子在纤维中的扩散性和移染性下降，反而影响了染料的固着。而且由于染料大部分吸附在纤维表层，致使染料的提升性及牢度下降。不过随着近年来超分子化学以及分子结构设计理论等的发展，具有平面结构、排列紧密而有弹性的三活性基染料除具有高的固色率和优异的提升性外，其亲和力中等，染料溶解性、移染性、浮色洗涤性良好，而且还表现出优良的湿摩擦牢度和水洗牢度。如具实用意义的染料品种有 Cibacron Red C－2G(VS/MFT/VS)、Cibacron Red FN－3G(MCT/MFT/VS)、Remazol Red BG(MCT/VS/VS)，以及 Cibacron Red S(2～3 个母体，2～3 活性基)等。

但由于这类三活性基染料的制造成本较高，因而目前商品染料中含三个活性基的染料品种和数量较少。此外也有文献报道多种活性基组合的四活性基染料，甚至五活性基染料。

## 第三节 活性染料的母体结构

### 一、活性染料母体结构的特点

母体结构是活性染料的重要组成部分，它对活性染料的色泽及其鲜艳度、溶解性、直接性，以及染料的染色性能（如上染率、固色率、匀染性、移染性等）和染色牢度等起着决定性作用。活性染料母体是活性染料的共轭发色体系，从而赋予染料以不同的色泽和颜色鲜艳度。按照染料发色共轭体系的化学结构，活性染料母体结构主要分为偶氮(azo chromogen)、蒽醌(anthraquinone chromogen)、酞菁(phthalocyanine chromogen)、甲臜(formazan chromogen)、三苯二噁嗪(triphenodioxazine chromogen)、苯并二呋喃酮(benzodifuranone chromogen)结构类等六大类。其中黄色品种一般以吡唑啉酮、吡啶酮为偶合组分；橙色品种一般以 J 酸为偶合组分；红色染料则一般以 H 酸为偶合组分；而蓝色品种的染料母体多为蒽醌、酞菁或甲臜类结构，其中市场上鲜艳的蓝色活性染料品种多数为蒽醌类衍生物，而翠蓝色品种则多为酞菁结构衍生物；紫色、棕色、灰色、黑色等其他深色品种大多由单或双偶氮染料的金属络合物等组成。

研究表明，母体结构对活性染料直接性的贡献远大于活性基，因而活性染料母体结构大小、相对分子质量的高低，直接影响到整个染料分子对纤维的直接性。早期的活性染料因担心直接性大的母体结构会影响到浮色的洗涤，降低湿处理牢度，一般都以对纤维素纤维直接性小的酸性染料，以及少数分子结构小的酸性络合染料作为母体。但这类染料直接性太低，染料的上染率、固色率、染料利用率及染深性不佳。近年来，随着市场对高固色率、高染深性及少盐或无盐染色加工等高性能活性染料需求不断增加，以及随着染料化学、印染技术及工艺的发展，通过提高活性染料母体直接性来改善或提高染料的各项性能，已成为研发高性能活性染料的一条重要途径。

另外，在开发具有高直接性、高发色强度及环保友好型的染料母体方面也取得了较大进展。如近年来不断研发推出的三苯二噁嗪、苯并二呋喃酮结构、新型铝、硅酞菁结构母体等。这些新型染料母体结构不但具有高发色强度，高直接性，高竭染率，而且具有高色牢度特征，如湿处理牢度以及耐氯漂、耐过氧化物、耐光、耐汗光牢度优良等。同时新型铝、硅酞菁结构活性染料还避免了传统铜、镍酞菁染料的重金属危害。

此外，母体结构中磺酸基的数目和位置对活性染料的溶解性、直接性、固色率、中性盐用量等应用及染色性能具有重要影响。

## 二、活性染料的母体结构类型

### （一）偶氮类活性染料（azo chromogen reactive dyes）

在目前商品化的活性染料中，母体结构为偶氮类的品种占绝大多数（约为 70%～75%）。早期商品化的偶氮活性染料多以单偶氮结构为主，尤其是红、黄、橙等浅色系列。近年来为改善这类染料的直接性，提高固色率，满足低盐或无盐染色要求，常通过增大母体结构及相对分子质量，提高母体结构的共平面性，以及增加与纤维形成氢键的基团数等来达到目的。如采用以 J 酸为偶合组分的双偶氮型直接染料为母体的 KD 系列活性染料，由于染料结构增大，线型共平面性好，对纤维素纤维的直接性增大，不仅可提高染料的竭染率，而且依旧可保持好的湿处理牢度，并减少无机盐的用量。此外，也有通过以均三嗪活性基或芳胺为连接基，将两分子单偶氮染料母体连接起来的复合双偶氮结构。这类通过连接基引入的双母体染料结构，其两个母体结构可以相同，也可以为不同类型的混合母体结构，从而以引入多个染料母体来达到提高染料直接性和染深性，同时这类结构也可实现染料分子内部拼色，扩展了合成不同色谱范围的染料结构种类，如 KE 系列中架桥型等。部分偶氮活性染料的结构如下：

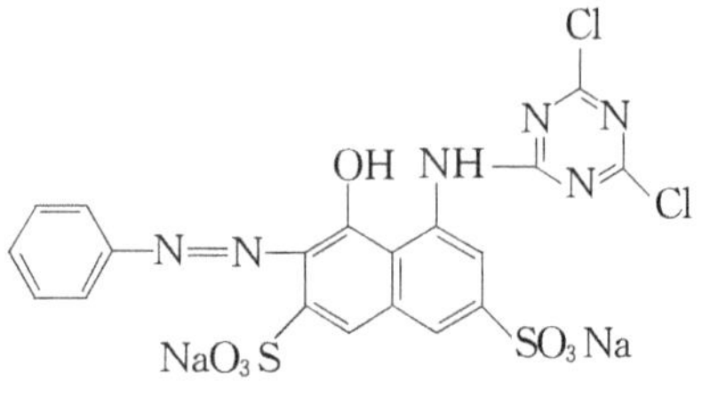

活性艳红 X－3B（C. I. 反应性红 2）

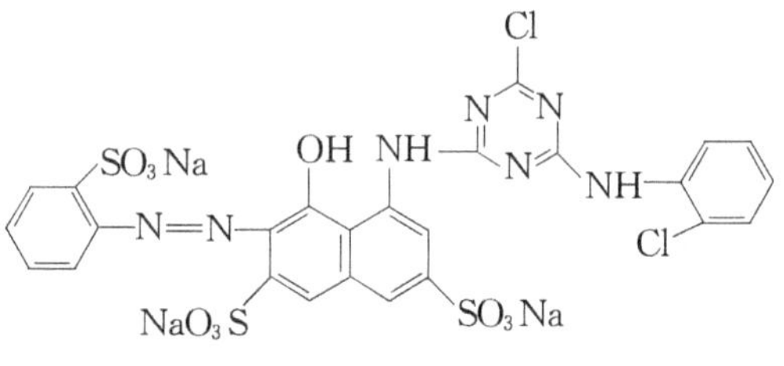

活性艳红 K－2BP（C. I. 反应性红 24，18208）

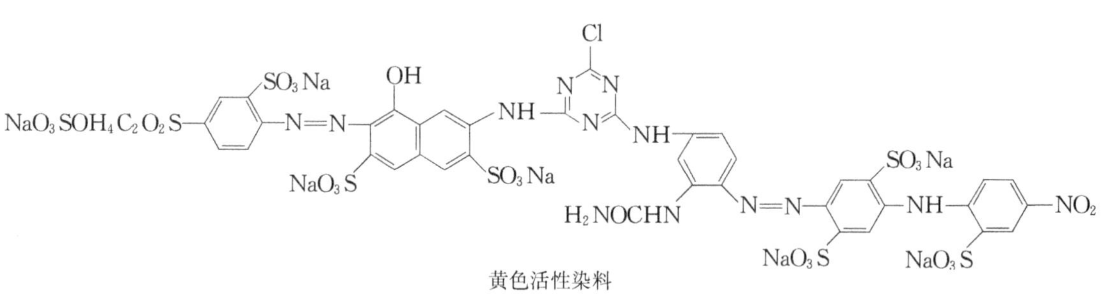

黄色活性染料

而紫、黑、棕、灰等深色品种，则一般多为双偶氮染料及少量的多偶氮结构，或由多个偶氮母体经架桥而成，以及由单偶氮结构经金属离子络合而得等。如：

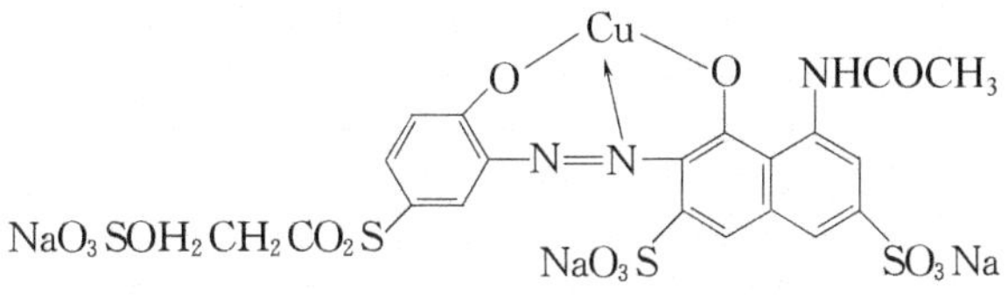

活性艳紫 KN－4R（C. I. 反应性紫 5，18097）

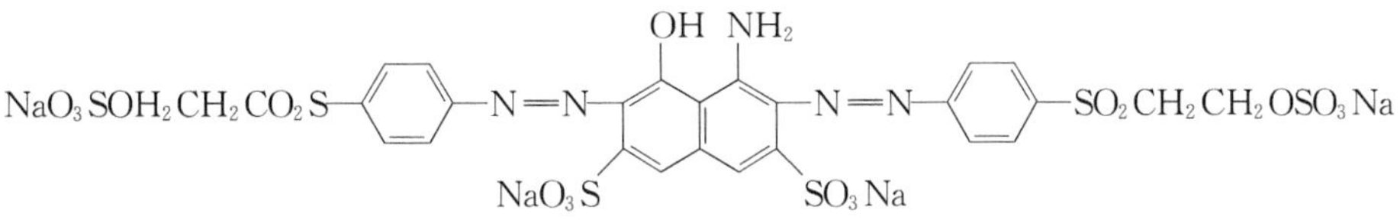

活性黑 KN－B（C. I. 反应性黑 5，20505）

单偶氮活性染料的母体结构简单，水溶性好，对纤维的直接性低，染料的移染性、匀染性好，浮色易洗涤。其主要缺点是染料的竭染率和固色率不高，需要大量中性盐促染。而近年来研发的有关偶氮类活性染料新品种，如发色强度高、各项性能优良的双偶氮、杂环偶氮类等结构，则可弥补传统单偶氮类的不足。

**(二)蒽醌类活性染料(anthraquinone chromogen reactive dyes)**

商品化的蓝色染料品种中绝大多数母体结构都属于蒽醌类结构。蒽醌类活性染料主要为溴氨酸的衍生物，其色泽艳丽，具有较好的应用性能和各项牢度。这类染料如：

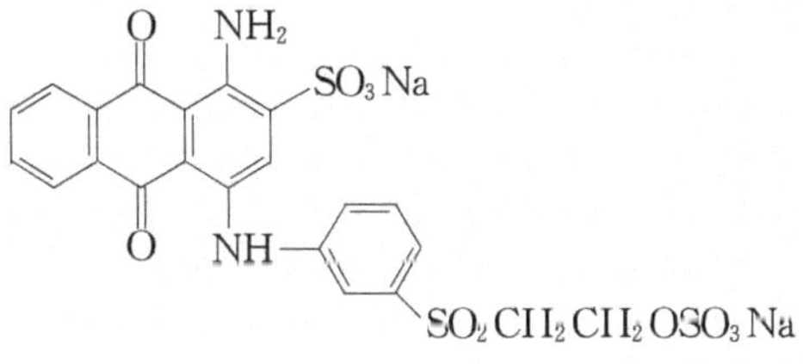

活性艳蓝 KN－R
（C. I. 反应性蓝 19，61200）

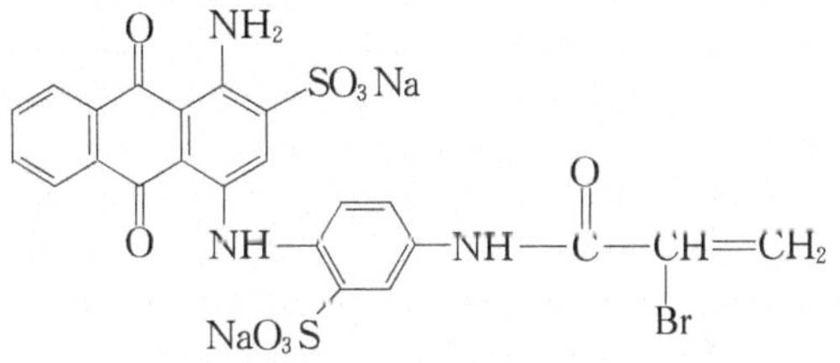

Lanasol Blue 3G /Itowol Blue 3GS
（C. I. 反应性蓝 69）

**(三)酞菁类活性染料(phthalocyanine chromogen reactive dyes)**

酞菁结构一直都是一类重要的染料发色体。含酞菁类母体结构的活性染料大多为翠蓝色，以及经分子内拼色等得到的绿色，色泽十分鲜艳，具有较高的耐光牢度。传统酞菁结构按引入的金属离子不同分为铜酞菁和镍酞菁，但都存在直接或潜在的重金属离子危害等生态环保问题，近年来以这两类为母体结构的活性染料有所减少。目前以更为环保的铝、二氯硅酞菁为母体结构的活性染料得到了发展，其不但发色强度高，具有很好的各项牢度，而且提升力和固色率高，还适合于中、低温染色（40～60℃），具有节能效益。其中铝酞菁的色泽与铜酞菁相似，仍为艳绿至翠蓝色；而二氯硅酞菁则为鲜艳的翠蓝色。各类酞菁结构染料如：

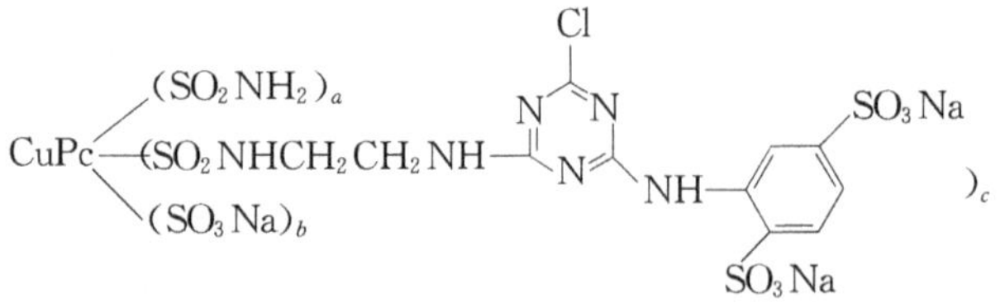

$a+b+c=3.5\sim4.0$

活性翠蓝 K-GL（C. I. 反应性蓝 14）

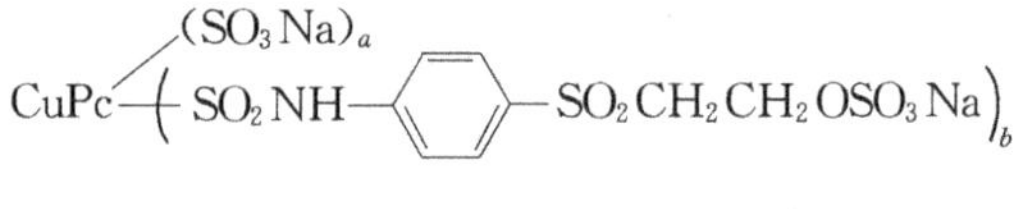

$a+b=3.5$

活性翠蓝 KN-G（C. I. 反应性蓝 21）

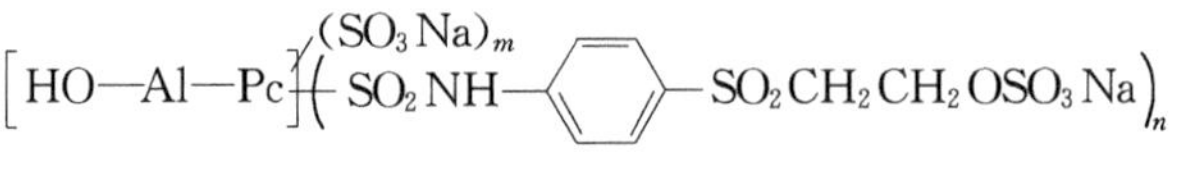

铝酞菁结构活性染料

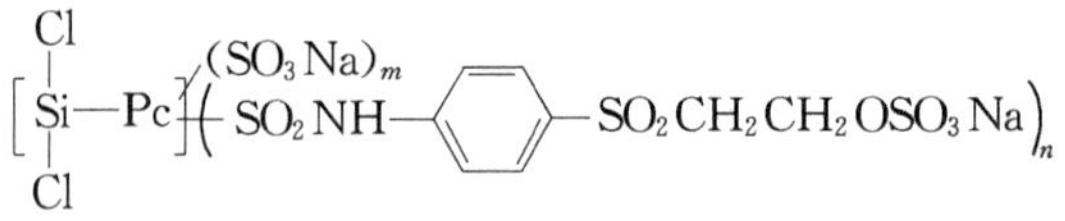

二氯硅酞菁结构活性染料

**(四)甲臢类活性染料(formazan chromogen reactive dyes)**

以甲臢结构为母体的活性染料，一般呈深蓝色，色泽较明亮，牢度好；而且母体分子结构的设计经不断完善，染料具有低温染、固色，固色率高，少用或不用中性盐促染等特点。这类染料如：

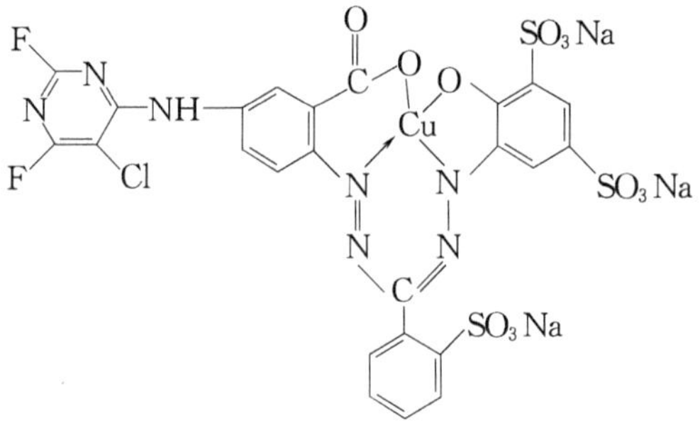

活性深蓝 F-4G（C. I. 反应性蓝 104）

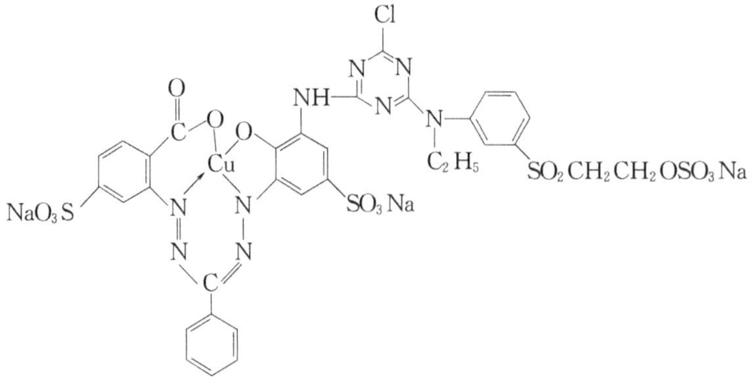

活性深蓝 M-BR（C. I. 反应性蓝 221）

**(五)三苯二噁嗪类活性染料(triphenodioxazine chromogen reactive dyes)**

三苯二噁嗪为一含 N、O 杂环结构的共轭发色体系。由于 N、O 杂原子的引入,使这类母体结构具有比蒽醌结构更高的摩尔消光系数(蒽醌的 $\varepsilon_{max}$ 为 12000～18000,三苯二噁嗪的 $\varepsilon_{max}$ 为 70000～85000),故发色强度高,色光艳丽,各项应用性能和牢度好(特别是耐光牢度),尤其具有高的直接性,可大量减少中性盐的使用量,而且其移染性、匀染性优良。此外,也可在三苯二噁嗪母体的 6、13 位上引入烷基类取代基,以改善染料的易洗涤性等。这类染料主要为蓝色或紫色品种,如:

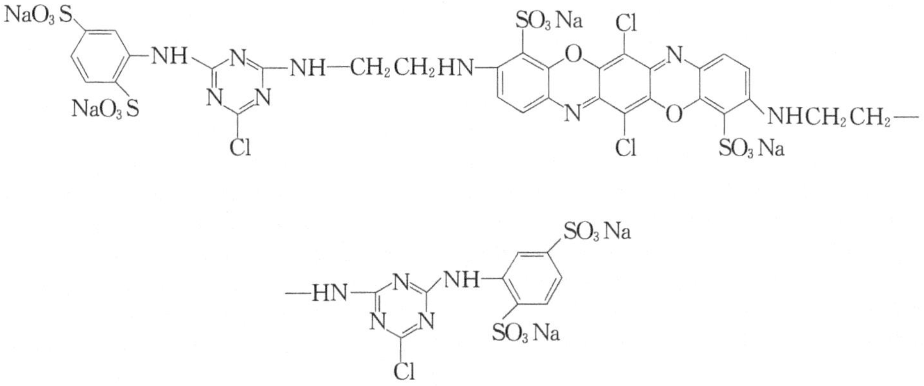

NaO₃S、NH、N、N、N、Cl、NaO₃S、NH—CH₂CH₂HN、SO₃Na、O、Cl、N、N、O、Cl、SO₃Na、NHCH₂CH₂—

SO₃Na、—HN、N、N、N、NH、Cl、SO₃Na

C. I. 反应性蓝 198

**(六)苯并二呋喃酮类活性染料(benzodifuranone chromogen reactive dyes)**

这类染料也属于杂环类母体结构,具有色泽鲜艳、发色强度高以及优良的应用性能和各项牢度等特点。可用于小浴比、低盐、短流程染色加工。这类染料主要以红色品种为主,如住友公司的 Sumifix Supra Red 4BNF 150%gran. 等。

## 第四节 连接基

从传统的狭义概念上讲,活性染料中的连接基仅指把染料母体与活性基连成一个整体的基团或单元结构,又称为桥基。通常起到平衡母体结构与活性基的作用,并使染料分子的整体结构产生优异性能。然而,近年来的研究发现,活性染料中的连接基实际上还应包括如单侧双活性基之间的连接基,架桥型结构中连接两个或多个母体结构的连接基等。活性染料中各类连接基对染料结构的共平面性、直接性、活性基的反应性、染料的提升性、固色率、固色反应温度、浮色的可洗涤性、纤维—染料的成键稳定性等都产生重要作用及影响。通过改变连接基来改善或调节染料的各项应用及染色性能具有非常重要的实际意义。

活性染料中的连接基按供吸电子特性可分为供电子性连接基如亚氨基、烷氨基等,以及吸电子性连接基如砜基、磺酰氨基等。按在活性染料结构中的连接位置和作用可分为母体结构与活性基之间的连接基(如连接单侧型双活性基之间的连接基),以及架桥型中连接两或多个母体结构的桥基等。连接基的类型不同，其在染料结构中的作用及对染料性能的影响也有差别。

## 一、染料母体结构与活性基之间的连接基

这类连接基常以供电子性的亚氨基或其取代衍生物为主，对以亲核取代机理进行反应的卤代均三嗪类活性基的反应性、成键稳定性等影响较大。此外，如表 8－3 中所示其对 $\beta$－乙烯砜型活性基的反应性等，也存在类似影响。

通常在染、固色条件下，这类亚氨基上的氢原子易发生离解，如：

$$D-\underset{H}{N}-C_3N_3Cl_2 \rightleftharpoons \left[ D-\bar{N}-C_3N_3Cl_2 \longleftrightarrow D-N=C_3N_3^{-}Cl_2 \right]$$

因而，由于亚氨基上氢的离解，使均三嗪环上的电子云密度增加，从而降低了卤代碳原子的正电荷性，使亲核进攻反应活泼性下降。为提高此类染料的反应性和稳定性，常对亚胺连接基进行烷基化（甲基或乙基化），或直接以烷氨基代替亚氨基，其结构通式可表示为：

$$D-\underset{R}{N}-C_3N_3Cl_2$$

（$R=-CH_3$，$-C_2H_5$）

这类商品染料如 C. I. 反应性橙 13、C. I. 反应性红 24、C. I. 反应性蓝 221 等。

实践证明，这类烷基化的亚胺连接基，可使染料的固色温度下降约 10℃，同时也增强了染料的提升力和得色量，其耐氯漂牢度也得到改善。

对以砜基为连接基的 $\beta$－羟乙基砜硫酸酯活性基，由于这类连接基的强吸电子性，使这类染料的耐碱性差，在染、固色条件下染料易发生水解，而且形成的纤维素纤维—染料键对碱的稳定性差。其染料水解反应如：

$$D-\overset{O}{\underset{O}{\overset{\|}{\underset{\|}{S}}}}-\overset{\delta^+}{C}H_2CH_2OSO_3Na \xrightarrow[-H_2O]{OH^-} D-\overset{O}{\underset{O}{\overset{\|}{\underset{\|}{S}}}}-\overset{-}{C}H-CH_2OSO_3Na \longrightarrow D-\overset{O}{\underset{O}{\overset{\|}{\underset{\|}{S}}}}-CH=\overset{\delta^+}{C}H_2+Na_2SO_4+H_2O$$

$$D-\overset{O}{\underset{O}{\overset{\|}{\underset{\|}{S}}}}-CH=\overset{\delta^+}{C}H_2 \xrightarrow{OH^-} D-\overset{O}{\underset{O}{\overset{\|}{\underset{\|}{S}}}}-CH_2CH_2-OH$$

为克服上述缺点，近年来常在染料母体与砜基间导入供电子的亚氨基或烷氨基，或脂肪烷氨基等新型连接基，如前述表 8－3 所示。其商品染料如 Remazol D 系列等。

## 二、单侧型双活性基间的连接基

近年来的研究发现，在单侧型双活性基染料中，两活性基之间的连接基同样对染料的反应性、提升性、匀染性、浮色洗涤性等产生较大影响。如下列结构的染料：

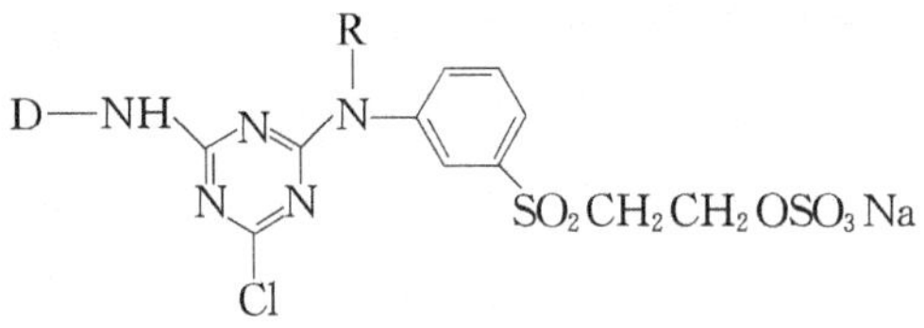

$(R = —CH_3, —C_2H_5)$

当苯胺连接基中亚氨基上的氢原子为烷基 R 取代后，可有效防止因其离解而降低两活性基的反应活泼性。同时烷基 R 的引入，其空间位阻效应可降低均三嗪环与苯环间的共平面性，可起到调节染料结构的作用，以改善染料的移染性、扩散性和浮色洗涤性，以及纤维—染料的成键稳定性。

此外，为提高染料的竭染率和固色率，尤其是高温染着率和染料的水溶性等，也常采用萘环、脂肪链等为连接基，其结构通式可表示为：

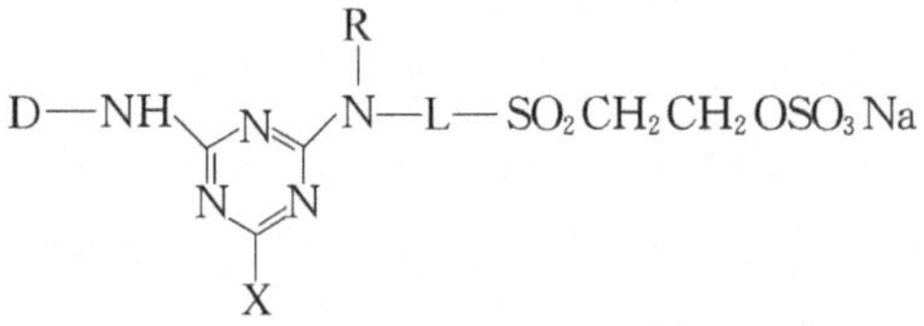

[X= Cl，F；R=H，$-CH_3$，$-C_2H_5$，$—C_2H_4CN$ 等；L=萘环，$-(CH_2)_n-$]

这类染料如：

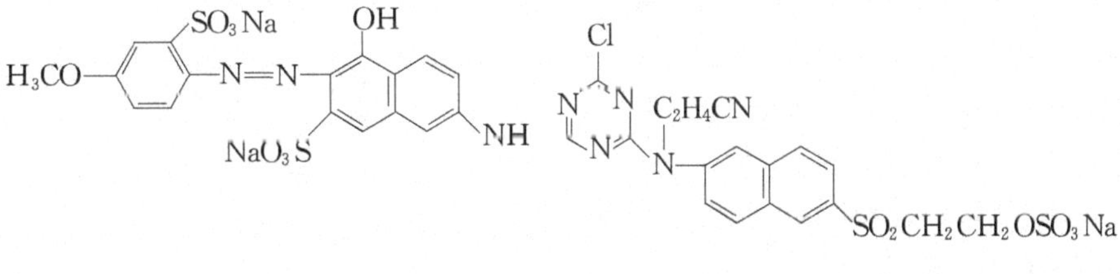

红色活性染料

由于萘环及乙氰取代氨基的引入，改进了染料的提升性、竭染率、固色率及各项牢度。

另如 Cibacron C 型、FN 型染料[X=F，R=H，L=$—(C_2H_4)_n—$]以脂肪胺为连接基。这类柔性脂肪链连接基使染料分子在纤维大分子链间的空间位阻效应减少，容易与纤维素离子化的羟基反应，而且当$—(C_2H_4)_n—$中 $n$ 为 6 时，可获得最高的固色率。类似结构的染料还有 Clariant 公司的 Drimarene HF 系列中的部分品种，其结构通式如：

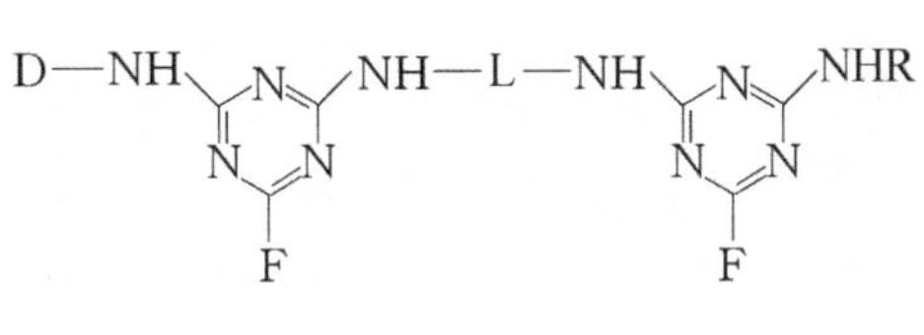

### 三、架桥型染料中连接两简单分子染料的连接基

传统架桥型活性染料通常由芳胺桥基将两分子一氯均三嗪活性染料连接而成。这类染料由于分子结构大，其线型共平面性好，直接性及固色率高；但其溶解性和浮色洗涤性差。近年来的研究表明，将染料结构中的连接基进行微调后，可使染料的活泼性、直接性、溶解度、浮色洗涤性等发生显著变化。如：

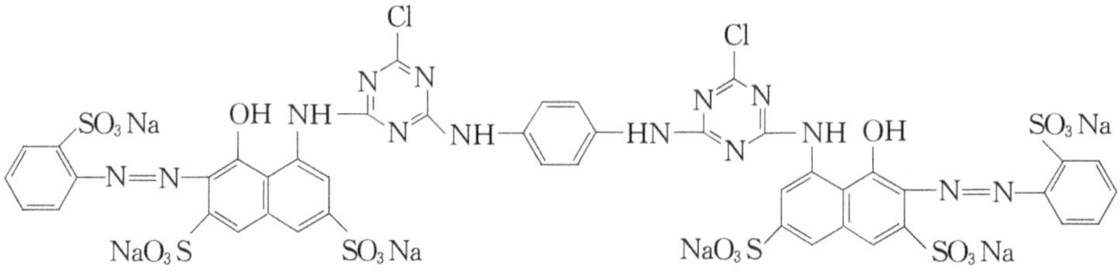

染料结构 Ⅰ

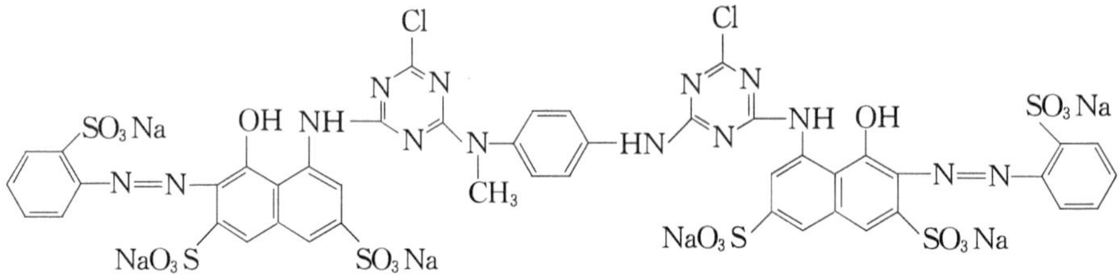

染料结构 Ⅱ

染料Ⅰ中对苯二胺中一个亚氨基上氢原子被甲基取代后，染料Ⅱ的共平面性下降，染料的直接性有所降低，其浮色洗涤性及湿处理牢度改善明显。

此外，研究也表明，在采用其他如间苯二胺等不对称型桥基时可使染料具有更好的染色性能。

上述以芳胺为桥基的架桥型双活性基染料，由于芳氨基的刚性结构，当受到空间效应等影响时，分子结构的共平面性易受到破坏，因而也不利于低盐、无盐染色加工。近年来的研究发现，如用柔性脂肪链取代刚性芳香胺为架桥基，以及以空间位阻小、活泼性高的氟原子取代氯原子，染料对纤维的直接性得到增大，可进行低盐环保染色加工，如已商品化的 Cibacron LS 型染料等。

## 第五节　活性染料与纤维的成键稳定性

### 一、成键水解机理

与以离子键、氢键、范德华力等与纤维结合的其他类染料不同，活性染料与纤维上的官能团经固色反应后以共价键结合。通常其湿处理牢度（如耐洗、湿摩擦牢度等）得到了极大提高，然而在实际服用或贮存过程中，部分活性染料的印染产品依然会出现纤维—染料成键不稳定，因

水解而导致加工产品发生褪色现象，使其湿处理牢度降低。活性染料与纤维成键的水解机理因染料活性基种类、所成共价键类型等不同而有别，此外也因所处介质（尤其是环境的酸碱条件）不同而出现差异。尽管如此，其水解反应的根本实质与固色反应相似，仍都为亲核类反应。

对以亲核取代反应机理与纤维反应的卤代杂环类活性基，如均三嗪型，固色反应时可视为三聚氰酸的酰卤衍生物与纤维素纤维上的醇羟基反应后以酯键结合。这类酯键一般在酸或碱性条件下，均会使其水解反应加速。其在碱性条件下的水解机理为溶液中的 $OH^-$ 对均三嗪环上酯键活化中心碳原子发生亲核进攻，并以亲核取代反应导致染料—纤维键的断裂，其水解历程可表示为：

（R=Cl，F，$-NHCH_3$，$-NHC_2H_5$ 等）

在酸性条件下，其水解历程主要分为两步。第一步为均三嗪环上电负性强的氮原子吸收质子氢，使均三嗪环尤其是环上活化中心碳原子正电荷性增强。第二步为溶液中的 $OH^-$ 对活化中心碳原子发生亲核进攻而产生水解断键。因而酸促使染料—纤维间的酯键断裂加速，尤其对二卤代均三嗪类活性基，由于这类活性基水解可产生酸，可起到自动催化加速作用。这类水解反应历程如下：

（X=—NHR，—OH 等）

$\beta$-乙基砜类活性基与纤维素上的醇羟基反应后，则以醚键相连。其在酸性条件下比含氮杂环类活性基与纤维所成酯键更为稳定。但由于砜基的强吸电子性，易使其活性基上 $\alpha$ 碳原子的正电荷性增强，在碱性环境下 $\alpha$ 碳原子上的氢容易发生离解消除反应，引起碳氧醚键（Cell—

O—D)发生断裂水解。其碱性水解反应如下：

$$\mathrm{D{-}\overset{O}{\underset{O}{\overset{\|}{\underset{\|}{S}}}}{-}\overset{\delta^+}{C}H_2CH_2{-}OCell \xrightarrow[-H_2O]{OH^-} \left[D{-}\overset{O}{\underset{O}{\overset{\|}{\underset{\|}{S}}}}{-}\underline{C}HCH_2{-}OCell\right] \longrightarrow D{-}\overset{O}{\underset{O}{\overset{\|}{\underset{\|}{S}}}}{-}CH{=}\overset{\delta^+}{C}H_2 + Cell{-}OH}$$

$$\mathrm{D{-}\overset{O}{\underset{O}{\overset{\|}{\underset{\|}{S}}}}{-}CH{=}\overset{\delta^+}{C}H_2 \xrightarrow{H^+OH^-} D{-}\overset{O}{\underset{O}{\overset{\|}{\underset{\|}{S}}}}{-}CH_2CH_2{-}OH}$$

由上可见，β-乙基砜类活性基染料与纤维素纤维形成的醚键，其耐酸较耐碱性为好。

## 二、各类活性基的成键稳定性

由上述成键水解机理可知，活性基种类不同，以及活性基所处环境介质不同，其水解机理及难易也有差别。此外，染料与纤维间的成键稳定性还与染料母体结构、连接基、活性基上的取代基等关系密切。通常对含氮杂环类活性染料，如二氯均三嗪型（X 型）、一氯均三嗪型（K 型）、一氟均三嗪型（如 Cibacron F 型）以及嘧啶结构类，因染料与纤维间以酯键结合，酸碱都会催化染料—纤维键的水解，但相对而言其在碱性条件下的稳定性好于在酸性条件下。

其中 K 型与 X 型相比，由于 K 型均三嗪环上连有—NHR 等供电子基，固色反应后，杂环上电子云密度相对增加，从而提高了染料的耐酸耐碱性。而一氟均三嗪活性基中，氟原子取代了 K 型均三嗪环上的离去基氯，提高了活性基的反应性，但染料与纤维成键后，氟与氯原子一样作为离去基离去，故其成键稳定性与 K 型相当。

嘧啶结构类活性基与均三嗪结构相比，由于环上少一个氮杂原子，杂环上活化中心碳原子本身的正电荷性较低。当染料与纤维反应后，作为提高活性基活泼性的 F 原子（如二氟一氯嘧啶类），或甲砜基（如甲砜基一氯嘧啶类）等作为离去基离解，染料—纤维间的酯键碳原子上的电子云密度重新升高，其成键稳定性普遍较好，印染产品通常较少存在断键牢度问题。

此外，二氯喹噁啉类活性基的成键稳定性基本与 X 型活性基相当。

各类含氮杂环类活性基与纤维成键的稳定性顺序大致为：

嘧啶结构类≥一氯均三嗪型（K 型）=一氟均三嗪型>二氯均三嗪型（X 型）

β-羟乙基砜硫酸酯类活性基与纤维素纤维上醇羟基以醚键结合后，由于砜基的强吸电子性，其与纤维的成键稳定性为耐酸性较好而耐碱性不佳。

## 三、提高成键稳定性的方法

无论活性染料与纤维间以酯键还是以醚键结合，其水解机理的实质都为溶液中的 $OH^-$ 对成键碳原子的亲核进攻所引起。因而活化中心碳原子的带电荷性如何，将直接影响到成键稳定性。通常当活化中心碳原子上正电荷性增加，往往使其成键稳定性降低；相反降低其正电荷性，则有利于提高染料—纤维间的成键稳定性。因而，提高成键稳定性的途径往往从染料结构本身着手，如改变活性基上的取代基、连接基等。

对含氮杂环类活性基染料，常可选择在环上引入供电子基，或选择如嘧啶类电子云密度高的杂环等，来降低成键后活化中心碳原子的正电荷性；同时引入强电负性的离去基来满足活性基的活泼性要求。这类染料如 F 型、Levafix P 型活性染料。

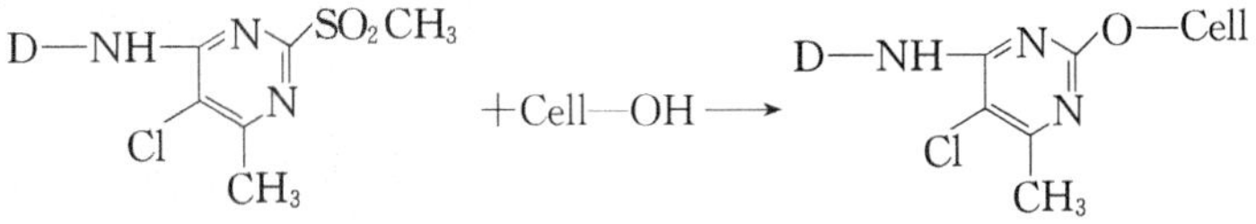

D—NH—(嘧啶环: $SO_2CH_3$, Cl, $CH_3$) + Cell—OH ⟶ D—NH—(嘧啶环: O—Cell, Cl, $CH_3$)

由于—$SO_2CH_3$ 或—F 基具有强的电负性，可显著降低活化中心碳原子的电子云密度，使染料具备高的反应性。一旦染料与纤维发生亲核取代反应后，活化中心碳原子上的正电荷性降低，从而使染料—纤维间成键具有较好的稳定性。

其次通过改善染料中活性基与母体结构间的连接基，也可达到提高染料—纤维成键稳定性的目的。如下列染料通式所示：

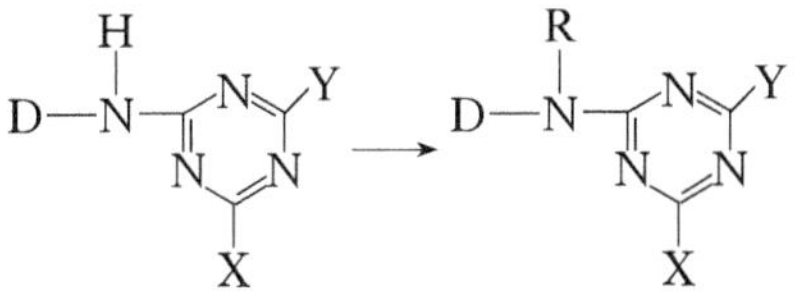

D—N(H)—(三嗪环: Y, X) ⟶ D—N(R)—(三嗪环: Y, X)

染料Ⅰ　　　　染料Ⅱ

（X=Cl；Y=NHR，Cl；R=$CH_3$，$C_2H_5$）

当染料Ⅰ中亚胺连接基上氢原子经烷基取代后（染料Ⅱ），不但可提高染料的反应性，而且由于—N(R)—的供电子性，使染料与纤维成键稳定提高。

对 $\beta$-羟乙基砜硫酸酯类活性基也可采用类似途径和方法。当活性基中引入亚氨基时，降低了砜基的吸电子能力，不但提高了染料本身的耐碱性，而且染料与纤维的成键稳定性在酸碱条件下都得到提高。而当在母体结构与活性基间引入烷氨基或酰氨基时，同样可使染料本身及染料—纤维键的耐酸耐碱性得到改善。

此外也可在固色反应时利用固色反应催化剂来提高活性染料的活泼性，而在固色反应结束时催化剂离去后，可获得稳定的染料—纤维结合键。这类固色反应催化剂通常为叔胺及其衍生物。染料与叔胺先生成季铵化合物，大大增强了染料的反应性，然后纤维上的亲核基团与季铵化合物发生亲核取代反应，形成稳定的共价键。离解后的催化剂分子又进入下一催化反应。如：

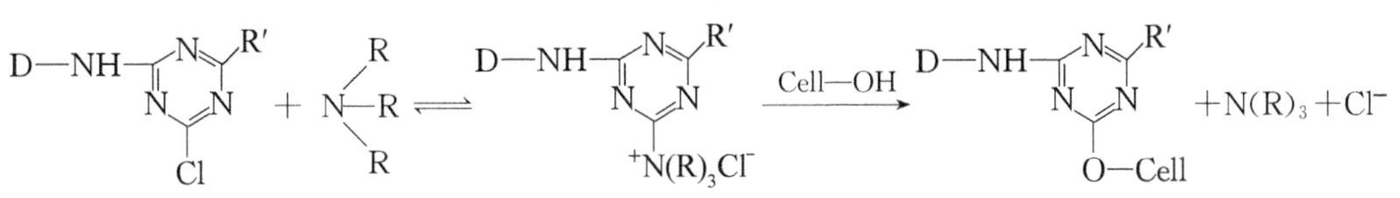

D—NH—(三嗪环: R′, Cl) + $N(R)_3$ ⇌ D—NH—(三嗪环: R′, $^{+}N(R)_3Cl^{-}$) $\xrightarrow{\text{Cell—OH}}$ D—NH—(三嗪环: R′, O—Cell) + $N(R)_3$ + $Cl^{-}$

适合于这类催化固色反应的活性染料主要有 K 型、KE 型和 ME 型等，可用于轧—焙、轧—蒸或浸染等多种工艺。

此外，近年来的研究也证明，通过向染料结构中引入异种多活性基，利用各种活性基间性能互补的特点，也可大大提高染料—纤维的成键稳定性。

## 第六节　蛋白质纤维用活性染料

### 一、蛋白质纤维用活性染料的染色特点

随着超级耐洗羊毛、高色牢度真丝绸等高档产品的不断需求，以及有关生态纺织品和环保条例的相继颁布，蛋白质纤维类的常用染料如酸性染料、铬媒染料、金属络合染料等的局限性越来越明显。而活性染料尤其近年来推出的各类高性能新型活性染料，在羊毛、真丝绸等蛋白质纤维上的应用越来越广泛。

与纤维素纤维相比，由于蛋白质纤维大分子链上含有更多的亲核性基团，如$—NH_2$、—OH、—SH 等，尤其是含量高的$—NH_2$，以及少量的—SH，其本身具有较强的亲核反应性，可实现在弱酸、中性及较低温度条件下完成固色反应。

与纤维素纤维大分子链中耐碱性较好的苷键不同，蛋白质纤维大分子中的肽键在碱性条件下更容易水解，从而影响到纤维本身强力等品质。因而，从保护纤维品质的角度看，蛋白质纤维用活性染料染色时，通常也较适合在较温和的 pH 值条件下进行。同时也可降低染料的水解反应，以及获得较好的匀染性。一般羊毛染色时根据所选染料种类及加工的色泽浓淡，pH 值通常可控制在其等电点附近（pH 值为 3.5～4.8），或在弱酸性条件下（pH=5～6）。

染色温度是影响蛋白质纤维用活性染料染色的另一重要因素。对具有鳞片层的羊毛而言（未经丝光或氯化处理），通常适当提高染色温度可提高染料的上染率和固色率，一般染色温度不宜超过 100℃，可获得较好的染色效果，并有利于保护纤维的天然品质。真丝制品的染色温度依据所采用的染料类型及工艺，一般从室温到 100℃不等。

活性染料与蛋白质纤维反应后，通常以酰胺键（三嗪环—NH—P）或亚氨基（—NH—$CH_2CH_2O_2S$—）相结合，跟与纤维素纤维间的酯键（三嗪环—O—Cell）或醚键（Cell—O—$CH_2CH_2O_2S$—）相比，酰胺键及亚氨基中—NH—的供电子性可明显降低活化中心碳原子的正电荷性，同时 C—N 的键能比 C—O 的键能高，因而提高了染料与蛋白质纤维间的成键稳定性。故蛋白质纤维与活性染料间通常较少存在断键问题，具有优良的耐洗等湿处理牢度。

此外，蛋白质纤维用活性染料印染加工还要求染料具有高的固色率和良好的匀染性及鲜艳的色泽等。

### 二、各类活性基及其染料的应用

#### （一）传统活性染料中的筛选品种

传统活性染料中的部分 X 型、K 型、KN 型，甚至 KD 型在早期真丝绸的染色中都曾有应

用。最初将 X 型、KD 型中的鲜艳或深色品种分别当作酸性和直接染料使用。后来国内成功开发了 X 型活性染料在弱酸性介质中与丝纤维上赖氨酸以共价键键合的染色工艺，并得到了推广应用。此外，X 型、K 型、KN 型染料也可分别用于绢丝、柞蚕丝的碱性条件染色。

传统活性染料由于在拼色相容性、匀染性及固色率等方面存在不足，特别是随着近年来各类高性能专用染料的推出，这类传统筛选品种目前已较少使用。

**(二)蛋白质纤维专用活性染料**

羊毛、真丝等蛋白质纤维专用活性染料主要包括 α－溴代丙烯酰胺型、2,4－二氟－5－氯嘧啶型、$N$－甲基牛磺酸羟乙基砜型，以及乙烯砜、乙烯砜/一氯均三嗪、乙烯砜/2,4－二氟－5－氯嘧啶等新型活性染料。

**1. α－溴代丙烯酰胺型**　这类商品染料除原 Ciba 公司的 Lanasol 外，目前还包括 LJS 公司的 Itowol 系列毛用活性染料，以及国内商品名称为 PW 型的活性染料。

此外在 1999～2000 年间，原 Ciba 公司又推出了 Lanasol CE 型染料，其结构通式为：

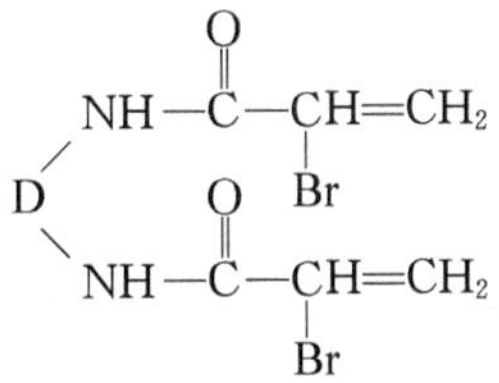

$$D\begin{cases}NH-\overset{O}{\overset{\|}{C}}-\underset{Br}{\underset{|}{C}}H=CH_2\\NH-\overset{O}{\overset{\|}{C}}-\underset{Br}{\underset{|}{C}}H=CH_2\end{cases}$$

Lanasol CE 型染料除具备原 Lanasol 系列染料的所有特点外，由于双活性基的引入，提高了染料的直接性和反应概率，固色率可达 95%以上，而且匀染性也较好，具有经济环保特性。

**2. 2,4－二氟－5－氯嘧啶型**　这类染料实际上为棉用活性染料，也可用于羊毛、真丝等蛋白质纤维的染色，其结构通式为：

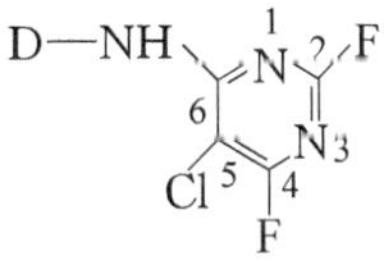

D—NH—(6位)嘧啶环：1 N、2 C—F、3 N、4 C—F、5 C—Cl

嘧啶杂环上的 2,4 位上的氟原子较活泼，都可与纤维上的氨基发生亲核取代反应，并可形成交联，其固色率可高达 95%，湿处理牢度好。目前商品染料主要有 Clariant 公司的 Drimalan F，DyStar 公司的 Verofix、Realan 系列染料等，如：

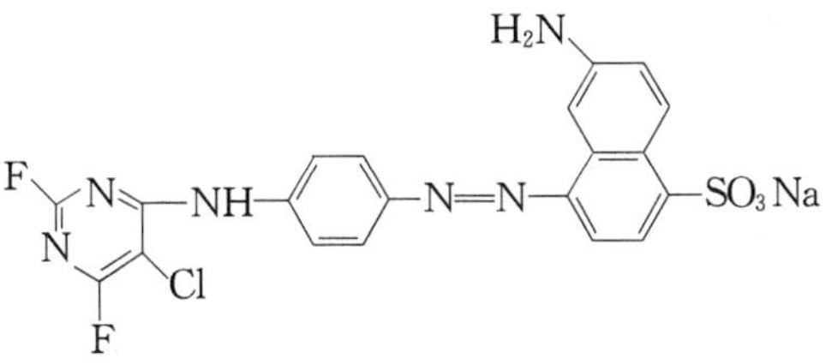

Drimalan F 红

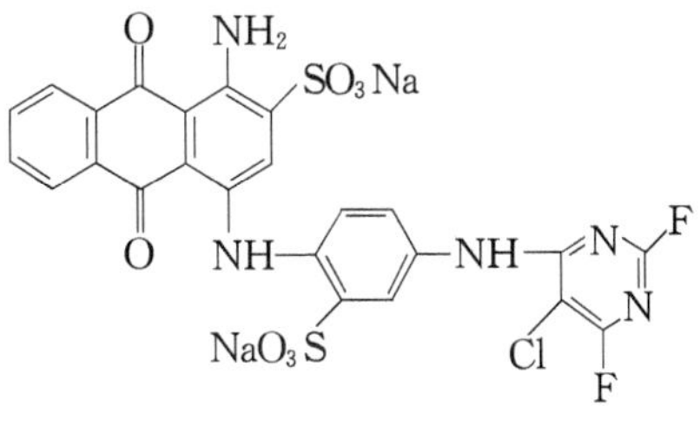

Verofix 蓝

**3. N－甲基牛磺酸羟乙基砜型** 这类染料是1971年由德国原赫斯特公司推出的，是在β－乙烯砜型活性基中引入N－甲基氨基乙基磺酸钠，其结构通式为：

$$D-SO_2-CH_2CH_2-\underset{\displaystyle CH_3}{\underset{|}{N}}-CH_2CH_2SO_3Na$$

这类染料为羊毛的专用染料，可在弱酸性条件下（pH＝5～6）对羊毛等蛋白质纤维进行均匀染色。在初染阶段类似于匀染性好的酸性染料，沸染阶段才逐步形成反应性较强的乙烯砜基，并与蛋白质纤维反应。故此类染料匀染性优良，固色率高，染料耐碱性好，也可与分散染料或阳离子染料同浴用于毛涤或毛腈混纺品的染色。

商品染料主要有DyStar的Hostalan，以及国内的SN型活性染料等。

**4. 乙烯砜型** 这类染料为近年来开发的新型毛用活性染料，其母体结构有别于常规乙烯砜型活性染料。染色时染料与蛋白质纤维上的—$NH_2$等基团发生亲核加成反应。结构通式为：

$$D-\overset{\displaystyle O}{\overset{\|}{\underset{\displaystyle O}{\underset{\|}{S}}}}-CH=CH_2$$

该染料具有高反应性、高竭染率和高固色率，色泽鲜艳，其重现性、匀染性、耐光牢度及湿处理牢度优良。染料不含重金属离子、AOX，能完全满足Oeko－Tex Standard 100的要求。可于弱酸性条件下染色，对纤维品质保存良好。适用于氯化和机可洗羊毛制品，尤其是散纤维、粗纱和纱线等的竭染。

商品染料主要有日本住友的Sumifix WF系列，德国DyStar的Realan WN系列染料等。

**5. 乙烯砜型/一氯均三嗪双活性基型** 这类染料是近年来开发的新型毛用双活性基染料。在弱酸性条件下不仅可获得很高的竭染率和固色率，适于染深浓色，而且双活性基可在蛋白质纤维之间产生交联固色作用，各项牢度优良。此外，该类染料在中性盐促染及适当的碱性固色条件下，也可用于真丝等的染色，特别适合于丝棉混纺品的同色加工。

这类商品染料不含重金属盐，能满足Oeko－Tex Standard 100的要求，是铬媒染料的很好代用品之一。其商品染料主要有Sumifix WF部分品种及国内市场上的Ladisol（上海蓝迪）。

**6. 乙烯砜/2,4－二氟－5－氯嘧啶双活性基型** 这是近年来新开发的另一类毛用新型双活性基染料，其结构通式为：

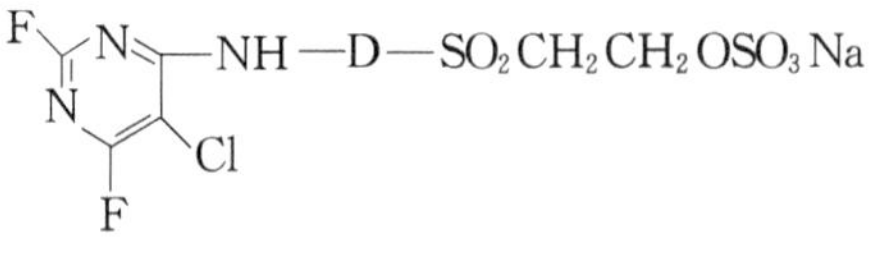

$$\text{(2,4-二氟-5-氯嘧啶-6-基)}-NH-D-SO_2CH_2CH_2OSO_3Na$$

弱酸性条件下可在羊毛纤维上获得极好的牢度，染料相容性及提升性好。但由于反应性高，工艺控制不当易引起染斑等病疵。该类型染料可在温和条件下染色，不损伤纤维。其不含重金属，可满足生态纺织品的加工要求，为铬媒染料的很好代用品之一。

这类商品染料有DyStar的Realan EHF系列，如Realan Marine Blue EHF gran.、Realan Navy

Blue EHF gran.、Realan Black EHF gran. 等。适合于散毛、毛条、纱线等羊毛制品的染色。

## 第七节 新型生态环保活性染料

### 一、活性染料的生态环保问题

由活性染料引起的生态环保问题，主要涵盖活性染料本身是否具致癌性，或是否含有禁用的致癌芳香胺中间体，染料是否具有急毒性或致敏性，此外也包括染料的固色率、无机盐用量、重金属含量、环境激素及 AOX 等。

从 Oeko－Tex Standard 100 及欧洲颁布的 24 中致癌芳香胺条例来看，涉及到活性染料的很少。其中 1994 年、1996 年德国公布的禁用染料中(分别为 118 只和 132 只)，以及 1999 年德国化工协会(VCI)公布的 141 只禁用染料中都未涉及活性染料。但国产商品中涉嫌含致癌芳香胺的有活性黄 K－R、KE－4RN，活性黄棕 K－GR，活性艳红 H－10B 及活性蓝 KD－7G等。而 ETAD (染料制造工业的生态学及毒理学协会)公布的 13 只急毒性染料中也没有活性染料。

活性染料的过敏性主要分为吸入过敏和接触过敏。吸入过敏常引起呼吸道疾病，ETAD 于 1991 年曾公布了 21 只活性染料具有吸入过敏作用。具有过敏作用的活性染料一般都具有高活泼性的活性基，其中也包括活性染料中的大宗/常用品种如 C. I. 活性黑 5、C. I. 活性橙 16 等。吸入过敏作用通常由粉状剂型引起，而液状和颗粒状活性染料则能克服这一弊病。

活性染料的固色率低，不但直接影响纺织品上的得色量及染料利用率，而且流失的染料往往造成环境污染。在所有染料类别中，活性染料的流失最为突出(其流失率一般为 20%～50%)，尤其对传统的 X 型、K 型、KN 型等。活性染料染色时通常需使用大量的中性盐来进行促染，以提高上染率和固色率。一般活性染料竭染时中性盐的用量为 50～60g/L，轧染时高达 200～210g/L。尤其对早期直接性低、磺酸基数目多的活性染料，其用盐量更高。高含盐废水给废水的生化处理造成了很大负担，而且一般处理方法还无法去除无机盐，从而也直接污染了水环境。

活性染料中的重金属主要来源于部分金属络合染料中的残留量，如生产酞菁、甲臜结构染料时的残留金属离子，以及其他母体络合时残留的铬、钴、镍等。残留的游离重金属离子不但引起纺织品中重金属含量超标，危及人体健康，而且残留在废水中会污染环境。

AOX 为可吸附有机卤化物，主要指含氯、溴、碘有机物，不包括含氟有机物。AOX 的可生化性低，具有亲油性，进入动植物食物链后，在人体及动物脂肪组织中长期积累，并产生毒害作用。

活性染料的 AOX 主要来源于活性基中的卤素及少数母体结构。活性染料母体结构中的卤素是 AOX 的永久来源。而活性基团的 AOX 又主要由含氮杂环类活性基(因含有氯、溴取代原子)而引起。其中在高温及高 pH 值条件下使用的 K 型、KE 型等活性染料以及 α－溴代丙烯酰胺类，在染色加工条件下，其卤素原子可完全转化为无机卤化物，不属于 AOX 来源。而 K 型、KE 型、X 型活性染料在温和条件下进行印染加工时，仅有部分与纤维固色反应及水解，但可经后处理达到完全水解时，此时染料的活性基属于有限 AOX 来源。对于二氯一氟嘧啶型、三氯嘧啶型、二氯喹噁啉型等活性染料，即使在严格条件下处理，也不能完全将活性基的卤代原子转化为无机卤化物，这类活性基及其染料则为永久性 AOX 来源。乙烯砜型及一氟均三嗪型活性染料则无环境 AOX 问题。

此外，活性染料的环保问题还包含所用染料在达到印染要求时，是否具有 RFT(一次成功率，Right First Time)染色特性，可否适用于小浴比、低温染色，以及浮色是否易洗涤，能否减少清洗次数、缩短工艺流程等节能减排效应。

## 二、新型环保活性染料

从某种程度上讲，新型环保活性染料重点指节能减排型活性染料。活性染料已成为仅次于分散染料的第二大类染料，并成为纤维素纤维上应用最为广泛的一类染料，同时在蛋白质纤维以及锦纶等合成纤维上的应用也快速发展。因而研发和推广新型环保活性染料，尤其是节能减排型活性染料，目前已成为行业关注的重点之一。在这方面国外起步较早，早在 20 世纪 90 年代，国外已有节能减排型商品活性染料推出。目前适合于节能减排的活性染料主要包括以下几类。

### (一)低温型活性染料

由于低温型活性染料中活性基的活泼性高，活性基形成或亲核反应速率快，可大大降低染、固色温度及时间，因而其能耗低，加工成本及效率都优于高温热染型染料。近年来，活性染料染色也越来越集中向低于 60℃的竭染及冷轧堆染色方向发展。

低温型活性染料一般是通过分子设计改变染料结构，使染料既具有较高的直接性，同时保持优良的扩散性，并能达到传统热染型的效果。目前适用于 50～60℃范围内染色的新型商品活性染料，国外品种如 Sumifix Supra E－XF、Remazol RR、Basilen F－M、Diamara SN 型等，国内类似产品如 EF 型、B 型及台湾永光的 ED 型等。这类活性染料一般都具有中等的直接性和很好的扩散性，可兼顾染色时直接性和扩散性之间的平衡，达到高的固色率和很好的渗透性及匀染性。此外，这类染料的水解性小，浮色洗涤性好，具有显著的节能减排功效。

此外，近年来国内外还开发了在 40℃染、固色的低温型活性染料，如国内的 Anozol L 型染料。这类染料为单乙烯砜型活性基，但母体结构有别于传统的 KN 型染料，其三原色有 Anozol 黄 L－3R、红 L－4B、蓝 L－3G。这类染料直接性中等，对温度依存性低，耐碱性好，染料的利用率高，水解染料不易二次沾污，浮色少且易洗涤，可减少皂洗和热水洗次数，节能减排效果明显。除用于低温竭染外，也用于冷轧堆染色。

活性染料冷轧堆染色具有工艺流程短、设备简单、能耗低、固色率高、排污量少等特点。与传统轧蒸法相比，活性染料冷轧堆染色可节能 40%左右，染料固色率高约 30%。冷轧堆工艺要求活性染料具有低的直接性，好的耐碱性和高的溶解度。目前适用于该工艺的新型活性染料有国产的 Anozol L 型，以及国外的 Cibacron C 型、Levafix CA 型等。这类活性染料都具备良好的耐碱性和较强的反应性，除 Anozol L 外，一般都为异种双活性基或多活性基染料。

此外，也可通过染料与染料、染料与高效分散剂复配等途径来提高染料的耐碱性和溶解度。前者如 DyStar 的 Remazol RGB 系列染料，以及 Remazol Deep Black GWF 黑色染料等；后者如 Clariant 公司的 Drimarene CL－C 系列染料等。

**（二）湿短蒸连续轧染新型活性染料**

活性染料湿短蒸连续轧染工艺是将织物经浸轧染液后不经干燥，在反应蒸箱内直接湿态汽蒸固色。该工艺简便、高效、节能节水，可以不用尿素，减少污染。而且染料固色率高，色泽鲜艳，织物透染性和匀染性好。工艺要求染料具备非常好的耐碱稳定性，比较大的溶解度和适当的直接性。大部分适用于冷轧堆工艺的活性染料都适合于湿短蒸工艺。

这类商品染料如 DyStar 的 Remazol RGB，及其与 Monforts 公司共同研发的 E－Control 染料，以及 2007 年上海万得公司推出的 Megafix B－CPB 系列染料等。

**（三）小浴比竭染染色用活性染料**

这类染料在竭染时可把浴比降低到小于 1∶8，以及超小浴比到 1∶5，甚至可到 1∶3～1∶4，从而达到节约染化料、提高染料的固色率、节水节能、减少排污的目的。小浴比染色要求活性染料的直接性要低，易于匀染和浮色洗涤，而且染料溶解度要高，尤其在碱、盐存在条件下溶解度需大于 100g/L。此外，染料活性基需具有中等以上的活泼性，固色率要高。

近年来推出的此类新型染料主要有 Cibacron FN 型、Cibacron C 型，以及台湾永光的部分 ED 型染料等。

**（四）低盐型活性染料**

为保持或提高活性染料具有足够的溶解度，尤其对双或多活性基以及母体结构复杂的染料，一般是在染料结构中引入较多的磺酸基。然而这也导致染色时促染盐大量增加，给水处理及水环境造成了较大压力。因而为实现低盐染色，一条有效途径是提高染料本身的直接性。但直接性过高，又影响到染料的扩散及移染，以及浮色的清洗和湿处理牢度等。近年来国外厂家在深入研究染料分子结构与亲和力、直接性相互关系的基础上，推出了低盐或无盐染色活性染料。这类染料在具备较高的直接性和高固色率的同时，又保持了优良的匀染性和易洗涤性。这类活性染料如 Cibacron LS 系列，Sumifix Supra E－XF 和 NF 系列，Levafix E－A、Remazol EF 系列，以及 Kayacion E－LE 系列等。

**（五）适合于 RFT 染色的新型活性染料**

RFT(Right First Time)染色指一次性成功染色，是节能减排最有效的方法之一，而且还可缩短染色加工时间，大大提高生产能力和效率。RFT 染色要求活性染料必须具备优异的匀染性和重现性，易洗涤和高色牢度，对染色工艺参数变化的敏感性低。这类新型商品染料主要有 Procion H－EXL、Procion XL、Eeverzol ED、Levafix CA、Intracron CDX、Remazol RGB、Sumifix HF 等系列染料。

**（六）涤棉混纺品一浴染色新型活性染料**

涤棉混纺品一浴法染色可减少染色废水排放量 50%，节约能源 50%以上，而且可缩短加工周期。通常与分散染料同浴染色的活性染料要求能在中性条件下固色，而且在 110～140℃高温溶液中不易水解。目前这类新型活性染料主要是含双烟酸均三嗪的架桥型活性染料。商品有日本化药公司推出的 Kayacelon React CN 型，以及国内出现的 R 型染料等。

## 复习指导

1. 了解活性染料的发展历史及各类活性染料的应用简况。
2. 熟悉活性染料的化学结构及特点以及国内外常见活性染料商品牌号、种类等。
3. 熟悉活性染料的主要性能及应用特点。
4. 掌握各类主要活性基的结构特点及固色反应机理。
5. 掌握不同类型染料母体的结构特点。
6. 掌握不同类型连接基的特点及对染料整体性能的影响。
7. 掌握主要类型活性染料的水解机理。
8. 掌握各类活性基的成键稳定性及提高其稳定性的措施。
9. 掌握蛋白质纤维用活性染料进行加工的特点及各类活性染料的应用。
10. 熟悉活性染料的有关生态环保问题及各类新型环保染料的应用情况。

## 思考题

1. 活性染料的活性基可分成哪几类？写出其结构式。
2. 活性染料的母体有哪几类？比较它们的性质。
3. 简述影响活性染料反应活性的结构因素。

(1) 卤代含氮杂环类　　(2) 乙烯砜类

4. 试比较下列各类活性染料的反应性(按反应性大小顺序排列)，同时分析比较染料(2)、(4)、(6)、(7)与纤维素纤维的成键稳定性。

(1) D—NHCO— (N, Cl; N, Cl)

(2) D—$SO_2$—$CH_2CH_2$—$OSO_3H$

(3) D—NH— (N, Cl; N, N; NHR)

(4) D—NH— (N, Cl; N, N; Cl)

(5) D—NH— (N, F; Cl, N; F)

(6) D—NH— (N, $SO_2CH_3$; Cl, N; $CH_3$)

(7) D—NH— (N, Cl; Cl, N; Cl)

5. 举例写出 X 型和 KN 型活性染料的合成方法。
6. 蛋白质纤维以及锦纶或涤棉混纺织物用活性染料各有哪些特性？

## 参考文献

[1]吴祖望.五十年内活性染料标志性进展和基础理论研究成果——纪念我国活性染料投产 50 年暨《染料与染色》杂志创刊 50 周年[J].染料与染色,2008,45(2):1-9,44.

[2]肖刚.活性染料的绿色化进程[J].上海染料,2002,30(2):33-41.

[3]何瑾馨.染料化学[M].北京:中国纺织出版社,2009.

[4]杨新玮.活性染料的近况及低盐活性染料的进展[J].上海染料,2007,35(3):1-9.

[5] http://www.istis.sh.cn/list/list.aspx? id=475.

[6]杨薇,杨新玮.国内外活性染料的进展[J].染料工业,2001(3):1-5.

[7]陆欣斌,钱明生.活性染料的可持续发展要依靠技术创新——纪念国产活性染料诞生 50 周年[J].上海染料,2008,36(3):1-4.

[8]国内发展特深色活性染料现状.http://www.tnc.com.cn/news/detail/5/7/d57740.html.

[9]钱国坻.染料化学[M].上海:上海交通大学出版社,1998.

[10]陈荣圻,王建平.生态纺织品与环保染化料[M].北京:中国纺织出版社,2002.

[11]鹏搏.乙烯砜型活性染料发展 40[J].上海染料,1998(6):15-20.

[12]陈荣圻.现代活性染料与分散染料的发展[J].染料与染色,2007,44(1):5-18,40.

[13]宋心远,沈煜如.活性染料及其染色的近年进展(一)[J].印染,2002,28(2):45-49.

[14]宋心远,沈煜如.活性染料及其染色的近年进展(二)[J].印染,2002,28(3):44-48.

[15]陈荣圻,王建平.禁用染料及其代用[M].2 版.北京:中国纺织出版社,1996.

[16]肖刚,王景国.染料工业技术[M].北京:化学工业出版社,2004.

[17]章杰.纤维素纤维用活性染料技术进展[J].染料与染色,2007,44(4):1-8.

[18]章杰.纤维素纤维用活性染料技术进展(续)[J].染料与染色,2007,44(5):1-5,13.

[19]上海市纺织工业局编写组.染料应用手册(第六分册)[M].北京:纺织工业出版社,1985.

[20]《最新染料使用大全》编写组.最新染料使用大全[M].北京:中国纺织出版社,1996.

[21]徐捷,张红鸣.染料和颜料实用着色技术——纺织品的染色与印花[M].北京:化学工业出版社,2006.

[22]肖刚.溴代丙烯酰氨基活性染料的发展[J].染料工业,2002,39(2):1-6.

[23]章杰.毛用活性染料的现状、应用和发展[J].上海染料,2007,35(1):9-14.

[24]章杰.现代活性染料技术进展[J].印染,2004,30(2):37-42.

[25]陈荣圻.印染行业需要的节能减排型活性染料[R].2008 年诺维信全国印染行业节能环保年会论文集.北京:中国印染行业协会,2008:185-201.

[26]绿色染料开发应用的现状与发展.http://ce.sysu.edu.cn/greenchemistry/ Article/greennews/200706/Article_20070604104039.html, 2007.

[27]吕荣文,高崑玉.活性染料的发展趋向[J].染料与染色,2004,41(3):131-136.

[28]宋心远.活性染料染色技术进展[R].2008 年江苏印染学术年会论文集.江苏:江苏省纺织工业学会印染专业委员会,2008:3-15.

[29]章杰.节能减排型染料的新发展和应用[R].2008 年第 1 期染色技术高级培训班讲座与交流资料.北京:中国纺织工程学会,2008:1-7.

[30]沙英华,张祥,吴国栋.节能型活性染料的发展状况[J].染料与染色,2008,45(5):1-7.

# 第九章　不溶性偶氮染料

## 第一节　引　言

活性染料的染料分子与纤维分子发生反应形成共价键，大大增加了染料与纤维之间的结合力，从而提高了染料的湿处理牢度。提高湿处理牢度的另一种方法是减少染料的水溶性。在纤维中的染料如果不含水溶性基团如磺酸基，就可能有较高的湿处理牢度。然而，染料不溶于水就不能扩散到纤维内部，即不能达到染色的目的。偶氮染料如果不含水溶性基团，一般不溶于水或只有极微量的水溶性，是不能直接染色的。偶氮染料合成时有两个中间体，其中重氮组分经重氮化反应成为重氮盐，重氮盐带正电荷，因此是水溶性的；偶合组分如芳香酚类在碱性条件下，酚羟基可以电离成为酚的负氧离子，也可溶于水。把两者同时染到纤维上，并发生偶合反应就可以在纤维上形成不带水溶性基团、不溶于水的偶氮染料。用这种原理染色的染料称为不溶性偶氮染料(azoic dyes)。

由此可见，不溶性偶氮染料是由偶合组分即色酚(Naphtol，纳夫妥)与可以重氮化的芳香伯胺化合物即色基(Base，倍司)两个部分组成。它们都不带水溶性基团。由于色酚也称纳夫妥，因此不溶性偶氮染料也称为纳夫妥染料。不溶性偶氮染料的染色工艺流程如下：

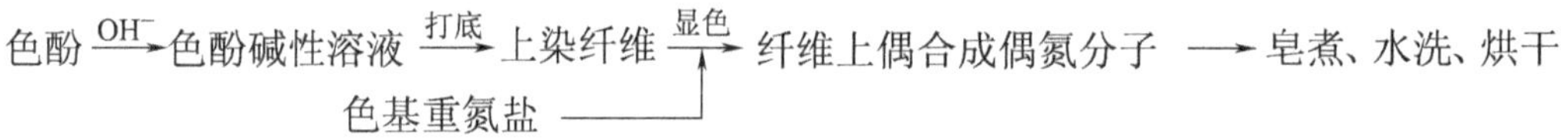

$$\text{色酚}\xrightarrow{OH^-}\text{色酚碱性溶液}\xrightarrow{\text{打底}}\text{上染纤维}\xrightarrow[\text{色基重氮盐}\uparrow]{\text{显色}}\text{纤维上偶合成偶氮分子}\longrightarrow\text{皂煮、水洗、烘干}$$

在染色工艺中色酚先上染纤维，该过程也称为打底，因此色酚也称为打底剂。色基重氮盐到纤维上与色酚偶合从而使纤维显色，色基也称为显色剂。由于色基重氮盐的不稳定性，在重氮化和显色过程中都要保持较低温度，往往需要加冰降温，因此该染料也称为冰染料(ice dyes)。

由于需要强碱条件，不溶性偶氮染料很少用于蛋白质纤维，主要用于纤维素纤维织物的染色和印花，可以得到浓艳的黄、橙、红、蓝、紫、红酱、棕、黑等色泽，其中尤以橙、红、蓝、红酱、棕等的浓色见长，特别是大红色十分鲜艳。它们中的浅色部分比还原染料鲜艳，绿色不如还原染料。该染料中有些橙、红、红酱、棕色的耐光牢度可达 6 级或 6 级以上，耐水洗牢度很高，有的也耐碱煮，但一般耐摩擦牢度很低，不耐氧漂，染色牢度不及还原染料。由于商品染料只是偶氮染料的两个中间体，因此价格低廉，但染色工艺繁复。这些染料在还原条件下可以分解褪色，因此可作防、拔染印花地色之用。必须指出，不溶性偶氮染料不宜用于染淡色，一方面是因为它们的遮盖力比较弱，得色不够丰满，另一方面是因为它们的耐光牢度随染色浓度的降低而下降很多。

不溶性偶氮染料曾是棉纤维及其织物的重要染料，然而色基大部分是苯胺的衍生物，有 5 种涉及德国公布的禁用中间体，其中色基红 TR 和色基红 G 尤为常用，此外，还有色基枣红 GBC 及 9 种色酚在禁用之列。在这种情况下，不溶性偶氮染料变得色谱不全，目前这类染料的应用已明显减少。

# 第二节 色 酚

## 一、色酚的分类

色酚的外观多数是米棕色粉末，不溶于水，溶于碱液呈黄色，商品色酚中不含填充物。色酚有下列几种类型。

**(一)2-羟基萘-3-甲酰芳胺衍生物**

这类色酚是色酚中最大的一类，其通式为：

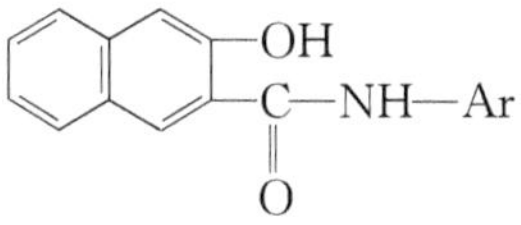
OH
C—NH—Ar
O

在整个分子中不带水溶性基团，只有在碱性条件下形成酚的负氧离子才能溶解于水。其中的芳环(Ar)大多为苯环，也有萘环。芳环上可带有取代基。色酚 AS 是最简单和应用最多的一种。这类色酚由 BON 酸(2,3-酸)对苯胺或萘胺的衍生物酰化后得到。如色酚 AS(C. I. 偶合组分[1] 2,37505)：

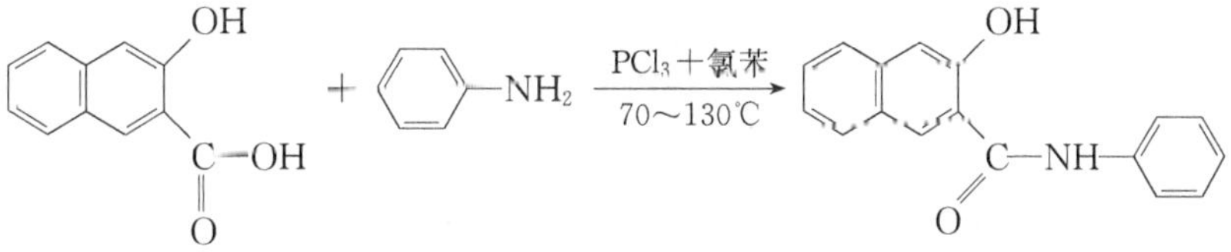
OH
C—OH
O
+
NH2
PCl3＋氯苯
70～130℃
OH
C—NH
O

BON 酸　　　　色酚 AS

改变芳胺的种类可以得到不同的色酚。如：

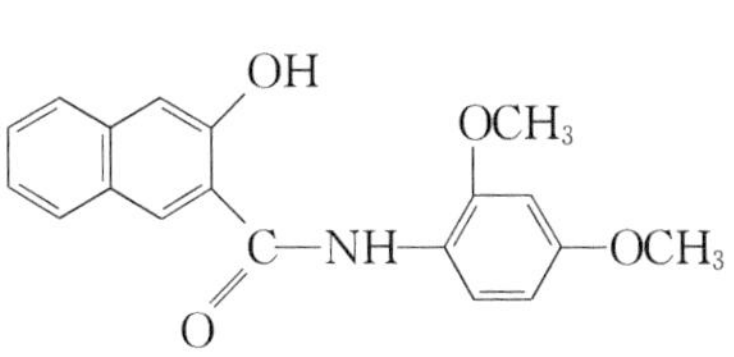
OH
OCH3
C—NH
OCH3
O

色酚 AS-BG(C. I. 偶合组分 19,37545)

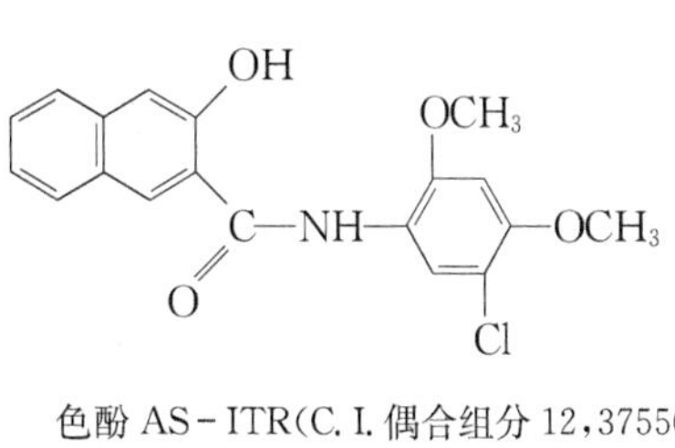
OH
OCH3
C—NH
OCH3
O
Cl

色酚 AS-ITR(C. I. 偶合组分 12,37550)

[1] 在《染料索引》中色酚为“azoic coupling component”，本教材简译为“偶合组分”。

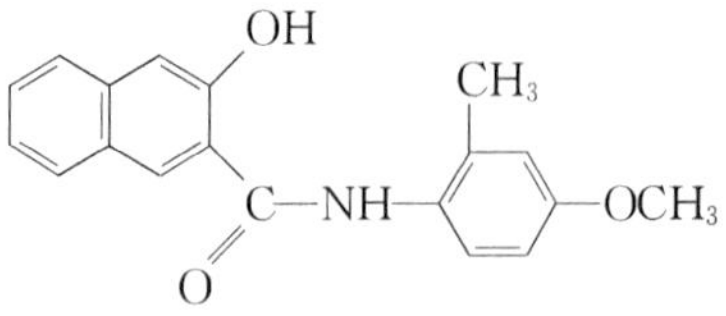

色酚 AS－LT(C. I. 偶合组分 24,37540)

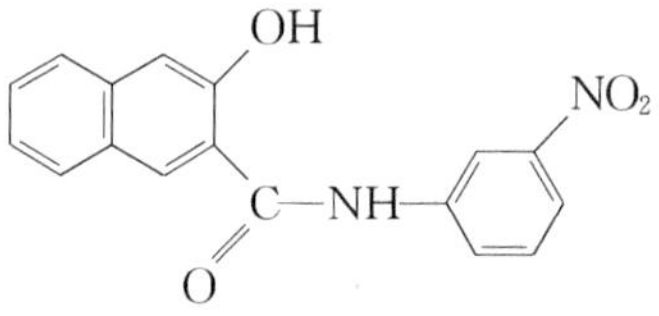

色酚 AS－BS(C. I. 偶合组分 17,37515)

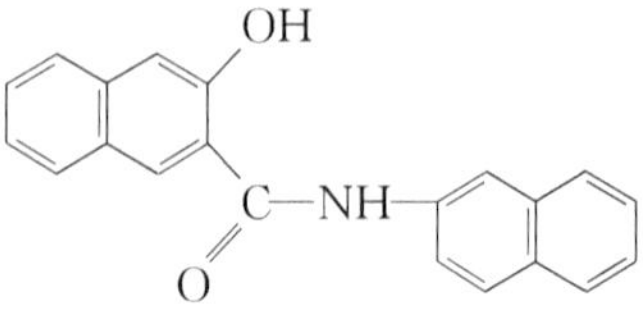

色酚 AS－SW(C. I. 偶合组分 7,37565)

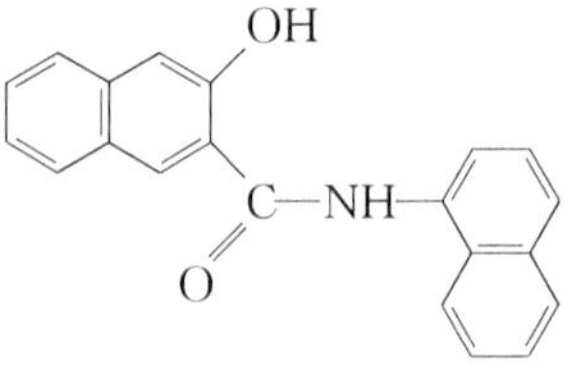

色酚 AS－BO(C. I. 偶合组分 4,37560)

以上各种色酚与不同芳胺重氮物偶合所得的不溶性偶氮染料,以红色为最多,此外,也可得到橙色、紫色、蓝色。

色酚的结构对于耐光牢度也有影响。据研究,在色酚 AS 苯环结构的 2、4、5 位置上有取代基时,耐光牢度有所提高。

这类色酚的偶合位置在萘环上羟基的邻位。

**(二)酰基乙酰芳胺衍生物**

由于 2－羟基萘－3 甲酰芳胺衍生物的偶合位置在萘环上,与芳胺的重氮盐形成的偶氮染料无法得到黄色。酰基乙酰芳胺类色酚的偶合位置是两个羰基之间的活性亚甲基,不含萘环,所以得到的偶氮结构的颜色较浅,主要是黄色。举例如下:

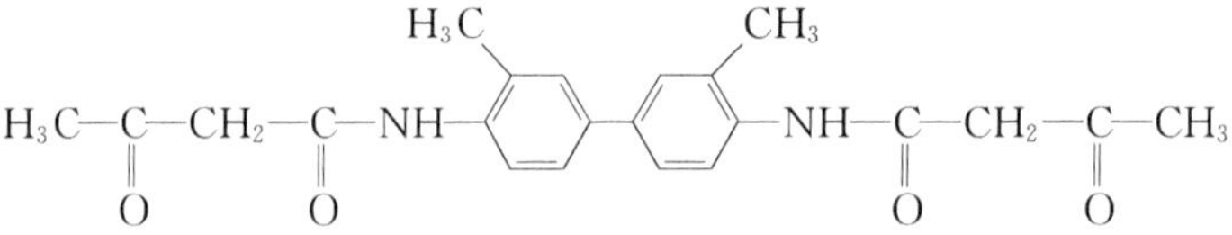

色酚 AS－G(C. I. 偶合组分 5,37610)

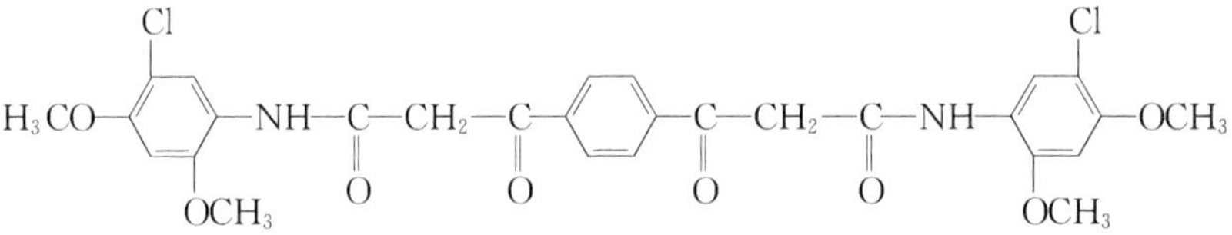

色酚 AS－LG(C. I. 偶合组分 35,37615)

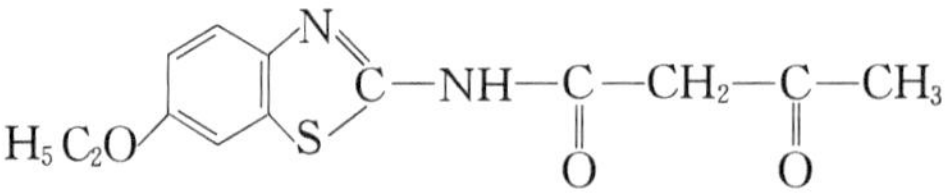

色酚 AS－L4G(C. I. 偶合组分 9,37625)

色酚 AS－G 合成过程中需要过量使用 3,3′－二甲基联苯胺,属于致癌禁用芳香胺,如果不能把未反应的这些成分去除,则禁止使用。

**(三)蒽、氧芴及咔唑羟基甲酰胺类衍生物**

这里包含一些三环的羟基甲酰胺类的色酚,可以与色基偶合成绿、棕、黑等颜色。

2-羟基蒽-3-甲酰邻甲苯胺如色酚 AS-GR(C. I. 偶合组分 36,37585)用蓝色基 BB 的重氮盐偶合可以得到蓝光绿色。

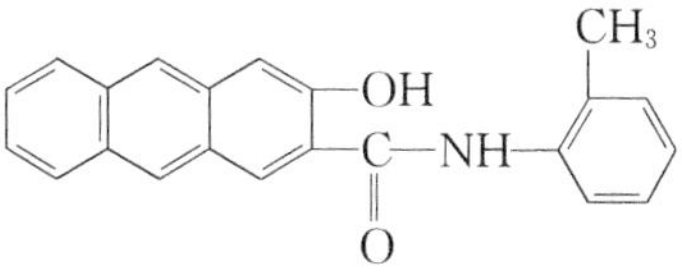

色酚 AS-GR

3-羟基氧芴-2-甲酸的衍生物如色酚 AS-BT(C. I. 偶合组分 16,37605)、色酚 AS-KN(C. I. 偶合组分 37,37608)与红色基 B 重氮盐作用得到棕色。

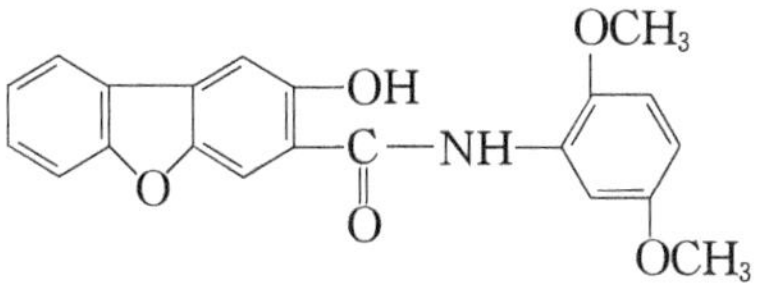

色酚 AS-BT 　　色酚 AS-KN

咔唑邻羟基甲酰芳胺的羟基和甲酰基可以不在 2、3 位上,例如色酚 AS-LB(C. I. 偶合组分 15,37600),它与红色基 B 重氮盐作用得棕色;色酚 AS-SG(C. I. 偶合组分 13,37595)以红色基 B 显色可得到黑色。

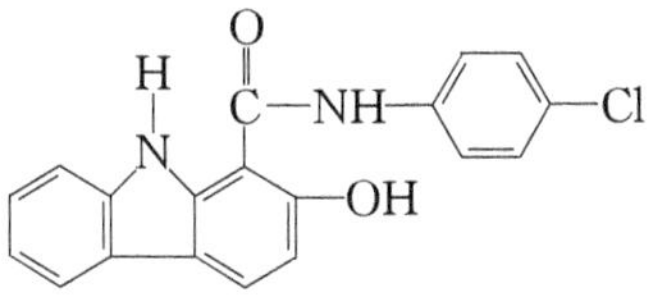

色酚 AS-LB 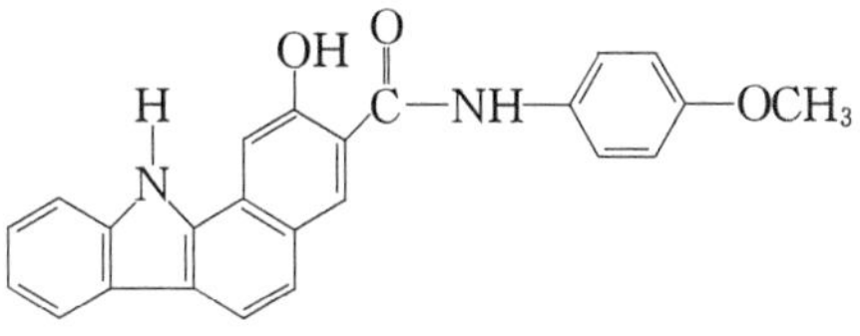　　色酚 AS-SG

这些色酚的共轭体系比 2-羟基萘-3-甲酰芳胺长,价格较贵。

色酚的生态问题主要在于酰氨基连接的芳胺上,常涉及禁用的致癌芳香胺,如 $NH_2$ 、$H_2N$ $CH_3$ 、$H_2N$ $OCH_3$ 、$H_2N$ Cl 、$H_2N$ $CH_3$ Cl 以及一些联苯胺的衍生物等。然而这些成分在测定禁用染料条件下不会析出,因此并没有列入德国政府的禁用名单中。但是由于合成色酚时芳胺常常过量,因此如果在染料制作和染色过程中,不能将这些成分完全清除,将会残留在印染产品中,造成环保指标不合格。

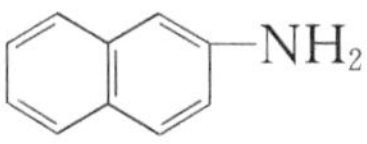

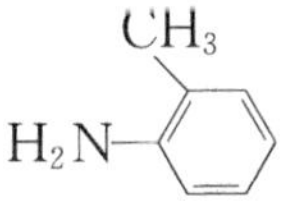

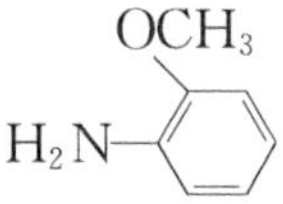

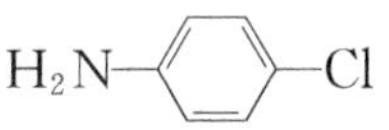

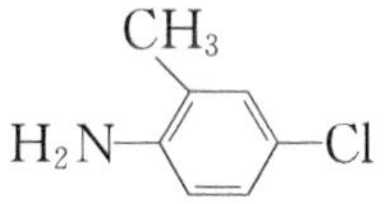

## 二、色酚的命名

色酚的命名中没有颜色的名称,在“色酚”的后面都加上“AS”,A、S 为德文中酰替苯胺和酸两词的第一个字母。在 AS 后面的字母有代表它们主要适用于染得的某种颜色的含义。例如色酚 AS-TR 主要用于染红色(TR 为英文 Turkey Red——土耳其红的第一个字母);色酚 AS-ITR中 ITR 三个字母表示染色牢度可达到所谓阴丹士林(Indanthren)级的土耳其红;色酚 AS－SG 和 AS－SR 中 SG 和 SR 分别表示适用于青光黑色和红光黑色（S 为德语黑色 Schwar 的第一个字母）等。酰基乙酰胺类都适合得到黄色，在尾注中都带有字母 G。

## 三、色酚的直接性

不溶性偶氮染料染色时先由色酚上染纤维，因此色酚对纤维的直接性对该类染料的性能有非常重要的影响。1880 年，美国的霍立代（Halliday）兄弟首先应用偶合组分和重氮组分在纤维上偶合的原理对棉织物进行染色，当时用 2－萘酚的烧碱溶液作打底剂与对硝基苯胺重氮液偶合后生成对位红（para red，亦称毛巾红），虽然颜色鲜艳，但 2－萘酚钠盐对纤维素纤维的直接性很低，染色物摩擦牢度和耐光牢度不高。此外，萘酚的钠盐在空气中容易被氧化，失去与重氮盐反应的能力。人们还试着用 BON 酸作偶合组分，虽然稳定性有所提高，但直接性仍然不够。后来应用 BON 酸的苯胺酰化物，即色酚 AS 作偶合组分，其钠盐对纤维素纤维有较高直接性，可以得到良好的耐光、耐水洗和耐摩擦牢度。

在色酚 AS 分子中由酰氨基连接萘环和苯环，由于酰氨基可以发生烯醇式的互变异构现象，使两个芳环具有良好的平面共轭体系。色酚 AS 的相对分子质量虽然较小，但其水溶性基团为负氧离子，比磺酸基的水溶性低得多，因此对纤维素纤维具有较高的直接性。酰氨基还是很好的形成氢键的基团，这样也增加了色酚与纤维素纤维的结合力。

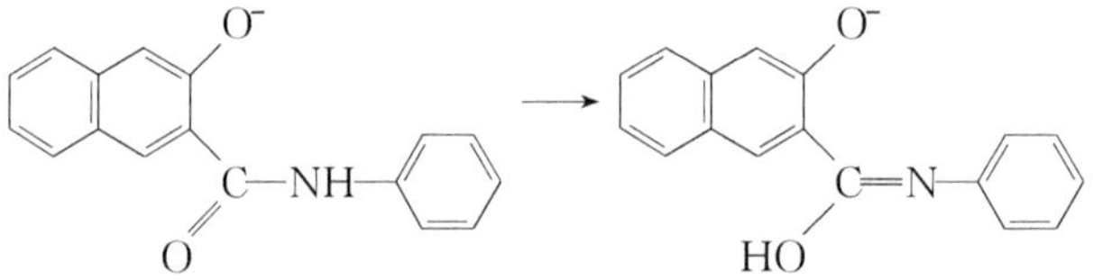

$O^-$ …… C—NH—（苯环），‖O　→　$O^-$ …… C═N—（苯环），HO

如果色酚酰氨基上的氢原子被甲基取代，或在酰氨基的旁边引入亚甲基，就不能保证萘环和苯环处在一个平面上，色酚钠盐便失去了对纤维素纤维的直接性。

$O^-$ … C(=O)—N($CH_3$)—Ph　　$O^-$ … C(=O)—NH—$CH_2$—Ph　　$O^-$ … C(=O)—$CH_2$—NH—Ph

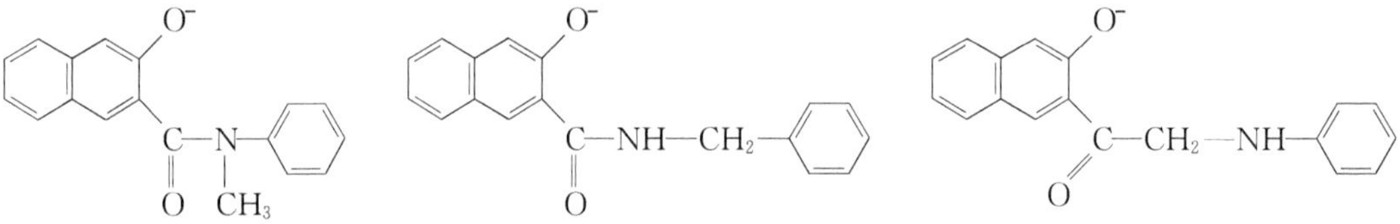

相反，如果在亚甲基的位置替换为碳碳双键，直接性有所提高：

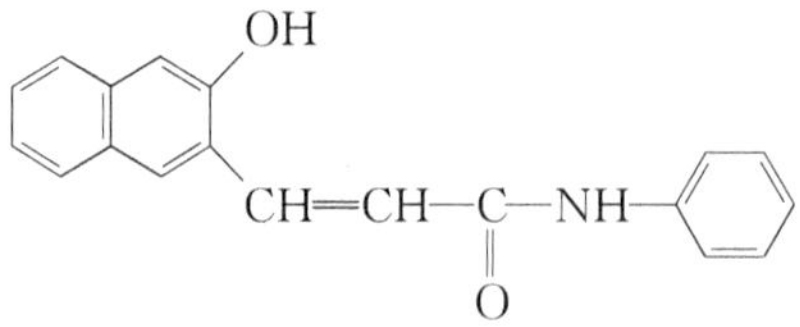

OH … CH═CH—C(=O)—NH—Ph

2－羟基萘－3－甲酰芳胺衍生物色酚对纤维素纤维的直接性随芳胺不同而有所不同，苯胺环上引入—Cl、—$OCH_3$、—$NO_2$，都可增加直接性，对位取代基比邻位和间位的直接性高，对位引入氯原子比其他基团直接性更高一些。芳胺为萘胺的色酚直接性比一般苯胺衍生物为高。由 $\beta$－萘胺所得色酚的直接性又比 $\alpha$－萘胺所得的高，3，3′－二甲氧基联苯胺连接两个 2，3－酸缩合所得色酚(AS－BR)的直接性更高。它们的直接性从高到低排列如下：

AS－BR > AS－SW > AS－E > AS－BO > AS－ITR > AS－BS > AS－RL > AS－OL > AS－D > AS

蒽、氧芴及咔唑羟基甲酰胺类三环的衍生物，具有较长的线型结构和更复杂的共轭体系，它们的直接性都较高。

酰基乙酰芳胺类的黄色基的直接性一般较低，如果用芳环把两个酰基乙酰芳胺结构连在一起，直接性有所提高。如色酚 AS－G 和色酚 AS－LG。

在染色工艺中应根据需要选择不同直接性的色酚。直接性比较高的，一般适用于浸染中打底，由于亲和力较强，所以色酚吸收较完全，耐摩擦牢度也较好；但不宜轧染，由于与纤维素的直接性过高，轧液浓度降低过快，而使补充液的浓度难于控制，从织物上清除也较困难；由于不溶性偶氮染料印花时，常先用色酚打底，再用色基重氮盐印花，因此宜选用直接性小的色酚，以减少印花后未印花部分水洗的负担。但直接性不能太低，否则容易产生浮色，降低染色牢度，特别是降低耐摩擦牢度。

# 第三节　色基与色盐

## 一、色基的分类

不含磺酸基等水溶性基团，重氮化后可以与色酚偶合的芳伯胺为数众多，但从色泽、染色牢度、偶合条件等各种因素考虑，适于用作色基的芳伯胺不多，大致有五十多个。从化学结构来说，色基可以分为下列几类。

### (一)苯胺衍生物

这类色基结构简单，品种最多，其重氮盐与色酚 AS 偶合可得橙、红和紫酱等色，色泽鲜艳。如果在色基的苯环上引入吸电子基，如—$CF_3$、—$SO_2C_2H_5$ 和—$SO_2NR_2$ 等，可提高染色物的耐光牢度和颜色鲜艳度。这类色基的一些常用品种如下：

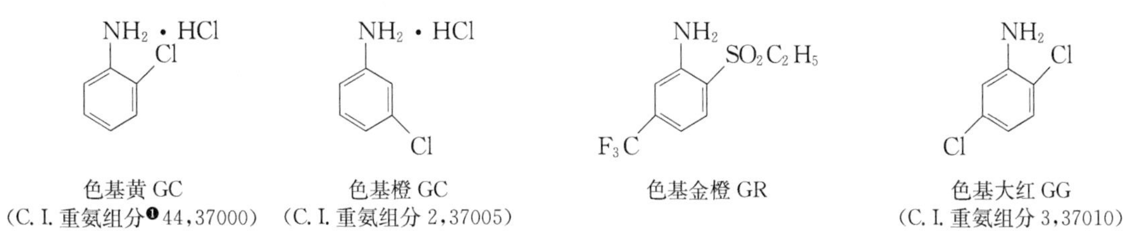


色基黄 GC (C. I. 重氮组分[1] 44，37000)　色基橙 GC (C. I. 重氮组分 2，37005)　色基金橙 GR　色基大红 GG (C. I. 重氮组分 3，37010)

---

[1] 在《染料索引》中色基为“azoic diazo component”，本教材简译为“重氮组分”。

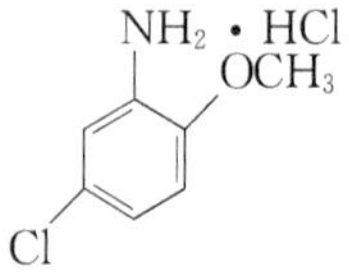

色基红 RC
(C. I. 重氮组分 10,37120)

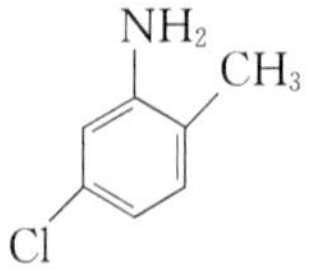

色基红 KB
(C. I. 重氮组分 32,37090)

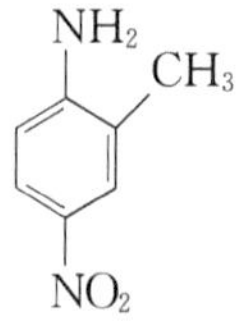

色基红 RL
(C. I. 重氮组分 34,37100)

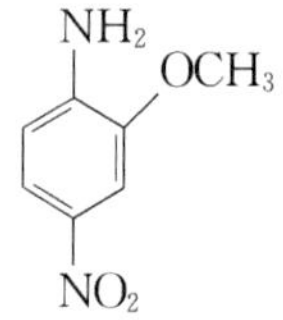

色基红 B
(C. I. 重氮组分 5,37125)

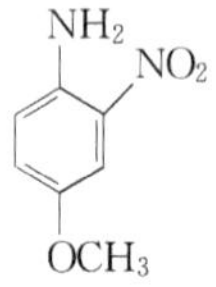

色基紫酱 GP
(C. I. 重氮组分 1,37135)

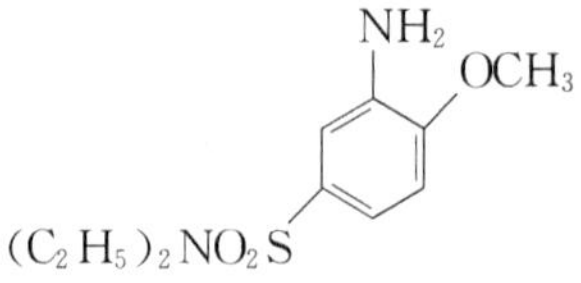

色基红 ITR
(C. I. 重氮组分 42,37150)

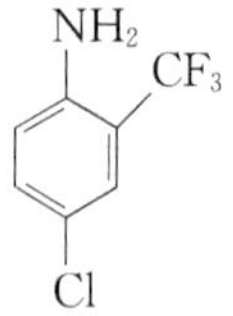

色基大红 VD
(C. I. 重氮组分 17,37055)

### (二)对苯二胺-*N*-取代衍生物

该类色基有对氨基二苯胺和苯甲酰二苯胺两种结构，其重氮盐与色酚 AS 偶合可得到紫色、蓝色和黑色。如色基蓝 VB(C. I. 重氮组分 35,37255)、色基黑 B(C. I. 重氮组分 109,37245)、色基紫 B(C. I. 重氮组分 41,37165)和色基蓝 BB(C. I. 重氮组分 20,37175)等。

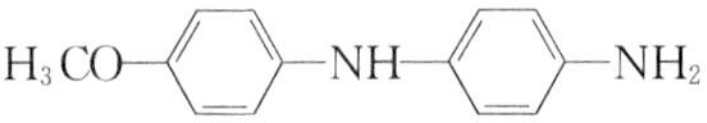

色基蓝 VB

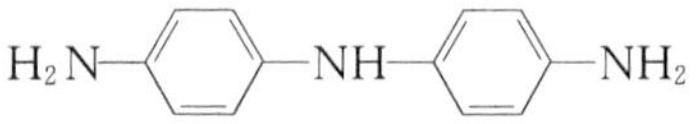

色基黑 B

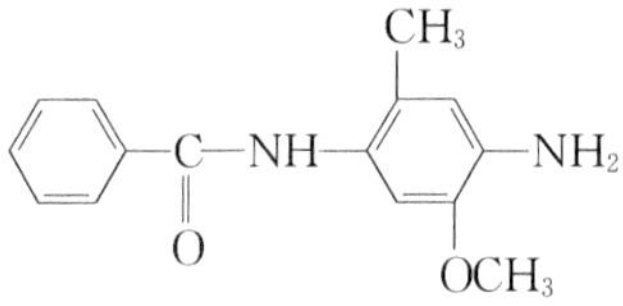

色基紫 B

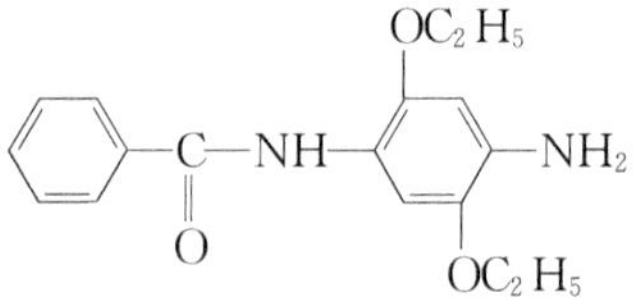

色基蓝 BB

### (三)氨基-偶氮苯衍生物

这类色基的重氮盐与色酚 AS 偶合可得到紫酱、棕色和黑色。如色基枣红 GC(C. I. 重氮组分 27,37215)、色基棕 V(C. I. 重氮组分 21,37200)和色基黑 LS(无 C. I. 号)等。

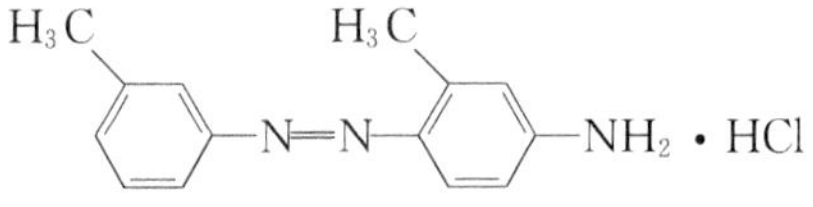

色基枣红 GC

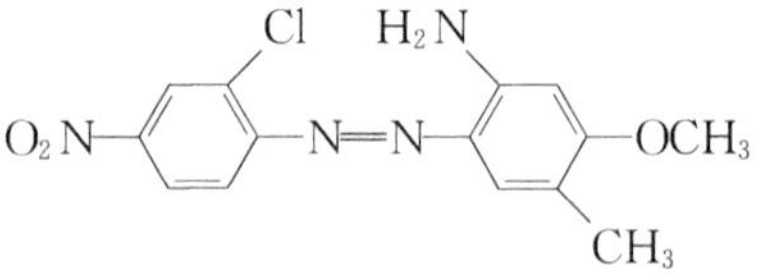

色基棕 V

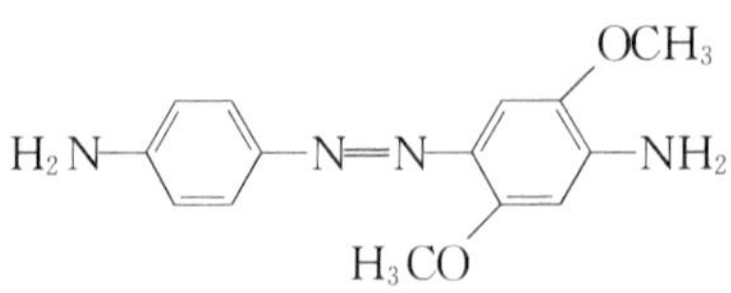

色基黑 LS

## 二、色盐

不溶性偶氮染料染色时，必须先对色基重氮化，这不仅使染色工序变得很长，而且重氮化过程会产生氧化氮等有毒气体，污染工厂环境，尤其是一些色基的重氮化在印染厂的条件下难以控制。为了简化染色过程，可以在染料厂中先将色基进行重氮化。然而，一般重氮盐很不稳定，遇热或受光易于分解，干燥品容易爆炸，所以需要把重氮盐转变为稳定形式，使用时只需溶于水即可参加与色酚的偶合反应。色基重氮盐的稳定形式称为色盐。色盐有下列几种形式。

### （一）稳定的重氮盐

这一类重氮盐本身很稳定，以盐酸盐或硫酸盐的形式存在，常加入大量填充剂，如无水硫酸钠或无水硫酸铝。以此制得的固体重氮盐不易爆炸，并能长期贮存。这类色盐中最重要的是色基蓝 VB 的重氮盐，称为色盐蓝 VB，与色酚 AS 偶合可得鲜艳的蓝色，成本较低，早年常用于学生的服装，因此亦称学生蓝或安安蓝。其缺点是耐气候牢度较差，现已很少应用。

### （二）重氮化合物的金属复盐

许多重氮化合物常能与金属离子的盐类生成稳定的复盐。应用的金属盐以氯化锌为最多。如色盐大红 R（C. I. 重氮组分 13，37130 的复盐类稳定重氮盐）、色盐黑 K（C. I. 重氮组分 38，37190 的稳定重氮盐）：

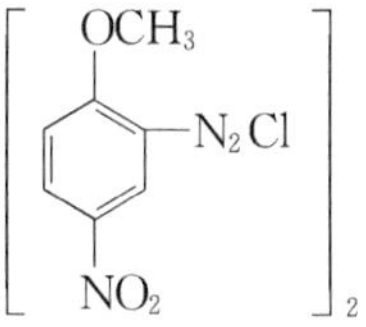

色盐大红 R 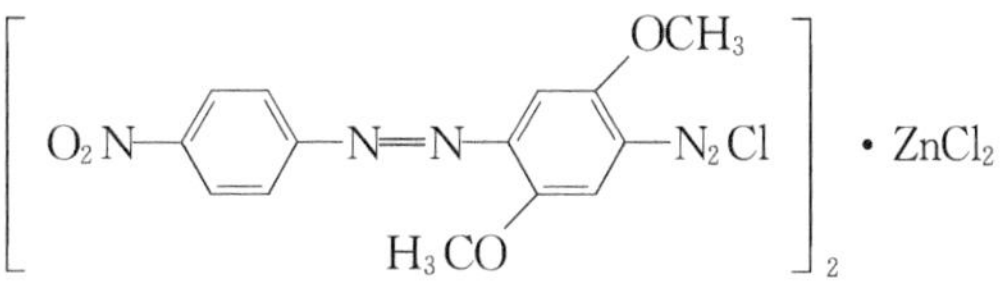　　　　色盐黑 K

### （三）重氮化合物的芳香磺酸盐

有很多芳香磺酸类化合物都能与重氮化合物生成溶解度很小的盐类，其中有很多是安定的，可以作为固体稳定重氮盐之用。如色盐红 B（C. I. 重氮组分 5，37125 的芳香磺酸盐类稳定重氮盐）。

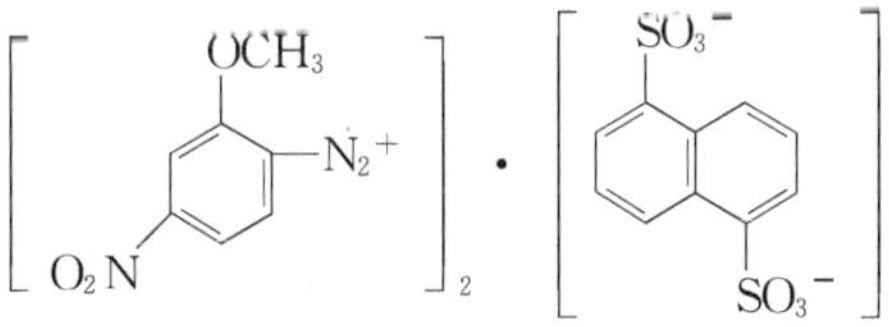

色盐红 B

### （四）重氮化合物的氟硼酸钠盐

重氮化合物中加入氟硼酸钠能生成重氮氟硼酸钠沉淀，制成的重氮化合物很稳定，遇热不会爆炸，但在水中溶解度很小，在印染工业上应用比较困难，所以应用较少。如色盐红 RL（C. I. 重氮组分 34，37100 的氟硼酸钠类稳定重氮盐）。

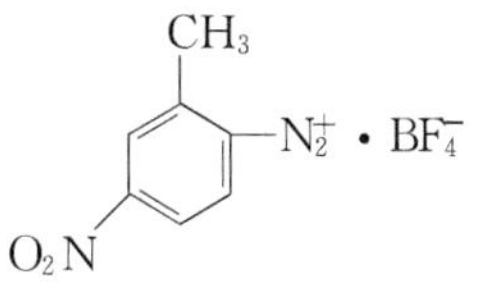

色盐红 RL

### 三、色基和色盐的命名

色基的命名与其他染料相似，以“色基＋色称＋尾注”的方式作为色基的名称，但在习惯上也常表示为“色称＋色基＋尾注”。例如色基紫 B 常表示为“紫色基 B”。色盐的命名方法是把相应的“色基”改为“色盐”，如色基蓝 VB 的色盐，可以命名为“色盐蓝 VB”，常表示为“蓝色盐 VB”。由于不溶性偶氮染料的颜色不但取决于色基也与色酚有重要关系，因此命名中的色称只是该色基与最常搭配的色酚偶合后的颜色，与其他色酚偶合不一定是这种颜色。例如，色基坚牢黄 GC，与色酚 AS－G、AS－LG、AS－L3G 等偶合能生成较佳牢度的黄色染料，与色酚 AS 偶合则生成红色染料，且牢度较差。色基红 GC 与色酚 AS－OL 偶合生成坚牢的猩红色；但与色酚 AS－G、AS－LG、AS－L3G 偶合生成黄色，与色酚 AS－BG 偶合则生成棕色。色基红 B 与色酚 AS、AS－BL、AS－ITR 等偶合生成相当坚牢的红色染料，与色酚 AS－G 偶合生成橙色的染料，与色酚 AS－LB 偶合生成坚牢的棕色染料，而与色酚 AS－SG 和 AS－SR 偶合则会生成黑色染料。

色基大红 GGS 与不同色酚偶合反应以及颜色表示如下：

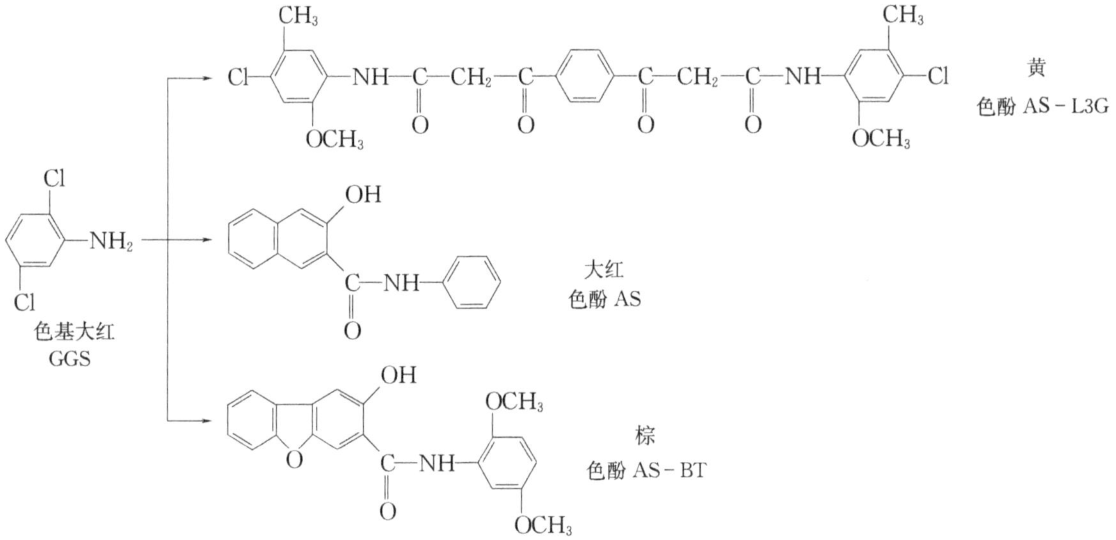

有些色基的尾注中带有字母 C 或 S，表示为色基的盐酸盐或硫酸盐，即比一般色基多带相当于 1mol 盐酸或 1/2mol 硫酸，如前面列出的色基黄 GC 和色基橙 GC 等表示带了一份盐酸，在重氮化反应中应少加 1mol 的盐酸。

《染料索引》的色基名称中不带色称。

## 第四节　不溶性偶氮染料的颜色与牢度

### 一、不溶性偶氮染料的颜色

如前所示，不溶性偶氮染料的颜色既取决于色基，也取决于色酚。与同一个色基偶合，具有三环的色酚颜色比萘环的颜色深，这是由于三环的共轭体系更长，萘环相对较短。三环中的蒽羟基甲酰芳胺共轭体系最长，可得绿色。氧芴和咔唑的羟基甲酰芳胺的共轭体系较复杂，可以得到棕色和黑色。由 BON 酸得到的萘羟基甲酰芳胺共轭体系较短，可得到橙、红、紫和蓝色。黄色只能通过酰基乙酰芳胺类的色酚获得。

色基和色酚上的取代基对染料的颜色也有影响。色酚上的取代基都在甲酰芳胺的芳环上，引入取代基的吸电子能力越强，偶合后染料的颜色越深。其从深到浅的顺序大致为—$NO_2$、—Cl、—R、—H、—OR。取代基在芳环上的位置对颜色也有影响，一般在酰氨基的对位，颜色最深，间位其次，邻位最浅。

对色基来说，取代基的供电子能力有利于颜色的加深，吸电子能力会发生浅色效应。深色效应的顺序为：—OR＞—R＞—Cl＞(—H)＞—$NO_2$。引入硝基会使颜色萎暗；引入氯原子或氰基可使颜色鲜艳。

## 二、不溶性偶氮染料的牢度

### (一)色酚的直接性和耐洗牢度

不溶性偶氮染料分子中不含水溶性的磺酸基，因此染料分子与纤维的结合力越大，其耐洗牢度也越高。在染色时是先由色酚上染纤维，以范德华力和氢键与纤维分子结合。从色酚分子上的偶合位置可知，色基芳环和偶氮结构总体与色酚分子垂直，也与纤维分子垂直，对染料与纤维的结合力贡献不大，因此色基的分子结构对染料的耐洗牢度影响较小，见下图。当色酚对纤维的直接性较高时，染料的耐洗牢度相对较高。因为色酚的直接性总体较小，染色时造成的浮色较严重，因此一般耐摩擦牢度较差。

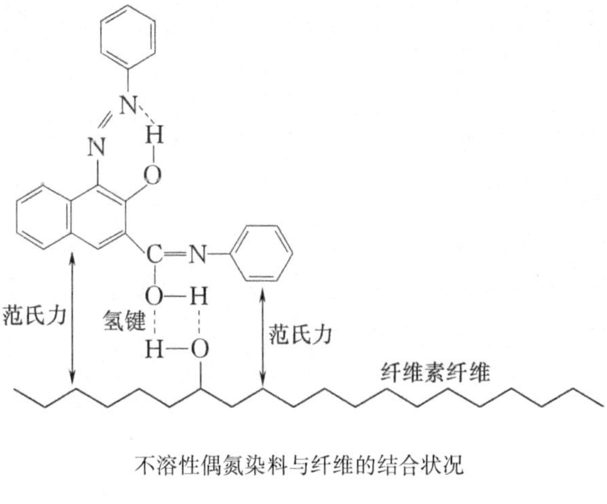

不溶性偶氮染料与纤维的结合状况

### (二)耐光牢度

不溶性偶氮染料的耐光牢度也与色基和色酚的分子结构有关。通常色基分子中含有较强的吸电子基团，色酚的酰芳胺中含有较强的供电子基时，染料在棉纤维上的耐光牢度较高，见下页表。

染料在纤维上的聚集有利于耐光牢度的提高，染料在纤维上显色后的皂煮加工有利于染料的聚集，成为稳定状态，能使耐光牢度得到提高。

不溶性偶氮染料在棉纤维上的耐光牢度

| $R_1$—N=N—(HO)(C(=O)—NH—$C_6H_5$)萘 | | $O_2N$-苯—N=N—(HO)(C(=O)—NH—$R_2$)萘 | |
|---|---|---|---|
| $R_1$ | 耐光牢度/级 | $R_2$ | 耐光牢度/级 |
| $OCH_3$, Cl | 4 | $NO_2$ | 3-4 |
| $CH_3$, Cl | 4 | | |
| $CH_3$, $O_2N$ | 5 | Cl | 4-5 |
| $NO_2$, $H_3C$— | 6 | $H_3CO$ | 6-7 |
| $CF_3$, Cl— | 6-7 | | |

# 第五节 印花用稳定不溶性偶氮染料

不溶性偶氮染料印花时有很多缺点，主要表现在：

(1)当织物印花面积小时，浪费不少色酚。

(2)未印花处的色酚洗净困难。

(3)只能选用一种或两种色酚打底，印花时选用色基的品种受到限制，牢度和色谱受到很大影响。

(4)织物一定要经过色酚打底，工艺过程较长。

(5)防染受限制。

因此，有人设想，制成稳定的色基重氮盐，然后把色酚和这些色基重氮盐混合在一起，此时两者不发生偶合反应，待印到织物上后再创造条件使其偶合显色，上述缺点便可完全克服，这样混合在一起的染料即为稳定不溶性偶氮染料。

这类染料有快色素、快胺素和中性素以及快磺素几种。

## 一、快色素染料

快色素染料(rapid fast dyes)又称重氮色酚染料，是色酚和色基的反式重氮酸盐的混合物。

处于强碱条件下的重氮盐会转变为反式重氮酸盐，从而失去与色酚偶合的能力，与色酚混合不会发生反应。待印制后用酸处理，反式重氮酸盐转变为活泼的重氮盐，再经汽蒸即在织物上偶合显色。快色素在空气中受二氧化碳作用，pH 值也会下降，从而与色酚偶合，在应用中应引起注意。

## 二、快胺素和中性素染料

在中性和偏碱性的条件下进行芳伯胺的重氮化反应，会形成稳定的重氮氨基化合物而影响重氮化反应的进行。快胺素(rapidogen dyes)就是利用这个原理制成的。把色基重氮盐与脂肪族或芳香族伯胺、仲胺作用，生成比较稳定的并失去与偶合剂偶合能力的重氮氨基或重氮亚氨基化合物，其反应可表示为：

$$\mathrm{Ar{-}N{\equiv}N^+ + H{-}N(R)(Ar') \rightleftharpoons Ar{-}N{=}N{-}N(R)(Ar') + H^+}$$

常用胺类稳定剂有：

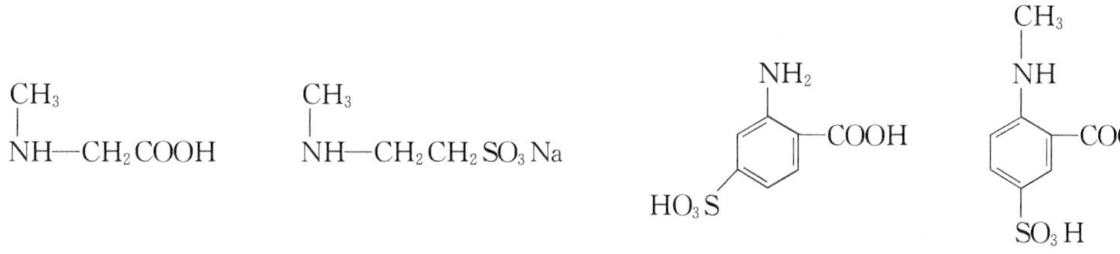

$CH_3NH{-}CH_2COOH$　　$N$-甲基甘氨酸

$CH_3NH{-}CH_2CH_2SO_3Na$　　$N$-甲基牛磺酸

2-氨基-4-磺酸基苯甲酸（苯环上：$NH_2$、$COOH$、$HO_3S$）

2-甲氨基-5-磺酸基苯甲酸（苯环上：$NHCH_3$、$COOH$、$SO_3H$）

在这些胺类化合物分子中，都带有水溶性的磺酸基或羧酸基，与重氮盐形成的重氮氨基化合物具有良好水溶性，有利于快胺素的应用。重氮氨基化合物与色酚混合不会发生偶合反应，这种混合物即为快胺素。快胺素印制到织物上后，在酸性条件下汽蒸可以使重氮氨基化合物分解，放出重氮盐，最后在织物上偶合成偶氮染料。

由于在酸性条件下汽蒸对设备的要求很高。若适当选择重氮化合物和胺类稳定剂，使生成的重氮氨基化合物更易水解，以致这类化合物不必用酸蒸汽处理，在较高温度中性汽蒸时就能水解，放出有偶合能力的重氮化合物，与拼混的色酚偶合成不溶性的偶氮染料，这种重氮氨基化合物与偶合剂的拼混物称为中性素染料(neutrogene dyes)。例如：（苯环上：$CH_3$、$NH_2$、$Cl$）(色基红 KB)的重氮盐与（苯环上：$NHCH_2COOH$）或（苯环上：$COOH$、$NHCH_3$、$SO_3H$）形成的重氮亚氨基化合物。

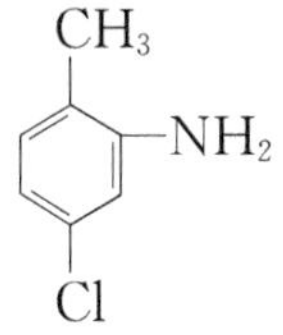

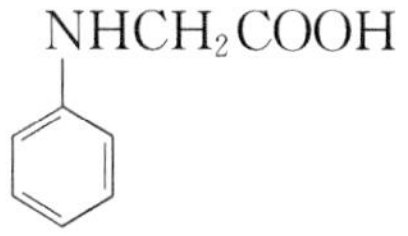

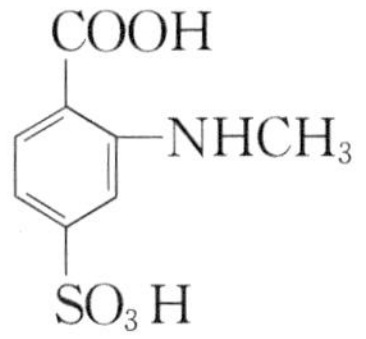

### 三、快磺素染料

色基重氮盐在中性或微酸性介质中与亚硫酸钠作用，生成重氮亚硫酸钠，此时重氮盐仍具有偶合能力，如果放置一定时间后重氮亚硫酸钠重排为重氮磺酸钠，失去偶合能力。把色基重氮磺酸盐与色酚混合，即制得快磺素染料(rapidazol dyes)。把快磺素印制到棉织物上后，经汽蒸处理，色基重氮磺酸盐可以转变成有偶合能力的重氮亚硫酸盐与色酚偶合而显色。

$$Ar-\overset{+}{N}\equiv N + Na_2SO_3 \longrightarrow Ar-N=N-OSO_2Na \underset{\text{汽蒸}}{\overset{\text{放置(冷)}}{\rightleftharpoons}} Ar-N=N-SO_3Na$$

在快磺素中加入氧化剂可以加快汽蒸时的显色速度。

生产中应用最多的是色盐蓝 VB 制成的快磺素，用色酚 AS-OL 加 AS-G 与之配合可以得到黑色，俗称“拉黑”；用色酚 AS-RL 可得到蓝色，即为“拉蓝”。

## 复习指导

1. 掌握不溶性偶氮染料的结构特点，了解其一般应用性能和简单的染色过程。
2. 熟悉色酚和色基的结构类型、命名方法，以及色酚对纤维素纤维的直接性。
3. 熟悉不溶性偶氮染料的颜色规律和牢度性能。
4. 了解色盐和印花用稳定不溶性偶氮染料的分子结构和应用原理。

## 思考题

1. 不溶性偶氮染料由哪几部分组成？说出它们的结构类型和特性。

2. 讨论色酚结构与其对纤维素纤维直接性的关系，举例说出几个色基与色酚 AS 偶合所得到的颜色。

3. 指出下列色酚对棉纤维直接性的顺序。

(1) OH, CONH—(1-萘基)　　(2) OH, CONH—(2-萘基)

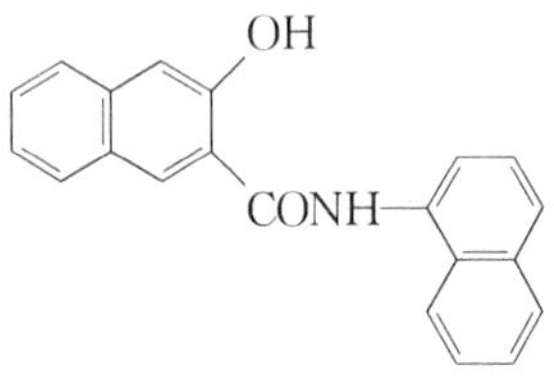

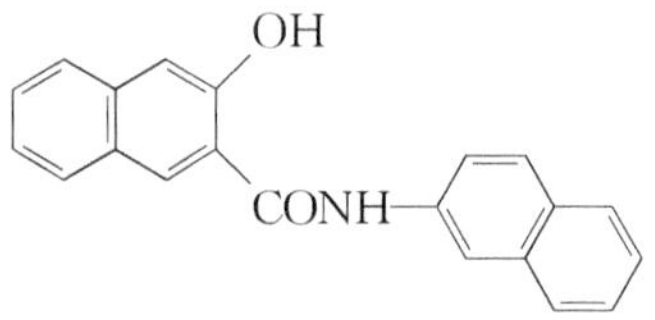

(3) OH, CONH—, $OCH_3$, $OCH_3$, Cl　　(4) OH, CONH—, $OCH_3$

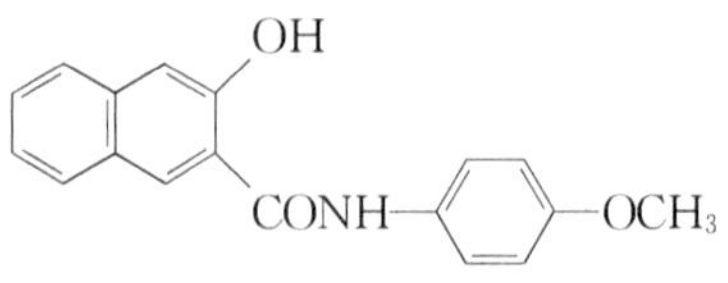

(5) OH, CONH—, $OCH_3$　　(6) OH, CONH—

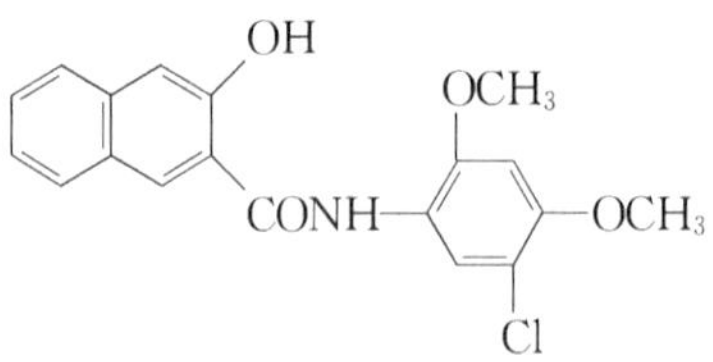

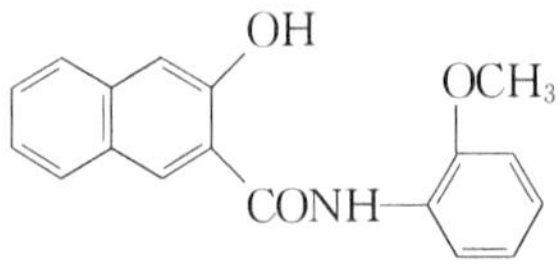

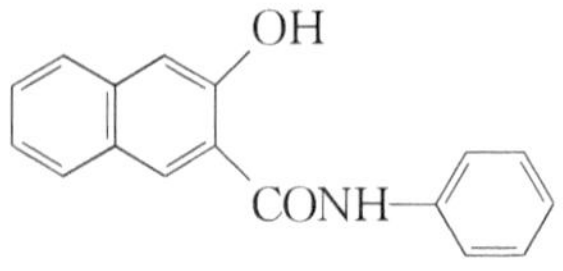

(7) OH CON $CH_3$

4. 印花用不溶性偶氮染料有哪几类？它们在结构上有哪些特点？

## 参考文献

[1]侯毓汾，朱振华，王任之. 染料化学[M]. 北京：化学工业出版社，1988.
[2]钱国坻. 染料化学[M]. 上海：上海交通大学出版社，1988.
[3]陈荣圻. 染料化学[M]. 北京：纺织工业出版社，1989.
[4]胡祖懋. 染料化学[M]. 北京：化学工业出版社，1990.
[5]何瑾馨. 染料化学[M]. 北京：中国纺织出版社，2009.
[6]王菊生. 染整工艺原理（第三册）[M]. 北京：纺织工业出版社，1984.
[7]王菊生. 染整工艺原理（第四册）[M]. 北京：纺织工业出版社，1987.
[8]何海兰. 染料[M]. 北京：化学工业出版社，2004.
[9]上海市纺织工业局《染料应用手册》编写组. 染料应用手册（合订本）下册[M]. 北京：纺织工业出版社，1989.
[10]《最新染料使用大全》编写组. 最新染料使用大全[M]. 北京：中国纺织出版社，1996.
[11]陈荣圻，王建平. 禁用染料及其代用[M]. 北京：中国纺织出版社，1996.
[12]肖刚，王景国. 染料工业技术[M]. 北京：化学工业出版社，2004.

# 第十章　还原染料

## 第一节　引　言

蒽醌染料具有很高的稳定性和耐光牢度，是一种较贵重的染料。如果在这种结构上引入磺酸基等水溶性基团，由于缺乏线型结构，染料将对纤维素纤维缺乏直接性，只能作为酸性染料用于蛋白质纤维的染色。如果要使用蒽醌结构的染料对纤维素纤维进行染色，染料分子中应不带水溶性基团。在第四章中曾经提到，连接在蒽醌环中的两个羰基在还原条件下可以转变为酚羟基，成为蒽醌的隐色酸。酚羟基具有弱酸性，如果此时溶液为强碱性，酚羟基电离为酚的负氧离子，成为隐色体。因为负氧离子的存在，蒽醌的隐色体可以溶解于水，但水溶性较磺酸基弱得多。此时，若蒽醌染料的相对分子质量足够大，其隐色体对纤维素纤维会有足够的上染能力。由于染料的还原并没有造成分子的解体，隐色体在氧化的条件下，可以回复为蒽醌分子本身。酚羟基回复为蒽醌的两个羰基，染料又失去了水溶性，与纤维之间可以有一个牢固的结合。以蒽醌分子代表这类染料的结构，具体反应过程如下：

O　[H]→　OH　OH⁻→　O⁻

O　OH 隐色酸　O⁻ 隐色体

[O]

由于这类染料需要还原才能进行染色，所以在我国称为还原染料，国际上称为瓮染料（vat dyes），这是由于在还原染料应用的初期，为了减少染料隐色体在空气中的氧化，一般放在小口容器中进行染色的缘故。此外，1901 年合成了第一个蒽醌结构的还原染料，这是一个各项牢度均优良的染料，定名为阴丹士林（Indanthrene），后来成为驰名世界的还原染料的品牌，在我国的印染业也把还原染料俗称为士林染料。

根据上述还原染料的对纤维素纤维的上染原理，该染料应具有下列化学结构特点：

（1）还原染料分子结构中不能有水溶性基团。

（2）还原染料分子的稠环共轭体系中应含有羰基，一般应有两个以上。

（3）染料的相对分子质量应足够大，以使其隐色体对纤维素纤维有一定直接性，染料分子最好具有一定线型共平面性。

很显然，还原染料应以蒽醌为主要结构，包括蒽醌衍生物、稠环蒽酮、杂环蒽醌和杂环蒽酮。

靛族包括靛蓝、硫靛结构的杂环中也具有两个羰基，可以在碱性条件下还原成隐色体进行染色，所以也是还原染料的重要结构类型。

还原染料具有下列特点：

（1）蒽醌结构还原染料的色谱齐全，深色品种色泽鲜艳，浅色不如偶氮染料，尤其缺少鲜艳的红色，没有大红色。靛族还原染料中靛蓝全是蓝色，硫靛有黄色、橙色和蓝光红色。

（2）蒽醌还原染料具有优良的各项牢度。湿处理牢度、耐光牢度都是其他染料不可比拟的。耐光牢度都在5级以上，最高可达8级；湿处理牢度可达4－5级。靛族还原染料的各项牢度不如蒽醌染料。

（3）还原染料具有较好的化学稳定性。由于本身不带水溶性基团，可用作高级颜料。这些染料在还原条件下虽然可以成为隐色体，但结构并不会被破坏，经氧化后可以回复，所以在拔染印花工艺中，不能作地色染料，常用作花色染料。

（4）制作蒽醌还原染料的原料较贵，合成工艺复杂，染料的成本很高。同时染色工艺流程长，需要熟练的工艺技能，因此应用还原染料染色的加工成本较高。靛族还原染料相对便宜一些。

（5）由于还原染料一般需要在强碱性条件下染色，所以通常只适用于纤维素纤维染色，蛋白质纤维应用很少。

（6）某些还原染料对纤维具有光敏脆损作用，简称光脆性（photo tendering），具有光脆性的染料涉及浅色品种中的一部分，深色品种一般无光脆性。所谓光脆性是指染着在纤维上的染料吸收光子后，把能量传给纤维分子，造成纤维分子断裂，纤维变脆破损，此时染料分子并没有破坏，颜色不变。很显然，此时染料只起到光敏催化剂的作用。

## 第二节　靛族还原染料

靛蓝是最早应用的天然还原染料，在马王堆出土的文物中就有用靛蓝染色的纺织品，它也是郑和下西洋的大宗商品之一。当今的靛蓝染色物基本使用合成靛蓝，大量应用于牛仔服装的染色。

### 一、靛族还原染料的结构类型和颜色特点

由第四章介绍可知，靛族染料的结构类型有靛蓝、硫靛、混合靛和半靛。其中靛蓝及其衍生物以红光蓝色为主，极少数为绿色；硫靛及其衍生物为蓝光红色，也有橙色和棕色。靛族还原染料的色谱不全，颜色不够鲜艳。一般引入—Cl、—Br等卤素原子可以提高染料的鲜艳度。由于蒽醌还原染料缺乏红色，具有鲜艳红色的硫靛染料，如还原桃红R（C. I. 还原红1，73360）是还原染料中常用的重要品种。靛族还原染料的隐色体比染料本身浅，一般为无色或黄色。

### 二、靛族还原染料的特性

由于靛族还原染料的相对分子质量较小，隐色体对纤维直接性较低，上染率较低，要得到中

深色的染色产品，需进行多次重复染色。同样的原因，染料分子与纤维之间的结合力较低，染料主要以微小不溶性的颗粒分布在纤维内部，因此，靛族染色织物的耐摩擦牢度较低。在染料分子中引入卤素原子可以提高染料的直接性。

由于靛族还原染料的杂环是以碳碳双键相连接，其化学稳定性和耐光牢度低于蒽醌还原染料。在靛族染料中，硫靛分子的硫原子的供电子能力低于靛蓝分子中的亚氨基，相对不容易光氧化，硫靛的耐光牢度高于靛蓝。与其他性能相似，在靛族还原染料分子中引入卤素原子可以提高耐光牢度，如靛蓝的耐光牢度为 3－4 级，四溴靛蓝(还原蓝 4B，C. I. 还原蓝 5，73065)为 4－5 级。四溴靛蓝还具有较鲜艳的颜色，是一只重要的靛族还原染料。

因为靛蓝结构中杂环的亚氨基与羰基形成内氢键，分子本身的极性很低，分子间的作用力较小，织物上的染料容易升华。硫靛还原染料不会形成内氢键，其升华牢度相对较高。

在靛族还原染料中靛蓝结构没有光脆性，硫靛结构的某些染料对染色纤维具有相当强的光敏脆损作用。如果在硫靛染料中引入甲基、甲氧基等取代基，会增加染料的光脆性，引入卤素原子则可以降低光脆性。

## 三、靛族还原染料的合成

在古代靛蓝取之于植物，为天然染料。1897 年德国的巴斯夫(BASF)公司第一个在工业上合成了靛蓝，从此合成靛蓝得到发展，天然靛蓝逐渐被淘汰。合成靛蓝是由 3－羟基吲哚为中间体，经氧化缩合而制得。

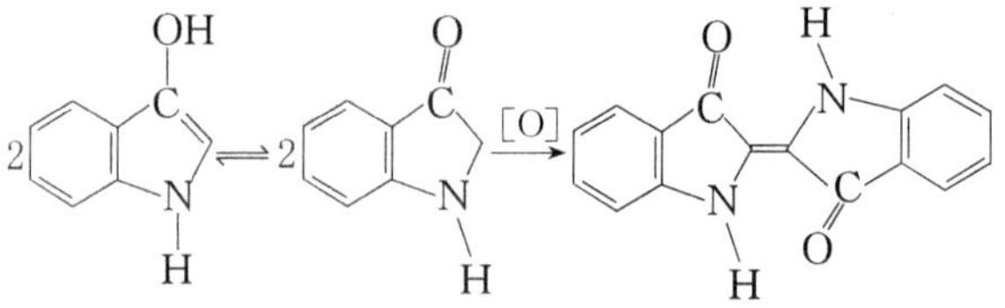

硫靛是以 3－羟基苯并噻吩为中间体合成的，还原桃红 R(C. I. 还原红 1，73360)的合成过程如下：

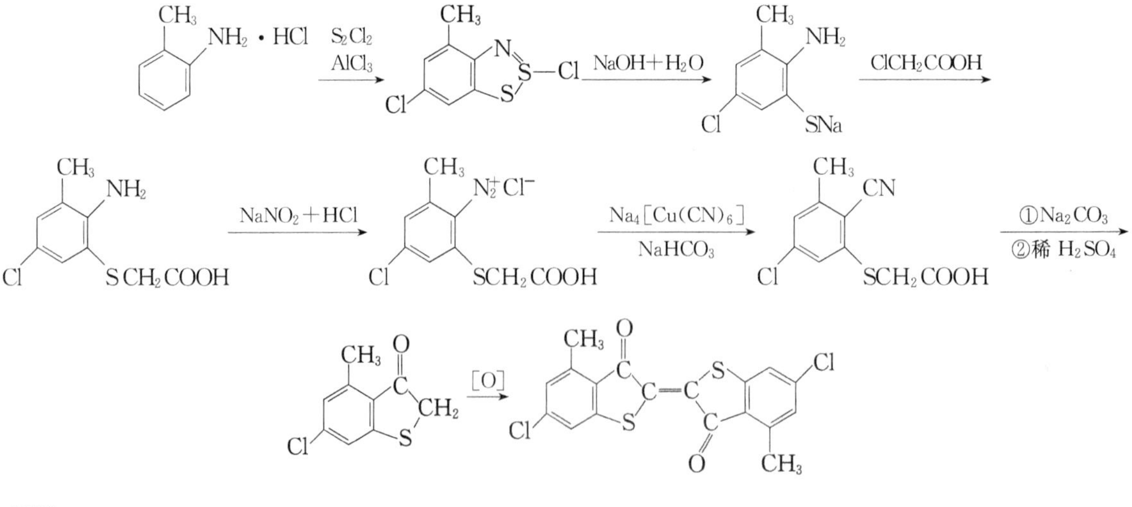

# 第三节　蒽醌类还原染料

蒽醌类还原染料是最重要的还原染料类型，包括蒽醌衍生物类、蒽醌杂环类、稠环酮类和杂环蒽酮类。它们基本上是由蒽醌或蒽醌衍生物为中间体合成的，并具有很多相似的性能。

## 一、蒽醌衍生物类

氨基蒽醌具有较深的颜色，在碱性条件下可以还原成隐色体，然而因为对纤维素纤维缺乏直接性，所以不能作为还原染料。蒽醌衍生物类还原染料包括酰氨基蒽醌和蒽醌亚胺两类。

### (一)酰氨基蒽醌

用苯甲酰氯对氨基蒽醌进行酰化就得到这类还原染料。也可用杂环如三嗪环作为隔离基把两个蒽醌连在一起，增加了染料的相对分子质量，并使之有一定线型结构，从而提高对纤维素纤维的直接性。在这里连有亚氨基的三嗪环也是一种酰氨基。

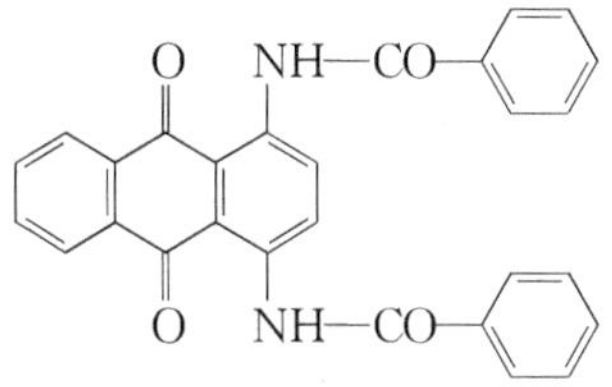

还原红 5GK(C. I. 还原红 42，61650) 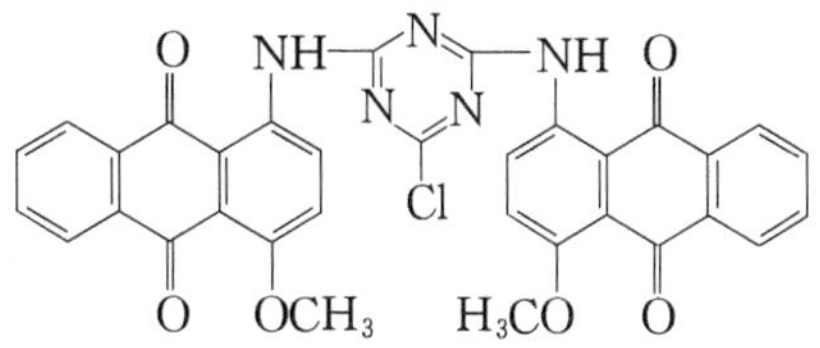　　还原橙 6R(C. I. 还原橙 18，65705)

还原黄 5GK(C. I. 还原黄 26，65410)是用苯二甲酰氯与 $\alpha$-氨基蒽醌反应得到的：

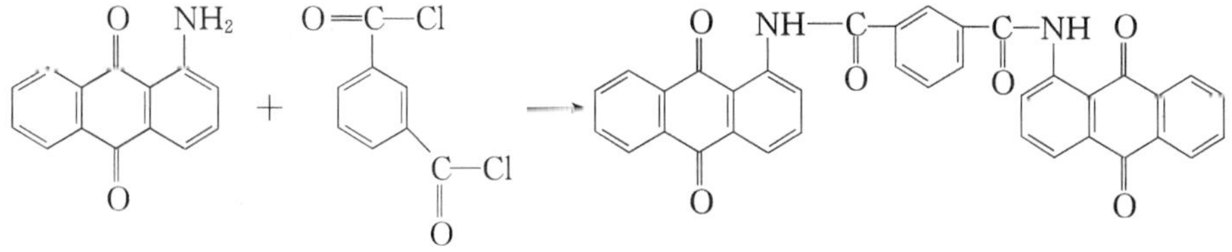

还原黄 5GK

由于酰化作用，氨基上的电子云密度下降，酰氨基蒽醌还原染料的颜色比相应的氨基蒽醌要浅，以浅色为主，如黄、橙、红、紫色等。

这类还原染料的相对分子质量较小，染色时匀染性较好。另外酰氨基不耐强碱，所以在还原和染色的过程中应采用较低碱浓度和较低温度条件，因此也可用于蛋白质纤维的染色。

在这类染料中有些品种有光脆性。

### (二)蒽醌亚胺

两个或两个以上的蒽醌环用亚氨基在 $\alpha$、$\beta$ 位相连而得到的还原染料。两个蒽醌环只有 1，2 位相连才能对纤维素纤维有直接性。如还原橙 6RTK：

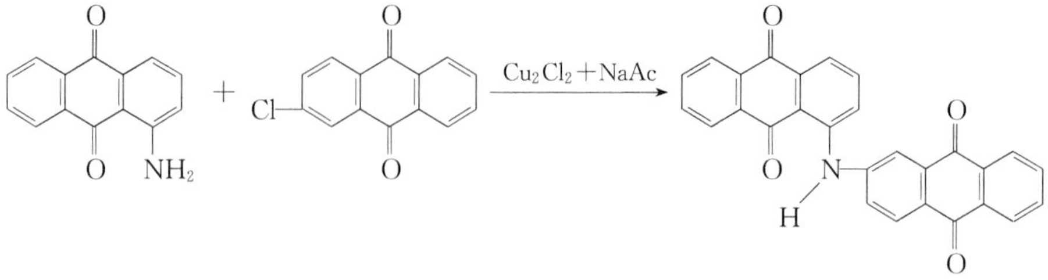

还原橙 6RTK

这类染料主要为橙到紫色，虽然有良好的全面牢度，但因为染色性能较差以及有较强的光脆性，所以在还原染料中并不重要。

## 二、稠环蒽酮类

稠环蒽酮类是一类含有两个以上羰基的稠环结构染料，简称稠环酮染料。在这类染料分子中除了少数卤素原子外，一般不含取代基，是耐光牢度和鲜艳度都优良的还原染料。

### （一）苯绕蒽酮（苯嵌蒽酮）

由两个苯绕蒽酮分子缩合可得到苯绕蒽酮类还原染料分子。这类还原染料可以分为紫蒽酮（violanthrone）和异紫蒽酮（isoviolanthrone）两种结构。

**1. 紫蒽酮** 紫蒽酮（还原深蓝 BO，C. I. 还原蓝 20，59800）染料的合成方法如下：

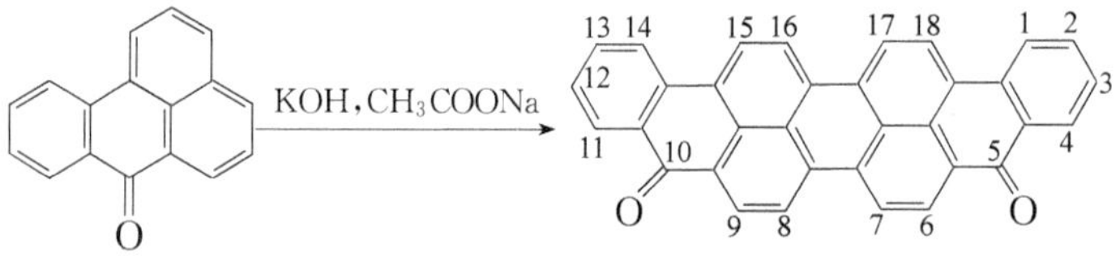

紫蒽酮（还原深蓝 BO）

还原深蓝 BO 颜色不够鲜艳，匀染性较差，但具有优良的耐光和皂洗牢度。主要用于拼藏青色。

在紫蒽酮的 16 位和 17 位上常引入一些取代基，可以得到一些重要的还原染料。如引入两个甲氧基可以得到还原艳绿 FFB（C. I. 还原绿 1，59325）。

还原艳绿 FFB

这只染料颜色非常鲜艳，同时具有非常优异的各项牢度，在染色印花中得到广泛使用。

如果在这两个位置上引入两个硝基，可以得到还原黑 BB（C. I. 还原绿 9，59850）。这只染料经还原成隐色体后，硝基也被还原成氨基，经空气氧化不会回复到硝基，此时染得的颜色是绿色，需要经过次氯酸钠氧化后才能得到黑色。

绿色　　　黑色

**2. 异紫蒽酮** 异紫蒽酮(还原紫 R,C. I. 还原紫 10,60000)是紫蒽酮的异构体,其合成路线是由 3 -溴或 3 -氯苯绕蒽酮与多硫化钠反应开始的。

异紫蒽酮(还原紫 R)

因为异紫蒽酮颜色太暗,不用作染料。但它的二氯和二溴衍生物却是一类色泽鲜艳的紫色还原染料。如还原艳紫 2R(C. I. 还原紫 1,60010)和还原艳紫 3B(C. I. 还原紫 9,60005),它们都有较高的染色牢度。

还原艳紫 2R　　　还原艳紫 3B

苯绕蒽酮类染料分子很大,共轭链很长,所以虽然没有取代基,颜色也较深。染料隐色体对纤维素纤维的直接性较高,具有较高的全面牢度,但匀染性较差。

### (二)其他稠环酮类

这是一些相对分子质量较小的稠环酮类还原染料,主要是指二苯并芘醌、芘蒽酮、蒽缔蒽酮等类型。

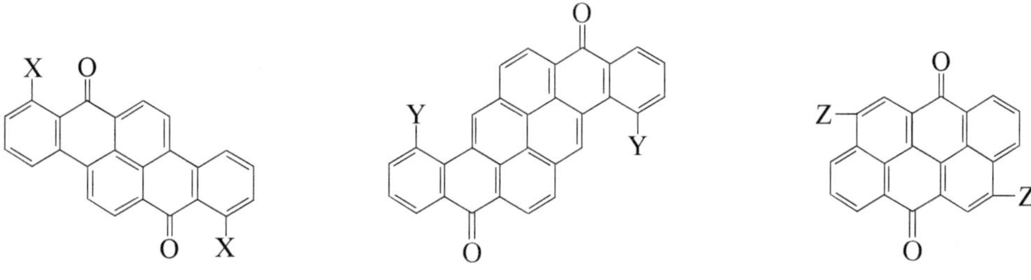

| 二苯并芘醌 | 芘蒽酮 | 蒽缔蒽酮 |
|---|---|---|
| X=H 为还原金黄 GK(C. I. 还原黄 4) | Y=H 为还原金橙 G(C. I. 还原橙 9) | Z=Br 为还原艳橙 RK(C. I. 还原橙 3) |
| X=Br 为还原金黄 RK(C. I. 还原橙 1) | Y=Br 为还原橙 RRT(C. I. 还原橙 2) | Z=Cl 为还原艳橙 GK(C. I. 还原橙 19) |

以上几类染料的分子都较小，共轭链较短，不含供电子基，颜色较浅，为黄色和橙色。同样，这些染料虽有较好的平面性，但分子小，对纤维素纤维的直接性低，但匀染性较好。这些类型中蒽缔蒽酮的相对分子质量最小，必须在分子中引入两个卤原子后才能成为还原染料。

三种染料均有强烈的光脆性，其中蒽缔蒽酮分子中引入卤原子可以降低染料的光脆性同时增加鲜艳度。另两个的光脆性更强，即使引入卤原子光脆性也下降不多。它们与其他染料拼色时，还会加速拼色染料褪色。这些还原染料曾经是染棉织物黄色和橙色的重要染料，由于光脆性的原因，现已较少应用，为活性染料取代，即使要用也只用于拼色，并且不作为主色，还需要严格控制使用量。

## 三、杂环蒽醌类

用带有 N、S、O 等杂原子的杂环连接蒽醌核形成的还原染料组成杂环蒽醌类还原染料。常用杂环有咔唑、吖嗪、吖啶、吡唑、嘧啶、噻唑、噁唑、噁二唑等。

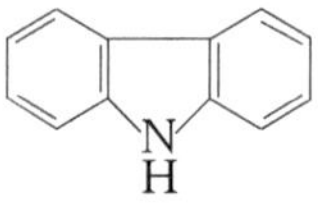

咔唑 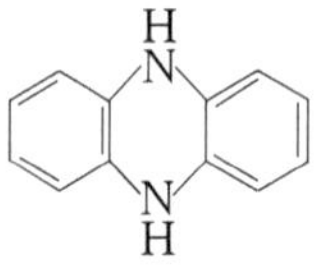　吖嗪 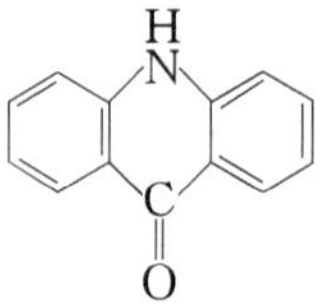　吡啶酮 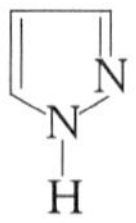　吡唑 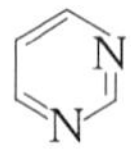　嘧啶 　噻唑 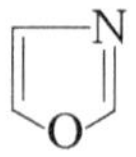　噁唑 　噁二唑

### (一)蒽醌咔唑

前面指出，将亚氨基同时在 $\alpha$ 位连接两个蒽醌形成的分子结构，由于直接性低不能成为还原染料。如果再将相邻 $\beta$ 位缩合成五元环，使染料隐色体对纤维的直接性增大就可以成为蒽醌咔唑类还原染料。例如还原黄 FFRK(C. I. 还原黄 28，69000)、还原橙 3G(C. I. 还原橙 15，69025)和还原咔叽 2G(C. I. 还原绿 8，71050)。

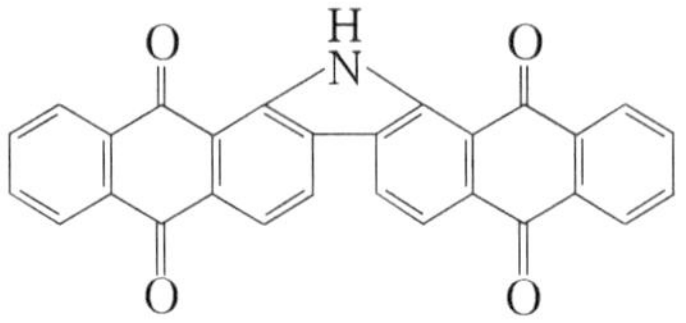

还原黄 FFRK 　还原橙 3G

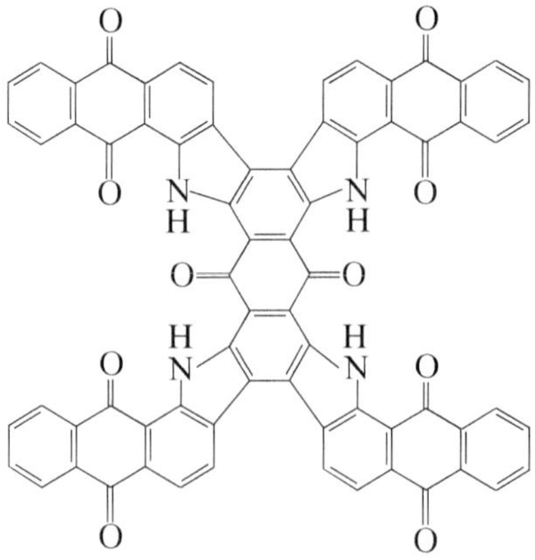

还原咔叽 2G

咔唑类染料可以有1～4个咔唑结构连接多个蒽醌环组成。具有一个环时常含有苯甲酰氨基，可增加对纤维的亲和力。多个咔唑环时不含苯甲酰基，但由于相对分子质量较大，对纤维直接性较高，并具有全面优良的牢度，一般耐光牢度可达7级，耐洗牢度为4－5级。

咔唑类还原染料的颜色范围包括黄、橙、棕、橄榄绿等黄色调系列。

这类染料中除个别黄色染料，例如还原黄FFRK外，一般光脆性不明显。

蒽醌咔唑结构是通过$\alpha,\alpha'$-蒽醌亚胺经脱氢闭环而合成的，如还原棕BR(C. I. 还原棕8，71050)。

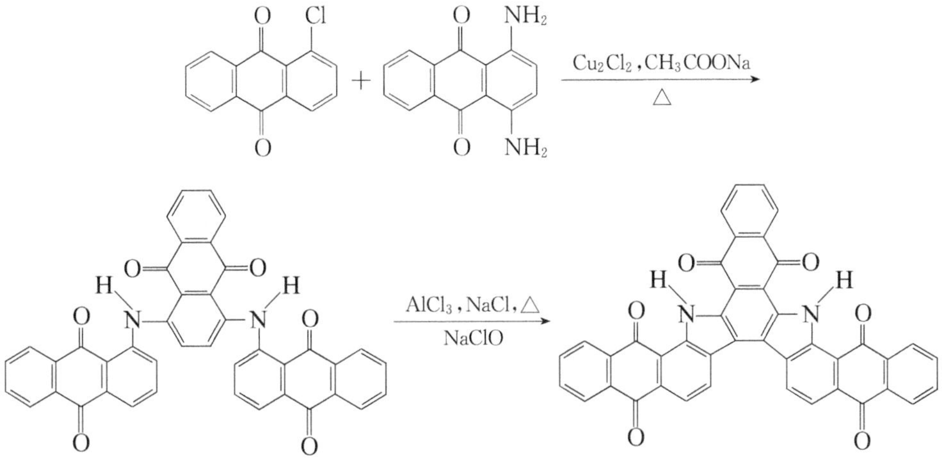

$Cu_2Cl_2$，$CH_3COONa$，△

$AlCl_3$，NaCl，△

NaClO

还原棕BR

## (二)蒽醌吖嗪(蓝蒽酮)

蓝蒽酮(indantrones)染料就是前面提到的1901年制得的第一只合成还原染料。当时的商品名为阴丹士林蓝，我国称为还原蓝RS(C. I. 还原蓝4，69800)。其化学结构是由两个亚氨基形成吖嗪环连接两个蒽醌而形成的。如果比较分子量，蓝蒽酮小于芘蒽酮，但是其颜色要比芘蒽酮深得多。这是因为两个亚氨基都与蒽醌上的羰基形成内氢键，它的分子结构可以用下列两个共振式表示。

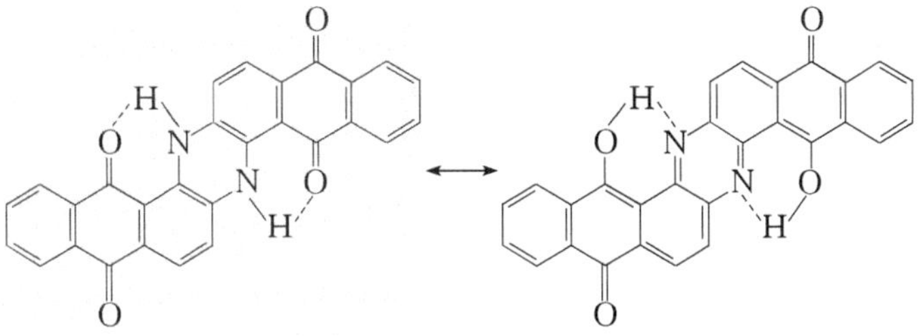

蓝蒽酮的共振式

从右面的共振体可见分子中所有六元环连接成一个很大的共轭体系，使之可以吸收波长很长的可见光，成为蓝色。

该染料的隐色体对纤维具有较高直接性和上染百分率。正是这种稳定结构赋予染料极好的耐光、耐洗、耐酸碱等全面牢度，唯耐氯牢度较差，该染料可以被次氯酸钠氧化成暗绿色。但在弱还原剂作用下可以回复成原来的颜色。

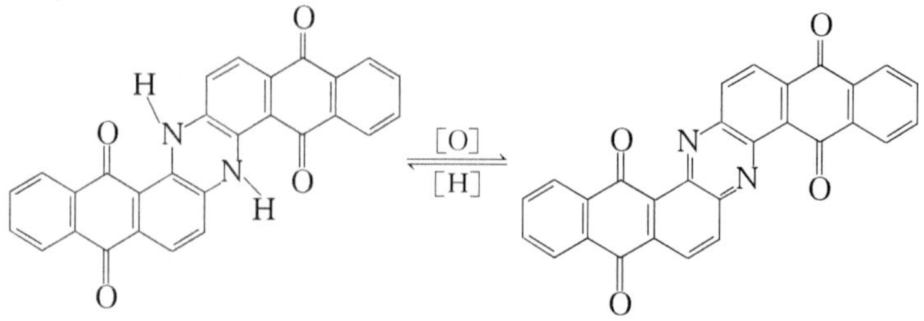

艳蓝色　　暗绿色

如果在蓝蒽酮染料分子中引入卤素原子可以提高染料的耐氯漂牢度，如还原蓝 BC(C.I.还原蓝 6,69825)。这种染料具有优异的全面牢度，包括耐氯漂牢度。其色光比还原蓝 RS 蓝，为天蓝色。

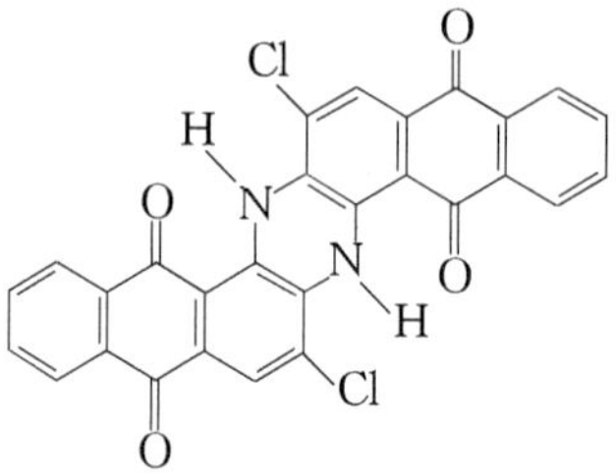

还原蓝 BC

这类染料没有光脆性。

蓝蒽酮染料是由 2-氨基蒽醌在氮气保护下碱熔脱氢缩合、闭环而成。

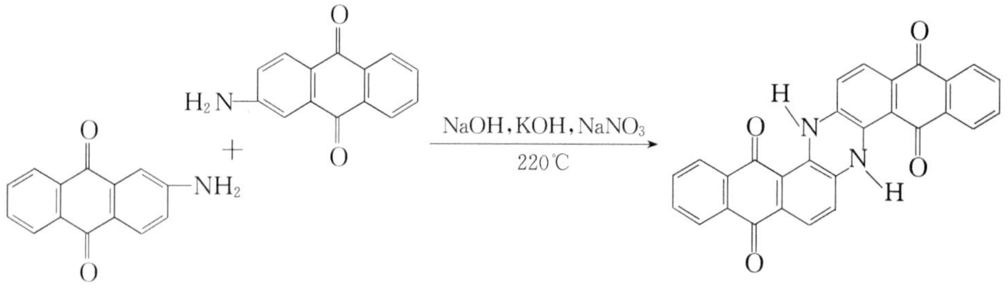

$NaOH, KOH, NaNO_3$
220℃

在合成过程中，温度起到非常重要的作用，温度超过 250℃，较易生成黄蒽酮结构，温度太低，则可以得到茜素结构，两者均会影响产品的质量。

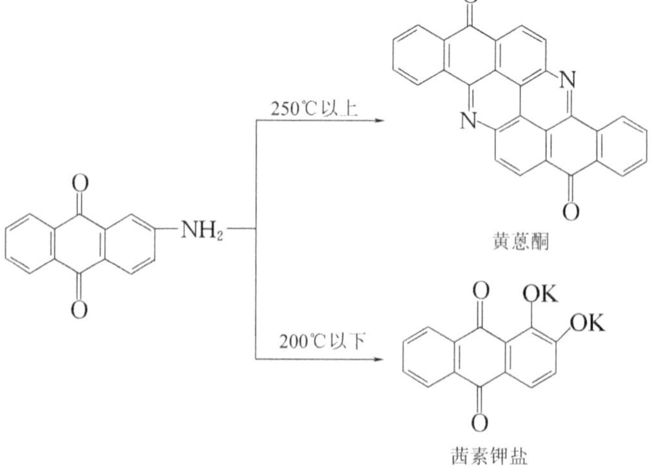

250℃以上

黄蒽酮

200℃以下

茜素钾盐

此外，在生产中除了得到蓝蒽酮(称为蓝蒽酮 A)外，还会产生蓝蒽酮 B 等副产物，这将影响染料的鲜艳度，除去蓝蒽酮 B 的产品命名为还原蓝 RSN。

**(三)其他蒽醌杂环类**

吖啶酮类还原染料相对分子质量较小，主要有红、紫、蓝等色泽，颜色鲜艳，具有良好的耐光牢度，没有明显的光脆性。染色时，匀染性良好，但直接性较低。由于还原染料缺乏红色，这类染料具有重要意义。例如，还原红紫 RRK(C. I. 还原紫 14，67895)。

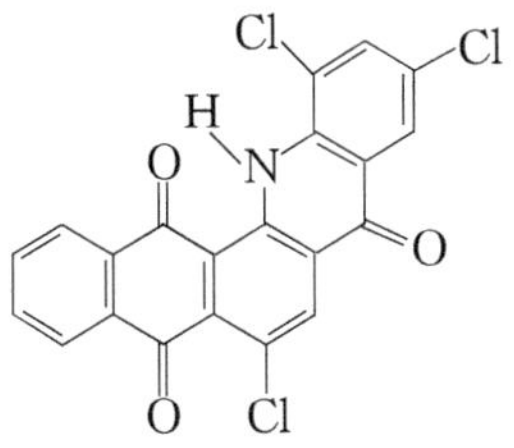

还原红紫 RRK

还原黄 GC(C. I. 还原黄 2，67300)属于噻唑类还原染料，具有良好匀染性，色泽鲜艳，但有严重的光脆性。

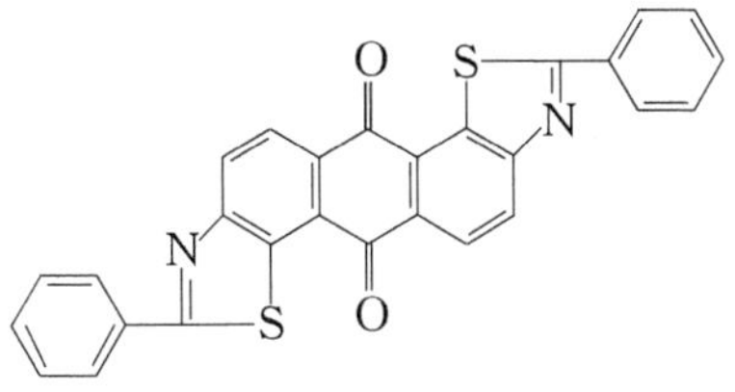

还原黄 GC

## 四、杂环蒽酮类

在稠环酮结构中，用杂原子(主要是氮原子)取代碳原子可以得到杂环蒽酮类还原染料。

用两个氮原子取代芘蒽酮分子中的次甲基，可以得到黄蒽酮分子。与芘蒽酮不同，黄蒽酮为黄色，色泽不鲜艳，对纤维没有光脆性。该染料耐光牢度良好，用于棉、维纶的染色和印花。由于含有两个吸电子的氮原子，该染料极易被还原成隐色体，呈红色。利用这一性质，黄蒽酮常制成试纸，用以检测染液中还原剂的含量。因为其商品名为还原黄 G(C. I. 还原黄 1，70600)，该试纸称为黄 G 试纸。

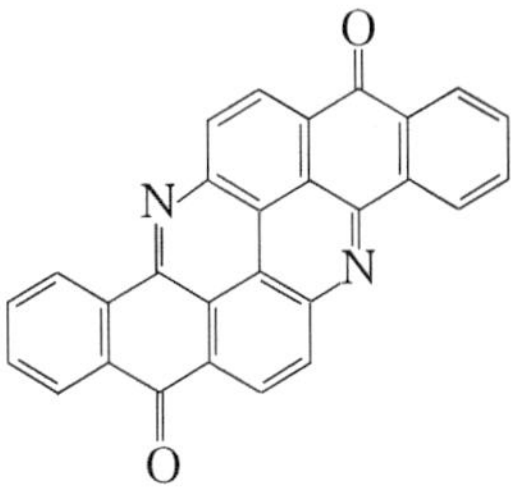

还原黄 G

含有嘧啶结构的还原染料一般为鲜艳的黄色，具有较高的全面牢度，光脆性不明显。如还原黄 7GK（C. I. 还原黄 29，68400）。

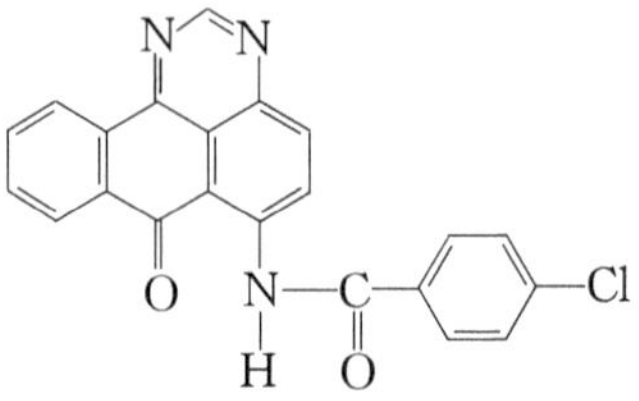

还原黄 7GK

该类染料虽然只有一个连接在稠环上的羰基，但在碱性还原剂条件下可以还原成隐色体，所以可以成为还原染料。

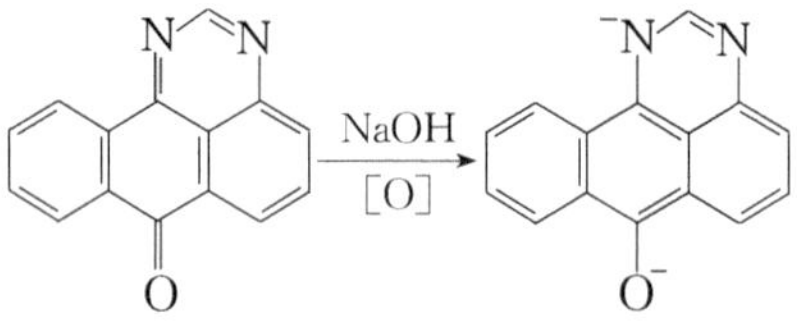

NaOH
[O]

隐色体

## 五、萘四羧酸和苝四羧酸衍生物类

这类染料既不属于蒽醌也不属于靛族染料，但由于分子中含有羰基，可以在碱性还原条件下，成为隐色体并进行染色，所以也是一类还原染料。例如萘四羧酸衍生物还原染料有还原枣红 2R（C. I. 还原红 15，71100）和还原艳橙 GR（C. I. 还原橙 7，71105）。

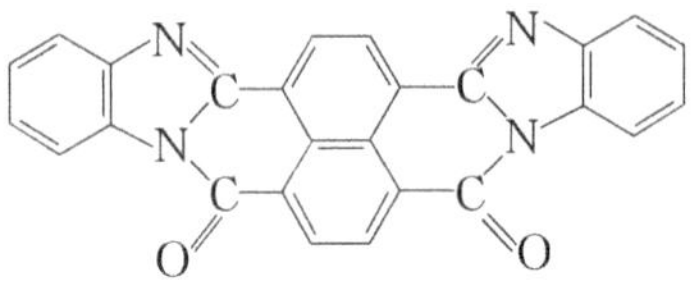

还原枣红 2R 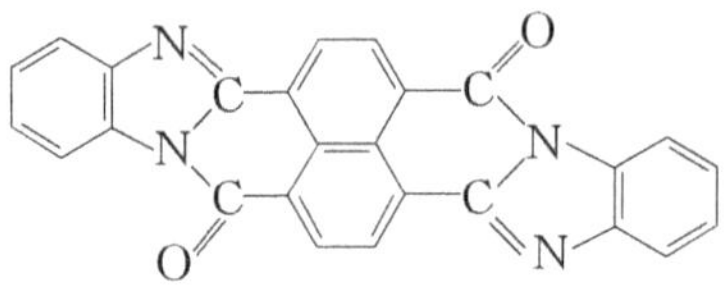　　　　还原艳橙 GR

这是两只互为顺反异构的化合物，其混合体称为还原大红 2G（C. I. 还原红 14，71110）。经分离后可以得到颜色不同的染料。其中还原艳橙 GR 是还原染料中最鲜艳的一个品种。

含苝结构的染料例如还原大红 R（C. I. 还原红 29，71140）和还原大红 2G（C. I. 还原红 23，71130）。

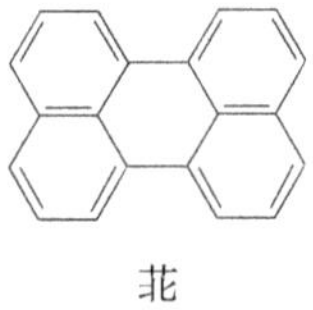

苝

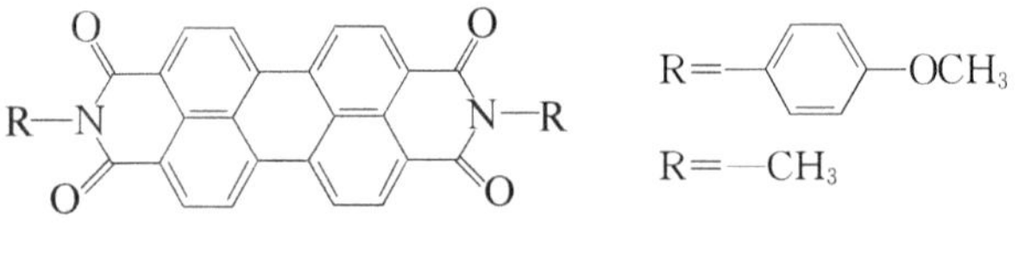

R= —C₆H₄—OCH₃　还原大红 R

R= —$CH_3$　还原大红 2G

这些染料具有良好的牢度，用于棉纤维的染色和印花，也可用作有机颜料。

# 第四节　还原染料的结构与性能

## 一、还原染料隐色体对纤维素纤维的直接性

只含有1-氨基或1,4-二氨基的蒽醌分子，其隐色体对纤维没有直接性，因此不能成为还原染料。如果在这些氨基上引入苯甲酰基，染料隐色体就对纤维素纤维具有了直接性，成为还原染料，如还原红5GK(C.I.还原红42,61650)。很明显，这种结构增加了相对分子质量，并有一定线型共平面结构，酰氨基与纤维分子中的羟基还可以形成氢键。这样染料隐色体分子就能以较大的范德华力和氢键与纤维结合。此时在酰氨基相邻的2、3位上引入两个溴原子，产生的位阻作用破坏了染料分子的共平面性，这样的结构对纤维素纤维就丧失了直接性。

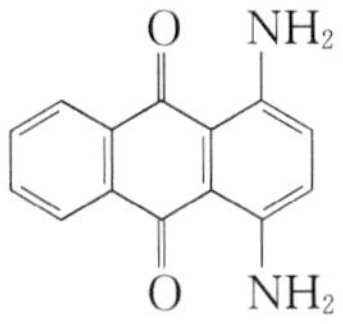

无直接性 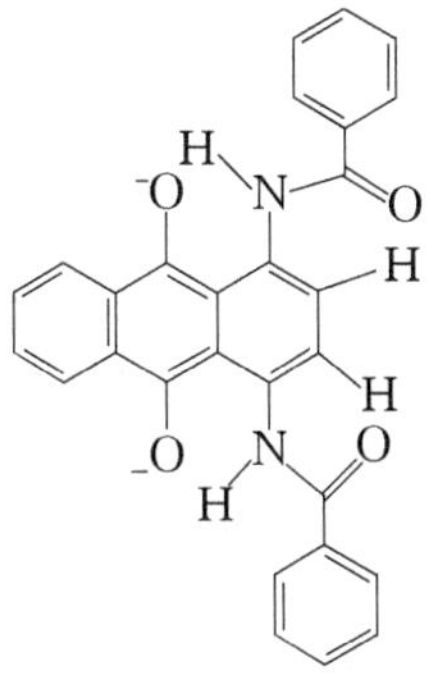　　还原红5GK有直接性 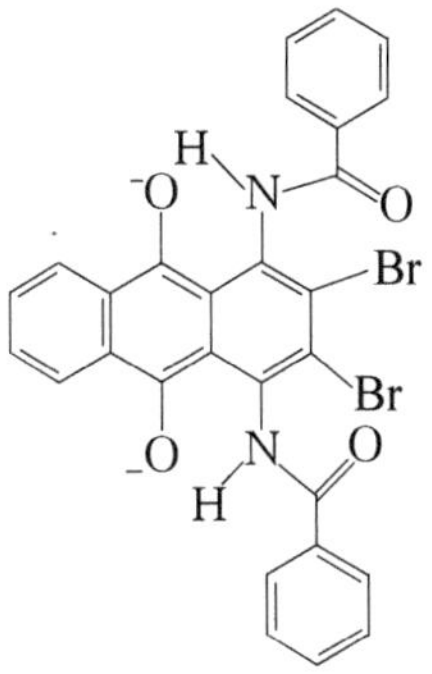　　无直接性

如果在这个位置上形成噁唑环，染料仅有的直线性遭到破坏，形成氢键的能力也下降，对纤维素纤维同样缺乏直接性。但相似的结构分别分布在蒽醌的两个苯环上，则可以成为还原染料，即还原黄GC(C.I.还原黄2,67300)。

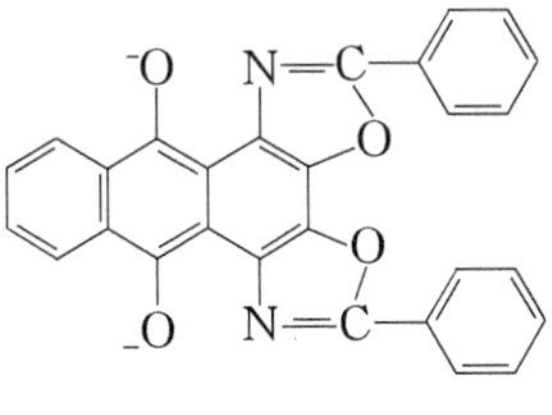

无直接性 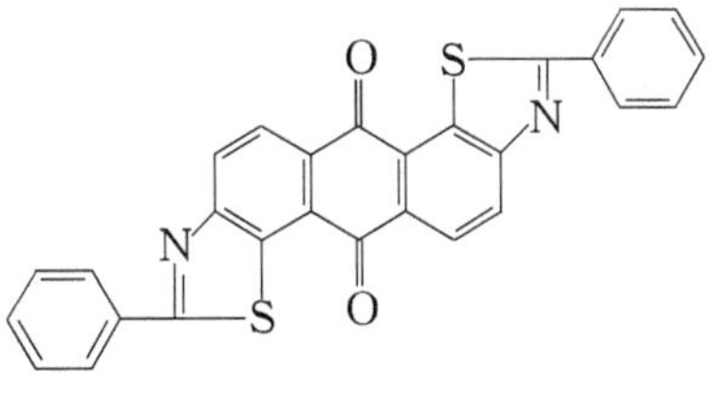　　还原黄GC

同样的理由，由于靛族染料相对分子质量较小，所以对纤维素纤维的直接性小于蒽醌还原染料，有时需要多次染色才能得到较深浓的颜色。分子中引入卤素原子可以提高对纤维的直接性。

稠环酮类还原染料虽然没有酰氨基，也没有其他极性基，但相对分子质量大，能与纤维以较

大的范德华力结合，有资料认为在稠环与纤维之间还存在 π−氢键结合，因此染料隐色体对纤维的直接性都很高。大小与稠合的芳环数有关，也与羰基在分子中的位置有关。表 10−1 中用亲和力表示染料的直接性，一般亲和力高，染料对纤维的直接性也高。

表 10−1　一些还原染料隐色体对漂白棉纤维的亲和力

(NaOH 0.1mol/L, $Na_2S_2O_4$ 0.023mol/L, NaCl 0.086mol/L, 40℃)

| 染料 | | 亲和力/kJ·$mol^{-1}$ |
|---|---|---|
| 还原红 5GK | 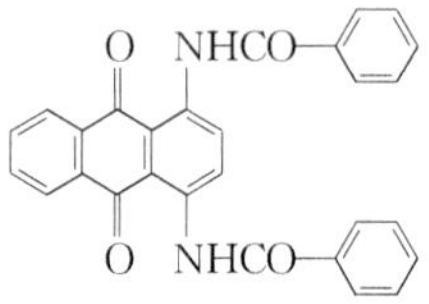 O NHCO— O NHCO— | 15.53 |
| 还原红 BN | 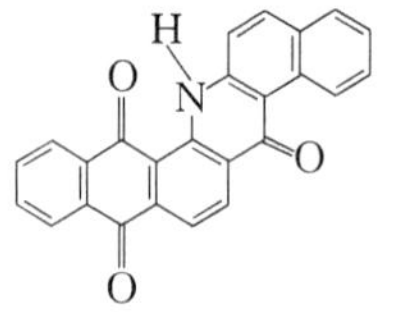 H N O O O O | 19.68 |
| 还原金橙 GN | 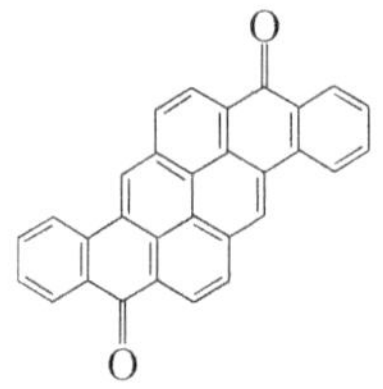 O O | 21.94 |
| 还原黄 GN | 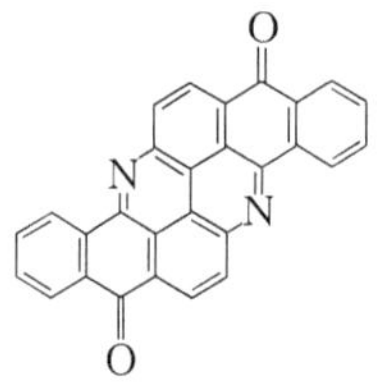 O N N O | 21.94 |
| 还原蓝 BC | 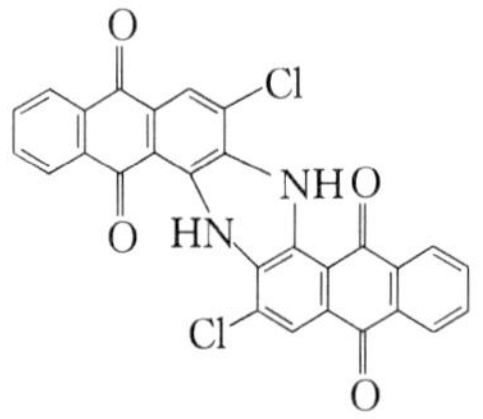 O Cl O NH O HN Cl O | 22.48 |
| 还原艳绿 FFB |  $H_3CO$ $OCH_3$ O O | 25.58 |
| 还原艳紫 2R | 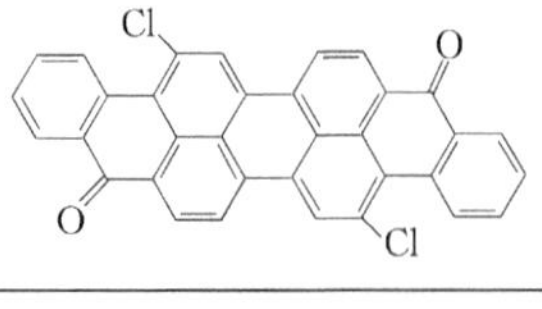 Cl O O Cl | 26.59 |

续表

| 染　　料 | | 亲和力/kJ·mol$^{-1}$ |
|---|---|---|
| 还原黄 4G | 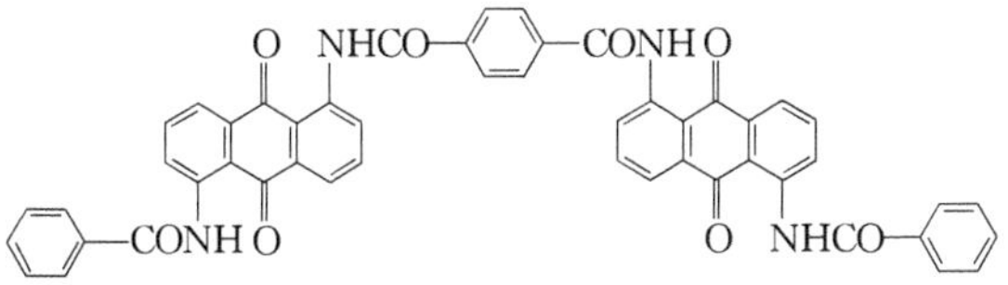 O NHCO— —CONH O<br>—CONH O　O NHCO— | 27.34 |

从表中可见,还原染料的直接性取决于染料相对分子质量的大小,相对分子质量越大,直接性越高。另外,染料分子的平面性和直线性也有一定作用,例如,蓝蒽酮结构相对分子质量比芘蒽酮和黄蒽酮略小,但直接性却略大;异紫蒽酮的直接性大于紫蒽酮等。

## 二、还原染料的光脆性

从前面叙述中可知,光脆性在还原染料中较为普遍,然而染料结构与光脆性的关系还不明确。例如,同是酰氨基蒽醌结构的染料,其光脆性相差很大,见表 10-2。

**表 10-2　酰氨基蒽醌还原染料在棉上的光脆性**

| 染料名称 | 结　构　式 | 光脆活性 |
|---|---|---|
| 还原黄 5GK<br>(C.I. 还原黄 26) | 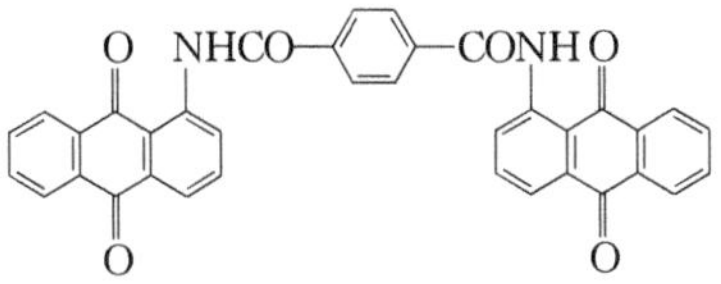 O NHCO— —CONH O<br>O　O | 活泼 |
| 还原黄 GK<br>(C.I. 还原黄 3) | 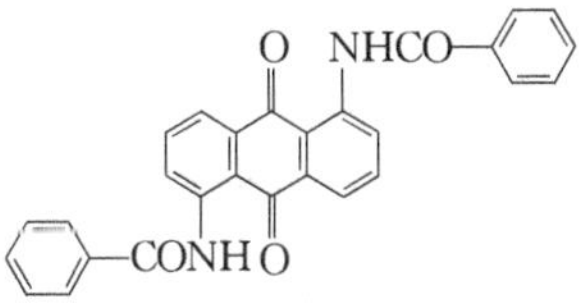 O NHCO—<br>—CONH O | 中等活泼 |
| 还原黄 4G<br>(C.I. 还原黄 13) | 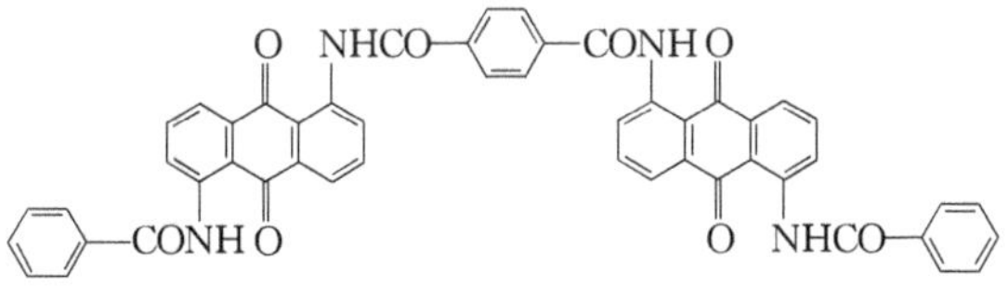 O NHCO— —CONH O<br>—CONH O　O NHCO— | 轻度活泼 |
| 还原黄 3GFN<br>(C.I. 还原黄 12) | 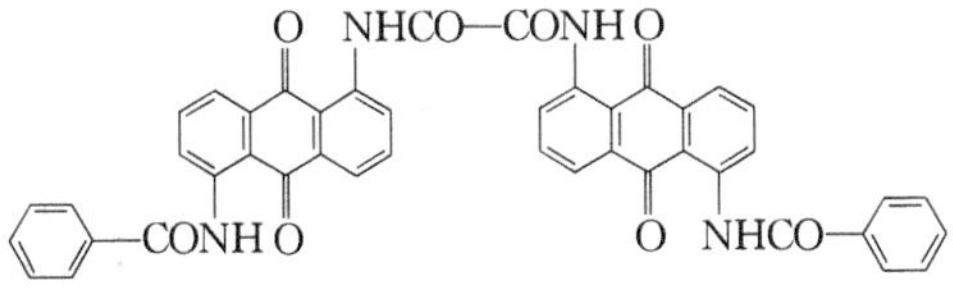 O NHCO—CONH O<br>—CONH O　O NHCO— | 不活泼 |
| 还原橙 2G<br>(C.I. 还原橙 17) | 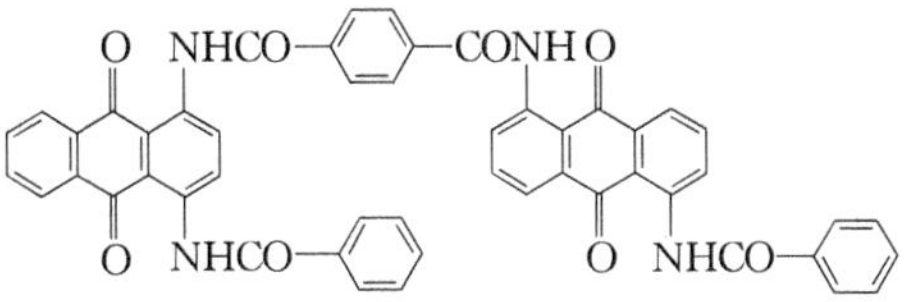 O NHCO— —CONH O<br>O NHCO—　O NHCO— | 安全 |

根据染料的应用状况，可以总结如下规律：浅色品种可能有光脆性，深色品种基本没有光脆性。见表 10－3。

**表 10－3 产生光脆性的还原染料占染料总数的比例**

| 色 泽 | 染料总数 | 光脆性染料数 | 占总数比例/% |
|---|---|---|---|
| 黄 | 49 | 12 | 24.49 |
| 橙 | 28 | 1 | 3.57 |
| 红 | 61 | 10 | 16.39 |
| 紫 | 21 | 2 | 9.52 |
| 蓝 | 73 | 0 | 0 |
| 绿 | 48 | 0 | 0 |
| 棕 | 81 | 2 | 2.47 |
| 黑 | 62 | 0 | 0 |
| 总计 | 423 | 27 | 6.38 |

从表 10－3 也可知，不是所有浅色品种还原染料均有光脆性，其规律不详。

在还原染料中芘蒽酮、二苯并芘醌、噻唑结构的染料具有非常强烈的光脆性。硫靛还原染料也有光脆性，分子中加入卤素原子可以降低光脆性；引入甲基、甲氧基则会增大光脆性。

如果在具有光脆性的还原染料中引入卤素原子，则可以降低光脆性，例如硫靛染料。蒽缔蒽酮染料也有光脆性，染料分子中引入氯原子或溴原子，不但使染料的鲜艳度提高，同时使光脆性大大降低。然而对于芘蒽酮、二苯并芘醌等强光脆性染料，引入卤素原子作用不明显。

在染料分子的稠环中，用氮原子取代碳原子，往往可使染料强烈的光脆性得到消除。前面提到的黄蒽酮和芘蒽酮结构相近，只是因为黄蒽酮分子中有两个氮原子，则完全没有光脆性，相反芘蒽酮有强烈光脆性。二苯并芘醌分子中并入一个吡啶环也可使光脆性消除。

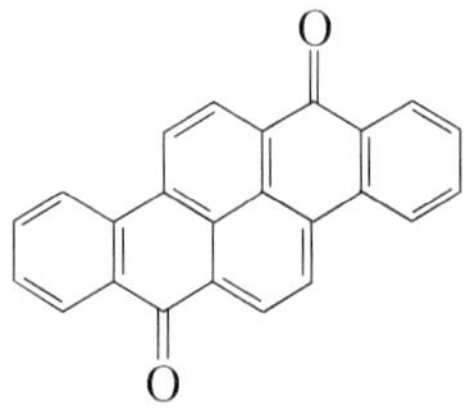

O O N O O

强烈光脆性 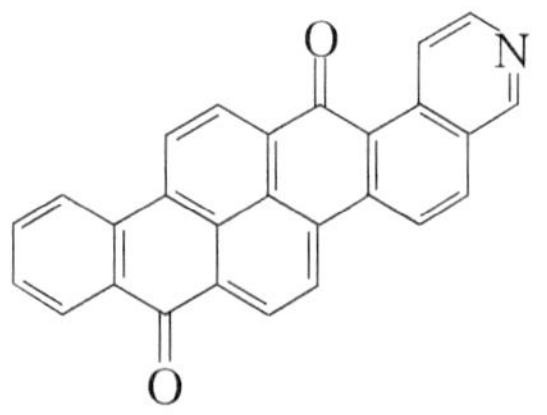 无光脆性

具有吖啶、嘧啶结构的染料都没有光脆性。在咔唑结构还原染料中，除了还原黄 FFRK (C. I. 还原黄 28，69000）和还原橙 3G(C. I. 还原橙 15，69025）外，绝大多数均无光脆性。

光脆性染料不仅会使纤维素纤维发生脆损，同样会使蚕丝、聚酰胺等纤维脆损，在选择染料时必须引起注意。其实，光脆性不单发生在浅色还原染料上，某些硫化染料和一些具有噻唑结构的直接染料中也会发生，只是由于这些染料的耐光牢度远低于还原染料，所以其光脆性不太引人注意而已。

# 第五节　暂溶性还原染料

## 一、暂溶性还原染料简介

还原染料色谱齐全，染色牢度优良，但是由于染色工艺流程很长，染色过程中颜色变化大，所以染色时需要熟练的技术和丰富的经验。还原染料的隐色体对纤维素纤维的直接性较大，匀染性差，不易染透，容易产生环染和白芯现象。此外，染色需要在强碱性染浴中进行，所以难以用于蛋白质纤维。

20 世纪 20 年代，有人将靛蓝的隐色酸制成硫酸酯盐，这种硫酸酯盐在中性或弱碱性浴中可直接上染纤维素纤维，在弱酸性浴中也可上染蛋白质纤维，然后在酸性浴中加氧化剂处理而恢复到靛蓝结构，染着于纤维。这简化了工艺，实现了在中性或弱酸弱碱浴中染色的目的。

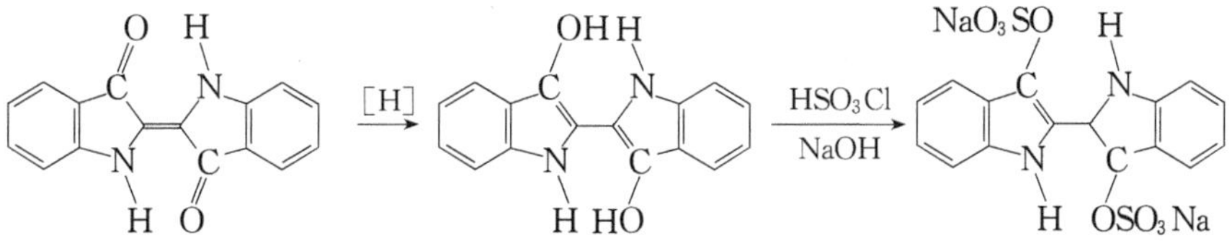

[H]　　$HSO_3Cl$ / NaOH

后来蒽醌还原染料的隐色酸硫酸酯盐的制备成功，使其发展成为一类染料，即暂溶性还原染料（temporarily solubilised vat dyes），也称为可溶性还原染料。由于暂溶性还原染料是从靛蓝开始研制的，所以国外商品牌号最早为印地科素（Indigosol），也称印地素。我国的印染行业也习惯采用这个名称。

国外各染料公司都有自己的商品名。我国把这类染料称为溶蒽素和溶靛素，分别表示染料的蒽醌和靛族结构类型。对于靛蓝结构的暂溶性还原染料，因为都是蓝色，所以在染料命名中没有色称，而在尾注的最前面加字母“O”。其他染料的色称和尾注则与原来的还原染料类似，并在尾注中增加 I、H 或 A 等字母。其中 I 表示染料的染色牢度为“士林”级，H 或 A 表示“亚士林”级。例如：

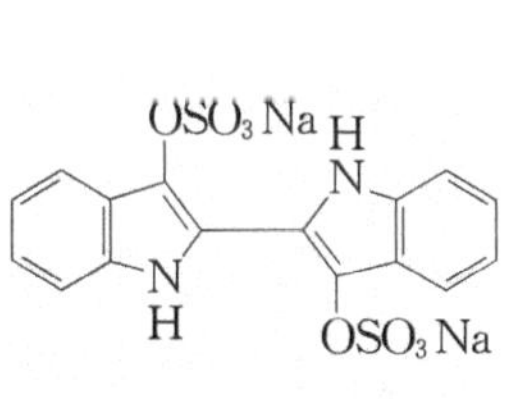

溶靛素 O(靛蓝)

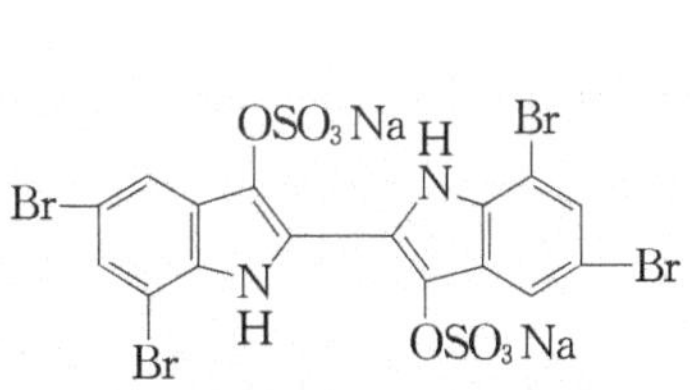

溶靛素 O4B(还原蓝 4B)

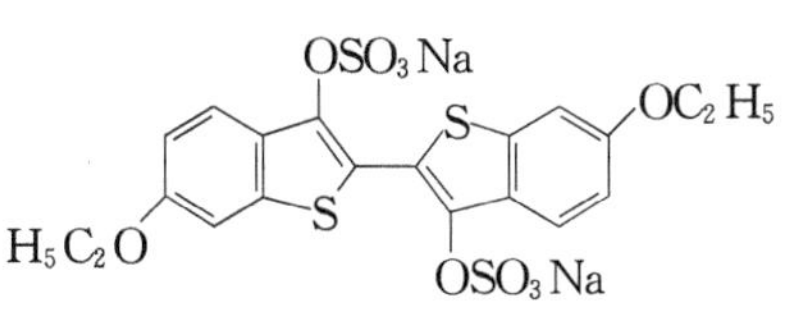

溶靛素橙 HR(还原橙 RK)

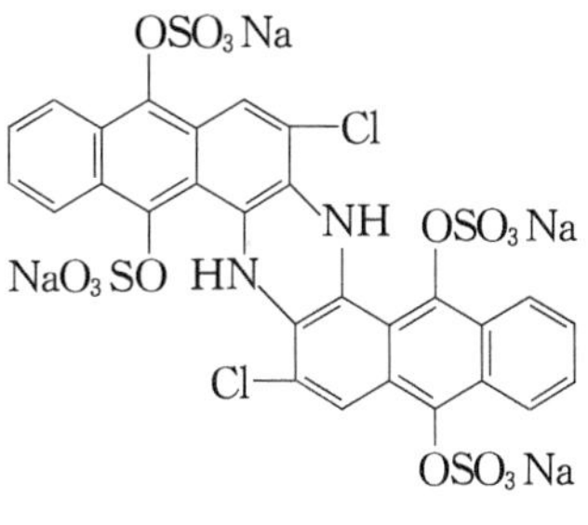

溶蒽素蓝 IBC(还原蓝 BC)

在染料索引中暂溶性还原染料表示为C. I. 水溶性还原染料(solubilised vat)，如溶蒽素蓝IBC(C. I. 水溶性还原蓝6,69826)，溶靛素O4B(C. I. 水溶性还原蓝5,73066)。

必须指出，不是所有的还原染料都可以制成相应的暂溶性还原染料。此外，有少量暂溶性还原染料没有母体还原染料，如溶蒽素黄V(C. I. 水溶性还原黄7)。

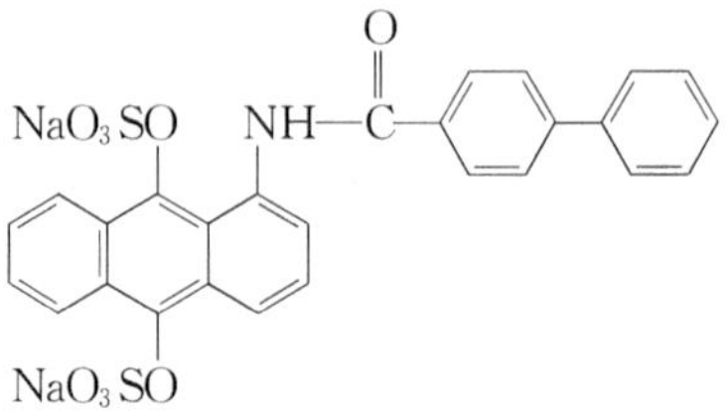

溶蒽素黄V

## 二、暂溶性还原染料的特性

由于暂溶性还原染料分子中含有硫酸酯基，水溶性良好，使用方便，匀染性好，不会产生环染。在染料使用过程中省略了还原和碱性溶解的过程，所以可在中性或弱酸性上染纤维，适用于棉、粘胶纤维、羊毛、蚕丝等多种纤维的染色。

暂溶性还原染料的缺点是价格较贵。由于增加了水溶性基团，染料对纤维直接性下降，上染百分率低，一般只能用于染中、淡色，不用于染浓色。

## 复习指导

1. 掌握还原染料的结构特点，了解其染色原理。
2. 熟悉还原染料的结构类型及其不同类型还原染料的颜色和性能。
3. 掌握重要还原染料的分子结构和合成方法。
4. 掌握具有光脆性还原染料的结构特点。
5. 掌握暂溶性还原染料的分子结构特点和性能。

## 思考题

1. 说出还原染料的分子结构特点，它们在结构上分成哪几类，比较它们在染色性能上的差异。

2. 说明靛族还原染料的分子结构与性能，并与蒽醌型还原染料作比较。

3. 写出下列染料的结构式：

(1)蓝蒽酮　(2)紫蒽酮　(3)黄蒽酮　(4)芘蒽酮　(5)靛蓝　(6)硫靛

4. 从原料出发合成下列染料：

(1)蓝蒽酮　(2)紫蒽酮　(3)靛蓝

5. 说明蒽醌型还原染料为什么具有最佳的染色牢度。

6. 何谓染料的光脆性？说明染料的光脆性与染料分子结构的关系。

7. 何谓暂溶性还原染料？说明其特性。

8. 比较下列染料湿处理牢度的高低，并指明理由。

（1）

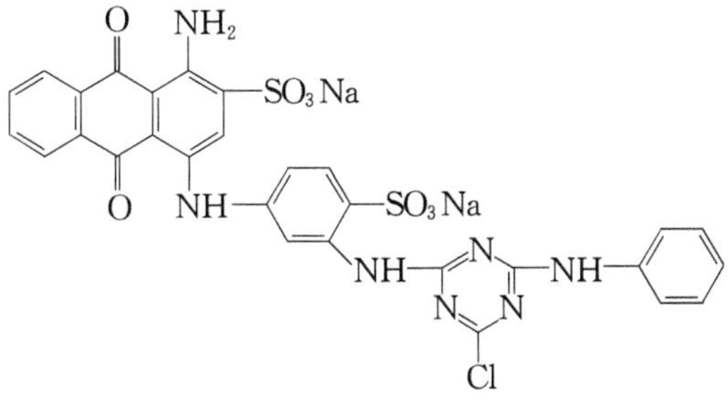

(a)

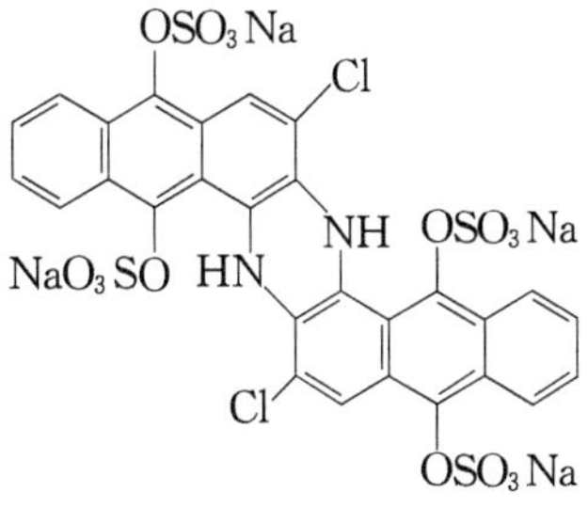

(b)

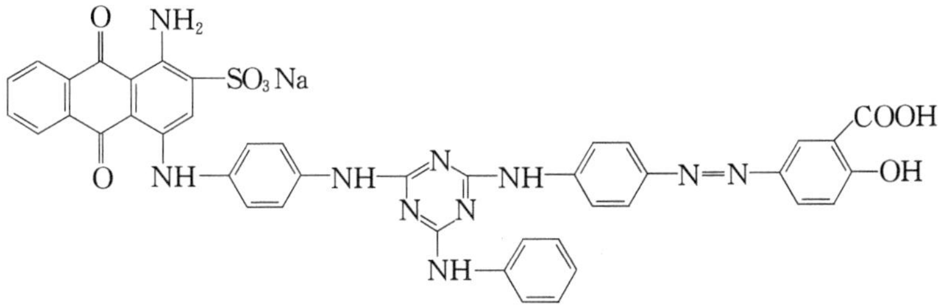

(c)

（2）

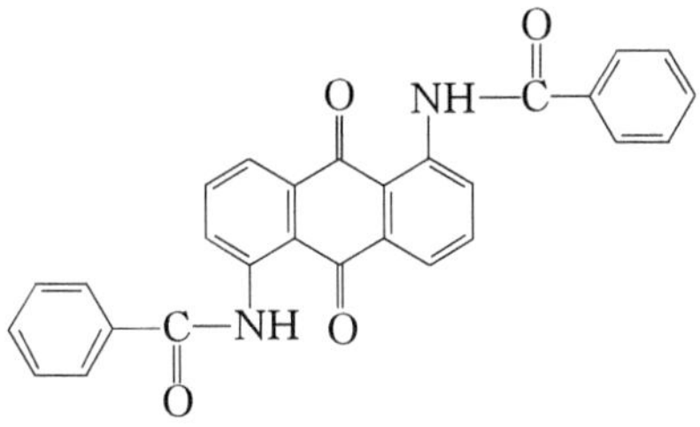

(a)

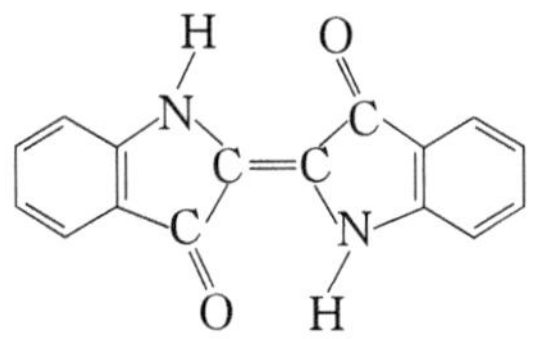

(b)

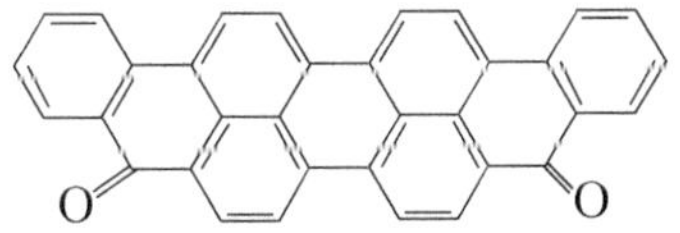

(c)

9. 比较下列染料在棉纤维上的耐光牢度的高低，并说明理由。

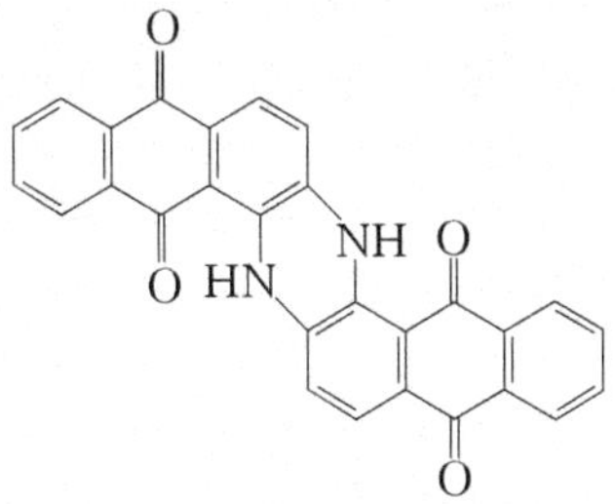

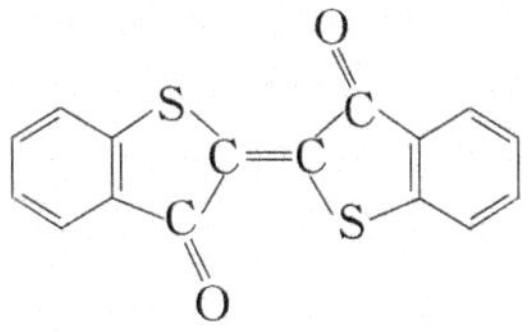

## 参考文献

［1］侯毓汾，朱振华，王任之. 染料化学［M］. 北京：化学工业出版社，1988.

[2]钱国坻.染料化学[M].上海:上海交通大学出版社,1988.
[3]陈荣圻.染料化学[M].北京:纺织工业出版社,1989.
[4]胡祖懋.染料化学[M].北京:化学工业出版社,1990.
[5]何瑾馨.染料化学[M].北京:中国纺织出版社,2009.
[6]王菊生.染整工艺原理(第三册)[M].北京:纺织工业出版社,1984.
[7]周学良,何海兰.精细化学品大全·染料卷 [M].杭州:浙江科学技术出版社,2000.
[8]何海兰.染料[M].北京:化学工业出版社,2004.
[9]上海市纺织工业局《染料应用手册》编写组.染料应用手册(合订本)下册[M].北京:纺织工业出版社,1989.
[10]《最新染料使用大全》编写组.最新染料使用大全[M].北京:中国纺织出版社,1996.

# 第十一章 硫化染料和缩聚染料

## 第一节 硫化染料

在第四章中，已经知道硫化染料(sulfur dyes)是由某些有机芳香族化合物和硫黄或多硫化钠相互作用而生成的染料。硫化染料没有确定的结构，是由不同硫化程度形成的多种复杂分子结构的化合物的混合物。硫化染料本身没有水溶性基团，不溶于水。硫化染料的染色过程和还原染料相似，需要先用还原剂还原成染料的隐色体，使之具有水溶性，然后上染纤维。与还原染料不同，一般硫化染料的还原剂为硫化钠，其工业品俗称硫化碱。在水溶液中硫化钠具有很强的碱性，因此硫化钠既是还原剂也是使隐色体溶解于水的碱剂。染料隐色体上染纤维后再经氧化，又恢复为不溶状态而固着在纤维上。硫化染料的优点在于原料和生产过程都比较简单，价格低廉，牢度尚好。缺点为色泽萎暗，浅色染料有光脆性；蓝色，尤其是黑色染料存放时易引起染色织物发生脆损现象。硫化碱含杂质很多，使用中放出硫化合物，对环境的污染严重。硫化染料隐色体对于棉纤维的上染率不如还原染料高，牢度也较还原染料差，皂洗牢度一般为3－4级，耐光牢度以黑色最好，可达6－7级，蓝色次之，可达5－6级。

由于硫化染料的价格低廉，而水洗和耐光牢度尚好，因此硫化染料的需求量较大，其中尤以黑、蓝两种颜色在棉制品染色方面用量最大，是染料工业中产量最大的品种。

硫化染料生产上使用的硫化方法有两种：

(1)烘焙法。将有机原料与硫黄或多硫化钠在高温下烘焙，此法用于制黄、橙、棕色的硫化染料。

(2)煮沸法。将有机原料与多硫化钠在水中或在有机溶液(如丁醇)中加热煮沸。此法用于制黑蓝、绿色的硫化染料。

硫化染料按应用方法分类可分为：一般硫化染料、硫化还原染料、水溶性硫化染料和液体硫化染料。

### 一、一般硫化染料

在硫化染料中连接芳环发色体系的开链结构主要是硫键、双硫键和多硫键。经硫化钠还原后，生成巯基。巯基在碱性条件下电离，使染料隐色体溶解。

$$\mathrm{D{-}S{-}S{-}D'} \xrightleftharpoons{[\mathrm{H}]} \mathrm{D{-}SH + D'{-}SH} \xrightarrow{\mathrm{OH^-}} \mathrm{D{-}S^- + D'{-}S^-}$$

$$\mathrm{D{-}S^- + D'{-}S^-} \xrightarrow{[\mathrm{O}]} \mathrm{D{-}S{-}S{-}D'}$$

由于硫化染料是在碱性条件下染色，所以一般用于纤维素纤维，很少用于羊毛、蚕丝等蛋白质纤维。

硫化黑 BN(C. I. 硫化黑 1，53185)为 2，4－二硝基苯酚的硫化物。

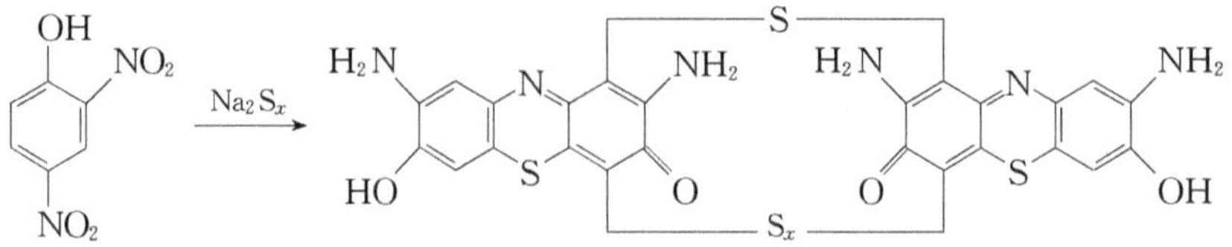

$\xrightarrow{Na_2S_x}$

在储存过程中，硫化黑染色的织物上染料分子中的一些不稳定的硫键可能断裂，释放出游离硫，在空气中被氧气氧化为硫酸，造成纤维脆损。为了防止纤维的脆损，染色后应充分水洗，减少织物上残留的硫。也可采用弱碱助剂对染色后织物进行处理，中和储存中释放的硫酸。如果在染料合成后，加入甲醛和一氯醋酸，可以起到稳定染料分子中硫原子的作用，制得防脆硫化黑。

硫化蓝 RN(C. I. 硫化蓝 7，53440)为由对亚硝基苯酚与邻甲苯胺缩合而成的蓝苯胺类中间体与多硫化钠共热制得。

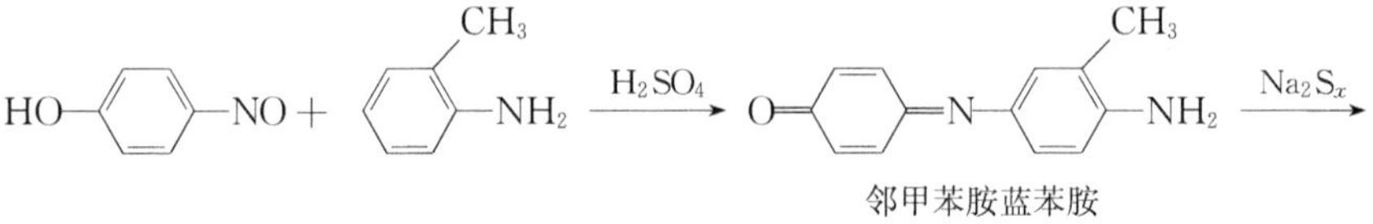

$\xrightarrow{H_2SO_4}$ $\xrightarrow{Na_2S_x}$

邻甲苯胺蓝苯胺

或

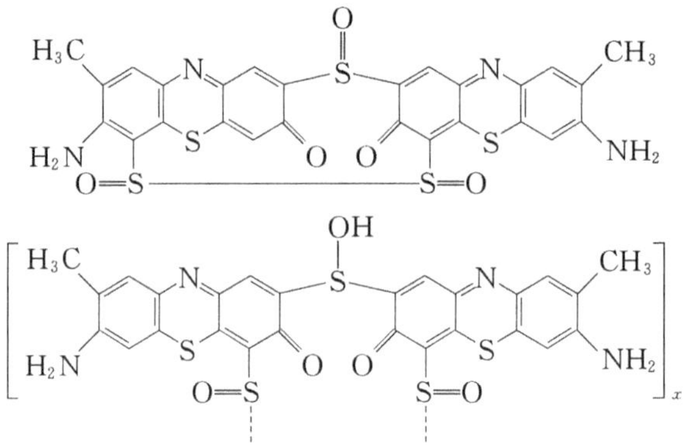

硫化染料还有黄、橙和棕色等，缺少红色和紫色品种。

## 二、硫化还原染料

硫化还原染料是一类溶解度较小的硫化染料。在还原操作时，除了硫化钠外，还需要加入氢氧化钠溶液，有的需要用保险粉和氢氧化钠作还原剂。因此，这类染料的性能介于硫化染料和还原染料之间，染色牢度也介于这两类染料之间，是一类较高档的硫化染料。

硫化还原染料品种少，以如下蓝色和黑色两个品种较重要。

硫化还原蓝 RNX(C. I. 还原蓝 43，53630)亦称海昌蓝 RX。色光较鲜艳，耐光及水洗牢度均较高，并耐氯漂，价格比还原染料低廉。硫化还原蓝 RNX 是由咔唑与对-亚硝基苯酚缩合而成的蓝苯胺，经还原为隐色体，再进行硫化制得的。

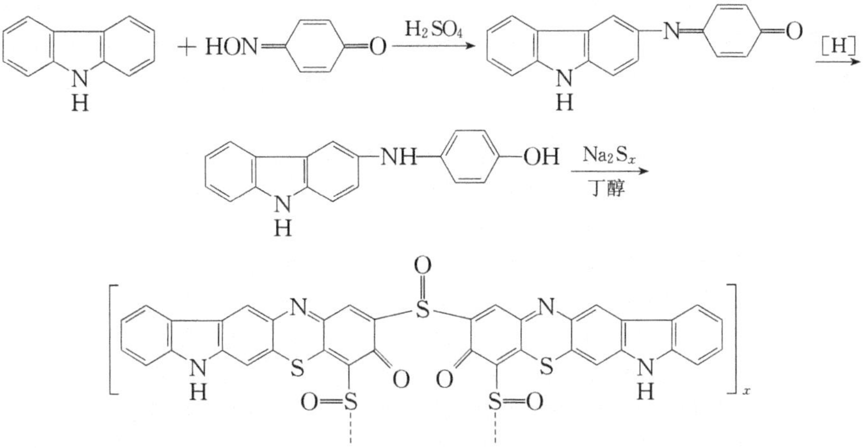

硫化还原黑 CLG(C. I. 硫化黑 6,53295)即应得元 CLG,其色泽比一般硫化黑鲜明而乌黑,对棉纤维无脆化作用,染色牢度较好,在印染工业中常用以代替黑色还原染料。其合成途径为:

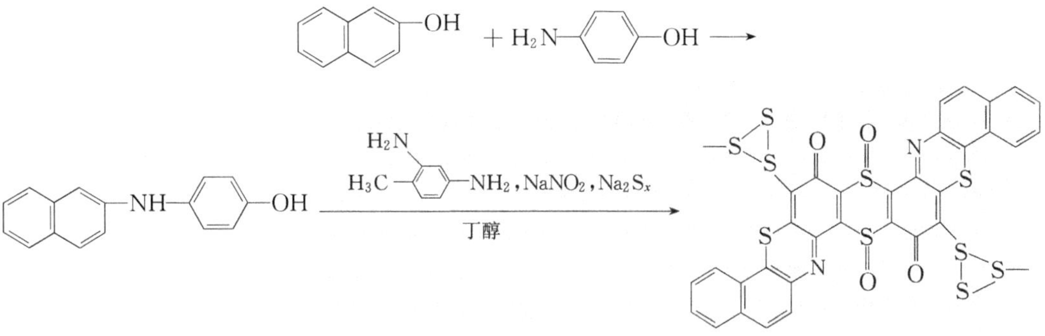

在上述合成工艺中应用了禁用的 2,4-二氨基甲苯,必须进行纯化后才能使用。

## 三、水溶性硫化染料

水溶性硫化染料是将硫化染料用焦亚硫酸钠或甲醛次硫酸氢钠($NaHSO_2 \cdot CH_2O \cdot 2H_2O$,俗名雕白粉)进行处理而制得的,可用于棉制品的染色或粘胶纤维的原液着色。这类硫化染料的通式为 $D—SSO_3Na$。从结构中可知,该染料具有水溶性,然而并非染料的隐色体,对于纤维素纤维没有直接性,需要在染浴中加入硫化碱等还原剂和碱剂才能上染。例如,水溶性硫化蓝(C. I. 水溶性硫化蓝 7,53441)为硫化蓝 RN 与焦硫酸钠反应成为硫代硫酸的衍生物,水溶性硫化黑(C. I. 水溶性硫化黑 1,53186)为硫化黑 BN 的硫代硫酸衍生物。

## 四、液体硫化染料

液体硫化染料是硫化染料经预还原的隐色体的水溶液。溶液中需加入适量氢氧化钠和硫氢化钠以及一些增溶剂,以制成高浓度真溶液。加工中还需经多次过滤,除去固体杂质以提高染料的纯净度。这类染料的通式为:D—SNa。液体硫化染料的色谱较全,包括黄、橙、红、蓝、棕、绿和黑等色。由于染色时免除了硫化碱的使用，既简化了染色工艺又免除了对环境的污染，是目前较有希望的一类染料品种。

## 第二节 缩聚染料

缩聚染料(polycondensation dyes)是一类以硫代硫酸基为水溶性基团的暂溶性染料。染料上染纤维后，在硫化钠、多硫化钠等助剂的作用下，亚硫酸根在硫代硫酸基上脱落，将两个或多个染料分子用双硫键或多硫键连在一起，缩合成非水溶性的相对分子质量很大的分子结构，并固着在纤维上。由此该类染料也称为硫化缩聚染料(condense sulphur dyes)。

缩聚染料只是染料母体之间的结合，与纤维之间并不发生共价结合，因此与活性染料有本质区别。这类染料与水溶性硫化染料类似，其通式也为 $D—SSO_3Na$，两者的区别在于缩聚染料母体具有明确的化学结构。与硫化染料一样，缩聚染料可以用于纤维素纤维的染色。如果把硫代硫酸基看作阴离子水溶性基团，这类染料也可以像酸性染料一样在酸性浴中上染蛋白质纤维。

缩聚染料的分子结构一般为偶氮结构，蓝色为酞菁结构。如缩聚黄 3R(C. I. 硫化缩聚黄 6)和缩聚翠蓝 I3G(C. I. 硫化缩聚蓝 2)。

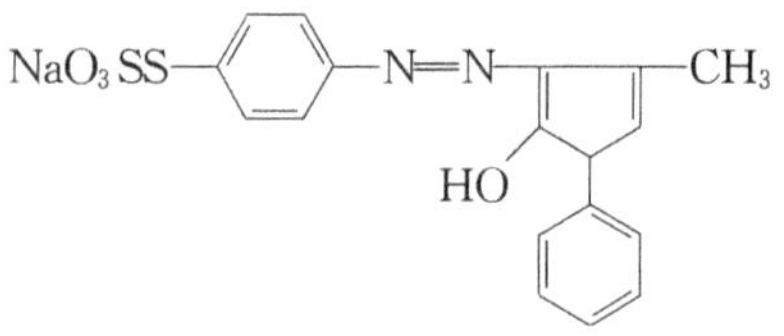

$NaO_3SS—C_6H_4—N{=}N—$(环，带 $CH_3$、HO、苯基)

缩聚黄 3R

$$CuPc\begin{cases}(SO_2NHCH_2CH_2SSO_3Na)_n & (n = 3.3 \sim 3.5)\\ (SO_2NH_2)_m & (m = 0.5 \sim 0.7)\end{cases}$$

缩聚翠蓝 I3G

### 复习指导

1. 与染料结构分类一章结合，掌握硫化染料的结构和性能。
2. 了解硫化染料的四种应用类型的分子结构及其相互区别。
3. 了解缩聚染料的分子结构特点。

### 思考题

1. 硫化染料分子中的链状结构和闭环状结构与染料的哪些性质有关？
2. 说明硫化染料的应用特点。
3. 硫化还原染料与一般硫化染料有什么区别？
4. 说明水溶性硫化染料与液体硫化染料的结构和特点。
5. 缩聚染料与硫化染料有什么区别？说明其优点。

## 参考文献

[1] 侯毓汾，朱振华，王任之．染料化学[M]．北京：化学工业出版社，1988.

[2] 钱国坻．染料化学[M]．上海：上海交通大学出版社，1988.

[3] 陈荣圻．染料化学[M]．北京：中国纺织出版社，1989.

[4] 胡祖懋．染料化学[M]．北京：化学工业出版社，1990.

[5] 何瑾馨．染料化学[M]．北京：中国纺织出版社，2009.

[6] 王菊生．染整工艺原理(第三册)[M]．北京：纺织工业出版社，1984.

[7] 何海兰．染料[M]．北京：化学工业出版社，2004.

[8] 上海市纺织工业局《染料应用手册》编写组．染料应用手册(合订本)下册[M]．北京：纺织工业出版社，1989.

[9]《最新染料使用大全》编写组．最新染料使用大全[M]．北京：中国纺织出版社，1996.

[10] 陈荣圻，王建平．禁用染料及其代用[M]．北京：中国纺织出版社，1996.

[11] 上海市印染工业公司．染色[M]．北京：纺织工业出版社，1975.

# 第十二章　分散染料

## 第一节　引　言

分散染料(disperse dyes)是一类分子小、结构简单、不含可电离的水溶性基团的疏水性染料,主要依靠分散剂的分散作用在水溶液中呈分散状态而得名。最初的分散染料又名醋酯纤维(cellulose acetate fiber)染料,是为解决醋酯纤维染色而专门开发的一类染料。同时由于某些分散染料在聚酰胺纤维(锦纶,polyamide fibre /Nylon)上具有较好的遮盖力(hiding power),因而其在锦纶纺织品的中浅色印染加工中也有较多应用。

直到 19 世纪 50 年代初,随着聚酯纤维(涤纶,polyethylene terephthalate fiber, PET fiber)的出现,分散染料才得到了新的应用。并随 20 世纪 70～80 年代聚酯纤维在工业领域、尤其是纺织服装行业的应用迅猛增加,分散染料得到了蓬勃发展,并在染料品种、耐升华特性、耐热迁移性、耐熨烫性、耐光牢度、耐湿处理牢度以及对混纺织物的适应性等方面都得到了较大改进和发展。

进入 21 世纪以来,超细旦、差别化、功能化等聚酯纤维不断开发问世,除在纺织服装行业得以广泛应用外,在旅游、运动、汽车工业等领域的应用也增加迅猛。随着聚酯纤维的市场份额不断扩大(世界聚酯纤维的年产量超过 2000 万吨,约占世界纺织纤维的 40%～41%),分散染料也已发展成为纺织染料中的第一大类染料。目前分散染料年产量已占全球染料总量的 40%。

近年来随着人们对环保和生态纺织品的要求不断提高,分散染料在研发、合成、商品化过程中都极力要求符合 Oeko－Tex Standard 100 的环保和生态标准,并先后又出现了绿色环保型生态分散染料,以及便于与天然纤维混纺、交织品进行一浴一步法染色的活性分散染料(reactive disperse dyes),高一次对色性和免还原清洗的节能减排型分散染料,暂溶性分散染料(solubilized disperse dyes),工业用超级耐晒(superfine fastness to light)分散染料,涤纶超细纤维(PET ultra fine fiber/Microfiber)专用分散染料,适用于超临界流体(supercritical fluid)染色的分散染料等。目前分散染料已成为常规涤纶、涤纶超细纤维(PET ultra fine fiber/Microfiber)、聚乳酸纤维(polylactic acid fiber,PLA fiber)、聚对苯二甲酸丁二醇酯纤维(polybutylene terephthalate fiber,PBT fiber)、聚对苯二甲酸丙二酯纤维(polytrimethylene terephthalate fiber,PTT fiber)等纺织品印染加工的主要染料,同时分散染料在腈纶、锦纶、氨纶等的中浅色品种加工中也有应用。

目前国产分散染料的品种已超过 120 个,2007 年国产分散染料产量已超过 35 万吨。商品剂型主要有颗粒状、粉状和液状等，产量居世界首位。随着各种新型合纤的不断研发和产业化，分散染料的需求将有增无减。但国产分散染料在商品化质量方面仍需进一步提高和改善，如染料颗粒粒径大，粒径分布范围宽，粒子形状不规则，分散稳定性不佳，尤其是高温稳定性不够，其次在染料纯度，环保、生态化等方面都有待提高。

## 一、聚酯纤维的结构特点及对染料结构的要求

聚酯纤维是由对苯二甲酸与二醇化合物缩合而成的大分子，常规聚酯纤维的分子式如下：

$$H\!+\!OCH_2-CH_2-O-\overset{\overset{\displaystyle O}{\|}}{C}-C_6H_4-\overset{\overset{\displaystyle O}{\|}}{C}\!\!+_n\!O-CH_2-CH_2OH$$

从分子式可见，聚酯纤维的主链是以酯键连接，相对分子质量为 18000～25000，而且除含量极低的链端基团—OH 外，纤维大分子链上不含可电离的亲水性基团或可与染料反应的活性基团。显然聚酯纤维是一种疏水性纤维。根据相似相容的原理，适用于聚酯纤维染色的染料也应该是疏水性的，分子中不能有水溶性基团，如磺酸基或羧酸基等。

其次聚酯纤维分子无侧基，因此聚酯纤维的线型大分子链排列规整，结构紧密，结晶区比例高，无定形区微隙很小，纤维链段间空隙度小。又由于纤维在染浴中吸水性小，在水中不溶胀，需要在较高温度下染色，这决定了其印染加工时所采用的染料要具有相对分子质量小、结构简单的特点，才能扩散进入纤维的内部。

由于染料和纤维中均无可电离的基团，染料的相对分子质量又很小，所以染料与纤维分子间无法用离子键相结合，非极性范德华力也很小。为了提高两者的结合力，染料分子应有一定极性或含有一定数量的极性基团，以增加染料与纤维之间的极性范德华力和氢键的结合。

综上所述，适用于聚酯纤维染色的染料应具有如下特点：

(1)染料应是疏水性的，分子中不应含有水溶性基团。

(2)染料的相对分了质量较小。

(3)染料分子中应有一定数量的极性基团。

## 二、分散染料的结构特点

根据上述分析，适用于聚酯纤维染色的分散染料属于一类疏水性较强的非离子染料，其分子结构简单，相对分子质量小(一般为 300～400)，不含可电离的水溶性基团，结构中含有硝基、偶氮基、氨基、亚氨基、羰基等极性基团，在水溶液中只具有很小的溶解度。染浴中分散染料通常在分散剂的作用下以分散状态存在。

# 第二节　分散染料的分类

分散染料的分类方法有多种，但常见的分类方法是按照其化学结构和应用性能来进行划分。

## 一、按化学结构分类

根据化学结构类型不同，分散染料主要分为偶氮（azo dyes）类、蒽醌（anthraquinone dyes）类及非偶氮杂环（non-azo heterocyclic dyes）类，以及少量的喹酞酮（quinaphthalone）类、硝基二苯胺（nitrodiphenylamine）类、次甲基（methine or styryl）类、氨基酮（aminoketone）类等品种。其中主要以偶氮、蒽醌及非偶氮杂环类居多。不同结构类型的分散染料如下：

（1）偶氮类：

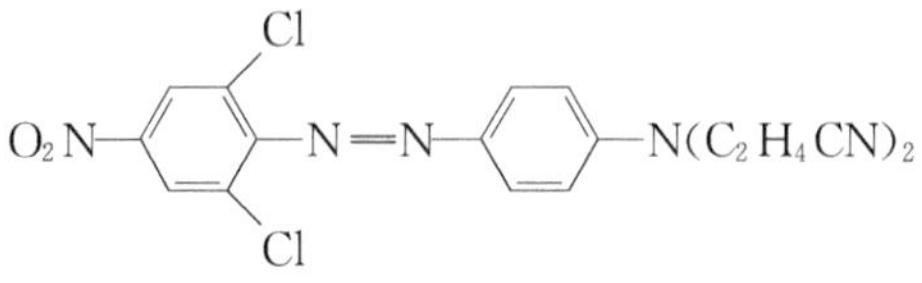

Kayalon Yellow BRL－S（C. I. 分散黄 163）

（2）蒽醌类：

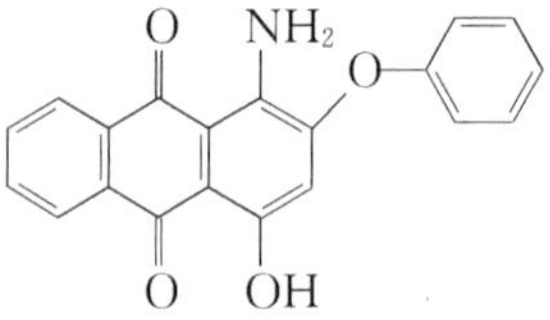

分散红 3B（C. I. 分散红 60）

（3）喹酞酮类：

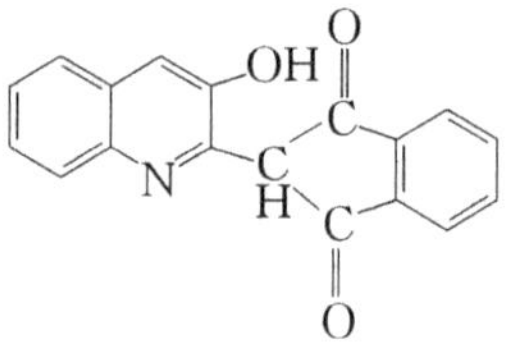

Foron Brill. Yellow E－3GFL（C. I. 分散黄 54）

（4）硝基二苯胺类：

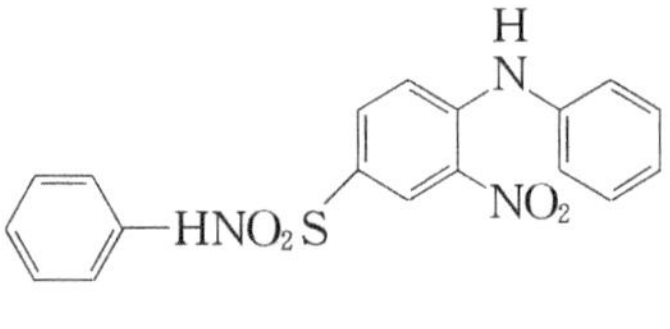

分散黄 SE－FL（C. I. 分散黄 42）

（5）次甲基（甲川或苯乙烯）类：

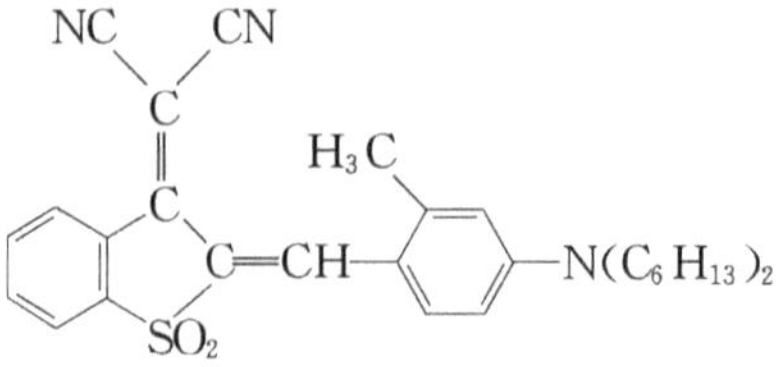

分散艳蓝 S－FR（C. I. 分散蓝 354，48480）

(6)氨基酮(酮胺)类：

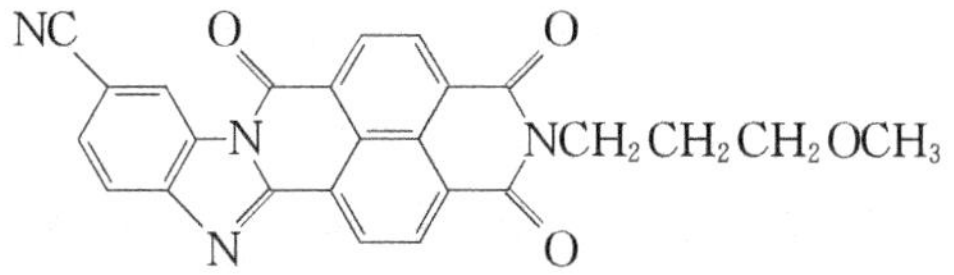

Samaron Brill. Yellow H－7GL (C. I. 分散黄 63)

(7)苯并硫(氧)杂蒽(benzothiorathene)和苯并咪唑(benzimidazole)类：

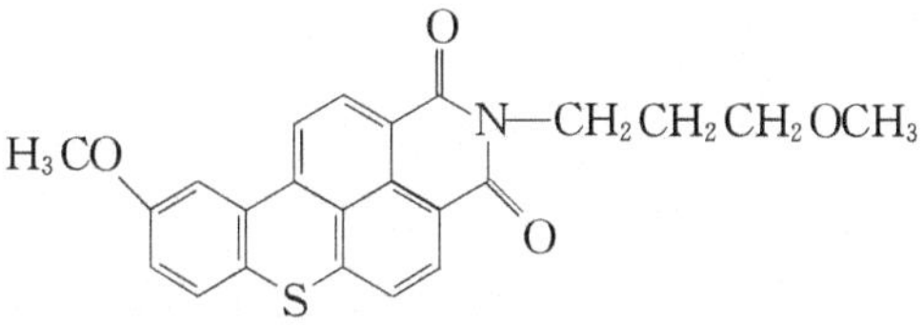

Samaron Yellow H－6GL (C. I. 分散黄 105)

(8)苯并二呋喃酮(benzodifuranone)类：

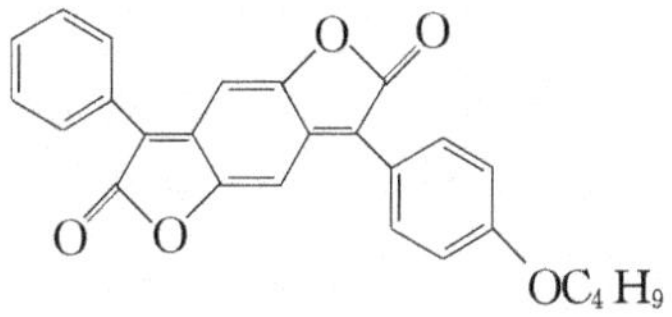

分散红 SE－6B (C. I. 分散红 356)

偶氮类分散染料具有生产成本低、产量大、色谱较全、得色量高、色泽鲜艳、牢度好等优点，长期以来在分散染料中居重要地位。但近年来随着环保和纺织品生态要求的不断提高，尤其是出口欧美的产品，偶氮类分散染料由于其存在或具有潜在的过敏性、致癌性，以及会增加染料生产厂及印染加工废水中的氨氮及总氮含量，其生产和在纺织品中的应用正面临着巨大挑战。

蒽醌结构类分散染料颜色鲜艳，匀染性良好，具耐晒、耐洗、耐酸碱、耐汗渍牢度以及耐汗光等复合牢度优良，在分散染料的印染加工中占有重要地位。非偶氮杂环类分散染料由于共轭体系中有 N、S 等杂原子的加入，使染料发色强度高，色泽鲜艳，染色性能及牢度优良，如典型的喹啉酞酮类、酮胺类、香豆素类、苯并氧(硫)杂蒽及苯并咪唑类等。非偶氮杂环类分散染料近年来发展较快，其唯一的缺点是价格较贵。

## 二、按应用分类

由于分散染料的相对分子质量较小，分子中没有带离子的基团，分子之间的作用力相对较弱，因此分散染料在加热条件下可能发生升华。根据分散染料染色工艺的不同，受热条件不同，热熔染色需要在 180～200℃下进行，溢流染色在 120～130℃下进行，而载体染色工艺在 100℃以下进行。可见温度是影响分散染料染色工艺的重要条件，因此分散染料主要按照染料的耐升华牢度的高低进行应用分类。耐升华牢度也称为耐热牢度。

### (一)国产分散染料的分类

国产分散染料按印染加工时的适用温度可分为高温型 S(H)、中温型 SE(M)和低温型 E(L)三大类。其特性见表 12－1。

表 12－1 国产分散染料的应用分类及特性

| 特性 \ 染料分类 | 高温型 S(H) | 中温型 SE(M) | 低温型 E(L) |
|---|---|---|---|
| 高温高压染色温度/℃ | 130 | 120～130 | 120～125 |
| 热熔染色温度/℃ | 200～220 | 190～205 | 180～195 |
| 载体染色适用性 | 一般不用 | 可用 | 适用 |
| 染料分子结构 | 大 | 中 | 小 |
| 升华牢度 | 高 | 中 | 中～低 |
| 移染性 | 较差 | 中 | 好 |
| 扩散进入纤维 | 慢 | 中 | 快 |
| 对纤维亲和力差异的敏感性 | 中～高 | 中 | 低 |
| 色泽适用性 | 深色 | 中～深色 | 浅～中色 |
| 定形工序 | 染后定形 | — | (染前)预定形 |

此外为适应含聚酯多组分纤维纺织品的印染加工，国产分散染料又出现了用于分散/活性染料一浴染色的 P 型、PC 型染料；分散/还原染料一浴染色的聚酯士林染料；分散/活性染料、分散/直接染料一浴染色的 T 型染料；高温快速染色的 SR 型、RD 型快速染色分散染料；新型转移印花专用分散染料等。

### (二)国外分散染料的分类

目前国外商品分散染料厂商主要有德国德司达(DyStar)、美国亨兹曼[Hunstman，原汽巴精化(Ciba Special Chemicals)纺织染料部]、瑞士科莱恩(Clariant)、日本化药(KYK，Nippon Kayaku)和住友(NSK，Sumitomo Chemical)公司等。各厂商对分散染料的分类标准和方法各有不同，但一般都根据染料的适用对象和牢度(主要是升华牢度或饱和蒸气压)性能等分为高温型(SF)、中温型(SE)和低温型(E)分散染料，有的则以 A、B、C、D 或 E、SE 来标记，以及各种专用分散染料等。

**1. 德司达分散染料** 德国德司达(DyStar)染料公司先后由原拜尔(Bayer)、赫斯特(FH，Farbwerke Hoechst A. G)、日本三菱(MCI)、巴斯夫(BASF)以及原英国帝国化学品公司(ICI)等的染料部经分离重组而成。德司达分散染料的商品牌号及品种众多，但目前其商品分散染料已经统一编号和分类，主要有匀染型 Dianix AC－E、K、UN－SE(AC－E 适用于浅色系列的快速染色；K 型除适用于快速染色外，还可用于涤纶的混纺、交织品；UN－SE 用于中深色泽)，耐晒牢度优异的 Dianix AM 系列(为汽车装饰织物专用染料)，适于涤纶混纺品的 Dianix CC 型(配伍性好的中温型染料，用于快速浸染及连续染色)，Dianix E－PLUS 系列(具相容性、匀染性好的特点，耐晒牢度高；适于浅色系列的快速染色)，Dianix PLUS(配伍性及匀染性好，用于超细纤维及碱减量涤纶织物的中深色泽)，Dianix Luminous/Brilliant 荧光系列，高耐洗牢度 Dianix XF/SF 系列等。

**2. 亨兹曼(Hunstman)分散染料(原汽巴精化分散染料)** 汽巴精化(Ciba Special Chemicals)是世界两大专用化学品公司之一，由原瑞士汽巴—嘉基(Ciba - Geigy)公司分离而来。2006 年美国亨兹曼(Hunstman)公司收购了 Ciba 的全球纺织染料业务。目前 Hunstman 公司的分散染料品种主要包括 Terasil X、P、W/W - EL、SD 等系列(X 型用于涤纶和醋酯纤维印花，P 型用于涤纶印花，W 型用于涤纶及其混纺品的浸染和连续染色，SD 型用于快速染色)，Cibacet EL(用于醋酯纤维浸染)，Nylocet(用于锦纶印染)，Teratop HL(高耐晒牢度，汽车装饰品用染料)，Teracoton、Teracron(混纺品用染料)等。其中 Terasil W - EL 是原汽巴精化公司为涤纶与氨纶混纺品而推出的新型分散染料，在低温染色中既具有最佳的染色可靠性，又有优异的色牢度；同时 Terasil W - EL 分散染料还具有高的竭染率、匀染性和染深性，高度重现性和低沾污性。

**3. 科莱恩分散染料** 科莱恩(Clariant)是世界两大专用化学品生产企业之一，其染料业务由原瑞士山德士(Sandos)公司分离而来。Clariant 公司的分散染料主要包括 Foron、Artisil、Tecosans Forosyn SE、Printon、Transforon 等品种。Foron 系列为 Clariant 公司的主要分散染料，分为 Foron AS、RD - E/E、RD - S/S、S - WF 型。Foron AS 为高耐晒、耐热—晒分散染料，主要用于汽车和家装纺织品的印染；Foron RD - E/E 为高迁移性、匀染性染料，用于浸染坯绸及混纺品；Foron RD - S/S 为高迁移性、高升华牢度的分散染料，用于纱线以及连续轧染和印花等工艺。Artisil 主要用于醋酯纤维和锦纶的印染，Tecosans Forosyn SE 主要用于涤毛混纺品，Printon、Transforon 为转移印花专用分散染料。

**4. 日本化药公司 Kayalon 分散染料** 日本化药公司分散染料主要有 Kayalon Polyster 系列(KP，KP - MPL/ LW，KP - AWL/ FAL/ AL/ AUL)，Kayalon Microester(KM)，Kayacelon E(KYC - E)和 Kayalon Polyster DA/EC 等品种。其中 Kayalon Polyster(KP)用于常规涤纶纺织品的印染；Kayalon Polyster MPL/LW(KP - MPL/LW)为涤纶与氨纶混纺品用分散染料；Kayalon Polyster AWL/FAL/AL/AUL(KP - AWL/ FAL/ AL/ AUL)为汽车用纺织品分散染料；Kayalon Microester(KM)为超细纤维等新合纤用分散染料；Kayacelon E(KYC - E)为涤棉混纺品用分散染料；Kayalon Polyster DA 适用于醋酯纤维染色，EC 为环保系列分散染料。

**5. 日本住友公司分散染料** 日本住友公司的分散染料主要为 Sumikaron 系列，根据其印染加工温度可分为低温(E)型、中温(SE)型、高温(S)型，以及其他特殊应用品种等。其中 Sumikaron RPD 为快速染色分散染料；Sumikaron UL 为超级耐晒分散染料，主要用于汽车装饰纺织品印染；Sumikaron MF 为超细纤维及其混纺品用分散染料。

此外，国外分散染料还有其他如英国约克夏(Yorkshire)染料公司生产的 Seriline 系列，美国 IMPA Overtseas Inc. 生产的 Imperse 分散染料等。其一般分类也是按染料染色性能，尤其是染色温度、适用对象等进行分门别类。

# 第三节 分散染料的主要特性

## 一、溶解特性与染浴的稳定性

分散染料分子结构中除含有部分极性基团外，缺乏如磺酸基($—SO_3H$)等可电离的水溶性基团，因而其在水溶液中溶解度很低，属于疏水性染料。在冷水中其溶解度为0.1～32mg/L，在80℃热水中为0.2～100mg/L，在沸水或压力设备中升温至130℃时，其溶解度可增大到200 mg/L以上。在实际印染加工过程中，分散染料主要靠分散剂的分散作用，在溶液中以颗粒、晶体等形式的分散状态以及少量溶解态的形式存在。

由于在水溶液中分散染料具有较小的溶解度，因而很容易达到饱和溶解状态。当溶液温度降低或染浴中升温不均，高温部位染液向低温部位流动时，溶液或溶液局部将出现过饱和现象，溶解态的染料将以染浴中呈分散状的染料颗粒或晶体为核心发生结晶增长，或直接结晶析出，从而对染色带来不良影响。有些分散染料还具有多种晶型(如$\alpha$、$\beta$、$\gamma$、$\varepsilon$等)，在高温染浴中往往会发生晶型转变，从而将影响到分散染料的使用性能及染色效果。此外，部分分散染料在染色纤维上也有不同的结晶形态，其结晶形态的变化，往往也影响染料在纺织品上的牢度和色光。

染浴中分散体系的稳定性，尤其是体系的高温稳定性，是影响分散染料印染加工的重要因素之一。而分散染料在商品化加工过程中的粒径、晶型、分散剂类型和用量等对获得良好的分散体系，通常起着重要作用。

## 二、升华牢度

分散染料是一类疏水性较强的非离子型染料，其分子结构简单，相对分子质量较小，饱和蒸气压较高。分散染料在加热至150～250℃时可直接由固态变成气态，具有典型的升华(sublimation)特性。分散染料的升华特性可用其饱和蒸气压的高低来表征，染料的饱和蒸气压越高，染料越易升华，若饱和蒸气压越低，染料则不易升华。

分散染料的升华特性与其升华牢度相关。容易升华的分散染料在纺织品加工或服用过程中的升华牢度就较差，其耐干热性不佳。经其染色或印花的产品在热定形或其他后整理加工中，易发生干热变色、褪色或沾色等牢度问题。通常需预定形的色织产品，尤其是深浓色品种，为避免干热褪色或沾色，对分散染料的耐升华特性要求较高；而匹染素色产品以及浅淡色品种等由于不存在热定形沾色问题，对染料的升华牢度要求相对较低。

染料的升华牢度与其分子之间的作用力大小有关。染料与纤维或染料分子之间的作用力越大，越不易升华，反之则升华牢度不高。分散染料相对分子质量和分子的极性决定了染料分子间的作用力。相对分子质量越大，分子间的范德华力越大，升华牢度越高。分子的极性取决于分子的偶极矩，偶极矩越大，分子间的库仑力越大，对升华牢度的提高起重要作用，分子中引入的取代基的极性对升华牢度的提高也有重要影响，取代基的极性越大，极性取代基越多，升华牢度也越高。

分散染料的升华牢度通常可用 180℃、30s 试验后的原样变化和沾色的级数来表示，其中 5 级最好，1 级最差。此外也可用染色品上染料开始升华的温度来表征。

## 三、染色特性

### （一）提升力（building up）

提升力是分散染料的重要染色特性之一，表征染料在印染加工时，随染料用量的逐步增加，纺织品上得色深度相应递增的程度。提升力高的染料，纺织品上得色深度随染料用量的增加呈比例增加，表现出较好的染深性；染料提升力差，其染深性不佳，当达到一定的得色深度时，纺织品上的得色量不再随染料用量的增加而增加。

不同品种的分散染料，其提升力存在较大差异。因而加工深浓色泽时需选用提升力高的染料，鲜艳的浅淡色泽可选择提升力低的品种，在达到加工目的的同时，也具有节能减排降耗的效果。

分散染料的提升力可采用规定条件下，纺织品上最高得色率时所用染料浓度来表征（%；g/L），其具体评价方法执行 GB 2397—80 国家标准。

### （二）分散稳定性（dispersing stability）

通常含分散染料的染液实质上是一种胶体溶液，其体系的分散稳定性在纺织品的印染加工中具有重要意义。通常分散染料的粒度分布遵循二项式展开形式，平均值往往要求在 0.5～1μm。高品质的商品分散染料粒径大小十分接近，粒度分布集中，其分散体系稳定性好；粒度分布差的染料，体系含有大小不等的粗粒，体系分散稳定性变差，也容易出现微小粒子重结晶和结晶增长现象，甚至出现絮凝，导致染料析出、沉积在染色机内壁以及纺织品表面，使染料上染速率减慢，匀染性变差，得色量降低，产生色点疵病等。

溶液中足够浓度的分散剂对染料分散体系的稳定性起重要作用。分散剂通过分散、增溶等作用，使染料粒子彼此不易靠近，防止了其相互聚集或结块成团。尤其是阴离子型分散剂，更有利于提高分散体系的高温分散性，对提高染色品品质具有重要作用。此外影响分散染料分散体系稳定性的因素还包括染液温度、泵速、pH 值、助剂、配液时间等。

目前在实际生产中常用滤纸法和染色法来评定染料分散体系稳定性的优劣。

### （三）扩散性（characteristics of diffusion）

染料在纤维内部的扩散阶段是染色速率的决定阶段，因而染料在纤维内的扩散性能直接影响到染料染色及工艺条件的确定。对采用分散染料进行印染加工的疏水性纤维而言，纤维链段运动及染料在纤维内的扩散能阻对温度最为敏感，因而温度是影响分散染料对疏水性纤维染色的重要因素。此外，不同结构的分散染料，其扩散性能也有较大差别。通常分子结构小、相对分子质量低的低温型分散染料具有最好的扩散性能，其次为中温型分散染料，而高温型分散染料的扩散性能最差，需在较高温度条件下才能获得满意的印染加工效果。

准确测定分散染料的扩散系数比较复杂，一般采用扩散层数来衡量和相对比较各商品染料的扩散性能，以作为拼色（配色）时染料选用的依据。

**(四)遮盖性(遮盖力,hiding power)**

染料的遮盖性是指纺织品经印染加工后,上染染料对其织疵或因纺丝工序所造成的纤维染色性能差异等所形成的"经柳"、"横档"类疵病的掩盖能力。染料的遮盖性通常由染料结构及其对纤维的亲和力来决定。通常分子结构复杂、相对分子质量大的分散染料对纤维的亲和力高,初染速率快,而在纤维内相扩散性差,移染性不良,因而多数对色档等疵病的遮盖性不佳。而分子结构简单、相对分子质量低、升华性能较好的中/低温型分散染料,往往对涤纶、醋酯纤维、锦纶织物具有良好的遮盖性,尤其是对锦纶纺织品,分散染料具有弱酸性和中性染料无法比拟的优良遮盖能力。

分散染料的遮盖性能可按灰色样卡标准评级,其中 5 级为最好,1 级为最差。

**(五)酸碱稳定性(stabilities in acid - base conditions)**

根据分散染料分子结构及其所含极性基团的不同,不同品种分散染料对酸碱的稳定性有较大差异。因而染浴 pH 值的变化将可能导致不同的染色结果,如引起纺织品的得色量变化,或引起色变等。分散染料通常在弱酸性介质中(pH=4~6)处于最稳定的状态。

从化学结构类型上看,一般蒽醌类分散染料对 pH 值具有较好的稳定性,而偶氮类的部分品种则对碱十分敏感,且不耐还原作用。而带有酯基、酰氨基、羟基、氰基等极性基团的分散染料,在碱性条件下易发生水解,使染料的染色性能及色泽受到影响。近年来,为满足涤/棉等混纺、交织织物采用分散/活性染料同浴浸染、轧染、同浆印花,以及涤纶碱性染色的需要,各国染料厂商又推出了耐碱型分散染料,如 DyStar 公司的 Dianix AD 型分散染料等。

# 第四节 偶氮型分散染料

## 一、偶氮型分散染料的结构特点

偶氮分散染料是分散染料的最主要类型,因为相对分子质量不能太大,所以主要为单偶氮染料,也有一些双偶氮染料。偶氮染料占分散染料总量的 60%以上。其中单偶氮类占分散染料总量的 50%,双偶氮类占 10%左右。单偶氮类分散染料又主要以偶氮苯系染料为主(占单偶氮类总量的 90%左右),其次为杂环偶氮染料(约为单偶氮类总量的 10%),一般不含萘环。单偶氮分散染料分子结构简单,相对分子质量低(一般为 350~500),不含—$SO_3H$、—COOH 等离子型基团,而含有一定数量的非离子型亲水基,如烷氨基、羟基、酰氨基、偶氮基、甲氧基、乙氧基、硝基、酯基、羰基等极性基团。通常单偶氮类分散染料由重氮组分和偶合组分经重氮化偶合反应合成。一般单偶氮苯系分散染料的结构通式可用下式表示:

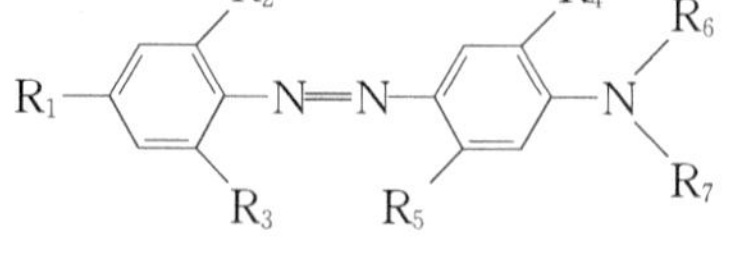

$R_1$、$R_2$、$R_3$—C₆H₂—N=N—C₆H₂($R_4$、$R_5$)—N($R_6$)($R_7$)

重氮组分 A ⟶ 偶合组分 E

通常重氮组分为含有吸电子基($R_1$、$R_2$、$R_3$)如—$NO_2$、—CN、—Cl、—Br、—H 等的芳胺,$R_1$

常为硝基；而偶合组分多为 *N*－羟乙基苯胺、*N*－氰乙基苯胺或 *N*－乙酸乙酯基苯胺等苯胺衍生物，其中 $R_4$、$R_5$ 多为—H、—$CH_3$、—$OC_2H_5$、—$NHCOCH_3$ 等供电子取代基。

单偶氮杂环类分散染料在染料的重氮组分或偶合组分中采用了杂环结构，如在重氮组分采用噻吩（thiophene）、噻唑（thiazole）、硫二唑结构（1，3，4 － thiadiazole）、苯并噻唑(benzothiazole)、萘二酰胺结构等，或在偶合组分中采用喹啉酮(quinolinone)、吡唑(pyrazole)、吡啶酮(pyridone)、嘧啶(pyrimidine)、二氨基吡啶(pyridinediamine)结构等。例如下面的染料：

噻吩结构的亮红分散染料

噻唑结构的亮蓝分散染料

硫二唑结构的艳红色分散染料

苯并噻唑结构的大红色分散染料

萘二酰胺结构的大红色分散染料

含喹啉酮结构的黄色分散染料

含吡唑结构的黄色分散染料

含吡啶酮结构的黄色分散染料

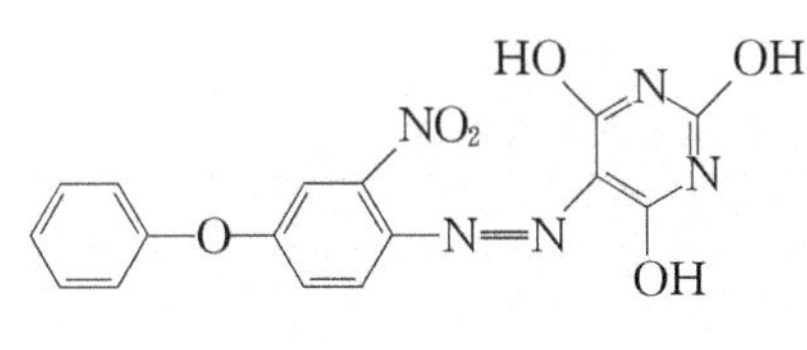


含嘧啶结构的黄色分散染料

含二氨基吡啶结构的橙色分散染料

杂环偶氮染料由于杂原子的引入，共轭体系(conjugated system)发色强度高，色光鲜艳，且部分品种具有荧光特性，耐光及升华牢度优良。通常杂环类偶氮染料具有优良的拔染性(discharging properties)，是涤纶类纺织品拔染印花中重要的地色染料。近年来，杂环偶氮分散染料的发展非常迅速。

## 二、偶氮型分散染料的化学结构与颜色

从色谱上看，偶氮分散染料尤其是占主要比重的单偶氮分散染料，主要以黄、橙、红等浅色系列为主，以及少量的蓝色和棕色品种。单偶氮分散染料的共轭体系是用偶氮基连接两个苯环组成的，共轭体系相近且很短，要得到较深的颜色主要依靠结构中供电子基团和吸电子基团的协同作用，染料发生深色效应，才能得到较深的颜色。

重氮组分上吸电子取代基对染料颜色的增深程度随取代基种类、数目、吸电子能力、取代位置及空间位阻的不同而变化。一般而言，在无空间位阻或空间位阻较小的情况下，重氮组分上吸电子取代基数目越多、吸电子能力越强，对染料颜色的增深效应就越显著；而且当吸电子取代基位于偶氮基对位时，效果最显著。常见吸电子取代基的增深效应顺序为：$—NO_2>—CN>—\overset{\overset{\displaystyle O}{\|}}{C}—CH_3>—Cl>—H$。一般单偶氮分散染料的重氮组分中偶氮基的对位常引入强吸电子的硝基。

在单偶氮苯系分散染料结构中，重氮组分的偶氮基对位为硝基时，染料多为橙色；如在偶氮基邻位再增加一个氰基，则染料增深为红色或紫色；如两邻位都为氯原子时，染料多为棕色；如其邻位的一个或两个取代基为氰基时，染料则多为蓝色。而且在重氮组分中引入取代基—Cl、—Br 等后，还可明显提高染料的亮度或明度。

在杂环偶氮分散染料结构中，当重氮组分的杂环上引入吸电子取代基后，其深色效应更为显著。

当重氮组分为氨基苯并噻唑衍生物杂环化合物时，不同吸电子取代基(R)对染料颜色的增深效应为：

(6-R-苯并噻唑-2-基)—N=N—$C_6H_4$—$N(CH_3)_2$

R：$—NO_2>—CN>—SCN>—CH_3>—OCH_3$

此外，偶合组分中的取代基对偶氮染料的颜色也会产生一定影响。在偶氮苯系分散染料偶合组分的氨基邻位或间位引入供电子基时，可产生深色效应；吸电子基则产生浅色效应，而且间位的影响比邻位更明显，其效应正好与位于重氮组分时相反。同样，改变偶合组分氨基上的取代基，也会对染料产生深色或浅色效应。各类取代基的影响如表 12－2 所示。

**表 12－2　偶合组分中取代基对偶氮分散染料颜色的影响**

| $O_2N$—$C_6H_3(SO_2CH_3)$—N=N—$C_6H_2(R_4)(R_5)$—$N(C_2H_4OH)_2$ | | | | | $O_2N$—$C_6H_3(Cl)$—N=N—$C_6H_4$—$N(CH_2CH_2R_6)(CH_2CH_2R_7)$ | | | | | |
|---|---|---|---|---|---|---|---|---|---|---|
| $R_4$ | H | $OCH_3$ | H | $OCH_3$ | $R_6$ | CN | CN | CN | Cl | OH |
| $R_5$ | H | H | $NHCOCH_3$ | $NHCOCH_3$ | $R_7$ | OH | CN | H | H | H |
| $\lambda_{max}$/nm | 527 | 545 | 547 | 580 | $\lambda_{max}$/nm | 451 | 474 | 499 | 504 | 525 |
| 颜色 | 红紫 | 红紫 | 红紫 | 紫 | 颜色 | 橙 | 橙 | 紫红 | 紫红 | 紫 |

若共轭体系中有较大体积的取代基引入时，所产生的空间位阻效应将直接影响到共轭体系中电子云的共平面性，从而导致浅色效应。由于偶氮基对位硝基的位阻较大，重氮组分的第二和第三个取代基常位于偶氮基的邻位，而不是硝基的邻位。重氮组分中取代基对颜色的影响见表 12－3。

**表 12－3　重氮组分中取代基对染料颜色的影响**

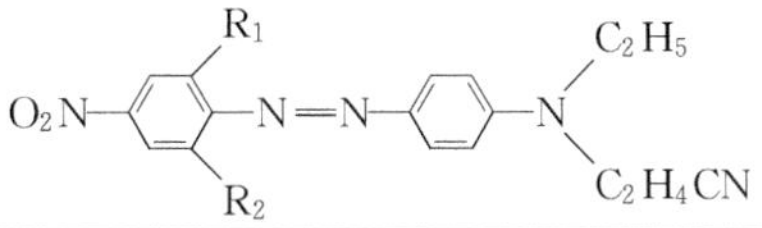

| $R_1$ | H | $NO_2$ | CN | CN |
|---|---|---|---|---|
| $R_2$ | H | Br | Br | CN |
| $\lambda_{max}$/nm | 453 | 498 | 506 | 540 |

氰基为棒状结构，位阻效应较小，其深色效应高于位阻效应较大的硝基。

同样，在偶合组分的氨基邻位有较大体积的供电子取代基时，氨基氮原子的孤对电子与苯环上电子云的重叠性变差，其深色效应亦减弱，见表 12－4。

**表 12－4　偶合组分中取代基的空间位阻效应对染料颜色的影响**

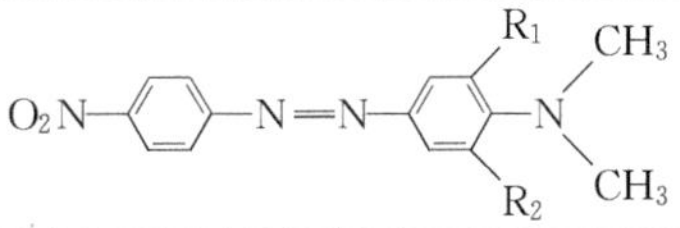

| $R_1$ | H | H | $CH_3$ |
|---|---|---|---|
| $R_2$ | H | $CH_3$ | $CH_3$ |
| $\lambda_{max}$/nm | 475 | 438 | 423 |

综上所述，由于偶氮结构的吸收强度（$\varepsilon_{max}=10^4\sim1.5\times10^4$）比蒽醌结构（$\varepsilon_{max}=3\times10^3\sim4\times10^3$）大得多，色谱齐全，颜色鲜艳，在结构紧密的聚酯纤维上匀染性好，提升力和染着率高，合成方便，成本较低，因而其发展迅速，占据了分散染料的绝大部分。而杂环偶氮分散染料，其吸收强度（$\varepsilon_{max}>6\times10^4$）又远比一般偶氮染料结构还要高，具有显著的增深效应，可制得一系列高强度染料，而且其染色性能优良，因而近年来有较大发展。

## 三、偶氮型分散染料的结构与牢度性质

在偶氮分散染料的化学结构中，重氮组分是影响其颜色的主要因素，而偶合组分结构则对其牢度性质起到重要作用。此外，重氮组分中的取代基也对其牢度性质产生一定影响。对偶氮分散染料尤其是单偶氮分散染料，其主要牢度有升华牢度（fastness to sublimation）和耐光牢度（fastness to light）等。

### （一）化学结构与升华牢度

经分散染料印染加工的涤纶或醋酯纤维等纺织品在热定形、其他后整理以及服用熨烫过程中，常会因染料升华而导致原样变色或沾色等引起质量问题，因而对分散染料本身耐干热的升华牢度性质，在实际生产中尤其在分散染料的热熔法染色加工过程中，提出了更高要求。

单偶氮分散染料大都由偶氮基连接两个苯环而成，其相对分子质量相差较小。此外染料的重氮组分一边常引入吸电子基团，而在偶合组分一边都含有取代氨基等供电子基团，分子本身的偶极矩较大，进一步提高分子极性的可能性较小，因此单偶氮分散染料的升华牢度主要取决于染料分子中引入的极性取代基的极性大小和数量。表 12－5 表示染料中 $R_6$ 和 $R_7$ 对染料升华牢度的影响。

**表 12－5　苯系单偶氮分散染料偶合组分中取代基对升华牢度的影响**

Cl　　$CH_2CH_2R_6$

$O_2N$—⟨苯环⟩—N═N—⟨苯环⟩—N

$CH_2CH_2R_7$

| $R_6$ | H | H | $OCOCH_3$ | OH | CN |
|---|---|---|---|---|---|
| $R_7$ | H | CN | CN | CN | CN |
| 耐升华牢度/级 (210℃，30s) | 1－2 | 2－3 | 4 | 4－5 | 4－5 |

由表 12－5 可见，在染料偶合组分中引入吸或供电子等极性基团后，染料的耐升华牢度相应提高，尤其是氰基的引入。此外，在偶合组分氨基的间位或邻位引入乙酰氨基或甲氧基、乙氧基等供电子基也能提高染料的升华牢度。因而对单偶氮苯系分散染料，其偶合组分中取代基的极性与升华牢度通常遵循以下规律：$(R_6=R_7=CN)\approx(R_6=OH, R_7=CN)>(R_6=OCOCH_3, R_7=CN)>(R_6=H, R_7=CN)>(R_6=R_7=H)$。

对杂环单偶氮分散染料的研究表明，其升华牢度与分子结构具有类似关系。随着偶合组分杂环上取代基的极性和相对分子质量增大，其升华牢度得到明显提高和改善。

此外，重氮组分中吸电子基的引入，也可通过增加取代基的极性，对染料的耐升华性产生影响。如表 12－6 所示，随着重氮组分中偶氮基邻位取代基(R)极性的增强，染料的升华牢度也相应提高。

**表 12－6　重氮组分中吸电子基对染料升华牢度的影响**

R　　$C_2H_5$

$O_2N$—⟨苯环⟩—N═N—⟨苯环⟩—N

$C_2H_4CN$

| R | H | $CH_3$ | $OCH_3$ | Cl | $NO_2$ | CN |
|---|---|---|---|---|---|---|
| 耐升华牢度/级(210℃，30s) | 2 | 2 | 2－3 | 3 | 3－4 | 4 |

其中取代基(R)对染料升华牢度的影响程度为：$—NO_2\approx—CN>—Cl\approx—OCH_3>—H\approx—CH_3$。

综上所述，为获得满意的升华牢度，通常在偶氮染料结构中尤其是偶合组分中引入极性基团，以增强分子极性或相对分子质量来提高其耐干热特性。然而，若取代基极性过大，数目过多，尤其在重氮组分中，不但难于获得所需的色泽，而且也影响染料的染色性能。如引起染料对疏水性纤维亲和力的降低；相对分子质量过大，还会影响染料在纤维中的扩散。因而增加分子极性和相对分子质量都有一定限度。

另外,偶氮分散染料的升华性能还与染料物理性质如颗粒大小、结晶形态、在纤维上的分布状态、浓度、染后处理、整理助剂等有关。一般而言,偶氮类分散染料的升华牢度要优于蒽醌类分散染料。

**(二)染料结构与耐光牢度**

染料在纤维上的光褪色作用是一个非常复杂的光氧化反应过程,除与染料本身化学结构有关外,还与染料在纤维内的聚集状态、所染纤维的结构与性质、纤维上染料浓度、大气组分及光照条件等有关。

在大气条件下,偶氮染料在纤维上的光氧化机理主要包括以下反应:电子云密度较高的偶氮基在光催化下,首先与氧生成氧化偶氮化合物,然后再进行瓦拉希(Wallach)重排,生成羟基偶氮染料,然后进一步发生水解反应,生成醌和肼衍生物。产物醌和肼衍生物还将进一步反应生成小分子物。如:

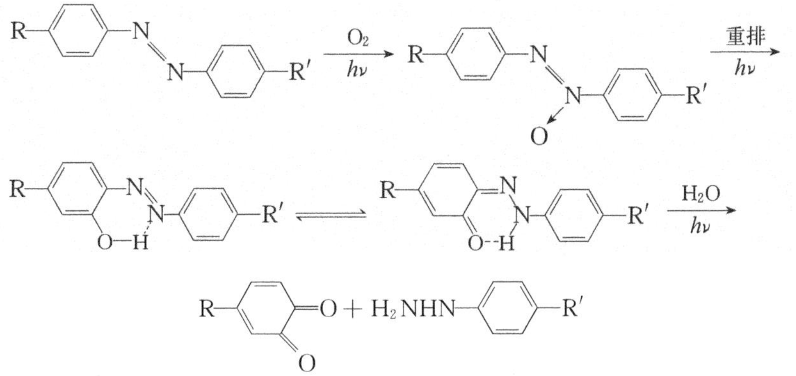

由于偶氮染料的光褪色主要为其共轭体系中偶氮基上的氧化反应,因而偶氮基氮原子上的电子云密度越高,染料就越易受光氧化作用而褪色。故无论在苯系偶氮染料的重氮组分或偶合组分的苯环上引入供电子基(如—$OCH_3$、—$OCH_2CH_3$ 等)都会导致染料耐光牢度下降;而引入吸电子基(重氮组分中偶氮基的邻位—$NO_2$ 例外),由于可有效降低偶氮基上电子云密度,其耐光牢度可明显提高,尤其是在重氮组分中。在重氮组分结构中,通常随吸电子取代基(R)的吸电子能力增强,染料的耐光牢度提高,如下例中其顺序大致为:

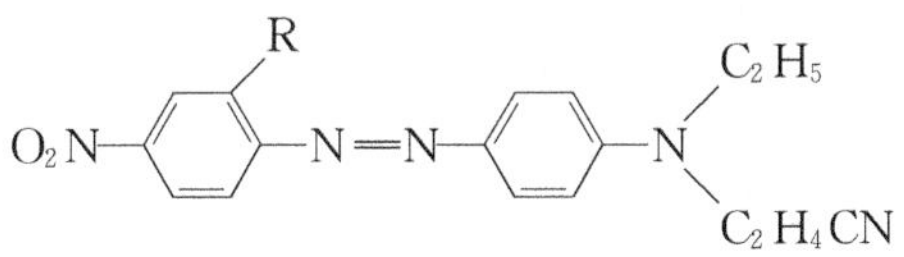

R:—CN>—Cl>—H>—$CH_3$>—$OCH_3$>—$NO_2$

硝基为强吸电子基,但却使染料的耐光牢度降低,可能是由于邻位硝基的强氧化性,加速了偶氮基的氧化的缘故。

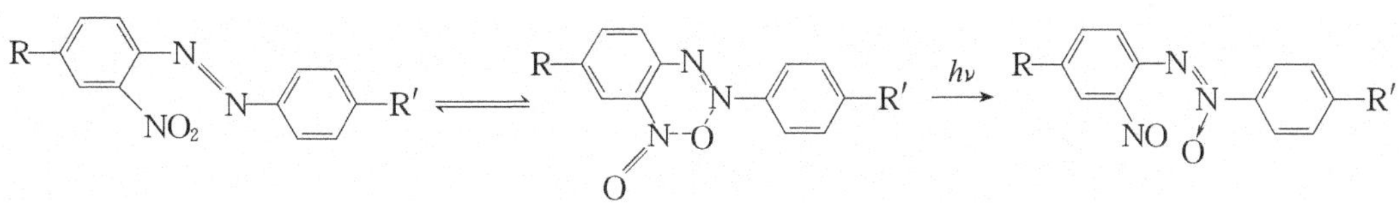

在偶合组分中，氨基氮上孤对电子云密度的高低，对染料耐光牢度也产生很大影响。当取代氨基上引入供电子基如—OH、—$C_2H_5OH$ 时，氨基氮上电子云密度增大，其耐光牢度下降，当取代氨基上引入吸电子基(如氰基)时，其耐光牢度增加明显，见表 12－7。

**表 12－7　偶合组分的氨基取代基对染料耐光牢度的影响**

$$O_2N-C_6H_3(Cl)-N=N-C_6H_4-N(CH_2CH_2R_6)(CH_2CH_2R_7)$$

| $R_6$ | OH | OH | H | $OCOCH_3$ | CN |
|---|---|---|---|---|---|
| $R_7$ | H | CN | CN | CN | CN |
| 耐光牢度/级 | 3 | 4－5 | 6 | 7 | 7 |

当重氮组分为杂环时，染料的耐光牢度一般都较高；如杂环上再引入吸电子取代基时，其耐光牢度将更高。

总之，对偶氮分散染料，无论是在重氮组分或偶合组分上，引入吸电子基通常都可提高染料的耐光牢度。但偶合组分上强吸电子基(—CN 例外)的引入，将导致浅色效应，并使偶合反应变得难以进行。因而，多数情况下是在重氮组分上引入强吸电子基，在提高耐光牢度的同时，也可起到深色效应。

# 第五节　蒽醌型分散染料

## 一、蒽醌型分散染料的结构特点和分类

蒽醌型分散染料占商品分散染料总量的 25%左右，是仅次于偶氮类的第二大类分散染料。其色谱主要包括红、紫、蓝，色光鲜艳，尤其是蓝、翠蓝等品种。蒽醌型分散染料化学结构稳定，对化学试剂、光、热稳定性好，耐光牢度优良；同时在纤维中扩散速率快，匀染性良好。但与偶氮及杂环类相比，其发色强度较低($\varepsilon_{max}=3\times10^3\sim4\times10^3$)，提升力及升华牢度往往也不尽如人意，同时生产工艺流程较长，成本高，三废量也较大。

从结构上看，蒽醌型分散染料主要以单蒽醌类为主，相对分子质量为 250～400。蒽醌分散染料以蒽醌为发色体，分子上的取代基性质、数量、位置对染料的颜色及染色性能产生较大影响。蒽醌分散染料通常在其结构的 $\alpha$ 位至少含有两个取代基。在 $\alpha$ 位引入供电子基如氨基、羟基等具有较强的深色效应。在其 $\beta$ 位上引入吸电子基如氰基、烷氧基、芳氧基、氨基甲酰氨基、溴等，则可提高染料色泽鲜艳度及各项牢度；如引入供电子基则往往产生浅色效应，同时也影响染料的染色特性。

蒽醌型分散染料的基本化学结构通常可表示为：

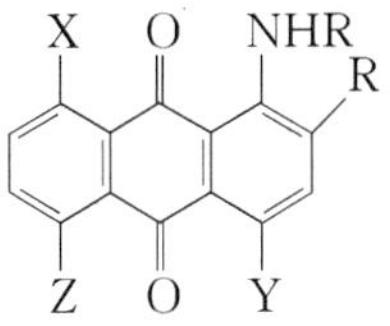

式中，X、Y、Z 为不同的取代基，如常见的—H、—OH、—$NH_2$、—$NHCH_3$ 等；常见的 R 取代基有—H、—Br、—Cl、—$OCH_3$、—$OCH_2CH_3$ 等。随引入的取代基不同，染料颜色及各项性质等都会发生变化。根据取代基的类型，蒽醌型分散染料常分为以下几大类。

**(一) 1,4 -二氨基蒽醌分散染料**

这类蒽醌分散染料可由 1 -氨基蒽醌经磺化、溴化得到溴氨酸，然后合成得到重要的红色、紫色或蓝色分散染料：

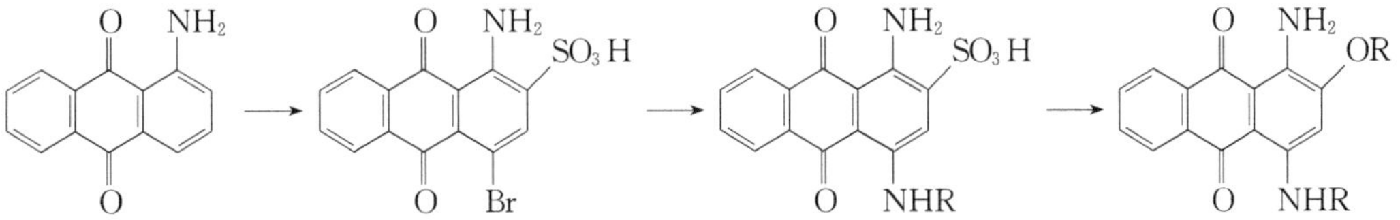

此外，也可由对氯苯酚和苯酐为原料先合成 1,4 -二羟基蒽醌，再进一步合成 1 -羟基- 4 -氨基蒽醌、1,4 -二氨基蒽醌。

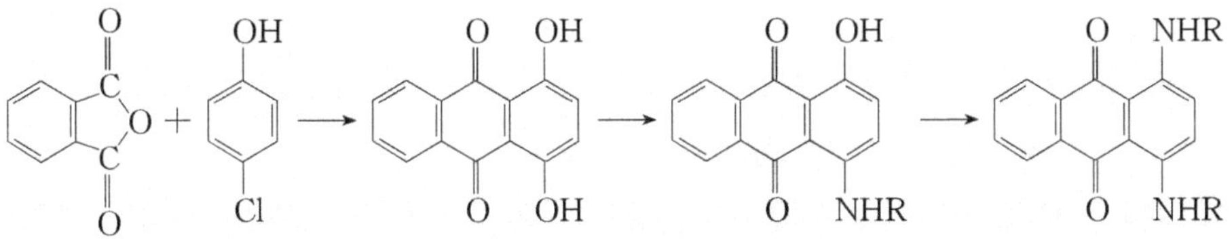

1 -羟基- 4 -氨基蒽醌　　1,4 -二氨基蒽醌

以 1,4 -二氨基蒽醌及其衍生物为结构的分散染料，大多呈紫色，个别为蓝色品种，如表 12 - 8所示。

**表 12 - 8　1,4 -二氨基蒽醌类分散染料**

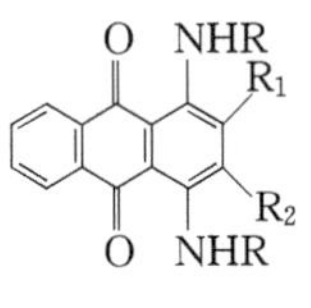

| R | H | H | H | H | H | $CH_3$ |
|---|---|---|---|---|---|---|
| $R_1$ | H | Br | Cl | $OCH_3$ | $OC_6H_5$ | H |
| $R_2$ | H | H | Cl | H | $OC_6H_5$ | H |
| 染料名称 | 分散紫 2R (C. I. 分散紫 1) | 分散紫 E - BL (C. I. 分散紫 23) | 分散紫 E - RL (C. I. 分散紫 28) | 分散紫 FF3B (C. I. 分散红 11) | 分散紫 H - FRL (C. I. 分散紫 31) | 分散蓝 B (C. I. 分散蓝 14) |

### (二)1-氨基-4-羟基蒽醌分散染料

此类染料为1-氨基蒽醌衍生物，一般在β位上引入烷基、芳基、烷芳基、烷羟基等取代基，大多为红到紫色，少数品种为蓝色，色泽较为鲜艳，见表12-9。

表12-9 1-氨基-4-羟基蒽醌分散染料

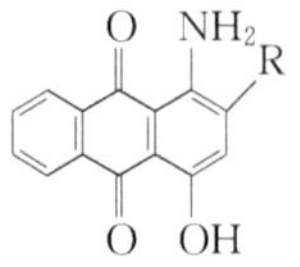

| 取代基R | H | $OCH_2CH_3$ | $OC_2H_4OC_2H_5$ | Br | 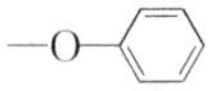 —O—C₆H₅ | $SCH_2CH_2OH$ |
|---|---|---|---|---|---|---|
| 染料名称 | 分散红2B (C.I.分散红15) | 分散红RLZ (C.I.分散红4) | 分散桃红BL (C.I.分散红59) | 分散红5B (C.I.分散紫17) | 分散红3B (C.I.分散红60) | 分散红紫E-R (C.I.分散紫36) |

这类染料常由1-氨基蒽醌经溴化得到2,4-二溴-1-氨基蒽醌，然后经水解并与酚类等缩合而成。

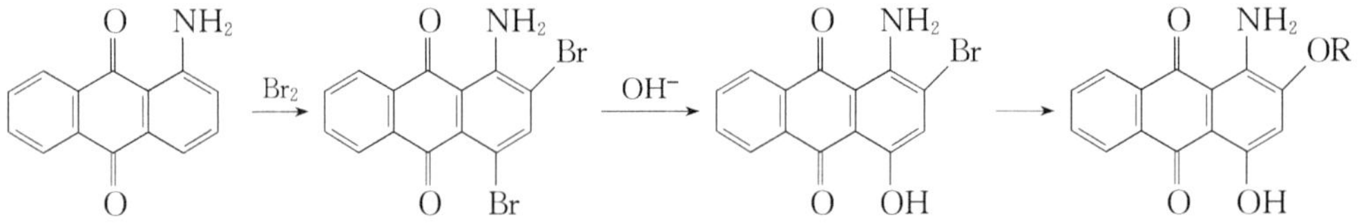

$$\text{1-氨基蒽醌} \xrightarrow{Br_2} \text{2,4-二溴-1-氨基蒽醌} \xrightarrow{OH^-} \text{1-氨基-2-溴-4-羟基蒽醌} \longrightarrow \text{1-氨基-2-OR-4-羟基蒽醌}$$

### (三)1,5-二羟基-4,8-二氨基蒽醌分散染料

此类染料由于同时引入两个氨基和两个羟基，具有显著的深色效应，大多为蓝色品种。其色泽十分鲜艳，耐光牢度中等，各项性能良好。目前国内外市场上的蒽醌类蓝色分散染料多属此类结构，如表12-10所示。

表12-10 1,5-二羟基-4,8-二氨基蒽醌分散染料

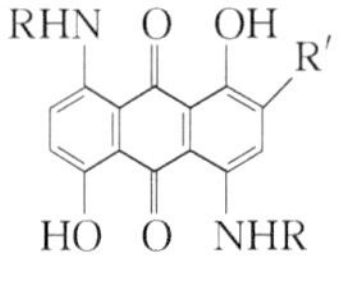

| R | $CH_3$ | H | H | H | H |
|---|---|---|---|---|---|
| R′ | H | Br | 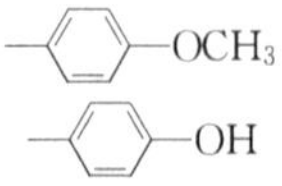 —C₆H₄—$OCH_3$<br>—C₆H₄—OH | 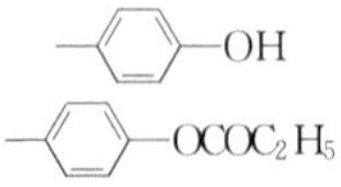 —C₆H₄—OH<br>—C₆H₄—$OCOC_2H_5$ |  —C₆H₄—$OC_2H_4OC_2H_5$ |
| 染料名称 | 分散蓝E-BR (C.I.分散蓝26) | 分散蓝2BLN (C.I.分散蓝56) | 分散蓝S-BGL (C.I.分散蓝73) | 分散蓝T-S (C.I.分散蓝158) | 分散蓝TBF (C.I.分散蓝214) |

常用蒽醌1,5-二磺酸为起始原料，其合成工艺路线如下：

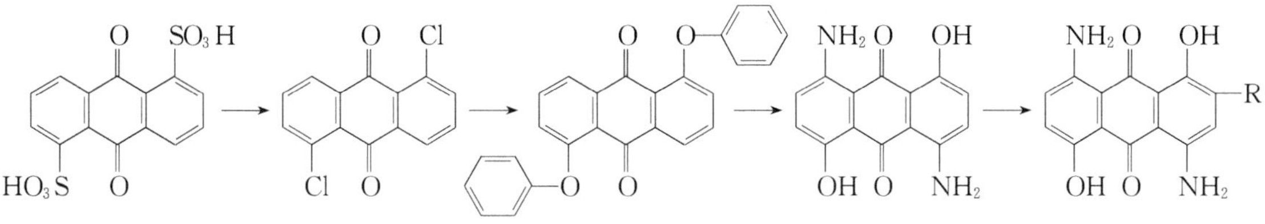

为了减少合成 α 位磺酸基时汞盐的污染，现也用 1,5 -二硝基为起始原料进行合成。

### (四)杂环蒽醌分散染料

在 1,4 -二氨基蒽醌分散染料合成过程中，当在 2,3 位引入两个羧基，经闭环后得 1,4 -二氨基蒽醌- 2,3 -二甲酰亚胺衍生物杂环蒽醌分散染料。此类杂环蒽醌分散染料为一系列的翠蓝色染料，色光鲜艳，耐升华牢度得到提高，如表 12 - 11 所示。

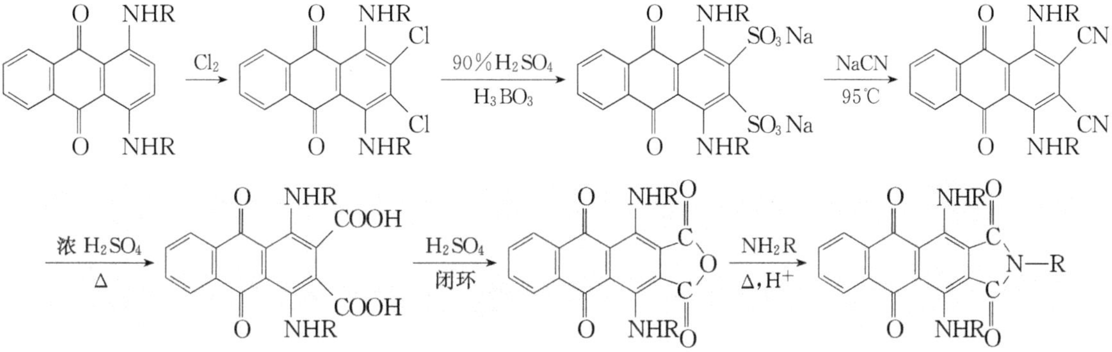

表 12 - 11 不同取代基的杂环蒽醌分散染料

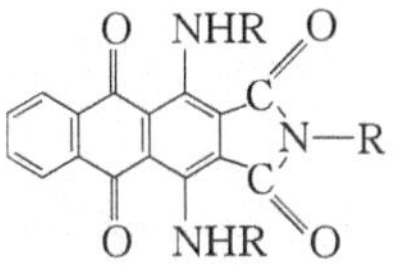

| R | $C_3H_6OCH_3$ | $CH_3$ | $C_2H_4OC_4H_9$ | $C_2H_4COOC_4H_9$ | $C_2H_4OH$ |
|---|---|---|---|---|---|
| 染料名称 | 分散翠蓝 GL<br>(C. I. 分散蓝 60) | 分散翠蓝 HBF | 分散翠蓝 BGF<br>(C. I. 分散蓝 143) | 分散翠蓝<br>(C. I. 分散蓝 175) | 分散翠蓝<br>(C. I. 分散蓝 176) |

## 二、蒽醌型分散染料的结构与耐光牢度

与偶氮及杂环非偶氮类分散染料相比，蒽醌类分散染料的耐光牢度优良，其结构中的蒽醌体系本身对光稳定性好，显示出良好的耐光特性。为获得不同色泽的品种，蒽醌分散染料合成时常在其结构中的 α、β 位上引入不同性质和数量的取代基，如接入氨基、羟基、取代氨基等。而引入的取代基，尤其是 α 位上的氨基、取代氨基，往往易受光氧化，引起染料变色或光褪色，从而降低了染料的耐光牢度。蒽醌分散染料中氨基或取代氨基数量越多，其耐光牢度就越低。通常氨基、羟基取代基致使蒽醌分散染料耐光牢度下降的顺序为：1,4,5,8 -四氨基＞1 -氨基＞1,4,5 -三氨基- 8 -羟基＞1,4 -二氨基＞1 -氨基- 4 -羟基。其中取代羟基比氨基对光氧化要稳定得多。

对 1 -氨基- 4 -羟基蒽醌分散染料，虽然氨基和羟基都是供电子基，但可能由于羟基与氨基均处于蒽醌羰基的迫位，可形成分子内氢键，体系变得更为稳定，因而其耐光牢度较好。

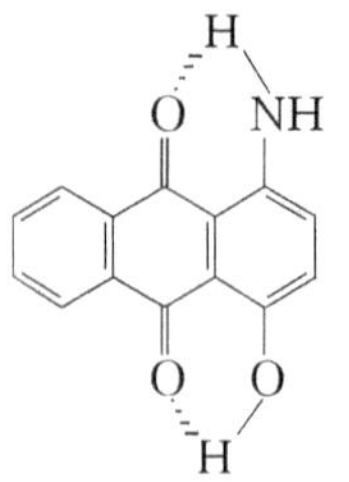

进一步的研究表明，氨基蒽醌结构上 α -氨基氮原子上电子云密度的高低是影响染料耐光牢度的主要因素。α -氨基氮原子上电子云密度越低，α -氨基受光氧化的趋势就越小，染料的耐光牢度得到提高。因而对 1 -氨基蒽醌分散染料，其 4 位上 R 取代基的供电子能力越强，同环氨基上电子云密度就越高，其耐光牢度也就越差。常见顺序为：

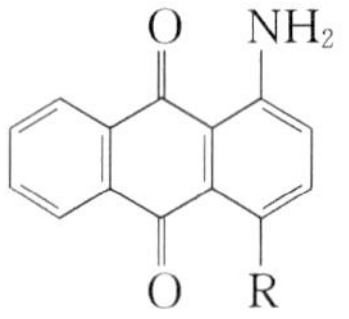

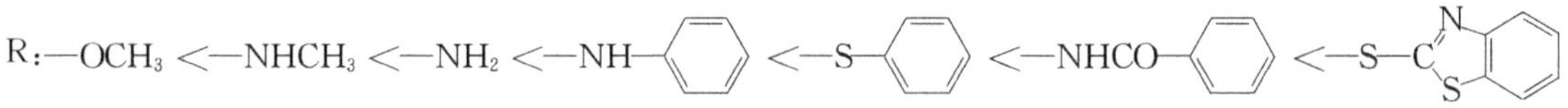

R：—$OCH_3$ <—$NHCH_3$ <—$NH_2$ <—NH—$C_6H_5$ <—S—$C_6H_5$ <—NHCO—$C_6H_5$ <—S—(苯并噻唑-2-基)

同时当氨基蒽醌结构中氨基被吸电子基取代后，可有效降低氨基氮原子上的电子云密度，使染料的耐光牢度提高。同样 β 位上引入吸电子基如—Cl、—Br、—$CF_3$ 等，也使染料的耐光牢度得以提高，如表 12 - 12 所示。

**表 12 - 12　蒽醌结构上取代基对染料耐光牢度的影响**

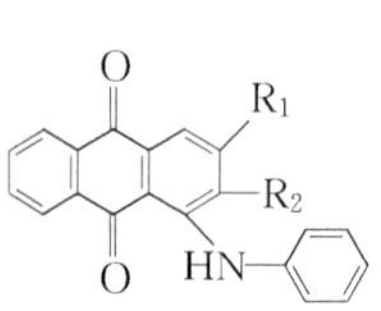

| $R_1$ | H | Cl | Br |
|---|---|---|---|
| $R_2$ | H | Cl | H |
| 耐光牢度/级 | 4 - 5 | 6 | 6 |

此外，蒽醌型分散染料的耐光牢度跟所染纤维也存在很大关系，一般同一染料在不同纤维上的耐光牢度大小顺序为：涤纶>醋酯纤维>锦纶。

## 三、蒽醌型分散染料的结构与升华牢度

与偶氮类分散染料相比，蒽醌型分散染料分子中 α 位的羟基和氨基与迫位羰基形成内氢

键，大大降低了分子的极性，因此其升华牢度一般较偶氮类低。在实际生产应用中，蒽醌类分散染料的升华牢度一直是分散染料选用中引起关注的主要问题之一。

蒽醌型分散染料的分子偶极矩很小，此外 $\alpha$ 位的取代基与羰基形成氢键，这些取代基本身的极性也随之下降。通常蒽醌型分散染料主要靠提高相对分子质量来增加分子间作用力使其升华牢度得以改善。$\beta$ 位引入取代基的极性对染料的升华牢度也有一定影响。

Müller 对 1－氨基蒽醌类衍生物结构中氨基取代基($R_1$)、$\beta$ 位上取代基($R_2$)、4 位上取代基($R_3$)的性质及分子间作用对升华牢度的影响作了探讨，结果如表 12－13 所示。

**表 12－13　1－氨基蒽醌结构中氨基取代基($R_1$)、$\beta$ 位上取代基($R_2$)、4 位上取代基($R_3$)对染料升华牢度的影响**

O　$NHR_1$

$R_2$

O　$R_3$

| $R_1$ | $H/-C_6H_5$ | $—CH_2CH(CH_3)CN$<br>$—OCH_3$<br>Br<br>—Br<br>Br | $NHCOC_2H_5$<br>$—NHCOCH_3$ | H | H |
|---|---|---|---|---|---|
| $R_2$ | H | H | H | $H/Br/-OCH_3$ | —O—<br>—O—　—$SCH_3$ |
| $R_3$ | OH | OH | OH | OH | OH |
| 耐升华牢度/级 | 1－2 | 2－3 | 4－5 | 1－2 | 2－3 |

| $R_1$ | H | H | H | H |
|---|---|---|---|---|
| $R_2$ | $SO_2NH(CH_2)_3OC_2H_5$<br>O | H | H | H |
| $R_3$ | OH | $NH_2/NHCH_3$ | —NH—<br>—S— | —NHCO—<br>—S—C（N, S） |
| 耐升华牢度/级 | 4－5 | 1－2 | 2－3 | 3－4 |

随着结构中取代基($R_1$、$R_2$、$R_3$)相对分子质量的增加,其升华牢度得到明显改善。其中—OH、—$NH_2$ 等取代基团的极性虽然比芳基强,但由于可与邻位蒽醌羰基形成分子内氢键,同时其对染料相对分子质量增加较少的缘故,致使染料的升华牢度较低。

此外,对 1,5-二羟基-4,8-二氨基蒽醌类蓝色分散染料,通常在 β 位上引入较大取代基,或在两个 β 位上闭环形成杂环等措施来增加分子内聚能,达到提高升华牢度的目的,如下所示:

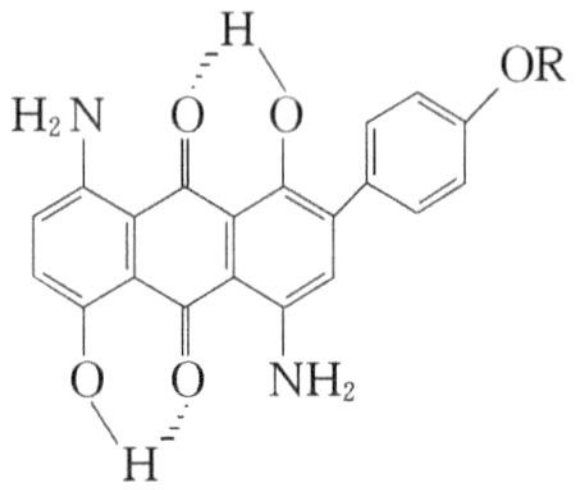

(R=H,—$CH_3$,—$COCH_3$) 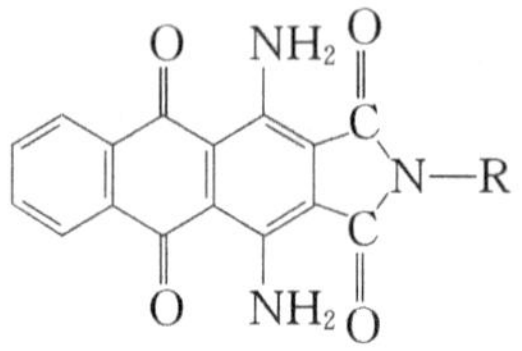　　[R=—$CH(CH_3)_2$,—$CH_2CH_2OH$,—$CH_2CH_2CN$]

然而随着取代基结构、数目及极性的增加,染料分子结构扩大,尤其是分子极性增强,通常会引起染料色泽改变,降低染料在疏水性纤维上的亲和力和上染率,以及染料在纤维内相中的扩散性等,使染料对纤维的染色性能发生改变。在商品染料生产过程中,通常可根据不同需求,通过上述途径设计、合成适合于不同升华牢度要求及用途的蒽醌型分散染料。

此外,蒽醌型分散染料的升华牢度还与所染纤维性质,染料颗粒大小、晶型,染料对纤维结合力的强弱,染料分布状态,透染程度以及色泽浓淡等有关。

## 四、蒽醌型分散染料的结构与耐烟气牢度

随着工业前进步伐的加快,空气污染日益严重。大气中的氮氧化物以及碳氢化合物等含量大量增加,如 NO、$NO_2$、$SO_2$、$O_3$、$SO_3$、HCl、$H_2SO_4$、CO、$CO_2$,这些成分往往对经分散染料印染加工的纺织品牢度造成影响,尤其是大气中的氮氧化物极易引起印染纺织品褪色。因而分散染料尤其是蒽醌型分散染料的耐烟气牢度(fastness to flue-gas fading) 越来越受到重视。

通常经印染加工后的涤纶或醋酯纤维等纺织品,在贮藏或服用过程中,大气中的氮氧化物(如 $N_2O_3$)常对氨基蒽醌染料结构中的氨基或其取代氨基发生重氮化或亚硝化亲电反应,从而引起染料分解变色甚至褪色,使其耐烟气牢度降低。与影响蒽醌分散染料耐光牢度的因素一样,结构中氨基氮原子上电子云密度的高低,也对染料的耐烟气牢度产生影响。一般而言,在蒽醌体系中引入吸电子基,如—$CF_3$、—CN、—$NO_2$ 等,可有效降低氨基氮原子上的电子云密度,抑制氨基的重氮化或亚硝化,使其耐烟气牢度得到改善和提高。此外,也可对氨基蒽醌结构中的氨基进行取代,引入极性基团,使染料的耐烟气牢度得到改进,同时也可提高其升华牢度,如 C. I. 分散蓝 23:

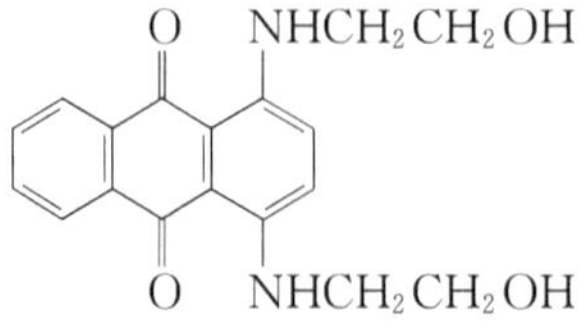

用能与 $N_xO_y$ 等发生反应的物质如 $N,N'$-二苯基-1,6-二甲基二胺等抑制剂，防止织物与烟气接触，从而也可提高染色物的耐烟气褪色牢度。

# 第六节　生态环保及其他新型分散染料

## 一、分散染料的生态环保问题以及禁用及限用分散染料的代用

根据德国政府及国际生态纺织品研究和检验协会(International Association for Research and Testing in the field of Textile Ecology)颁布的 Oeko-Tex Standard 100 中相关条文，生态环保染料应不含有(或经裂解生成)被禁用致癌芳香胺；而且染料本身无致癌性、过敏性或急毒性；不含环境激素；可萃取的重金属含量在规定范围内；不产生污染环境的化学物质等。除此之外，生态环保分散染料还必须在染色性能(包括色光及鲜艳度、上染率、提升力、匀染性、重现性等)、牢度性能、简化应用工艺条件和成本等达到和超过被禁用染料。因而分散染料的生态环保问题主要指部分分散染料与环境和生态保护之间存在的不相适应之处，如部分分散染料含(或经还原分解时产生)游离致癌芳香胺，部分品种本身具有过敏性，不少产品存在环境 AOX 问题，或由于印染加工过程中热处理导致的牢度降低等。

致癌分散染料在未经还原等化学变化即能诱发人体癌变，其在纺织品上绝对禁用。在目前市场上已知的 11 种致癌染料中，分散染料占 2 种，分别为 C. I. 分散蓝 1 和分散黄 E-G (C. I. 分散黄 3)，而且都包括在 Oeko-Tex Standard 100(2000 年版)列出的 7 种致癌染料之列。

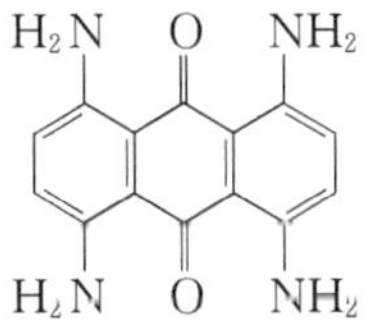

C. I. 分散蓝 1

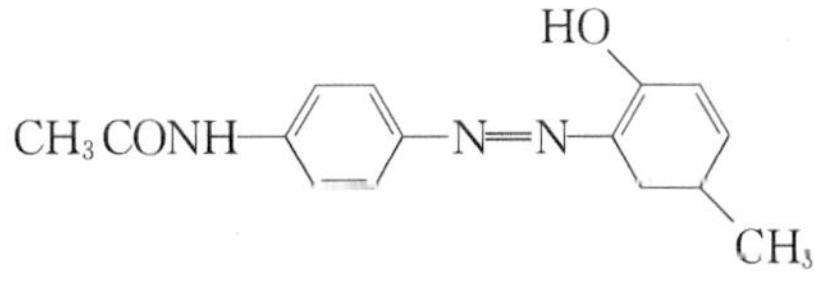

分散黄 E-G

同时根据德国政府与欧共体颁布的法令，凡由于在生产过程中使用或经还原分解可产生致癌芳香胺中间体而被禁用的染料共 6 种，其中 5 种为偶氮染料，国产分散偶氮染料中就涉及 3 种(C. I. 分散黄 7、C. I. 分散黄 23、C. I. 分散黄 56)。但未列入德国规定的禁用分散染料中，由于受 24 种致癌芳香胺限制而被禁止使用的分散染料，根据不完全统计达 14 种，其中 3 种国内也有生产，还不包括含上述禁用分散染料的复配商品染料。

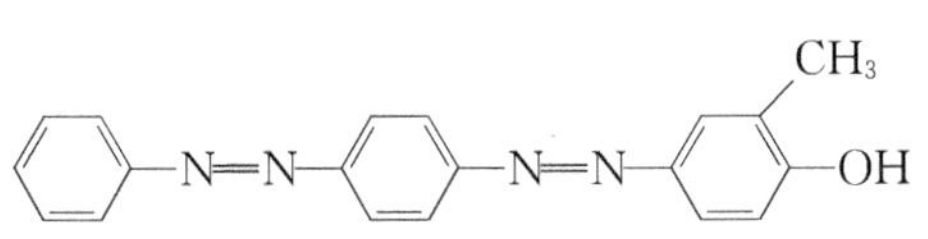

分散黄 E-5R(C. I. 分散黄 7)

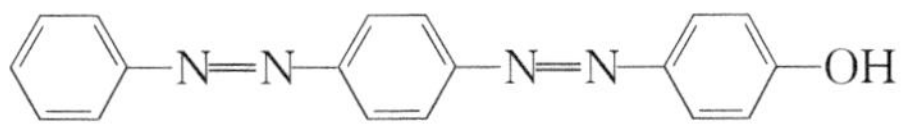

分散黄 E-3RL(分散黄 RGFL，C. I. 分散黄 23)

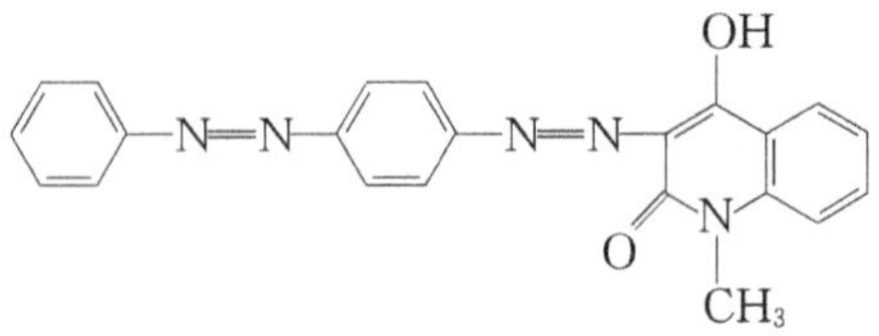

$$\text{Ph}-N{=}N-\text{C}_6\text{H}_4-N{=}N-\text{(4-羟基-1-甲基-2-喹啉酮-3-基, OH, O, N-CH}_3)$$

分散橙 H－GG(C. I. 分散黄 56)

过敏性分散染料会对人体的皮肤和呼吸器官产生过敏作用，过敏作用严重时会影响到人体健康。目前市场上初步确认的过敏性染料有 27 种，其中 26 种为分散染料。Oeko-Tex Standard 100(2000 年版)列出的过敏性染料为 20 种，全部为分散染料。此类过敏性分散染料的相对分子质量较低，大部分为早期醋酯纤维用分散染料，同时也常用于涤纶纺织品的转移印花。在部分复配型商品分散染料中往往也含有致敏性分散染料，如分散黑 EX－SF300%(含过敏性 C. I. 分散橙 76 或橙 37)等。对过敏性分散染料，目前国际市场上规定其在纺织品中的含量必须控制在 0.006%(60mg/kg)以下，已被严格限用。

此外，目前商品化分散染料中有 10%左右的品种，由于使用了含有机卤素(主要为含氯及溴)的重氮组分中间体而引起环境 AOX 问题。这些可吸附性有机卤化物，既有毒性，同时可生化性又差。如偶氮分散染料中的重氮组分：2－氯－4，6－二硝基苯胺，2，6－二氯－4－硝基苯胺，2－氯－4－硝基苯胺，2－溴－4，6－二硝基苯胺，2，6－二溴－4－硝基苯胺等。由分散染料所引起的环境 AOX 问题，目前也已受到了国内外行业的高度重视，尤其是在生态纺织品的生产、销售及使用过程中。生态环保与新型分散染料的开发及商品化生产都要求不引起此类环境问题。

在用分散染料进行纺织品的染整加工及产品服用过程中，常需经高温热处理，此时分散染料往往会发生热迁移现象，使染料从纤维内部通过纤维毛细管迁移到纤维表层，甚至发生升华，进而致使产品色泽、色光发生改变，同时使其熨烫牢度、摩擦牢度、耐洗牢度、汗渍牢度、耐光牢度、耐汗光复合牢度等降低。特别是印染加工品表面残留有非离子型表面活性剂，以及经各种树脂整理后，都会引起分散染料的热迁移，使其各项牢度恶化，在降低产品服用性能的同时，也易引起环境污染问题。

为应对德国政府和欧盟有关纺织品上染料及其中间体的禁用、限用法令，世界各国都在积极研发其代替品。如对被禁用的大宗分散染料产品分散黄 RGFL(C. I. 分散黄 23)，DyStar 开发了 Dianix Yellow HG－SE(C. I. 分散黄 160)、Yellow GRN－SE，Samaron Yellow 6GSL (C. I. 分散黄 114)代用品；原 Ciba 开发了 Terasil Yellow 4G＋Red 4GN(C. I. 分散黄 211)代用品等。国内也开发了分散黄 SE－5G(C. I. 分散黄 104，上海染化五厂，吉林染料厂)、分散黄 M－3G(C. I. 分散黄 64，天津染料厂，上海染料化工厂)、分散黄 E－3G(C. I. 分散黄 54，天津染料厂)、分散黄 3G 高浓型(C. I. 分散黄 64，青岛染料厂，天津染料厂)等代用品种。

在 Oeko-Tex Standard 100 规定的过敏性限用分散染料中，最受重视的主要是大宗产品 C. I. 分散橙 76 和 C. I. 分散橙 37(常用于复配各种高浓度黑色染料)。最早提出用 C. I. 分散橙 163 作为 C. I. 分散橙 76 的代用品，其分子结构相似，色泽、色光也相近，但其提升力与遮盖性相对较差。目前一般认为 C. I. 分散橙 61 与 C. I. 分散橙 76 相比，无论在色泽、色光、竭染率、提升性、遮盖性、染色条件依存性、牢度等方面都较为接近，是一类优良的取代品种。此外，国外厂商采用 Kayalon Polyester Yellow Brown 3RL(EC)143、Dianix Orange UN－SE01 代替 C. I. 分散橙 76，也取得了较好效果。

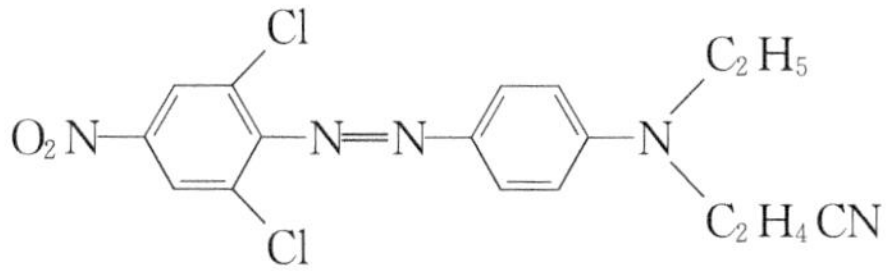

分散黄棕 2RCW(C. I. 分散橙 76)

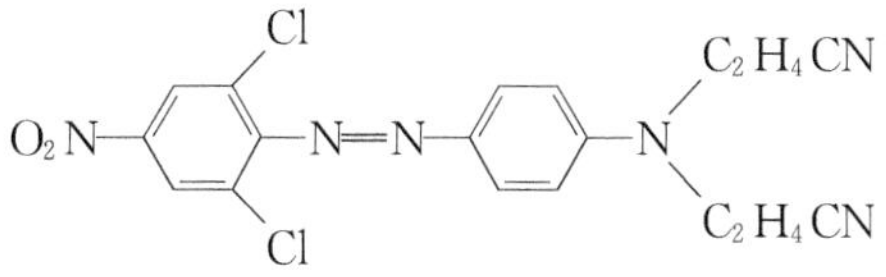

分散黄 S－BRL(C. I. 分散橙 163)

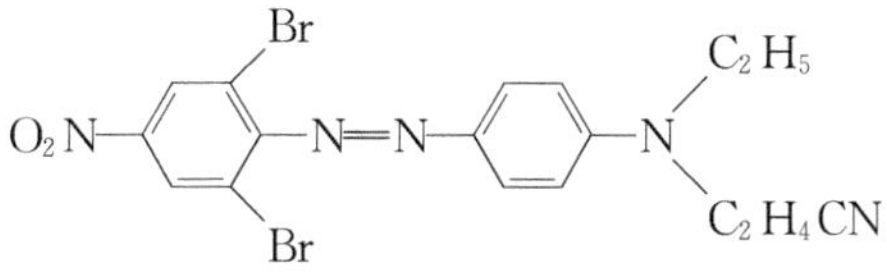

Miketon Polyester Yellow Brown 2RL(C. I. 分散橙 61)

为克服部分分散染料热迁移现象及色牢度等不足，世界各大染料厂商及化学品公司相继开发了新型防热迁移性分散染料，如 DyStar 的 Dianix HF、Dispersol XF 染料，原 Ciba 的 Terasil W 系列染料，Clariant 的 Foron S－WF 系列品种等。这些新型分散染料都具有高的提升力和吸尽率，优良的重现性，防热迁移性及优异的各项牢度。

## 二、碱性条件下易洗涤的双酯型分散染料

在分散染料分子结构中引入酯键结构的双酯型分散染料(称 P 型/PC 型)，如原 ICI 公司 Dispersol 染料(现 DyStar)中的 PC 型。双酯结构分散染料在弱酸性介质中对聚酯纤维的热熔固色性良好。在碱性条件下发生水解生成羧酸盐而具有水溶性，因而在涤纶混纺、交织品的染色和印花工艺中易洗涤，不易沾色或沾污白地，同时也是涤纶纺织品碱性拔染中的主要地色染料。如：

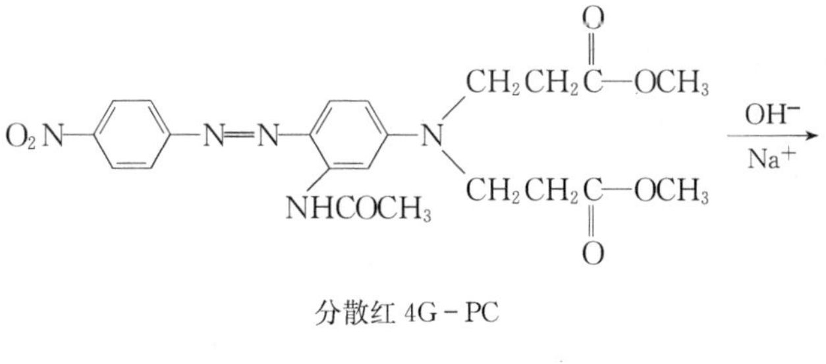

分散红 4G－PC

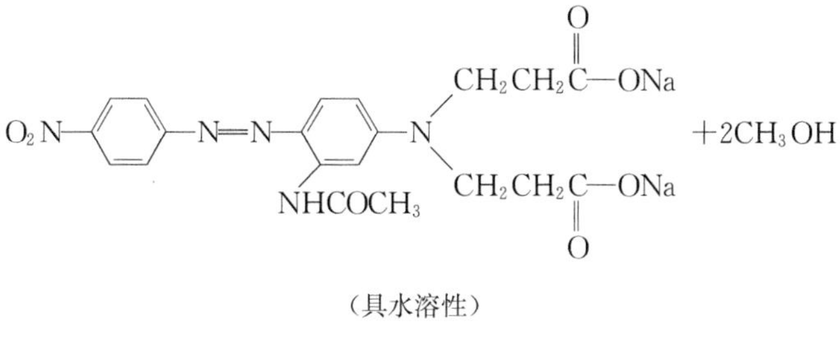

$\xrightarrow[Na^+]{OH^-}$ ... $+2CH_3OH$

(具水溶性)

O NHCH$_2$CH$_2$C(=O)—OCH$_2$CH$_2$OCH$_3$

H$_3$COH$_2$CH$_2$CO—C(=O)H$_2$CH$_2$CHN O

$\xrightarrow[Na^+]{OH^-}$

蒽醌染料

O NHCH$_2$CH$_2$C(=O)—ONa

NaO—C(=O)H$_2$CH$_2$CHN O

$+2HOCH_2CH_2OCH_3$

（具水溶性）

## 三、节能减排型分散染料

目前世界染料年产量中，分散染料占 40%，位居各类纺织染料首位，在我国年产量也超过 35 万吨(2007 年)。其应用量还在不断扩大，因而节能减排型分散染料的研发及应用，无疑对整个纺织印染行业的节能减排与清洁生产具有重要意义。

目前节能减排型分散染料除符合 Oeko-Tex Standard 100 要求，不含或可分解产生致癌芳香胺、无致敏性、无 AOX 问题、各项牢度及染色性能优良外，染料还必须具有高效节能和减少污染物排放的特点。其主要包括一次对色率高、染后无需还原清洗、适于多组分纤维一浴染色和由可生化降解分散剂商品化的新型分散染料等。

一次对色率高的新型分散染料，提高了涤纶及其混纺品的染色一次成功率，避免了大量蒸汽、染化料及水资源等的浪费，同时也大大减少了污染物的排放，具有显著的节能减排效果。这类染料具有优异的提升性与配伍性，高的匀染性和重现性，对工艺因素的波动不敏感，优良的各项色牢度等。如近年 DyStar 开发的 Dianix E－Plus、Dianix Plus、Lumacron MFB 等分散染料。

此外，DyStar 的 Dianix SF 和 XF 染料，由于具有高的各项色牢度，在染色后处理时可省去常规还原清洗，大大缩短了加工流程，减少了对能源、水及化学品的消耗，其节能减排效果明显。

商品分散染料中大量分散剂的使用，增加了印染废水中 COD 及 BOD 的排放量，特别是生化性差的分散剂，大大增加了生化处理负荷及难度。如一般常规使用的萘磺酸甲醛缩合物和木质素磺酸盐类分散剂，其生化率一般仅 30%～50%。近年来 BASF 公司开发了新型可生化降解分散剂 Setamol E，DyStar 也推出了相应品种。经这类生化降解率高的分散剂商品化后，尤其是对分散剂填充量高的商品分散染料，无疑也具有较显著的节能减排特性。

此外，通过改变染料分子结构中取代基大小，改善分散染料对聚酯纤维的直接性，提高染料的提升力、竭染率，对减少废水中色度、COD 排放量，也具有明显效果。如单偶氮分散蓝 SE－2R(C. I. 分散蓝 183)中酰氨基上烷基碳增加后，其提升力得到较大提高。

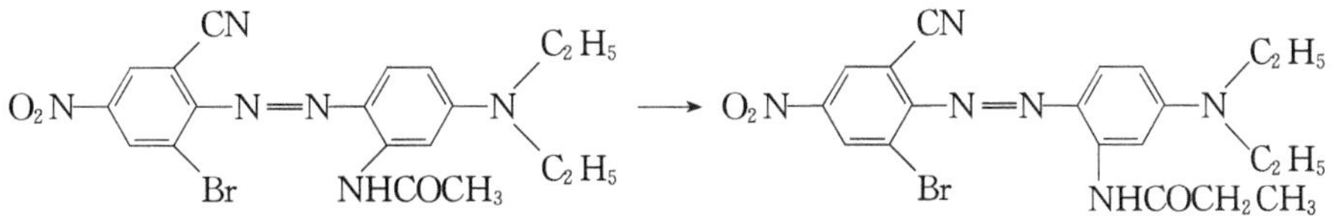

分散蓝 SE－2R

涤纶多组分纺织品(如涤/棉等)的传统染色加工常需采用二浴或一浴两步法进行，能源、水资源及染化料消耗大。近年来新开发的混纺型新型分散染料，如含双酯结构的 PC、P 型，适用于分散/活性染料、分散/直接染料用的 T 型分散染料(不但对纤维素纤维等组分沾色性低，而且与直接、活性等染料相容性好)，活性分散染料，以及涤纶纺织品碱性染色用新型分散染料等，可用于一浴一步法短流程等加工，具有明显的节能减排功效。

此外，涤纶纺织品的高温快速染色分散染料，如国产 SR 型分散染料，日本住友的 Sumikaron SE－RPD、化药公司的 Kayalon Polyster 三原色(分散黄 BRL－S，分散红玉 3GL－S，分散海军蓝 2G－SF)，以及 DyStar 的 Dianix(Yellow AC－E，Red AC－E，Blue AC－E；Red V－SE，Rubious V－SE，Blue V－SE)和瑞士 Clariant 的 Foron RD 型分散染料等，可实现快速升温染色和降温水洗，而且保温时间短(一般为 15min)，适用于低弹涤纶针织物及机织物的高温喷射染色。由于小的染色浴比，高温处理时间短，具突出的节能减排效应。

通过分散染料的复配增效途径，如通过偶氮分散染料的混合复配，可大大提高染料的提升力和吸尽率，改善染色性能和牢度等，还可替代单一蒽醌分散染料，以及可用于快速染色，同样也可起到一定的节能减排效应。

## 四、用于涤/棉一浴染色的聚酯士林染料

蒽醌型分散染料与一般蒽醌还原染料有很多相似之处，如都有蒽醌结构，分子中都无水溶性磺酸基等。两者的区别在于分散染料的相对分子质量比还原染料小，含有亲水极性基团较多一些。如果在还原染料中选一些相对分子质量较小的染料，其分子结构与分散染料区别更小，它们既可以上染棉纤维，也可以上染聚酯纤维。这些可以上染两种纤维的还原染料，称为聚酯士林染料。

作为聚酯士林的还原染料必须满足以下两个条件：一是在棉和涤纶上的色泽和牢度必须尽量一致；二是能从棉上转移到涤纶中，高温下可以迅速扩散到涤纶纤维中。聚酯士林染料可以有靛族、蒽醌和稠环酮结构，如果原来还原染料的相对分子质量较小，可以适当引入—OH、—$NH_2$等极性基团增加对聚酯纤维的分子间引力。

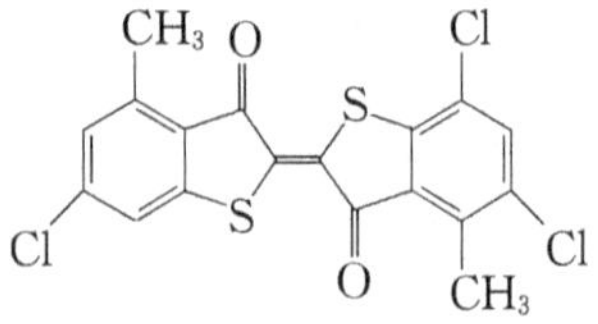

聚酯士林印花桃红 B(还原艳桃红 3B)

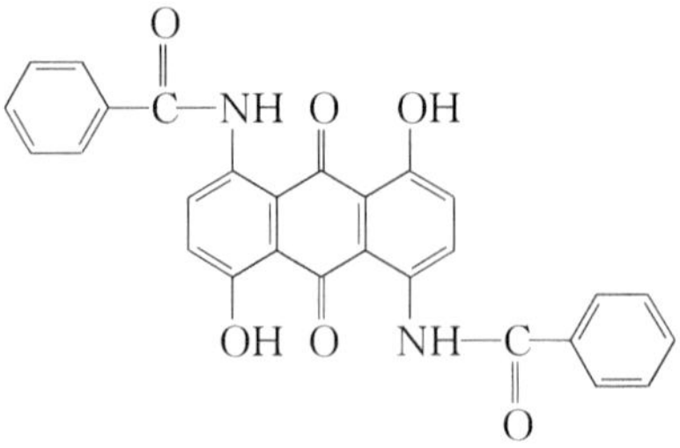

聚酯士林印花青莲 B(还原艳青莲 BBK)

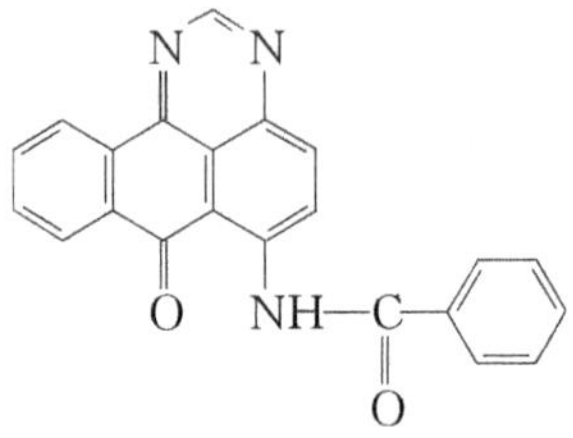

聚酯士林湖蓝 G (还原湖蓝 3GK)

## 五、新型分散染料

其他新型分散染料主要包括活性分散染料、水暂溶性分散染料、超级耐晒分散染料和涤纶超细纤维专用分散染料等。

### (一)活性分散染料

活性分散染料是以分散染料为母体、分子结构中连有活性基团,兼具分散和活性染料染色特性的一类新型染料。活性分散染料最初由原英国 ICI 公司提出,并于 1959 年推出了“普施尼尔”(Procinyl)锦纶专用活性分散染料。随后原汽巴、日本住友、原拜尔等都有生产。我国在 20 世纪 60 年代初也已有生产,并在国家“八五”期间进行过专项攻关。

活性分散染料的分类方法众多。按分散染料母体可分为偶氮类、蒽醌类、杂环非偶氮类活性分散染料。在偶氮类活性分散染料结构中,其活性基可位于重氮组分,也可连接在偶合组分上,如:

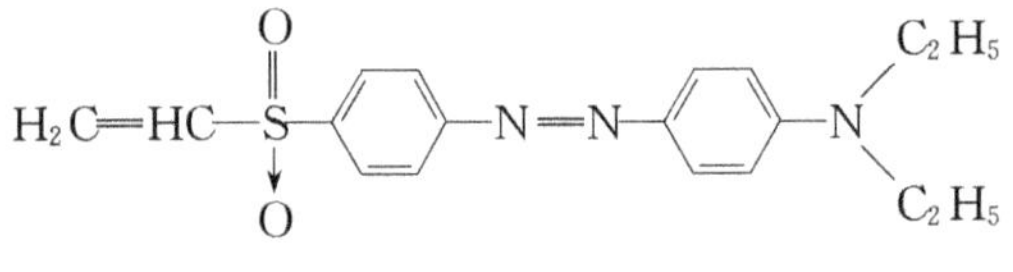

橙色分散活性染料(适于染涤/棉、涤/锦)

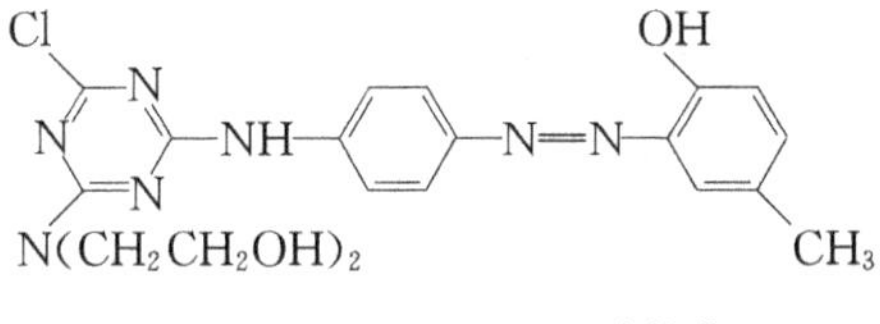

Procinyl Yellow GS (C. I. 反应性黄 5)

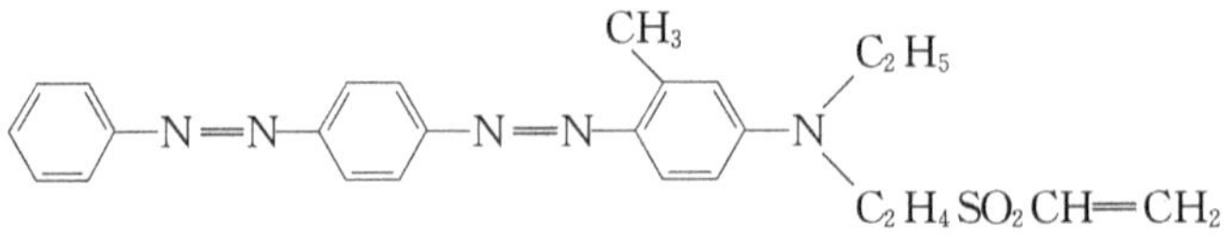

橙色分散活性染料(适于染涤/棉、涤/锦)

而蒽醌类活性分散染料中以含 $\beta$-羟乙基砜硫酸酯活性基最为常见,按其活性基连接数目及位置可分为三种类型,其代表性结构分别为:

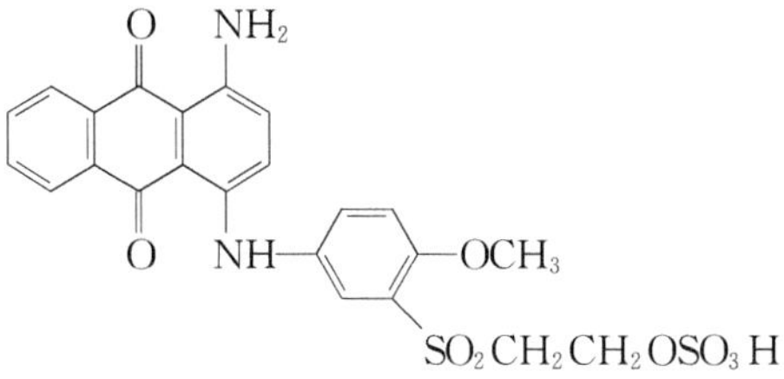

(Ⅰ)

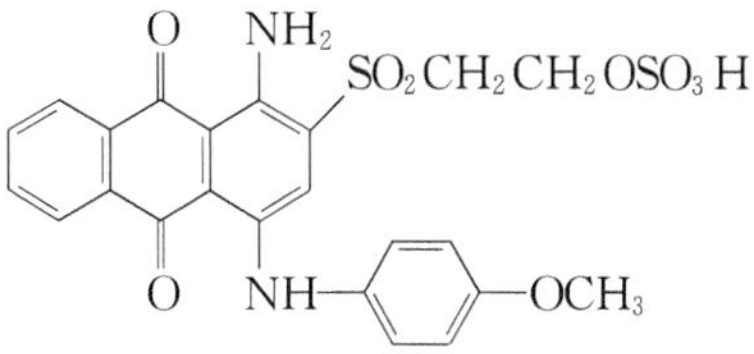

(Ⅱ)

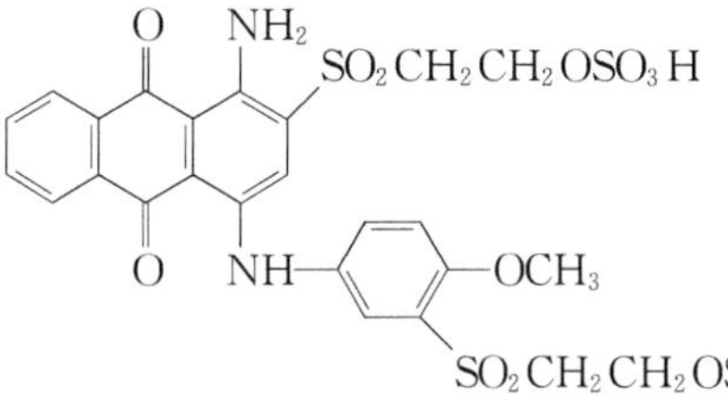

(Ⅲ)

其中(Ⅰ)在涤/棉混纺、交织品的印染中,分别在两类纤维上都具有较高的固色率,优异的同色性及各项牢度。

按活性基种类,活性分散染料可分为含卤素均三嗪类(如一氯、二氟均三嗪等)、β-氯乙基砜类、β-羟乙基砜硫酸酯类、环氧乙烷类(γ-氯-β-羟基-丙基)、氯乙醇类[—CH(OH)$CH_2Cl$]、羟乙基磺酰胺硫酸酯类(—$SO_2NHC_2H_4OSO_3H$)、二氟一氯嘧啶类等。此外按活性分散染料结构中是否含水溶性基团,在应用时又分为非水溶性和水溶性活性分散染料。如非水溶性活性分散染料:

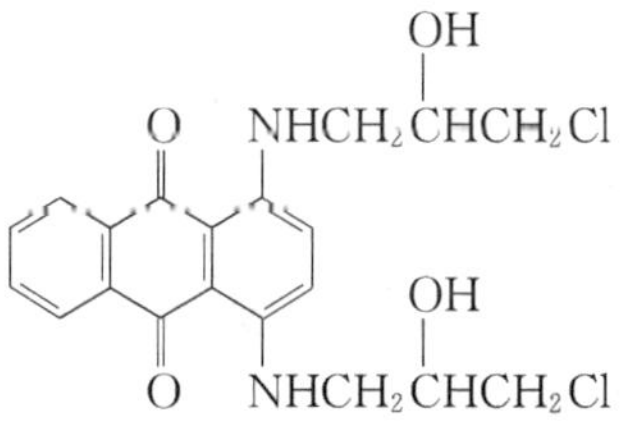

Procinyl Blue R(C. I. 反应性蓝 6)

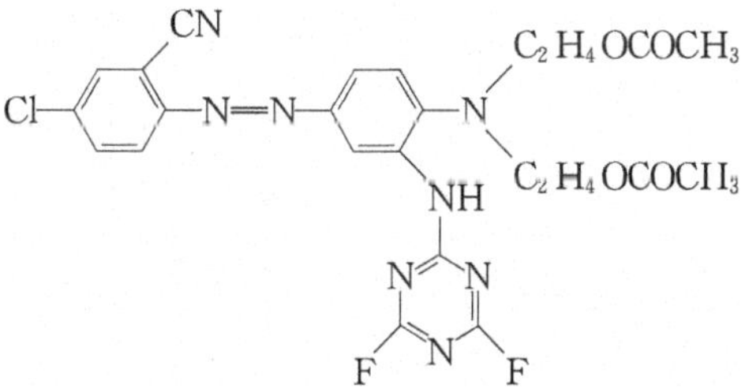

原汽巴公司的活性分散红

水溶性活性分散染料如上述(Ⅰ)、(Ⅱ)、(Ⅲ),以及赫斯特兰(Hostalan)染料等,分子结构中水溶性基团可直接与活性基连接,此外活性基也可与水溶性基团分别连接在染料结构的不同位置,如下所示:

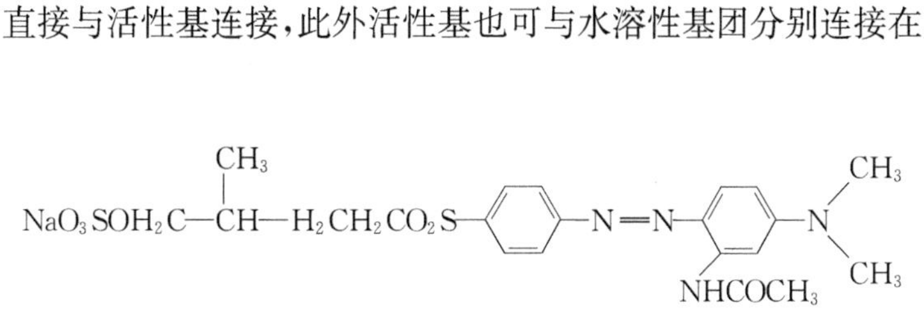

活性分散橙染料

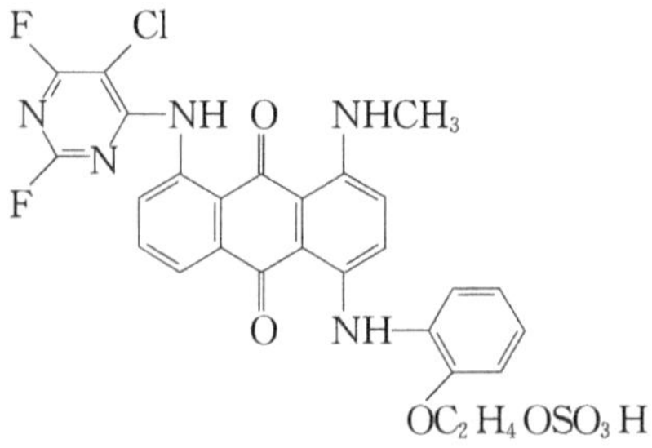

活性分散绿染料

活性分散染料在锦纶织物上得色浓艳，竭染率高；对经柳、横档的遮盖性优异；同时由于染料活性基与纤维以共价键结合，各项湿处理牢度得到提高，无需单宁、吐酒石等染后处理。因而这类染料同时兼有酸性、分散、活性染料的染色特性，一开始就成为了锦纶的专用染料。除此之外，在丝绸、羊毛、毛皮，以及涤/棉、涤/粘、涤/毛等混纺、交织品，特别是涤纶多组分纤维纺织品的一浴法染色中都有较好的实用价值。

活性分散染料在应用时，需先按分散或弱酸性染料进行染色，然后按活性染料的染色方法加碱固色。

**(二)水暂溶性分散染料**

水暂溶性分散染料一般以传统分散染料为母体，在分子结构中引入水溶性基团，以赋予分散染料足够的水溶性，然后在应用时因受热而引起水溶性基团的分解或水解脱落，或发生闭环反应等而生成不溶性分散染料，进而上染固着于疏水性纤维。

水暂溶性分散染料最早出现于 20 世纪 20～30 年代，随后在 20 世纪 70 年代中期，国外不少染料商和研究机构在分子中水溶性基团的引入方面做过较多研究。我国在 20 世纪 80 年代初到 90 年代也做了较多研究工作，并列入国家“八五”科技攻关，推出了部分产品。水暂溶性分散染料的关键是引入的水溶性基团能够在应用加工(如高温高压染色、热熔染色或热转移印花等)条件下分解或水解脱落，重新生成疏水性分散染料。而且在分解或水解脱落时，不产生新的污染物。国外水暂溶性分散染料中引入的水溶性基团主要有原汽巴公司的 *N*-甲基氨基磺酸类、季铵盐类；原英国 ICI 公司的二羧酸半酯或半酰胺类暂溶性基团，或羧酸等成盐暂溶性基团；德国赫斯特公司(FH，Farbwerke Hoechst A. G)提出的磺酸盐类；以及分散染料羟基的酯化等。此外，水暂溶性基团直接与活性基相连的活性分散染料，实际上也属于水暂溶性分散染料，如含 $\beta$-羟乙基砜硫酸酯基的活性分散染料。这些水暂溶性基团在 pH 为弱酸性、中性、甚至碱性条件下，在 80～130℃的染色过程中，可发生水解脱落或闭环反应而生成分散染料。

国内研究的水暂溶性分散染料主要为羧甲磺酰基、吡啶阳离子类等。含羧甲磺酰基类水暂溶性分散染料主要适用于热熔染色，染色时染料在高温下脱除 $CO_2$，转化为非水溶性分散染料在纤维中固着。吡啶类水暂溶性分散染料主要是在分子结构中引入水溶性吡啶阳离子而得。在受热时，带阳离子的基团从染料母体上脱落，完成向分散染料的转变。

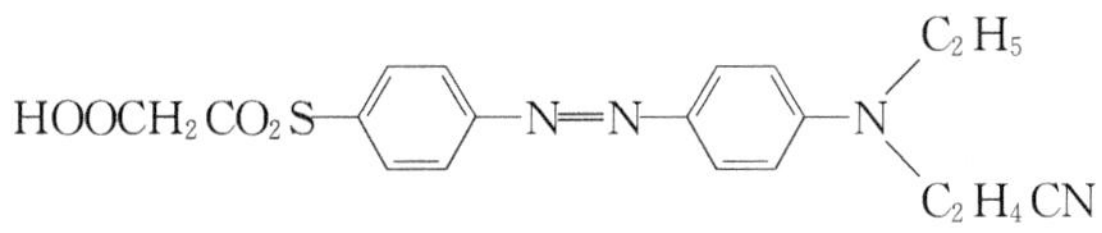

水暂溶性分散橙 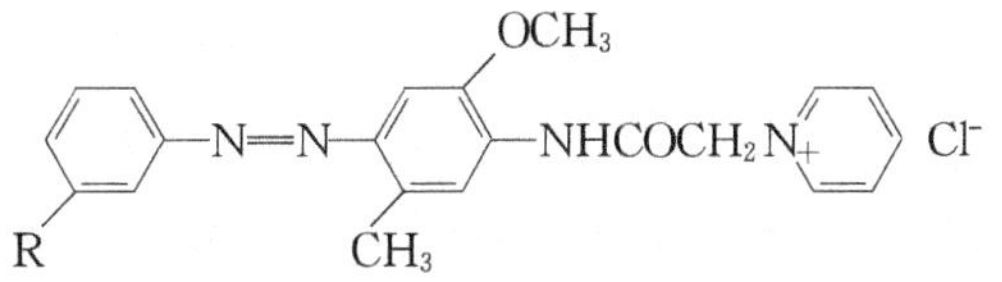　　　　水暂溶性分散染料（R =$CH_3$，Cl，Br 等）

水暂溶性分散染料的应用方法及工艺与其常规母体分散染料一致，但其染浴 pH 适用范围更广，可在弱酸性、中性、甚至碱性条件下使用。而且不需加入大量分散剂，在染料商品化加工时也无需研磨，缩短了染料的生产周期，具节能减排特点，而且避免了加工中的粉尘问题。

水暂溶性分散染料除适用于纯涤纶纺织品外，在涤/棉等混纺、交织品的染色印花方面，尤其是与其他种类的水溶性染料进行拼色时，具有较大的应用价值。

**（三）超级耐晒分散染料**

涤纶纺织品除在纺织服装方面有较大应用外，目前在工业用纺织品中也占有相当比重，如汽车工业用纺织品的 80%为涤纶。通常工业用纺织品对耐高温、耐光牢度要求较高。近年来超级耐晒分散染料的研发及在工业纺织品上的应用得到了行业内外的高度关注。

超级耐晒分散染料最初主要由日本染料商于 20 世纪 80 年代推出，如日本化药（KYK）公司的 Kayalon KP AUL－S，住友（NSK）公司开发的汽车用抗紫外线染料 Sumikaron UL 系列，三井（MDW）公司的 Miketon Poly GAL. EAL 耐晒染料等。此外，还有 DyStar 公司专用于汽车装饰物的 Dianix AM、KIS、HLA 系列，Hunstman 公司的 Teratop 系列，Clariant 公司 Foron AS 型超级耐晒分散染料等。国内有关超级耐晒分散染料的商品较少。

工业用超级耐晒分散染料从化学结构上看，传统的主要为蒽醌类型，同时也有新型偶氮类结构（如日本化药公司的 Kayalon KP AUL－S）。同时在染料结构设计时一般都引入氰基、磺酰氟等强吸电子基，能有效降低共轭体系中活泼原子上的电子云密度，使结构对紫外线等变得更为稳定，提高染料的耐晒等级，而且也有利于提高其湿处理牢度。此外，配合使用紫外线遮蔽剂（或吸收剂）等也可进一步改善和提高染料的耐光牢度。随着纺织品在工业领域中的应用范围不断扩大，以及市场对工业纺织品各项品质要求的不断提高，超级耐晒分散染料也正迅猛发展。

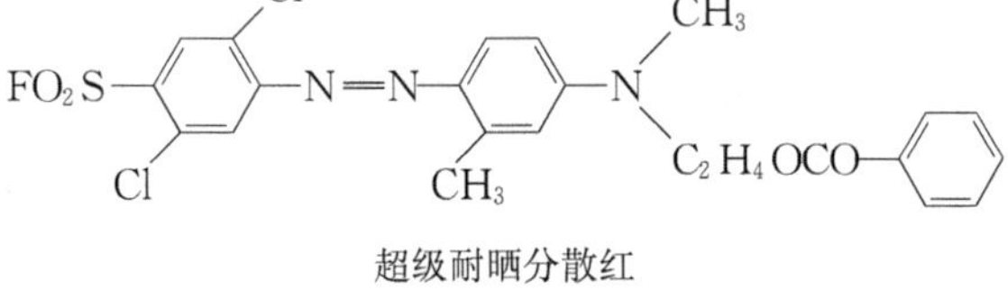

超级耐晒分散红

**（四）涤纶超细纤维专用分散染料**

按照阿克苏（AKZO，荷兰）公司的分类标准，涤纶超细纤维是指单丝线密度小于 0.3dtex（0.27 旦）的涤纶。与普通涤纶相比，涤纶超细纤维由于纤维细，比表面积大，染料在纤维表面的吸附及初染速率高，易染色不匀；同时涤纶超细纤维的横截面多为不规则形状（普通涤纶呈圆形），表面不够光滑，对光的反射及散射能力强，其表观显色性下降，得色偏浅（要达到与普通涤纶相同深度时，所需染料量高)。此外，也由于涤纶超细纤维表面不光滑，截面不规则，其浮色难以洗净，导致其各项湿处理牢度、干摩擦牢度下降。而且其无定形区比例较普通涤纶高，染料热迁移现象更易发生，其耐热、耐光牢度等也相应下降。因而在对涤纶超细纤维纺织品进行印染加工时，为满足其对染深性、匀染性及高牢度的要求，需采用高强度、高色牢度、耐热性好，以及移染性、提升性、匀染性优良且易洗涤的专用分散染料。

涤纶超细纤维专用分散染料大部分来源于对现有高性能分散染料的筛选品种，除满足超细纤维的染色特点外，还需具有环保特性。国外品种主要有 DyStar 的 Palanil CF(FD)、复配型 Dianix ACE 浅色系列和 UPH 中深色系列，日本化药的 Kayalon Microester A－LE、B－LS、C－LS、DX－LS，以及住友的 Sumikaron MF 专用染料等。此外，部分快速染色分散染料、碱性染色分散染料也可用于涤纶超细纤维的印染加工。

国产分散染料中，适用于超细纤维的品种主要有分散黑 SE－4B300％、分散黄 SE－3GE、分散红 3B、分散蓝 BGL、分散黄棕 RCN、分散蓝 SE－2R 等。

## ☞ 复习指导

1. 了解分散染料的发展及各类分散染料的应用简况。
2. 熟悉分散染料的结构与应用分类以及国内外常见分散染料商品牌号、种类等。
3. 熟悉分散染料的主要特性及性能。
4. 掌握偶氮、蒽醌、非偶氮杂环等主要类型分散染料的结构特点。
5. 掌握不同类型取代基及取代基位置对偶氮、蒽醌类分散染料共轭体系颜色的影响。
6. 掌握影响偶氮、蒽醌类分散染料耐升华及耐光(以及耐汗－光)牢度的结构因素。
7. 比较偶氮、蒽醌两类分散染料的主要牢度(耐升华、耐光牢度等)特点。
8. 熟悉由分散染料引起的生态环保问题，禁用及限用分散染料及其代用品种。
9. 熟悉活性分散染料、水暂溶性分散染料的结构特点。
10. 了解节能减排型分散染料、工业用超级耐晒分散染料、涤纶超细纤维专用分散染料的特点。

## ☞ 思考题

1. 说明分散染料的分子结构特点以及与适用纤维(如涤纶)结构的关系。

2. 试述分散染料的主要特性。

3. 试述单偶氮分散染料的化学结构与其耐光牢度和耐升华牢度的关系，并对下列染料进行比较。

(1) $O_2N-C_6H_3(Cl)-N{=}N-C_6H_4-N(C_2H_5)_2$

(2) $O_2N-C_6H_3(Cl)-N{=}N-C_6H_4-N(C_2H_4CN)(C_2H_4COOCH_3)$

4. 试比较偶氮和蒽醌分散染料结构与性能上的特点与不同。

5. 说明分散染料单一染料色谱中缺少的主要色泽品种及原因。

6. 试述蒽醌分散染料的结构与耐升华牢度及耐光牢度的关系，并对下列染料进行比较。

（1）

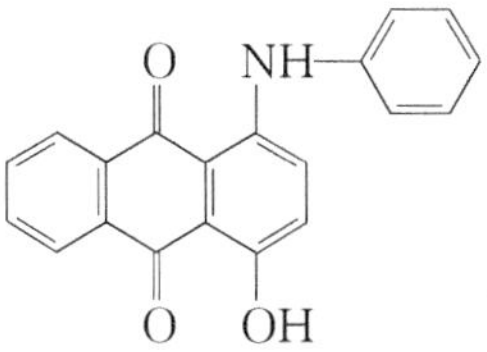

（2）

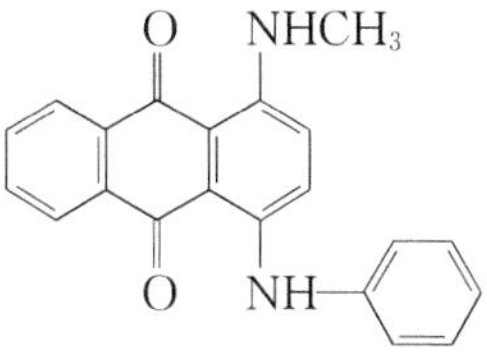

（3）

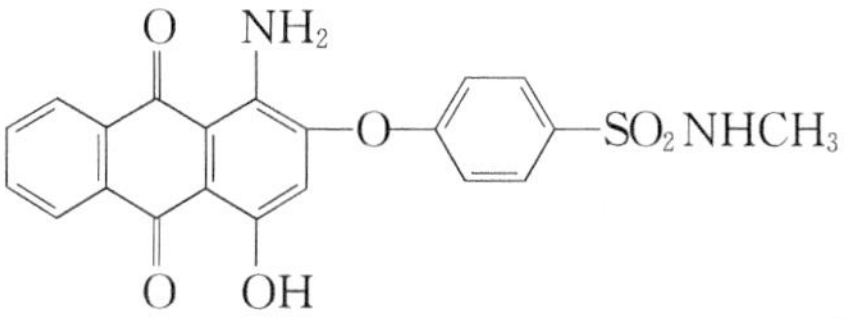

7. 试述生态环保分散染料的结构特点。

8. 说明活性分散染料、水暂溶性分散染料的结构特点。

9. 简述节能减排型分散染料、工业用超级耐晒分散染料、涤纶超细纤维专用分散染料的应用特点。

## 参考文献


[1] 钱国坻．染料化学[M]．上海：上海交通大学出版社，1988.

[2] 上海市纺织工业局《染料应用手册》编写组．染料应用手册（第五分册）[M]．北京：纺织工业出版社，1985.

[3] 侯毓汾，朱振华，王任之．染料化学[M]．北京：化学工业出版社，1988.

[4] Venkataraman K. The chemistry of synthetic dyes（Vol. Ⅲ）[M]. London：Academic press，1970.

[5] 肖刚，王景国．染料工业技术[M]．北京：化学工业出版社，2004.

[6] 重点纺织染料使用中的新注意点[2006－8－16]．http：//www. fzrl. net/MarketTrade/TradeInfoDetail. aspx？ InfoId＝149.

[7] 许益．纺织染料的应用现状及趋势[J]．纺织导报，2008(4)：29－34，36－40.

[8] 章杰．我国染料工业发展新特点和面临的新形势[J]．印染，2007，33(22)：46－49.

[9] 周鑫，杨新玮，何岩彬，等．未来五年中国染料行业发展趋势[J]．染料与染色，2008，45(4)：1－15.

[10] 陈荣圻，王建平．生态纺织品与环保染化料[M]．北京：中国纺织出版社，2002.

[11] 宋胜梅，刘巧玲，马广文，等．环保染料的研究现状及发展趋势[J]．太原科技，2008(8)：91－93.

[12] 章杰．节能减排型染料的新发展和应用[R]．2008 年第 1 期染色技术高级培训班讲座与交流资料．北京：中国纺织工程学会，2008.

[13] 谢垣，刘嘉良．水暂溶性分散染料[J]．上海染料，1998，26(2)：16－23.

[14] 潘鑫，刘金香．新型水暂溶性分散染料的研究[J]．染料工业，1991，28(6)：15－17，51.

[15] 谢垣，张晶．水暂溶性分散染料的高温高压染色工艺[J]．印染，1998，24(12)：21－23.

[16] 谢孔良，杨锦宗．吡啶类暂溶性分散染料的合成研究[J]．中国纺织大学学报，1994，20(2)：125－132.

[17] 李卓，陈水林．专用于超临界流体染色的新染料[J]．国外纺织技术：纺织针织服装化纤染整，2000

(6):31,18.

[18] 刘洪山．2005年染料工业发展现状及趋势[J]. 化工技术经济,2005,23(9):1－5.

[19] 国产染化料和助剂与世界先进水平的差距一览[2006－9－4]. http://info. chem. hc360. com/2006/09/0410478329. shtml.

[20] 桧原利夫．一氟均三嗪活性分散染料及其应用方法[J]. 陈于河,译．国外纺织技术:化纤、染整、环境保护分册,1990(2):18－24.

[21] 侯毓汾．染料研究的新进展——活性分散染料[J]. 化工进展,1982(3):12－18.

[22] 宋东明．用于涤棉混纺织物的蒽醌类活性分散染料[J]. 大连理工大学学报,1981(S2):53－60.

[23] 徐捷,张红鸣．染料和颜料实用着色技术——纺织品的染色与印花[M]. 北京:化学工业出版社,2006.

[24] http://www2. dystar. com/products/dyeranges _ polyester. cfm? CFID = 200640&CFTOKEN = 62689973).

[25] https://apac. huntsmanservice. com/pf/faces/pf/pfProductSearch. jspx.

[26] http://www. textiles. clariant. com/businesses/textile/internet. nsf/04fa7deb65dc84f9c 1256a6200552c10/AF89579F50D29E62C12570D0004EF79E.

[27] http://www. nipponkayaku. co. jp/japan/kagaku/shikizai/tx_dye/tx_disperse_j. html.

[28] http://www. sumitomo－chem. co. jp/chemtex/031senryo. html.

[29] 何瑾馨．染料化学[M]. 北京:中国纺织出版社,2009.

[30] 陈荣圻,王建平．禁用染料及其代用[M]. 2版．北京:中国纺织出版社,1996.

[31] 鹏搏．新型偶氮苯系分散染料[J]. 上海染料,1993(1):23－32.

[32] 李云祥．新型染料——活性分散染料[J]. 青岛化工,1989(1):21－23.

[33] 谈素,王红凤．用于纯棉转移印花的活性分散染料的合成[J]. 中国科技信息,2005(23A):100.

[34] 大连工学院染料研究室．锦纶用活性分散染料的研究[J]. 染料与染色, 1978(4):11－21.

[35] 侯毓汾．合成纤维及其混纺纤维用染料的研究Ⅰ. 用于锦纶染色的含β-羟乙基砜硫酸酯基活性分散染料[J]. 化工学报,1979(1):31－40.

[36] 黄海,潘鑫．蒽醌型蓝色水暂溶性染料的研究[J]. 染料工业,1995,32(6):19－22.

[37] 罗钰言．染料工业发展概况与趋势(二)[J]. 精细与专用化学品,1999,7(23):3－6.

[38] 谢兰景．最近日本化药公司投放市场的染料新品种——涤纶纤维用超耐晒三原色分散染料[J]. 染料与染色,1991(3):61.

[39] 陈维国,章俊玲,戴瑾瑾．高耐晒涤纶汽车内饰纺织品的染色加工[J]. 印染,2007,33(23):47－51.

[40] 陈荣圻．从国外超细纤维专用分散染料看国产染料(二)[J]. 印染,1997,23(2):35－37.

[41] 罗先金．超细纤维用分散染料的研究[D]. 大连:大连理工大学, 2000.

[42] 程侣柏,罗先金,杨凌霄．超细纤维用分散染料[J]. 大连理工大学学报, 1999(2):214－220.

# 第十三章　阳离子染料

## 第一节　引　言

阳离子染料(cationic dyes)是一类能在水溶液中电离生成阳离子色素的染料。主要用于含酸性基团的聚丙烯腈纤维(即腈纶)及其混纺织物的染色,是聚丙烯腈纤维的专用染料,也可用于阳离子染料可染的改性涤纶、锦纶、丙纶等的染色。其具有色谱齐全、色泽浓艳、给色量高、耐光牢度及耐洗牢度高的特点,但普通阳离子染料匀染性较差。

### 一、聚丙烯腈纤维的结构与染色性能

聚丙烯腈纤维是以丙烯腈($CH_2{=}CHCN$)为主要单体的共聚物。由于仅用丙烯腈一种单体聚合而得的纤维结构紧密,结晶度高,分子间作用力强,纺丝困难,纺成的丝脆性大,延伸性差,疏水性强,染色困难。因此,在聚丙烯腈纤维中常加入第二、第三单体共聚,以降低大分子的结构紧密性,提高纤维的柔韧性,改善手感及染色性能等。丙烯腈作为第一单体约占85%以上。

聚丙烯腈纤维的主体结构为:

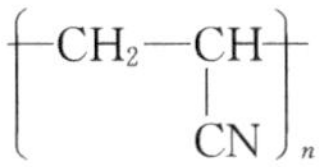

$$\left[ CH_2-\underset{\displaystyle CN}{\underset{|}{CH}} \right]_n$$

聚丙烯腈纤维中引入的第二单体为含酯基的乙烯化合物,约占3%~12%,如丙烯酸甲酯($CH_2{=}CH{-}COOCH_3$)、甲基丙烯酸甲酯[$CH_2{=}C(CH_3){-}COOCH_3$]、醋酸乙烯酯($CH_3COOCH{=}CH_2$)等。这类单体参与共聚,可松弛纤维结构,改善纤维的弹性,提高纤维柔韧性,增加热塑性,改善纤维手感,由于分子结构疏松,便于染料渗透,有利于染色。

聚丙烯腈纤维中引入的第三单体为可以离子化的乙烯基化合物,约占0.5%~3%,如衣康酸、丙烯磺酸钠、对乙烯基苯磺酸钠等。由于引进了酸性基团(羧基和磺酸基),可以改进纤维的亲水性,同时使聚丙烯腈纤维分子在溶液中带负电荷。染料如果带有正电荷,就可以以离子键与纤维相结合。在水溶液中带阳离子的染料就是阳离子染料。带阴离子的聚丙烯腈纤维具有阳离子染料可染性。由于在水中带有正电荷,阳离子染料可以溶于水中。

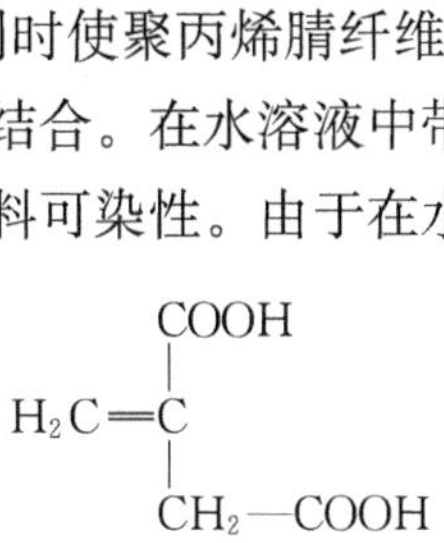

$$H_2C{=}\underset{\displaystyle CH_2{-}COOH}{\underset{|}{\overset{\displaystyle COOH}{\overset{|}{C}}}}$$

衣康酸

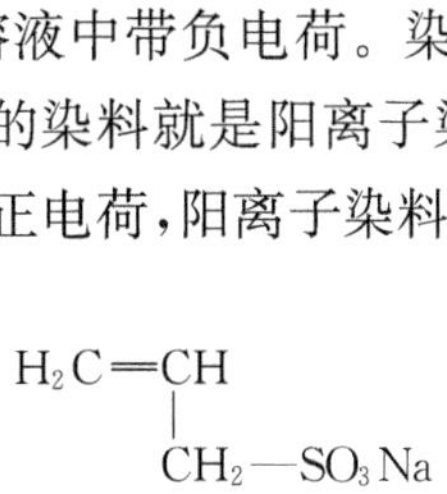

$$\underset{\displaystyle CH_2{-}SO_3Na}{\underset{|}{H_2C{=}CH}}$$

丙烯磺酸钠

$$H_2C{=}CH{-}C_6H_4{-}SO_3Na$$

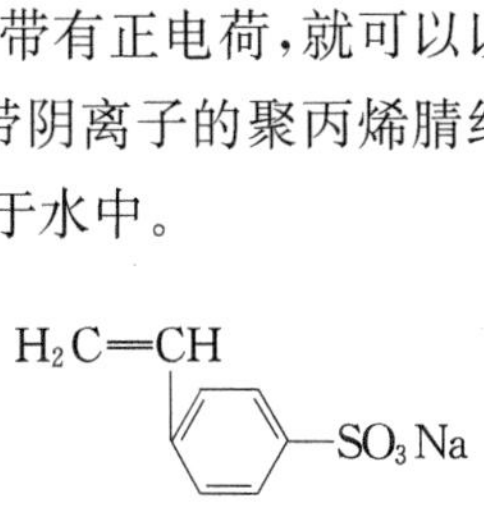

对乙烯基苯磺酸钠

### 二、阳离子染料和碱性染料

阳离子染料是在碱性染料的基础上发展起来的。碱性染料（basic dyes）是最早生产的合成染料（如苯胺紫、结晶紫、孔雀石绿等），因分子中含有碱性基团，所以称为碱性染料。碱性染料以三芳甲烷为主，色泽浓艳，曾用于染羊毛、蚕丝等蛋白质纤维，采用单宁酸、酒石酸锑钾等媒染剂染棉纤维，但在羊毛、棉等纤维上的耐光牢度很差，现主要用于纸张、油墨等。后来发现其在聚丙烯腈纤维上的染色牢度明显高于其他纤维，并合成出许多染色牢度很高的新品种，形成了专用于聚丙烯腈纤维的阳离子染料。这类染料也称为盐基染料。

在《染料索引》中，碱性染料和阳离子染料被归为一类，称为 C. I. Basic Dye，中文译为 C. I. 碱性染料或 C. I. 盐基染料。我国将专用于聚丙烯腈纤维染色牢度优良的品种称为阳离子染料，而原来的老品种仍称为碱性染料。

## 第二节　阳离子染料的结构类型

阳离子染料的结构特点是分子中含有季铵正离子基团，再与氯离子、甲基硫酸根、氯化锌根等阴离子基团成盐。

### 一、共轭型和隔离型阳离子染料

根据阳离子染料分子中正电荷的位置，可分为共轭型阳离子染料和隔离型阳离子染料两大类。

#### （一）共轭型阳离子染料

这类染料分子中的季铵离子与共轭体系相贯通，正电荷位置不固定，分散于整个共轭体系，所以又叫非定域型阳离子染料。由于正电荷参加共轭，$\pi$－电子活动区域较大，染料稳定性较差，耐光牢度较低，但颜色特别鲜艳，着色力高。

根据发色团共轭体系结构的不同，共轭型阳离子染料可分为三芳甲烷结构、杂环结构、菁系结构等类型。例如：碱性玫瑰精 B（C. I. 碱性紫 10，45170）、碱性品绿（C. I. 碱性绿 4，42000）、阳离子桃红 FF（C. I. 碱性红 12，48070）和阳离子翠蓝 GB（C. I. 碱性蓝 3，51004）。

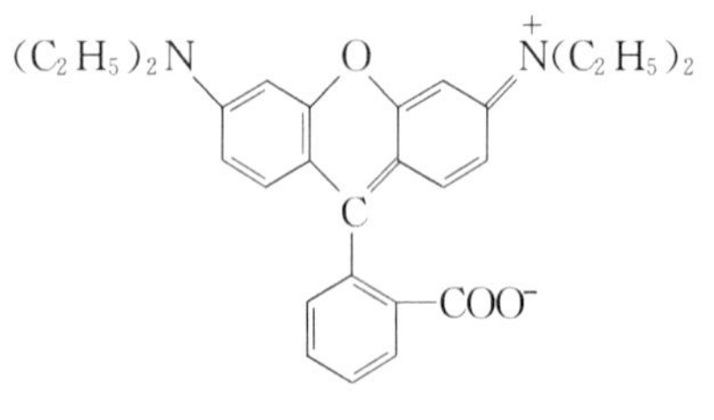

碱性玫瑰精 B

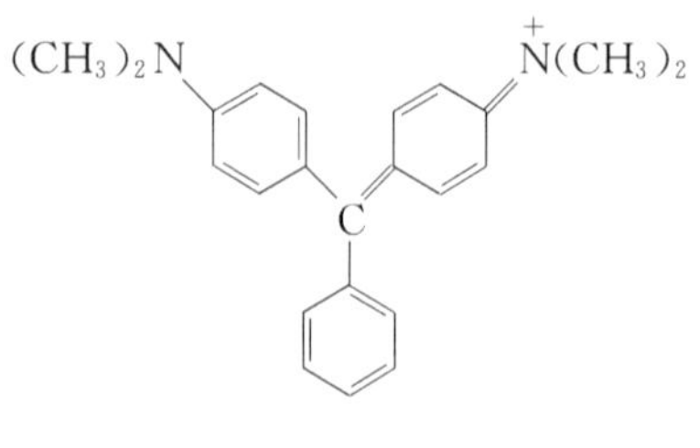

碱性品绿

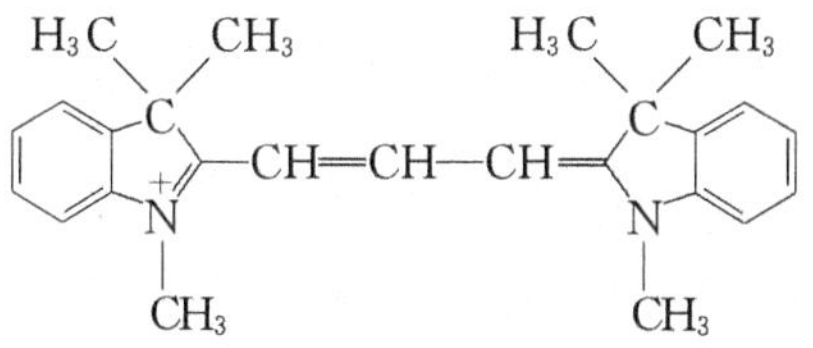

阳离子桃红 FF 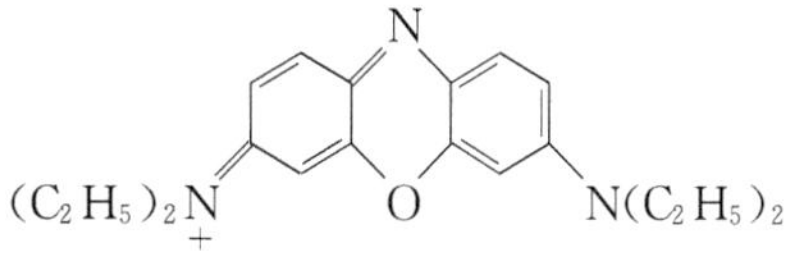　　　　阳离子翠蓝 GB

(二)隔离型阳离子染料

这类染料分子中的季铵离子与共轭体系之间被隔离基(通常为 2～3 个亚甲基)隔开,正电荷定域在季铵离子上,不参与共轭体系,所以又叫定域型阳离子染料。鲜艳度和着色力均比共轭型差,上染速率比共轭型低,但耐热、耐光、耐酸碱稳定性均比共轭型阳离子染料好。

这类染料的母体常采用类似于分散染料的结构,可分为偶氮型阳离子染料和蒽醌型阳离子染料两大类。偶氮结构的颜色以黄、橙和红色为主,蒽醌结构则以蓝色为主。例如:

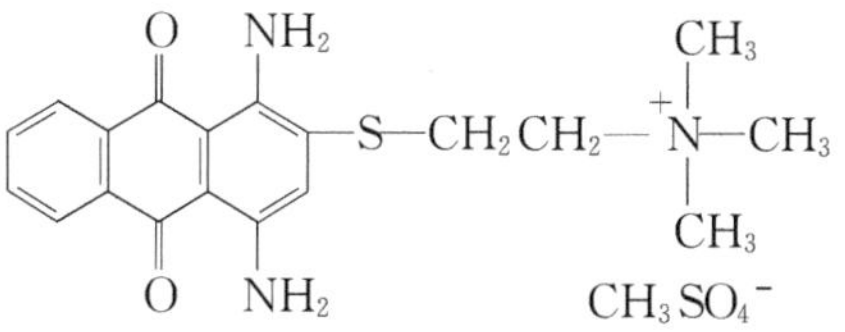

阳离子蓝 BR 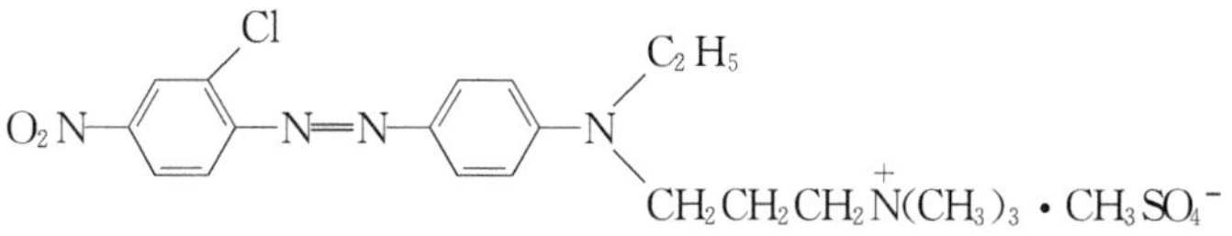　　　　阳离子红 GTL(C. I. 碱性红 18,11085)

## 二、三芳甲烷和杂环染料

### (一)三芳甲烷和杂环染料的应用性能

这类染料的颜色以紫、蓝、绿等深色为主,色泽浓艳,发色强度高,着色力高,成本低廉,但耐洗、耐光、耐酸碱牢度均较差。在聚丙烯腈纤维上染色牢度有所提高,但移染性差且对羊毛沾色严重。主要用于聚丙烯腈纤维的染色,蚕丝、羊毛、锦纶上有少量应用。

### (二)三芳甲烷染料的合成

**1. 含两个氨基的三芳甲烷染料——孔雀绿的合成**　用苯甲醛与芳胺进行羰基亲核加成缩合反应合成孔雀绿的方法如下:

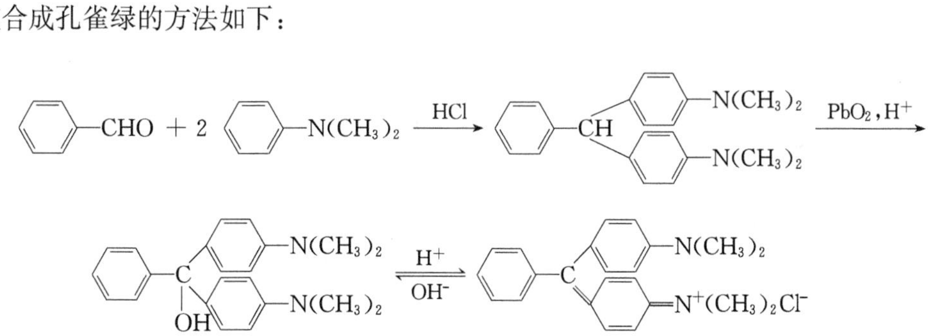

**2. 含三个氨基的三芳甲烷染料——结晶紫和副品红的合成**　用光气与芳胺进行羰基亲核加成缩合反应合成结晶紫的方法如下:

$$Cl-\overset{O}{\overset{\|}{C}}-Cl + 2\,C_6H_5-N(CH_3)_2 \xrightarrow{ZnCl_2} (CH_3)_2N-C_6H_4-\overset{O}{\overset{\|}{C}}-C_6H_4-N(CH_3)_2 \xrightarrow{C_6H_5-N(CH_3)_2} [(CH_3)_2N-C_6H_4]_2C{=}C_6H_4{=}\overset{+}{N}(CH_3)_2$$

用甲醛与芳胺进行缩合反应合成副品红的方法如下：

$$HCHO + 2\,C_6H_5-NH_2 \xrightarrow{HCl} H_2C(C_6H_4-NH_2)_2 \xrightarrow[FeCl_3+HCl]{C_6H_5-NH_2} H_2N-C_6H_4-CH(C_6H_4-NH_2)_2 \xrightarrow{[O]}$$

$$H_2N-C_6H_4-C(OH)(C_6H_4-NH_2)_2 \xrightarrow{H^+} H_2N-C_6H_4-C(C_6H_4-NH_2){=}C_6H_4{=}NH_2^+Cl^-$$

如果在二芳甲烷或三芳甲烷分子的中心碳原子邻位引入含有杂原子的基团，再缩合闭环可以得到杂环染料（见第三章有关部分）。

**（三）三芳甲烷染料的结构与牢度**

**1. 耐酸碱性和耐氧化还原性** 在第四章“染料的结构类型”中已经指出，三芳甲烷染料对酸碱非常敏感，在不同的 pH 值下会呈现不同的颜色，在强酸强碱条件下会失去原来的颜色，酸碱稳定性很差。利用这一性能，这类染料可以用作酸碱指示剂。

三芳甲烷染料经还原后可转变为隐色体，因醌式结构消失而变为无色，但隐色体经氧化又可以恢复为原来的颜色。所以，三芳甲烷染料在弱还原剂条件下不会被破坏，可以作为拔染印花的花色染料。在强还原剂条件下也可作地色染料。

**2. 耐光牢度** 三芳甲烷染料对光的作用极不稳定，在水溶液、固体状态以及在棉纤维上容易被氧化分解生成无色的酮结构，因此，其耐光牢度很差。在羊毛、蚕丝和棉上的耐光牢度只有 1－2 级，而在腈纶上的耐光牢度可达 4 级。

$$(CH_3)_2N-C_6H_4-C(C_6H_5){=}C_6H_4{=}\overset{+}{N}(CH_3)_2 \underset{[O]}{\overset{h\nu}{\rightleftharpoons}} (CH_3)_2N-C_6H_4-\overset{O}{\overset{\|}{C}}-C_6H_5 + (CH_3)_2N-C_6H_4-OH$$

从反应方程式可知，三芳甲烷染料受光发生光氧化反应而分解，分子中电子云密度太高会导致耐光牢度的下降。其耐光牢度受到氨基数量与碱性、分子平面性与对称性等因素的影响。

（1）氨基数量与碱性对耐光牢度的影响。随着氨基数量或氨基甲基化的增加，其耐光牢度下降，见下表。

**氨基的数量和碱性对耐光牢度的影响**

| N-甲基数或苯基数 | | 0 | | | 1 | | | 2 | | |
|---|---|---|---|---|---|---|---|---|---|---|
| 氨基数 | | 1 | 2 | 3 | 1 | 2 | 3 | 1 | 2 | 3 |
| 耐光牢度/级 | 羊　毛 | 1 | 1 | 2 | 2 | 1－2 | — | 2 | 1－2 | 1 |
| | 腈　纶 | 7 | 6 | 5 | — | — | — | 6 | 3 | 2 |

(2)分子平面性与对称性对耐光牢度的影响。在中心碳原子的邻位上引入一些卤素、磺酸基等取代基，可对芳环产生空间位阻，破坏染料分子的平面性，并降低染料分子的对称性，染料对光更为稳定，耐光牢度提高。

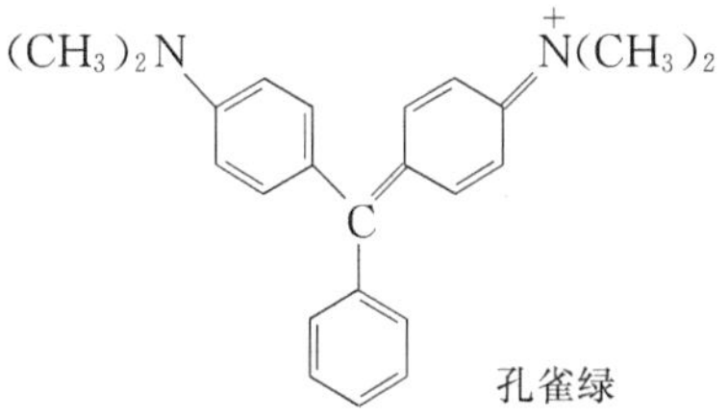

孔雀绿

1－2级(在棉上的耐光牢度)

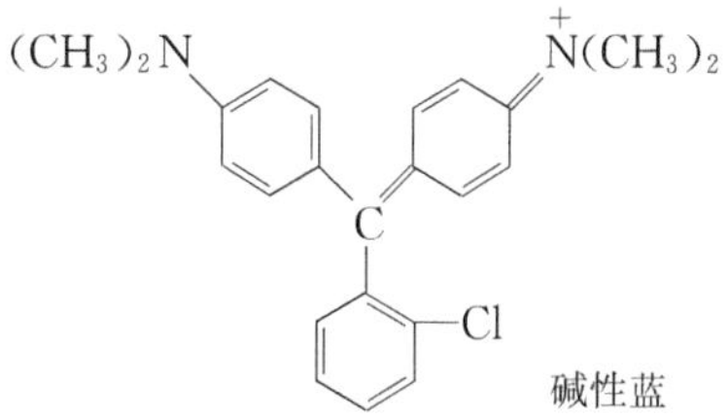

碱性蓝

2－3级(在棉上的耐光牢度)

(3)其他取代基对耐光牢度的影响。在芳氨基上引入氰乙基，可改善耐光牢度。例如：

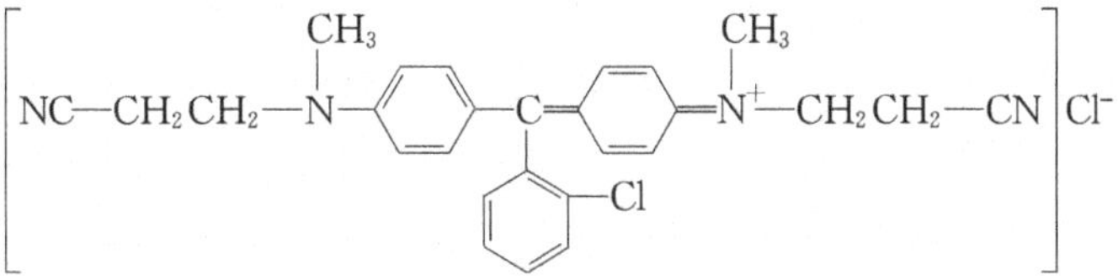

蓝光绿(耐光牢度4级)

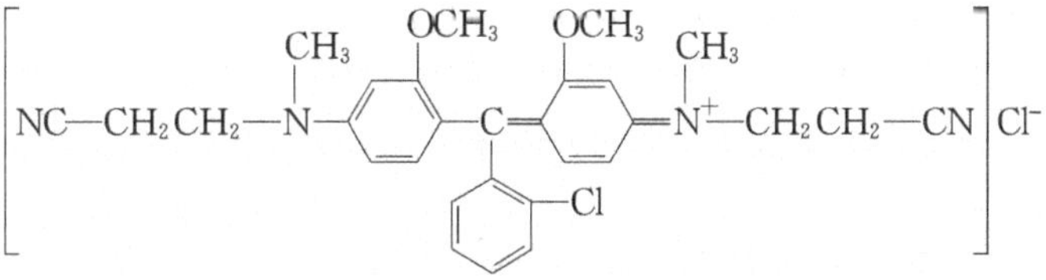

绿(耐光牢度6级)

杂环染料中位于中心碳原子邻位的杂原子，如—O—、—NH—、—S—等都是供电子基，因此耐光牢度更低，用氮原子代替中心碳原子，可以使耐光牢度提高。其中噁嗪类相对较高。

**3. 湿处理牢度**　由于聚丙烯腈纤维为疏水性纤维，而阳离子染料分子比无定形区间隙大一个数量级，高温时纤维间隙增大，染料分子才能进入纤维内部而上染，冷却后间隙变小，染料无法从纤维中出来，所以，阳离子染料在腈纶上的湿处理牢度较好，可达4级。而天然纤维由于在水中发生溶胀，染料易从纤维上脱落进入水中，湿处理牢度差。

## 三、菁系染料

在第四章第五节中可知菁系染料可分为碳菁、氮杂菁、半菁、苯乙烯菁、偶氮型二氮杂半菁五大结构类型。

碳菁类染料分子中—CH═数越多、离域性越好，耐光牢度越差。原因是电子云活动性增大，使—CH═CH—双键的不稳定性提高，导致耐光性很差。例如：

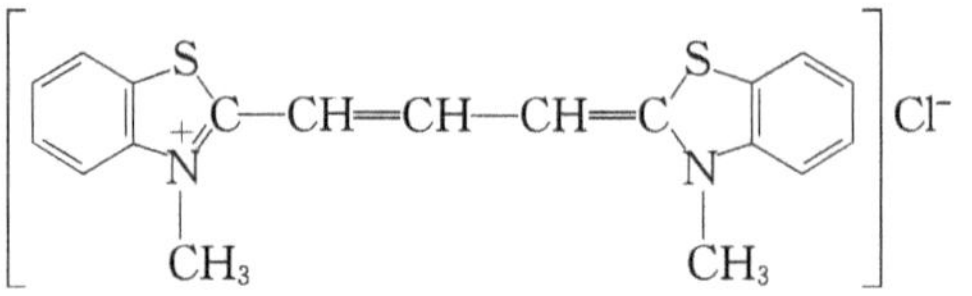

这类三甲川染料耐光牢度只有 2 级，对聚丙烯腈纤维染色无实用价值，但可作感光材料的增感剂。而两端连接吲哚啉结构的二甲川染料耐光牢度较好。例如：

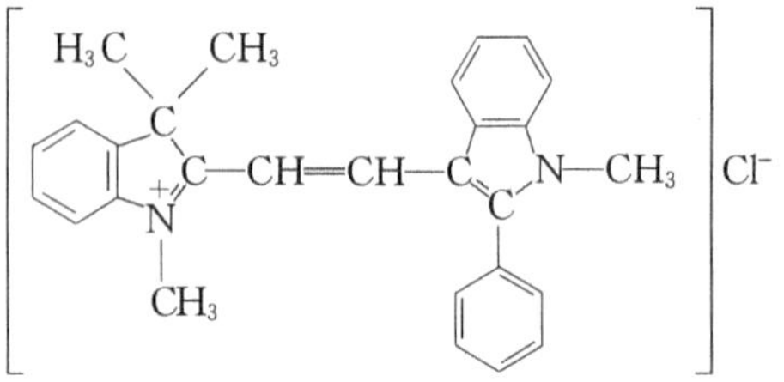

阳离子橙 2GL(C.I. 碱性橙 22，48040)

该染料耐光牢度可达 5－6 级，为带红光的橙色，适宜染深色或与其他染料拼染大红色。

氮杂菁和氮杂半菁染料分子中由于—CH═被—N═取代，电子云的活动性大大降低，染料的耐光牢度大大提高。例如：

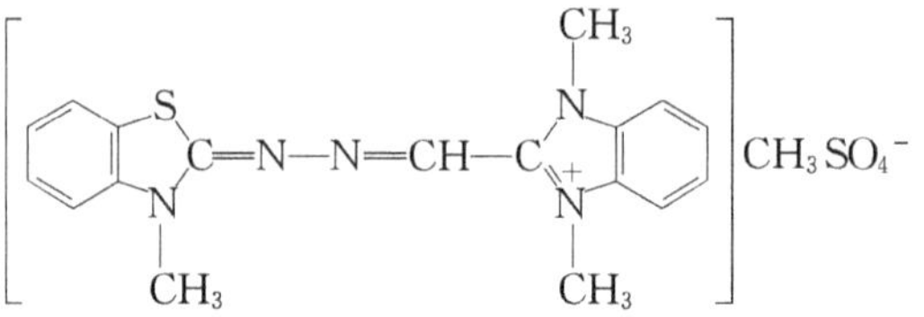

阳离子嫩黄 7GL(C.I. 碱性黄 24，11480)

该染料耐光牢度达 7 级，为色彩绚丽并带有荧光的黄色。

偶氮型二氮杂半菁阳离子染料在腈纶上的耐洗、耐光及升华牢度都极为优良，色谱齐全，而且相对分子质量小，匀染性较好，在阳离子染料中占有重要地位。如阳离子紫 3BL(C.I. 碱性蓝 53)等，耐光牢度一般可达 7－8 级。

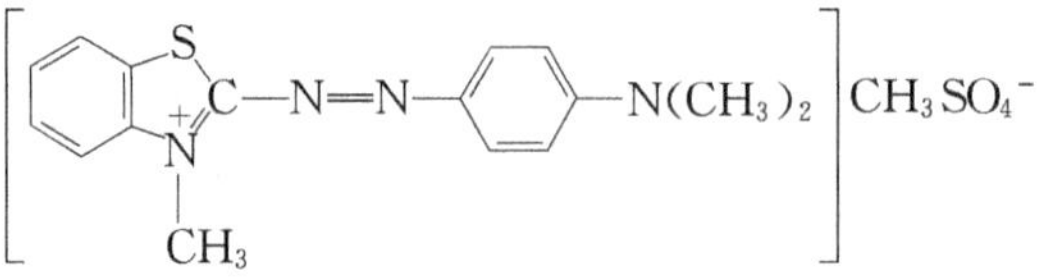

阳离子紫 3BL

染料分子中取代基的碱性提高，使电子云密度增大，稳定性变差，导致耐光牢度下降。而引入吸电子基则使耐光牢度提高，尤其是引入氰乙基后耐光牢度更好。

被染纤维对耐光牢度也有影响，阳离子染料在聚丙烯腈纤维上具有很好的耐光牢度，一般可达4－5级，好的可到6－7级，甚至7－8级。第三单体为衣康酸的要比丙烯磺酸钠及其衍生物的低一级。而在其他纤维上的耐光牢度均比较低。

## 第三节　阳离子染料的应用类型

根据阳离子染料的上染速率、染深性、匀染性及其他染色性能，国产阳离子染料分为普通型、X型、M型(E型)、分散型(SD型)和活性阳离子型等应用类型。

### 一、普通型和X型阳离子染料

普通型阳离子染料对腈纶染色时的上染速率很快，配伍值为1～2，易造成染色不匀，需使用缓染剂来提高匀染性。X型阳离子染料的上染速率也比较快，配伍值为2.5～3.5，具有中等的匀染性，是国产阳离子染料的主要类别，品种较多。普通型和X型阳离子染料以及某些能用于聚丙烯腈纤维染色的碱性染料，染色中存在的最大问题是当超过聚丙烯腈纤维的玻璃化温度时染料集中上染，温度每升高1℃，上染速率可提高30%。由于染料的迁移性差，一旦染花很难修色。使用时必须注意配伍值大小，控制适当的工艺及助剂的用量来避免染色不匀。

### 二、M型(E型)阳离子染料(迁移型阳离子染料)

这类染料分子结构比较简单，相对分子质量小，迁移性好，所以也称为迁移型阳离子染料，配伍值为3～4。因为具有良好的迁移性和匀染性，染色时可少加或不加缓染剂，简化染色工艺。例如：

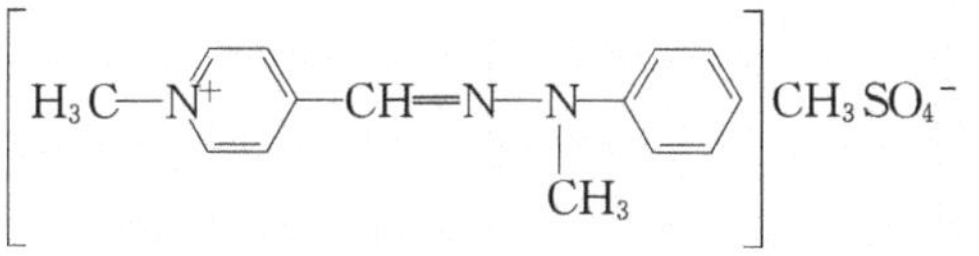

阳离子黄M－4GL

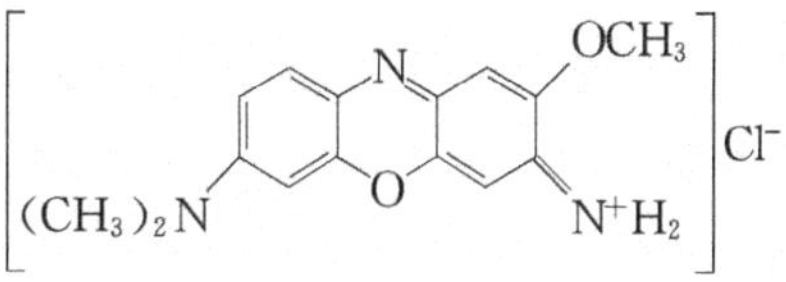

阳离子蓝M－2G

### 三、分散型(SD型)阳离子染料

一般的阳离子染料中的阴离子部分为氯离子($Cl^-$)、甲基硫酸根($CH_3SO_4^-$)、氯化锌根($ZnCl_3^-$)等，在水中易电离释放出阳离子色素。在毛腈和涤腈等混纺织物染色时，为了防止染料发生沉淀，一般不能用阳离子染料与酸性染料、活性染料、分散染料等同浴。而分散型阳离子染料采用相对分子质量较大的萘磺酸、二硝基苯磺酸等芳香族磺酸的酸根作负离子，将染料中的阳离子基团封闭，形成不溶于水的络合物。染色时需加扩散剂配成悬浮液。因为染料的阳离子基团被封闭，对腈纶的亲和力降低，容易在纤维上均匀地吸附扩散和渗透。随着染浴温度的升高，染料络合物逐渐分解，使染料呈阳离子性与腈纶的酸性基团形成离子键结合。例如：

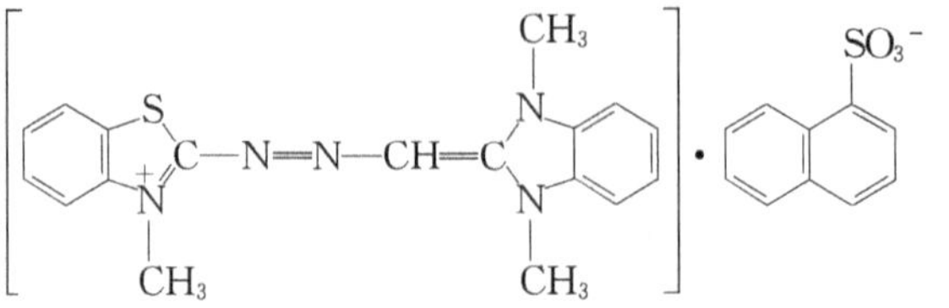

分散型阳离子嫩黄 7GL 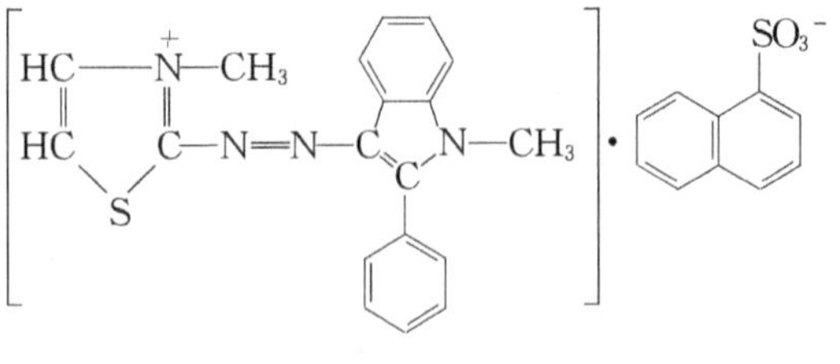　　　　分散型阳离子红 2GL

分散型阳离子染料具有较好的移染性，其上色慢，匀染性好，染色时不必加缓染剂，特别是对于极难控制色差的浅、中、深灰色和驼色，用分散型阳离子染料染色效果较好。分散型阳离子染料热稳定性较高（在 100～110℃之间），对 pH 值及金属离子不敏感，在染液中类似非离子的状态，常用来与分散染料或阴离子染料（如酸性染料）同浴染色，不会产生沉淀，使用十分方便。适用于腈涤混纺织物和酸改性涤纶的一浴一步法染色，也可成为酸改性涤纶的专用染料。

## 四、活性阳离子染料

在阳离子染料分子中引入活性基团就成为活性阳离子染料，可同时上染多种纤维，如羊毛、腈纶、阳离子可染聚酯纤维、其他含有羟基或氨基的纤维及其混纺织物，其色泽鲜艳、匀染性好，而且湿处理牢度优良。例如：

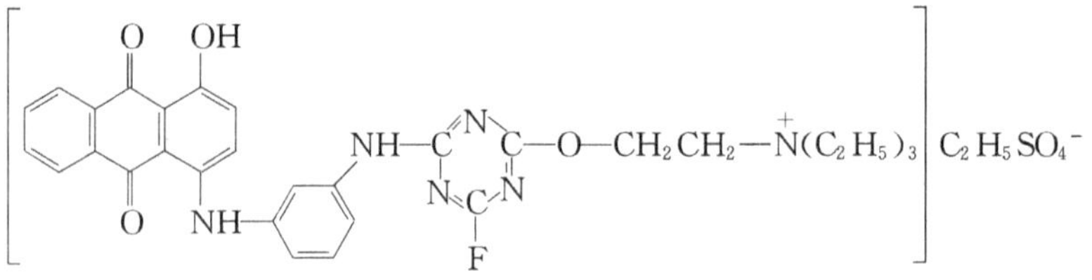

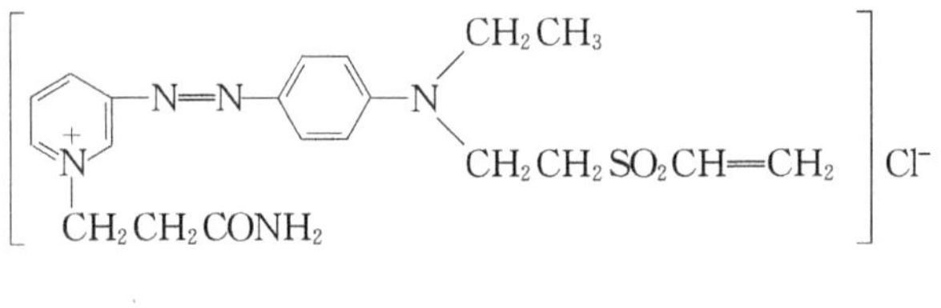

## 五、其他应用类型阳离子染料

除了上述一些主要应用类型外，还有可拔性阳离子染料、耐拔性阳离子染料、液状阳离子染料等类型。可拔性阳离子染料（即 D 型阳离子染料）是可用氯化亚锡拔白的阳离子染料，用于拔染印花的地色，例如阳离子黄 D－2RL、阳离子红 D－2RL、阳离子红 D－BRL、阳离子蓝 D－2RL、阳离子蓝 D－BRL、阳离子黑 D－WRL、阳离子黑 D－BRL 等。耐拔性阳离子染料是耐氯化亚锡的阳离子染料，用于拔染印花的花色，例如荧光黄 N－4GL、金黄 N－GL、蓝 FRR、艳红 N－5GN、桃红 N－FG、红 N－3R 等。液状阳离子染料是液体状态的商品染料。

# 第四节　阳离子染料的配伍值

## 一、阳离子染料的配伍性

由于不同的阳离子染料对纤维的亲和力大小不同，在纤维中的扩散速率也不同，所以，在两种或两种以上阳离子染料拼染时，如果染料的亲和力和上染速率差别较大，染色过程中容易造成染色不匀和色泽变化。应选择上染速率接近的染料拼染，在染色过程中染浴里染料的浓度比例基本不变，染出的色泽才能保持均匀一致。这种不同颜色染料配色时能否得到稳定颜色的性质称为配伍性(compatibility)。

配伍性用数值来表示称为配伍值(compatibility values)($K$ 值)。$K$ 值分为五个等级，$K$ 值大的染料溶解性好，扩散快，亲和力小，吸附慢，移染性和匀染性好，得色量低；$K$ 值小的染料溶解性差，扩散慢，亲和力大，吸附快，移染性和匀染性差，得色量高。选用 $K$ 值相同或相近的染料拼色，可以使色泽均匀稳定。

阳离子染料的 $K$ 值与其分子结构的关系如下：

(1)增加亲水基团，染料分子的亲水性增强，水溶性好，对纤维的亲和力降低，染色速率降低，则 $K$ 值增大，匀染性提高，得色量下降。例如：

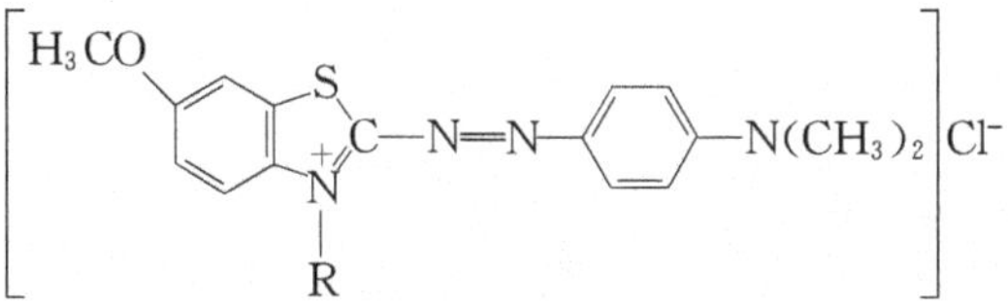

| R= | $-CH_3$ | $-CH_2CH(OH)CH_3$ | $-CH_2CH_2COOH$ |
|---|---|---|---|
| $K$= | 1.5 | 3.5 | 5 |

(2)增加疏水基团，染料分子的疏水性增强，染料的水溶性下降，对纤维的亲和力提高，染色速率提高，则 $K$ 值减小，匀染性降低，得色量增加。例如：

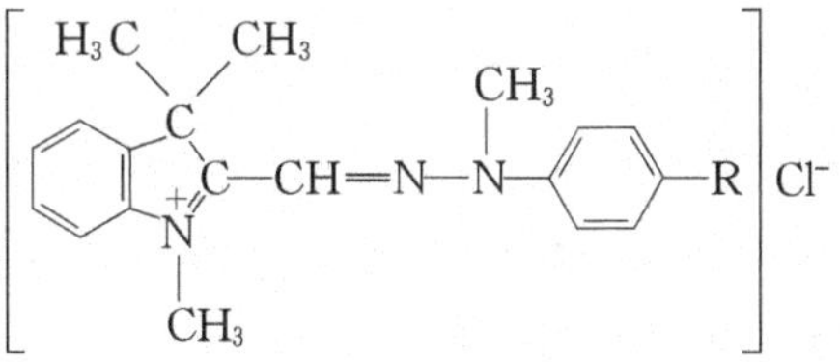

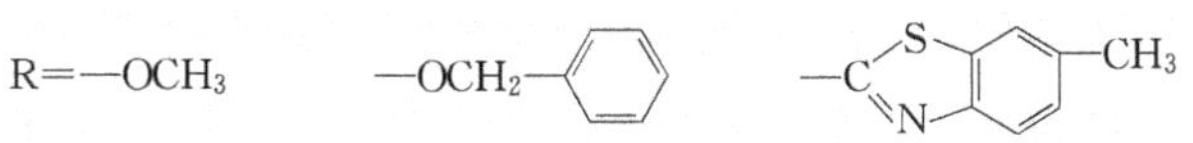

| R= | $-OCH_3$ | $-OCH_2-C_6H_5$ | 6-甲基苯并噻唑-2-基 |
|---|---|---|---|
| $K$= | 2.5 | 1.0 | 0.5 |

(3)染料分子结构中某些基团的几何构型引起位阻效应，也会使染料对纤维的亲和力下降，$K$ 值增大。例如：

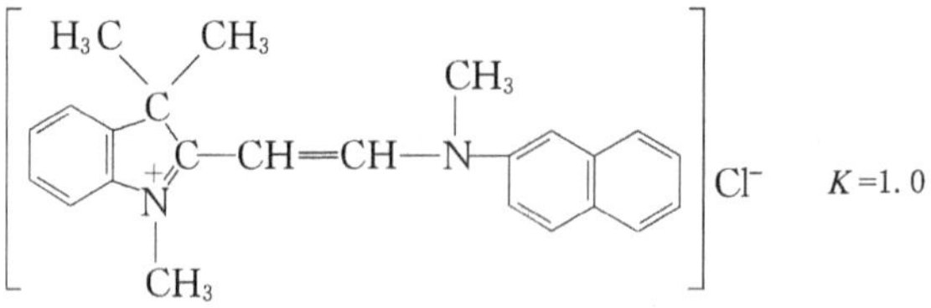

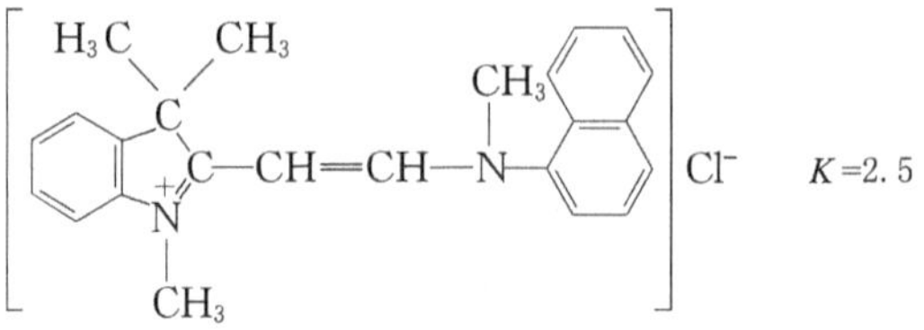

$Cl^-$ $K=1.0$

$Cl^-$ $K=2.5$

M 型、SD 型和活性阳离子染料的选用一般不受 $K$ 值的限制，因为这几类染料即使 $K$ 值不同，拼染时也能获得均一的颜色。

## 二、阳离子染料配伍值的测定

阳离子染料配伍值的测定方法是，采用黄、蓝两套标准染料作参比，每套由 5 个染料组成，每个染料对应一定的配伍值(1～5)。根据待测定的阳离子染料样品选定一组色相差别较大的标准染料，分别与被测染料拼用，对聚丙烯腈纤维染色，然后评定配伍值。被测染料与标准染料中某一染料拼染能显现出最稳定的色泽，其配伍值定为与该标准染料相同。

## 复习指导

1. 了解聚丙烯腈纤维的结构特点和对染料结构的要求。

2. 掌握共轭型和隔离型阳离子染料的结构特点、含有的结构类型以及性能上的区别。

3. 结合第三章的有关内容，掌握三芳甲烷、杂环和菁系阳离子染料的颜色和性能特点。

4. 了解阳离子染料的各种应用类型，注意它们的不同特性。

5. 了解阳离子染料配伍性的重要作用、配伍值的测定和分级方法以及与染料性能的关系，在拼色时怎么利用配伍值选择染料。

## 思考题

1. 什么叫共轭型和隔离型阳离子染料？说明它们的颜色和性质的特点。

2. 举例说明杂环类碱性染料的名称和特性。

3. 写出苯乙烯腈的分子通式。说明二氮杂半菁和偶氮型阳离子染料在结构和性质上的区别。

4. 何谓阳离子染料的配伍性？并简述 $K$ 值与染料分子结构的关系。

## 参考文献

[1] 侯毓汾，朱振华，王任之．染料化学[M]. 北京：化学工业出版社，1988.

[2] 钱国坻．染料化学[M]．上海：上海交通大学出版社，1988.
[3] 陈荣圻．染料化学[M]．北京：纺织工业出版社，1989.
[4] 何瑾馨．染料化学[M]．北京：中国纺织出版社，2009.
[5] 王菊生．染整工艺原理(第三册)[M]．北京：纺织工业出版社，1984.
[6] 徐捷，张红鸣．染料和颜料实用着色技术[M]．北京：化学工业出版社，2006.
[7] 杨新玮，罗钰言，肖刚．染料[M]．4 版．北京：化学工业出版社，2005.
[8] 周学良，何海兰．精细化学品大全・染料卷 [M]．杭州：浙江科学技术出版社，2000.
[9] 章杰．我国阳离子染料市场现状和发展趋势[J]．纺织导报．2006(5)：66－70.

# 第十四章　颜料与涂料

如第一章所述，颜料(pigment)是一类与染料不同的有色化合物，它们不溶于水和一般有机溶剂，以微小颗粒的状态存在，因此颜料不能扩散进入纤维(或其他染着物)内部，也不能以化学或物理化学的作用力与纤维(染着物)结合。

颜料的应用主要有两种途径：

(1)涂料(coatings)。将颜料混合于黏着成膜剂中，涂于物体的表面，使物体表面着色。如油漆、印墨、涂料印花(染色)色浆等。

(2)原液着色(mass coloration)。在物体从液体成为固体形式以前，把颜料微粒混合分散于这种物体的组成体系中，从而在固体成形后，得到有色物体。如塑料、橡胶和化学纤维的原液着色等。

在染整行业中，印花或染色用的涂料中除了含有颜料外，还加有润湿剂、分散剂、保护胶体和水，以制成极细并稳定的商品涂料浆。使用时配以黏合剂、交联剂、柔软剂等，如果是印花，还需加上增稠剂。制成的染液或印花色浆，通过染色、印花工艺使染液或色浆均匀分布于纤维表面，经干燥焙烘，黏合剂在纤维表面形成坚固柔软的薄膜，把颜料微粒固定在纤维表面上。这种工艺的优点主要有：

(1)对纤维无选择性，任何种类单一或混纺的纱线和织物均可用涂料印花或染色工艺着色。

(2)可以根据需要，任意拼混各种颜色，还可以与其他各种染料同时染色印花。

(3)印花或染色工艺简单，节约能源，并可以不产生废水，颜料利用率高。

(4)如采用化学稳定性高的颜料，可以得到牢度很高的印染成品。必要时可以应用金属粉、钛白粉或荧光涂料等得到特殊的产品。

涂料印染产品的主要缺点是浓色品种摩擦牢度差，手感较硬。这些常采用改进黏合剂性能的方法解决。当前也有人研究用纳米级的颜料，增加颜料颗粒与纤维表面结合能力的方法，达到少用或不用黏合剂的目的。

## 第一节　颜料的化学结构

颜料分无机颜料和有机颜料两个大类。无机颜料是以天然矿物或无机化合物制成的颜料，具有耐光、耐高温以及遮盖力强、价格低廉的优点，但也有着色力低、色泽不够鲜艳的缺点，尤其是无机颜料中很多品种含有铅、铬、汞、镉或钴等重金属元素，有很高的毒性，因此在涂料染色印花工艺中无机颜料一般只用白色的钛白粉(二氧化钛)和黑色的炭黑，在特殊要求情况下还应用青铜粉或铝粉得到金色、银色。有机颜料色泽鲜艳、着色率高，目前一些高档颜料也具有优良的耐光、耐高温的特点，因此在涂料染色印花的工艺中一般应用有机颜料。本节主要介绍有机颜料的化学结构。有机颜料对水和有机溶剂都有良好的不溶性，所以其分子中一般不含磺酸基、羧酸基或季铵结构。对于一些带有磺酸基或季铵结构的水溶性染料则用相应沉淀剂生成色淀，使其作为颜料应用。

## 一、偶氮颜料

偶氮颜料是颜料中品种最多、产量最大的一类。偶氮颜料色泽鲜艳，着色率高，生产工艺简单，价格低廉，目前广泛使用的黄、橙和红色有机颜料大部分为偶氮颜料。它们均以色基为重氮组分与偶合组分偶合生成，而且常以偶合组分进行结构分类。

### （一）乙酰乙酰芳胺及吡唑啉酮类

乙酰乙酰芳胺类颜料大多为黄色和橙色，以黄色为主，耐光牢度较高，广泛用于印墨、涂料和塑料等领域，也是涂料染色印花的重要品种。例如，汉沙黄 10G(C. I. 颜料黄 3，11710)、永固黄 3R(C. I. 颜料橙 1)。

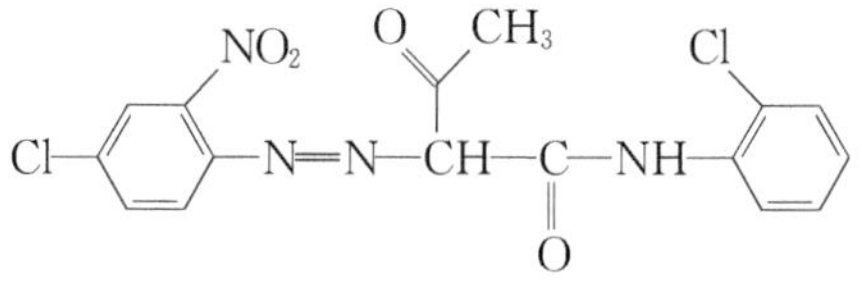

汉沙黄 10G

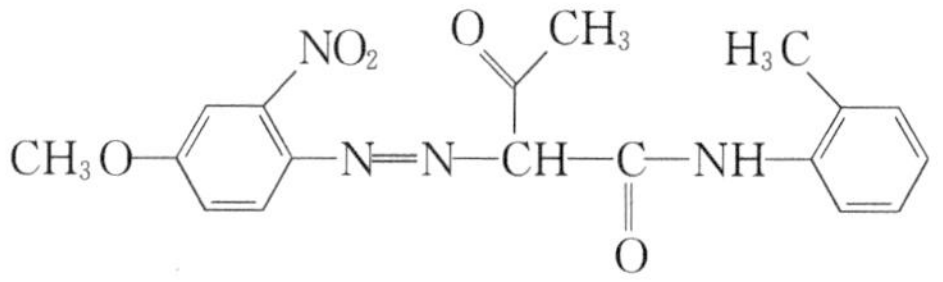

永固黄 3R

少量也有吡唑啉酮结构，如颜料耐晒黄 R(C. I. 12710)。

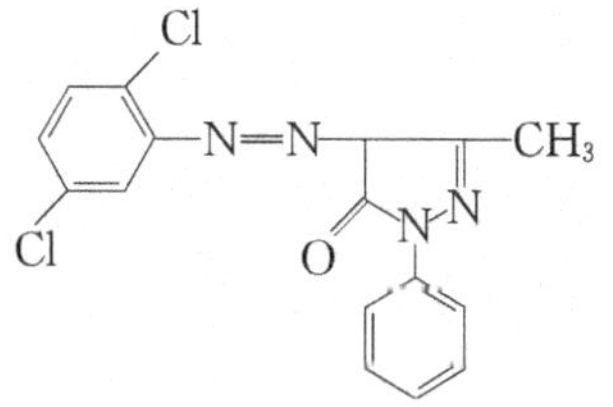

颜料耐晒黄 R

### （二）β-萘酚和色酚 AS 类

以 β-萘酚为偶合组分的颜料，颜色有橙色和红色，主要为红色，色泽鲜艳，耐光牢度良好。例如永固橙 RN(C. I. 颜料橙 5，21075)和甲苯胺红(C. I. 颜料红 3，12120)。

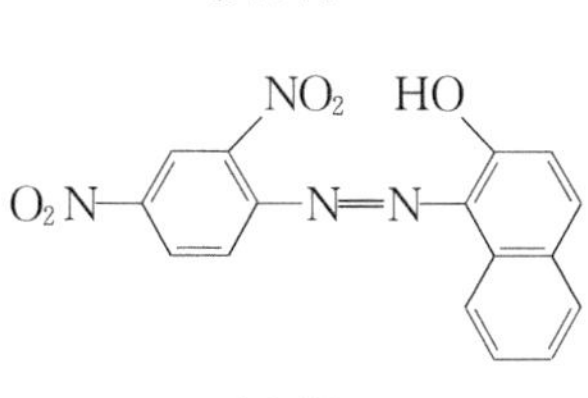

永固橙 RN

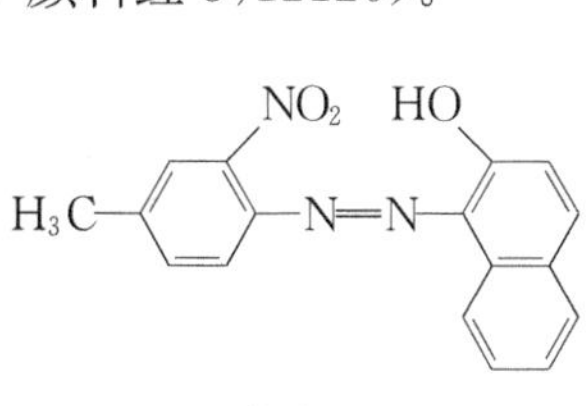

甲苯胺红

以色酚 AS 为偶合组分的颜料颜色涉及橙、红和棕等。这些品种的耐溶剂性能比 β-萘酚有明显改善。如永固橙 GC(C. I. 颜料橙 24)、永固枣红 KRR(C. I. 颜料红 12，12385)以及 C. I.

颜料棕 1(12480)。

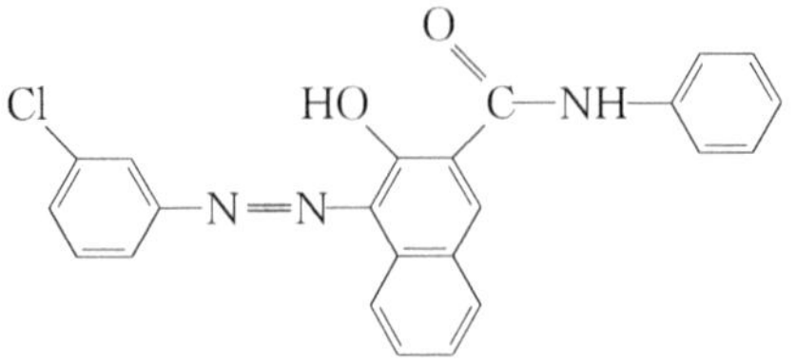

永固橙 GC

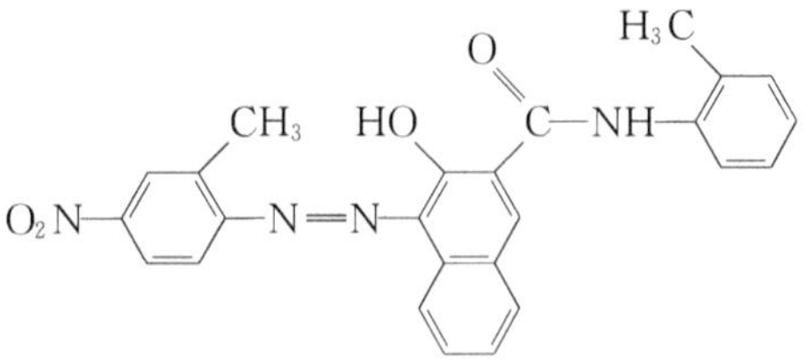

永固枣红 KRR

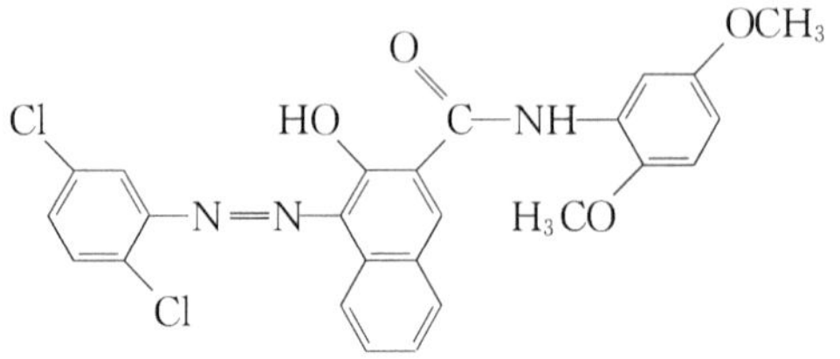

C. I. 颜料棕 1

在乙酰乙酰芳胺或色酚 AS 上引入苯并咪唑酮结构，与色基的重氮盐偶合后得到苯并咪唑酮类有机颜料，这类颜料具有耐高温、耐光、耐油溶性等优良性能，适用于塑料的着色。如 PV 橙 HL 和 PV 红 HF2B。

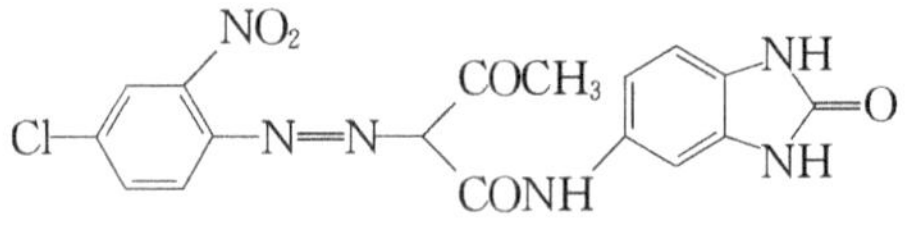

PV 橙 HL

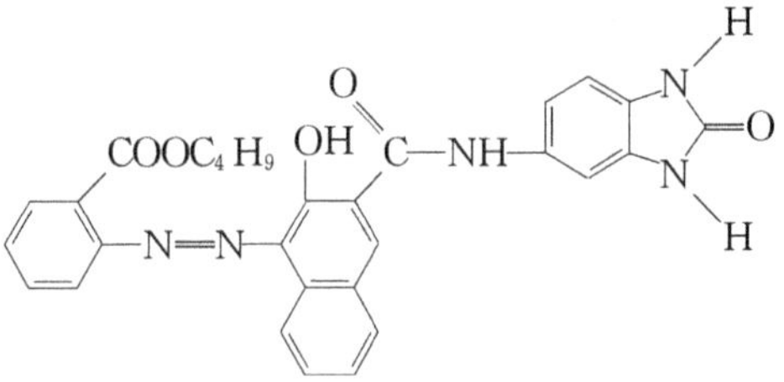

PV 红 HF2B

**(三)双偶氮和缩合偶氮颜料**

一般单偶氮颜料由于相对分子质量较小，它们的耐溶剂、耐高温及耐迁移性能均较差。联苯胺系列的双偶氮颜料虽有较好各项性能，但由于联苯胺有致癌性而禁用。如联苯胺黄：

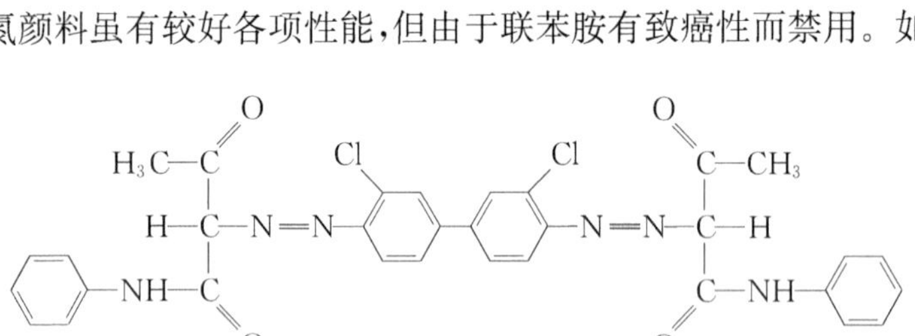

联苯胺黄

缩合型偶氮颜料是借助隔离基连接两个偶氮结构形成双偶氮结构，从而增加了相对分子质量，达到改善上述应用性能的目的。常作为塑料和合成纤维的原液着色剂。如偶氮缩合颜料红 BR(C. I. 颜料红 144)。

偶氮缩合颜料红 BR

### (四)偶氮色淀

用氯化钡(少数用氯化钙)处理水溶性偶氮染料如酸性染料,可以得到不溶性的偶氮色淀,可作为颜料使用。主要用于油墨、塑料、文教用品的着色,也有用于涂料染色、印花的。如永固红 2BN(C. I. 颜料红 48∶1)和永固紫 BLC(C. I. 颜料红 54)。

永固红 2BN　　　　永固紫 BLC

### (五)偶氮金属络合颜料

偶氮金属络合结构的颜料,具有极高耐光牢度和耐气候牢度,所用金属离子常为 $Fe^{3+}$、$Co^{3+}$、$Ni^{2+}$、$Cu^{2+}$ 等,颜色主要有黄、绿和棕等。用于汽车漆和其他涂料。如立索尔坚牢黄 3GD(C. I. 颜料绿 10,12775)和 C. I. 颜料棕 2(12071)。

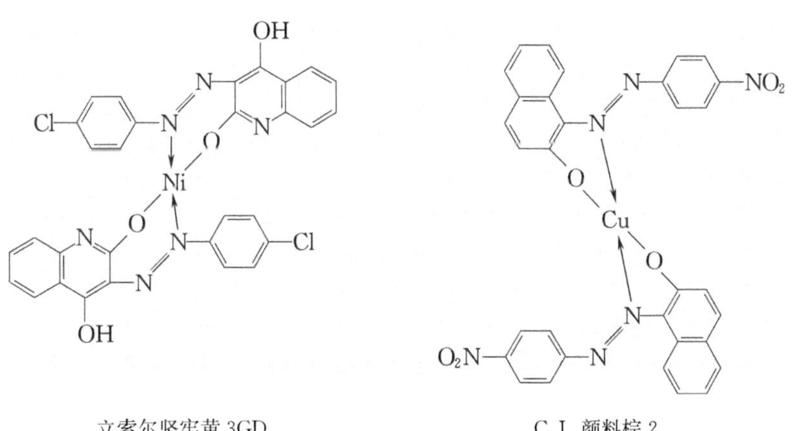

立索尔坚牢黄 3GD　　　　C. I. 颜料棕 2

## 二、硫靛和蒽醌颜料

还原染料不溶于水并有很高的牢度,但直接作为颜料使用显得着色率太低。还原染料中的某些品种经过研磨和酸化沉淀等特殊颜料化处理,可以成为性能优良的高级颜料,用于高级喷漆、塑料和合纤的原液着色。由于来自于还原染料,所以也可称为还原颜料。主要结构有硫靛、蒽醌、蒽酮等,重要还原颜料与相应还原染料见下页表。

还原颜料和相应还原染料

| 结构类型 | 染料名称 | C.I. 应用编号 | | C.I. 结构编号 |
|---|---|---|---|---|
| 硫靛 | 还原艳桃红 R | 还原红 1 | 颜料红 181 | 73360 |
| 硫靛 | 硫靛红紫 RH | 还原紫 2 | 颜料紫 36 | 73385 |
| 蒽醌 | 还原黄 4GF | 还原黄 20 | 颜料黄 108 | 68420 |
| 黄蒽酮 | 还原黄 G | 还原黄 1 | 颜料黄 112 | 70600 |
| 芘蒽酮 | 还原金黄 G | 还原橙 9 | 颜料橙 40 | 59700 |
| 蒽缔蒽酮 | 还原艳橙 RK | 还原橙 3 | 颜料红 168 | 59300 |
| 异紫蒽酮 | 还原艳紫 RR | 还原紫 1 | 颜料紫 31 | 60010 |
| 蓝蒽酮 | 还原蓝 BC | 还原蓝 6 | 颜料蓝 64 | 69825 |

## 三、其他含杂环的颜料

与染料一样，含有杂环的颜料具有颜色鲜艳、耐光和耐热牢度优良的特点。因此，常作为高级颜料用于高级印墨、喷漆、塑料和合纤的原液着色。

在这些颜料中最重要的是酞菁类颜料，一般为铜酞菁结构，颜色以蓝色为主，也有绿色品种。色泽鲜艳，具有良好的耐光、耐热牢度，被广泛用于印墨、塑料、橡胶和纤维原液着色等方面。在用于涂料染色、印花工艺的涂料中，蓝色和绿色品种基本也为酞菁结构。如酞菁蓝 B（C. I. 颜料蓝 15，74160）和颜料酞菁绿（C. I. 颜料绿 7，74260）。

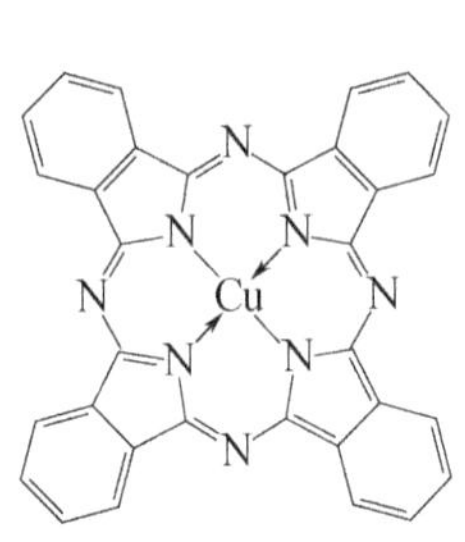

C. I. 颜料蓝 15

C. I. 颜料绿 7

喹吖啶酮颜料一般为线型反式结构。由于晶型的不同显示红（$\gamma$ 型）或紫（$\beta$ 型）的颜色，它们颜色鲜艳、各项牢度优良，抗迁移性和耐溶剂性都很好，可耐 300℃高温，可以与酞菁颜料媲美，常称为酞菁红、酞菁紫（C. I. 颜料紫 19，46500）。广泛用于高级印墨、喷漆、塑料和合纤的原液着色。

C. I. 颜料紫 19

二噁嗪颜料主要是咔唑二噁嗪结构，为鲜艳的紫色颜料，着色力高，具有优良的耐热、耐光牢度以及较高耐溶剂性，是很好的塑料着色颜料。如永固紫 RL(C. I. 颜料紫 23,51319)。

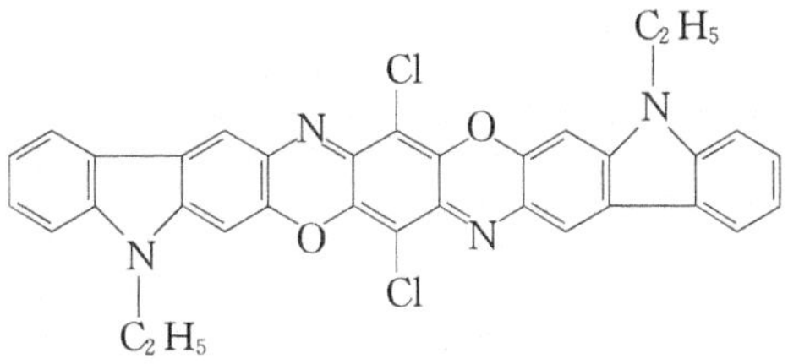

永固紫 RL

## 四、碱性染料色淀和荧光颜料

带有阳离子的三芳甲烷和呫吨结构的碱性染料，可以用单宁酸使之成为色淀成为颜料，但是其耐光牢度比较低，使用价值不大。用磷钨钼杂多元酸制成色淀，耐光牢度较高，称为耐晒色淀，色泽鲜艳，着色力高，广泛用于印墨、涂料、复写纸等方面。

磷钨钼杂多元酸是由钨酸钠、钼酸钠和磷酸二氢钠的混合溶液用盐酸酸化制得，分子式为：

$$H_7\left[P\begin{matrix}(W_2O_7)_m\\(Mo_2O_7)_n\end{matrix}\right]\qquad(m+n=6)$$

例如耐晒青莲色淀(C. I. 颜料紫 3,42535)和耐晒桃红色淀(C. I. 颜料红 81,45160)。

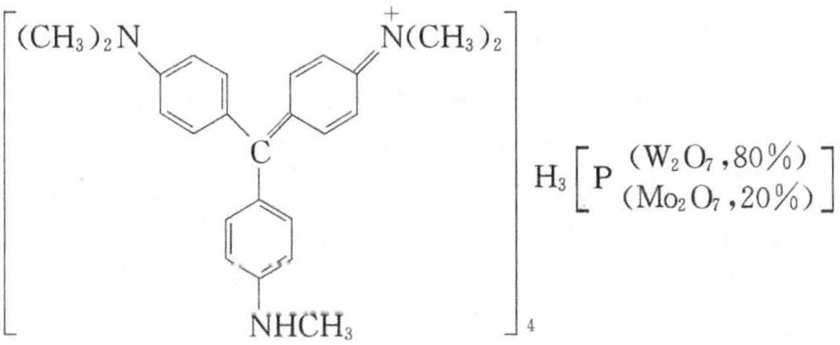

C. I. 颜料紫 3

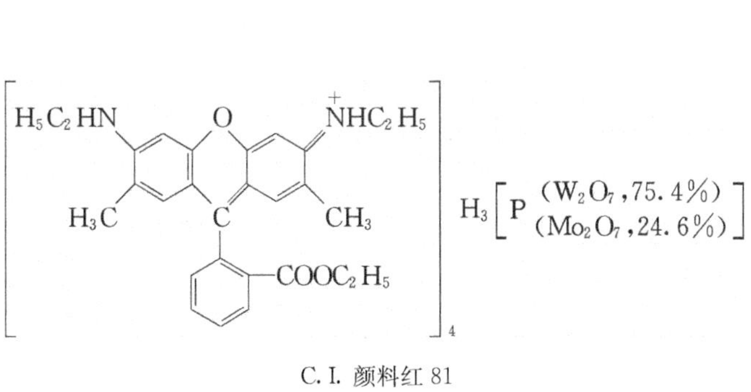

C. I. 颜料红 81

如果把上述类型的可溶性的碱性染料溶入某些树脂初缩体，待树脂固化后，粉碎、研磨、打浆制成荧光树脂颜料。这种颜料可以吸收波长较短的紫外和可见光波，辐射出波长较长的可见荧光，反射可见光强度提高，使人感到明亮和鲜艳。但是一般耐光牢度较低，广泛用于涂料印花中。常用树脂有对甲苯磺酸加甲醛或三聚氰胺加甲醛。常用碱性染料有罗达明 6GDN(C. I. 颜料红 81，45160)和碱性艳蓝 BO(C. I. 颜料蓝 1，42595)等。

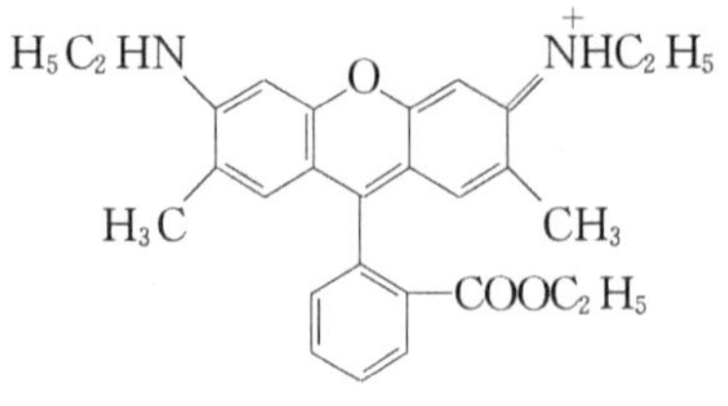

罗达明 6GDN

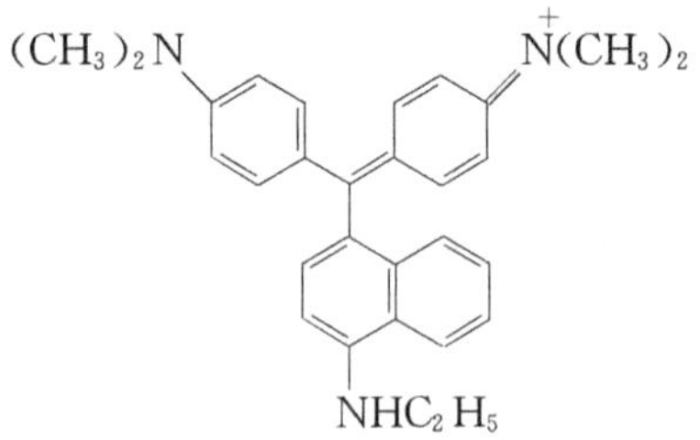

碱性艳蓝 BO

## 第二节　影响颜料性能的因素

影响颜料性能的主要因素当然是颜料的化学结构，然而颜料颗粒的物理形态甚至颜料的加工过程有时也起到重要作用。

### 一、颜料的颜色和发色强度

与染料一样颜料的颜色主要取决于其分子结构。

相同化学结构的颜料，经常具有多种不同的晶型状态。由于不同晶型的微晶形状、结晶度、折射率等不同，往往造成颜料的色光和各种性能差别很大。例如，颜料酞菁蓝(铜酞菁)，其 $\alpha$ 晶型为红光蓝色，着色率高，但在有机溶剂中稳定性较差；而 $\beta$ 晶型为绿光蓝色，稳定性好，但着色率较差。反式喹吖啶酮颜料，其 $\beta$ 晶型为红光紫色，$\alpha$ 型则为红色。颜料的生产工艺常会影响其晶型的生成，从而造成颜料色光的不同。如大红粉和金光红都是由苯胺的重氮盐与色酚 AS 偶合而成，在碱性介质中偶合，酸性析出，得到晶粒大小均匀的大红色，为大红粉；如果在强碱性条件下偶合，得到的颜色为黄光红，则为金光红。在多种晶型中，如果采用不稳定的晶型，颜料在应用时会转变为其他晶型，造成颜色的改变，工艺不容易控制；相反如果选用太稳定的晶型，可能会造成着色强度过低的问题。所以，在颜料的生产中，晶型的选择是非常重要的。

颜料颗粒的大小对颜料的颜色也有很大影响。一般颗粒越小，其表面积越大，吸收光的能力越大，所以着色力越高。然而，颗粒粒度太小，小于可见光的波长，光波可以绕过颜料颗粒而不折射，颜料变成透明的，其遮盖力降低。颜料粒度的大小与颜料的色光也有关系，如颜料甲苯胺红，颗粒越细，色光越黄，着色力也越大；相反则色光越蓝，着色力低。一般来说，有机颜料适用颗粒大小约为 0.01～1$\mu$m 范围之内，并要求颗粒均匀。

### 二、颜料的其他性能

颜料的耐光性能和耐热性能首先与其分子结构有关。如酞菁结构和其他杂环结构的颜料一般具有优良的耐光牢度，三芳甲烷的色淀耐光牢度相对较低。与染料一样，颜料分子中含有金属离子形成络合结构则会提高耐光牢度。由于颜料不溶于水和有机溶剂，是以微小颗粒状态分布在着色物表面，所以其物理状态与其耐光牢度也有非常重要的关系，例如铜酞菁的 $\alpha$ 晶型稳定性比其 $\beta$ 晶型差。此外，颜料的颗粒变小，表面积增大，吸收的光能增加，同时受到空气、氧和水蒸气的影响程度也增加，造成容易褪色。

耐溶剂性和耐迁移性也是颜料的重要性能。如前所述，双偶氮颜料和缩合偶氮颜料的这些性能高于单偶氮颜料，因此常可以用提高相对分子质量的方法来提高颜料的耐溶剂和耐迁移性能。颜料分子中引入可以形成氢键的基团，可以增加分子间缔合的作用力，从而提高颜料的耐光和耐溶剂性能，如永固黄 FGL 是一种耐晒、耐溶剂和耐渗色均较好的有机颜料，然而酰氨基上氢原子被甲基取代后，则在溶剂中的溶解度增加，耐光性能降低。

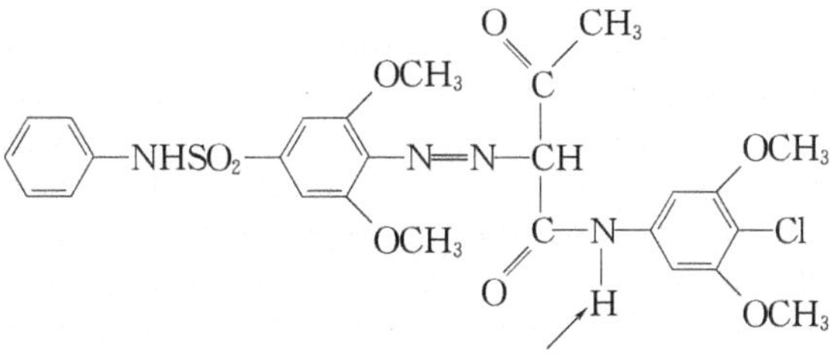

永固黄 FGL

颜料分子中引入苯并咪唑结构既能增加颜料分子的相对分子质量，又可以增加形成氢键的基团，因此能够提高颜料的耐光、耐热、耐溶剂和耐迁移性能。在颜料分子中形成金属离子络合结构也可以提高颜料的耐溶剂和耐迁移性能。

## 复习指导

1. 掌握染料与颜料的相同点和不同点。
2. 了解颜料的结构类型及其性能。
3. 了解影响颜料各项性能的因素。

## 思考题

1. 说出涂料染色印花的优点。
2. 颜料有哪些结构类型？说出它们的颜色范围和特点。
3. 说明颜料的物理形态与其性能的关系。

## 参考文献

[1] 周学良，刘东志，张天水，等．颜料[M]．北京：化学工业出版社，2002.

[2] 朱骥良，吴申年．颜料工艺学[M].北京：化学工业出版社，1989.

[3] 上海市纺织工业局《染料应用手册》编写组．染料应用手册（合订本）下册[M]．北京：纺织工业出版社，1989.

[4]《最新染料使用大全》编写组．最新染料使用大全[M]．北京:中国纺织出版社,1996.
[5] 王菊生．染整工艺原理(第四册)[M]．北京:纺织工业出版社,1987.
[6] 侯毓汾,朱振华,王任之．染料化学[M]．北京:化学工业出版社,1988.
[7] 钱国坻．染料化学[M]．上海:上海交通大学出版社,1988.
[8] 何瑾馨．染料化学[M]．北京:中国纺织出版社,2009.